机械设计基础系列课程教材

机械原理教程（第3版）

Theory of Machines and
Mechanisms
Third Edition

申永胜　主编
Shen Yongsheng

U0249356

清华大学出版社

北　京

内 容 简 介

本书是在第 2 版的基础上,根据教育部高等学校机械基础课程教学指导分委员会最新编制的《机械原理课程教学基本要求》和《机械原理课程教学改革建议》的精神,结合近几年来教学改革实践的经验修订而成的。

全书分上、中、下 3 篇。上篇为机构的运动设计,主要介绍机构的组成原理及各种机构的类型、特点、功能和运动设计方法,包括:机构的组成和结构分析,连杆机构,凸轮机构,齿轮机构,轮系,间歇运动机构,其他常用机构,组合机构,开式链机构;中篇为机械的动力设计,主要介绍机械运转过程中所出现的若干动力学问题以及如何通过合理设计和试验来改善机械的动力性能,包括:机械的力分析,机械系统动力学,机械的平衡;下篇为机械系统的方案设计,主要介绍机械系统方案设计的内容、过程、设计思想和设计方法,包括:机械系统总体方案设计,机械执行系统的方案设计,机械传动系统的方案设计和原动机选择。

本书可作为高等学校机械类各专业的教学用书,也可供机械工程领域的研究生和有关工程技术人员参考。

图书在版编目(CIP)数据

机械原理教程/申永胜主编. —3 版. —北京:清华大学出版社,2015(2024.9重印)
(机械设计基础系列课程教材)
ISBN 978-7-302-37898-3

Ⅰ. ①机… Ⅱ. ①申… Ⅲ. ①机构学-高等学校-教材 Ⅳ. ①TH111

中国版本图书馆 CIP 数据核字(2014)第 204861 号

责任编辑:庄红权
封面设计:傅瑞学
责任校对:王淑云
责任印制:丛怀宇

出版发行:清华大学出版社
     网　　址:https://www.tup.com.cn,https://www.wqxuetang.com
     地　　址:北京清华大学学研大厦 A 座　　　　　　**邮　　编:**100084
     社 总 机:010-83470000　　　　　　　　　　　**邮　　购:**010-62786544
     投稿与读者服务:010-62776969,c-service@tup.tsinghua.edu.cn
     质量反馈:010-62772015,zhiliang@tup.tsinghua.edu.cn
印 装 者:三河市龙大印装有限公司
经　　销:全国新华书店
开　　本:185mm×260mm　　　　**印　张:**27.25　　　　**字　　数:**663 千字
     (附光盘 1 张)
版　　次:1999 年 8 月第 1 版　2015 年 1 月第 3 版　　　**印　　次:**2024 年 9 月第 18 次印刷
定　　价:69.00 元

产品编号:059708-05

第 3 版前言

本书是在前两版的基础上修订而成的。修订中,参考了教育部高等学校机械基础课程教学指导分委员会编制的最新版本的《机械原理课程教学基本要求》。在保持前两版教材体系和基本框架不变的基础上,本次修订主要作了以下变动:

1. 调整了教材的体例。本书前两版出版时,各章的习题是安排在其配套教材《机械原理辅导与习题》一书中的,本次修订中,在对这些习题进行精选和补充后,将其移至本书各章后;本书前两版出版时,其配套的课件《机械原理多媒体教学系统》是以光盘的形式单独发行的,本次修订中,在对该课件进行同步修订后,将其以书配盘的形式附在了本书后。教材体例的这样调整,进一步方便了读者使用。

2. 强化了中篇"机械的动力设计"各章的内容。修订后的中篇由机械的力分析、机械系统动力学和机械的平衡三章组成。在机械的力分析一章中,增加了机构的动态静力分析的内容;在机械系统动力学一章中,强化了机械动力学方程的求解方法和工程实例介绍;在机械的平衡一章中,引入了摆动力和摆动力矩的概念,以期方便读者对机械动力平衡有更全面的了解。

3. 修订了其他部分章节的内容。例如,在连杆机构一章中,增加了平面机构的整体运动分析法;在凸轮机构一章中,强化了从动件运动规律设计的内容;在其他常用机构一章中,增加了对可展机构、并联机构、柔顺机构和基于智能材料驱动的机构的简要介绍;在机械传动系统方案设计部分,增加了常用典型机械传动部件的介绍;在原动机选择部分,增加了原动机机械特性和工作机负载特性的介绍等。

4. 同步修订了《机械原理辅导与习题》一书,进一步突出了其辅导功能,并将其更名为《机械原理学习指导》。

与国内同类教材相比,本书篇幅相对稍大。编者认为教材篇幅多于讲课内容是国际通例,它不仅可以为学有兴趣且学有余力的学生提供一个进一步开阔知识视野的平台,也可以给工程技术人员提供更多相关的学习、阅读和参考资料。

参加本书修订工作的人员有:申永胜(绪论,第1章,第3章,第5章,第8章,第9章,第12章,第14章,附录),郝智秀(第2章,第6章,第10章),阎绍泽(第4章,第7章),贾晓红(第11章),肖丽英(第13章,第15章)。本书由申永胜任主编,负责全书的统稿、修改和定稿。

　　参加光盘《机械原理多媒体教学系统》修订工作的人员有：申永胜、郝智秀、阎绍泽、程嘉、肖丽英。由申永胜任主编。

　　值此第 3 版出版之际，对为本书前两版编写做出贡献的人员表示衷心感谢。本书在修订过程中，参考了一些相关著作，特向其作者表示诚挚谢意。

　　由于编者水平所限，书中误漏欠妥之处在所难免，敬请广大读者批评指正。

主编　申永胜

2014 年 8 月于清华园

第 2 版前言

本书第 1 版自 1999 年出版以来,以其鲜明的特色受到有关专家和同行的广泛关注,先后被评为"普通高等教育'九五'国家级重点教材"和"面向 21 世纪课程教材"。短短几年,已连续印刷 10 余次,被众多高等学校作为教材使用,受到使用者和专家的一致好评,并于 2001 年获国家级教学成果二等奖,2002 年获全国普通高等学校优秀教材一等奖。其编写体系和教材内容已被近年来新出版的若干同类教材所借鉴。

本书是在第 1 版的基础上修订而成的。修订时,以教育部高等学校机械基础课程教学指导分委员会 2004 年最新制定的"机械原理课程教学基本要求"为依据,参考了课程指导分委员会提出的"机械原理课程教学改革建议",并吸取了近几年教学改革的成功经验和同行专家及广大使用者的意见。

本次修订,保持了第 1 版的以下重要特色并加以完善:

(1)"以设计为主线,分析为设计服务,落脚点是机械系统的方案设计"是本书第 1 版编写时建立的机械原理课程新体系。近年来,该体系已得到越来越多专家和同行的肯定。本次修订,仍坚持这一被实践证明是正确的新体系,教材内容仍由机构的运动设计、机械的动力设计、机械系统的方案设计 3 篇共 15 章组成。同时,根据新的教学基本要求,对某些内容作了新增和删减,例如:在第 2 章中删除了空间连杆机构的分析与设计,代之以空间连杆机构的应用实例;在第 7 章中增加了其他物理效应的机构简介;在第 15 章中删除了机械控制系统简介等。同时,为了满足不同学时的教学需要,对某些扩充性内容加注了 * 号,以供选用。

(2)在教材各章后编写"文献阅读指南"是本书第 1 版编写时在国内大学教材中所做的首次尝试。实践证明这一尝试是成功的,它不仅有利于教师的提高,也方便了学生自学和扩大知识视野。这一做法得到了国内外同行和专家的赞赏,也受到了广大读者的欢迎。本次修订,仍坚持这一做法,并根据科技发展做了进一步完善,以利于培养学生自主获取知识的能力,方便各校研究型教学的开展。

(3)书后附录中编写的"机械原理重要名词术语中英文对照表"是本书第 1 版的另一特色,它方便了读者阅读有关国外参考书和科技文献资料,同时为教育部倡导的双语教学的开展提供了方便。本次修订仍保持这一做法。

(4)与《机械原理教程》配套编写的《机械原理辅导与习题》一书,方便了读者自学,也为目前倡导的研究型学习的开展提供了一个合适的载体。本次在对《机械原理教程》一书修订的同时,也对《机械原理辅导与习题》一书进行了同步修订。

(5) 编写立体化教材是本书第 1 版编写时就提出并加以实施的教材建设理念。几年来,作者研制的"机械原理多媒体教学系统"已被国内众多高校使用,受到广大师生的普遍欢迎。本次结合文字教材的修订,也将对多媒体教学系统加以修订,以方便教师教学,并为学生创造一种轻松活泼的自主学习环境,进一步提高教学质量和教学效益。

本次修订过程中,在坚持本书第 1 版的基本体系和特色的基础上,作者对各章的结构和基本概念都做了认真反复的推敲,力求严谨准确。同时,注意到国内各高校机械原理课程教学改革的情况,对传统内容做了适度精简,增加了与工程实际紧密联系的应用实例,力求使教材更便于教学与学习。

参加本书修订的人员有:申永胜(绪论,第 3 章,第 5 章,第 8 章,第 9 章,第 11 章,第 14 章,第 15 章的一部分,附录),翁海珊(第 1 章,第 6 章,第 13 章,第 15 章的一部分),郝智秀(第 2 章,第 12 章),阎绍泽(第 4 章直齿圆柱齿轮部分),贾晓红(第 4 章其他齿轮部分),于晓红(第 7 章,第 10 章)。本书由申永胜任主编,负责全书的统稿、修改和定稿。

值此第 2 版出版之际,对为本书第 1 版编写做出贡献的人员表示深情感谢。本书在修订过程中,参考了一些同类著作,特向其作者表示诚挚的谢意。

由于编者水平所限,书中误漏欠妥之处在所难免,敬请广大读者批评指正。

主编 申永胜

2005 年 8 月于清华园

第1版前言

为了培养 21 世纪的科技人才,教育部正在组织实施"面向 21 世纪教学内容和课程体系改革计划"。机械设计系列课程体系改革是这一计划的重要组成部分,其改革的总体目标是培养学生的综合设计能力。机械原理课程作为机械类专业的一门主干技术基础课,在培养学生综合设计能力的全局中,承担着培养学生机械系统方案创新设计能力的任务,在机械设计系列课程体系中占有十分重要的地位。从系列课程体系改革的总体目标出发来审视目前的教材体系,就会发现,现有的机械原理教材多数是以机构分析为主线的知识和智能体系。虽然这种结构体系对培养学生分析问题的能力曾起过重要的作用,但是,随着机械产品的设计逐渐向高速化、高效化、精密化和智能化方向发展,这种知识结构体系已越来越不能适应科技的发展和人才培养的要求。为了使学生在未来的工作中能够设计出性能优良、在国际市场上具有竞争力的产品,必须从机械设计系列课程体系改革的总体目标出发,改革现有的教材体系。本书正是为了适应这一需要编写的。

本书从机械原理课程在机械设计系列课程总体框架中所处的地位出发,以培养学生具有一定的机械系统方案创新设计能力为目标,建立了"以设计为主线,分析为设计服务,落脚点是机械系统方案设计"的新体系。全书由上、中、下 3 篇组成:上篇为机构的运动设计,主要介绍机构的组成原理及各种机构的类型、运动特点、功能和设计方法;中篇为机械的动力设计,主要介绍机械运转过程中的若干动力学问题,以及通过合理设计来改善机械动力性能的途径;下篇为机械系统的方案设计,主要介绍机械系统方案设计的内容、过程、设计思想及设计方法。通过这一新的体系,力求达到使学生初步具有机械系统方案创新设计能力的教学目的。

在全书内容的取舍和安排上,作者根据多年来致力于教学改革的经验,力图正确地处理好以下几个方面的关系。

1. 少而精与博而通的关系

少而精,指重点突出、讲深讲透,使学生能举一反三,触类旁通,这是教学过程中应遵循的原则;博而通,指广博的知识面,在解决实际问题时能浮想联翩,应对自如,这需要通过教师的引导和学生长期刻苦的自学来逐步实现。两者的关系处理得好,就有望使学生能够掌握广博的知识,具有创造性。为此,在构筑本书的基本框架时,我们坚持教材的重点要突出一些,知识面要广一些,既体现少而精的原则,又为博而通创造前提。例如,"机构的运动设计"一篇,既重点介绍了连杆机构、凸轮机构、齿轮机构等主要机构的设计方法,又简要介绍了间歇运动机构、其他常用机构(包括螺旋机构、摩擦传动机构、挠性传动机构、液压、气动机构)、组合机构、开式链机构等内容;在各章内容安排上,既重点讨论了平面机构,又简要介绍了空间机构。从而使学生在机械系统方案设计阶段,在进行方案构思和机构型式设计时具有更广博的知识面和更开阔的思路。

2. 先进性和传统内容的关系

教材必须适当反映学科前沿的最新发展,传统内容中已经过时的陈旧内容必须抛弃,这是教材编写中应遵循的原则。当前,机构设计的新理论、新方法不断涌现,教材中对这些内容必须有所反映。然而,在工程实际中,通常需要应用一切可以使用的理论和技术,有许多传统的方法虽然并不先进,但使用的机会可能更多。在本书的编写过程中,我们从工程实际的需要出发,既对有用的传统内容加以重新组织和扩展,又通过在每章后编写的"文献阅读指南",对机械原理课程的前沿内容和某些扩展内容作了适当的介绍,力求使教材跟上科技发展的步伐,具有时代气息。这样,既照顾到了现实的需要,又指出了前进的方向,便于学生自学和扩大知识面。

3. 系统性和趣味性的关系

机械原理课程是一门具有较强系统性的课程,教材编写必须强调系统性才能使学生深入掌握;但对初学者来说,又要求避免枯燥、引人入胜。正确处理好两者的关系,才能收到良好的教学效果。为了达到这一目的,我们在坚持教材内容系统性的同时,又图文并茂地介绍了工程实际中大量的应用实例,以激发学生对机械原理课程的兴趣。多媒体手段的使用,将使这一问题得到很好的解决。

为了适应21世纪教育与教学模式的变化,配合本书的编写,作者研制了一套多媒体电子教材。它充分利用计算机多媒体的各种功能,将图形、动画、音像、文字、声音有机地结合起来,发挥多种媒体的综合优势,将不易观察和理解的机构运动状态及运动关系生动地表现出来,并展示各种机构在实际机械中的应用实例,使教材成为真正意义上的立体化教材。它通过人机交互方式,为学生创造一种轻松、活泼、自主学习的环境,从而培养学生的形象思维能力和创新能力,提高教学质量和教学效益。

改革开放使我们与世界各国的学术交流日益频繁,为了便于读者阅读有关机械原理的国外参考书和科技文献资料,在本书的附录中编写了"机械原理重要名词术语中英文对照表"。

为了配合学分制的全面开通,便于读者自学,我们编写了《机械原理辅导与习题》一书,作为本书的配套教材供使用。

本书适用于普通高等学校工科机械类各专业。全书上、中、下3篇既是一个整体,又各自独立成篇,自成系统,这就为教材的灵活使用提供了条件。各校可根据自身的课程安排和学时情况灵活选用:课内学时为64左右的学校,可将上、中、下3篇作为一个整体使用;学时为50左右的学校,可仅讲上、中两篇,下篇既可配合课程设计由学生自学,也可作为机械系统方案设计选修课的教材使用;对机械的动力设计内容要求不高的专业,也可只讲上篇的内容。书中带 * 号的内容为有关的扩充材料,不属于教学基本要求的范围,可供因材施教和自学提高之用,学生只需对它有一般了解即可。

　　书中每章后编有"文献阅读指南",这种做法在国内大学教材尚属首次尝试。我们相信,这对于有兴趣的读者进一步学习和研究是很有帮助的。

　　参加本书编写的有:申永胜(绪论、第3章、第5章、第8章、第9章、第14章、第1～12章的文献阅读指南和附录)、翁海珊(第1章、第6章、第13章、第14章部分内容和第15章)、郝智秀(第2章和第12章)、方嘉秋(第4章)、于晓红(第7章和第10章)和汤晓瑛(第11章)。全书由申永胜教授担任主编。

　　本书由中国工程院院士张启先教授和教育部高等学校工科机械基础课程教学指导分委员会副主任委员张策教授担任主审,他们对书稿进行了认真细致的审阅,并提出了极为宝贵的修改意见,对提高本书的编写质量给予了很大帮助,在此谨致以衷心的感谢!

　　作者还要感谢清华大学出版社的领导和本书的责任编辑。他们以全力支持教学改革为己任,早在我们进行课程改革试点和教材编写的酝酿阶段,就对本书的编写给予了热情的关注和大力扶持。

　　本书的编写前后历时5年,三易其稿。书中绝大部分内容均在清华大学和北京科技大学的课程改革试点中使用过多遍。尽管如此,由于按照新体系编写此书尚属首次尝试,加之作者水平有限,误漏欠妥之处仍在所难免。欢迎广大同仁和读者批评指正。

主编　申永胜

1998年12月于清华园

目录

上篇　机构的运动设计

中篇　机械的动力设计

绪　　论

0.1　机械原理课程的研究对象

机械原理是机器和机构理论的简称,顾名思义,它是一门以机器和机构为研究对象的学科。

1. 机器

提起机器,人们并不陌生。在日常生活和工作中,我们见到过或接触过许多机器:从家庭用的缝纫机、洗衣机,到工业部门使用的各种专门机床;从汽车、推土机,到工业机器人、机械手等。机器的种类繁多,构造、用途和性能也各不相同。对于一般的机器,我们在日常生活和工作中已经有了一定的感性认识。但一部机器究竟是怎样组成的呢? 它有哪些特征呢? 为了说明这些问题,先来看两个具体的实例。

图 0.1 所示为一台内燃机。它可以把燃气燃烧时产生的热能转化为机械能。其工作原理如下:燃气由进气管通过进气阀 3 被下行的活塞 2 吸入气缸 1,然后进气阀 3 关闭,活塞 2 上行压缩燃气,点火使燃气在气缸中燃烧、膨胀产生压力,推动活塞 2 下行,通过连杆 5 带动曲轴 6 转动,向外输出机械能。当活塞 2 再次上行时,排气阀 4 打开,废气通过排气管排出。图中,凸轮 7 和顶杆 8 用来启、闭进气阀和排气阀;齿轮 9,10 则用来保证进气阀、排气阀和活塞之间形成一定规律的动作。以上各部分协同配合动作,便能把燃气燃烧时的热能转变为曲轴转动的机械能。

图 0.2 所示为一送料机械手。工作要求它具有 3 个运动,即手指的开合、手臂绕 y 轴的上下摆动、手臂绕 z 轴的回转。其工作原理如下:电动机通过减速装置(图中未画出)减速后,通过链轮 1 带动分配轴 2 转动,通过齿轮 17 和 16 把运动传给盘形凸轮 19,使摆杆 18 绕固定转轴 O_2 摆动,通过杆件 20 和 9(它们之间可以相对转动)以及杆件 10,11,12 和连杆 13 使手指 14 张开,以等待夹持工件;手指的复位夹紧是由弹簧来实现的。同时,盘形凸轮 5 随分配轴 2 一起转动,通过摆

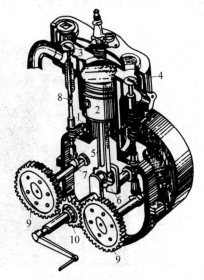

图 0.1　内燃机结构图

杆 21 和圆筒 7 使大臂 15 绕 O_3 轴上下摆动(O_3 轴支承在转盘 8 上)。此外,分配轴 2 上的圆柱凸轮 3 的转动,通过齿条 4 和齿轮 6 使转盘 8 往复回转。以上各部分的协同动作,便能使机械手依次完成手指张开,手指夹料,手臂上摆,手臂回转,手臂下摆,手指张开放料,手臂再上摆、反转、下摆、复位等动作,从而代替人完成有用的机械功。

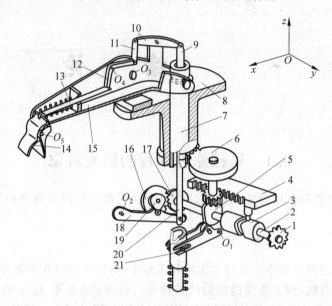

图 0.2　送料机械手结构示意图

图 0.3 所示为一台打印机的内部结构图。其工作原理如下:

机身后侧齿轮带动进纸滚轴转动,将纸张卷入。同时滚轴内部结构发热,对纸张进行预热处理。在齿轮组带动下,后端滚轴继续转动,纸张通过传送板到达硒鼓。已经过预热处理的高温纸张与硒鼓接触,墨粉在纸面融化,留下字迹。通过齿轮组的不断运动,硒鼓循环转动,同时前端出纸滚轴带动纸张从出纸口导出,整页打印完毕。

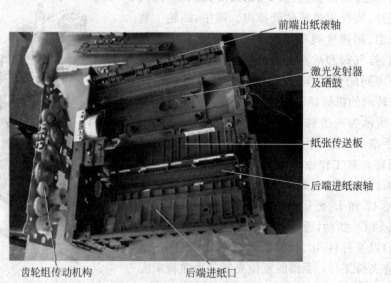

图 0.3　打印机内部结构图

　　从以上几个实例以及日常生活中所接触过的其他机器可以看出,虽然各种机器的构造、用途和性能各不相同,但是从它们的组成、运动确定性以及功、能关系来看,却都具有以下3个共同的特征:

　　(1) 它们都是一种人为的实物(机件)的组合体。

　　(2) 组成它们的各部分之间都具有确定的相对运动。

　　(3) 能够用来转换能量,完成有用功或处理信息。

　　按照用途的不同,机器可以分为动力机器、加工机器、运输机器和信息处理机器等几大类。动力机器的用途是机械能与其他能量的转换,如内燃机、蒸汽机、电动机等;加工机器的用途是改变被加工对象的形状、尺寸、性质或状态,如各种金属加工机床、包装机等;运输机器的用途是搬运人和物品,如汽车、飞机、起重机等;信息处理机器的作用是处理各种信息,如打印机、复印机、绘图机等。

2. 机构

　　如果说对机器的概念人们还比较熟悉的话,那么相对而言,对机构的概念则可能有些陌生。什么是机构? 为了说明这个问题,我们来进一步分析上述几个实例。从中可以看出,在机器的各种运动中,有些机件是传递回转运动的;有些机件是把转动变为往复运动的;有些则是利用机件本身的轮廓曲线来实现预期规律的移动或摆动的。在工程实际中,人们常根据实现这些运动形式的机件的外形特点,把相应的一些机件的组合称为机构。例如,图 0.1 中的齿轮 9 和 10,图 0.2 中的齿轮 17 和 16,它们的机件形状的特点是具有轮齿,其运动特点是把高速转动变为低速转动或反之,人们称其为齿轮机构;图 0.1 中的凸轮 7 和顶杆 8,图 0.2 中的凸轮 19 和摆杆 18,它们的主要机件是具有特定轮廓曲线的凸轮,利用其轮廓曲线使从动件按指定规律做周期性的往复移动或摆动,因而被称为凸轮机构;图 0.1 中的活塞 2、连杆 5 和曲轴 6,图 0.2 中的杆件 10,11 和 12,其机件的基本形状是杆状或块状,其运动特点是能实现转动、摆动、移动等运动形式的相互转换,被称为连杆机构。

　　由以上几个例子可以看出,机构具有以下两个特征:

　　(1) 它们都是人为的实物(机件)的组合体。

　　(2) 组成它们的各运动实体之间都具有确定的相对运动。

　　由此可见,机构具有机器的前两个特征。

　　通过以上分析可以看出,机器是由各种机构组成的,它可以完成能量转换、做有用机械功或处理信息;而机构则仅仅起着运动传递和运动形式转换的作用。也就是说,机构是实现预期的机械运动的实物组合体;而机器则是由各种机构所组成的能实现预期机械运动并完成有用机械功、转换机械能或处理信息的机构系统。

　　一部机器,可能是多种机构的组合体,例如上述的内燃机和送料机械手,就是由齿轮机构、凸轮机构和连杆机构等组合而成的;也可能只含有一个最简单的机构,例如人们所熟悉的电动机,就只含有一个由定子和转子所组成的双杆回转机构。

　　由于机构具有机器的前两个特征,所以从结构和运动的观点来看,两者之间并无区别。因此,人们常用"机械"一词来作为它们的总称。

　　需要指出的是,随着近代科学技术的发展,机器和机构的概念也有了相应的扩展。例如,在某些情况下,组成机构的机件已不能再简单地视为刚体;有些时候,气体和液体也参与了实现预期的机械运动;有些机器,还包含了使其内部各机构正常动作的控制系统和信息处理与传递系统等；在某些方面，机器不仅可以代替人的体力劳动，而且还可以代替人的脑力劳动(如智能机器人)。

机械一般由以下几部分组成：

(1) 原动部分   是机械的动力来源。常用的原动机有电动机、内燃机、液压缸或气动缸等，其中，以各种电动机的应用最为普遍。

(2) 执行部分   处于整个传动路线的终端，完成机械预期的动作。其结构形式取决于机械本身的用途。

(3) 传动部分   介于原动机和执行部分之间，把原动机的运动和动力传递给执行部分。

(4) 控制部分   其作用是控制机械的其他基本部分，使操作者能随时实现或终止各种预定的功能。一般来说，现代机械的控制部分既包括机械控制系统，又包括电子控制系统，其作用包括监测、调节和计算机控制等。

(5) 辅助部分   主要包括润滑系统、冷却系统、故障监测系统、安全保护系统和照明系统等，其作用是保证机械便于操作、正常运行、提高工作质量，延长使用寿命。

作为机械工程的一门基础学科，机械原理研究机器和机构的一些共性问题；此外，机器的种类虽有千千万万，但是组成机器的机构，其种类却是有限的，因此机械原理将以工程实际中常用的各种机构作为具体的研究对象，探讨它们各自在运动和动力方面的一些共同的基本问题。

0.2   机械原理课程的研究内容

机械原理课程的研究内容，大体分为以下 3 个部分。

1. 机构的运动设计

分析和研究机构的组成原理以及各种常用机构的类型、运动特点、功能及运动设计的方法。

如上所述，机构具有机器的前两个特征。因此，从结构和运动的观点来看，两者并无区别。机器的种类虽然繁多，但组成这些机器的基本机构的种类却不是很多，即使是最复杂的机器，也无非是由齿轮、凸轮、连杆等一些常用基本机构组合而成的；机器虽然不同，组成它们的主要机构的工作原理却可以是相同的。正是由于这一原因，本课程将把机构的运动设计作为重要内容之一加以研究，它将为机械系统的方案设计打下必要的运动学基础。

2. 机械的动力设计

分析和研究机械在外力作用下的真实运动规律和速度波动问题，以及如何合理地设计调速装置来降低速度波动的不良影响；分析和研究机械运转时惯性力和惯性力矩的平衡问题，以及如何通过合理设计和试验来消除或减小不平衡惯性力引起的有害振动；分析和研究影响机械效率的主要因素和机械效率的计算方法，以及在设计机械时如何合理地选择机构的尺寸参数以提高机械效率。通过对这些内容的研究，为机械系统的方案设计打下必要的动力学基础。

3. 机械系统的方案设计

在研究机构运动设计和机械动力设计的基础上，介绍机械总体方案的拟定、机械执行系统的方案设计、机械传动系统的方案设计以及原动机的选择。这部分内容的重点是机械执行系统的方案设计,主要包括:根据机械预期实现的功能,确定机械的工作原理;根据工艺动作的分解,确定机械的运动方案;合理地选择机构的型式并将其恰当地组合起来,实现机械的预期动作;根据工艺动作的要求,使各机构协调配合工作等。

需要指出的是,机械原理作为研究现代机械科学技术发展共性问题的一门基础学科,一直受到国内外学者和工程技术人员的高度重视。近年来,随着科学技术的飞速发展和各学科领域的交叉及相互渗透,处于机械工业发展前沿的机械原理学科,其新的研究课题和研究方法也日益增多,诸如机器人机构学、仿生机构学、机械电子学、微型机构学等的研究,优化设计、计算机辅助设计、专家系统以及各种近代数学方法的运用和动力学研究的不断深入,使机械原理学科的研究呈现出蓬勃发展的局面,也为机械原理学科的应用开拓了更广阔的前景。这就要求读者在学习本课程基本内容的同时,密切关注本学科的最新发展,以不断开拓自己的知识视野。

0.3　机械原理课程的地位及学习本课程的目的

1. 机械原理课程的地位

在工程技术类高等院校中,机械原理课属于技术基础课。一方面,它比物理、工程力学等基础课程更加接近工程实际;另一方面,它又不同于汽车设计、机械制造设备等专业课,机械原理研究的是各种机械所具有的共性问题,而各专业课则是研究某一类机械所具有的特殊问题。因此,它比专业课具有更宽的研究面和更广的适应性。它在教学计划中起着承上启下的作用,是高等院校机械类各专业的一门十分重要的主干技术基础课,在机械设计系列课程体系中占有非常重要的位置。

2. 学习本课程的目的

(1) 为学习机械类有关专业课打好理论基础

机械的种类十分繁多,为了研究工程实际中的各种特殊机械,在高等院校中相应地设置了各种专门的课程。但是,当研究某一具体的机械时,不仅需要研究它所具有的特殊问题,而且需要研究所有机械所具有的共性问题。机械原理课程正是为此目的而开设的技术基础课。

(2) 为机械产品的创新设计打下良好基础

机械制造业是国民经济的支柱产业。随着科学技术的发展和市场经济体制的建立,在机械制造业中,多数产品的商业寿命正在逐渐缩短,品种需求增多,这就使产品的生产要从传统的单一品种大批量生产逐渐向多品种小批量柔性生产过渡,以经验设计和仿照设计为主的传统设计方法已越来越不适应生产的发展。要使所设计的产品在国际市场上具有竞争能力,就需要制造出大量种类繁多、性能优良的新机械。而要完成这一任务,有关机械原理的知识是必不可少的。一般工业产品的设计需要经历以下 4 个阶段:初期规划设计阶段,总体方案设计阶段,结构技术设计阶段,生产施工设计阶段。而产品是否具有创新性,在很大程度上取决于总体方案设计,而这正是机械原理课程所研究的主要内容。

(3) 为现有机械的合理使用和革新改造打基础

对于使用机械的工作人员来讲,要想充分地发挥机械设备的潜力,关键在于了解机械的性能。通过学习机械原理这门课,掌握机构和机器的分析方法,才能进而了解机械的性能和更合理地使用机械;掌握机构和机器的设计方法,才能对现有机械的革新改造提出方案。改革开放以来,我们引进了大量国外的先进技术和设备,要使这些技术和设备更好地为国民经济建设服务,关键在于消化和吸收。而在这方面,机械原理的知识又是必不可少的。

0.4 学习机械原理课程的方法

1. 在学习知识的同时,注重能力的培养

学习知识和培养能力,两者是相辅相成的,但后者比前者更为重要。鉴于本课程的教学内容较多而教学时数相对较少,因此教师在讲授本课程时,要着重讲重点、讲难点、讲思路、讲方法,同时介绍课程发展前沿;同学们在学习本课程时,也应把重点放在掌握研究问题的基本思路和方法上,即放在以知识为载体,培养自己高于知识和技能的思维方式与方法以及自主获取知识的能力上,着重于能力培养。这样,就可以利用自己的能力去获取新的知识,这一点在知识更新速度加快的当今尤为重要。

2. 在重视逻辑思维的同时,加强形象思维能力的培养

从基础课到技术基础课,学习内容变化了,学习方法也应有所转变,其中重要的一点是要在发展逻辑思维的同时,重视形象思维能力的培养。这是因为技术基础课较之基础课更加接近工程实际,要理解和掌握本课程的一些内容,要解决工程实际问题,要进行创造性设计,单靠逻辑思维是远远不够的,还必须发展形象思维能力。

3. 注意运用理论力学的有关知识

机械原理作为一门技术基础课,它的先修课是高等数学、物理、理论力学和工程制图等,其中,理论力学与本课程的学习关系最为密切。机械原理是将理论力学的有关原理应用于实际机械,它具有自己的特点。在学习本课程的过程中,要注意把理论力学中的有关知识运用到本课程的学习中。

4. 注意将所学知识用于实际,做到举一反三

机械原理是一门与工程实际密切相关的课程,因此学习本课程要更加注意理论联系实际。与本课程密切相关的实验、课程设计、机械设计大奖赛以及课外科技活动,将为学生提供理论联系实际和学以致用的机会。此外,现实生活中有各种各样构思巧妙和设计新颖的机构,在学习本课程的过程中,如果能注意观察、分析和比较,并把所学知识运用于实际,就能达到举一反三的目的。这样,当你自己从事设计工作时,就有可能从日常的积累中获得创造灵感。

上篇 机构的运动设计

　　机电产品的设计都是为了满足某种特定的功能要求,而这些功能要求往往是通过机构的运动来实现的。因此,机构的运动设计在机械系统方案设计中占有重要的地位。

　　本篇首先论述机构的组成和结构,然后介绍各种常用机构的类型、运动特点、功能和运动设计的方法。这些常用机构包括连杆机构、凸轮机构、齿轮机构、轮系、间歇运动机构、其他常用机构、组合机构、开式链机构等。全篇重点讨论闭式链机构,也适当介绍开式链机构;每章重点讨论平面机构,也适当介绍空间机构。目的在于使读者在进行机电产品设计时,既有广阔的视野,又有坚实的基本功。本篇的内容将为机械系统的方案设计打下必要的机构学方面的基础。

机构的组成和结构分析

【内容提要】 本章首先介绍机构的组成,然后重点阐述机构运动简图的绘制方法和运动链成为机构的条件,最后从结构的观点探讨机构的组成原理和结构分析方法。

机构是具有确定运动的实物组合体。做无规则运动或不能产生运动的实物组合均不能成为机构。了解机构的组成和结构特点,掌握机构组成的一般规律,无论对于分析已有机构还是着手创新设计新机械,都具有十分重要的指导意义。

1.1 机构的组成

1.1.1 构件

从加工、制造的角度看,任何机械都是由若干个单独加工制造的单元体——零件组装而成。例如图 1.1 所示的内燃机连杆,就是由单独加工的连杆体 1、连杆头 2、轴瓦 3、螺杆 4、螺母 5、轴套 6 等零件装配而成的。

但是从机械实现预期运动和功能的角度来看,并不是每个零件都独立起作用。每一个独立影响机械功能并能独立运动的单元体称为构件。构件可以是一个独立运动的零件,但有时为了结构和工艺上的需要,常将几个零件刚性地联接在一起而组成构件。图 1.1 所示的连杆就是由许多不产生相对运动的零件刚性联接而成的一个构件,它们是一个不可分割的运动单元。

简言之,构件与零件的区别在于:构件是参与运动的最小单元体,零件是单独加工制造的最小单元体。

1.1.2 运动副

机构都是由构件组合而成的,其中每个构件都以一定的方式至少与另一个构件相联接,这种联接既使两个构件直接接触,又使两构件能产生一定的相对运动。每两个构件间的这种直接接触所形成的可动联接称为运动副。如图 1.2 所示的轴与剖分式径向滑动轴承间的联接,图 1.3 所示的凸轮与滚子间的接触都构成了运动副。

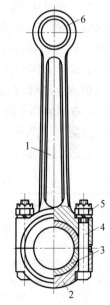

图 1.1　内燃机连杆结构

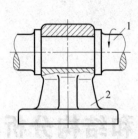

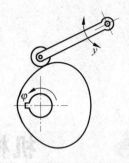

图 1.2　轴与轴承形成的运动副　　　图 1.3　凸轮与滚子形成的运动副

构成运动副的两个构件间的接触不外乎点、线、面 3 种形式,两个构件上参与接触而构成运动副的点、线、面部分称为运动副元素。

构件所具有的独立运动的数目(或是确定构件位置所需要的独立参变量的数目)称为构件的自由度。一个构件在未与其他构件联接前,在空间可产生 6 个独立运动,也就是说具有 6 个自由度。

两个构件直接接触构成运动副后,构件的某些独立运动将受到限制,自由度随之减少,构件之间只能产生某些相对运动。运动副对构件的独立运动所加的限制称为约束。运动副每引入 1 个约束,构件便失去 1 个自由度。两个构件间形成的运动副引入了多少个约束,限制了构件的哪些独立运动,则取决于运动副的类型。

运动副有多种分类方法。

(1) 按运动副的接触形式分类。面与面相接触的运动副(如图 1.2 中轴与轴承所形成的运动副)在承受载荷方面与点、线相接触的运动副(如图 1.3 中凸轮与滚子所形成的运动副)相比,其接触部分的压强较低,故面接触的运动副称为低副,而点、线接触的运动副称为高副,高副比低副易磨损。

(2) 按相对运动的形式分类。构成运动副的两构件之间的相对运动若为平面运动则称为平面运动副,若为空间运动则称为空间运动副。两构件之间只作相对转动的运动副称为转动副或回转副,两构件之间只作相对移动的运动副则称为移动副等。

(3) 按运动副引入的约束数分类。引入 1 个约束的运动副称为 1 级副、引入 2 个约束的运动副称为 2 级副,依次类推,还有 3 级副、4 级副、5 级副。

(4) 按接触部分的几何形状分类。根据组成运动副的两构件在接触部分的几何形状,可分为圆柱副、平面与平面副、球面副、螺旋副、球面与平面副、球面与圆柱、圆柱与平面副等。

综合以上各种分类方法,在表 1.1 中列出了各种运动副所属类型、代号及表示符号。

表 1.1　运动副的类型及表示符号(摘自 GB 4460—1984)

名称	代号	运动副类型	图	基本符号	可用符号	自由度	引入约束	
							转动	移动
球与平面副		空间 1 级高副				5	0	1

续表

名称	代号	运动副类型	图	基本符号	可用符号	自由度	引入约束	
							转动	移动
圆柱与平面副		空间2级高副	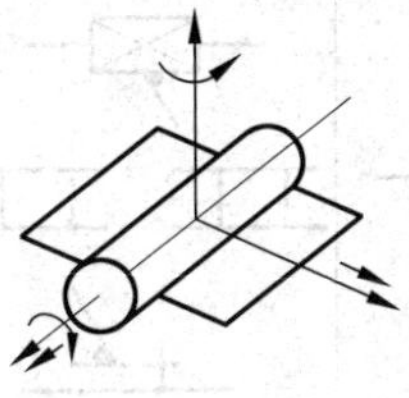			4	1	1
球与圆柱副		空间2级高副	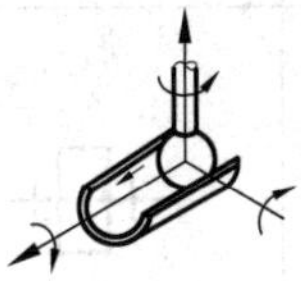			4	0	2
球面副	S	空间3级低副	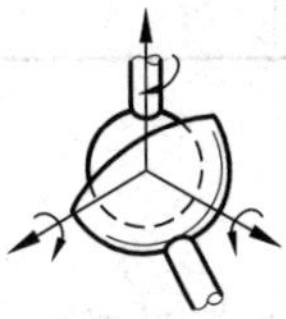			3	0	3
平面与平面副	E	平面3级低副	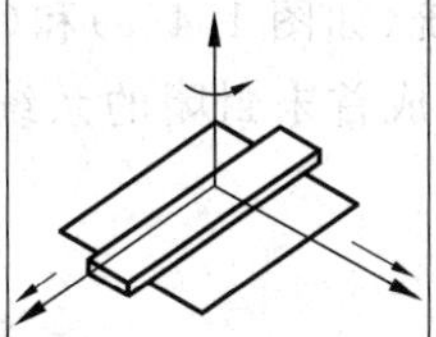			3	2	1
球销副	S′	空间4级低副	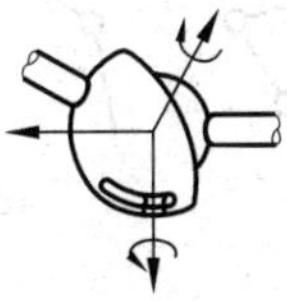			2	1	3
圆柱副	C	空间4级低副	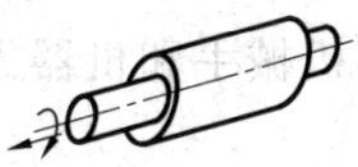		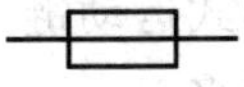	2	2	2
平面高副		平面4级高副				2	2	2
螺旋副	H	空间5级低副	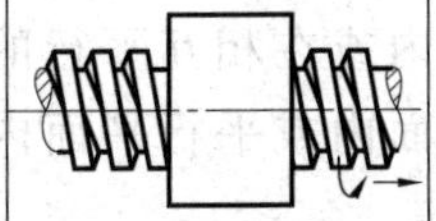	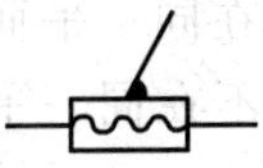		1	2或3	3或2

续表

名称	代号	运动副类型	图	基本符号	可用符号	自由度	引入约束	
							转动	移动
移动副	P	平面5级低副				1	3	2
转动副	R	平面5级低副				1	2	3

1.1.3 运动链

两个以上构件通过运动副的联接而构成的系统称为运动链。

如果组成运动链的各构件构成首末封闭的系统(如图1.4(a)和(b)所示),则称为闭式运动链,简称闭链。如果组成运动链的各构件未构成首末封闭的系统(如图1.4(c)所示),则称为开式运动链,简称开链。

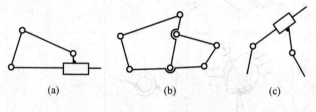

(a)   (b)   (c)

图1.4 运动链

传统的机械中以闭式运动链为多,随着生产线中机械手和机器人的应用日益普遍,机械中开式运动链也逐渐增多。

1.1.4 机构

在运动链中,将某一构件加以固定,而让另一个(或几个)构件按给定运动规律相对于该固定构件作运动,若运动链中其余各构件都能得到确定的相对运动,则此运动链成为机构。

机构中固定不动的构件称为机架,按照给定运动规律独立运动的构件称为原动件(或主动件),而其余活动构件称为从动件。

组成机构的各构件的相对运动均在同一平面内或在相互平行的平面内,则此机构称为平面机构;机构各构件的相对运动不在同一平面内或平行平面内,则此机构称为空间机构。

1.2 机构运动简图

1.2.1 运动简图

无论是对现有机构进行分析,还是构思新机械的运动方案和对组成机械的各机构作进一步的运动及动力设计与分析,都需要一种表示机构的简明图形。由于从原理方案设计的角度看,机构能否实现预定的运动和功能,是由原动件的运动规律、联接各构件的运动副类型和机构的运动尺寸(即各运动副间的相对位置尺寸)来决定的,而与构件及运动副的具体结构、外形(高副机构的轮廓形状除外)、断面尺寸、组成构件的零件数目及固联方式等无关,因此,可用国标规定的简单符号和线条代表运动副和构件,并按一定的比例尺表示机构的运动尺寸,绘制出表示机构的简明图形。这种图形称为机构运动简图,它完全能表达原机械具有的运动特性。

若只是为了表明机械的组成状况和结构特征,也可以不严格按比例来绘制简图,这样的简图通常称为机构示意图。

机构运动简图中构件及其以运动副相联接的表达方法见表1.2。机械中常见的凸轮机构、齿轮机构及原动机等的运动简图符号见表1.3。

表 1.2 **构件及其以运动副相联接的表达方法**(摘自 GB 4460—1984)

名 称	表示内容	常 用 符 号	备 注
机架			
固定联接	同一构件	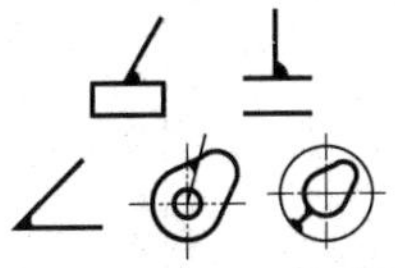	
	构件与轴的固定联接(同一构件)		
可调联接			
两构件以运动副相联接(两构件与一内副)[①]	两活动构件以转动副相联接	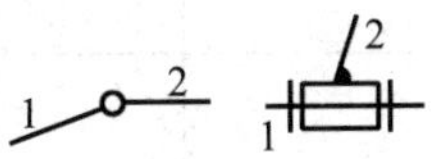	
	活动构件与机架以转动副相联接	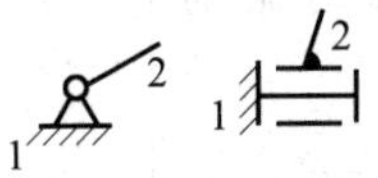	
	两活动构件以移动副相联接	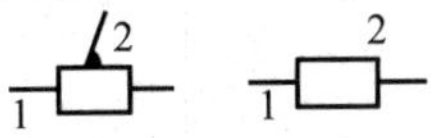	
	活动构件与机架以移动副相联接	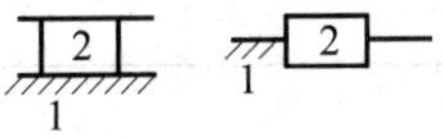	

续表

名　称	表示内容	常用符号	备　注
两构件以运动副相联接(两构件与一内副)[①]	两活动构件以平面高副相联接	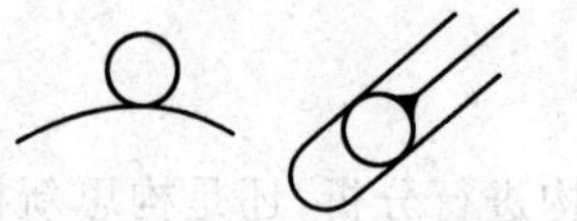	
	活动构件与机架以平面高副相联接	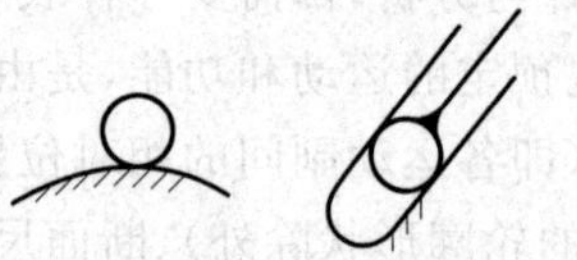	
双副构件(一构件与两外副)[②]	带两个转动副的构件	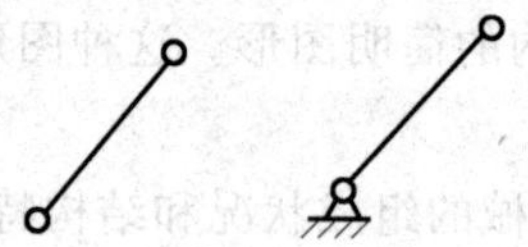	
	带1个转动副和1个移动副的构件	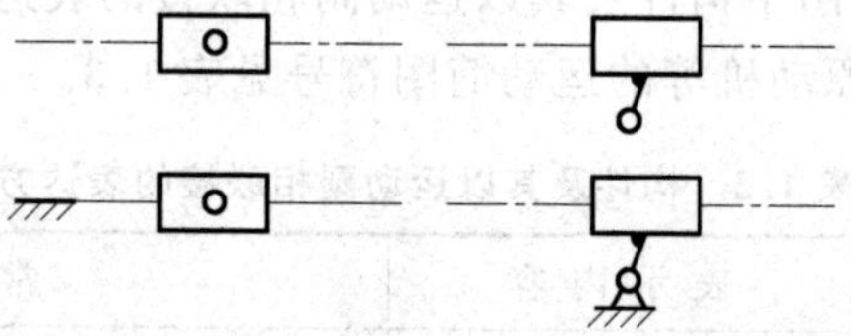	点画线代表以移动副与其相联接的其他构件
	带1个转动副和1个平面高副的构件	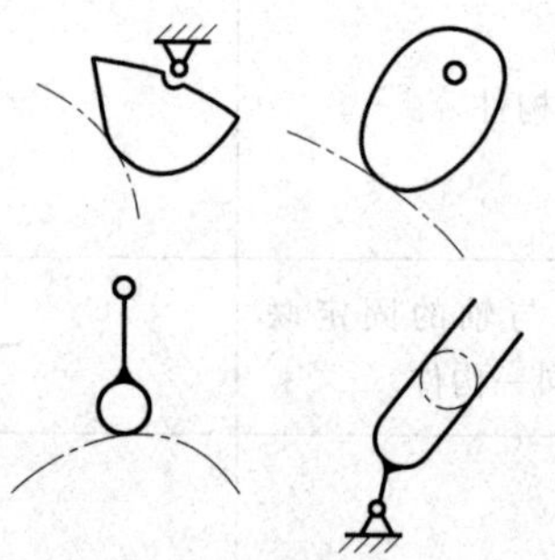	点画线代表以平面高副与其相联接的其他构件
	带两个移动副的构件	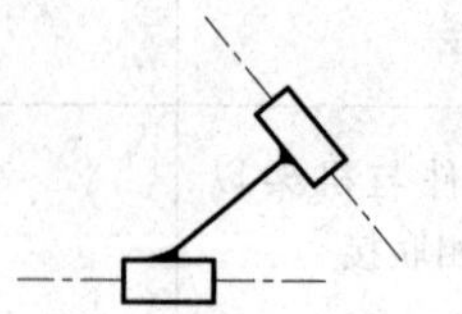	
	偏心轮		可用曲柄代替

续表

名　称	表示内容	常用符号	备　注
三副构件(一构件与三外副)	带 3 个转动副形成封闭三角形的构件	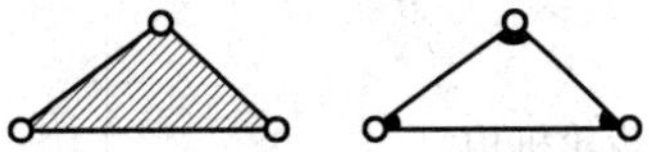	点画线代表的意义同前①②
	带 3 个转动副的杆状构件	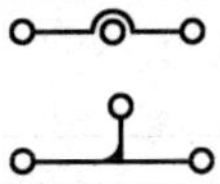	
	带两个转动副和 1 个移动副的构件	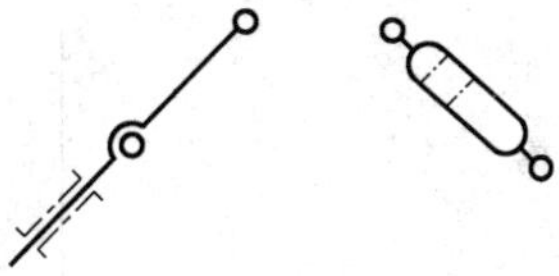	
	带 1 个转动副和两个移动副的构件	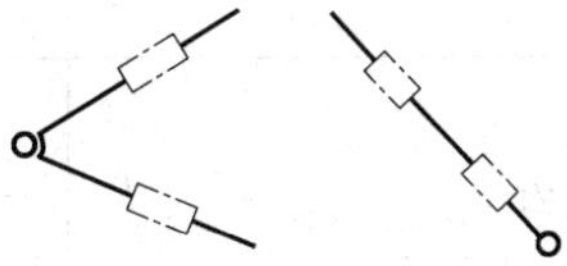	

注：① 内副为联接所研究的两个构件的运动副。

　　② 外副指研究的构件将与其他构件相联接的运动副。

表 1.3　常用机构的运动简图符号

机 构 名 称	简 图 符 号
盘形凸轮机构	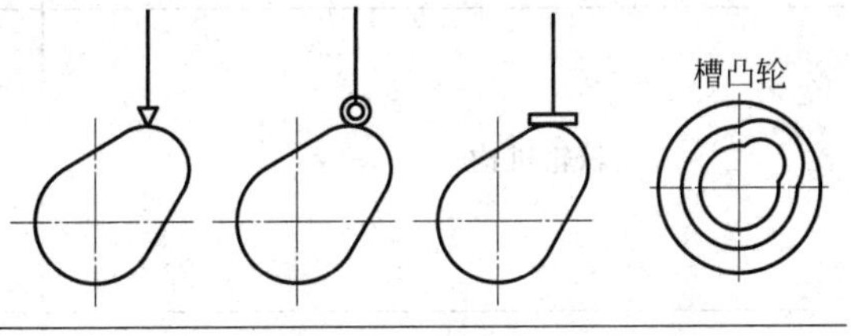 槽凸轮
外啮合圆柱齿轮机构	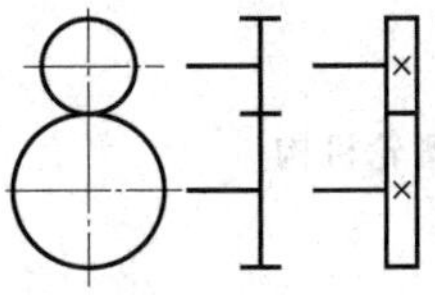
内啮合圆柱齿轮机构	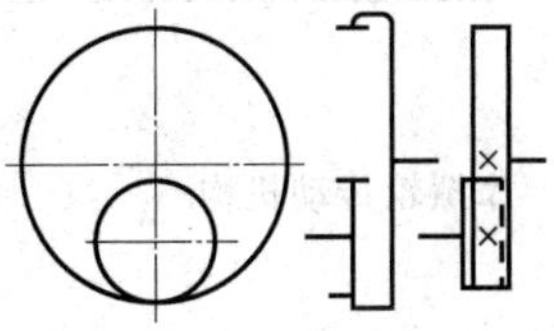
齿轮齿条机构	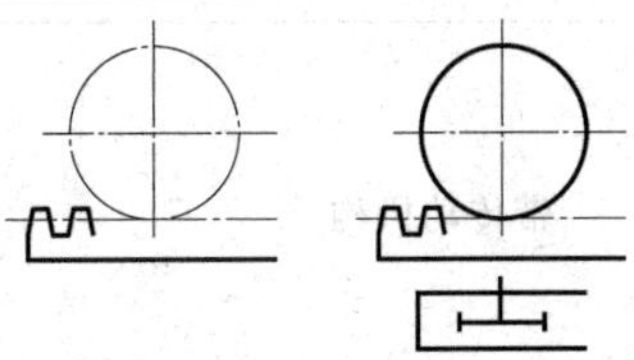

续表

机 构 名 称	简 图 符 号
交错轴斜齿轮机构	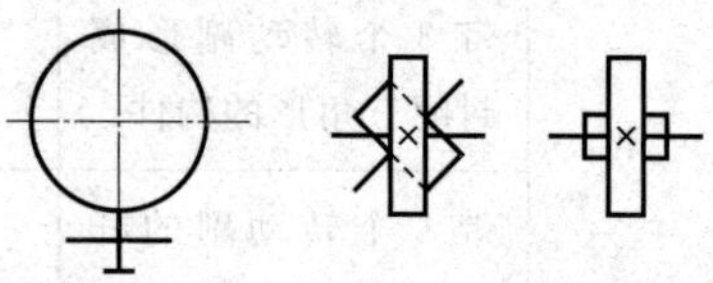
蜗杆蜗轮机构	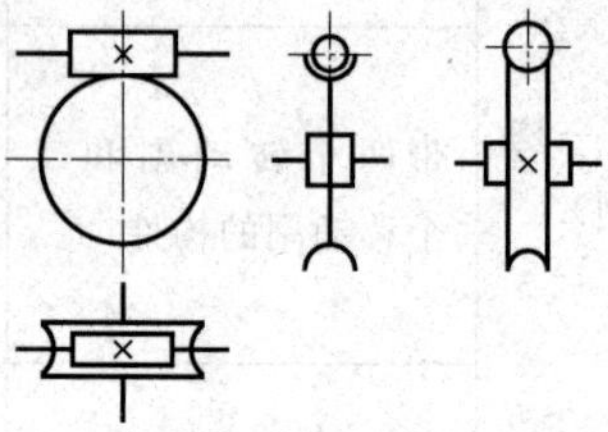
圆锥齿轮机构	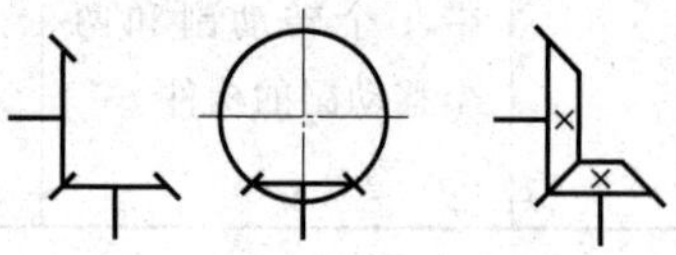
非圆齿轮机构	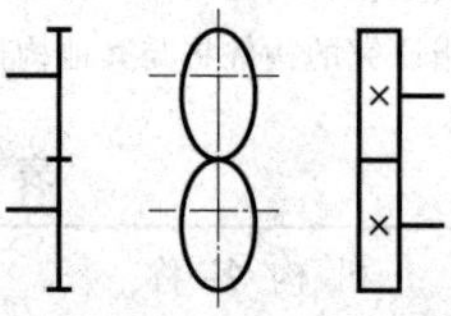
棘轮机构	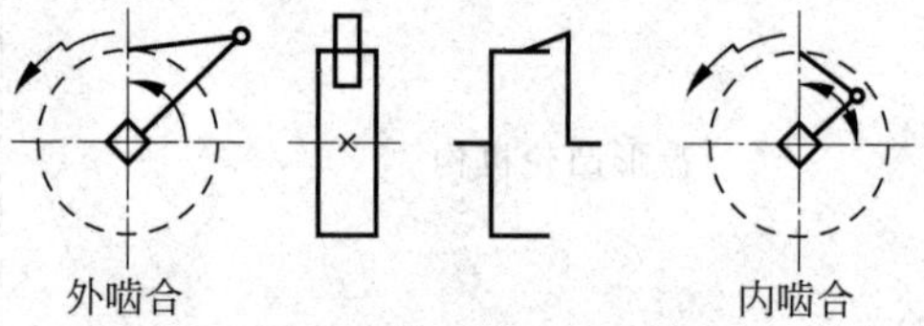 外啮合　　　　　　　　内啮合
槽轮机构	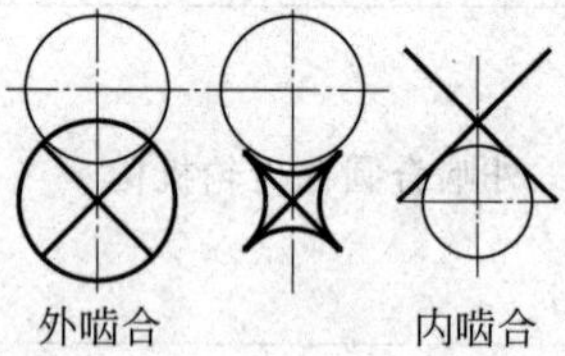 外啮合　　　内啮合
摩擦轮传动机构	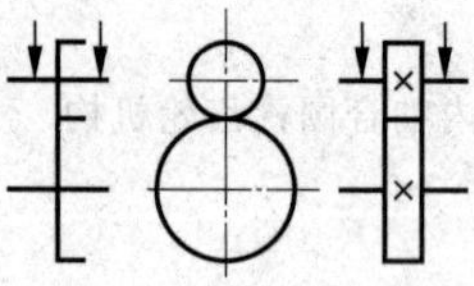
带传动机构	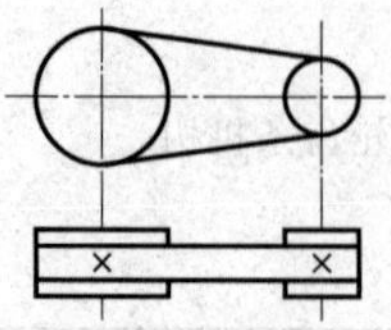

机 构 名 称	简 图 符 号
链传动机构	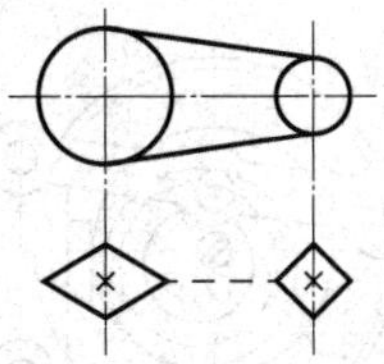
装在支架上的电动机	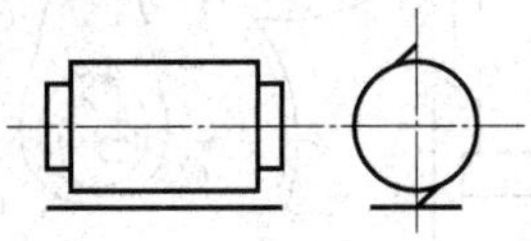

1.2.2　运动简图的绘制

机构运动简图的绘制步骤如下：

（1）分析机构的动作原理、组成情况和运动情况，确定其组成的各构件，识别原动件、机架、执行部分和传动部分。

（2）沿着运动传递路线，逐一分析每两个构件间相对运动的性质，以确定运动副的类型和数目。

（3）恰当地选择运动简图的视图平面。通常可选择机械中多数构件的运动平面为视图平面，必要时也可选择两个或两个以上的视图平面，然后将其展示到同一图面上。

（4）选择适当的长度比例尺 μ_l（μ_l＝实际尺寸(m)/图示长度(mm)），定出各运动副的相对位置，并用各运动副的代表符号、常用机构的运动简图符号和简单线条，绘制机构运动简图。从原动件开始，按传动顺序标出各构件的编号和运动副的代号。在原动件上标出箭头以表示其运动方向。

下面以图 1.5 所示的小型压力机为例，具体说明运动简图的绘制方法。

首先，分析机构的组成、动作原理和运动情况。由图 1.5 可知，该机构由偏心轮 1，齿轮 1′、杆件 2、3、4、滚子 5、槽凸轮 6、齿轮 6′、滑块 7，压杆 8，机座 9 组成。其中，齿轮 1′ 和偏心轮 1 固结在同一转轴 O_1 上，它们是一个构件；齿轮 6′ 和槽凸轮 6 固结在同一转轴 O_2 上，它们也是一个构件。即该压力机机构由 9 个构件组成，其中，机座 9 为机架。运动由偏心轮 1 输入，分两路传递：一路由偏心轮 1 经杆件 2 和 3 传至杆件 4；另一路由齿轮 1′ 经齿轮 6′、槽凸轮 6、滚子 5 传至杆件 4。两路运动经杆件 4 合成，由滑块 7 传至压头 8，使压头作上下移动，实现冲压动作。由以上分析可知，构件 1—1′ 为原动件，构件 8 为执行部分，其余为传动部分。

然后，分析各联接构件之间相对运动的性质，确定各运动副的类型。由图 1.5 可知，机架 9 和构件 1—1′、构件 1 和 2、2 和 3、3 和 4、4 和 5、6—6′ 和 9、7 和 8 之间均构成转动副；构件 3 和 9、8 和 9、7 和 4 之间分别构成移动副；而齿轮 1′ 和 6′、滚子 5 和槽凸轮 6 分别形成平面高副。

最后，选择视图投影面和比例尺 μ_l，测量各构件尺寸和各运动副间的相对位置，用表达构件和运动副的规定简图符号绘制出机构运动简图。在原动件1—1′上标出箭头以表示其转动方向,如图1.6所示。

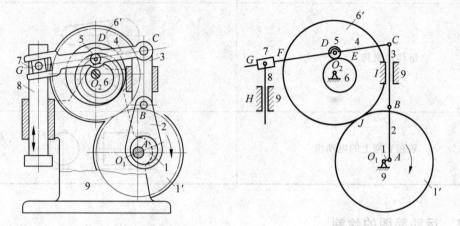

图1.5   小型压力机结构示意图   图1.6   小型压力机运动简图

需要指出的是,在计算机技术迅速发展和计算机应用日益普及的今天,利用计算机绘制机构运动简图不仅非常方便,而且可以通过动态仿真来观察机构的运动情况。

1.3   运动链成为机构的条件

1.3.1   运动链的自由度计算

确定运动链中各构件相对于其中某一构件的位置所需的独立参变量的数目称为运动链的自由度。它取决于运动链中活动构件的数目、联接各构件的运动副的类型和数目。

设一个运动链中共有 N 个构件,当取其中一个构件相对固定作为机架时,则其余活动构件的数目为 $n=N-1$ 个。在用运动副将所有构件联接起来前,这些活动构件在空间共具有 $6n$ 个自由度。当用 p_1 个1级副、p_2 个2级副、p_3 个3级副、p_4 个4级副和 p_5 个5级副联接成运动链后,这些运动副共引入了 $(5p_5+4p_4+3p_3+2p_2+p_1)$ 个约束。由于每引入1个约束构件就失去1个自由度,故整个运动链相对于机架的自由度应为活动构件自由度的总数与运动副引入的约束总数之差。若以 F 表示运动链的自由度数,则有

$$F = 6n - 5p_5 - 4p_4 - 3p_3 - 2p_2 - p_1 \qquad (1.1)$$

该式为运动链自由度计算的一般公式,适用于一般空间运动链。

需要指出的是,有些运动链由于运动副的结构和布置的特殊性,其所有构件常同时受到某些相同的公共约束。对于具有 q 个公共约束的运动链来说,其自由度计算公式应改写为

$$F = (6-q)n - \sum_{k=q+1}^{5} (k-q)p_k \qquad (1.2)$$

式中,k 为运动副的级别,其取值范围为 $(q+1)\sim5$;q 为共同约束数,其可取之值为0,1,2,3,4。当 $q=0$ 时,表示运动链中无公共约束,此时式(1.2)与式(1.1)完全相同;当 $q=5$ 时,由于 k 的最大值可为5,所以各构件间已无法以任何运动副相联成为运动链,故 q 的最大取值为4。

在图 1.7 所示的平面运动链中，由于所有构件均不能沿 z 轴移动，也不能绕 x 和 y 轴转动，故具有公共约束数 $q=3$。k 的取值只能为 4 或 5，即平面运动链中只有 4 级副和 5 级副。通常，平面运动链中的 4 级副为平面高副，5 级副为平面低副，即转动副和移动副。根据式(1.2)可得

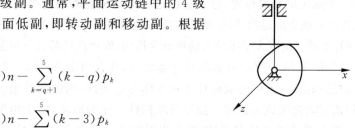

$$F = (6-q)n - \sum_{k=q+1}^{5}(k-q)p_k$$
$$= (6-3)n - \sum_{k=4}^{5}(k-3)p_k$$

即

$$F = 3n - 2p_5 - p_4 \qquad (1.3)$$

图 1.7　凸轮与推杆组成的平面运动链

该式即为平面运动链的自由度计算公式。

1.3.2　运动链成为机构的条件

判断所设计的运动链能否成为机构，是提出新的设计方案时自行评价方案可行性的关键一步。

运动链能成为机构的首要条件，是运动链的自由度必须大于零。如图 1.8(a) 所示的平面三构件运动链，其自由度 $F = 3n - 2p_5 - p_4 = 0$。$F=0$ 表明该运动链中各构件之间已无相对运动，只构成了一个刚性桁架，因而不能成为机构。又如图 1.8(b) 所示的平面四构件运动链，其自由度 $F = 3n - 2p_5 - p_4 = -1$。$F=-1$ 表明该运动链由于约束过多，已成为超静定桁架了，也不能成为机构。

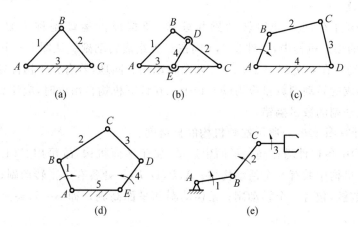

图 1.8　平面运动链

如果运动链的自由度大于零，则需进一步判断该运动链是否具有确定运动。由于通常每个原动件只具有 1 个独立运动（如用电动机作为原动机，其转子只能给原动件 1 个独立的转动；如用气缸或液压缸作为原动机，其活塞杆也只能给原动件 1 个相对独立的直移运动等），所以在运动链自由度大于零的情况下，运动链成为机构的条件是：原动件的数目应等于运动链的自由度数。

如图 1.8(c)所示的平面四杆运动链,其自由度 $F=3n-2p_5-p_4=1$,在这个自由度为 1 的运动链中,若取构件 1 为原动件,则从图中可以看出,构件 1 每转过一个角度,构件 2 和 3 便有一个确定的相对位置,也就是说这个运动链能够成为机构。如果同时使构件 3 也作为原动件具有独立的运动,则运动链内部的运动关系将发生矛盾,其中最薄弱的构件必将损坏。这说明,要使自由度大于零的运动链成为机构,原动件的数目不可多于运动链的自由度数。

又如图 1.8(d)所示的平面五杆运动链,其自由度 $F=3n-2p_5-p_4=2$,在这个自由度为 2 的运动链中,若同时取构件 1 和 4 作为原动件,则由图看出,构件 2 和 3 具有确定的运动,即该运动链能成为机构。如果只取构件 1 作为原动件,则由图可知,其余 3 个活动构件 2,3,4 的运动将不能确定,只能作无规则的运动。这说明,要使自由度大于零的运动链成为机构,原动件的数目不可少于运动链的自由度数。

以上所举的例子均为闭式运动链。图 1.8(e)所示为平面开式链,该开式链的自由度 $F=3n-2p_5-p_4=3$。若同时取构件 1,2,3 为原动件,则由图可知,该运动链具有确定的运动,能成为机构,它即是简单的机械手中的开式链机构。但若只取其中的一个或两个构件为原动件,则由图可以看出,其余活动构件的运动将不能确定,此运动链就不能成为机构。

综上所述,运动链成为机构的条件为:取运动链中一个构件相对固定作为机架,运动链相对于机架的自由度必须大于零,且原动件的数目必须等于运动链的自由度数。

满足以上条件的运动链即成为机构,机构的自由度可用运动链自由度的公式计算。

1.3.3　计算自由度时应注意的问题

在利用公式计算自由度时,还需要注意以下 3 个方面的问题。

1. 复合铰链

两个以上构件在同一处以转动副相联接,所构成的运动副称为复合铰链。在如图 1.9(a)所示的摇筛机构中,构件 2,3,4 同在 C 处组成转动副。从图 1.9(b)所示的视图中可以看出,3 个构件在 C 处组成了 C_1,C_2 两个转动副。同理,若有 k 个构件在同一处组成复合铰链,则其构成的转动副数目应为 $(k-1)$ 个。在计算机构自由度时,应注意是否存在复合铰链,以免把运动副的数目搞错。

例 1.1　计算图 1.9(a)所示摇筛机构的自由度。

解　该机构中各构件均在同一平面中运动,属于平面机构,故可用式(1.3)计算其自由度。由图可知,机构中共有 5 个活动构件;A,B,D,E,F 处各有 1 个转动副;C 处为 3 个构件组成的复合铰链,包含 2 个转动副;无移动副和平面高副。即 $n=5,p_5=7,p_4=0$,故由式(1.3)可得

$$F=3n-2p_5-p_4=3\times5-2\times7=1$$

2. 局部自由度

若机构中某些构件所具有的自由度仅与其自身的局部运动有关,并不影响其他构件的运动,则称这种自由度为局部自由度。例如,在图 1.10(a)所示的平面凸轮机构中,为了减少高副元素的磨损,在凸轮 1 和从动件 2 之间安装了一个滚子 3。由图中可以看出,当原动件凸轮 1 逆时针转动时,即可通过滚子 3 带动从动件 2 作上下往复的确定运动,故该机构是一个单自由度的平面高副机构。但用式(1.3)计算其自由度时,

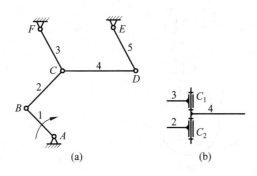

图 1.9　摇筛机构运动简图

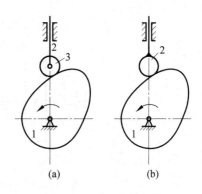

图 1.10　平面凸轮机构

$$F = 3n - 2p_5 - p_4$$
$$= 3 \times 3 - 2 \times 3 - 1 = 2$$

得出了与事实不符的结论。这是因为安装了滚子 3 和其几何中心的转动副后,引入了 1 个自由度($F = 3 \times 1 - 2 \times 1 = 1$),这个自由度是滚子 3 绕其自身轴线转动的局部自由度,它并不影响从动件 2 的运动规律,故在计算机构自由度时,应将该局部自由度除去不计,即该机构的真实自由度数为

$$F = 3n - 2p_5 - p_4 - 局部自由度数$$
$$= 3 \times 3 - 2 \times 3 - 1 - 1 = 1$$

得出与事实相符的结果。

　　既然滚子 3 绕其自身轴线的转动并不影响从动件 2 的运动,那么在计算机构自由度时,为了防止出现差错,也可设想将滚子 3 与安装滚子的构件 2 固结成一体,视为一个构件(如图 1.10(b)所示),预先排除局部自由度,然后按自由度计算公式计算。即

$$F = 3n - 2p_5 - p_4 = 3 \times 2 - 2 \times 2 - 1 = 1$$

局部自由度常见于变滑动摩擦为滚动摩擦时添加的滚子、轴承中的滚珠等场合。

3. 虚约束

　　机构的运动不仅与构件数、运动副类型和数目有关,而且与转动副间的距离、移动副的导路方向、高副元素的曲率中心等几何条件有关。在一些特定的几何条件或结构条件下,某些运动副所引入的约束可能与其他运动副所起的限制作用是一致的。这种不起独立限制作用的重复约束称为虚约束。在计算机构自由度时,应将虚约束除去不计。

　　虚约束常发生在以下场合。

　　(1) 两构件间构成多个运动副。两构件组成若干个转动副,但其轴线互相重合(如图 1.11(a)中 A, A' 所示);两构件组成若干个移动副,但其导路互相平行或重合(如图 1.11(b)中 B, B' 所示);两构件组成若干个平面高副,但各接触点之间的距离为常数(如图1.11(c),(d)中的 C, C' 和 D, D' 所示);在这些情况下,各只有 1 个运动副起约束作用,其余运动副所提供的约束均为虚约束。

　　(2) 两构件上某两点间的距离在运动过程中始终保持不变。在如图 1.12 所示的平面连杆机构中,由于 $AB // CD$,且 $AB = CD$,$AE // DF$,且 $AE = DF$,故在机构的运动过程中,构件 1 上的 E 点与构件 3 上的 F 点之间的距离将始终保持不变。此时,若将 E, F 两点以构

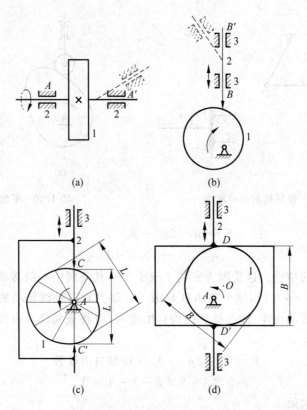

图 1.11　两构件间构成多个运动副

件 5 联接起来,则附加的构件 5 和其两端的转动副 E,F 将提供 $F=3\times1-2\times2=-1$ 的自由度,即引入了一个约束,而此约束对机构的运动并不起实际的约束作用,故为虚约束。

　　(3) 联接构件与被联接构件上联接点的轨迹重合。在图 1.13 所示的椭圆仪机构中,由于 $BD=BC=AB$,$\angle DAC=90°$,故可以证明其连杆 2 上除 B,C,D 三点外,其余各点在机构运动过程中均描绘出椭圆轨迹,而 D 点的运动轨迹为沿 y 轴的直线。此时,若在 D 处安装一个导路与 y 轴重合的滑块 4,使其与连杆 2 组成转动副,与机架 5 组成移动副,则将提供

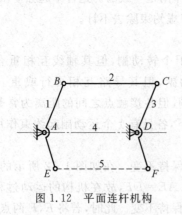

图 1.12　平面连杆机构

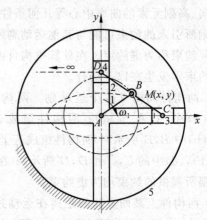

图 1.13　椭圆仪机构

$F=3×1-2×2=-1$ 的自由度，即引入了一个约束。由于滑块 4 上的 D 点与加装滑块前连杆 2 上 D 点的轨迹重合，故引入的这一约束对机构的运动并不起实际的约束作用，为虚约束。

（4）机构中对运动不起作用的对称部分。在图 1.14 所示的行星轮系中，若仅从运动传递的角度看，只需要一个行星轮 2 就足够了。这时，$n=3$，$p_5=3$，$p_4=2$，机构自由度 $F=3×3-2×3-2=1$。但为了使机构受力均衡和传递较大功率，增加了与行星轮 2 对称布置的行星轮 $2'$。增加的行星轮 $2'$ 和 1 个转动副及两个平面高副，引入了 1 个约束。由于添加的行星轮 $2'$ 和行星轮 2 完全相同，并不影响机构的运动情况，故引入的这个约束为虚约束。

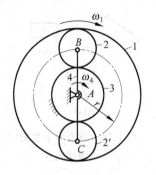

图 1.14　行星轮系

综上所述，机构中的虚约束都是在一定的几何条件下出现的，如果这些几何条件不满足，则虚约束将变成有效约束，而使机构不能运动（如图 1.11(a)，(b) 中的虚线所示）。

需要特别指出的是，人们在设计机械时采用虚约束，都是"有的放矢"的：或者是为了改善构件的受力情况（如图 1.11(a)，(b)）；或者是为了传递较大功率（如图 1.14）；或者是为了某种特殊需要（如图 1.11(c)，(d)，图 1.12 和图 1.13）。在设计机械时，若由于某种需要而必须使用虚约束时，则必须严格保证设计、加工、装配的精度，以满足虚约束所需的特定几何条件。

例 1.2　计算如图 1.15(a) 所示的大筛机构的自由度。

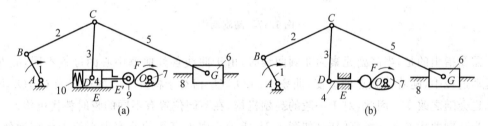

图 1.15　大筛机构

解　构件 2,3,5 在 C 处组成复合铰链；滚子 9 绕自身轴线的转动为局部自由度，可将其与活塞 4 视为一体；活塞 4 与缸体 8（机架）在 E,E' 两处形成导路平行的移动副，将 E' 处的移动副作为虚约束除去不计；弹簧 10 对运动不起限制作用，可略去。经以上处理后得机构运动简图如图 1.15(b) 所示，其中 $n=7$，$p_5=9$，$p_4=1$，因是平面机构，故可用式(1.3)计算其自由度：

$$F=3n-2p_5-p_4=3×7-2×9-1=2$$

由于原动件数目与自由度数目相等，故从动件具有确定运动。

1.4　机构的组成原理和结构分析

*1.4.1　平面机构的高副低代

为了使平面低副机构结构分析和运动分析的方法适用于所有平面机构，可以根据一定条件对机构中的高副虚拟地以低副代替,这种以低副来代替高副的方法称为高副低代。

高副低代必须满足以下条件:

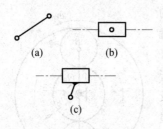

图1.16　含有两个低副的
虚拟构件

(1) 代替前后机构的自由度不变。为了保证代替前后机构自由度完全相同,最简单的方法是用一个含有两个低副的虚拟构件(如图1.16所示)来代替1个高副。这是因为1个高副引入1个约束,而1个构件和两个低副也引入1个约束。

(2) 代替前后机构的瞬时速度和瞬时加速度不变。以图1.17(a)所示的高副机构为例,构件1和2分别绕点A和点B转动,其高副两元素均为圆弧。由图中可以看出,在机构运动过程中,AO_1,BO_2及两高副元素在接触点处的公法线长度$\overline{O_1O_2}(\overline{O_1O_2}=r_1+r_2)$均保持不变。因此,可以用图1.17(b)所示的四杆机构AO_1O_2B代替原机构,即用含有两个转动副O_1,O_2的虚拟连杆4代替原机构中的高副C,即可保证代替前后机构的瞬时速度和加速度不变。

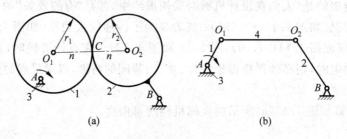

图1.17　高副低代

需要指出的是,当高副元素为非圆曲线时,由于曲线各处曲率中心的位置不同,故在机构运动过程中,随着接触点的改变,曲率中心O_1,O_2相对于构件1,2的位置及O_1,O_2间的距离也会随之改变。因此,对于一般的高副机构,在不同位置有不同的瞬时替代机构。

当高副两元素之一为直线时(如图1.18所示),由于直线的曲率中心位于无穷远处,故高副低代时,虚拟构件这一端的转动副将转化为移动副。

当高副两元素之一为一个点时(如图1.19所示),则因该点的曲率半径为零,其曲率中心与两构件的接触点重合,故高副低代时,虚拟构件这一端的转动副中心O_2即在C点处。

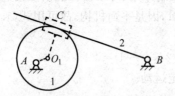

图1.18　高副两元素之一为直线时的
高副低代

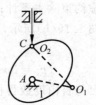

图1.19　高副两元素之一为一点时的
高副低代

根据上述方法将含有高副的平面机构进行低代后,即可将其视为平面低副机构。因此,在讨论机构组成原理和结构分析时,只需要研究含低副的平面机构。

1.4.2　机构的组成原理

任何机构中都包含原动件、机架和从动件系统 3 部分。由于机架的自由度为零,一般每个原动件的自由度为 1,且根据运动链成为机构的条件可知,机构的自由度数与原动件数应相等,所以,从动件系统的自由度数必然为零。

在研究机构的组成原理前,首先分析从动件系统的组成单元——杆组。

1. 杆组

机构的从动件系统一般还可以进一步分解成若干个不可再分的自由度为零的构件组合,这种组合称为基本杆组,简称为杆组。

对于只含低副的平面机构,若杆组中有 n 个活动构件、p_5 个低副,因杆组自由度为零,故有

$$3n - 2p_5 = 0 \qquad 或 \qquad p_5 = \frac{3}{2}n \tag{1.4}$$

为保证 n 和 p_5 均为整数,n 只能取 $2,4,6,\cdots$ 偶数。根据 n 的取值不同,杆组可分为以下情况。

(1) $n=2$,$p_5=3$ 的双杆组。双杆组为最简单,也是应用最多的基本杆组。根据其 3 个运动副的不同情况,常见的有如图 1.20 所示的 5 种形式。双杆组又称为Ⅱ级杆组。

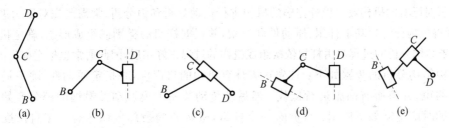

图 1.20　Ⅱ级杆组

(2) $n=4$,$p_5=6$ 的多杆组。多杆组中最常见的是如图 1.21 所示的Ⅲ级杆组,其特征是具有一个三副构件,而每个内副所联接的分支构件是双副构件。

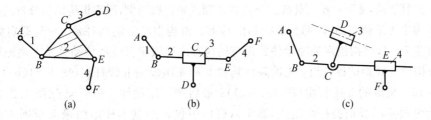

图 1.21　Ⅲ级杆组

较Ⅲ级杆组级别更高的基本杆组,因在实际机构中很少遇到,故此处不作介绍。

2. 机构的组成原理

把若干个自由度为零的基本杆组依次联接到原动件和机架上,就可组成一个新的机构,其自由度数与原动件数目相等。这就是机构的组成原理。

图 1.22 表示了根据机构组成原理组成机构的过程。首先把如图(b)所示的 Ⅱ 级杆组 BCD 通过其外副 B,D 联接到图(a)所示的原动件 1 和机架上,形成四杆机构 $ABCD$。再把图(c)所示的 Ⅲ 级杆组通过外副 E,I,J 依次与 Ⅱ 级杆组及机架联接,组成如图(d)所示的八杆机构。

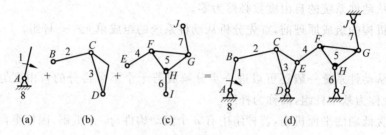

图 1.22 机构的组成

根据机构的组成原理,在进行新机械方案设计时,就可以根据设计要求由杆组组成机构,进行创新设计。但设计中必须遵循一个原则,即在满足相同工作要求的前提下,机构的结构越简单、杆组的级别越低、构件数和运动副的数目越少越好。

1.4.3 机构的结构分析

为了对已有的机构或已设计完毕的机构进行运动分析和力分析,常需要先对机构进行结构分析,即将机构分解为基本杆组、原动件和机架,并根据杆组的类别或组成形态,确定机构的级别。由于结构分析的过程与由杆组依次组成机构的过程正好相反,因此通常也把它称为拆杆组。

机构结构分析的步骤如下:首先正确计算机构的自由度,并指定原动件,除去局部自由度和虚约束,并将所有高副进行低代;然后从传动关系上离原动件最远的部分开始试拆杆组。试拆时应遵循如下原则:每拆除一个杆组,机构的剩余部分仍应是一个自由度与原机构相同的完整机构。试拆时,先按 Ⅱ 级杆组试拆;若无法拆除,再试拆更高一级别的杆组;当全部杆组拆除后,剩下的应该为指定的原动件和机架;最后确定机构的级别。

上述拆除杆组的过程,可以用图 1.23 所示的框图来表示。

图 1.24(a)所示为一颚式破碎机的机构运动简图。当曲轴 1 绕轴心 A 连续回转时,动颚板 5 绕轴心 G 往复摆动,从而将矿石轧碎。下面以该颚式破碎机为例,说明机构结构分析的过程。

该机构中无平面高副、局部自由度和虚约束。机构中的活动构件数 $n=5$,低副数 $p_5=7$,机构自由度 $F=1$,机构指定的原动件数目与机构自由度数相符。从传动关系上离原动件 1 最远的部分构件 5 开始试拆杆组:先拆除由构件 5 和 4 组成的 Ⅱ 级杆组(图 1.24(b));再拆除由构件 3 和 2 组成的 Ⅱ 级杆组(图 1.24(c));最后剩下原动件 1 和机架 6(图 1.24(d))。

机构可由不同级别的杆组组成,通常以机构中包含的基本杆组的最高级别来命名机构的级别。例如,图 1.24 所示的机构包含了 2 个 Ⅱ 级杆组,故此机构为 Ⅱ 级机构;图 1.22(d)所示的机构包含了一个 Ⅱ 级杆组和一个 Ⅲ 级杆组,故称其为 Ⅲ 级机构。对于只由一个原动件和机架组成的最简单的机构(如图 1.22(a)所示),称为 Ⅰ 级机构。

需要指出的是,同一个运动链,当原动件更换时,机构的级别有可能改变。例如图 1.22(d)所示的机构,当构件 1 为原动件时,它为 Ⅲ 级机构;而当以构件 7 为原动件时,它为 Ⅱ 级机构。

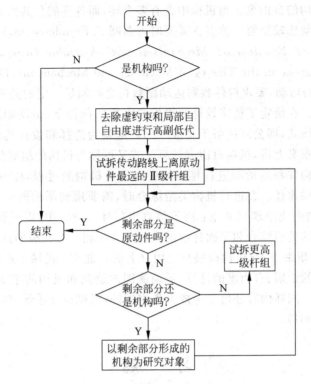

图 1.23　拆杆组流程框图

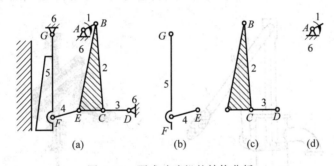

图 1.24　颚式破碎机的结构分析

文献阅读指南

(1) 在进行机械运动方案创新设计阶段,计算所设计的运动链的自由度,并判断其能否成为机构,是设计工作中十分重要的一步。本章介绍了自由度计算公式,并着重讨论了平面机构自由度计算时需要注意的问题。限于篇幅,对空间机构的自由度计算仅给出了一般公式,没有深入展开讨论。希望在这方面作深入研究的读者,可参阅张启先编著的《空间机构的分析与综合》(上册)(北京:机械工业出版社,1984)。书中从研究空间开式运动链的自由度公式及末杆自由度分析入手,推导了空间单封闭形机构和多封闭形机构的自由度公式,并介绍了其计算方法及注意事项。

(2) 本章中所给出的式(1.2),只能用于计算单环闭链,或虽系多环闭链但各环的公共约束数目相同的机构的自由度。当机构中含有多个环,而各环的公共约束数目又不相同时,机构自由度的计算就比较繁复。读者在需要时可参阅 F. Freudenstein,R. Alizade 所著的论文 *On the Degree of Freedom of Mechanisms with Variable General Constraint*(The Fourth World Congress on the Theory of Machines and Mechanisms,1975)。

(3) 确定机构的运动,要求构件数和运动副数目之间满足一定的关系,这个关系就是机构自由度计算公式。在给定了所需设计的机构自由度的前提下,运动副数目和构件数的多种组合都可以满足该式,即公式的解不是惟一的。这就为选择和设计机构留下了比较和择优的余地。从这个意义上讲,机构自由度计算公式又可称为机构的组成公式。

把一定数量的构件和运动副进行排列搭配以组成机构的过程,称为机构的类型综合。它可为创新机构提供途径。在进行机构类型综合时,需要用到图论的一些基本知识。曹惟庆在其编著的《机构组成原理》(北京:高等教育出版社,1983)中,以平面低副机构为例,介绍了单自由度机构的类型综合和平面杆组的类型综合问题。有兴趣的读者可参阅该书。

(4) 孟宪源、姜琪编著的《机构构型与应用》(上册)(北京:机械工业出版社,2004)中的第 1 章介绍了机构的识别、自由度的计算、运动简图的绘制和机构的组成及构型方法,可作为本章学习的参考。同样内容还可参考成大先主编的《机械设计手册》单行本《机构》(北京:化学工业出版社,2004)。

习　题

1.1　试根据图 1.25 所示的各机构的结构简图绘制其运动简图,并计算其自由度。

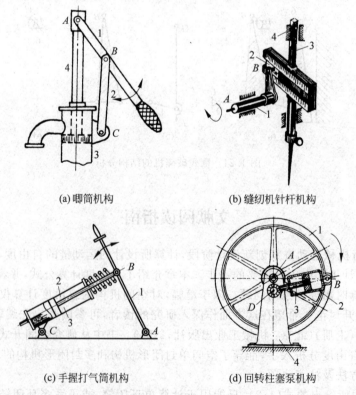

(a) 唧筒机构　　　　　　　　　(b) 缝纫机针杆机构

(c) 手握打气筒机构　　　　　　(d) 回转柱塞泵机构

图 1.25　习题 1.1 图

1.2　图 1.26 所示为一简易冲床机构的结构简图。其中原动件 1 按图中箭头所示方向绕固定轴 A 转动；构件 1 和滑块 2 在 B 处组成转动副；构件 3 绕固定轴 C 转动；构件 5 为冲头，在导路 6 中做往复移动。试绘制该机构运动简图，并计算其自由度。

1.3　图 1.27 所示为一肘杆式冲压机构的结构简图。其中盘形槽凸轮 1 为原动件，滚子 2 以转动副安装在摇臂 3 上，当凸轮转动时，通过与其相接触的滚子 2 的作用，驱动摇臂 3 往复摆动，拉动连杆 4 和肘杆 5、6，从而驱使冲头 7 连同垂直滑块 $7'$ 一起上下往复运动。试绘制该机构的运动简图，并计算自由度，指出其中是否含有复合铰链、局部自由度或虚约束，并说明计算自由度时应作何处理。

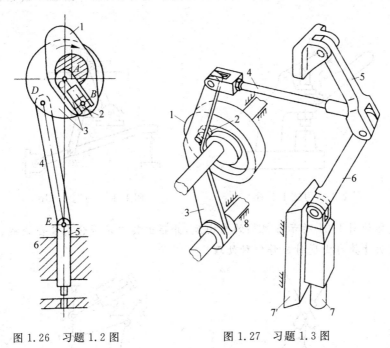

图 1.26　习题 1.2 图　　　　图 1.27　习题 1.3 图

1.4　试判别图 1.28 所示各运动链能否成为机构，并说明理由。

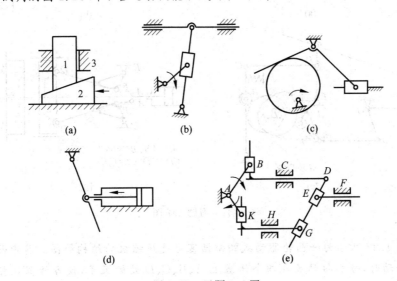

(a)　　　　(b)　　　　(c)

(d)　　　　(e)

图 1.28　习题 1.4 图

1.5　图 1.29 所示为一手动冲床设计方案的示意图。设计者的思路是：动力由摇杆 1 输入,通过连杆 2 使摇杆 3 往复摆动,摇杆 3 又推动冲杆 4 作往复直线运动,以达到冲压的目的。试绘出该方案的运动简图,分析其能否实现设计意图,并说明理由。若不能实现设计意图,试在该方案的基础上提出两种以上改进设计方案,并绘出修改后方案的运动简图。

1.6　图 1.30 所示为一脚踏式推料机设计方案的示意图。设计者的思路是：动力由踏板 1 输入,通过连杆 2 使杠杆 3 摆动,进而使推板 4 沿导轨作直线运动,完成输送工件或物料的目的。试绘出该方案的运动简图,分析其能否实现设计意图,并说明理由。若不能实现设计意图,试在该方案的基础上提出两种以上改进设计方案,并绘出修改后方案的运动简图。

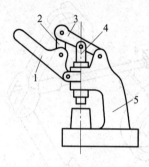
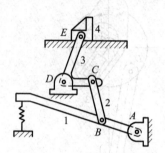

图 1.29　习题 1.5 图　　　　图 1.30　习题 1.6 图

1.7　计算如图 1.31 所示各机构的自由度,并指出其中是否含有复合铰链、局部自由度或虚约束,说明计算自由度时应作何种处理。

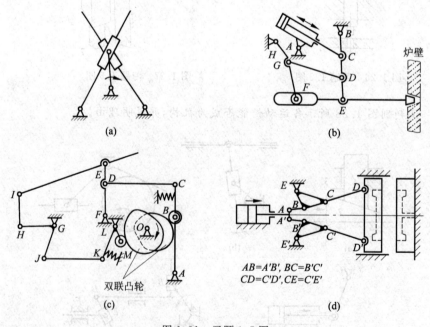

图 1.31　习题 1.7 图

1.8　图 1.32 所示为一凸轮驱动式四缸活塞空气压缩机的结构简图。其中凸轮 1 为原动件,当其转动时,分别推动装在四个活塞上 A、B、C、D 处的滚子,使各活塞在相应的气缸内往复运动。已知四个连杆的长度相等，即 $l_{AB}=l_{BC}=l_{CD}=l_{AD}$，试绘制该机构的运动简图，并计算其自由度。

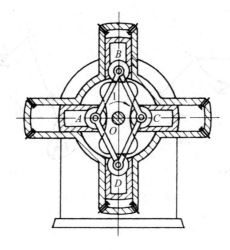

图 1.32　习题 1.8 图

1.9　说明如图 1.33 所示各机构的组成原理，并判别机构的级别和所含杆组的数目。对于图(f)所示机构，当分别以构件 1,3,7 为原动件时，机构的级别会有什么变化。

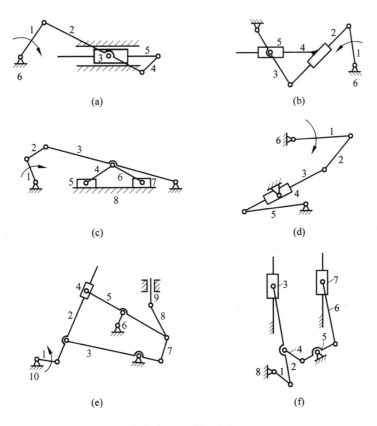

图 1.33　习题 1.9 图

1.10 计算如图 1.34 所示各机构的自由度,并在高副低代后,分析组成这些机构的基本杆组及杆组的级别。

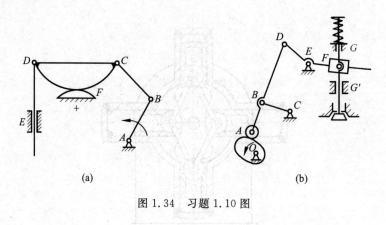

图 1.34 习题 1.10 图

2 连 杆 机 构

【内容提要】 本章首先介绍平面连杆机构的基本型式及其演化方法,分析平面连杆机构的运动特性和传力特性;在此基础上,介绍平面连杆机构的特点、功能及运动分析的方法,重点阐述平面连杆机构运动设计的原理和方法,最后简要介绍空间连杆机构的特点及应用。

连杆机构是由若干刚性构件用低副联接所组成的。在连杆机构中,若各运动构件均在相互平行的平面内运动,则称为平面连杆机构;若各运动构件不都在相互平行的平面内运动,则称为空间连杆机构。

2.1 平面连杆机构的类型

在平面连杆机构中,结构最简单且应用最广泛的是由 4 个构件所组成的平面四杆机构,其他多杆机构均可以看成是在此基础上依次增加杆组而组成。本节介绍平面四杆机构的基本型式及其演化。

2.1.1 平面四杆机构的基本型式

所有运动副均为转动副的四杆机构称为铰链四杆机构,如图 2.1 所示,它是平面四杆机构的基本型式。在此机构中,构件 4 为机架,直接与机架相连的构件 1,3 称为连架杆,不直接与机架相连的构件 2 称为连杆。能做整周回转的连架杆称为曲柄,如构件 1;仅能在某一角度范围内往复摆动的连架杆称为摇杆,如构件 3。如果以转动副相连的两构件能作整周相对转动,则称此转动副为整转副,如转动副 A,B;不能作整周相对转动的称为摆转副,如转动副 C,D。

在铰链四杆机构中,按连架杆能否做整周转动,可将它分为 3 种基本型式,即曲柄摇杆机构、双曲柄机构和双摇杆机构。

1. 曲柄摇杆机构

在铰链四杆机构中,若两连架杆中有一个为曲柄,另一个为摇杆,则称为曲柄摇杆机构。图 2.2 所示的缝纫机踏板机构,图 2.3 所示的搅拌器机构,图 2.4 所示的间

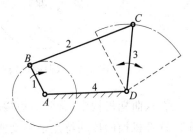

图 2.1 铰链四杆机构

歇上料机构均为曲柄摇杆机构的应用实例。

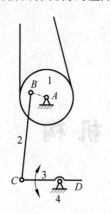
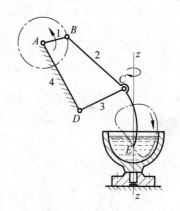

图 2.2 缝纫机踏板机构   图 2.3 搅拌器机构

在图 2.4 中,当曲柄轮 1 通过连杆 2 带动摇杆 3 驱动上料体 8 向右运动时,由于滚柱 5 在弹簧 7 的作用下有向左运动的趋势,于是便被楔紧在斜面 A 与带材 9 之间,使带材 9 也随上料体 8 一起右移,完成上料动作。当上料体 8 向左运动时,因滚柱 5 与斜面 A 脱离了接触,不再夹紧带材 9,故不能带动带材 9,于是上料体 8 完成了空程复位。

上述 3 个应用实例中,运动分别从曲柄摇杆机构的曲柄、连杆和摇杆上输出,实现了具体工作要求。

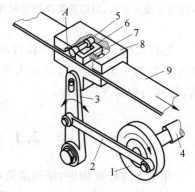

图 2.4 间歇上料机构

1—曲柄轮;2—连杆;3—摇杆;
4—机架;5—滚柱;6—滚柱压块;
7—弹簧;8—上料体;9—带材

2. 双曲柄机构

在图 2.5 所示的铰链四杆机构中,两连架杆均为曲柄,称为双曲柄机构。这种机构的传动特点是当主动曲柄连续等速转动时,从动曲柄一般做不等速转动。图 2.6 所示为惯性筛机构,它利用双曲柄机构 $ABCD$ 中的从动曲柄 3 的变速回转,使筛子 6 具有所需的加速度,从而达到筛分物料的目的。

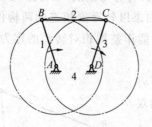
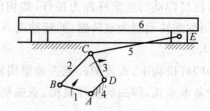

图 2.5 双曲柄机构   图 2.6 惯性筛机构

在双曲柄机构中,若两对边构件长度相等且平行,则称为平行四边形机构,如图 2.7 所示。这种机构的传动特点是主动曲柄和从动曲柄均以相同的角速度转动,连杆作平动。

平行四边形机构有一个位置不确定问题,如图 2.8 中的位置 C_2,C_2' 所示。为解决此问题,可以在从动曲柄 CD 上加装一个惯性较大的轮子,利用惯性维持从动曲柄转向不变。也可以通过加虚约束使机构保持平行四边形(如图 2.9 所示的机车车轮联动的平行四边形机构),从而避免机构运动的位置不确定问题。

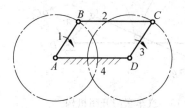

图 2.7　平行四边形机构

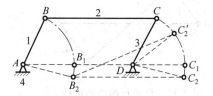

图 2.8　平行四边形机构中的位置不确定问题

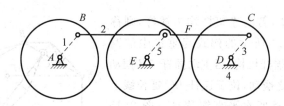

图 2.9　机车车轮联动的平行四边形机构

　　图 2.10 和图 2.11 为平行四边形机构的应用实例,分别实现工件的夹紧和工件位置的调整。

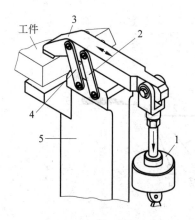

图 2.10　工件夹紧机构
1—气缸;2—摇杆;
3—压板;4—摇杆;5—机架

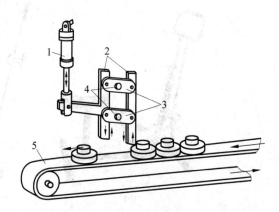

图 2.11　工件位置调整机构
1—气缸;2—隔料杆(连杆);
3—摇杆;4—支承轴;5—传送带

　　在图 2.10 中,当气缸 1 驱动活塞杆往复运动时,摇杆 2,4 往复摆动,压板 3 将实现平面平动,夹紧和松开工件。

　　在图 2.11 中,当气缸 1 驱动活塞杆作往复运动时,两根隔料杆 2 交替上下运动,使排列在传送带 5 上的工件逐个进入隔料杆 2 之间,工件与工件被相互隔离。

　　两曲柄长度相同,而连杆与机架不平行的铰链四杆机构,称为反平行四边形机构,如图 2.12 所示。这种机构主、从动曲柄转向相反。图 2.13 所示的汽车车门开闭机构即为其应用实例。

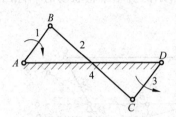

图 2.12 反平行四边形机构

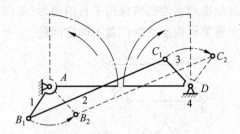

图 2.13 汽车车门开闭机构

3. 双摇杆机构

在铰链四杆机构中,若两连架杆均为摇杆,则称为双摇杆机构。图 2.14 所示的鹤式起重机中的四杆机构 *ABCD* 即为双摇杆机构,当主动摇杆 *AB* 摆动时,从动摇杆 *CD* 也随之摆动,位于连杆 *BC* 延长线上的重物悬挂点 *E* 将沿近似水平直线移动。图 2.15 所示为运动训练器,人坐在座椅上,通过手、脚协同施力于杆 1,带动杆 3 实现摆动,达到锻炼身体的目的。

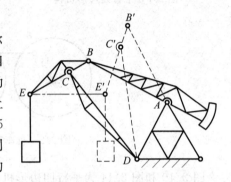

图 2.14 鹤式起重机的双摇杆机构

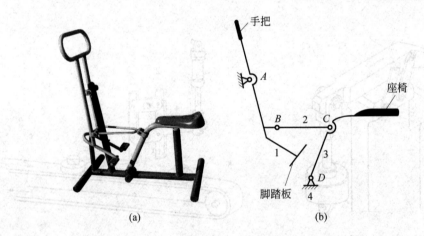

图 2.15 运动训练器

在双摇杆机构中,如果两摇杆长度相等,则称为等腰梯形机构。如图 2.16 所示的汽车前轮转向机构中的四杆机构 *ABCD*,即为等腰梯形机构。

2.1.2 平面四杆机构的演化

除了上述 3 种铰链四杆机构外,在工程实际中还广泛应用着其他类型的四杆机构。这些四杆机构都可以看作是由铰链四杆机构通过下述不同方法演化而来的,掌握这些

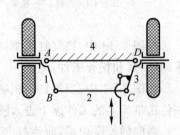

图 2.16 汽车前轮转向机构

演化方法,有利于对连杆机构进行创新设计。

1. 转动副转化成移动副

在图 2.17(a)所示的曲柄摇杆机构中,当曲柄 1 转动时,摇杆 3 上 C 点的轨迹是圆弧 mm,且当摇杆长度越长时,曲线 mm 越平直。当摇杆为无限长时,mm 将成为一条直线,这时可以把摇杆做成滑块,转动副 D 将演化成移动副,这种机构称为曲柄滑块机构,如图 2.17(b)所示。滑块移动导路到曲柄回转中心 A 之间的距离 e 称为偏距。如果 e 不为零,称为偏置曲柄滑块机构;如果 e 等于零,称为对心曲柄滑块机构,如图 2.17(c)所示。内燃机、往复式抽水机、空气压缩机、公共汽车车门(如图 2.18 所示)及冲床等的主机构都是曲柄滑块机构。

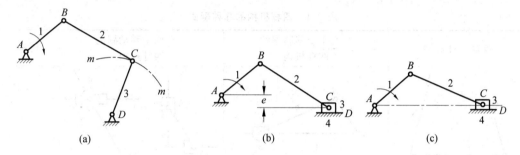

图 2.17 转动副转化为移动副(1)

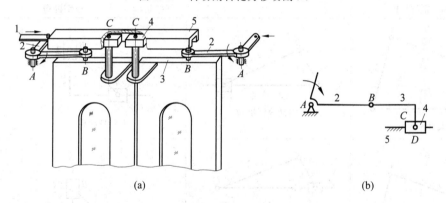

图 2.18 公共汽车车门

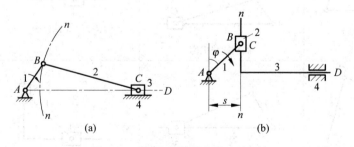

图 2.19 转动副转化为移动副(2)

在图 2.19(a)所示的对心曲柄滑块机构中,连杆 2 上的 B 点相对于转动副 C 的运动轨迹为圆弧 nn,如果设想连杆 2 的长度变为无限长,圆弧 nn 将变成直线,如再把连杆 2 做成滑块,转动副 C 将演化成移动副,则该曲柄滑块机构就演化成具有两个移动副的四杆机构,如图 2.19(b)所示。这种机构多用于仪表、解算装置中。由于从动件位移 s 和曲柄转角 φ 的关系为 $s = l_{AB}\sin\varphi$,故将该机构称为正弦机构。

2. 选取不同构件为机架

以低副相连接的两构件之间的相对运动关系,不会因取其中哪一个构件为机架而改变,这一性质称为"低副运动可逆性"。根据这一性质,在表 2.1 所示的曲柄摇杆机构中,若改取构件 1 为机架,则得双曲柄机构;若改取构件 3 为机架,则得双摇杆机构;若改取构件 2 为机架,则得另一个曲柄摇杆机构。习惯上称后 3 种机构为第一种机构的倒置机构,如表 2.1 所示。

表 2.1　四杆机构的几种型式

铰链四杆机构	含有 1 个移动副的四杆机构	含有两个移动副的四杆机构	机架
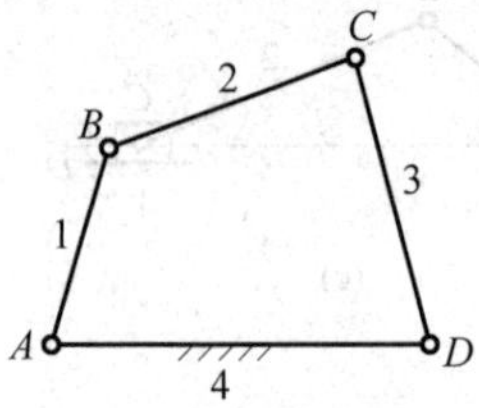 曲柄摇杆机构	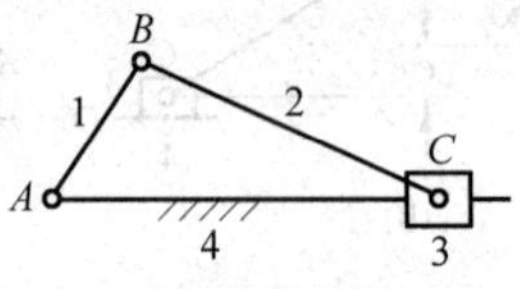 曲柄滑块机构	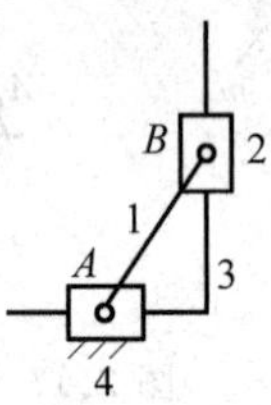 正弦机构 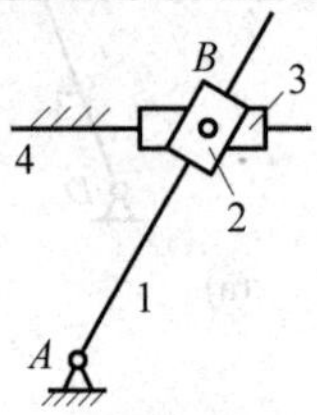　　　　正切机构	4
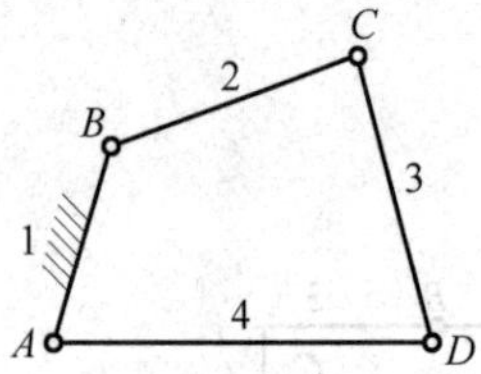 双曲柄机构	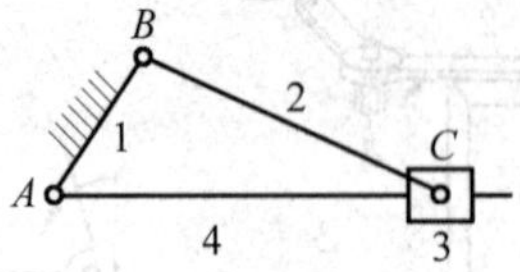 转动导杆机构	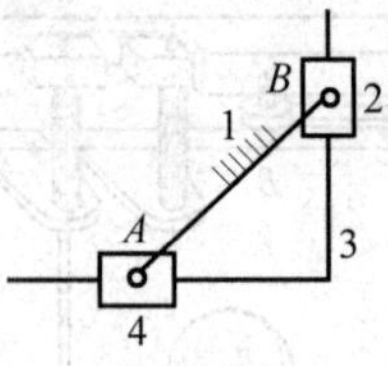 双转块机构	1
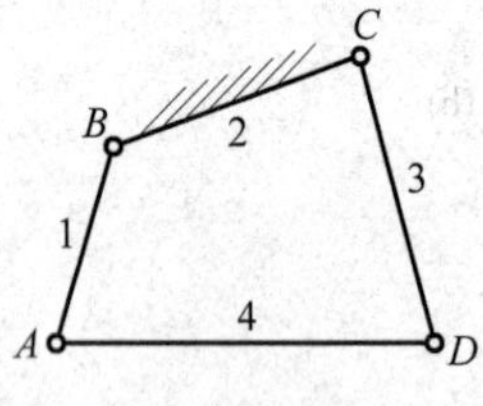 曲柄摇杆机构	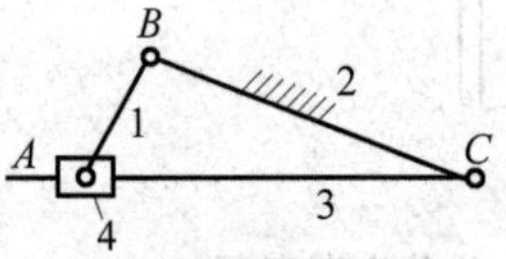 摆动导杆机构 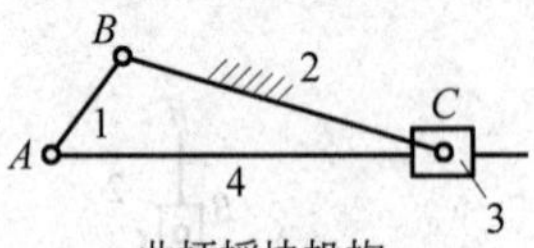 曲柄摇块机构	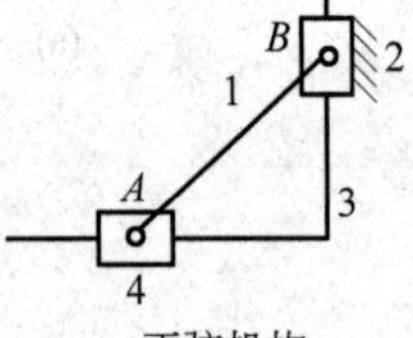 正弦机构	2
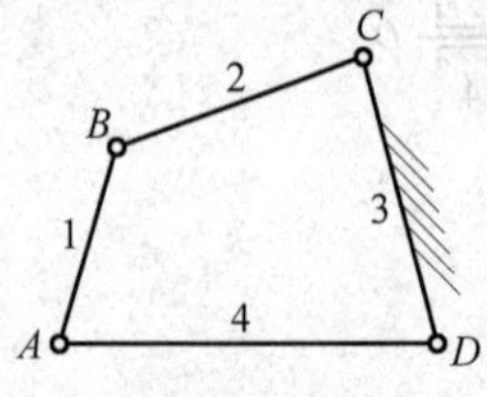 双摇杆机构	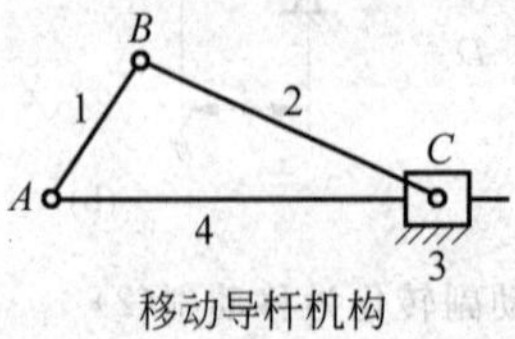 移动导杆机构	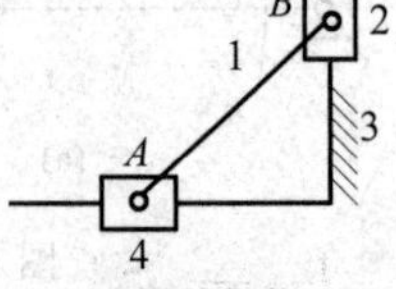 双滑块机构	3

同理,根据低副运动可逆性,当在曲柄滑块机构中固定不同构件为机架时,便可以得到具有 1 个移动副的几种四杆机构,如表 2.1 所示。当杆状构件与块状构件组成移动副时,若

杆状构件为机架,则称其为导路;若杆状构件做整周转动,称其为转动导杆;若杆状构件作非整周转动,称其为摆动导杆;若杆状构件做移动,则称其为移动导杆。

对于具有两个移动副的四杆机构,当取不同构件为机架时,便可得到4种不同型式的四杆机构,如表2.1所示。

带有1个或两个移动副的机构,变换机架时的应用实例可看表2.2和表2.3。

表2.2 带有1个移动副的机构及应用

作为机架的构件	机 构 简 图	应 用 实 例
4	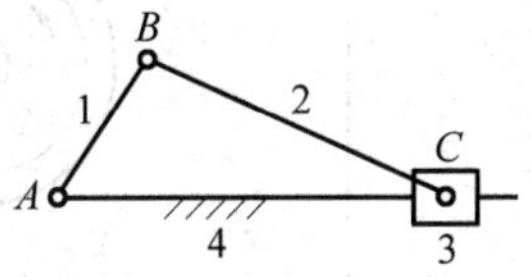 曲柄滑块机构	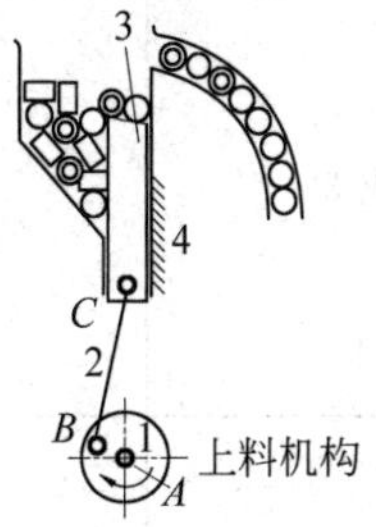 上料机构
1	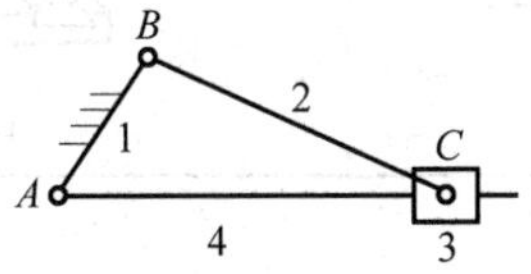 转动导杆机构	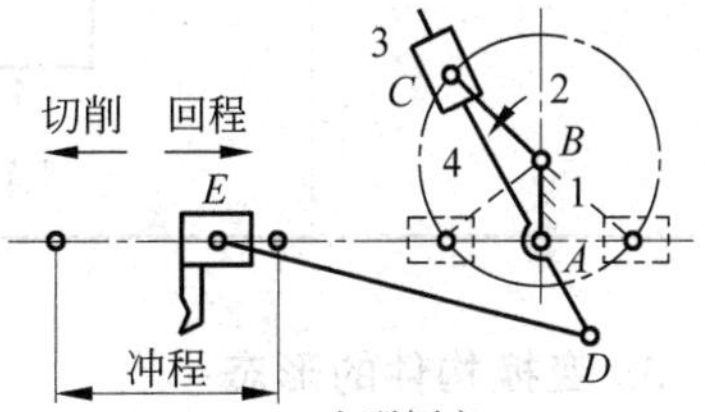 小型刨床
2	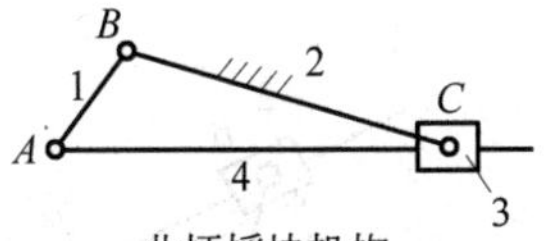 曲柄摇块机构	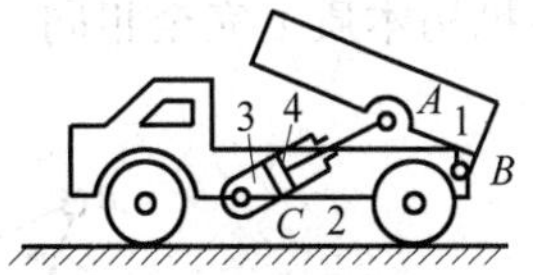 自卸汽车卸料机构
3	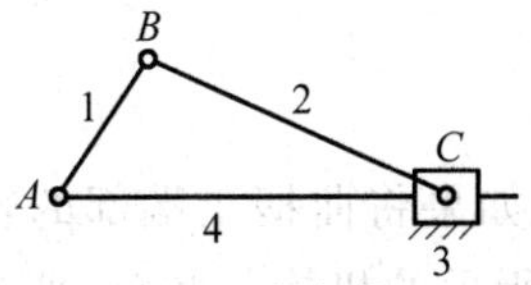 移动导杆机构	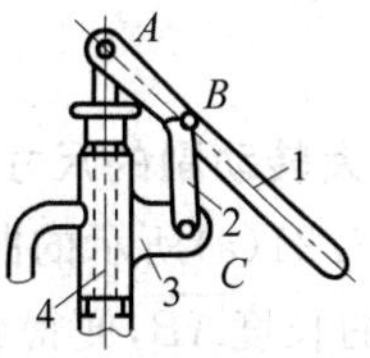 手压抽水机

表 2.3　带有两个移动副的机构及应用

作为机架的构件	机构简图	应用实例
4	双滑块机构	椭圆仪
1 或 3	正弦机构	压缩机
2	双转块机构	十字滑块联轴节

3. 变换构件的形态

在图 2.20(a)所示的机构中,滑块 3 绕 C 点作定轴往复摆动,此机构称为曲柄摇块机构。在设计机构时,若由于实际需要,可将此机构中的杆状构件 2 做成块状,而将块状构件 3 做成杆状构件,如图 2.20(b)所示。此时构件 3 为摆动导杆,故称此机构为摆动导杆机构。这两种机构本质上完全相同。

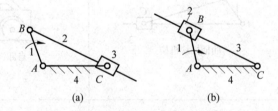

(a)   (b)

图 2.20　曲柄摇块机构和摆动导杆机构

4. 扩大转动副的尺寸

在图 2.21(a)所示的曲柄摇杆机构中,如果将曲柄 1 端部的转动副 B 的半径加大至超过曲柄 1 的长度 $\overline{AB}$,便得到如图 2.21(b)所示的机构。此时,曲柄 1 变成了一个几何中心为 B、回转中心为 A 的偏心圆盘,其偏心距 e 即为原曲柄长。该机构与原曲柄摇杆机构的运动特性完全相同,其机构运动简图也完全一样。在设计机构时,当曲柄长度很短、曲柄销需承受较大冲击载荷而工作行程很小时,常采用这种偏心盘结构型式,图 1.5 所示的小型压力机中就采用了偏心盘结构。此外,在冲床、剪床、柱塞油泵等设备中均可见到这种结构。

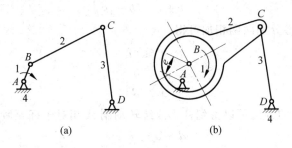

图 2.21　转动副的扩大

2.2　平面连杆机构的工作特性

　　平面连杆机构具有传递和变换运动,实现力的传递和变换的功能,前者称为平面连杆机构的运动特性,后者称为平面连杆机构的传力特性。了解这些特性,对于正确选择平面连杆机构的类型,进而进行机构设计具有重要指导意义。

　　本节以四杆机构为例,介绍平面连杆机构的运动特性和传力特性。

2.2.1　运动特性

1. 转动副为整转副的条件

　　机构中具有整转副的构件是关键构件,因为只有这种构件才有可能用电机等连续转动的装置来驱动。若具有整转副的构件是与机架铰接的连架杆,则该构件即为曲柄。

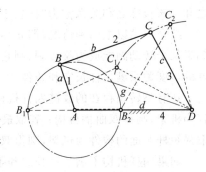

图 2.22　转动副为整转副的条件

　　下面以图 2.22 所示的四杆机构为例,说明转动副为整转副的条件。

　　在图 2.22 中,设 $d > a$,在杆 1 绕转动副 A 转动的过程中,铰链点 B 与 D 之间的距离 g 是不断变化的,当 B 点到达图示点 B_1 和 B_2 两位置时,g 值分别达到最大值 $g_{max} = d + a$ 和最小值 $g_{min} = d - a$。

　　如要求杆 1 能绕转动副 A 相对杆 4 做整周转动,则杆 1 应能通过 AB_1 和 AB_2 这两个关键位置,即可以构成三角形 B_1C_1D 和三角形 B_2C_2D。根据三角形构成原理即可以推出以下各式。

　　由 $\triangle B_1C_1D$ 可得

$$a + d \leqslant b + c \tag{a}$$

由 $\triangle B_2C_2D$ 可得

$$\left. \begin{array}{l} b - c \leqslant d - a \\ c - b \leqslant d - a \end{array} \right\} \tag{b}$$

亦即

$$a+b \leqslant c+d \atop a+c \leqslant b+d \Big\} \qquad\text{(c)}$$

将式(a),(b),(c)分别两两相加可得

$$\left. \begin{array}{l} a \leqslant c \\ a \leqslant b \\ a \leqslant d \end{array} \right\} \qquad (2.1)$$

如 $d < a$,用同样的方法可以得到杆 1 能绕转动副 A 相对于杆 4 做整周转动的条件:

$$d+a \leqslant b+c \qquad\text{(d)}$$
$$d+b \leqslant a+c \qquad\text{(e)}$$
$$d+c \leqslant a+b \qquad\text{(f)}$$

$$\left. \begin{array}{l} d \leqslant a \\ d \leqslant b \\ d \leqslant c \end{array} \right\} \qquad (2.2)$$

式(2.1)和式(2.2)说明,组成整转副 A 的两个构件中,必有一个为最短杆;式(a),(b),(c)和式(d),(e),(f)说明,该最短杆与最长杆的长度之和必小于或等于其余两构件的长度之和。该长度之和关系称为"杆长之和条件"。

综合归纳以上两种情况(即 $a < d$ 和 $a > d$),可得出如下**重要结论**:在铰链四杆机构中,如果某个转动副能成为整转副,则它所连接的两个构件中,必有一个为最短杆,并且四个构件的长度关系满足杆长之和条件。

在有整转副存在的铰链四杆机构中,最短杆两端的转动副均为整转副。此时,若取最短杆为机架,则得双曲柄机构;若取最短杆的任一相邻的构件为机架,则得曲柄摇杆机构;若取最短杆对面的构件为机架,则得双摇杆机构。

如果四杆机构不满足杆长之和条件,则不论选取哪个构件为机架,所得机构均为双摇杆机构。需要指出的是,在这种情况下所形成的双摇杆机构与上述双摇杆机构不同,它不存在整转副。

上述一系列结论称为**格拉霍夫定理**。

由于含有一个或两个移动副的四杆机构都是由铰链四杆机构演化而来的,故按照同样的思路和方法,可得出相应四杆机构具有整转副的条件。图 2.17(b)所示的偏置滑块机构中存在曲柄的条件为

$$l_{BC} > l_{AB} + e$$

2. 急回运动特性

在图 2.23 所示的曲柄摇杆机构中,当主动曲柄 1 位于 AB_1 而与连杆 2 成一直线时,从动摇杆 3 位于右极限位置 $C_1 D$。当曲柄 1 以等角速度 ω_1 逆时针转过角 φ_1 而与连杆 2 重叠时,曲柄到达位置 AB_2,而摇杆 3 则到达其左极限位置 $C_2 D$。当曲柄继续转过角 φ_2 而回到位置 $B_1 A$ 时,摇杆 3 则由左极限位置 $C_2 D$ 摆回到右极限位置 $C_1 D$。从动件的往复摆角均为 ψ。由图可以看出,曲柄相应的两个转角 φ_1 和 φ_2 为

$$\varphi_1 = 180° + \theta$$
$$\varphi_2 = 180° - \theta$$

式中,θ 为摇杆位于两极限位置时曲柄两位置所夹的锐角,称为极位夹角。

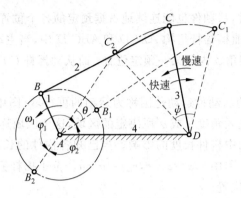

图 2.23　急回运动特性分析

由于 $\varphi_1 > \varphi_2$,因此曲柄以等角速度 ω_1 转过这两个角度时,对应的时间 $t_1 > t_2$,并且 $\varphi_1/\varphi_2 = t_1/t_2$。而摇杆 3 的平均角速度为

$$\omega_{m1} = \psi/t_1, \qquad \omega_{m2} = \psi/t_2$$

显然,$\omega_{m1} < \omega_{m2}$,即从动摇杆往复摆动的平均角速度不等,一慢一快,这样的运动称为急回运动。为了提高机械的工作效率,应在慢速运动的行程工作(正行程),快速运动的行程返回(反行程)。通常用所谓行程速度变化系数 K 来衡量急回运动的相对程度,即

$$K = \frac{\omega_{m2}}{\omega_{m1}} = \frac{\psi/t_2}{\psi/t_1} = \frac{\varphi_1}{\varphi_2} = \frac{180° + \theta}{180° - \theta} \tag{2.3}$$

如已知 K,即可求得极位夹角 θ

$$\theta = 180° \cdot \frac{K - 1}{K + 1} \tag{2.4}$$

上述分析表明,当曲柄摇杆机构在运动过程中出现极位夹角 θ 时,则机构具有急回运动特性。而且 θ 角越大,K 值越大,机构的急回运动特性也越显著。

图 2.24(a)和(b)分别表示偏置曲柄滑块机构和摆动导杆机构的极位夹角。用式(2.3)同样可以求得相应的行程速度变化系数 K。

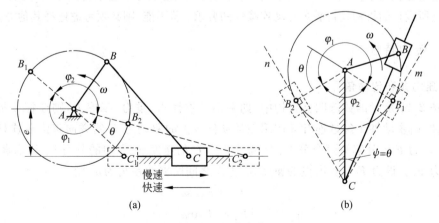

(a)　　　　　　　　　　　(b)

图 2.24　极位夹角

(a) 偏置曲柄滑块机构;(b) 摆动导杆机构

3. 运动的连续性

当主动件连续运动时,从动件也能连续地占据预定的各个位置,称为机构具有运动的连续性。如图 2.25 所示的曲柄摇杆机构 $ABCD$ 和 $ABC'D$ 中,当主动件曲柄连续地转动时从动摇杆 CD 将占据在其摆角 ψ 内的某一预定位置;而从动摇杆 $C'D$ 将占据在其摆角 ψ' 内的某一预定位置。

角度 ψ 或 ψ' 所决定的从动件运动范围称为运动的可行域(图中阴影区域)。由图可知,从动件摇杆根本不可能进入角度 α 或 α' 所决定的区域,这个区域称为运动的非可行域。

可行域的范围受机构中构件长度的影响。当已知各构件的长度后,可行域可以用作图法求得,如图 2.26 所示。图中 $r_{max}=a+b$,$r_{min}=b-a$。至于摇杆究竟能在哪个可行域内运动,则取决于机构的初始位置。

由于构件间的相对位置关系在机构运动过程中不会再改变,图 2.25 所示曲柄摇杆机构 $ABCD$ 及 $ABC'D$ 中摇杆 CD 或 $C'D$ 只能在其各自的可行域 ψ 或 ψ' 内运动。

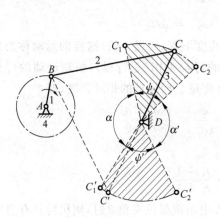 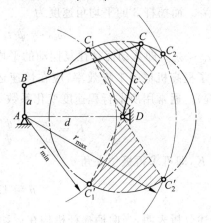

图 2.25　曲柄摇杆机构的运动连续性　　　图 2.26　用作图法求可行域

综上所述,在铰链四杆机构中,若机构的可行域被非可行域分隔成不连续的几个域,而从动件各给定位置又不在同一个可行域内,则机构的运动必然是不连续的。在设计四杆机构时,必须检查所设计的机构是否满足运动连续性的要求;若不能,则必须考虑选择其他方案。

2.2.2　传力特性

1. 压力角和传动角

在图 2.27 所示的铰链四杆机构中,如果不计惯性力、重力、摩擦力,则连杆 2 是二力共线的构件,由主动件 1 经过连杆 2 作用在从动件 3 上的驱动力 F 的方向将沿着连杆 2 的中心线 BC。力 F 可分解为两个分力:沿着受力点 C 的速度 v_C 方向的分力 F_t 和垂直于 v_C 方向的分力 F_n。设力 F 与着力点的速度 v_C 方向之间所夹的锐角为 α,则

$$\begin{cases} F_t = F\cos\alpha \\ F_n = F\sin\alpha \end{cases}$$

其中,沿 v_C 方向的分力 F_t 是使从动件转动的有效分力,对从动件产生有效回转力矩;而 F_n 则是仅仅在转动副 D 中产生附加径向压力的分力。由上式可知,α 越大,径向压力 F_n 也越

大,故称角 α 为压力角。压力角的余角称为传动角,用 γ 表示,$\gamma = 90° - \alpha$。显然,γ 角越大,则有效分力 F_t 越大,而径向压力 F_n 越小,对机构的传动越有利。因此,在连杆机构中,常用传动角的大小及其变化情况来衡量机构传力性能的优劣。

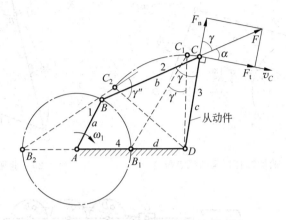

图 2.27 铰链四杆机构压力角和传动角

在机构的运动过程中,传动角的大小是变化的。当曲柄 AB 转到与机架 AD 重叠共线和拉直共线两位置 AB_1,AB_2 时,传动角将出现极值 γ' 和 γ''(传动角总取锐角)。这两个值的大小为

$$\gamma' = \arccos \frac{b^2 + c^2 - (d-a)^2}{2bc} \tag{2.5}$$

$$\gamma'' = 180° - \arccos \frac{b^2 + c^2 - (d+a)^2}{2bc} \tag{2.6}$$

比较这两个位置时的传动角,即可求得最小传动角 γ_{min}。为了保证机构具有良好的传力性能,设计时通常应使 $\gamma_{min} \geqslant 40°$;对于高速和大功率的传动机械,应使 $\gamma_{min} \geqslant 50°$。

2. 死点位置

在图 2.28 所示的曲柄摇杆机构中,设摇杆 CD 为主动件,则当机构处于图示的两个虚线位置之一时,连杆与曲柄在一条直线上,出现了传动角 $\gamma = 0°$ 的情况。这时主动件 CD 通过连杆作用于从动件 AB 上的力恰好通过其回转中心,所以将不能使构件 AB 转动而出现"顶死"现象。机构的此种位置称为死点位置。由上述可见,四杆机构中是否存在死点位置,取决于从动件是否与连杆共线。

对于传动机构来说,机构有死点是不利的,应该采取措施使机构能顺利通过死点位置。对于连续运转的机器,可以利用从动件的惯性来通过死点位置,例如图 2.29 所示的缝纫机踏板机构就是借助于皮带轮的惯性通过死点位置的;也可以采用多套机构错位排列的办法,即将两组以上的机构组合起来,而使各组机构的死点位置相互错开,如图 2.30 所示的蒸汽机车车轮联动机构,就是由两组曲柄滑块机构 EFG 与 $E'F'G'$ 组成的,而两者的曲柄位置相互错开 $90°$。

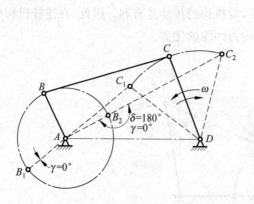

图 2.28   曲柄摇杆机构的死点位置

图 2.29   缝纫机踏板机构

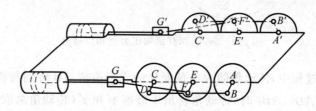

图 2.30   蒸汽机车车轮联动机构

机构的死点位置并非总是起消极作用。在工程实际中,不少场合也利用机构的死点位置来实现一定的工作要求。图 2.31 所示为夹紧工件用的连杆式快速夹具,它就是利用死点位置来夹紧工件的。在连杆 2 的手柄处施以压力 F 将工件夹紧后,连杆 BC 与连架杆 CD 成一直线。撤去外力 F 之后,在工件反弹力 T 作用下,从动件 3 处于死点位置。即使此反弹力很大,也不会使工件松脱。图 2.32 所示为飞机起落架处于放下机轮的位置,此时连杆 BC 与从动件 CD 位于一直线上。因机构处于死点位置,故机轮着地时产生的巨大冲击力不会使从动件反转,从而保持着支撑状态。

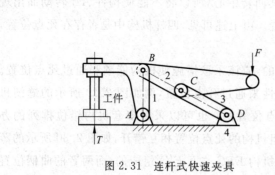

图 2.31   连杆式快速夹具

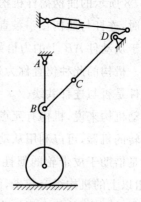

图 2.32   飞机起落架机构

2.3　平面连杆机构的特点及功能

2.3.1　平面连杆机构的特点

平面连杆机构具有以下传动特点：

（1）连杆机构中构件间以低副相连，低副两元素为面接触，在承受同样载荷的条件下压强较低，因而可用来传递较大的动力。又由于低副元素的几何形状比较简单（如平面、圆柱面），故容易加工。

（2）构件运动形式具有多样性。连杆机构中既有绕定轴转动的曲柄，绕定轴往复摆动的摇杆，又有作平面一般运动的连杆、作往复直线移动的滑块等，利用连杆机构可以获得各种形式的运动，这在工程实际中具有重要价值。

（3）在主动件运动规律不变的情况下，只要改变连杆机构各构件的相对尺寸，就可以使从动件实现不同的运动规律和运动要求。

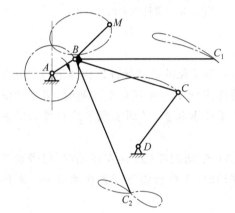

图 2.33　连杆曲线

（4）连杆曲线具有多样性。连杆机构中的连杆，可以看作是在所有方向上无限扩展的一个平面，该平面称为连杆平面。在机构的运动过程中，固接在连杆平面上的各点，将描绘出各种不同形状的曲线，这些曲线称为连杆曲线，如图 2.33 所示。连杆上点的位置不同，曲线形状不同；改变各构件的相对尺寸，曲线形状也随之变化。这些千变万化、丰富多彩的曲线，可用来满足不同轨迹的设计要求，在机械工程中得到广泛应用。

（5）在连杆机构的运动过程中，一些构件（如连杆）的质心在做变速运动，由此产生的惯性力不好平衡，因而会增加机构的动载荷，使机构产生强迫振动。所以连杆机构一般不适于用在高速场合。

（6）连杆机构中运动的传递要经过中间构件，而各构件的尺寸不可能做得绝对准确，再加上运动副间的间隙，故运动传递的累积误差比较大。

2.3.2　平面连杆机构的功能

平面连杆机构因其构件运动形式和连杆曲线的多样性被广泛地应用于工程实际中，其功能主要有以下几个方面。

1. 实现有轨迹、位置或运动规律要求的运动

图 2.34 所示的四杆机构为圆轨迹复制机构，利用该机构能实现预定的圆形轨迹。

图 2.35 所示为对开胶辊印刷机中的供纸机构。它利用连杆 2 和连杆 3 运动曲线的配合，实现了提纸和递纸动作：当固结在连杆 2 上的提纸吸头到达最低点时，吸头吸住一张纸并将其提起；

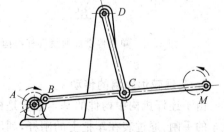

图 2.34　圆轨迹复制机构

当固结在连杆3上的递纸吸头到达最左侧时,吸头吸住纸并向右运动,将这张纸输送一段距离而进入印刷机的送纸辊中。

在图2.36所示的契贝谢夫六杆机构中,当各杆尺寸满足一定条件时,铰链四杆机构 ABCD 中连杆2上 M 点的轨迹为自交对称曲线,其交点与固定铰接点 D 重合。在原动件曲柄1回转1周中,从动件摇杆5往复摆动两次。

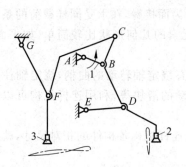

图2.35　对开胶辊印刷机供纸机构

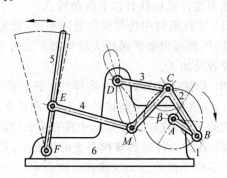

图2.36　契贝谢夫六杆机构

2. 实现从动件运动形式及运动特性的改变

图2.37所示为单侧停歇曲线槽导杆机构,它与一般常见的摆动导杆机构的不同之处在于从动导杆上有一个含有圆弧曲线的导槽。当原动件曲柄1连续转动至左侧时,将带动滚子2进入曲线槽的圆弧部分,此时从动导杆3将处于停歇状态,从而实现了从动件的间歇摆动。

图2.38所示为步进式工件传送机构。当曲柄 AB 带动摆杆 CD 向左运动时,将带动工作台升高并托住工件一起运动;当摆杆急速向右摆动时,工作台将下降且快速返回。利用该机构不仅实现了步进传送,且具有急回功能。

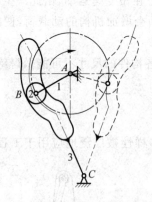

图2.37　单侧停歇曲线槽导杆机构

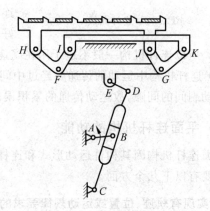

图2.38　步进式工件传送机构

3. 实现较远距离的传动

由于连杆机构中构件的基本形状是杆状构件,因此可以传递较远距离的运动。例如自行车的手闸,通过装在车把上的闸杆,利用一套连杆机构,可以把刹车动作传递到车轮的刹车块上;在锻压机械中,操作者可以在地面上通过连杆机构把控制动作传递到机床上方的离合器,以控制机床的暂停或换向。

4. 调节、扩大从动件行程

图 2.39 所示为可变行程滑块机构,通过调节导槽 6 与水平线的倾角 α,可方便地改变滑块 5 的行程。

图 2.40 所示为汽车用空气泵的机构简图。其特点是曲柄 CD 较短而活塞的行程较长。该行程的大小由曲柄的长度及 BC 与 CE 的比值决定。

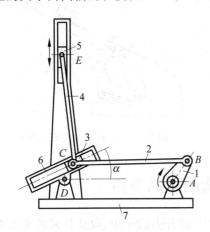 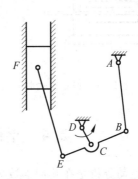

图 2.39　可变行程滑块机构　　　　图 2.40　汽车用空气泵机构简图

图 2.41 所示为伸缩机构,可用于平台升降以及输出行程较大的场合,其特点是收缩时体积小,伸展时行程大。图 2.42 为上述伸缩机构在升降台上的应用。

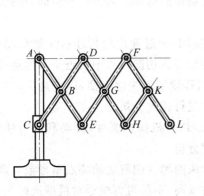 

图 2.41　伸缩机构　　　　图 2.42　升降台

5. 获得较大的机械增益

机构输出力矩(或力)与输入力矩(或力)的比值称为机械增益。利用连杆机构,可以获得较大的机械增益,从而达到增力的目的。

图 2.43 所示为偏心轮式肘节机构。在图示工作位置,DCE 的构型如同人的肘关节一样,该机构即由此而得名。由于机构在该位置具有较大的传动角,故可获得较大的机械增益,产生增力效果。该机构常用于压碎机、冲床等机械中。

图 2.44 所示为杠杆式剪切机的示意图。利用该机构也可以获得较大的机械增益。

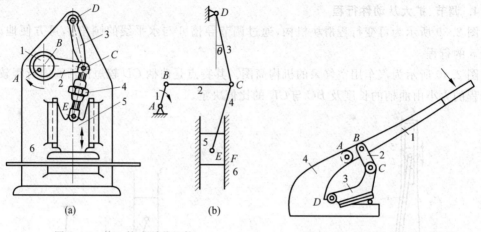

图 2.43　偏心轮式肘节机构　　　　　图 2.44　杠杆式剪切机示意图

2.4　平面连杆机构的运动分析

　　机构的运动分析是在几何参数为已知的机构中,撇开力的作用,仅从几何关系上来分析机构的位移(包括轨迹)、速度和加速度等运动情况。在分析中一般均假定主动件作等速运动。

　　运动分析的目的是为机械运动性能和动力性能研究提供必要的依据,是了解、剖析现有机械,优化、综合新机械的重要内容。如通过对机构的位移和轨迹分析,可考察某构件或构件上某点能否实现预定的位置和轨迹要求,并可确定从动件的行程所需的运动空间,据此判断运动中是否产生干涉或确定机器的外壳尺寸。

　　速度分析是加速度分析及确定机器动能和功率的基础,通过速度分析还可了解从动件速度的变化能否满足工作要求。例如,要求牛头刨床的刨刀在切削行程中接近于等速运动,以保证加工表面质量和延长刀具寿命;而刨刀的空回行程则要求快速退回,以提高生产率。为了了解所设计的刨床是否满足这些要求,就需要对它进行速度分析。

　　在高速机械和重型机械中,构件的惯性力往往极大,这对机械的强度、振动和动力性能均有较大影响。为确定惯性力,必须对机构进行加速度分析。

　　运动分析的方法很多,大体可以分为图解法和解析法两种。图解法的特点是形象直观,用于平面机构简单方便,但精确度有限。解析法计算精度高,不仅可方便地对机械进行一个运动循环过程的研究,而且还便于把机构分析和机构综合问题联系起来,以寻求最优方案,但数学模型繁杂,计算工作量大。近年来随着计算机的普及和数学工具的日臻完善,解析法已得到广泛的应用。

　　此外,也可以采用现有的商业软件进行机构的运动分析,如 ADAMS,Pro/E 等。用 ADAMS 可以创建参数化的机构模型,对机构进行运动学、静力学和动力学分析,输出位移、速度和加速度曲线。

2.4.1　瞬心法及其应用

用图解法进行平面连杆机构的位置或轨迹分析时,采用简单的几何作图就可以解决,这里主要介绍用图解法进行速度分析的问题。

机构速度分析的图解法,又有速度瞬心法和矢量方程图解法之分。对简单平面机构来讲,应用瞬心法分析速度,往往非常简便清晰。

1. 速度瞬心

当两构件(即两刚体)1,2作平面相对运动时(如图 2.45 所示),在任一瞬时,都可以认为它们是绕某一重合点作相对转动,而该重合点则称为瞬时速度中心,简称瞬心,以 P_{12}(或 P_{21})表示。显然,两构件在其瞬心处是没有相对速度的,所以瞬心可以定义为互相作平面相对运动的两构件上在任一瞬时其相对速度为零的重合点。瞬心也可以说是作平面相对运动的两构件上在任一瞬时其速度相等的重合点(即等速重合点)。若该点的绝对速度为零,则为绝对瞬心;若不等于零,则为相对瞬心。用符号 P_{ij} 表示构件 i 和构件 j 的瞬心。

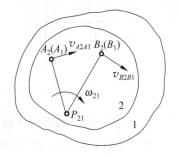

图 2.45　速度瞬心

2. 机构中瞬心的数目

由于任何两个构件之间都存在有一个瞬心,所以根据排列组合原理,由 n 个构件组成的机构,其总的瞬心数为

$$N = n(n-1)/2 \qquad (2.7)$$

3. 机构中瞬心位置的确定

如上所述,机构中每两个构件之间就有一个瞬心。如果两个构件是通过运动副直接联接在一起的,那么其瞬心位置可以很容易地通过直接观察加以确定。如果两构件并非直接联接形成运动副,则它们的瞬心位置需要用"三心定理"来确定,现分别介绍如下。

1) 通过运动副直接相联的两构件的瞬心

(1) 以转动副联接的两构件的瞬心。如图 2.46(a)、(b)所示,当两构件 1,2 以转动副联接时,则转动副的中心即为其瞬心 P_{12}。图 2.46(a),(b)中的 P_{12} 分别为绝对瞬心和相对瞬心。

(2) 以移动副联接的两构件的瞬心。如图 2.46(c),(d)所示,当两构件以移动副联接时,构件 1 相对于构件 2 移动的速度平行于导路方向,因此瞬心 P_{12} 应位于移动副导路方向之垂线上的无穷远处。图 2.46(c),(d)中的 P_{12} 分别为绝对瞬心和相对瞬心。

(3) 以平面高副联接的两构件的瞬心。如图 2.46(e),(f)所示,当两构件以平面高副联接时,如果高副两元素之间为纯滚动(ω_{12} 为相对滚动的角速度),则两元素的接触点 M 即为两元素的瞬心 P_{12}。如果高副两元素之间既作相对滚动,又有相对滑动(v_{M1M2} 为两元素接触点间的相对滑动速度),则不能直接定出两构件的瞬心 P_{12} 的具体位置。但是,因为构成高副的两构件必须保持接触,而且两构件在接触点 M 处的相对滑动速度必定沿着高副接触点处的公切线 tt 方向,由此可知,两构件的瞬心 P_{12} 必位于高副两元素在接触点处的公法线 nn 上。

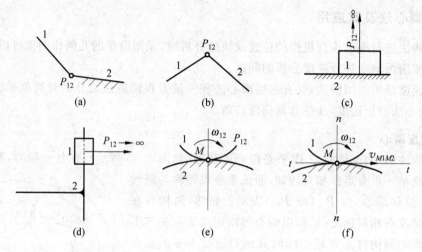

图 2.46 两构件的瞬心

2) 不直接相联的两构件的瞬心

对于不直接组成运动副的两构件的瞬心,可应用三心定理来求。

三心定理:做平面运动的 3 个构件共有 3 个瞬心,它们位于同一直线上。现证明如下:如图 2.47 所示,设构件 1,2,3 彼此做平面平行运动,根据式(2.7)它们共有 3 个瞬心,即 P_{12},P_{13},P_{23}。其中 P_{12},P_{13} 分别处于构件 2 与构件 1 及构件 3 与构件 1 所构成的转动副的中心处,故可直接求出。现证明 P_{23} 必定位于 P_{12} 及 P_{13} 的连线上。

如图 2.47 所示,为方便起见,假定构件 1 是固定不动的。因瞬心为两构件上绝对速度(大小和方向)相等的重合点,如果 P_{23} 不在 P_{12} 和 P_{13} 连线上,而在图示的 K 点,则其绝对速度 v_{K2} 和 v_{K3} 在方向上就不可能相同。显然,只有当 P_{23} 位于 P_{12} 和 P_{13} 的连线上时,构件 2 和 3 的重合点的绝对速度的方向才能一致,故知 P_{23} 必定位于 P_{12} 和 P_{13} 的连线上。

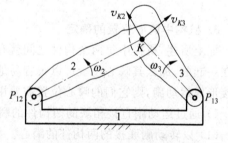

图 2.47 三心定理的证明

4. 瞬心在速度分析中的应用

利用瞬心法进行平面机构速度分析,可求出两构件的角速度比、构件的角速度及构件上某点的线速度。

在图 2.48 所示的平面四杆机构中,设各构件的尺寸均为已知,长度比例尺为 μ_l,又知主动件 2 以角速度 ω_2 等速回转,求图示位置下从动件 4 的角速度 ω_4、ω_3/ω_4 及 C 点速度的大小 v_C。

此问题应用瞬心法求解极为方便,下面分别求解。因为 P_{24} 为构件 2 及构件 4 的等速重合点,故得

$$\omega_2 \overline{P_{12}P_{24}} \mu_l = \omega_4 \overline{P_{14}P_{24}} \mu_l$$

式中 μ_l 为机构的尺寸比例尺,它是构件的真实长度与图示长度之比(m/mm)。

由上式可得
$$\omega_4 = \frac{\overline{P_{12}P_{24}}}{\overline{P_{14}P_{24}}} \cdot \omega_2$$

而
$$\frac{\omega_2}{\omega_4} = \frac{\overline{P_{14}P_{24}}}{\overline{P_{12}P_{24}}}$$

式中，ω_2/ω_4 为该机构的主动件 2 与从动件 4 的瞬时角速度之比，即机构的传动比。由上式可见，此传动比等于该两构件的绝对瞬心（P_{12}，P_{14}）至其相对瞬心（P_{24}）之距离的反比。此关系可以推广到平面机构中任意两构件 i 与 j 的角速度之间的关系中，即

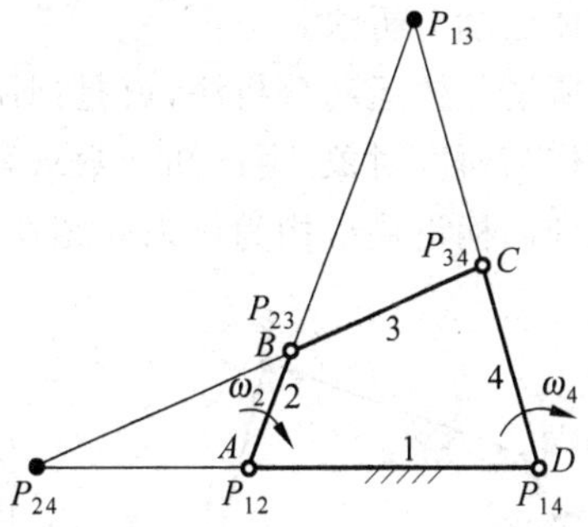

$$\frac{\omega_i}{\omega_j} = \frac{\overline{P_{1j}P_{ij}}}{\overline{P_{1i}P_{ij}}} \qquad (2.8)$$

图 2.48　平面四杆机构的瞬心

式中，ω_i，ω_j 分别为构件 i 与构件 j 的瞬时角速度；P_{1i} 及 P_{1j} 分别为构件 i 及构件 j 的绝对瞬心；而 P_{ij} 则为该两构件的相对瞬心。因此，在已知 P_{1i}，P_{1j} 及构件 i 的角速度 ω_i 的条件下，只要定出 P_{ij} 的位置，便可求得构件 j 的角速度 ω_j。由此可得

$$\frac{\omega_3}{\omega_4} = \frac{\overline{P_{14}P_{34}}}{\overline{P_{13}P_{34}}}$$

C 点的速度即为瞬心 P_{34} 的速度，则有

$$v_C = \omega_3 \cdot \overline{P_{13}P_{34}} \cdot \mu_l = \omega_4 \cdot \overline{P_{14}P_{34}} \cdot \mu_l = \omega_2 \cdot \frac{\overline{P_{12}P_{24}}}{\overline{P_{14}P_{24}}} \cdot \overline{P_{14}P_{34}} \cdot \mu_l$$

在图 2.49 所示的平面凸轮高副机构中，长度比例尺为 μ_e，已知凸轮 1 以角速度 ω_1 沿逆时针方向转动，求从动件 2 在图示位置下的速度 v_2。

已知凸轮 1 的角速度 ω_1，要求从动件 2 的速度，应先求出构件 1 与构件 2 的相对瞬心 P_{12}，那么 P_{12} 的速度即为从动件 2 的速度 v_2。

根据三心定理，P_{12} 应该与 P_{13} 和 P_{23} 在同一直线上，从图中可以得到铰链点 A 为构件 1 和机架 3 的瞬心即 P_{13}，P_{23} 在垂直于构件 2 导路的无穷远处，所以过 P_{13} 作构件 2 导路的垂线，P_{12} 应在该直线上。此外，构件 2 与构件 1 在 C 处形成高副，P_{12} 也应在过接触点的公法线 nn 上，故这两条直线的交点即为 P_{12}。从动件 2 的速度 v_2 大小为 $v_2 = v_{P_{12}} = \omega_1 \cdot \overline{P_{13}P_{12}} \cdot \mu_e$，方向为垂直向上。

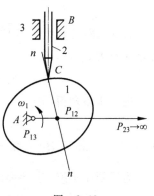

图　2.49

2.4.2　平面机构的整体运动分析法

运动分析的解析法，就是建立起机构的运动参数与机构尺寸参数之间的解析表达式，在已知原动件运动参数的条件下，求出表达式中未知的运动参数。解析法的关键是建立机构运动的位置表达式，对位置表达式分别求时间的一次和二次导数，即可得到机构的速度和加速度表达式。通过对这些表达式求解，即可得到所分析构件的位置、速度和加速度。

　　根据分析过程的不同,机构运动分析的解析法可以分为以整个机构为对象的全参数整体运动分析法和以机构组成模块为对象的部分参数逐次分析的基本杆组法两大类。本节介绍整体运动分析法。

　　所谓整体运动分析法,就是把所研究的机构置于一个直角坐标系中,自始至终都把整个机构作为研究对象,由已知参数求解出待求参数。下面分别以工程实际中常见的曲柄摇杆机构和曲柄滑块机构为例来介绍这种方法。

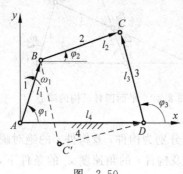

图 2.50

　　1) 曲柄摇杆机构的运动分析

　　在图 2.50 所示的曲柄摇杆机构中,已知各杆长为 l_1, l_2, l_3, l_4;曲柄 AB 为原动件,以等角速度 ω_1 转动,方向如图所示。求当曲柄与 x 轴的夹角为 φ_1 时,连杆 BC 和摇杆 DC 的位置、角速度和角加速度。

　　(1) 位置分析

　　建立以 A 为坐标原点,x 轴沿机架 AD 方向的直角坐标系。规定各角度参数均以逆时针方向为正,并将各杆长视为矢量,则整个机构形成如图 2.50 所示的封闭矢量多边形 $ABCD$。

　　由封闭矢量多边形 $ABCD$ 得

即
$$\overrightarrow{AB} + \overrightarrow{BC} = \overrightarrow{AD} + \overrightarrow{DC}$$
$$\overrightarrow{l_1} + \overrightarrow{l_2} = \overrightarrow{l_4} + \overrightarrow{l_3} \tag{2.9}$$

　　将其向坐标轴投影,即得到机构的位置方程

$$\left.\begin{array}{l} l_1\cos\varphi_1 + l_2\cos\varphi_2 = l_3\cos\varphi_3 + l_4 \\ l_1\sin\varphi_1 + l_2\sin\varphi_2 = l_3\sin\varphi_3 \end{array}\right\} \tag{2.10}$$

　　联立求解方程组(2.10)可以分别求得 φ_2 和 φ_3。通过观察,可将以上两方程移项后平方相加消去 φ_2,得

$$l_2^2 = (l_4 + l_3\cos\varphi_3 - l_1\cos\varphi_1)^2 + (l_3\sin\varphi_3 - l_1\sin\varphi_1)^2$$

　　进一步整理得

$$A\sin\varphi_3 + B\cos\varphi_3 + C = 0 \tag{2.11}$$

式中,$A = -\sin\varphi_1$,$B = l_4/l_1 - \cos\varphi_1$,$C = (l_4^2 + l_3^2 + l_1^2 - l_2^2)/2l_1l_3 - l_4\cos\varphi_1/l_3$。

　　为了便于求解,令 $x = \tan\dfrac{\varphi_3}{2}$,$\sin\varphi_3 = \dfrac{2x}{1+x^2}$,$\cos\varphi_3 = \dfrac{1-x^2}{1+x^2}$,则式(2.11)变为

$$(B-C)x^2 - 2Ax - (B+C) = 0 \tag{2.12}$$

　　式(2.12)为 x 的二次方程,求解该二次方程,可得

$$\varphi_3 = 2\arctan x = 2\arctan\frac{A + M\sqrt{A^2+B^2-C^2}}{B-C} \tag{2.13}$$

式中 $M = \pm 1$,称为位置模式系数。若 $A^2 + B^2 - C^2 < 0$,则方程(2.13)无解,即按给定杆长无法"装配"出曲柄摇杆机构。否则,在给定 φ_1 时,φ_3 有两种可能解,对应有两种机构的装配模式。对应图 2.50 中的 $ABCD$,则 $M = 1$;对应图 2.50 中的 $ABC'D$,则 $M = -1$。机构

的具体位置模式根据设计要求确定,一旦位置模式确定下来,机构在整个运动过程中模式系数 M 就不变了。

求得 φ_3 后,可由式(2.10)求得

$$\varphi_2 = \arctan \frac{l_3 \sin\varphi_3 - l_1 \sin\varphi_1}{l_4 + l_3 \cos\varphi_3 - l_1 \cos\varphi_1} \tag{2.14}$$

(2) 速度分析

将式(2.10)对时间求导,得到

$$\left.\begin{array}{l} l_1 \omega_1 \sin\varphi_1 + l_2 \omega_2 \sin\varphi_2 = l_3 \omega_3 \sin\varphi_3 \\[2mm] l_1 \omega_1 \cos\varphi_1 + l_2 \omega_2 \cos\varphi_2 = l_3 \omega_3 \cos\varphi_3 \end{array}\right\} \tag{2.15}$$

由式(2.15)解得

$$\left.\begin{array}{l} \omega_2 = \dfrac{-l_1 \sin(\varphi_1 - \varphi_3)}{l_2 \sin(\varphi_2 - \varphi_3)} \cdot \omega_1 \\[4mm] \omega_3 = \dfrac{l_1 \sin(\varphi_1 - \varphi_2)}{l_3 \sin(\varphi_3 - \varphi_2)} \cdot \omega_1 \end{array}\right\} \tag{2.16}$$

若角速度计算结果为正,为逆时针方向,反之则为顺时针方向。

(3) 加速度分析

将式(2.15)对时间求导,得到

$$\left.\begin{array}{l} l_1 \omega_1^2 \cos\varphi_1 + l_2 \omega_2^2 \cos\varphi_2 + l_2 \varepsilon_2 \sin\varphi_2 = l_3 \omega_3^2 \cos\varphi_3 + l_3 \varepsilon_3 \sin\varphi_3 \\[2mm] -l_1 \omega_1^2 \sin\varphi_1 - l_2 \omega_2^2 \sin\varphi_2 + l_2 \varepsilon_2 \cos\varphi_2 = -l_3 \omega_3^2 \sin\varphi_3 + l_3 \varepsilon_3 \cos\varphi_3 \end{array}\right\} \tag{2.17}$$

由式(2.17)解得

$$\left.\begin{array}{l} \varepsilon_2 = \dfrac{l_1 \omega_1^2 \cos(\varphi_1 - \varphi_3) + l_2 \omega_2^2 \cos(\varphi_3 - \varphi_2) - l_3 \omega_3^2}{l_2 \sin(\varphi_3 - \varphi_2)} \\[4mm] \varepsilon_3 = \dfrac{l_1 \omega_1^2 \cos(\varphi_1 - \varphi_2) + l_2 \omega_2^2 - l_3 \omega_3^2 \cos(\varphi_3 - \varphi_2)}{l_3 \sin(\varphi_3 - \varphi_2)} \end{array}\right\} \tag{2.18}$$

求得构件 2 和构件 3 的角速度及角加速度后,便可方便地求构件 2 或 3 上任意点的速度和加速度。

2) 曲柄滑块机构的运动分析

在图 2.51 所示的曲柄滑块机构中,已知曲柄 AB 和连杆 BC 的长度分别为 l_1 和 l_2,滑块的偏距为 e,曲柄 AB 为原动件,以某角速度 ω_1 作逆时针转动。求当曲柄 AB 与 x 轴的夹角为 φ_1 时,连杆 BC 的位置、角速度和角加速度及滑块 C 的位置、速度和加速度。

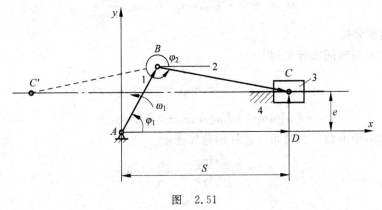

图 2.51

（1）位置分析

建立以 A 为坐标原点，x 轴与滑块导路平行的直角坐标系。各角度参数以逆时针方向为正，将各杆长视为矢量，由封闭矢量多边形 $ABCD$ 可得

即
$$\overrightarrow{AB} + \overrightarrow{BC} = \overrightarrow{AD} + \overrightarrow{DC}$$

$$\overrightarrow{l_1} + \overrightarrow{l_2} = \vec{S} + \vec{e} \tag{2.19}$$

将其向坐标轴投影，即得到机构的位置方程

$$\left. \begin{array}{l} l_1 \cos\varphi_1 + l_2 \cos\varphi_2 = S \\ l_1 \sin\varphi_1 + l_2 \sin\varphi_2 = e \end{array} \right\} \tag{2.20}$$

联立求解方程组（2.20）可以分别求得 S 和 φ_2。通过观察，可将以上两方程移项后平方相加消去 φ_2，得

$$l_2^2 = (S - l_1 \cos\varphi_1)^2 + (e - l_1 \sin\varphi_1)^2$$

故
$$S = l_1 \cos\varphi_1 + M \sqrt{l_2^2 - e^2 - l_1^2 \sin^2\varphi_1 + 2l_1 e \sin\varphi_1} \tag{2.21}$$

式中 M 为位置模式系数。对应图 2.51 中的 ABC，$M = +1$；对应图 2.51 中的 ABC'，$M = -1$。机构的具体位置模式根据设计要求确定。同样，一旦位置模式确定下来，机构在整个运动循环中位置模式系数 M 就不变了。

求得 S 后，可由式（2.20）求得

$$\varphi_2 = \arctan \frac{e - l_1 \sin\varphi_1}{S - l_1 \cos\varphi_1} \tag{2.22}$$

（2）速度分析

将式（2.20）对时间求导，可得

$$\left. \begin{array}{l} -l_1 \omega_1 \sin\varphi_1 - l_2 \omega_2 \sin\varphi_2 = \dot{S} \\ l_1 \omega_1 \cos\varphi_1 + l_2 \omega_2 \cos\varphi_2 = 0 \end{array} \right\} \tag{2.23}$$

由式（2.23）中的第二式可求得连杆的角速度

$$\omega_2 = \frac{-l_1 \omega_1 \cos\varphi_1}{l_2 \cos\varphi_2} \tag{2.24}$$

将 ω_2 代入式（2.23）中的第一式即可求得滑块 C 的速度

$$v_C = \dot{S} = -l_1 \omega_1 \sin\varphi_1 + l_1 \omega_1 \frac{\cos\varphi_1}{\cos\varphi_2} \tag{2.25}$$

（3）加速度分析

将式（2.23）对时间求导可得

$$\left. \begin{array}{l} -l_1 \omega_1^2 \cos\varphi_1 - l_2 \omega_2^2 \cos\varphi_2 - l_2 \varepsilon_2 \sin\varphi_2 = \ddot{S} \\ -l_1 \omega_1^2 \sin\varphi_1 - l_2 \omega_2^2 \sin\varphi_2 + l_2 \varepsilon_2 \cos\varphi_2 = 0 \end{array} \right\} \tag{2.26}$$

由式（2.26）中的第二式可求得连杆的角加速度

$$\varepsilon_2 = \frac{l_1 \omega_1^2 \sin\varphi_1}{l_2 \cos\varphi_2} + \omega_2^2 \cdot \tan\varphi_2 \tag{2.27}$$

将 ε_2 代入式(2.26)中的第一式可求得滑块 C 的加速度

$$a_C = \ddot{S} = -\frac{l_1\omega_1^2\cos(\varphi_1-\varphi_2)+l_2\omega_2^2}{\cos\varphi_2} \tag{2.28}$$

由以上两个例子的求解过程可以看出,整体运动分析法的优点是方程中包含了机构的所有参数,便于分析各参数对机构运动性能的影响。但该方法也有以下缺点:其一,对于不同机构,需要重新建立方程,因此标准化和通用性差;其二,由于平面连杆机构的已知参数和待求参数较多(特别是多杆机构),随着杆件数的增多,其方程将相当复杂,给求解带来困难。正是由于这些原因,所以通常该方法仅用于简单的四杆机构。

2.4.3 基本杆组法及其应用

1. 基本杆组法

由机构组成原理可知,任何平面机构都可以分解为原动件、基本杆组和机架 3 个部分,每一个原动件为一单杆构件。因此,只要分别对单杆构件和常见的基本杆组进行运动分析并编制成相应的子程序,那么在对机构进行运动分析时,就可以根据机构组成情况的不同,依次调用这些子程序,从而完成对整个机构的运动分析。这就是杆组法的基本思路。该方法的主要特点在于将一个复杂的机构分解成若干个较简单的基本杆组,在用计算机对机构进行运动分析时,即可直接调用已编好的子程序,从而使主程序的编写大为简化。

工程实际中所用的大多数机构是Ⅱ级机构,它是由作为原动件的单杆构件和一些双杆组所组成。双杆组有多种形式,其中最常见的有 3 种,如图 2.52 所示。

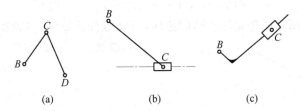

图 2.52　双杆组的常见形式

(a) RRR 双杆组; (b) RRP 双杆组; (c) RPR 双杆组

首先介绍单杆构件和 3 种常见双杆组运动分析的方法及其子程序编写和调用时应注意的问题,然后通过具体实例说明复杂的多杆机构运动分析的方法和步骤。

1) 单杆构件的运动分析

单杆构件如图 2.53 所示,已知其上 A,B 两点间的距离 l,A 点的位置坐标 (x_A,y_A),速度 $\boldsymbol{v}_A$,加速度 $\boldsymbol{a}_A$,构件的角位置 φ,角速度 ω 和角加速度 ε,求构件上另一点 B 的位置坐标 (x_B,y_B),速度 $\boldsymbol{v}_B$ 和加速度 $\boldsymbol{a}_B$。

(1) 位置分析

如图 2.53 所示,构件上点 A,B 的位置分别用矢量 $\boldsymbol{r}_A$,$\boldsymbol{r}_B$ 表示,用矢量 $\boldsymbol{l}$ 连接运动已知点 A 和待求点 B,可得点 B 的位置矢量方程:

$$\boldsymbol{r}_B = \boldsymbol{r}_A + \boldsymbol{l}$$

图 2.53　单杆构件位置分析

上式在 x 轴和 y 轴上的分量分别为

$$
\left.\begin{aligned}
x_B &= x_A + l\cos\varphi \\
y_B &= y_A + l\sin\varphi
\end{aligned}\right\} \tag{2.29}
$$

（2）速度分析

将上式对时间求导，即得速度方程：

$$
\left.\begin{aligned}
v_{Bx} &= \dot{x}_B = \dot{x}_A - l\dot{\varphi}\sin\varphi \\
&= v_{Ax} - l\omega\sin\varphi \\
&= v_{Ax} - \omega(y_B - y_A) \\
v_{By} &= \dot{y}_B = \dot{y}_A + l\dot{\varphi}\cos\varphi \\
&= v_{Ay} + l\omega\cos\varphi \\
&= v_{Ay} + \omega(x_B - x_A)
\end{aligned}\right\} \tag{2.30}
$$

（3）加速度分析

将式(2.30)对时间求导，即得加速度方程：

$$
\left.\begin{aligned}
a_{Bx} &= \ddot{x}_B = \ddot{x}_A - l\dot{\varphi}^2\cos\varphi - l\ddot{\varphi}\sin\varphi \\
&= a_{Ax} - \omega^2 l\cos\varphi - \varepsilon l\sin\varphi \\
&= a_{Ax} - \omega^2(x_B - x_A) - \varepsilon(y_B - y_A) \\
a_{By} &= \ddot{y}_B = \ddot{y}_A - l\dot{\varphi}^2\sin\varphi + l\ddot{\varphi}\cos\varphi \\
&= a_{Ay} - \omega^2 l\sin\varphi + \varepsilon l\cos\varphi \\
&= a_{Ay} - \omega^2(y_B - y_A) + \varepsilon(x_B - x_A)
\end{aligned}\right\} \tag{2.31}
$$

对于如图 2.54 所示的做定轴转动的曲柄，因 A 点固定不动，其速度 v_A 和加速度 a_A 均为零，故其上 B 点的位置、速度、加速度方程为

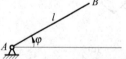

图 2.54   做定轴转动的单杆构件运动分析

$$
\left.\begin{aligned}
x_B &= x_A + l\cos\varphi \\
y_B &= y_A + l\sin\varphi
\end{aligned}\right\} \tag{2.32}
$$

$$
\left.\begin{aligned}
v_{Bx} &= -\omega l\sin\varphi \\
v_{By} &= \omega l\cos\varphi
\end{aligned}\right\} \tag{2.33}
$$

$$
\left.\begin{aligned}
a_{Bx} &= -\omega^2 l\cos\varphi - \varepsilon l\sin\varphi \\
a_{By} &= -\omega^2 l\sin\varphi + \varepsilon l\cos\varphi
\end{aligned}\right\} \tag{2.34}
$$

2) RRR 双杆组的运动分析

RRR 双杆组如图 2.55 所示，它是由 3 个转动副组成的。

已知两外副 B，D 的位置坐标 x_B，y_B，x_D，y_D，速度 v_B，v_D，加速度 a_B，a_D，杆长 l_2，l_3。求构件 2 和 3 的角位置 φ_2，φ_3，角速度 ω_2，ω_3，角加速度 ε_2，ε_3，以及其内副 C 的位置坐标 x_C，y_C，速度 v_C 和加速度 a_C。

（1）位置分析

由图 2.55 可知，

$$
\boldsymbol{r}_C = \boldsymbol{r}_B + \boldsymbol{l}_2 = \boldsymbol{r}_D + \boldsymbol{l}_3
$$

其投影式为

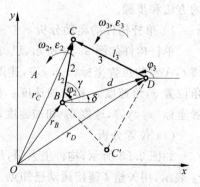

图 2.55   RRR 双杆组运动分析

$$x_C = x_B + l_2\cos\varphi_2 = x_D + l_3\cos\varphi_3$$
$$y_C = y_B + l_2\sin\varphi_2 = y_D + l_3\sin\varphi_3 \left.\right\} \tag{2.35}$$

由图可知,该双杆组的装配条件为 $d \leqslant l_2 + l_3$ 和 $d \geqslant |l_2 - l_3|$。若不满足此条件,则该双杆组不能成立。因此,在对该双杆组进行运动分析时,应首先由已知条件计算 d 值:

$$d = \sqrt{(x_D - x_B)^2 + (y_D - y_B)^2} \tag{2.36}$$

若计算出的 d 值不满足上述装配条件,则应令停机。

矢量 $\boldsymbol{d}$ 与 x 轴的夹角为

$$\delta = \arctan\frac{y_D - y_B}{x_D - x_B} \tag{2.37}$$

矢量 $\boldsymbol{d}$ 与矢量 $\boldsymbol{l}_2$ 的夹角为

$$\gamma = \arccos\frac{d^2 + l_2^2 - l_3^2}{2dl_2} \tag{2.38}$$

由图 2.55 可知,构件 2 的位置角为

$$\varphi_2 = \delta \pm \gamma \tag{2.39}$$

式中的正负号表明 φ_2 有两个解,它们分别对应于图中的实线位置 BCD 和虚线位置 $BC'D$。由图 2.55 可以看出,当双杆组处于图中实线位置 BCD 时,角 γ 是由矢量 $\boldsymbol{d}$ 沿逆时针方向转到矢量 $\boldsymbol{l}_2$ 的,故 γ 前应取正号;当双杆组处于图中虚线位置 $BC'D$ 时,角 γ 是由矢量 $\boldsymbol{d}$ 沿顺时针方向转到矢量 $\boldsymbol{l}_2$ 的,故 γ 前应取负号。一般情况下,当机构的初始位置确定后,由运动连续条件可知,机构在整个运动循环中 γ 角的方向是不变的,因此在编写该双杆组运动分析子程序时,可将上式写成

$$\varphi_2 = \delta + M\gamma \tag{2.40}$$

式中,M 称为"位置模式系数"。在调用该子程序时,应预先根据机构的初始位置确定装配形式,给 M 赋予 $+1$ 或 -1。

求得 φ_2 后,即可根据已知条件确定 C 点的位置方程:

$$x_C = x_B + l_2\cos\varphi_2$$
$$y_C = y_B + l_2\sin\varphi_2 \left.\right\} \tag{2.41}$$

而构件 3 的位置角

$$\varphi_3 = \arctan\frac{y_C - y_D}{x_C - x_D} \tag{2.42}$$

(2)速度分析

将式(2.35)对时间求导可得

$$\dot{x}_C = \dot{x}_B - l_2\dot{\varphi}_2\sin\varphi_2 = \dot{x}_D - l_3\dot{\varphi}_3\sin\varphi_3$$
$$\dot{y}_C = \dot{y}_B + l_2\dot{\varphi}_2\cos\varphi_2 = \dot{y}_D + l_3\dot{\varphi}_3\cos\varphi_3 \left.\right\}$$

即

$$v_{Bx} - l_2\omega_2\sin\varphi_2 = v_{Dx} - l_3\omega_3\sin\varphi_3$$
$$v_{By} + l_2\omega_2\cos\varphi_2 = v_{Dy} + l_3\omega_3\cos\varphi_3 \left.\right\} \tag{2.43}$$

用

$$
\left.\begin{aligned}
l_2\sin\varphi_2 &= y_C - y_B\\
l_2\cos\varphi_2 &= x_C - x_B\\
l_3\sin\varphi_3 &= y_C - y_D\\
l_3\cos\varphi_3 &= x_C - x_D
\end{aligned}\right\}
\tag{2.44}
$$

代入上式得

$$
\left.\begin{aligned}
-\omega_2(y_C - y_B) + \omega_3(y_C - y_D) &= v_{Dx} - v_{Bx}\\
\omega_2(x_C - x_B) - \omega_3(x_C - x_D) &= v_{Dy} - v_{By}
\end{aligned}\right\}
\tag{2.45}
$$

解上述方程组可得

$$
\left.\begin{aligned}
\omega_2 &= \frac{(v_{Dx} - v_{Bx})(x_C - x_D) + (v_{Dy} - v_{By})(y_C - y_D)}{(y_C - y_D)(x_C - x_B) - (y_C - y_B)(x_C - x_D)}\\
\omega_3 &= \frac{(v_{Dx} - v_{Bx})(x_C - x_B) + (v_{Dy} - v_{By})(y_C - y_B)}{(y_C - y_D)(x_C - x_B) - (y_C - y_B)(x_C - x_D)}
\end{aligned}\right\}
\tag{2.46}
$$

由于 B,C 同为构件 2 上的两点，故在求得 ω_2 的情况下，C 点的速度可由式(2.30)求得，即

$$
\left.\begin{aligned}
v_{Cx} &= v_{Bx} - \omega_2(y_C - y_B)\\
v_{Cy} &= v_{By} + \omega_2(x_C - x_B)
\end{aligned}\right\}
\tag{2.47}
$$

(3) 加速度分析

将式(2.43)对时间求导，并用式(2.44)代入，整理后可得

$$
\begin{aligned}
-\varepsilon_2(y_C - y_B) + \varepsilon_3(y_C - y_D) &= E\\
\varepsilon_2(x_C - x_B) - \varepsilon_3(x_C - x_D) &= F
\end{aligned}
$$

式中，

$$
\begin{aligned}
E &= a_{Dx} - a_{Bx} + \omega_2^2(x_C - x_B) - \omega_3^2(x_C - x_D)\\
F &= a_{Dy} - a_{By} + \omega_2^2(y_C - y_B) - \omega_3^2(y_C - y_D)
\end{aligned}
$$

解上述方程组可得

$$
\left.\begin{aligned}
\varepsilon_2 &= \frac{E(x_C - x_D) + F(y_C - y_D)}{(x_C - x_B)(y_C - y_D) - (x_C - x_D)(y_C - y_B)}\\
\varepsilon_3 &= \frac{E(x_C - x_B) + F(y_C - y_B)}{(x_C - x_B)(y_C - y_D) - (x_C - x_D)(y_C - y_B)}
\end{aligned}\right\}
\tag{2.48}
$$

由于 B,C 同为构件 2 上的两点，故在求得 ε_2 后，C 点的加速度可由式(2.31)求得，即

$$
\left.\begin{aligned}
a_{Cx} &= a_{Bx} - \omega_2^2(x_C - x_B) - \varepsilon_2(y_C - y_B)\\
a_{Cy} &= a_{By} - \omega_2^2(y_C - y_B) + \varepsilon_2(x_C - x_B)
\end{aligned}\right\}
\tag{2.49}
$$

3) RRP 双杆组的运动分析

RRP 双杆组如图 2.56 所示，它由两个转动副和 1 个移动副组成，且内副为转动副。

已知构件 2 的长度 l_2，外副 B 的位置坐标 (x_B, y_B)，速度 $\boldsymbol{v}_B$，加速度 $\boldsymbol{a}_B$，及移动副导路上的参考点 P 的位置坐标 (x_P, y_P)，速度 $\boldsymbol{v}_P$，加速度 $\boldsymbol{a}_P$ 和滑块 3 的位置角 φ_3（矢量 $\boldsymbol{S}_r$ 的正方向与 x 轴正方向的夹角，逆时针为正），角速度 ω_3 和角加速度 ε_3。求构件 2 的位置角 φ_2，角速度 ω_2，角加速度 ε_2，内副 C 的位置坐标 (x_C, y_C)，速度 $\boldsymbol{v}_C$，加

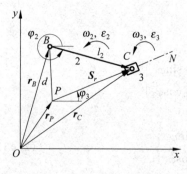

图 2.56　RRP 双杆组运动分析

速度 a_C，及滑块 3 上 C 点相对于导路上参考点 P 的位移 S_r，速度 v_r 和加速度 a_r。

（1）位置分析

由图可知，内副 C 的位置矢量为

$$\bm{r}_C = \bm{r}_B + \bm{l}_2 = \bm{r}_P + \bm{S}_r \tag{2.50}$$

其在 x 轴、y 轴上的投影式为

$$\left.\begin{array}{l} x_B + l_2\cos\varphi_2 = x_P + S_r\cos\varphi_3 \\[2mm] y_B + l_2\sin\varphi_2 = y_P + S_r\sin\varphi_3 \end{array}\right\} \tag{2.51}$$

由上式可得

$$S_r^2 + ES_r + F = 0 \tag{2.52}$$

式中，

$$E = 2[(x_P - x_B)\cos\varphi_3 + (y_P - y_B)\sin\varphi_3]$$
$$F = (x_P - x_B)^2 + (y_P - y_B)^2 - l_2^2 = d^2 - l_2^2$$

对式（2.52）求解，可得

$$S_r = \frac{|-E \pm \sqrt{E^2 - 4F}\,|}{2} \tag{2.53}$$

下面对式（2.53）进行讨论。式中，若 $E^2 < 4F$，它表示以 B 为圆心，以 l_2 为半径的圆弧与导路无交点，即此时该双杆组无法装配，在编程时应对此加以检验，若出现这种情况，应令停机；若 $E^2 = 4F$，它表示上述圆弧与导路相切，此时根号前的正负号无实际意义，S_r 有惟一解；若 $E^2 > 4F$，它表示上述圆弧与导路相交，此时根号前的正负号可按以下两种情况来判断：①若 $l_2 < d$，上述圆弧与导路的两个交点 C 和 C' 如图 2.57(a)所示，即该双杆组有两种装配形式，它们分别对应于 S_r 的两个解 S_r' 和 S_r''。当装配形式为图中的实线位置时，式（2.53）中根号前取正号（注意，此时 $\angle BCP < 90°$）；当装配形式为图中的虚线位置时，式（2.53）中根号前取负号（此时 $\angle BC'P > 90°$）。②若 $l_2 > d$，上述圆弧与导路的两个交点 C 和 C' 如图 2.57(b)所示，两交点位于参考点 P 的两侧。由于规定 φ_3 角为矢量 $\bm{S}_r$ 的正方向与 x 轴的正方向之间的夹角，故对应于图 2.57(b)中的两个交点 C 和 C'，φ_3 角相差 180°。可以证明，对应于图中实线位置和虚线位置，式（2.53）中根号前均应取正号（注意，此时 $\angle BCP$ 和 $\angle BC'P$ 均小于 90°）。

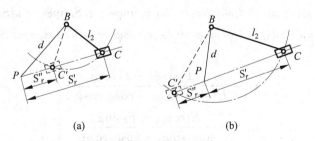

(a)　　　　　　　　　(b)

图 2.57 RRP 双杆组装配形式的讨论

(a) $l_2 < d$；(b) $l_2 > d$

在编程时，可将式（2.53）写成如下形式：

$$S_r = \frac{|-E + M\sqrt{E^2 - 4F}\,|}{2} \tag{2.54}$$

式中,M 为位置模式系数。在调用该子程序时,应事先根据机构的初始位置确定双杆组的装配形式,给 M 赋值,即若 $\angle BCP < 90°$,$M = +1$,反之 $M = -1$。

求得 S_r 后,点 C 的位置坐标 (x_C, y_C) 和构件 2 的位置角 φ_2 即可确定,即

$$
\left.
\begin{aligned}
x_C = x_P + S_r\cos\varphi_3 \\
y_C = y_P + S_r\sin\varphi_3
\end{aligned}
\right\}
\tag{2.55}
$$

$$
\varphi_2 = \arctan\left(\frac{y_C - y_B}{x_C - x_B}\right)
\tag{2.56}
$$

（2）速度分析

将式(2.51)对时间求导,整理后可得

$$
\left.
\begin{aligned}
-l_2\omega_2\sin\varphi_2 - v_r\cos\varphi_3 = E_1 \\
l_2\omega_2\cos\varphi_2 - v_r\sin\varphi_3 = F_1
\end{aligned}
\right\}
\tag{2.57}
$$

式中,

$$
E_1 = v_{Px} - v_{Bx} - S_r\omega_3\sin\varphi_3
$$
$$
F_1 = v_{Py} - v_{By} + S_r\omega_3\cos\varphi_3
$$

解式(2.57)可得

$$
\left.
\begin{aligned}
\omega_2 = \frac{-E_1\sin\varphi_3 + F_1\cos\varphi_3}{l_2\sin\varphi_2\sin\varphi_3 + l_2\cos\varphi_2\cos\varphi_3} \\
v_r = \frac{-(E_1\cos\varphi_2 + F_1\sin\varphi_2)}{\sin\varphi_2\sin\varphi_3 + \cos\varphi_2\cos\varphi_3}
\end{aligned}
\right\}
\tag{2.58}
$$

求出 ω_2 以后,可进一步求得 C 点的速度分量:

$$
\left.
\begin{aligned}
v_{Cx} = v_{Bx} - l_2\omega_2\sin\varphi_2 \\
v_{Cy} = v_{By} + l_2\omega_2\cos\varphi_2
\end{aligned}
\right\}
\tag{2.59}
$$

（3）加速度分析

将式(2.57)对时间求导,整理后可得

$$
\left.
\begin{aligned}
-l_2\varepsilon_2\sin\varphi_2 - a_r\cos\varphi_3 = E_2 \\
l_2\varepsilon_2\cos\varphi_2 - a_r\sin\varphi_3 = F_2
\end{aligned}
\right\}
\tag{2.60}
$$

式中,

$$
E_2 = a_{Px} - a_{Bx} + l_2\omega_2^2\cos\varphi_2 - 2\omega_3 v_r\sin\varphi_3 - \varepsilon_3 S_r\sin\varphi_3 - \omega_3^2 S_r\cos\varphi_3
$$
$$
F_2 = a_{Py} - a_{By} + l_2\omega_2^2\sin\varphi_2 + 2\omega_3 v_r\cos\varphi_3 + \varepsilon_3 S_r\cos\varphi_3 - \omega_3^2 S_r\sin\varphi_3
$$

解式(2.60)得

$$
\left.
\begin{aligned}
\varepsilon_2 = \frac{-E_2\sin\varphi_3 + F_2\cos\varphi_3}{l_2(\sin\varphi_2\sin\varphi_3 + \cos\varphi_2\cos\varphi_3)} \\
a_r = -\frac{E_2\cos\varphi_2 + F_2\sin\varphi_2}{\sin\varphi_2\sin\varphi_3 + \cos\varphi_2\cos\varphi_3}
\end{aligned}
\right\}
\tag{2.61}
$$

求出 ε_2 以后,可进一步求得 C 点的加速度分量:

$$
\left.
\begin{aligned}
a_{Cx} = a_{Bx} - \omega_2^2 l_2\cos\varphi_2 - \varepsilon_2 l_2\sin\varphi_2 \\
a_{Cy} = a_{By} - \omega_2^2 l_2\sin\varphi_2 + \varepsilon_2 l_2\cos\varphi_2
\end{aligned}
\right\}
\tag{2.62}
$$

4）RPR 双杆组的运动分析

RPR 双杆组如图 2.58 所示,它由滑块 2、导杆 3 及两个转动副、1 个移动副组成。其中

两个转动副 B,C 为外副,移动副为内副。

已知两外副 B,C 的位置坐标 (x_B,y_B),(x_C,y_C);速度 $\boldsymbol{v}_B$,$\boldsymbol{v}_C$;加速度 $\boldsymbol{a}_B$,$\boldsymbol{a}_C$;尺寸参数 e 和 l_3。求导杆 3 的角位移 φ_3,角速度 ω_3,角加速度 ε_3;导杆上点 D 的位置坐标 (x_D,y_D),速度 $\boldsymbol{v}_D$,加速度 $\boldsymbol{a}_D$;及滑块相对于导杆的位置 S_r、速度 v_r 和加速度 $\boldsymbol{a}_r$。

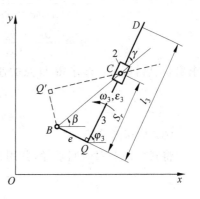

图 2.58　RPR 双杆组的运动分析

(1) 位置分析

由图可知 C 点的位置矢量为

$$\boldsymbol{r}_C = \boldsymbol{r}_B + \boldsymbol{e} + \boldsymbol{S}_r \qquad (2.63)$$

其投影式为

$$\left.\begin{array}{l} x_C = x_B + e\sin\varphi_3 + S_r\cos\varphi_3 \\ y_C = y_B - e\cos\varphi_3 + S_r\sin\varphi_3 \end{array}\right\} \qquad (2.64)$$

则:

$$S_r = \sqrt{(x_C - x_B)^2 + (y_C - y_B)^2 - e^2} \qquad (2.65)$$

$$\gamma = \arctan\left(\frac{e}{S_r}\right) \qquad (2.66)$$

$$\beta = \arctan\left(\frac{y_C - y_B}{x_C - x_B}\right) \qquad (2.67)$$

$$\varphi_3 = \beta \pm \gamma \qquad (2.68)$$

式 (2.68) 表示 φ_3 有两个值,分别对应于该双杆组的两种装配形式。当矢量 BC 沿逆时针方向转过 γ 角与矢量 S_r 平行且指向相同时,γ 取正号,如图中实线位置 BCQ 所示;当矢量 BC 沿顺时针方向转过 γ 角与矢量 S_r 平行且指向相同时,γ 取负号,如图中虚线位置 BCQ' 所示。编程时,将式 (2.68) 写成如下形式:

$$\varphi_3 = \beta + M\gamma \qquad (2.69)$$

式中,M 为位置模式系数,在调用该双杆组的运动分析子程序时,应事先根据机构的初始位置确定双杆组的装配形式,给 M 赋予 $+1$ 或 -1。

由图可知 D 点的位置矢量为

$$\boldsymbol{r}_D = \boldsymbol{r}_B + \boldsymbol{e} + \boldsymbol{l}_3 \qquad (2.70)$$

其投影式为

$$\left.\begin{array}{l} x_D = x_B + e\sin\varphi_3 + l_3\cos\varphi_3 \\ y_D = y_B - e\cos\varphi_3 + l_3\sin\varphi_3 \end{array}\right\} \qquad (2.71)$$

(2) 速度分析

将式 (2.64) 对时间求导,整理后可得

$$\left.\begin{array}{l} -\omega_3(S_r\sin\varphi_3 - e\cos\varphi_3) + v_r\cos\varphi_3 = v_{Cx} - v_{Bx} \\ \omega_3(S_r\cos\varphi_3 + e\sin\varphi_3) + v_r\sin\varphi_3 = v_{Cy} - v_{By} \end{array}\right\} \qquad (2.72)$$

解上述方程组,并用

$$\left.\begin{array}{l} S_r\sin\varphi_3 - e\cos\varphi_3 = y_C - y_B \\ S_r\cos\varphi_3 + e\sin\varphi_3 = x_C - x_B \end{array}\right\} \qquad (2.73)$$

代入,可得

$$\omega_3 = \frac{(v_{Cy} - v_{By})\cos\varphi_3 - (v_{Cx} - v_{Bx})\sin\varphi_3}{(x_C - x_B)\cos\varphi_3 + (y_C - y_B)\sin\varphi_3}$$

$$v_r = \frac{(v_{Cy} - v_{By})(y_C - y_B) + (v_{Cx} - v_{Bx})(x_C - x_B)}{(x_C - x_B)\cos\varphi_3 + (y_C - y_B)\sin\varphi_3}$$

(2.74)

求出 ω_3 后,可进一步求得 D 点的速度分量:

$$v_{Dx} = v_{Bx} - \omega_3(y_D - y_B)$$

$$v_{Dy} = v_{By} + \omega_3(x_D - x_B)$$

(2.75)

(3) 加速度分析

将式(2.72)对时间求导,并用式(2.73)代入,整理后可得

$$-\varepsilon_3(y_C - y_B) + a_r\cos\varphi_3 = E$$

$$\varepsilon_3(x_C - x_B) + a_r\sin\varphi_3 = F$$

式中,

$$E = a_{Cx} - a_{Bx} + \omega_3^2(x_C - x_B) + 2\omega_3 v_r\sin\varphi_3$$

$$F = a_{Cy} - a_{By} + \omega_3^2(y_C - y_B) - 2\omega_3 v_r\cos\varphi_3$$

解上述方程组得

$$\varepsilon_3 = \frac{-E\sin\varphi_3 + F\cos\varphi_3}{(x_C - x_B)\cos\varphi_3 + (y_C - y_B)\sin\varphi_3}$$

$$a_r = \frac{E(x_C - x_B) + F(y_C - y_B)}{(x_C - x_B)\cos\varphi_3 + (y_C - y_B)\sin\varphi_3}$$

(2.76)

求出 ε_3 后,可进一步求出 D 点的加速度分量:

$$a_{Dx} = a_{Bx} - \omega_3^2(x_D - x_B) - \varepsilon_3(y_D - y_B)$$

$$a_{Dy} = a_{By} - \omega_3^2(y_D - y_B) + \varepsilon_3(x_D - x_B)$$

(2.77)

以上介绍了 3 种常见双杆组的运动分析过程及有关的解析表达式,对于其他形式的双杆组,也可以用类似的方法进行运动分析,这里不再赘述。

将上述单杆构件和双杆组的运动分析过程编制成子程序,在对机构进行运动分析时即可随时调用。

2. 基本杆组法在运动分析中的应用

运用上述单杆构件及各类双杆组运动分析的解析式编制的子程序,即可对较复杂的多杆Ⅱ级机构进行运动分析。下面通过一个实例说明利用计算机对多杆机构进行运动分析的步骤。

例 2.1 在图 2.59 所示的六杆机构中,已知各杆长度为 $l_{AB} = 80\text{mm}$, $l_{BC} = 260\text{mm}$, $l_{CD} = 300\text{mm}$, $l_{DE} = 400\text{mm}$, $l_{EF} = 460\text{mm}$。曲柄 AB 逆时针方向等角速度转动,$\omega_1 = 40\text{rad/s}$。试求该机构在一个运动循环中,滑块 5 的位移 s_F,速度 v_F,加速度 a_F 及构件 2,3,4 的角速度 ω_2, ω_3, ω_4,角加速度 ε_2, ε_3, ε_4。

解 第 1 步:建立坐标系,如图 2.56 所示。

第 2 步:根据机构组成原理,将机构拆成

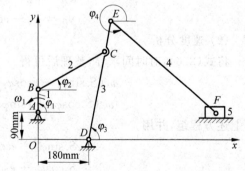

图 2.59 六杆机构的运动分析

杆组。该六杆机构可以分解为主动曲柄 AB、构件 2 和 3 组成的 RRR 双杆组及构件 4 和 5 组成的 RRP 双杆组 3 部分。由于曲柄长度、角速度、角加速度、铰链 A 的坐标及曲柄转角 φ_1 均已知,故可调用单杆构件运动分析子程序求得 B 点的位置坐标、速度及加速度;在构件 2 和 3 组成的 RRR 双杆组中,由于两个外副 B,D 的运动参量均为已知,故可调用 RRR 双杆组运动分析子程序求得构件 2,3 的角速度和角加速度;在求得构件 3 的角速度和角加速度后,可将构件 3 视为单杆构件,调用单杆构件运动分析子程序求得其上 E 点的位置坐标、速度和加速度;最后在构件 4 和 5 组成的 RRP 双杆组中,由于滑块导路方向和其上的参考点 A 的运动参量为已知,故可调用 RRP 双杆组运动分析子程序,求出构件 4 的角速度 ω_4、角加速度 ε_4 及滑块 5 的位移 s_F、速度 v_F 和加速度 a_F。

第 3 步:根据机构的初始位置,确定各双杆组的位置模式系数 M。由图已知,对于构件 2,3 组成的 RRR 双杆组,其位置模式系数 $M=+1$;对于构件 4,5 组成的 RRP 双杆组,由于 $\angle EFA < 90°$,故其位置模式系数 $M=+1$。

第 4 步:按照以上分析过程,画出计算流程图,然后根据流程图编制主程序上机计算。该六杆机构的计算流程图如图 2.60 所示,计算及打印结果从略。

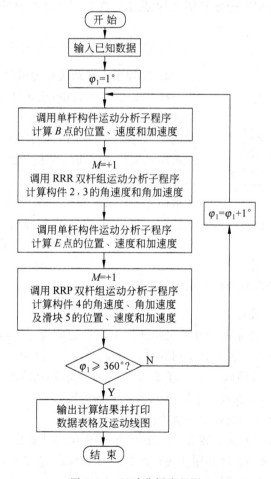

图 2.60   运动分析流程图

由该例的求解过程可以看出,基本杆组法的最大优点在于其标准化和通用化程度高,特别适用于计算机辅助运动分析。只要分别建立了基本杆组运动分析的子程序库,即可依次调用,快速完成对整个机构(哪怕是复杂的多杆机构)的运动分析。由于工程实际中常见的基本杆组的种类并不多,建立其运动分析子程序库是一件并不复杂的事情。

2.5   平面连杆机构的运动设计

2.5.1   平面连杆机构设计的基本问题

如前所述,平面连杆机构在工程实际中应用广泛。根据工作对机构所要实现的运动的要求,这些范围广泛的应用问题,通常可归纳为三大类设计问题。

1.   实现刚体给定位置的设计

在这类设计问题中,要求所设计的机构能引导一个刚体顺序通过一系列给定的位置。该刚体一般是机构的连杆。例如图 2.61 所示的铸造造型机砂箱翻转机构,砂箱固结在连杆 BC 上,要求所设计的机构中的连杆能依次通过位置 I,II,以便引导砂箱实现造型振实和拔模两个动作。

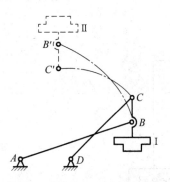

图 2.61   铸造造型机砂箱翻转机构

这类设计问题通常称为刚体导引机构的设计。

2.   实现预定运动规律的设计

在这类设计问题中,要求所设计机构的主、从动连架杆之间的运动关系能满足某种给定的函数关系。例如图 2.13 所示的车门开闭机构,工作要求两连架杆的转角满足大小相等而转向相反的运动关系,以实现车门的开启和关闭;图 2.16 所示的汽车前轮转向机构,工作要求两连架杆的转角满足某种函数关系,以保证汽车顺利转弯。再比如,在工程实际的许多应用中,要求在主动连架杆匀速运动的情况下,从动连架杆的运动具有急回特性,以提高劳动生产率。

这类设计问题通常称为函数生成机构的设计。

3.   实现预定轨迹的设计

在这类设计问题中,要求所设计的机构连杆上一点的轨迹,能与给定的曲线相一致,或者能依次通过给定曲线上的若干有序列的点。例如,图 2.14 所示的鹤式起重机,工作要求连杆上吊钩滑轮中心 E 点的轨迹为一直线,以避免被吊运的物体作上下起伏。图 2.34 所示的圆轨迹复制机构,希望在连杆上输出与 A 点相同的圆轨迹。

这类设计问题通常称为轨迹生成机构的设计。

平面连杆机构的设计方法大致可分为图解法、解析法和实验法 3 类。其中图解法直观性强、简单易行。对于某些设计问题往往比解析法方便有效,它是连杆机构设计的一种基本方法。但设计精度低,不同的设计要求,图解的方法各异。对于较复杂的设计要求,图解法很难解决。解析法精度较高,但计算量大,目前由于计算机及数值计算方法的迅速发展,解析法已得到广泛应用。实验法通常用于设计运动要求比较复杂的连杆机构,或者用于对机构进行初步设计。

设计时选用哪种方法,应视具体情况决定。

2.5.2 刚体导引机构的设计

如图 2.62 所示,设工作要求某刚体在运动过程中能依次占据Ⅰ,Ⅱ,Ⅲ 3 个给定位置,试设计一铰链四杆机构,引导该刚体实现这一运动要求。

由于在铰链四杆机构中,两连架杆均做定轴转动或摆动,只有连杆做平面一般运动,故能够实现上述运动要求的刚体必是机构中的连杆。设计问题为实现连杆给定位置的设计。

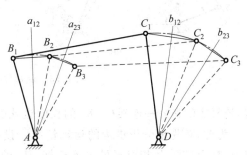

首先根据刚体的具体结构,在其上选择活动铰链点 B,C 的位置。一旦确定了 B,C 的位置,对应于刚体 3 个位置时活动铰链的位置 B_1C_1,B_2C_2,B_3C_3 也就确定了。设计的主要任务,是确定固定铰链点 A,D 的位置,如图 2.62 所示。

图 2.62　刚体导引机构的设计

因为连杆上活动铰链 B,C 分别绕固定铰链 A,D 转动,所以连杆在 3 个给定位置上的 B_1,B_2 和 B_3 点,应位于以 A 为圆心,连架杆 AB 为半径的圆周上;同理,C_1,C_2 和 C_3 3 点应位于以 D 为圆心,以连架杆 DC 为半径的圆周上。因此,连接 B_1,B_2 和 B_2,B_3,再分别作这两条线段的中垂线 a_{12} 和 a_{23},其交点即为固定铰链中心 A。同理,可得另一固定铰链中心 D。则 AB_1C_1D 即为所求四杆机构在第一个位置时的机构运动简图。

在选定了连杆上活动铰链点位置的情况下,由于 3 点惟一地确定一个圆,故给定连杆 3 个位置时,其解是确定的。改变活动铰链点 B,C 的位置,其解也随之改变。从这个意义上讲,实现连杆 3 个位置的设计,其解有无穷多个。如果给定连杆两个位置,则固定铰链点 A,D 的位置可在各自的中垂线上任取,故其解有无穷多个。设计时,可添加其他附加条件(如机构尺寸、传动角大小、有无曲柄等),从中选择合适的机构。如果给定连杆 4 个位置,因任一点的 4 个位置并不总是在同一圆周上,因而活动铰链 B,C 的位置就不能任意选定。但总可以在连杆上找到一些点,它的 4 个位置是在同一圆周上,故满足连杆 4 个位置的设计也是可以解决的,不过求解时要用到所谓圆点曲线和中心点曲线理论。关于这方面的问题,需要时可参阅有关文献,这里不再作进一步介绍。

综上所述,刚体导引机构的设计,就其本身的设计方法而言,一般并不困难,关键在于如何判定一个工程实际中的具体设计问题属于刚体导引机构的设计。

2.5.3 函数生成机构的设计

设计一个四杆机构作为函数生成机构,这类设计命题即通常所说的按两连架杆预定的对应角位置设计四杆机构。如图 2.63 所示,设已知四杆机构中两固定铰链 A 和 D 的位置,连架杆 AB 的长度,要求两连架杆的转角能实现 3 组对应关系。

设计此四杆机构的关键是求出连杆 BC 上活动铰链点 C 的位置,一旦确定了 C 点的位

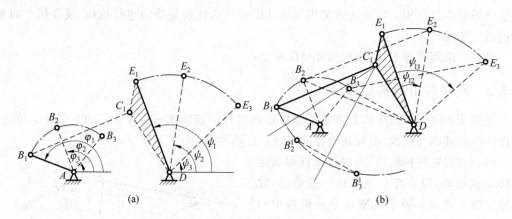

图 2.63　函数生成机构设计的图解法

置,连杆 BC 和另一连架杆 DC 的长度也就确定了。

　　为此,首先来分析机构的运动情况。设已有四杆机构 $ABCD$,当主动连架杆 AB 运动时,连杆上铰链 B 相对于另一连架杆 CD 的运动,是绕铰链点 C 的转动。因此,以 C 为圆心,以 BC 长为半径的圆弧即为连杆上已知铰链点 B 相对于铰链点 C 的运动轨迹。如果能找到铰链 B 的这种轨迹,则铰链 C 的位置就不难确定了。

　　找铰链 B 的这种相对运动轨迹的方法如下:如图 2.63(a)所示,当主动连架杆分别位于 AB_1,AB_2,AB_3 位置时,从动连架杆则分别位于 DE_1,DE_2,DE_3 位置。根据低副运动的可逆性,如果改取从动连架杆 DE 为机架,则机构中各构件间的相对运动关系并没有改变。但此时,原来的机架 AD 和连杆 BC 却成为连架杆,而原来的原动连架杆 AB 则成为连杆了,铰链 B 即为连架杆 BC 上的一点。这样,问题的实质就转化成已知连杆位置的设计了。因此,连接 DB_2E_2 和 DB_3E_3 成三角形(如图 2.63(b)所示)并将其视为刚体,令上述两三角形绕铰链 D 分别反转 ψ_{12} 和 ψ_{13} 角度,即可得到铰链 B 的两个转位点 B_2^1 和 B_3^1。如前所述, B_1,B_2^1,B_3^1 应位于同一圆弧上,其圆心即为铰链点 C。具体做法为:连接 $B_1B_2^1$ 及 $B_2^1B_3^1$,分别作这两线段的中垂线,其交点 C_1 即为所求,图中的 AB_1C_1D 即为所求四杆机构在第一个位置时的机构简图。

　　从以上分析可知,若给定两连架杆转角的 3 组对应关系,则有确定解。需要说明的是,在工程实际的设计问题中,主动连架杆上活动铰链点 B 的位置是由设计者根据具体情况自行选取的。改变 B 点的位置,其解也随之改变。从这个意义上讲,实现两连架杆对应 3 组角位置的设计问题,也有无穷多个解。若给定两连架杆转角的两组对应关系,则其解有无穷多个。设计时可根据具体情况添加其他附加条件,从中选择合适的机构。

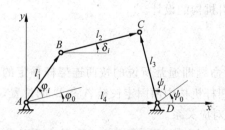

图 2.64　函数生成机构设计的解析法

　　上述设计问题用解析法设计时,其过程如下:如图 2.64 所示,已知铰链四杆机构中两连架杆 AB 和 CD 的 3 组对应转角,即 φ_1 和 ψ_1、φ_2 和 ψ_2、φ_3 和 ψ_3。设计此四杆机构。

　　首先,建立坐标系如图 2.64 所示,使 x 轴与机架重合,各构件以矢量表示,其转角从 x 轴正向沿逆时针方向度量。根据各构件所构成的矢量封闭形,可写出下列矢量方程式：

$$l_1 + l_2 = l_4 + l_3$$

将上式向坐标轴投影，可得

$$l_1\cos(\varphi_i + \varphi_0) + l_2\cos\delta_i = l_4 + l_3\cos(\psi_i + \psi_0)$$

$$l_1\sin(\varphi_i + \varphi_0) + l_2\sin\delta_i = l_3\sin(\psi_i + \psi_0)$$

如取各构件长度的相对值，即 $\dfrac{l_1}{l_1}=1, \dfrac{l_2}{l_1}=m, \dfrac{l_3}{l_1}=n, \dfrac{l_4}{l_1}=p$，并移项，得

$$m\cos\delta_i = p + n\cos(\psi_i + \psi_0) - \cos(\varphi_i + \varphi_0)$$

$$m\sin\delta_i = n\sin(\psi_i + \psi_0) - \sin(\varphi_i + \varphi_0)$$

将以上两式等号两边平方后相加，整理后得

$$\cos(\varphi_i + \varphi_0) = n\cos(\psi_i + \psi_0) - \frac{n}{p}\cos[(\psi_i + \psi_0) - (\varphi_i + \varphi_0)]$$
$$+ \frac{n^2 + p^2 + 1 - m^2}{2p}$$

为简化上式，再令

$$C_0 = n$$
$$C_1 = -n/p$$
$$C_2 = (n^2 + p^2 + 1 - m^2)/2p$$

则得

$$\cos(\varphi_i + \varphi_0) = C_0\cos(\psi_i + \psi_0) + C_1\cos[(\psi_i + \psi_0) - (\varphi_i + \varphi_0)] + C_2 \quad (2.78)$$

上式含有 $C_0, C_1, C_2, \varphi_0, \psi_0$ 5 个待定参数，由此可知，两连架杆转角对应关系最多只能给出 5 组，才有确定解。如给定两连架杆的初始角 φ_0, ψ_0，则只需给定 3 组对应关系即可求出 C_0, C_1, C_2，进而求出 m, n, p。最后可根据实际需要决定构件 AB 的长度，这样其余构件长度也就确定了。相反，如果给定的两连架杆对应位置组数过多，或者是一个连续函数 $\psi = \psi(\varphi)$（即从动件的转角 ψ 和主动件的转角 φ 连续对应）。则因 φ 和 ψ 的每一组相应值即可构成一个方程式，因此方程式的数目将比机构待定尺度参数的数目多，而使问题成为不可解。在这种情况下，设计要求仅能近似地得以满足。

如果给定的设计要求是要用铰链四杆机构两连架杆的转角关系 $\psi = \psi(\varphi)$ 在 $x_0 \leqslant x \leqslant x_m$ 区间内来模拟给定函数 $y = P(x)$，则这时按给定函数要求设计四杆机构的首要问题，是先要按一定比例关系把给定函数 $y = P(x)$ 转换成两连架杆对应的角位移方程 $\psi = \psi(\varphi)$。

如图 2.65 所示，当四杆机构的两连架杆 1 和 3 的位置连续对应时，即得位置函数 $\psi = \psi(\varphi)$。如果使输入角 φ 与给定函数 $y = P(x)$ 的自变量 x 成比例，输出角 ψ 与函数值 y 成比例，则由转角 φ 和 ψ 的对应关系便可模拟出给定的函数关系 $y = P(x)$。现分别以 $x = x_0$ 和 $y = P(x_0) = y_0$ 作为机构两连架杆输入角和输出角角位移计算的起始点，即此时 $\varphi = \varphi_0, \psi = \psi_0$；而

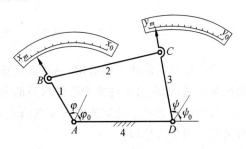

图 2.65 读数机构

当 $x=x_m$，$y=P(x_m)=y_m$ 时，与之相应的两连架杆的转角为 φ_m 和 ψ_m，并选 μ_φ 为自变量 $(x-x_0)$ 与输入角 φ 的比例系数，μ_ψ 为函数值 $(y-y_0)$ 与输出角 ψ 的比例系数，则得

$$\varphi_m=\frac{x_m-x_0}{\mu_\varphi}\qquad\psi_m=\frac{y_m-y_0}{\mu_\psi}$$

故得

$$\left.\begin{aligned}\mu_\varphi&=\frac{x-x_0}{\varphi}=\frac{x_m-x_0}{\varphi_m}\\[4pt]\mu_\psi&=\frac{y-y_0}{\psi}=\frac{y_m-y_0}{\psi_m}\end{aligned}\right\}\tag{2.79}$$

由于给定函数 $y=p(x)$ 及自变量 x 的变化区间 (x_0,x_m) 为已知，所以只要选定系数 μ_φ，μ_ψ，就能求得两连架杆的转角 φ_m 及 ψ_m；反之，若选定转角 φ_m 和 ψ_m，则由上式即可确定比例系数 μ_φ 和 μ_ψ。在实际应用中，通常是根据经验事先选定转角 φ_m 和 ψ_m。

若将由式(2.79)求出的 x 和 y 值代入给定函数 $y=P(x)$，即可求得模拟给定函数关系的两连架杆对应的角位移方程式为

$$\psi=\frac{1}{\mu_\psi}[P(x_0+\mu_\varphi\varphi)-y_0]\tag{2.80}$$

即

$$\psi=\psi(\varphi)$$

上式是以两连架杆对应转角关系表示的给定函数，亦即设计的预期函数。设计的任务即是选定机构的诸尺度参数，使所设计的机构实际所能实现的函数 $y=F(x)$ 与此式相符合。但是，如前所述，连杆机构的待定尺度参数是有限的，所以一般只能近似地实现预期函数。

例如，如图2.66所示，设要求用铰链四杆机构两连架杆的转角对应关系近似地实现预期函数：$y=\lg x(1\leqslant x\leqslant 2)$。选定机架长度 $d=100\text{mm}$，两连架杆的起始角分别为 $\varphi_0=86°$，$\psi_0=23.5°$，转角范围分别为 $\varphi_m=60°$，$\psi_m=90°$。

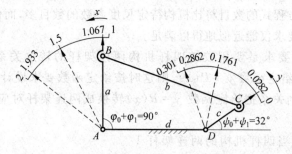

图2.66　函数生成机构的设计

设计这样的函数生成机构，一般采用插值结点法，在有限的选定位置上精确地实现对应的函数关系，而在给定的整个范围内只能近似地实现此关系。

为了提高在整个给定范围内实现给定函数的精度，根据函数逼近理论，插值结点的位置可按下列公式选取：

$$x_i=\frac{1}{2}(x_m+x_0)-\frac{1}{2}(x_m-x_0)\cos\frac{2i-1}{2N}\pi$$

式中，x_0，x_m 分别表示 x 的上、下界；$i=1,2,\cdots,N$；N 为插值结点。本例中 $x_0=1$，$x_m=2$，对应的 $y_0=0$，$y_m=0.301$，若取 $N=3$，则插值结点的坐标分别为

$$x_1 = 1.067 \qquad y_1 = 0.0282$$
$$x_2 = 1.5 \qquad y_2 = 0.1761$$
$$x_3 = 1.933 \qquad y_3 = 0.2862$$

由于自变量的变化范围为 $x_0 \leqslant x \leqslant x_m$，函数的变化范围为 $y_0 \leqslant y \leqslant y_m$；对应的转角范围为 $\varphi_0 \leqslant \varphi \leqslant \varphi_m$，$\psi_0 \leqslant \psi \leqslant \psi_m$，则其比例系数为

$$\mu_\varphi = \frac{x_m - x_0}{\varphi_m} = \frac{1}{60}$$

$$\mu_\psi = \frac{y_m - y_0}{\psi_m} = \frac{0.301}{90}$$

利用比例系数 μ_φ 和 μ_ψ，由式（2.79）可求得

$$\varphi_1 = 4.02° \qquad \psi_1 = 8.432°$$
$$\varphi_2 = 30° \qquad \psi_2 = 52.65°$$
$$\varphi_3 = 55.98° \qquad \psi_3 = 85.58°$$

将各结点的坐标值，即 3 组对应角位移（φ_i，ψ_i）以及初始角 φ_0，ψ_0 代入式（2.78），可得如下方程组：

$$\left. \begin{array}{l} \cos 90.02° = C_0 \cos 31.93° + C_1 \cos 58.09° + C_2 \\ \cos 116° = C_0 \cos 76.15° + C_1 \cos 39.85° + C_2 \\ \cos 141.98° = C_0 \cos 109.08° + C_1 \cos 32.9° + C_2 \end{array} \right\}$$

解上述方程组得

$$C_0 = 0.56357, \quad C_1 = -0.40985, \quad C_2 = -0.26075$$

进而可求得机构中各构件的尺寸：

$$a = 67.396\text{mm}, \quad b = 140.672\text{mm}, \quad c = 38.317\text{mm}$$

2.5.4　急回机构的设计

设计一个四杆机构作为急回机构，此类设计命题即通常所说的按给定的行程速比系数 K 设计四杆机构。它也是一种函数生成机构的设计。

如图 2.67 所示，已知曲柄摇杆机构中摇杆长 CD 和其摆角 ψ 以及行程速比系数 K，要求设计该四杆机构。

首先，根据行程速比系数 K，计算极位夹角 θ，即

$$\theta = 180 \times \frac{K-1}{K+1}$$

其次，任选一点 D 作为固定铰链，并以此点为顶点作等腰三角形 DC_2C_1，使两腰之长等于摇杆长 CD，$\angle C_1 DC_2 = \psi$。然后过 C_1 点作 $\overline{C_1 N} \perp \overline{C_1 C_2}$，再过 C_2 点作 $\angle C_1 C_2 M = 90° - \theta$，直线 $\overline{C_1 N}$ 和 $\overline{C_2 M}$ 交点为 P。最后以线段 $\overline{C_2 P}$ 为直径作圆，则此圆周上任一点与 C_1，C_2 连线所夹的角度均为 θ。而曲柄转动中心 A 可在圆弧 $\overset{\frown}{C_1 PF}$ 或 $\overset{\frown}{C_2 G}$

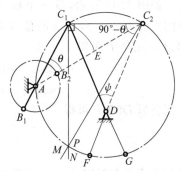

图 2.67　曲柄摇杆机构

上任取。由图可知,曲柄与连杆重叠共线和拉直共线的两个位置为$\overline{AC_1}$和$\overline{AC_2}$,则

$$\overline{AC_1} = \overline{B_1 C_1} - \overline{AB_1}$$

$$\overline{AC_2} = \overline{AB_2} + \overline{B_2 C_2}$$

由以上两式可解得曲柄长度:

$$\overline{AB} = \frac{\overline{AC_2} - \overline{AC_1}}{2} = \frac{\overline{EC_2}}{2}$$

线段$\overline{EC_2}$可由以 A 为圆心、$\overline{AC_1}$ 为半径作圆弧与$\overline{AC_2}$的交点 E 来求得,而连杆长$\overline{BC}$为

$$\overline{BC} = \overline{AC_2} - \overline{AB_2}$$

由于曲柄轴心 A 位置有无穷多,故满足设计要求的曲柄摇杆机构有无穷多个。如未给出其他附加条件,设计时通常以机构在工作行程中具有较大的传动角为出发点,来确定曲柄轴心的位置。如果设计要求中给出了其他附加条件,则 A 点的位置应根据附加条件来确定。

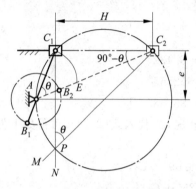

图 2.68　偏置曲柄滑块机构

如果工作要求所设计的急回机构为曲柄滑块机构,则图 2.68 中的 C_1,C_2 点分别对应于滑块行程的两个端点,其设计方法与上述相同。如果工作要求所设计的机构为如图 2.24(b)所示的摆动导杆机构,则利用其极位夹角 θ 与导杆摆角 ψ 相等这一特点,即可方便地得到设计结果。

2.5.5　轨迹生成机构的设计

设计一个四杆机构作为轨迹生成机构,此类设计命题即通常所说的按给定的运动轨迹设计四杆机构。

在图 2.69 中,点画线所示为工作要求实现的运动轨迹,今欲设计一铰链四杆机构,使其连杆上某一点 M 的运动轨迹与该给定轨迹相符。

为了确定机构的尺度参数和连杆上 M 点的位置,首先需要建立四杆机构连杆上 M 点的位置方程,亦即连杆曲线方程。

如图 2.69 所示,设在坐标系 xAy 中,连杆上 M 点的坐标为(x,y),该点的位置方程可如下求得。由四边形 $ABML$ 可得

$$x = a\cos\varphi + e\sin\gamma_1$$

$$y = a\sin\varphi + e\cos\gamma_1$$

图 2.69　轨迹生成机构

由四边形 $DCML$ 可得

$$x = d + c\cos\psi - f\sin\gamma_2$$

$$y = c\sin\psi + f\cos\gamma_2$$

将前两式平方相加消去 φ,后两式平方相加消去 ψ,可分别得

$$x^2 + y^2 + e^2 - a^2 = 2e(x\sin\gamma_1 + y\cos\gamma_1)$$
$$(d-x)^2 + y^2 + f^2 - c^2 = 2f[(d-x)\sin\gamma_2 + y\cos\gamma_2]$$

根据 $\gamma_1 + \gamma_2 = \gamma$ 的关系，消去上述两式中的 γ_1 和 γ_2，即可得连杆上 M 点的位置方程：

$$U^2 + V^2 = W^2 \tag{2.81}$$

该式又称为连杆曲线方程。式中，

$$U = f[(x-d)\cos\gamma + y\sin\gamma](x^2 + y^2 + e^2 - a^2) - ex[(x-d)^2 + y^2 + f^2 - c^2]$$
$$V = f[(x-d)\sin\gamma - y\cos\gamma](x^2 + y^2 + e^2 - a^2) + ey[(x-d)^2 + y^2 + f^2 - c^2]$$
$$W = 2ef\sin\gamma[x(x-d) + y^2 - dy\cot\gamma]$$

上式中共有 6 个待定尺寸参数 a,c,d,e,f,γ，故如在给定的轨迹中选取 6 组坐标值 (x_i,y_i)，分别代入上式，即可得到 6 个方程，联立求解这 6 个方程，即可解出全部待定尺寸。这说明连杆曲线上只有 6 个点与给定的轨迹重合。设计时，为了使连杆曲线上能有更多点与给定轨迹重合，可再引入坐标系 $x'Oy'$，如图 2.69 所示，此即引入了表示机架在 $x'Oy'$ 坐标系中位置的 3 个待定参数 g,h,φ_0。然后用坐标变换的方法将式 (6.81) 变换到坐标系 $x'Oy'$ 中，即可得到在该坐标系中的连杆曲线方程：

$$F(x',y',a,c,d,e,f,g,h,\gamma,\varphi_0) = 0 \tag{2.82}$$

式中共含有 9 个待定尺寸参数，这说明铰链四杆机构的连杆上的一点最多能精确地通过给定轨迹上所选的 9 个点。若在给定的轨迹上选定的 9 个点的坐标为 (x_i,y_i)，代入式 (2.82)，即可得到 9 个非线性方程，利用数值方法解此非线性方程组，便可求得所要设计机构的 9 个待定尺寸参数。

在用上述方法进行轨迹生成机构设计时，由于需要用数值方法联立求解 9 个非线性方程，因此比较繁琐。加之所设计出的机构只能实现给定轨迹上的 9 个精确点，而不能完全精确实现给定的轨迹，故在工程设计中，人们也常常采用一种比较直观可行的实验法来进行轨迹生成机构的设计。

如图 2.70 所示，设要求实现的轨迹为 mm。在用实验法求解时，可先准备两个构件，使它们铰接在点 B。其中构件 1 为长度 a 可调的构件，构件 2 为具有若干分支杆的构件，其各分支杆不仅长度可调，且相互之间的夹角也可调。

首先在相对于曲线 mm 的合适位置上，选定曲柄转轴 A。以 A 点为圆心作两个圆弧，分别与所给曲线 mm 相切于最远点和最近点，得 ρ_{max} 和 ρ_{min}，如图 2.70 所示。然后调整构件 1 的长度 a 和构件 2 上某一分支杆 BM 的长度 k，使该分支杆的端点 M 既能到达曲线 mm 的最远点，又能适应曲线 mm 的最近点。

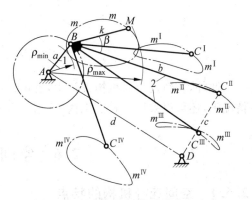

图 2.70 轨迹生成机构设计的实验法

在确定了构件 1 的长度 a 和构件 2 上分支杆 BM 的长度 k 之后，可把构件 1 的端点 A 安装在所选 A 点的位置上作为固定转轴。由于此时由构件 1、构件 2 和机架所组成的运动链 ABM 是一个自由度为 2 的开式运动链，故可以让构件 1 绕 A 点做圆周运动，同时使构件 2 的分支杆 BM 上的 M 点沿着给定曲线 mm 运动一周。与此同时，构件 2 的其他分支杆上

的 C^{I}, C^{II}, C^{III}, …点，将描绘出各自相应的曲线 $m^{I}m^{I}$, $m^{II}m^{II}$, $m^{III}m^{III}$, …如图 2.70 所示。从这些曲线中寻找一条近似于圆弧的轨迹，则此圆弧曲线(如图中的曲线 $m^{II}m^{II}$)的曲率中心 D，即为连架杆 CD 的固定铰链中心。这时 BC^{II} 即为所求的连杆长度 b，$C^{II}D$ 即为所求的连架杆 CD 的长度 c，而 AD 则为机架长度 d。如果从这些曲线中能找到一条近似于直线的轨迹，则以该直线为导路，即可得到曲柄滑块机构。如果在这些曲线中找不到一条近似的圆弧曲线或直线，则可重新调整构件 2 的其他各分支杆的长度或角度，或另行选择 A 点的位置，重新进行上述实验求解。

除实验法外，在工程实际的某些设计中，还可利用"连杆曲线图谱"来进行轨迹生成机构的设计。图 2.71 所示即为"连杆曲线图谱"中的一张图。图中 A, D 为固定铰链中心；B, C 为活动铰链中心；各点画线所示曲线分别为连杆平面上 9 个点在机构运动过程中所描绘的连杆曲线。图右下角所示数字表示各构件的相对杆长。在根据预期运动轨迹设计四杆机构时，可先从图谱中查找与给定轨迹形状相同或相似的连杆曲线，并查出相应的各构件的相对长度；然后用缩放仪确定图谱中的连杆曲线与给定轨迹曲线之间相差的倍数，再按各构件的相对长度乘以此倍数，即可求得机构中各构件的实际尺寸参数。

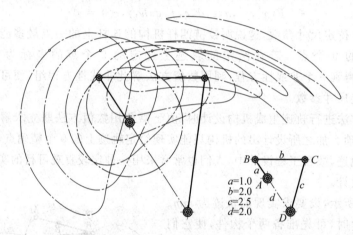

图 2.71　连杆曲线图谱

此外，在轨迹生成机构设计中，也可以考虑采用多杆机构实现轨迹要求。在条件允许的情况下，还可以采用开式链机构(见第 9 章)和组合机构(见第 8 章)。

*2.6　空间连杆机构简介

2.6.1　空间连杆机构的特点

在连杆机构中，若各构件不都在相互平行的平面内运动，则称它为空间连杆机构。组成空间连杆机构的运动副除转动副 R 和移动副 P 外，还常有球面副 S、球销副 S'、圆柱副 C 及螺旋副 H 等。在科学研究和实际应用中，常以机构中所含运动副的代表符号来命名各种空间连杆机构，如图 2.72 所示。

在空间连杆机构中，从动件的运动可为任意空间位置。与平面连杆机构一样，利用空间连杆机构可使从动件得到预定的位置、行程或某种运动规律，还可使连杆上某点获得预定的

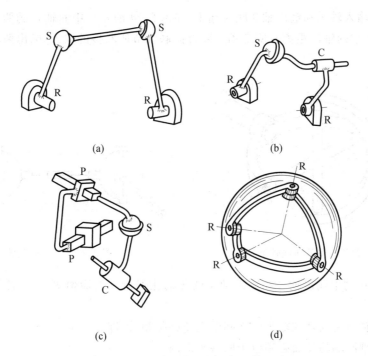

图 2.72   常见的空间连杆机构
(a) RSSR；(b) RSCR；(c) PRSC；(d) 球面 4R

运动轨迹。但是,空间连杆机构所能实现的运动,远比平面连杆机构复杂多样。平面连杆机构在运动过程中,由于制造安装误差和构件受力变形,各转动副轴线很难保持严格平行,故有时会出现运动不很灵活甚至卡住不动的现象。而空间连杆机构则不同,它不但结构紧凑,运动多样,而且一般非常灵活可靠。因此,空间连杆机构在各种现代机械如农业机械、轻工机械、飞行器、机械手、汽车及各种仪表中,已得到较多的应用。

2.6.2   空间连杆机构的应用

万向联轴节是用来传递相交两轴间转动的一种常见的球面四杆机构。如图 2.73 所示,连接两轴的连杆 2 常制成受力状态较好的十字架形状,而输入与输出轴均制成带端叉的对称形状。由于两相邻转动副的轴线夹角中,仅输入与输出轴之间的夹角为 $180° - \alpha$,其余轴线 A 与 B、B 与 C 及 C 与 D 的轴线夹角均为 $90°$,故单万向联轴节为一种特殊的球面四杆机构。

在图 2.73 中,如果以主动轴 1 的叉面与轴 1 和轴 3 所组成的平面共面时作为轴 1 转角 φ_1 的起始位置,则可推导出轴 1 与轴 3 角速比 i_{31} 的关系式(推导过程从略):

$$i_{31} = \frac{\omega_3}{\omega_1} = \frac{\cos\alpha}{1 - \sin^2\alpha\cos^2\varphi_1} \tag{2.83}$$

由上式可知,当轴交角 $\alpha = 0°$ 时,角速比恒等于 1;当 $\alpha = 90°$ 时,$i_{31} = 0$,即两轴不能进行传动;当 α 取其他值且主动轴匀速转动时,从动轴作变速转动。由于随着 α 的增大,从动轴的速度波动也增大,因此在实际应用中,轴交角 α 一般不超过 $35° \sim 45°$。

由于单万向联轴节从动轴 3 的角速度 ω_3 作周期性变化,因而在传动中将引起附加的动载荷,使轴产生振动。为消除这一缺点,可采用双万向联轴节,即用一个中间轴 C 和两个单万向联轴节将输入轴 1 和输出轴 3 联接起来,如图 2.74 所示。中间轴 C 的两部分采用滑键联接,以允许两轴的轴向距离有所变动。双万向联轴节所联接的输入、输出两轴既可相交也可平行。

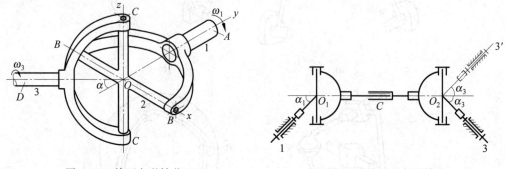

图 2.73　单万向联轴节　　　　　图 2.74　双万向联轴节

为了保证传动中输出轴 3 和输入轴 1 的传动比保持不变而恒等于 1,必须满足下列两个条件:

(1) 中间轴与输入轴和输出轴之间的夹角必须相等,即 $\alpha_1 = \alpha_3$;

(2) 中间轴两端的叉面必须位于同一平面内。

根据第 2 个条件,轴 C 相当于图 2.73 中的轴 3,因此由式(2.83)得

$$\frac{\omega_1}{\omega_C} = \frac{\cos\alpha_1}{1 - \sin^2\alpha_1\cos\theta_C} \qquad \frac{\omega_3}{\omega_C} = \frac{\cos\alpha_3}{1 - \sin^2\alpha_3\cos\theta_C}$$

又根据第 1 个条件 $\alpha_1 = \alpha_3$,故可得 $\omega_1 = \omega_3$,从而实现了两轴间等速传动。

双万向联轴节常用于机床、汽车、飞机以及其他机械设备中。

图 2.75 所示为供汽车使用的连接汽车前后桥的双万向联轴节。在汽车行驶时,由于路面不平整,使安置在弹性系统上的发动机变速箱和后轴均产生跳动,在变速箱和后桥之间使用带滑键中间轴 C 的双万向联轴节后,可实现从动差速器输入轴始终获得等角速转动。

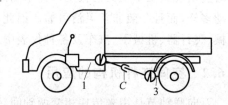

图 2.75　用双万向联轴节连接汽车前后桥

图 2.76 所示为自动驾驶仪操纵装置内使用的空间四杆机构。当主动活塞 2 相对缸体 1 移动时,通过连杆 3 使摇杆 4 相对机架 1 摆动。

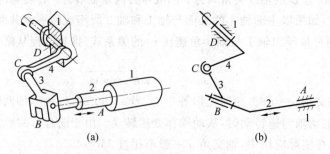

(a)　　　　　　　　　(b)

图 2.76　自动驾驶仪操纵装置内使用的空间四杆机构

图 2.77 所示为飞机起落架机构,当气缸推动活塞杆 2 运动时,带动构件 1 绕 $O—O$ 轴转动,从而实现飞机轮子的收起和放下。

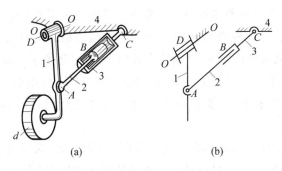

图 2.77　飞机起落架机构

研究空间连杆机构的方法,有以画法几何为基础的图解法和以向量、矩阵等数学工具为基础的解析法。图解法比较直观易学,发展得也较早,但仅在某些简单的问题中应用。近年来,随着计算机的普遍应用,解析法获得了迅速的发展而成为研究空间连杆机构的基本方法。关于空间连杆机构运动分析与综合的详细论述,可参阅有关资料。

文献阅读指南

(1) 平面连杆机构的运动设计是一个比较复杂和困难的问题,这主要是因为它所含有的运动副为低副,而低副的约束数比高副多,从而给连杆机构的设计带来较多的困难。但是,由于连杆机构中构件运动形式和连杆曲线的多样性,可供工程实际广泛应用,所以直到今天,连杆机构的设计问题仍受到国内外学者的广泛重视和深入研究。

连杆机构的设计方法大体可分为图解法、解析法和实验法三大类。本章结合几种设计命题对这 3 种方法都有所介绍,但限于学时和篇幅,所讲内容是最基本的、有限的。读者若想深入学习和研究,可参阅张世民编著的《平面连杆机构设计》(北京:高等教育出版社,1983)和 A. G. 厄尔德曼,G. N. 桑多尔著,庄细荣等译的《机构设计——分析与综合(第一卷)(第二卷)》(北京:高等教育出版社,1992,1993)。前者对平面连杆机构的运动设计作了较深入的介绍,读者可以用它来解决更多的设计问题,书中不仅介绍了平面连杆机构设计的一些基础理论,而且在叙述每一基础理论之后都附有具体的应用实例;后者是一本内容丰富、观点新颖的教科书,其在连杆机构运动设计方面的内容之丰富是其他教科书无法相比的,书中既有较详细的设计方法介绍和理论分析,又有结合现代工业和生活实际的实例说明。

(2) 根据给定的运动轨迹设计平面连杆机构,是工程实际中常见的设计命题之一。如本章所述,连杆曲线方程一般是一个 6 次方程,求解这样的方程,需要联立求解高阶非线性方程组。要求实现的精确点数目越多,求解越困难,而且还可能没有实数解,或即使有解,也可能由于结构尺寸不合理或传动角太小等原因而无实用价值。因此,在工程实际中,人们常借助连杆曲线图谱来进行轨迹生成机构的设计。J. A. Hrones 和 G. L. Helson 所著的 *Analysis of the Four-Bar Linkage*(New York:M. I. T-Wiley,1951),是这方面的经典著作,书中收集了7000余张曲柄摇杆机构的连杆曲线图谱,包含了各种各样的轨迹曲线,利用它可以使设计过程大大简化。

需要指出的是,随着计算技术的进一步发展和计算机应用范围的日益扩大,绘制连杆曲线图谱的工作也可借助计算机来实现,从而使连杆曲线图谱的类型更加丰富和完善。

(3)在平面连杆机构设计中,有时设计误差偏大,有时还要求所设计的机构满足许允传动角、存在曲柄以及其他一些结构上的要求。在这些情况下,仅用本章介绍的设计方法是难以同时满足这些设计要求的,需要运用优化设计方法进行设计,以得到比较满意的设计结果。

所谓机构的最优化设计就是根据机构分析及设计的理论,采用数学上的最优化方法,借助计算机进行计算,使所设计的机构最优化地满足预定的各项设计要求,从而得到最优化的设计方案。在利用最优化方法进行机构设计时,首先要建立一个包括各设计变量(如各构件的尺寸参数和位置参数等)的所谓目标函数(如以连杆上一点M轨迹误差最小作为设计目标),然后在所给约束条件(如存在曲柄、传动角在许用范围内、结构尺寸合理等)的范围内,运用合理的优化方法,通过循环反复的大量计算和评比,对各设计变量进行优选,以求得目标函数的最优解。

利用计算机对机构进行最优化设计,已成为近年来机构学发展的一个重要方面。有兴趣的读者可参阅陈立周等所著的《机械优化设计》(上海:上海科学技术出版社,1982)和王文博主编的《机构和机械零部件优化设计》(北京:机械工业出版社,1990)。书中不仅介绍了机械优化设计的基本知识、理论和若干常用的优化设计方法,还介绍了包括连杆机构在内的若干常用机构的优化设计和通用机械零部件的优化设计方法。

(4)空间连杆机构有许多特点,可以实现平面连杆机构难以实现或根本无法实现的运动,因此在工程实际中也得到了较多的应用。但其分析和设计比较复杂,不易想象,也难以用直观的实验法进行设计,故需要对其进行专门研究。限于篇幅,本章仅对空间连杆机构作了简要介绍。有兴趣对其进行深入研究的读者,可参阅张启先编著的《空间机构的分析与综合(上)》(北京:机械工业出版社,1984)。书中,作者根据多年从事科学研究的成果,对空间连杆机构的分析与综合问题进行了深入的讨论。此外,由谢存禧、郑时雄、林怡青编著的《空间机构设计》(上海:上海科学技术出版社,1996),也对空间连杆机构的组成原理、运动分析、受力分析和设计方法作了详细的讨论,是一本研究空间机构的专著。

(5)由华大年、华志宏、吕静平编著的《连杆机构设计》(上海:上海科学技术出版社,1995),是近年来国内出版的一本关于连杆机构的专著。书中着重论述平面连杆机构,也简要讨论了空间连杆机构,涉及内容十分广泛。特别是关于平面连杆机构设计方面的内容十分丰富,可供读者设计时参考。此外,曹惟庆等著的《连杆机构的分析与综合》(北京:科学出版社,2002)也系统地讨论了平面连杆机构解析法尺度综合和优化设计原理。

(6)*The ASME Journal of Mechanical Design*(JMD)是美国机械工程师协会(ASME)旗下的关于机械设计的权威期刊,为从事设计基础与应用研究的学者提供了交流平台。该期刊有大量关于机构综合设计,宏-微-纳尺度机械系统设计、设计原理和设计方法等方面的研究文献,可作为深入学习、了解设计学科发展的参考。

习　　题

2.1　试绘制出如图 2.78 所示机构的运动简图,并说明它们各为何种机构。

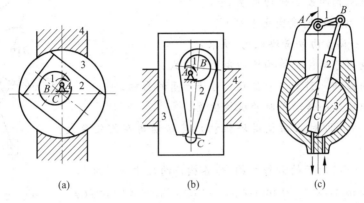

(a)	(b)	(c)

图 2.78　习题 2.1 图

2.2　在图 2.79 所示的四铰链运动链中,已知各构件长度 $l_{AB}=55$ mm,$l_{BC}=40$ mm,$l_{CD}=50$ mm,$l_{AD}=25$ mm。试问:

(1) 该运动链中是否具有双整转副构件?

(2) 如果具有双整转副构件,则固定哪个构件可获得曲柄摇杆机构?

(3) 固定哪个构件可获得双曲柄机构?

(4) 固定哪个构件可获得双摇杆机构?

2.3　在图 2.80 所示铰链四杆机构中,已知 $l_{BC}=50$ mm,$l_{CD}=35$ mm,$l_{AD}=30$ mm,取 AD 为机架。

(1) 如果该机构能成为曲柄摇杆机构,且 AB 是曲柄,求 l_{AB} 的取值范围;

(2) 如果该机构能成为双曲柄机构,求 l_{AB} 的取值范围;

(3) 如果该机构能成为双摇杆机构,求 l_{AB} 的取值范围。

2.4　在图 2.81 所示的铰链四杆机构中,各杆件长度分别为:$l_{AB}=28$ mm,$l_{BC}=52$ mm,$l_{CD}=50$ mm,$l_{AD}=72$ mm。

(1) 若取 AD 为机架,求该机构的极位夹角 θ,杆 CD 的最大摆角 ψ 和最小传动角 γ_{min};

(2) 若取 AB 为机架,该机构将演化为何种类型的机构?为什么?试说明这时 C,D 两个转动副是整转副还是摆转副?

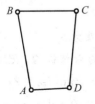

图 2.79　习题 2.2 图

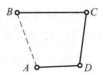

图 2.80　习题 2.3 图

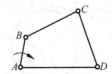

图 2.81　习题 2.4 图

2.5 在图 2.82 所示的连杆机构中,已知各构件的尺寸为: $l_{AB}=160$ mm, $l_{BC}=260$ mm, $l_{CD}=200$ mm, $l_{AD}=80$ mm;并已知构 AB 为原动件,沿顺时针方向匀速回转,试确定:

(1) 四杆机构 ABCD 的类型;

(2) 该四杆机构的最小传动角 $\gamma_{\min}$;

(3) 滑块 F 的行程速度变化系数 K。

2.6 对于一偏置曲柄滑块机构,试求:

(1) 当曲柄为原动件时机构传动角的表达式;

(2) 试说明曲柄 r,连杆 l 和偏距 e 对传动角的影响;

(3) 说明出现最小传动角时的机构位置;

(4) 若令 e=0(即对心曲柄滑块机构),其传动角在何处最大?何处最小?

2.7 在图 2.83 所示的六杆机构中,各构件的尺寸分别为 $l_{AB}=30$ mm, $l_{BC}=55$ mm, $l_{AD}=50$ mm, $l_{CD}=40$ mm, $l_{DE}=20$ mm, $l_{EF}=60$ mm,滑块 F 为输出构件。试问:

图 2.82 习题 2.5 图

(1) 滑块 F 往返行程的平均速度是否相同?其行程速度变化系数 K 为多少?

(2) 滑块 F 的行程 H 为多少?

(3) 求机构的最小传动角 $\gamma_{\min}$。

2.8 在图 2.84 所示的机构中,已知 $l_{AB}=130$mm, $l_{AC}=300$mm, $\varphi_2=70°$,曲柄 2 按顺时针方向做匀速转动,角速度 $\omega_2=100$ rad/s,求在图示位置导杆 4 的角速度 ω_4 的大小和方向。

2.9 试求如图 2.85 所示连杆机构在图示位置时构件 4 与构件 2 的角速度比 ω_4/ω_2,已知各构件尺寸如图所示。

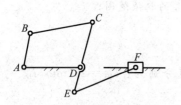

图 2.83 习题 2.7 图

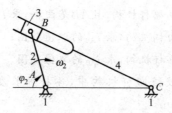

图 2.84 习题 2.8 图

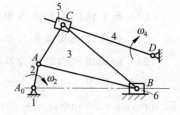

图 2.85 习题 2.9 题

2.10 在如图 2.86 所示的机构中,已知各构件尺寸如图所示,$\omega_2=10$ rad/s(顺时针转动),试求在图示位置:

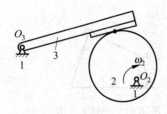

图 2.86 习题 2.10 图

(1) 所有瞬心位置;

(2) 构件 3 的角速度 ω_3 的大小及方向。

__*2.11__ 图2.87所示为平锻机中的六杆机构。已知各构件的尺寸如下: $l_{AB}=120$ mm, $l_{BC}=460$ mm, $l_{BD}=240$ mm, $l_{DE}=200$ mm, $l_{EF}=260$ mm, $\beta=30°$, $\omega_1=10$ rad/s, $x_F=500$ mm, $y_F=180$ mm。欲求在一个运动循环中滑块 3 的位移、速度、

加速度及构件 4,5 的角速度及角加速度,试写出求解步骤、画出计算流程图并给出计算结果。

*2.12　图 2.88 所示为干草压缩机中的六杆机构,已知各构件长度 $l_{AB}=600$ mm, $l_{OA}=150$ mm, $l_{BC}=120$ mm, $l_{BD}=500$ mm, $l_{CE}=600$ mm 及 $x_D=400$ mm, $y_D=500$ mm, $y_E=600$ mm, $\omega_1=10$ rad/s。欲求活塞 E 在一个运动循环中的位移、速度和加速度,试写出求解步骤、画出计算流程图并给出计算结果。

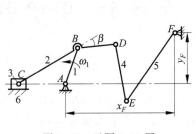
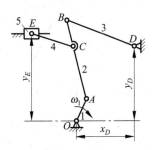

图 2.87　习题 2.11 图　　　　　　　图 2.88　习题 2.12 图

2.13　图 2.89 所示为加热炉炉门的启闭状态,试设计一机构,使炉门能占有图示的两个位置。

2.14　图 2.90 所示为储存器的一个侧壁和活动顶部的两个要求位置。试设计一个机构,引导顶部通过这两个位置而不与储存器的侧壁发生干涉。

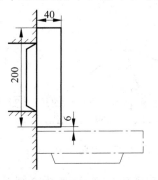
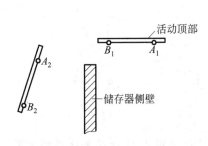

图 2.89　习题 2.13 图　　　　　　　图 2.90　习题 2.14 图

2.15　欲设计一个如图 2.91 所示的铰链四杆机构。设已知其摇杆 CD 的长度 $l_{CD}=75$ mm,行程速比系数 $K=1.5$,机架 AD 的长度 $l_{AD}=80$ mm,又知摇杆的一个极限位置与机架间的夹角 $\psi=45°$,求其曲柄的长度 l_{AB} 和连杆的长度 l_{BC}。(提示:该题有两组解。)

2.16　图 2.92 所示为一牛头刨床的主传动机构,已知 $l_{AB}=75$ mm, $l_{DE}=100$ mm,行程速比系数 $K=2$,刨头 5 的行程 $H=300$ mm。要求在整个行程中,刨头 5 有尽可能小的压力角,试设计此机构。

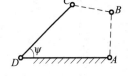

图 2.91　习题 2.15 图

2.17　图 2.93 所示为一已知的曲柄摇杆机构,各杆长度为: $l_{AB}=90$ mm, $l_{BC}=170$ mm, $l_{CD}=130$ mm, $l_{AD}=150$ mm。在图中实线所示位置, $\angle DAB_2=100°$,现要求用一连杆将摇

杆 CD 和一滑块 F 连接起来,使摇杆的 3 个已知位置 C_1D,C_2D,C_3D 和滑块的 3 个位置 F_1,F_2,F_3 相对应。已知 $DF_1=135$ mm, $DF_2=210$ mm, $DF_3=285$ mm,试确定此连杆的长度及其与摇杆 CD 铰接点的位置。

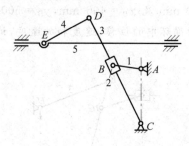

图 2.92 习题 2.16 图

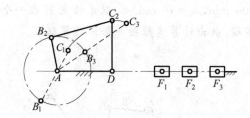

图 2.93 习题 2.17 图

2.18   试设计一铰链四杆机构 $ABCD$,要求满足 AB_1,AB_2 与 DE_1,DE_2 两组对应位置如图 2.94 所示,其中 $\varphi_1=80°$, $\psi_1=88°$; $\varphi_2=56°$, $\psi_2=64°$;并要求满足摇杆 CD 在第 2 位置为极限位置。已知 $l_{AB}=175$mm 和 $l_{AD}=250$mm,试求铰链 C 的位置。

2.19   试设计如图 2.95 所示的六杆机构。当原动件 1 自 y 轴顺时针转过 $\varphi_{12}=60°$时,构件 3 顺时针转过 $\psi_{12}=45°$恰与 x 轴重合。此时滑块 6 自 E_1 移动到 E_2,位移 $s_{12}=20$ mm。试确定铰链 B_1 和 C_1 的位置,并在所设计的机构中标明传动角 γ,同时说明四杆机构 AB_1C_1D 的类型。

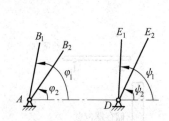

图 2.94 习题 2.18 图

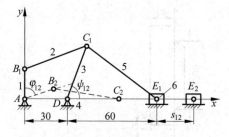

图 2.95 习题 2.19 图

2.20   设计图 2.96 所示的运动训练器。使用时,人体取站立位,双脚分别站在脚踏板上,双手握住手柄。运动从手柄输入后,带动四杆机构 $ABCD$ 运动。令从手柄输入运动的范围大约为 $\pm20°$(从铅垂位置度量),要求 CD 整周转动,试设计此机构。(提示:注意考虑机构尺寸符合人体基本参数。)

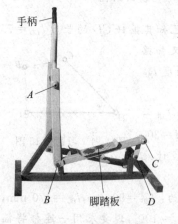

图 2.96 习题 2.20 图

2.21   图 2.97 所示的插床用转动导杆机构中,已知 $l_{AB}=50$ mm, $l_{AD}=40$ mm,行程速度变化系数 $K=2.27$,求曲柄 BC 的长度 l_{BC} 及插刀 P 的行程 s。

2.22   有一曲柄摇杆机构,已知其摇杆长 $l_{CD}=420$ mm,摆角 $\psi=90°$,摇杆在两极限位置时与机架所成的夹角各为 $60°$ 和 $30°$,机构的行程速比系数 $K=1.5$,设计此四杆机构,并验算最小传动角 γ_{min}。

2.23 设计一个脚踏缝纫机的曲柄摇杆机构,要求踏板在水平位置上下各摆动 15°,缝纫机的工作台高度为 60 mm,长为 1000 mm,宽为 500 mm,要求该机构传力特性好。(注意:机构尺寸不得超过缝纫机工作台的尺寸范围。)

2.24 设计一个架子鼓脚踏击鼓机构(图 2.98),通过脚控制该机构实现鼓槌击打垂直地面放置的鼓面的动作。(提示:注意考虑所设计机构输出力与输入力之比值。)

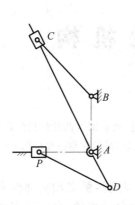
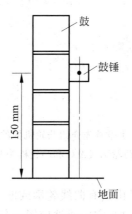

图 2.97　习题 2.21 图　　　　　图 2.98　习题 2.24 图

2.25 为叉车设计一个升降机构,要求叉车头作近似垂直直线移动,实现叉车上下搬动货物的功能。叉车头移动范围为从地面起上升 1.8 m(图 2.99)。(提示:设计时考虑尽量将固定铰链安置在叉车体上。)

2.26 设计一个机构,实现大型轿车通道内加座的折叠功能。座椅长、宽分别为 400 mm 和 300 mm,座椅折叠后要求座椅面与地面垂直,试设计该机构。(提示:注意利用机构的死点位置。)

2.27 如图 2.100 所示,设计一四杆机构,使其两连架杆的对应转角关系近似实现已知函数 $y=\sin x$ $(0 \leqslant x \leqslant 90°)$。设计时取 $\varphi_0=90°$,$\psi_0=105°$,$\varphi_m=120°$,$\psi_m=60°$。

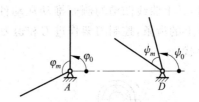

图 2.99　习题 2.25 图　　　　　图 2.100　习题 2.27 图

2.28 设计一铰链四杆机构,以近似实现给定函数 $y=\dfrac{1}{x}$,自变量 $1 \leqslant x \leqslant 2$,两连架杆的总转角要求 $\varphi_m=90°$,$\psi_m=-90°$(正值表示递时针方向,负值表示顺时针方向)。

2.29 设计一铰链四杆机构近似实现所要求的轨迹曲线。轨迹曲线坐标值如下:

i	0	1	2	3	4	5	6
x	38	48	59	71	83	94	102
y	41	48	52	53	52	46	35

凸 轮 机 构

【内容提要】 本章首先介绍凸轮机构的类型、特点及功能,然后围绕凸轮机构的设计,重点介绍从动件运动规律设计、凸轮廓线设计和凸轮机构基本参数设计等问题,最后介绍凸轮机构的计算机辅助设计。

凸轮机构是由具有曲线轮廓或凹槽的构件,通过高副接触带动从动件实现预期运动规律的一种高副机构,它广泛地应用于各种机械,特别是自动机械、自动控制装置和装配生产线中,是工程实际中用于实现机械化和自动化的一种常用机构。

3.1　凸轮机构的组成和类型

3.1.1　凸轮机构的组成

为了说明凸轮机构的组成,先来看两个生产实例。

图 3.1 所示为内燃机的配气机构。图中具有曲线轮廓的构件 1 叫做凸轮,当它做等速转动时,其曲线轮廓通过与气阀 2 的平底接触,使气阀有规律地开启和闭合。工作对气阀的动作程序及其速度和加速度都有严格的要求,这些要求均是通过凸轮 1 的轮廓曲线来实现的。

图 3.2 所示为自动机床的进刀机构。图中具有曲线凹槽的构件 1 叫做凸轮,当它做等速回转时,其上曲线凹槽的侧面推动从动件 2 绕 O 点做往复摆动,通过扇形齿轮 2 和固结在刀架 3 上的齿条,控制刀架作进刀和退刀运动。刀架的运动规律则取决于凸轮 1 上曲线凹槽的形状。

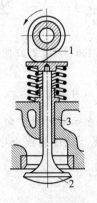

图 3.1　内燃机配气机构

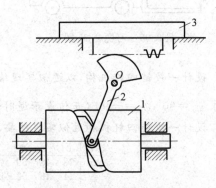

图 3.2　自动机床进刀机构

由以上两个例子可以看出：凸轮是一个具有曲线轮廓或凹槽的构件,当它运动时,通过其上的曲线轮廓或凹槽与从动件的高副接触,使从动件获得预期的运动。

凸轮机构是由凸轮、从动件和机架这3个基本构件所组成的一种高副机构。

3.1.2 凸轮机构的类型

工程实际中所使用的凸轮机构形式多种多样,常用的分类方法有以下几种。

1. 按照凸轮的形状分类

1）盘形凸轮

如图 3.1 所示,凸轮呈盘状,并且具有变化的向径。当其绕固定轴转动时,可推动从动件在垂直于凸轮转轴的平面内运动。它是凸轮最基本的形式,结构简单,应用最广。

2）移动凸轮

当盘形凸轮的转轴位于无穷远处时,就演化成了如图 3.3 所示的凸轮,这种凸轮称为移动凸轮（或楔形凸轮）。凸轮呈板状,它相对于机架做直线移动。

在以上两种凸轮机构中,凸轮与从动件之间的相对运动均为平面运动,故又统称为平面凸轮机构。

3）圆柱凸轮

如图 3.2 所示,凸轮的轮廓曲线做在圆柱体上。它可以看作是把上述移动凸轮卷成圆柱体演化而成的。在这种凸

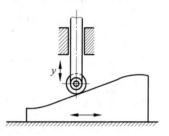

图 3.3 移动凸轮

轮机构中,凸轮与从动件之间的相对运动是空间运动,故它属于空间凸轮机构。

2. 按照从动件的形状分类

1）尖端从动件

如图 3.4(a)所示。从动件的尖端能够与任意复杂的凸轮轮廓保持接触,从而使从动件实现任意的运动规律。这种从动件结构最简单,但尖端处易磨损,故只适用于速度较低和传力不大的场合。

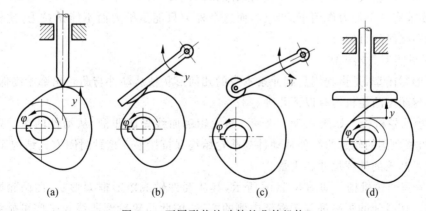

    (a)   (b)   (c)   (d)

图 3.4 不同形状从动件的凸轮机构

2）曲面从动件

为了克服尖端从动件的缺点,可以把从动件的端部做成曲面形状,如图 3.4(b)所示,称

为曲面从动件。这种结构形式的从动件在生产中应用较多。

3) 滚子从动件

无论是尖端从动件还是曲面从动件,凸轮与从动件之间的摩擦均为滑动摩擦。为了减小摩擦磨损,可以在从动件端部安装一个滚轮,如图 3.4(c)所示。这样一来,从动件与凸轮之间的滑动摩擦就变成了滚动摩擦,因此摩擦磨损较小,可用来传递较大的动力,故这种形式的从动件应用很广。

4) 平底从动件

如图 3.4(d)所示。从动件与凸轮轮廓之间为线接触,接触处易形成油膜,润滑状况好。此外,在不计摩擦时,凸轮对从动件的作用力始终垂直于从动件的平底,故受力平稳,传动效率高,常用于高速场合。其缺点是与之配合的凸轮轮廓必须全部为外凸形状。

3. 按照从动件的运动形式分类

无论凸轮与从动件的形状如何,就从动件的运动形式来讲只有两种。

1) 移动从动件

如图 3.4(a),(d)所示,从动件做往复移动。

2) 摆动从动件

如图 3.4(b),(c)所示,从动件做往复摆动。

移动从动件凸轮机构又可根据其从动件轴线与凸轮回转轴心的相对位置,进一步分成对心的(如图 3.4(d)所示)和偏置的(如图 3.4(a)所示)。

4. 按照凸轮与从动件维持高副接触的方法分类

凸轮机构是一种高副机构,凸轮轮廓与从动件之间所形成的高副是一种单面约束的开式运动副,因此就存在着如何维持凸轮轮廓与从动件始终保持接触而不脱开的问题。根据维持高副接触的方法不同,凸轮机构又可以分为以下两类。

1) 力封闭型凸轮机构

所谓力封闭型,是指利用重力、弹簧力或其他外力使从动件与凸轮轮廓始终保持接触。图 3.1 所示的凸轮机构就是利用弹簧力来维持高副接触的一个实例。很显然,在力封闭的方案中,要求有一个外力作用于运动副,而这个外力只能是推力而不能是拉力,这样才能达到维持高副接触的目的。

2) 形封闭型凸轮机构

所谓形封闭型,是指利用高副元素本身的几何形状使从动件与凸轮轮廓始终保持接触。常用的形封闭型凸轮机构有以下几种。

(1) 槽凸轮机构　如图 3.5(a)所示,凸轮轮廓曲线做成凹槽,从动件的滚子置于凹槽中,依靠凹槽两侧的轮廓曲线使从动件与凸轮始终保持接触。这种封闭方式结构简单,其缺点是加大了凸轮的外廓尺寸和重量。

(2) 等宽凸轮机构　如图 3.5(b)所示,其从动件做成矩形框架形状,而凸轮廓线上任意两条平行切线间的距离都等于框架内侧的宽度,因此凸轮轮廓曲线与平底可始终保持接触。其缺点是从动件运动规律的选择受到一定限制,当 180°范围内的凸轮廓线根据从动件运动规律确定后,其余 180°范围内的凸轮廓线必须根据等宽的原则来确定。

(3) 等径凸轮机构　如图 3.5(c)所示,其从动件上装有两个滚子,在运动过程中,凸轮

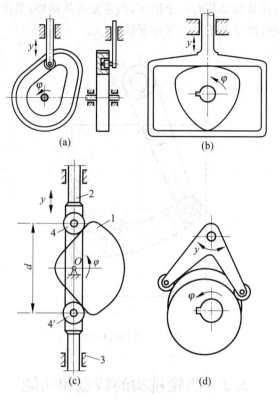

图 3.5　常用的形封闭型凸轮机构

廓线始终同时与两个滚子相接触,且在过凸轮轴心 O 所作的任一径向线上,与凸轮廓线相接触的两滚子中心之间的距离处处相等。其缺点与等宽凸轮机构相同,即当 180°范围内的凸轮廓线根据从动件的运动规律确定后,另外 180°范围内的凸轮廓线必须根据等径的原则来确定,因此从动件运动规律的选择也受到一定限制。

(4) 共轭凸轮机构　为了克服等宽、等径凸轮的缺点,使从动件的运动规律可以在 360°范围内任意选取,可以用两个固结在一起的凸轮控制一个具有两滚子的从动件,如图 3.5(d)所示。一个凸轮(称为主凸轮)推动从动件完成正行程的运动,另一个凸轮(称为回凸轮)推动从动件完成反行程的运动,故这种凸轮机构又称为主回凸轮机构。其缺点是结构较复杂,制造精度要求较高。

很显然,在形封闭的方案中,凸轮实际上有两个工作曲面,即在从动件的每一侧都有一个工作面。当凸轮转动时,分别靠两个工作面推动从动件作两个方向的运动(即正、反行程的运动)。也就是说,凸轮与从动件构成两个平面高副,每一瞬时只有一个高副起约束作用,另一个高副所提供的约束为虚约束。

以上介绍了凸轮机构的几种分类方法。将不同类型的凸轮和从动件组合起来,就可以得到各种不同形式的凸轮机构。设计时,可根据工作要求和使用场合的不同加以选择。

需要指出的是,虽然在工程实际中总是选择表面几何形状简单的从动件,通过适当地设计与之相配合的凸轮廓线来获得从动件所需的运动规律,但也有例外的情况。把输出构件设计成形状复杂的所谓反凸轮机构的例子,在工程实际中也是可以见到的,如图 3.6 所示。

图中摆杆1为主动件,在其端部装有一个滚子,凸轮2为从动件,当摆杆1左右摆动时,通过滚子与凸轮凹槽的接触,推动凸轮2上下往复移动。

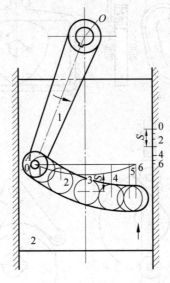

图 3.6 反凸轮机构

3.2 凸轮机构的特点和功能

3.2.1 凸轮机构的特点

凸轮机构只具有很少几个活动构件,并且占据的空间较小,是一种结构十分简单、紧凑的机构。凸轮机构最吸引人的特征是其多用性和灵活性,从动件的运动规律取决于凸轮轮廓曲线的形状,只要适当地设计凸轮的轮廓曲线,就可以使从动件获得各种预期的运动规律。几乎对于任意要求的从动件的运动规律,都可以毫无困难地设计出凸轮廓线来实现,是这种机构的最大优点。

凸轮机构的缺点在于:凸轮廓线与从动件之间是点或线接触的高副,易于磨损,故多用在传力不太大的场合。

3.2.2 凸轮机构的功能

由于凸轮机构具有上述明显的优点,故其在生产实际中得到了非常广泛的应用。概括地讲,其功能主要有以下几个方面。

1. 实现无特定运动规律要求的工作行程

在一些控制装置中,只需要从动件实现一定的工作行程,而对从动件的运动规律及运动和动力特性并无特殊要求,采用凸轮机构可以很方便地实现从动件的这类工作行程。图3.7所示为某车床床头箱中用以改变主轴转速的变速操纵机构。图中1为手柄,2,7为摆杆,3,6为拨叉,4,5分别为三联和双联滑移齿轮,8为圆柱凸轮,其上有两条曲线凹槽(即凸轮廓线)。在摆杆2和7的端部各装有一个滚子,分别插在凸轮的两条曲线凹槽内。当转动手柄

1时,圆柱凸轮 8 转动,带动摆杆 2 和 7 在一定范围内摆动,通过拨叉 3 和 6,分别带动三联齿轮 4 和双联齿轮 5 在花键轴上滑移,使不同的齿轮进入(或脱离)啮合,从而达到改变车床主轴转速的目的。

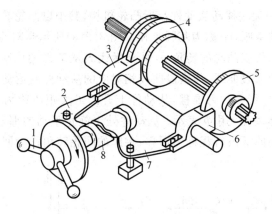

图 3.7　车床主轴变速操纵机构

2. 实现有特定运动规律要求的工作行程

在工程实际中,许多情况下要求从动件实现复杂的运动规律。图 3.2 所示的自动机床上的进刀机构,就是利用凸轮机构实现复杂运动规律的一个实例。通常刀具的进给运动包括以下几个动作:到位行程,即刀具以较快的速度接近工件的过程;工作行程,即刀具等速前进切削工件的过程;返回行程,即刀具完成切削动作后快速退回的过程;停歇,即刀具复位后停留一段时间,以便进行更换工件等动作,然后开始下一个运动循环。像这样一个复杂的运动规律,就是由如图 3.2 所示的摆动从动件圆柱凸轮机构来实现的。

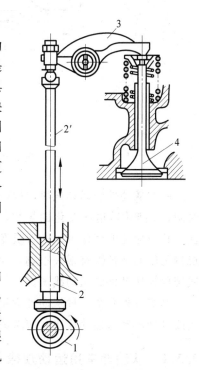

3. 实现对运动和动力特性有特殊要求的工作行程

图 3.8 所示为船用柴油机的配气机构。当固接在曲轴上的凸轮 1 转动时,推动从动件 2 和 2′ 上下往复移动,通过摆臂 3 使气阀 4 开启或关闭,以控制可燃物质在适当的时间进入气缸或排出废气。由于曲轴的工作转速很高,阀门必须在很短的时间内完成启闭动作,因此要求机构必须具有良好的动力学性能。而凸轮机构只要廓线设计得当,就完全能胜任这一工作。

图 3.8　船用柴油机的配气机构

除上述功能外,凸轮机构经过适当组合,还可实现复杂的运动轨迹。

3.3　从动件运动规律设计

如 3.2 节所述,从动件的运动情况,是由凸轮轮廓曲线的形状决定的。一定轮廓曲线形状的凸轮,能够使从动件产生一定规律的运动;反过来说,实现从动件不同的运动规律,要求凸轮具有不同形状的轮廓曲线,即凸轮的轮廓曲线与从动件所实现的运动规律之间存在着确定的依从关系。因此,凸轮机构设计的关键一步,是根据工作要求和使用场合,选择或设计从动件的运动规律。

图 3.9(b)所示为一尖端移动从动件盘形凸轮机构,其中以凸轮轮廓的最小向径 r_b 为半径所作的圆称为凸轮的基圆,r_b 称为基圆半径。图 3.9(a)所示是对应于凸轮转动 1 周从动件的位移线图。横坐标代表凸轮的转角 φ,纵坐标代表从动件的位移 s。在该位移线图上,可以找到从动件上升的那段曲线,与这段曲线相对应的从动件的运动,是远离凸轮轴心的运动,我们把从动件的这一行程称为推程,从动件上升的最大距离称为升距,用 h 表示;相应的凸轮转角称为推程运动角,用 Φ 表示;从动件处于静止不动的那段时间称为停歇;而从动件朝着凸轮轴心运动的那段行程称为回程,相应的凸轮转角称为回程运动角,用 Φ' 表示。

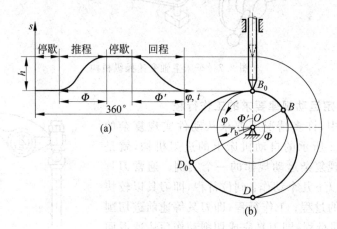

图 3.9 尖端移动从动件盘形凸轮机构

所谓从动件的运动规律,是指从动件的位移 s、速度 v、加速度 a 及加速度的变化率 j 随时间 t 或凸轮转角 φ 变化的规律。它们全面地反映了从动件的运动特性及其变化的规律性。其中加速度变化率 j 称为跃度,它与惯性力的变化率密切相关,因此对从动件的振动和机构工作的平稳性有很大影响。通常把从动件的 s,v,a,j 随时间 t 或凸轮转角 φ 变化的曲线统称为从动件的运动线图。

本节首先介绍几种从动件常用运动规律,然后介绍运动规律的特性指标,最后介绍在选择或设计从动件运动规律时应考虑的问题和从动件运动规律的设计方法。

3.3.1 从动件常用运动规律

工程实际中对从动件的运动要求是多种多样的,经过长期的理论研究和生产实践,人们已发现了多种具有不同运动特性的运动规律,其中在工程实际中经常用到的运动规律称为常用运动规律。表 3.1 列出了几种常用运动规律的运动方程式和运动线图。

从表 3.1 所示的运动线图,可以看出各种常用运动规律的特点。

(1)等速运动规律 其速度曲线不连续,从动件在运动起始和终止位置速度有突变,此时加速度在理论上由零变为无穷大,从而使从动件突然产生理论上为无穷大的惯性力。虽然实际上由于材料具有弹性,加速度和惯性力都不至于达到无穷大,但仍会使机构产生强烈冲击,这种冲击称为刚性冲击。

　　(2) 等加速等减速运动规律　其速度曲线连续,故不会产生刚性冲击。但其加速度曲线在运动的起始、中间和终止位置不连续,加速度有突变。虽然其加速度的变化为有限值,但加速度的变化率(即跃度 j)在这些位置却为无穷大。这表明惯性力的变化率极大,即加速度所产生的有限惯性力在一瞬间突然加到从动件上,从而引起冲击,这称冲击称为柔性冲击。

　　(3) 简谐运动规律　其速度曲线连续,故不会产生刚性冲击。但在运动的起始和终止位置,加速度曲线不连续,加速度产生有限突变,因此也会产生柔性冲击。当从动件作无停歇的升—降—升连续往复运动时,加速度曲线变为连续曲线(如图中虚线所示),从而可避免柔性冲击。

表 3.1　从动件常用运动规律

运动规律	运动方程式		推程运动线图	说　明
	推程($0 \leqslant \varphi \leqslant \Phi$)	回程($0 \leqslant \varphi \leqslant \Phi'$)		
等速运动(直线运动)	$s = \dfrac{h}{\Phi}\varphi$ $v = \dfrac{h}{\Phi}\omega$ $a = 0$	$s = h\left(1 - \dfrac{\varphi}{\Phi'}\right)$ $v = -\dfrac{h}{\Phi'}\omega$ $a = 0$	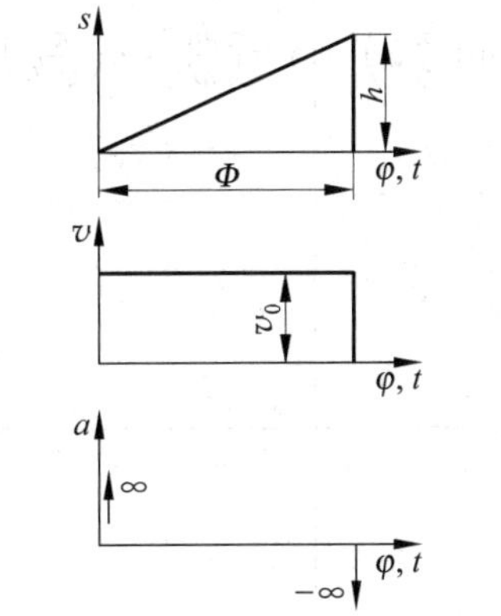	从动件速度为常量,故称为等速运动规律。由于其位移曲线为一条斜率为常数的斜直线,故又称为直线运动规律
等加速等减速运动(抛物线运动)	等加速段$\left(0 \leqslant \varphi \leqslant \dfrac{\Phi}{2}\right)$ $s = \dfrac{2h}{\Phi^2}\varphi^2$ $v = \dfrac{4h\omega}{\Phi^2}\varphi$ $a = \dfrac{4h\omega^2}{\Phi^2}$ $j = 0$ 等减速段$\left(\dfrac{\Phi}{2} \leqslant \varphi \leqslant \Phi\right)$ $s = h - \dfrac{2h}{\Phi^2}(\Phi - \varphi)^2$ $v = \dfrac{4h\omega}{\Phi^2}(\Phi - \varphi)$ $a = -\dfrac{4h\omega^2}{\Phi^2}$ $j = 0$	等减速段$\left(0 \leqslant \varphi \leqslant \dfrac{\Phi'}{2}\right)$ $s = h - \dfrac{2h}{\Phi'^2}\varphi^2$ $v = -\dfrac{4h\omega}{\Phi'^2}\varphi$ $a = -\dfrac{4h\omega^2}{\Phi'^2}$ $j = 0$ 等加速段$\left(\dfrac{\Phi'}{2} \leqslant \varphi \leqslant \Phi'\right)$ $s = \dfrac{2h}{\Phi'^2}(\Phi' - \varphi)^2$ $v = -\dfrac{4h\omega}{\Phi'^2}(\Phi' - \varphi)$ $a = \dfrac{4h\omega^2}{\Phi'^2}$ $j = 0$	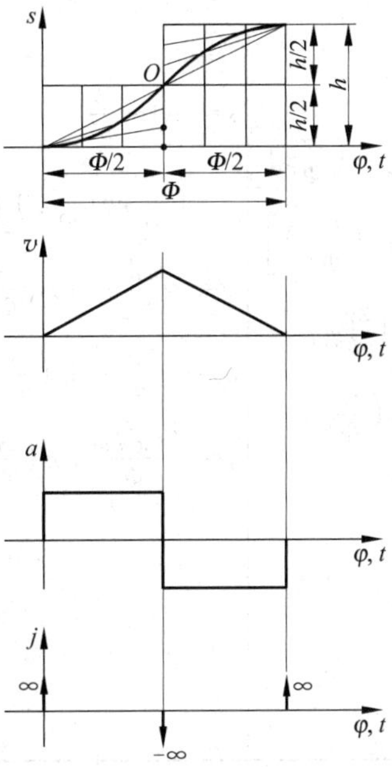	从动件在推程的前半段做等加速运动,后半段做等减速运动(回程反之),通常加速度和减速度绝对值相等。由于其位移曲线为两段在 O 点光滑相连的反向抛物线,故又称为抛物线运动规律

运动规律	运动方程式		推程运动线图	说　明
	推程($0 \leqslant \varphi \leqslant \Phi$)	回程($0 \leqslant \varphi \leqslant \Phi'$)		
简谐运动（余弦加速度运动）	$s=\dfrac{h}{2}\left[1-\cos\left(\dfrac{\pi}{\Phi}\varphi\right)\right]$ $v=\dfrac{\pi h\omega}{2\Phi}\sin\left(\dfrac{\pi}{\Phi}\varphi\right)$ $a=\dfrac{\pi^2 h\omega^2}{2\Phi^2}\cos\left(\dfrac{\pi}{\Phi}\varphi\right)$ $j=-\dfrac{\pi^3 h\omega^3}{2\Phi^3}\sin\left(\dfrac{\pi}{\Phi}\varphi\right)$	$s=\dfrac{h}{2}\left[1+\cos\left(\dfrac{\pi}{\Phi'}\varphi\right)\right]$ $v=-\dfrac{\pi h\omega}{2\Phi'}\sin\left(\dfrac{\pi}{\Phi'}\varphi\right)$ $a=-\dfrac{\pi^2 h\omega^2}{2\Phi'^2}\cos\left(\dfrac{\pi}{\Phi'}\varphi\right)$ $j=\dfrac{\pi^3 h\omega^3}{2\Phi'^3}\sin\left(\dfrac{\pi}{\Phi'}\varphi\right)$		当质点在圆周上做匀速运动时,其在该圆直径上的投影所构成的运动称为简谐运动。当从动件按简谐运动规律运动时,其加速度曲线为余弦曲线,故又称为余弦加速度运动规律
摆线运动（正弦加速度运动）	$s=h\left[\dfrac{\varphi}{\Phi}-\dfrac{1}{2\pi}\sin\left(\dfrac{2\pi}{\Phi}\varphi\right)\right]$ $v=\dfrac{h\omega}{\Phi}\left[1-\cos\left(\dfrac{2\pi}{\Phi}\varphi\right)\right]$ $a=\dfrac{2\pi h\omega^2}{\Phi^2}\sin\left(\dfrac{2\pi}{\Phi}\varphi\right)$ $j=\dfrac{4\pi^2 h\omega^3}{\Phi^3}\cos\left(\dfrac{2\pi}{\Phi}\varphi\right)$	$s=h\left[1-\dfrac{\varphi}{\Phi'}\right.$ $\left.+\dfrac{1}{2\pi}\sin\left(\dfrac{2\pi}{\Phi'}\varphi\right)\right]$ $v=-\dfrac{h\omega}{\Phi'}\left[1-\cos\left(\dfrac{2\pi}{\Phi'}\varphi\right)\right]$ $a=-\dfrac{2\pi h\omega^2}{\Phi'^2}\sin\left(\dfrac{2\pi}{\Phi'}\varphi\right)$ $j=-\dfrac{4\pi^2 h\omega^3}{\Phi'^3}\cos\left(\dfrac{2\pi}{\Phi'}\varphi\right)$		当滚子沿纵坐标轴做匀速纯滚动时,圆周上一点的轨迹为一摆线。此时该点在纵坐标轴上的投影随时间变化的规律称为摆线运动规律。当从动件按摆线运动规律运动时,其加速度曲线为正弦曲线,故又称为正弦加速度运动规律

续表

运动规律	运动方程式		推程运动线图	说　明
	推程($0 \leq \varphi \leq \Phi$)	回程($0 \leq \varphi \leq \Phi'$)		
3-4-5 次多项式运动（五次多项式）	$s = h\left[10\left(\dfrac{\varphi}{\Phi}\right)^3 - 15\left(\dfrac{\varphi}{\Phi}\right)^4 + 6\left(\dfrac{\varphi}{\Phi}\right)^5\right]$ $v = \dfrac{h\omega}{\Phi}\left[30\left(\dfrac{\varphi}{\Phi}\right)^2 - 60\left(\dfrac{\varphi}{\Phi}\right)^3 + 30\left(\dfrac{\varphi}{\Phi}\right)^4\right]$ $a = \dfrac{h\omega^2}{\Phi^2}\left[60\left(\dfrac{\varphi}{\Phi}\right) - 180\left(\dfrac{\varphi}{\Phi}\right)^2 + 120\left(\dfrac{\varphi}{\Phi}\right)^3\right]$ $j = \dfrac{h\omega^3}{\Phi^3}\left[60 - 360\left(\dfrac{\varphi}{\Phi}\right) + 360\left(\dfrac{\varphi}{\Phi}\right)^2\right]$	$s = h\left[1 - 10\left(\dfrac{\varphi}{\Phi'}\right)^3 + 15\left(\dfrac{\varphi}{\Phi'}\right)^4 - 6\left(\dfrac{\varphi}{\Phi'}\right)^5\right]$ $v = -\dfrac{h\omega}{\Phi'}\left[30\left(\dfrac{\varphi}{\Phi'}\right)^2 - 60\left(\dfrac{\varphi}{\Phi'}\right)^3 + 30\left(\dfrac{\varphi}{\Phi'}\right)^4\right]$ $a = -\dfrac{h\omega^2}{\Phi'^2}\left[60\left(\dfrac{\varphi}{\Phi'}\right) - 180\left(\dfrac{\varphi}{\Phi'}\right)^2 + 120\left(\dfrac{\varphi}{\Phi'}\right)^3\right]$ $j = -\dfrac{h\omega^3}{\Phi'^3}\left[60 - 360\left(\dfrac{\varphi}{\Phi'}\right) + 360\left(\dfrac{\varphi}{\Phi'}\right)^2\right]$		其位移方程式中多项式剩余项的次数为 3,4,5,故称为 3-4-5 次多项式运动规律。由于多项式的最高次数为 5,故也称为五次多项式运动规律

（4）摆线运动规律　其速度曲线和加速度曲线均连续而无突变,故既无刚性冲击又无柔性冲击。其跃度曲线虽不连续,但在边界处为有限值。

（5）3-4-5 次多项式运动规律　其速度曲线和加速度曲线均连续而无突变,故既无刚性冲击又无柔性冲击,其跃度曲线虽不连续,但在边界处为有限值。其运动特性与摆线运动规律相类似。

3.3.2　运动规律的特性指标

1. 冲击特性

运动规律的冲击特性可分为三种情况：刚性冲击、柔性冲击、既无刚性冲击亦无柔性冲击。

具有刚性冲击特性的运动规律,其特征是速度函数曲线不连续,因此会使从动件产生理论上为无穷大的加速度和惯性力,从而使机构产生强烈冲击。在工程实际中,一般不允许单独使用这种函数作为从动件的运动规律,它多被用于和其他函数组合形成新的运动规律。

具有柔性冲击特性的运动规律,其特征是加速度函数曲线不连续,因此会使从动件产生理论上为无穷大的加速度变化率（即跃度 j）,从而使机构产生冲击。在工程实际中,除非在低速或特殊情况下,不推荐单独使用这种函数作为从动件的运动规律,它多被用于和其他函数组合形成新的运动规律。

既无刚性冲击亦无柔性冲击的运动规律,其特征是速度和加速度函数曲线均连续而无突变。这类运动规律适用于高速场合。

以上论述表明,对于一个凸轮机构设计师而言,仅仅考虑从动件位移函数的连续性是远远不够的,还必须要考虑到位移函数的高阶导数的特性。

2. 最大速度

从动件的最大速度,直接影响着从动件系统所具有的最大动量。从动件在运动过程中的最大速度 v_{max} 的值越大,从动件系统的最大动量 mv_{max} 也越大。当机构在工作过程中遇到需要紧急制动时,由于从动件系统动量过大,会出现操作失灵,造成机构损坏等安全事故。因此,为了使机构停动灵活和运行安全,mv_{max} 的值不宜过大,特别是当从动件系统的质量 m 较大时,应选择 v_{max} 较小的运动规律。

3. 最大加速度

从动件的最大加速度,直接决定着从动件系统的最大惯性力。从动件在运动过程中的最大加速度 a_{max} 之值越大,从动件系统的最大惯性力 ma_{max} 也越大,而惯性力是影响机构动力学性能的主要因素。惯性力越大,作用在凸轮与从动件之间的接触应力越大,对构件的强度和耐磨性要求也越高。因此,对于运转速度较高的凸轮机构,应选用最大加速度 a_{max} 值尽可能小的运动规律。

4. 最大跃度

从动件的最大跃度 j_{max} 与惯性力的变化率密切相关。研究表明,在中、高速凸轮机构中,跃度的连续性及其突变值的大小对机构的动力性能有很大的影响,它直接影响到从动件系统的振动和工作平稳性。因此,从提高凸轮机构动力学性能的角度出发,建议选择跃度曲线平滑性好、j_{max} 尽可能小的运动规律。

几种常用运动规律的特性指标见表 3.2。

表 3.2 从动件常用运动规律特性比较

运动规律	冲击特性	最大速度 v_{max} /($h\omega/\Phi$)	最大加速度 a_{max} /($h\omega^2/\Phi^2$)	最大跃度 j_{max} /($h\omega^3/\Phi^3$)	应用说明
等速 (直线)	刚性	1.00	∞	—	不单独使用,多和其他函数组合使用
等加等减速 (抛物线)	柔性	2.00	4.00	∞	除低速场合外,一般不单独使用,多和其他函数组合使用
简谐 (余弦加速度)	柔性	1.57	4.93	∞	用于从动件作无停歇的升-降-升运动场合;亦可与其他函数组合使用

续表

运动规律	冲击特性	最大速度 v_{max} /$(h\omega/\Phi)$	最大加速度 a_{max} /$(h\omega^2/\Phi^2)$	最大跃度 j_{max} /$(h\omega^3/\Phi^3)$	应用说明
摆线 （正弦加速度）	无	2.00	6.28	39.5	跃度曲线虽不连续，但在边界处为有限值；不足之处是 v_{max} 和 a_{max} 较大。适用于中、高速轻载场合
3-4-5 次多项式 （5 次多项式）	无	1.88	5.77	60.0	综合特性是几种运动规律中最好的。适用于高速中载场合

3.3.3　选择或设计从动件运动规律时应考虑的问题

从动件运动规律的选择或设计，涉及许多问题。除了需要满足机械的具体工作要求外，还应使凸轮机构具有良好的动力特性，同时又要考虑所设计的凸轮廓线便于加工等因素。而这些又往往是互相制约的。因此，在选择或设计从动件运动规律时，必须根据使用场合、工作条件等，分清主次、综合考虑各种因素。

通常，在选择或设计从动件运动规律时，应考虑以下几方面的问题：

1. 考虑运动规律函数的连续性

为了使凸轮机构具有较好的动态特性，除了在极低速场合工作的凸轮外，任何一种凸轮机构的设计都应该遵循以下原则：在凸轮转动一周的各个阶段，从动件的位移函数必须具有连续的一阶和二阶导数。亦即其位移、速度、加速度曲线必须是连续的，跃度曲线可以不连续，但必须为有限值。也就是说，设计者在选择或设计从动件运动规律时，不能仅关注其位移函数的连续性，更应考虑其高阶导数的连续性。

2. 考虑凸轮机构具体的使用场合和工作条件

当机械的工作过程只要求从动件实现一定的工作行程，而对其运动规律无特殊要求时，应考虑所选择的运动规律使凸轮机构具有较好的动力特性和便于加工。例如对于低速轻载的凸轮机构，可主要从凸轮廓线便于加工来考虑，选择圆弧等易于加工的曲线作为凸轮廓线。图 3.10 所示为工程实际中常见的用于实现从动件无停歇的升-降-升运动的凸轮机构，设计者选择偏心圆作为凸轮廓线。其优点是它不仅能够满足工作要求，而且凸轮廓线便于加工，通常在一般的高精度车床上就能完成。

当机械的工作过程对从动件的运动规律有特殊要求，而凸轮转速又不太高时，应首先从满足工作需要出发来选择从动件的运动规律，其次考虑其动力特性和便于加工。例如，对于图 3.2 所示的自动机床上控制刀架进给的凸轮机构，为了使被加工的零件具有较高的表面质量，同时使机床载荷稳定，一般要求刀具切削时作等速运动。在设计这一凸轮机构时，对应于切削过程的从动件的运动规律，应选择等速运动规律。但考虑到全推程等速运动规律在运动起始和终止位置时有刚性冲击，动力特性差，可在这两处作适当改进，如图 3.11 所示，以保证其在满足刀具等速切削的前提下，又具有较好的动力特性。

当机械的工作过程对从动件的运动规律有特殊要求，而凸轮的转速又较高时，应兼顾两者来设计从动件的运动规律。通常可考虑把不同形式的常用运动规律恰当地组合起来，形成既能满足工作对运动的特殊要求,又具有良好动力性能的运动规律,如图 3.12 所示。

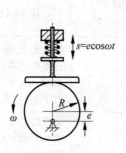

图 3.10　具有简谐运动的偏心圆盘凸轮机构

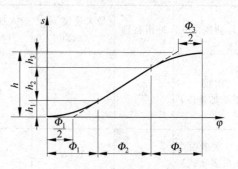

图 3.11　等速运动规律位移曲线的改进

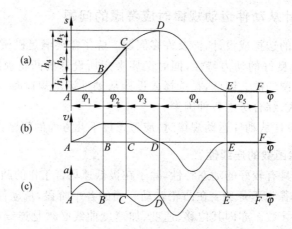

图 3.12　运动规律的组合

3. 综合考虑运动规律的各项特性指标

在选择或设计从动件运动规律时,除了要考虑其冲击特性外,还应考虑其具有的最大速度 v_{max}、最大加速度 a_{max} 和跃度函数的平滑性,因为它们也会从不同角度影响凸轮机构的工作性能。

3.3.4　从动件运动规律设计

当常用运动规律不能满足使用要求时,需要设计者自行设计从动件运动规律。常用的方法有以下两类:其一,将不同运动规律加以组合或改进,形成满足使用要求的组合型运动规律;其二,利用多项式构建新的运动规律。下面分别简要介绍它们。

1. 组合型运动规律设计

在工程实际中,常会遇到机械对从动件的运动和动力特性有多种要求,而只用一种常用运动规律又难以完全满足这些要求的情况。这时,为了获得更好的运动和动力特性,可以把几种常用运动规律组合起来形成组合型运动规律加以使用,这种组合亦称为运动曲线的拼接。

组合后的从动件运动规律应满足下列条件:

(1) 满足工作对从动件特殊的运动要求。

(2) 为避免刚性冲击,位移曲线和速度曲线(包括起始点和终止点在内)必须连续;为了避免柔性冲击,其加速度曲线(包括起始点和终止点在内)也必须连续;跃度曲线可允许不连续,但应防止出现 j 为无穷大的情况,即加速度曲线可以含有拐点,但不能不连续。由此可见,当用不同运动规律组合起来形成从动件完整的运动规律时,各段运动规律的位移、速度和加速度曲线在连接点处其值应分别相等。这是运动规律组合时应满足的边界条件。

(3) 在满足以上两个条件的前提下,还应使最大速度 v_{max} 和最大加速度 a_{max} 的值尽可能小。因为 v_{max} 越大,动量 mv 越大;a_{max} 越大,惯性力 ma 越大。而过大的动量和惯性力对机构运转都是不利的。

下面通过一个例子来说明运动曲线拼接的具体方法。

例 3.1　一移动从动件盘形凸轮机构由一恒速电机驱动,已知电机的转速为150r/min。工作要求从动件从静止开始先加速到 635mm/s,然后以该速度等速上升31.75mm,接着减速运动到升程的顶端,最后返回到起始位置,再停歇 $\frac{1}{15}$s,开始下一个运动循环。已知从动件总的升距为 76.2mm,试设计从动件完整的位移线图。

解　第 1 步,根据已知条件计算有关数据,将运动要求具体化,草拟出从动件的运动线图。

由已知条件可求出输入轴的角速度(即凸轮转动的角速度)为

$$\omega = 150 \times 2\pi/60 = 15.708(\text{rad/s})$$

从动件等速运动阶段位移曲线的斜率为

$$f'(\varphi) = \frac{v}{\omega} = \frac{635}{15.708} = 40.425(\text{mm/rad})$$

因为从动件以 635mm/s 的速度等速上升,$h_2 = 31.75$mm,故对应于这一段行程,凸轮的转角为

$$\varphi_2 = \frac{h_2}{f'(\varphi)} = \frac{31.75}{40.425} = 0.785(\text{rad}) = 45°$$

而从动件在最后停歇 $\frac{1}{15}$s 期间凸轮的转角为

$$\varphi_5 = 15.708 \times \frac{1}{15} = 1.047(\text{rad}) = 60°$$

根据已知条件和上述计算结果,即可着手草拟从动件的运动线图。由于此时的目的在于把运动要求具体化,所以草图不必严格地按比例绘制。图 3.12(a)中的粗实线表示位移曲线中已知部分的形状,而细实线部分的精确形状目前还不知道,但是通过初步分析可草拟出一条光滑的曲线。根据这条光滑的位移曲线,就能大致地分析出其速度和加速度曲线的一般特征,并将它们草拟出来。例如,根据位移曲线的斜率并注意到 A,D,E 各点速度应为零,可草拟出速度曲线(如图 3.12(b)所示);根据速度曲线的斜率并注意到在 A,B,C,E 各点加速度应为零,可草拟出加速度曲线(如图 3.12(c)所示)。

第 2 步,将草拟的运动线图同表 3.1中各种常用运动规律的运动线图进行比较,确定各段运动规律的曲线类型。

对于 AB 段,为了使其能够与直线段 BC 在 B 点相匹配,其在 B 点的斜率应等于直线 BC 的斜率,同时其在 A,B 两点加速度应为零。不难发现,可供选择的曲线是表 3.1中全推程摆线运动规律的前半段或全推程 3-4-5 次多项式运动规律的前半段。考虑到前者的运动

方程较简单,故 AB 段选用摆线运动规律的前半段(若希望速度和加速度的最大值尽可能小,也可选择 3-4-5 次多项式运动规律的前半段)。

对于 CD 段,考虑到这段位移曲线在 C 点必须和直线 BC 相匹配,并且在 C 点的加速度和在 D 点的速度均应为零,因此,可选用表 3.1 中全推程摆线运动规律的后半段。

至于 DE 段,为了能够同 CD 段所选的摆线运动规律相匹配并和 EF 段的水平直线光滑连接,且满足在 D 点速度为零、在 E 点速度和加速度均为零的要求,最理想的曲线应是全回程的摆线运动规律。

第 3 步,根据所选定的运动规律的方程式,利用各段曲线拼接应满足的边界条件,确定各段运动规律的行程及其所对应的凸轮转角。

对于 AB 段,因选用的是全推程摆线运动规律的前半段,故其运动方程式可以从推程摆线运动规律的方程式推出。将 $h_1 = \dfrac{h}{2}$,$\varphi_1 = \dfrac{\Phi}{2}$ 代入其速度方程式,可得速度方程为

$$v = \frac{h_1 \omega}{\varphi_1}\left(1 - \cos\frac{\pi\varphi}{\varphi_1}\right)$$

式中,凸轮转角 φ 的变化范围为 $0 \sim \varphi_1$。令 $\varphi = \varphi_1$,可得 B 点的速度表达式为

$$v_B = \frac{2h_1}{\varphi_1}\omega$$

为了在 B 点两段曲线相匹配,需满足的边界条件为 $v_B = 635\text{mm/s}$,将该边界条件和已知的 ω 值代入上式,可得

$$\frac{2h_1}{\varphi_1} = \frac{v_B}{\omega} = \frac{635}{15.708} = 40.425(\text{mm/rad})$$

所以,

$$h_1 = 20.213\varphi_1 \tag{a}$$

对于 CD 段,因选用的是全推程摆线运动规律的后半段,故其运动方程也可以从推程摆线运动规律的方程式导出。将 $h_3 = \dfrac{h}{2}$,$\varphi_3 = \dfrac{\Phi}{2}$ 代入摆线运动规律的速度方程式,可得其速度方程为

$$v = \frac{h_3 \omega}{\varphi_3}\left(1 - \cos\frac{\pi\varphi}{\varphi_3}\right)$$

式中,凸轮转角 φ 的变化范围为 $\varphi_3 \sim 2\varphi_3$。令 $\varphi = \varphi_3$,可得 C 点的速度表达式为

$$v_C = \frac{2h_3}{\varphi_3}\omega$$

为了在 C 点两段曲线相匹配,需满足的边界条件为 $v_C = 635\text{mm/s}$,将此边界条件及已知的 ω 值代入上式,可得

$$\frac{2h_3}{\varphi_3} = \frac{635}{15.708} = 40.425(\text{mm/rad})$$

所以,

$$h_3 = 20.213\varphi_3 \tag{b}$$

至于 DE 段,因选用的是全回程摆线运动规律,曲线的性质即保证了其满足两端连接点处的边界条件。

综合(a),(b)两式,并考虑到

$$h_1 + h_2 + h_3 = h_4 = 76.2\text{mm}$$

$$\varphi_1 + \varphi_2 + \varphi_3 + \varphi_4 + \varphi_5 = 2\pi \text{ rad}$$

可得下列方程组:

$$\left.\begin{array}{l} h_1 = 20.213\varphi_1 \\ h_3 = 20.213\varphi_3 \\ h_1 + h_3 = 44.45 \\ \varphi_1 + \varphi_3 + \varphi_4 = 4.451 \end{array}\right\} \tag{c}$$

解之可得

$$\varphi_1 + \varphi_3 = 2.199\text{rad}$$

$$\varphi_4 = 2.252\text{rad}$$

为了使 AB 段和 CD 段的 $|a_{max}|$ 之值均不至于过大,取 $\varphi_1 = \varphi_3 = 1.0995\text{rad}$。将 φ_1,φ_3 之值分别代入(a),(b)两式,可得 $h_1 = h_3 = 22.225\text{mm}$。

至此,位移曲线各段的升程和所对应的凸轮转角 φ_i 均已求得,它们为

$$\varphi_1 = 1.0995\text{rad} = 63° \qquad h_1 = 22.225\text{mm}$$

$$\varphi_2 = 45° \qquad h_2 = 31.75\text{mm}$$

$$\varphi_3 = 1.0995\text{rad} = 63° \qquad h_3 = 22.225\text{mm}$$

$$\varphi_4 = 2.252\text{rad} = 129° \qquad h_4 = 76.2\text{mm}$$

$$\varphi_5 = 60° \qquad h_5 = 0$$

第 4 步,精确地作出从动件完整的运动线图。

有了上述结果,又知道了各段曲线的类型及方程式,即可精确地绘制出从动件完整的运动线图。图 3.12 所示的线图就是利用上述数据按比例绘制的。

2. 多项式运动规律设计

由多项式表示的位移函数,其一般形式为

$$s = C_0 + C_1\varphi + C_2\varphi^2 + \cdots + C_n\varphi^n \tag{3.1}$$

式中,$C_0, C_1, C_2, \cdots, C_n$ 为 $n+1$ 个系数。这些系数取决于边界条件,根据工作对从动件的运动要求,适当地选择边界条件和多项式的次数,就能够推导出合适的运动规律。

作为一个例子,我们来推导一个用多项式表示的从动件的运动规律。设在推程阶段,其边界条件为

$$\varphi = 0 \text{ 时}, s = 0, v = 0, a = 0$$

$$\varphi = \Phi \text{ 时}, s = h, v = 0, a = 0$$

由于有六个边界条件,所以可把式(3.1)写成具有六个待定系数的形式,即

$$s = C_0 + C_1\varphi + C_2\varphi^2 + C_3\varphi^3 + C_4\varphi^4 + C_5\varphi^5 \tag{a}$$

对时间求导可得

$$v = C_1\omega + 2C_2\omega\varphi + 3C_3\omega\varphi^2 + 4C_4\omega\varphi^3 + 5C_5\omega\varphi^4 \tag{b}$$

$$a = 2C_2\omega^2 + 6C_3\omega^2\varphi + 12C_4\omega^2\varphi^2 + 20C_5\omega^2\varphi^3 \tag{c}$$

将上述边界条件分别代入式(a)、(b)、(c),可得

$$C_0 = 0, C_1 = 0, C_2 = 0$$

及
$$C_3\Phi^3 + C_4\Phi^4 + C_5\Phi^5 = h$$
$$3C_3\omega\Phi^2 + 4C_4\omega\Phi^3 + 5C_5\omega\Phi^4 = 0$$
$$6C_3\omega^2\Phi + 12C_4\omega^2\Phi^2 + 20C_5\omega^2\Phi^3 = 0$$

由于式中 ω、h、Φ 均为已知常量,故联立解上述方程组可得

$$C_3 = 10\frac{h}{\Phi^3}, \quad C_4 = -15\frac{h}{\Phi^4}, \quad C_5 = 6\frac{h}{\Phi^5}$$

将 $C_0, C_1, \cdots, C_5$ 之值代入式(a),即可得所求位移曲线的方程为

$$s = h\left[10\left(\frac{\varphi}{\Phi}\right)^3 - 15\left(\frac{\varphi}{\Phi}\right)^4 + 6\left(\frac{\varphi}{\Phi}\right)^5\right] \tag{3.2a}$$

其速度、加速度及跃度方程式分别为

$$\left.\begin{array}{l} v = \dfrac{h\omega}{\Phi}\left[30\left(\dfrac{\varphi}{\Phi}\right)^2 - 60\left(\dfrac{\varphi}{\Phi}\right)^3 + 30\left(\dfrac{\varphi}{\Phi}\right)^4\right] \\[3mm] a = \dfrac{h\omega^2}{\Phi^2}\left[60\left(\dfrac{\varphi}{\Phi}\right) - 180\left(\dfrac{\varphi}{\Phi}\right)^2 + 120\left(\dfrac{\varphi}{\Phi}\right)^3\right] \\[3mm] j = \dfrac{h\omega^3}{\Phi^3}\left[60 - 360\left(\dfrac{\varphi}{\Phi}\right) + 360\left(\dfrac{\varphi}{\Phi}\right)^2\right] \end{array}\right\} \tag{3.2b}$$

同理,可得从动件在回程按此多项式运动规律运动的运动方程式为

$$\left.\begin{array}{l} s = h\left[1 - 10\left(\dfrac{\varphi}{\Phi'}\right)^3 + 15\left(\dfrac{\varphi}{\Phi'}\right)^4 - 6\left(\dfrac{\varphi}{\Phi'}\right)^5\right] \\[3mm] v = -\dfrac{h\omega}{\Phi'}\left[30\left(\dfrac{\varphi}{\Phi'}\right)^2 - 60\left(\dfrac{\varphi}{\Phi'}\right)^3 + 30\left(\dfrac{\varphi}{\Phi'}\right)^4\right] \\[3mm] a = -\dfrac{h\omega^2}{\Phi'^2}\left[60\left(\dfrac{\varphi}{\Phi'}\right)^2 - 180\left(\dfrac{\varphi}{\Phi'}\right)^2 + 120\left(\dfrac{\varphi}{\Phi'}\right)^3\right] \\[3mm] j = -\dfrac{h\omega^3}{\Phi'^3}\left[60 - 360\left(\dfrac{\varphi}{\Phi'}\right) + 360\left(\dfrac{\varphi}{\Phi'}\right)^2\right] \end{array}\right\} \tag{3.2c}$$

细心的读者可能已经发现,这就是我们在"从动件常用运动规律"一节中所介绍的 3-4-5 次多项式运动规律的由来。其运动线图和特性指标分别见表 3.1 和表 3.2。由运动线图可见,其运动特性类似于摆线运动规律;由表 3.2 可知,其最大速度和最大加速度值均小于摆线运动规律。因此这是一种性能更好的运动规律,常用于内燃机的高速凸轮机构中。

为了更好地理解多项式运动规律的设计问题,建议有兴趣的读者做以下两个简单练习:在式(3.1)中,当取 $n=1$,给定的两个边界条件为 $\varphi=0$ 时 $s=0$ 和 $\varphi=\dfrac{\Phi}{2}$ 时 $s=h$,你会得到什么样的运动规律? 当取 $n=2$,给定的边界条件为 $\varphi=0$ 时 $s=0$、$v=0$ 和 $\varphi=\dfrac{\Phi}{2}$ 时 $s=\dfrac{h}{2}$,你又会得到什么样的运动规律? 答案是:前者为等速运动规律,后者为等加速等减速运动规律。这表明,适当地增加多项式的次数,就有可能获得性能更好的运动规律。

为了保证满足"位移、速度、加速度曲线必须连续,跃度曲线可以不连续,但必须为有限值"的要求,需要至少选用 5 次多项式作为位移函数。此时,其加速度函数退化为 3 次函数,跃度函数为抛物线函数,其跃度曲线虽不连续但在边界处为有限值,就像 3-4-5 次多项式运动规律这样。

在 3-4-5 次多项式运动规律中,之所以会出现跃度曲线不连续的情况,是因为在给定边

界条件时,对跃度函数的边界值没有加以限制。为了得到跃度曲线也连续的多项式运动规律,需要在上述 6 个边界条件的基础上再增加两个边界条件:当 $\varphi=0$ 时,$j=0$;当 $\varphi=\Phi$ 时,$j=0$。即令在推程的两个端点处跃度函数的值为零。由于共有 8 个边界条件,所以可以把式(3.1)写成具有 8 个待定系数的 7 次多项式函数形式。求解 8 个待定系数的方法与前面示例所述相同,此处不再赘述。这里仅给出由上述边界条件得出的位移方程

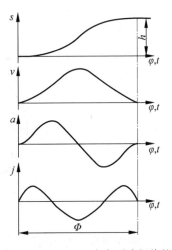

图 3.13　4-5-6-7 次多项式规律的
推程运动线图

$$s = h\left[35\left(\frac{\varphi}{\Phi}\right)^4 - 84\left(\frac{\varphi}{\Phi}\right)^5 + 70\left(\frac{\varphi}{\Phi}\right)^6 - 20\left(\frac{\varphi}{\Phi}\right)^7\right] \quad (3.3)$$

上式称为 4-5-6-7 次多项式运动规律。该运动规律推程的运动线图见图 3.13。与 3-4-5 次多项式运动规律相比,其最大优点是具有平滑的跃度曲线,从而能够更好地控制振动,但缺点是其最大加速度的值很大。

以上讨论说明,多项式的阶数越高,可以给定的边界条件也越多,因此理论上可以用多项式函数实现任意给定的从动件的运动规律。但是,由于 n 越大时需要联立求解的方程数目越多,设计计算越复杂,故在计算机广泛应用以前,工程实际上通常采用的主要是 5 次和 8 次多项式。随着计算技术的发展和计算机的广泛应用,联立求解方程组的工作大为简化,从而使高阶多项式函数具有了实际意义并成为解决许多凸轮设计问题更为可取的方法。据资料介绍,国外在某些高速轻工机械中已用到 50 次多项式。

3.4　凸轮廓线设计

当根据使用场合和工作要求选定了凸轮机构的类型和从动件的运动规律后,即可根据选定的基圆半径着手进行凸轮轮廓曲线的设计了。凸轮廓线的设计方法有作图法和解析法,但无论使用哪种方法,它们所依据的基本原理都是相同的。本节首先介绍凸轮廓线设计的基本原理,然后分别介绍作图法和解析法设计凸轮廓线的方法和步骤。

3.4.1　凸轮廓线设计的基本原理

凸轮机构工作时,凸轮和从动件都在运动,为了在图纸上绘制出凸轮的轮廓曲线,希望凸轮相对于图纸平面保持静止不动,为此可采用反转法。下面以图 3.14 所示的对心尖端移动从动件盘形凸轮机构为例来说明这种方法的原理。

如图 3.14 所示,已知凸轮绕轴 O 以等角速度 ω 逆时针转动,推动从动件在导路中上、下往复移动。当从动件处于最低位置时,凸轮轮廓曲线与从动件在 A 点接触,当凸轮转过 φ_1 角时,凸轮的向径 OA 将转到 OA' 的位置上,而凸轮轮廓将转到图中虚线所示的位置。这时从动件尖端从最低位置 A 上升至 B',上升的距离 $s_1=AB'$。这是凸轮转动时从动件的真实运动情况。

现在设想凸轮固定不动,而让从动件连同导路一起绕 O 点以角速度 $(-\omega)$ 转过 φ_1 角,此时从动件将一方面随导路一起以角速度 $(-\omega)$ 转动,同时又在导路中做相对移动,运动到

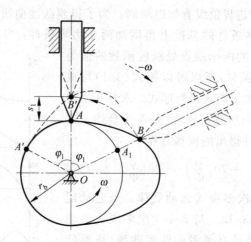

图 3.14　凸轮廓线设计的反转法原理

图 3.14 中虚线所示的位置。此时从动件向上移动的距离为 A_1B。由图 3.14 可以看出，$A_1B=AB'=s_1$，即在上述两种情况下，从动件移动的距离不变。由于从动件尖端在运动过程中始终与凸轮轮廓曲线保持接触，所以此时从动件尖端所占据的位置 B 一定是凸轮轮廓曲线上的一点。若继续反转从动件，即可得到凸轮轮廓曲线上的其他点。由于这种方法是假定凸轮固定不动而使从动件连同导路一起反转，故称为反转法(或运动倒置法)。

凸轮机构的形式多种多样，反转法原理适用于各种凸轮轮廓曲线的设计。

3.4.2　用作图法设计凸轮廓线

1. 移动从动件盘形凸轮廓线的设计

1）尖端从动件

图 3.15(a)所示为一偏置移动尖端从动件盘形凸轮机构。设已知凸轮的基圆半径为 r_b，从动件轴线偏于凸轮轴心的左侧，偏距为 e，凸轮以等角速度 ω 顺时针方向转动，从动件的位移曲线如图 3.15(b)所示，试设计凸轮的轮廓曲线。

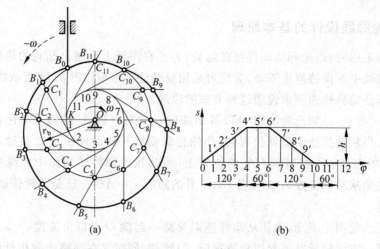

(a)　　　　(b)

图 3.15　偏置移动尖端从动件盘形凸轮机构的设计

依据反转法原理,具体设计步骤如下:

(1) 选取适当的比例尺,作出从动件的位移线图,如图 3.15(b)所示。将位移曲线的横坐标分成若干等份,得分点 1,2,…,12。

(2) 选取同样的比例尺,以 O 为圆心,r_b 为半径作基圆,并根据从动件的偏置方向画出从动件的起始位置线,该位置线与基圆的交点 B_0,便是从动件尖端的初始位置。

(3) 以 O 为圆心、$OK=e$ 为半径作偏距圆,该圆与从动件的起始位置线切于 K 点。

(4) 自 K 点开始,沿 $-\omega$ 方向将偏距圆分成与图 3.15(b)的横坐标对应的区间和等份,得若干个分点。过各分点作偏距圆的切射线,这些线代表从动件在反转过程中所依次占据的位置线。它们与基圆的交点分别为 $C_1,C_2,\cdots,C_{11}$。

(5) 在上述切射线上,从基圆起向外截取线段,使其分别等于图 3.15(b)中相应的纵坐标,即 $C_1B_1=11'$,$C_2B_2=22'$,…,得点 B_1,B_2,…,B_{11},这些点即代表反转过程中从动件尖端依次占据的位置。

(6) 将点 B_0,B_1,B_2,…连成光滑的曲线(图中 B_4,B_6 间和 B_{10},B_0 间均为以 O 为圆心的圆弧),即得所求的凸轮轮廓曲线。

2) 滚子从动件

对于图 3.16 所示的偏置移动滚子从动件盘形凸轮机构,当用反转法使凸轮固定不动后,从动件的滚子在反转过程中,将始终与凸轮轮廓曲线保持接触,而滚子中心将描绘出一条与凸轮廓线法向等距的曲线 η。由于滚子中心 B 是从动件上的一个铰接点,所以它的运动规律就是从动件的运动规律,即曲线 η 可以根据从动件的位移曲线作出。一旦作出了这条曲线,就可以顺利地绘制出凸轮的轮廓曲线了。具体作图步骤如下:

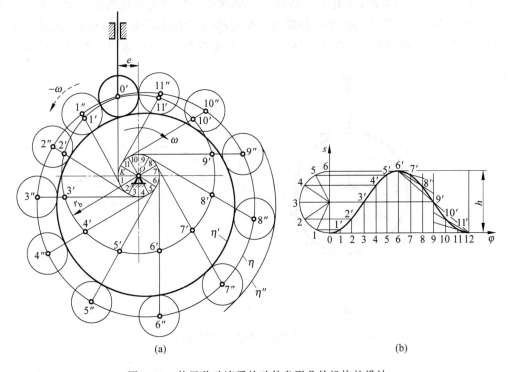

(a)   (b)

图 3.16 偏置移动滚子从动件盘形凸轮机构的设计

（1）将滚子中心 B 假想为尖端从动件的尖端，按照上述尖端从动件凸轮轮廓曲线的设计方法作出曲线 η，这条曲线是反转过程中滚子中心的运动轨迹，我们称它为凸轮的理论廓线。

（2）以理论廓线上各点为圆心，以滚子半径 r_{r} 为半径，作一系列滚子圆，然后作这族滚子圆的内包络线 η'，它就是凸轮的实际廓线。很显然，该实际廓线是上述理论廓线的等距曲线（法向等距，其距离为滚子半径）。

若同时作这族滚子圆的内、外包络线 η' 和 η''，则形成图 3.5(a)所示的槽凸轮的轮廓曲线。

由上述作图过程可知，在滚子从动件盘形凸轮机构的设计中，r_{b} 指的是理论廓线的基圆半径。需要指出的是，在滚子从动件的情况下，从动件的滚子与凸轮实际廓线的接触点是变化的。

3）平底从动件

平底从动件盘形凸轮机构凸轮轮廓曲线的设计方法，可用图 3.17 来说明。其基本思路与上述滚子从动件盘形凸轮机构相似，不同的是取从动件平底表面上的 B_0 点作为假想的尖端从动件的尖端。具体设计步骤如下：

（1）取平底与导路中心线的交点 B_0 作为假想的尖端从动件的尖端，按照尖端从动件盘形凸轮的设计方法，求出该尖端反转后的一系列位置 $B_1，B_2，B_3，\cdots$

（2）过 $B_1，B_2，B_3，\cdots$ 各点，画出一系列代表平底的直线，得一直线族。这族直线即代表反转过程中从动件平底依次占据的位置。

（3）作该直线族的包络线，即可得到凸轮的实际廓线。

由图 3.17 中可以看出，平底上与凸轮实际廓线相切的点是随机构位置而变化的。因此，为了保证在所有位置从动件平底都能与凸轮轮廓曲线相切，凸轮的所有廓线必须都是外凸的，并且平底左、右两侧的宽度应分别大于导路中心线至左、右最远切点的距离 b' 和 b''。

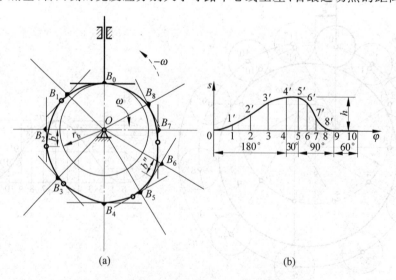

图 3.17　移动平底从动件盘形凸轮机构的设计

2. 摆动从动件盘形凸轮廓线的设计

图 3.18(a)所示为一尖端摆动从动件盘形凸轮机构。已知凸轮轴心与从动件转轴之间的中心距为 a，凸轮基圆半径为 r_b，从动件长度为 l，凸轮以等角速度 ω 逆时针转动，从动件的运动规律如图 3.18(b)所示。设计该凸轮的轮廓曲线。

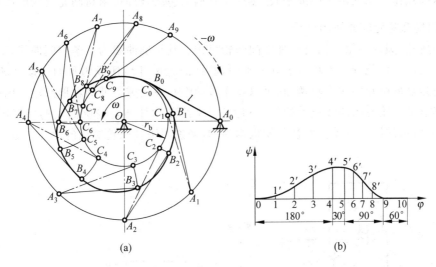

图 3.18　尖端摆动从动件盘形凸轮机构的设计

反转法原理同样适用于摆动从动件凸轮机构。当给整个机构绕凸轮转动中心 O 加上一个公共的角速度($-\omega$)时，凸轮将固定不动，从动件的转轴 A 将以角速度($-\omega$)绕 O 点转动，同时从动件将仍按原有的运动规律绕转轴 A 摆动。因此，凸轮轮廓曲线可按下述步骤设计：

(1) 选取适当的比例尺，作出从动件的位移线图，并将推程和回程区间位移曲线的横坐标各分成若干等份，如图 3.18(b)所示。与移动从动件不同的是，这里纵坐标代表从动件的摆角 ψ，因此纵坐标的比例尺是 1mm 代表多少角度。

(2) 以 O 为圆心、以 r_b 为半径作出基圆，并根据已知的中心距 a，确定从动件转轴 A 的位置 A_0。然后以 A_0 为圆心，以从动件杆长 l 为半径作圆弧，交基圆于 C_0 点。A_0C_0 即代表从动件的初始位置，C_0 即为从动件尖端的初始位置。

(3) 以 O 为圆心，以 $OA_0=a$ 为半径作转轴圆，并自 A_0 点开始沿着 $-\omega$ 方向将该圆分成与图 3.18(b)中横坐标对应的区间和等份，得点 $A_1,A_2,\cdots,A_9$。它们代表反转过程中从动件转轴 A 依次占据的位置。

(4) 以上述各点为圆心，以从动件杆长 l 为半径，分别作圆弧，交基圆于 $C_1,C_2,\cdots$各点，得线段 $A_1C_1,A_2C_2,\cdots$；以 $A_1C_1,A_2C_2,\cdots$为一边，分别作 $\angle C_1A_1B_1,\angle C_2A_2B_2,\cdots$，使它们分别等于图 3.18(b)中对应的角位移，得线段 $A_1B_1,A_2B_2,\cdots$这些线段即代表反转过程中从动件所依次占据的位置。$B_1,B_2,\cdots$即为反转过程中从动件尖端的运动轨迹。

(5) 将点 $B_0,B_1,B_2,\cdots$连成光滑曲线，即得凸轮的轮廓曲线。由图中可以看出，该廓线与线段 AB 在某些位置已经相交。故在考虑机构的具体结构时，应将从动件做成弯杆形式，以避免机构运动过程中凸轮与从动件发生干涉。

需要指出的是,在摆动从动件的情况下,位移曲线纵坐标的长度代表的是从动件的角位移。因此,在绘制凸轮轮廓曲线时,需要先把这些长度转换成角度,然后才能一一对应地把它们转移到凸轮轮廓设计图上。

若采用滚子或平底从动件,则上述连 B_1,B_2,…各点所得的光滑曲线为凸轮的理论廓线。过这些点作一系列滚子圆或平底,然后作它们的包络线即可求得凸轮的实际廓线。

*3. 圆柱凸轮轮廓曲线的设计

如前所述,圆柱凸轮机构是一种空间凸轮机构。其轮廓曲线为一条空间曲线,不能直接在平面上表示。但是圆柱面可以展开成平面,圆柱凸轮展开后便成为平面移动凸轮。平面移动凸轮是盘形凸轮的一个特例,它可以看作转动中心在无穷远处的盘形凸轮。因此,可以应用前述盘形凸轮轮廓曲线设计的原理和方法,来绘制圆柱凸轮轮廓曲线的展开图。下面以图 3.19 所示的摆动从动件圆柱凸轮机构为例,来说明圆柱凸轮廓线的设计方法。

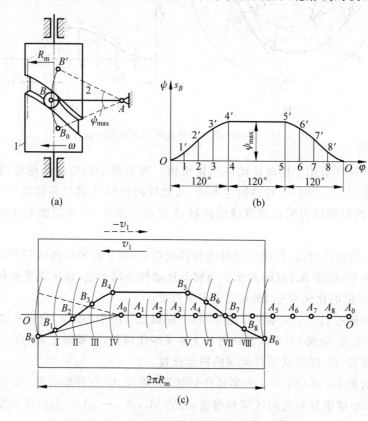

图 3.19 摆动从动件圆柱凸轮机构的设计

图 3.19 中,设凸轮的平均圆柱半径为 R_m,从动件长度为 l,滚子半径为 r_r,凸轮转动方向如图所示,从动件运动规律如图 3.19(b)所示,则该凸轮轮廓曲线的展开图可按下述步骤设计:

(1) 以 $2\pi R_m$ 为底边作一矩形,如图 3.19(c)所示,该矩形代表以 R_m 为半径的圆柱面的展开面。

(2) 作 OO 线垂直于凸轮的回转轴线,并作 $\angle OA_0B_0 = \dfrac{1}{2}\psi_{max}$,从而得到从动摆杆的初

始位置 A_0B_0。

（3）取线段 A_0A_0 的长度为 $2\pi R_m$，并沿 $-v_1$ 方向将 A_0A_0 线分成与位移曲线横坐标对应的区间和等份，得 $A_1,A_2,A_3,\cdots$ 诸点，这些点代表反转过程中从动摆杆转轴中心 A 的一系列位置。

（4）以 $A_1,A_2,A_3,\cdots$ 各点为圆心、以摆杆长 l 为半径作一系列圆弧，然后作 $\angle \mathrm{I}A_1B_1$、$\angle \mathrm{II}A_2B_2$、$\angle \mathrm{III}A_3B_3$、$\cdots$ 分别等于位移曲线上各对应位置从动件的摆角 $\psi_1,\psi_2,\psi_3,\cdots$，得点 $B_1,B_2,B_3,\cdots$，这些点代表反转过程中从动件滚子中心依次占据的位置（若作位移线图(b)时，选取适当比例尺，使代表从动件最大摆角的线段 $44'=l\cdot\psi_{\max}$，则位移线图(b)的纵坐标代表从动件滚子中心所摆过的弧长 s_B。此时可在上述圆弧上直接截取与图(b)中对应的纵坐标长度，得 $B_1,B_2,B_3,\cdots$ 诸点）。

（5）将 $B_1,B_2,B_3,\cdots$ 各点连成光滑的曲线，即得凸轮理论廓线的展开图，如图 3.19(c) 所示。然后用前述作滚子圆及圆族包络线的方法即可得到圆柱凸轮展开轮廓的实际廓线。

对于摆动从动件圆柱凸轮机构来说，由于从动件滚子的摆动圆弧位于一平面中，而凸轮廓线位于圆柱曲面上，所以严格地讲，从动件摆动后其滚子将不再处于以 R_m 为半径的圆柱面中。若摆角过大，滚子甚至可能与外圆柱面脱离接触。因此，这种机构不宜用在摆角过大的场合。为了减小摆角所产生的设计误差，通常令从动件的中间位置垂直于凸轮转轴，如图 3.19 所示的那样。

3.4.3　用解析法设计凸轮廓线

所谓用解析法设计凸轮廓线，就是根据工作所要求的从动件的运动规律和已知的机构参数，求出凸轮廓线的方程式，并精确地计算出凸轮廓线上各点的坐标值。随着机械不断朝着高速、精密、自动化方向发展，以及计算机和各种数控加工机床在生产中的广泛应用，用解析法设计凸轮廓线具有了更大的现实意义，并且正在越来越广泛地用于生产。下面以几种常用的盘形凸轮机构为例来介绍凸轮廓线设计的解析法。

1. 移动滚子从动件盘形凸轮机构

1）理论廓线方程

图 3.20 所示为一偏置移动滚子从动件盘形凸轮机构。选取直角坐标系 xOy 如图所示。图中，B_0 点为从动件处于起始位置时滚子中心所处的位置；当凸轮转过 φ 角后，从动件的位移为 s。根据反转法原理作图，由图中可以看出，此时滚子中心将处于 B 点，该点的直角坐标为

$$\left.\begin{aligned} x &= KN + KH = (s_0 + s)\sin\varphi + e\cos\varphi \\ y &= BN - MN = (s_0 + s)\cos\varphi - e\sin\varphi \end{aligned}\right\}$$

$$(3.4)$$

式中，e 为偏距；$s_0 = \sqrt{r_b^2 - e^2}$。

式(3.4)即为凸轮理论廓线的方程式。若为对心移动从动件，由于 $e=0,s_0=r_b$，故上式可写成

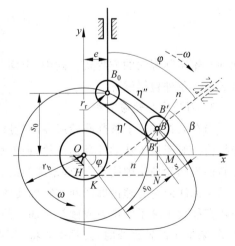

图 3.20　偏置移动滚子从动件盘形凸轮机构

$$\left. \begin{array}{l} x = (r_{\mathrm{b}} + s)\sin\varphi \\ y = (r_{\mathrm{b}} + s)\cos\varphi \end{array} \right\} \tag{3.5}$$

2) 实际廓线方程

如前所述,在滚子从动件盘形凸轮机构中,凸轮的实际廓线是以理论廓线上各点为圆心、作一系列滚子圆,然后作该圆族的包络线得到的。因此,实际廓线与理论廓线在法线方向上处处等距,该距离均等于滚子半径 r_{r}。所以,如果已知理论廓线上任一点 B 的坐标 (x,y) 时,只要沿理论廓线在该点的法线方向取距离为 r_{r},即可得到实际廓线上相应点 B' 的坐标值 (x',y')。

由高等数学可知,曲线上任一点的法线斜率与该点的切线斜率互为负倒数,故理论廓线上 B 点处的法线 nn 的斜率为

$$\tan\beta = \frac{\mathrm{d}x}{-\mathrm{d}y} = \frac{\mathrm{d}x}{\mathrm{d}\varphi} \Big/ \left(-\frac{\mathrm{d}y}{\mathrm{d}\varphi} \right) \tag{3.6}$$

式中,$\mathrm{d}x/\mathrm{d}\varphi, \mathrm{d}y/\mathrm{d}\varphi$ 可由式(3.4)求得。

由图 3.20 可以看出,当 β 角求出后,实际廓线上对应点 B' 的坐标可由下式求出:

$$\left. \begin{array}{l} x' = x \mp r_{\mathrm{r}}\cos\beta \\ y' = y \mp r_{\mathrm{r}}\sin\beta \end{array} \right\} \tag{3.7}$$

式中,$\cos\beta, \sin\beta$ 可由式(3.6)求得,即有

$$\cos\beta = \frac{-\mathrm{d}y/\mathrm{d}\varphi}{\sqrt{\left(\dfrac{\mathrm{d}x}{\mathrm{d}\varphi}\right)^2 + \left(\dfrac{\mathrm{d}y}{\mathrm{d}\varphi}\right)^2}}$$

$$\sin\beta = \frac{\mathrm{d}x/\mathrm{d}\varphi}{\sqrt{\left(\dfrac{\mathrm{d}x}{\mathrm{d}\varphi}\right)^2 + \left(\dfrac{\mathrm{d}y}{\mathrm{d}\varphi}\right)^2}}$$

将 $\cos\beta, \sin\beta$ 的表达式代入式(3.7)可得

$$\left. \begin{array}{l} x' = x \pm r_{\mathrm{r}} \dfrac{\mathrm{d}y/\mathrm{d}\varphi}{\sqrt{\left(\dfrac{\mathrm{d}x}{\mathrm{d}\varphi}\right)^2 + \left(\dfrac{\mathrm{d}y}{\mathrm{d}\varphi}\right)^2}} \\[4mm] y' = y \mp r_{\mathrm{r}} \dfrac{\mathrm{d}x/\mathrm{d}\varphi}{\sqrt{\left(\dfrac{\mathrm{d}x}{\mathrm{d}\varphi}\right)^2 + \left(\dfrac{\mathrm{d}y}{\mathrm{d}\varphi}\right)^2}} \end{array} \right\} \tag{3.8}$$

此即凸轮实际廓线的方程式。式中,上面一组加减号表示一条内包络廓线 η',下面一组加减号表示一条外包络线 η''。

3) 刀具中心轨迹方程

当在数控铣床上铣削凸轮或在凸轮磨床上磨削凸轮时,通常需要给出刀具中心的直角坐标值。对于滚子从动件盘形凸轮,通常尽可能采用直径和滚子相同的刀具。这时,刀具中心轨迹与凸轮理论廓线重合,理论廓线的方程即为刀具中心轨迹方程。所以,在凸轮工作图上只需标注或附有理论廓线和实际廓线的坐标值,以供加工与检验时使用。如果在机床上采用直径大于滚子的铣刀或砂轮来加工凸轮廓线,或在线切割机床上采用钼丝(直径远小于滚子)来加工凸轮廓线时,刀具中心将不在理论廓线上,所以还需要在凸轮工作图上标注或附有刀具中心轨迹的坐标值,以供加工时使用。

由图 3.21(a)可以看出,当刀具半径 r_c 大于滚子半径 r_r 时,刀具中心的运动轨迹 η_c 为凸轮理论廓线 η 的等距曲线。它相当于以 η 上各点为圆心、以 (r_c-r_r) 为半径所作一系列滚子圆的外包络线。由图 3.21(b)可以看出,当刀具半径 r_c 小于滚子半径时,刀具中心的运动轨迹 η_c 相当于以理论廓线 η 上各点为圆心、以 (r_r-r_c) 为半径所作一系列滚子圆的内包络线。因此,只要用 $|r_c-r_r|$ 代替 r_r,便可由式(3.8)得到刀具中心轨迹方程:

$$\left.\begin{array}{l} x_c = x \pm |r_c - r_r| \dfrac{\mathrm{d}y/\mathrm{d}\varphi}{\sqrt{\left(\dfrac{\mathrm{d}x}{\mathrm{d}\varphi}\right)^2 + \left(\dfrac{\mathrm{d}y}{\mathrm{d}\varphi}\right)^2}} \\[6mm] y_c = y \mp |r_c - r_r| \dfrac{\mathrm{d}x/\mathrm{d}\varphi}{\sqrt{\left(\dfrac{\mathrm{d}x}{\mathrm{d}\varphi}\right)^2 + \left(\dfrac{\mathrm{d}y}{\mathrm{d}\varphi}\right)^2}} \end{array}\right\} \tag{3.9}$$

当 $r_c > r_r$ 时,取下面一组加减号;当 $r_c < r_r$ 时,取上面一组加减号。

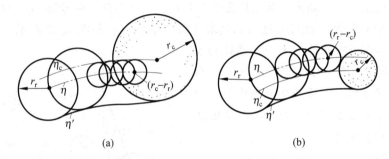

(a)　　　　　　　　　　　　　　(b)

图 3.21　刀具中心的运动轨迹

2. 移动平底从动件盘形凸轮机构

1) 凸轮实际廓线方程

图 3.22 所示为一移动平底从动件盘形凸轮机构。选取直角坐标系 xOy 如图 3.22 所示。当从动件处于起始位置时,平底与凸轮廓线在 B_0 处接触;当凸轮转过 φ 角后,从动件的位移为 s。根据反转法原理作图可以看出,此时从动件平底与凸轮廓线在 B 点相切。该点的坐标 (x,y) 可用如下方法求得。

由图中可以看出,P 点为该瞬时从动件与凸轮的瞬心,故从动件在该瞬时的移动速度为

$$v = v_P = \overline{OP} \cdot \omega$$

即

$$\overline{OP} = \frac{v}{\omega} = \frac{\mathrm{d}s}{\mathrm{d}\varphi}$$

由图 3.22 可得 B 点的坐标 (x,y) 分别为

$$\left.\begin{array}{l} x = OD + EB = (r_b + s)\sin\varphi + \dfrac{\mathrm{d}s}{\mathrm{d}\varphi}\cos\varphi \\[4mm] y = CD - CE = (r_b + s)\cos\varphi - \dfrac{\mathrm{d}s}{\mathrm{d}\varphi}\sin\varphi \end{array}\right\} \tag{3.10}$$

式(3.10)即为凸轮实际廓线的方程式。

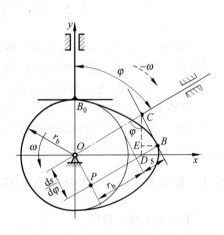

图 3.22　移动平底从动件盘形凸轮机构

2) 刀具中心轨迹方程

平底从动件盘形凸轮的廓线可以用砂轮的端面磨削,也可以用铣刀、砂轮或钼丝的外圆加工。

当用砂轮的端面加工凸轮廓线时,图 3.22 中平底上的 C 点即为刀具的中心,从图上可知,其轨迹方程为

$$\left.\begin{array}{l} x_C = (r_b + s)\sin\varphi \\ y_C = (r_b + s)\cos\varphi \end{array}\right\} \tag{3.11}$$

当用刀具的外圆加工凸轮廓线时,由于在加工过程中,刀具的外圆总是与凸轮的实际廓线相切,因此,刀具中心的运动轨迹是凸轮实际廓线的等距曲线。至于该等距曲线的方程式,可用上述求等距曲线的方法求得,此处不再赘述。

3. 摆动滚子从动件盘形凸轮机构

图 3.23 所示为一摆动滚子从动件盘形凸轮机构。已知凸轮转动轴心 O 与摆杆摆动轴心 A_0 之间的中心距为 a,摆杆长度为 l,选取直角坐标系 xOy 如图 3.23 所示。当从动件处于起始位置时,滚子中心处于 B_0 点,摆杆与连心线 OA_0 之间的夹角为 ψ_0;当凸轮转过 φ 角后,从动件摆过 ψ 角。由反转法原理作图可以看出,此时滚子中心将处于 B 点。由图可知,B 点的坐标 (x, y) 分别为

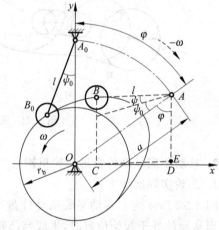

$$\left.\begin{array}{l} x = OD - CD = a\sin\varphi - l\sin(\varphi + \psi_0 + \psi) \\ y = AD - ED = a\cos\varphi - l\cos(\varphi + \psi_0 + \psi) \end{array}\right\} \tag{3.12}$$

此即凸轮理论廓线方程。

至于凸轮实际廓线方程和刀具中心轨迹方程,其推导思路与移动滚子从动件盘形凸轮机构相同,此处不再赘述。

图 3.23   摆动滚子从动件盘形凸轮机构

3.5   凸轮机构基本参数设计

如上所述,无论是用作图法还是解析法,在设计凸轮廓线前,除了需要根据工作要求选定从动件的运动规律外,还需要确定凸轮机构的一些基本参数,如基圆半径 r_b、偏距 e、滚子半径 r_r 等。一般来讲,这些参数的选择除应保证使从动件能够准确地实现预期的运动规律外,还应当使机构具有良好的受力状况和紧凑的尺寸。如果这些参数选择不当,将会出现其他一些问题。本节以常用的移动滚子从动件和移动平底从动件盘形凸轮机构为例,来讨论凸轮机构基本参数设计的原则和方法。

3.5.1   移动滚子从动件盘形凸轮机构

1. 压力角及其许用值

同连杆机构一样,压力角也是衡量凸轮机构传力特性好坏的一个重要参数。所谓凸轮

机构的压力角,是指在不计摩擦的情况下,凸轮对从动件作用力的方向线与从动件上力作用点的速度方向之间所夹的锐角。对于图 3.24 所示的移动滚子从动件盘形凸轮机构来说,过滚子中心所作理论廓线的法线 nn 与从动件的运动方向线之间的夹角 α 就是其压力角。

1) 压力角与作用力的关系

由图 3.24 可以看出,凸轮对从动件的作用力 F 可以分解成两个分力,即沿着从动件运动方向的分力 F' 和垂直于运动方向的分力 F''。只有前者是推动从动件克服载荷的有效分力,而后者将增大从动件与导路间的滑动摩擦,它是一种有害分力。压力角 α 越大,有害分力越大;当压力角 α 增加到某一数值时,有害分力所引起的摩擦阻力将大于有效分力 F',这时无论凸轮给从动件的作用力有多大,都不能推动从动件运动,即机构将发生自锁。因此,从减小推力,避免自锁,使机构具有良好的受力状况来看,压力角 α 应越小越好。

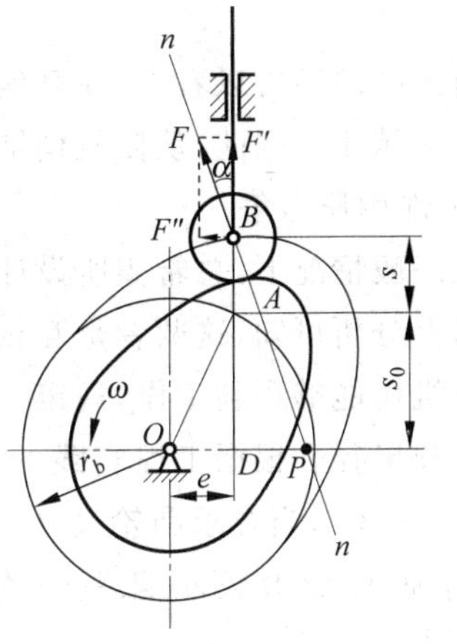

2) 压力角与机构尺寸的关系

设计凸轮机构时,除了应使机构具有良好的

图 3.24　凸轮机构压力角与基圆
半径的关系

受力状况外,还希望机构结构紧凑。而凸轮尺寸的大小取决于凸轮基圆半径的大小。在实现相同运动规律的情况下,基圆半径越大,凸轮的尺寸也越大。因此,要获得轻便紧凑的凸轮机构,就应当使基圆半径尽可能小。但是基圆半径的大小又和凸轮机构的压力角有直接关系,下面以图 3.24 为例来说明这种关系。

图 3.24 中,过滚子中心 B 所作理论廓线的法线 nn 与过凸轮轴心 O 所作从动件导路的垂线交于 P 点,由瞬心定义可知,该点即为凸轮与从动件在此位置时的瞬心,且 $OP = \dfrac{v}{\omega} = \dfrac{\mathrm{d}s}{\mathrm{d}\varphi}$。于是,由图中 $\triangle BDP$ 可得

$$\tan\alpha = \frac{\left|\dfrac{\mathrm{d}s}{\mathrm{d}\varphi} - e\right|}{s + s_0} = \frac{\left|\dfrac{\mathrm{d}s}{\mathrm{d}\varphi} - e\right|}{s + \sqrt{r_b^2 - e^2}} \tag{3.13}$$

式中,$\mathrm{d}s/\mathrm{d}\varphi$ 为位移曲线的斜率,推程时为正,回程时为负。

式(3.13)是在凸轮逆时针方向转动、从动件偏于凸轮轴心右侧的情况下移动滚子从动件盘形凸轮机构压力角的计算公式。当凸轮顺时针方向转动、从动件偏于凸轮轴心左侧时,可推导出与此完全相同的计算公式。而当凸轮逆时针方向转动、从动件偏于凸轮轴心左侧或凸轮顺时针方向转动、从动件偏于凸轮轴心右侧时,仿照上述推导过程,可得压力角的计算公式为

$$\tan\alpha = \frac{\left|\dfrac{\mathrm{d}s}{\mathrm{d}\varphi} + e\right|}{s + \sqrt{r_b^2 - e^2}} \tag{3.14}$$

综合以上两式,可以得出

$$r_{b} = \sqrt{\left[\frac{\left|\dfrac{\mathrm{d}s}{\mathrm{d}\varphi} \mp e\right|}{\tan\alpha} - s\right]^{2} + e^{2}} \tag{3.15}$$

由式(3.15)可以看出,在其他条件不变的情况下,压力角 α 越大,基圆半径越小,亦即凸轮的尺寸越小。因此,从使机构结构紧凑的观点来看,压力角 α 应越大越好。

3) 许用压力角

在一般情况下,总希望所设计的凸轮机构既有较好的传力特性,又具有较紧凑的尺寸。但由以上分析可知,这两者是互相制约的,因此,在设计凸轮机构时,应兼顾两者统筹考虑。为了使机构能够顺利工作,规定了压力角的许用值 $[\alpha]$,在使 $\alpha \leqslant [\alpha]$ 的前提下,选取尽可能小的基圆半径。根据工程实践的经验,推荐推程时许用压力角取以下数值:移动从动件,$[\alpha]=30°\sim38°$,当要求凸轮尺寸尽可能小时,可取 $[\alpha]=45°$;摆动从动件,$[\alpha]=45°$。回程时,由于通常受力较小且一般无自锁问题,故许用压力角可取得大些,通常取 $[\alpha]=70°\sim80°$。

2. 凸轮基圆半径的确定

如前所述,凸轮的基圆半径应在 $\alpha \leqslant [\alpha]$ 的前提下选择。由于在机构的运转过程中,压力角的值是随凸轮与从动件的接触点的不同而变化的,即压力角是机构位置的函数,因此,为了使机构具有良好的受力状况和结构紧凑,应在保证 $\alpha_{\max} \leqslant [\alpha]$ 的前提下,选择尽可能小的基圆半径。

需要指出的是,在实际设计工作中,凸轮基圆半径的最后确定,还需要考虑机构的具体结构条件等。例如,当凸轮与凸轮轴做成一体时,凸轮的基圆半径必须大于凸轮轴的半径;当凸轮是单独加工、然后装在凸轮轴上时,凸轮上要做出轴毂,凸轮的基圆直径应大于轴毂的外径。通常可取凸轮的基圆直径大于或等于轴径的 $1.6\sim2$ 倍。

在用计算机对凸轮廓线进行辅助设计时,通常是先根据结构条件初选基圆半径 r_{b},然后用式(3.13)校核压力角,若 $\alpha_{\max}>[\alpha]$,则应增大基圆半径重新设计,直至满足许用压力角的条件。

3. 从动件偏置方向的选择

由式(3.13)和式(3.14)可以看出,增大偏距 e 既可使压力角的值减小也可使压力角的值增大,究竟是减小还是增大,取决于凸轮的转动方向和从动件的偏置方向。需要指出的是,若推程压力角减小,则回程压力角将增大,即通过增加偏距 e 来减小推程压力角,是以增大回程压力角为代价的。但是,由于规定推程的许用压力角较小而回程的许用压力角较大,所以在设计凸轮机构时,如果压力角超过了许用值、而机械的结构空间又不允许增大基圆半径,则可通过选取从动件适当的偏置方向来获得较小的推程压力角。即在移动滚子从动件盘形凸轮机构的情况下,选择从动件偏置主要是为了减小机构推程时的压力角。从动件偏置方向选择的原则是:若凸轮逆时针回转,则应使从动件轴线偏于凸轮轴心右侧;若凸轮顺时针回转,则应使从动件轴线偏于凸轮轴心左侧。在这两种情况下,凸轮机构压力角的表达式均为式(3.13)。

4. 滚子半径的选择

滚子从动件盘形凸轮的实际廓线,是以理论廓线上各点为圆心作一系列滚子圆,然后作该圆族的包络线得到的。因此,凸轮实际廓线的形状将受滚子半径大小的影响。若滚子半径选择不当,有时可能使从动件不能准确地实现预期的运动规律。下面以图 3.25 为例来分析凸轮实际廓线形状与滚子半径的关系。

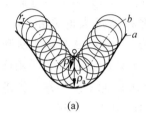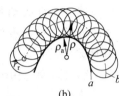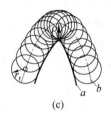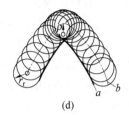

图 3.25　凸轮实际廓线形状与滚子半径的关系

图 3.25(a)所示为内凹的凸轮廓线,a 为实际廓线,b 为理论廓线。实际廓线的曲率半径 ρ_a 等于理论廓线的曲率半径 ρ 与滚子半径 r_r 之和,即 $\rho_a=\rho+r_r$。因此,无论滚子半径大小如何,实际廓线总可以根据理论廓线作出。但是,对于图(b)所示的外凸的凸轮廓线,由于 $\rho_a=\rho-r_r$,所以,当 $\rho>r_r$ 时,$\rho_a>0$,实际廓线总可以作出;若 $\rho=r_r$,则 $\rho_a=0$,即实际廓线将出现尖点,如图(c)所示,由于尖点处极易磨损,故不能付之实用;若 $\rho<r_r$,则 $\rho_a<0$,这时实际廓线将出现交叉,如图(d)所示,当进行加工时,交点以外的部分将被刀具切去,使凸轮廓线产生过度切割,致使从动件不能准确地实现预期的运动规律,这种现象称为运动失真。

为了防止凸轮实际廓线产生过度切割并减小应力集中和磨损,设计时一般应保证凸轮实际廓线的最小曲率半径不小于某一许用值 $[\rho_a]$,即

$$\rho_{a\,min}=\rho_{min}-r_r\geqslant[\rho_a] \tag{3.16}$$

(一般取 $[\rho_a]=3\sim5mm$。)

综上所述,凸轮实际廓线产生过度切割的原因在于其理论廓线的最小曲率半径 ρ_{min} 小于滚子半径 r_r,即 $\rho_{min}-r_r<0$。因此,为了避免凸轮实际廓线产生过度切割,可从两方面着手:其一是减小滚子半径 r_r;其二是通过增大基圆半径来加大理论廓线的最小曲率半径 ρ_{min}。

但是,由于滚子的尺寸还受到其结构和强度等方面的限制,因此滚子半径也不宜取得太小。当直接选用滚动轴承作为滚子时,还应考虑轴承的标准尺寸。

在用计算机对凸轮机构进行辅助设计时,通常是先根据结构和强度条件选择滚子半径 r_r,然后校核 ρ_{amin},若不满足 $\rho_{amin}=\rho_{min}-r_r\geqslant[\rho_a]$,则应增大基圆半径重新设计。

由高等数学可知,由参数方程表示的曲线上任一点的曲率半径的计算公式为

$$\rho=\frac{(\dot{x}^2+\dot{y}^2)^{3/2}}{\dot{x}\ddot{y}-\ddot{x}\dot{y}} \tag{3.17}$$

式中,$\dot{x}=dx/d\varphi$,$\ddot{x}=d^2x/d\varphi^2$,$\dot{y}=dy/d\varphi$,$\ddot{y}=d^2y/d\varphi^2$。用计算机对凸轮理论廓线逐点计算,即可得到 ρ_{min}。

3.5.2　移动平底从动件盘形凸轮机构

1. 运动失真现象及其避免的方法

图 3.26 所示为一移动平底从动件盘形凸轮机构的设计图。所选用的基圆半径 $r_b=$

25mm,从动件运动规律为：当凸轮转过 90°时,从动件以摆线运动规律上升 $h=100$mm；当凸轮转过 1 周中剩余 270°时,从动件以摆线运动规律返回原处。从图 3.26 中可以明显地看出,凸轮实际廓线本身出现了交叉。在加工凸轮时,廓线中交叉的部分将被刀具切去,即产生过度切割现象,从而使从动件不能完全实现预期的运动规律,即产生运动失真。

为什么在这个例子中会出现运动失真现象? 如何才能避免它? 从图中可以看出,凸轮廓线之所以出现交叉现象,是由于一方面所选用的基圆半径太小($r_b=25$mm),另一方面又试图在凸轮转过 1 周中相对小的角度($\varphi=90°$)时,推动从动件移动过大的升距($h=100$mm)。因此,要防止出现运动失真现象,有两种可供选择的办法：一种办法是减小从动件的升距 h,或增大相应的凸轮转角 φ,但是若工作所要求的 φ 及 h 不允许改变,则不能采用这种办法；另一种解决办法是不改变工作所要求的 φ 及 h 值,而选用较大的基圆半径,这样做虽然会使凸轮的实际尺寸变大,但当基圆半径增大到一定值时,可以避免运动失真现象。

2. 凸轮基圆半径的确定

由图 3.26 可知,当凸轮廓线出现交叉时,其曲率半径将变换符号,由正变为负。因此,若凸轮廓线上某处处于临界交叉状态,那么该处凸轮廓线将变为一个尖点,即对应于 φ 的某一值,ρ 将变为零。所以,为了避免过度切割,所选取的基圆半径必须大到足以使凸轮廓线上各点的曲率半径 $\rho>0$。下面以图 3.27 所示的偏置移动平底从动件盘形凸轮机构为例,来研究凸轮廓线曲率半径与基圆半径之间的关系。

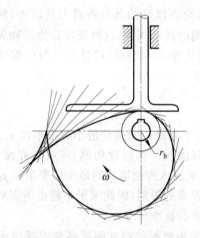

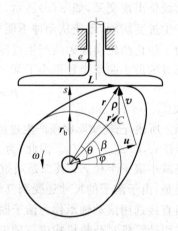

图 3.26 移动平底从动件盘形凸轮机构的
　　　　运动失真

图 3.27 凸轮廓线曲率半径与基圆
　　　　半径的关系

图中,C 点为凸轮与平底接触点处凸轮廓线的曲率中心,ρ 为曲率半径。矢量 u 是固结在凸轮上的,它把由矢量 r' 和水平直线的夹角分成 φ 和 β 两部分。当凸轮位于初始位置($\varphi=0$)时,矢量 u 处于水平位置上。研究图中由 r_b,s,L,r',ρ 所组成的矢量封闭多边形可得

$$r' + \rho = r_b + s + L$$

若用复数的极坐标形式表示该矢量方程式,可得

$$r'\mathrm{e}^{\mathrm{j}(\varphi+\beta)} + \mathrm{j}\rho = \mathrm{j}(r_b + s) + L \tag{a}$$

将式中实部和虚部分开,并令等式两边实部和虚部分别相等,可得

$$r'\cos(\varphi+\beta) = L \tag{b}$$

$$r'\sin(\varphi+\beta)+\rho = r_b+s \tag{c}$$

由于曲率中心 C 是固定在凸轮表面上的,故对于凸轮转角 φ 的微小变化,r',β 和 ρ 是不变的,即 $\dfrac{\mathrm{d}r'}{\mathrm{d}\varphi}=\dfrac{\mathrm{d}\beta}{\mathrm{d}\varphi}=\dfrac{\mathrm{d}\rho}{\mathrm{d}\varphi}=0$。

将(a)式两边对 φ 求导可得

$$\mathrm{j}r'\mathrm{e}^{\mathrm{j}(\varphi+\beta)} = \mathrm{j}\frac{\mathrm{d}s}{\mathrm{d}\varphi}+\frac{\mathrm{d}L}{\mathrm{d}\varphi} \tag{d}$$

将(d)式中实部和虚部分开,并令等式两边实部和虚部分别相等,可得

$$-r'\sin(\varphi+\beta) = \frac{\mathrm{d}L}{\mathrm{d}\varphi} \tag{e}$$

$$r'\cos(\varphi+\beta) = \frac{\mathrm{d}s}{\mathrm{d}\varphi} \tag{f}$$

比较(b)式和(f)式,可得

$$L = \frac{\mathrm{d}s}{\mathrm{d}\varphi} \tag{3.18}$$

将式(3.18)两边对 φ 求导得

$$\frac{\mathrm{d}L}{\mathrm{d}\varphi} = \frac{\mathrm{d}^2 s}{\mathrm{d}\varphi^2} \tag{g}$$

联立(c),(e),(g)式,可得

$$\rho = r_b+s+\frac{\mathrm{d}^2 s}{\mathrm{d}\varphi^2} \tag{3.19}$$

式(3.19)即为凸轮廓线曲率半径与基圆半径之间的关系式。由该式可以看出,由于基圆半径 r_b 为常量,所以凸轮廓线的最小曲率半径 $\rho_{\min}$ 必发生在 $\left(s+\dfrac{\mathrm{d}^2 s}{\mathrm{d}\varphi^2}\right)$ 为最小值处,即

$$\rho_{\min} = r_b+\left(s+\frac{\mathrm{d}^2 s}{\mathrm{d}\varphi^2}\right)_{\min}$$

在设计凸轮廓线时,只要保证 $\rho_{\min}>0$,即可使凸轮廓线全部外凸,并避免廓线变尖或出现交叉。实际设计时,为了防止接触应力过高和减小磨损,通常规定凸轮廓线的最小曲率半径不得小于某一许用值 $[\rho]$。因此上式可写成

$$\rho_{\min} = r_b+\left(s+\frac{\mathrm{d}^2 s}{\mathrm{d}\varphi^2}\right)_{\min} \geqslant [\rho] \tag{3.20}$$

由此可得

$$r_b \geqslant [\rho]-\left(s+\frac{\mathrm{d}^2 s}{\mathrm{d}\varphi^2}\right)_{\min} \tag{3.21}$$

式(3.21)表明,一旦确定了从动件的运动规律,在设计凸轮廓线前,就可以很容易地确定出使凸轮廓线最小曲率半径不小于某一许用值 $[\rho]$ 时,基圆半径的取值范围。在使用该式确定基圆半径时需要注意:式中 s 所对应的 φ 值与 $\dfrac{\mathrm{d}^2 s}{\mathrm{d}\varphi^2}$ 所对应的 φ 值应是一致的。

在用计算机对凸轮廓线进行辅助设计时,通常是先根据结构条件初选基圆半径 r_b,然后用式(3.20)校核曲率半径,若 $\rho_{\min}<[\rho]$,则应增大基圆半径重新设计。

3. 从动件偏置方向的选择

由以上分析可以看出,偏距 e 并不出现在机构的封闭矢量多边形方程式中。这说明,对于移动平底从动件盘形凸轮机构来说,偏距 e 并不影响凸轮廓线的形状。选择适当的偏距,

通常是为了减轻从动件过大的弯曲应力。因此,从动件偏置方向的选择要遵循以下原则:使从动件在推程阶段所受的弯曲应力减小。

4. 平底宽度的确定

在设计平底从动件盘形凸轮机构时,为了保证机构在运转过程中,从动件平底与凸轮廓线始终正常接触,还必须确定平底的宽度。由式(3.18)可知,在任一瞬时,凸轮与平底的接触点偏离凸轮轴心的距离 L 等于该瞬时的 $\dfrac{\mathrm{d}s}{\mathrm{d}\varphi}$ 值。因此,为了保证从动件平底与凸轮廓线正常接触,从凸轮转轴算起,平底的最小宽度必须至少向右侧延长 $\left(\dfrac{\mathrm{d}s}{\mathrm{d}\varphi}\right)_{\max}$ 和向左侧延长 $\left|\left(\dfrac{\mathrm{d}s}{\mathrm{d}\varphi}\right)_{\min}\right|$,即

$$平底宽度\ B \geqslant \left(\frac{\mathrm{d}s}{\mathrm{d}\varphi}\right)_{\max} + \left|\left(\frac{\mathrm{d}s}{\mathrm{d}\varphi}\right)_{\min}\right| \tag{3.22}$$

3.6　凸轮机构的计算机辅助设计

随着计算机的应用日益广泛,在凸轮机构的设计中采用计算机辅助设计的方法已日渐普遍。它不仅可使设计工作量大为减少,设计速度大为提高,而且可大大提高凸轮廓线的设计精度,从而更好地满足设计要求。

在机构运动方案设计阶段,一个凸轮机构的完整设计过程大体包括以下内容。

1. 根据使用场合和工作要求,选择凸轮机构的类型

在选择凸轮机构类型时,通常需考虑以下几方面的因素:

(1) 运动学方面的因素——工作所要求的从动件的输出形式是摆动还是移动,凸轮机构在整个机械系统中所允许占据的运动空间,凸轮与摆动从动件摆动中心之间的距离等。例如,若工作要求从动件输出一近似直线运动,而该凸轮机构在整个机械系统中所允许占据的运动空间又比较大时,推荐采用具有大回转半径的摆杆作为从动件。这是因为与移动滚子从动件相比,采用摆动滚子从动件具有如下重要优点:其一,在移动从动件凸轮机构中,为了保证从动件滚子始终对准凸轮,需要设置某种防止从动件移动轴线自由转动的防转导轨(如采用带有键槽的导轨);而在摆动从动件凸轮机构中,除了需要采用枢轴支承摆杆摆动外,不需要设置任何导轨即可保持从动件滚子与凸轮始终在同一平面内。其二,作用在移动从动件上的摩擦力和凸轮对从动件的作用力大小有关,这会对凸轮机构的运动产生较大的附加影响;而在摆动从动件枢轴中的摩擦力矩,要比凸轮对从动件作用力的力矩小得多,因此对凸轮机构运动的附加影响更小。

(2) 动力学方面的因素——工作所要求的凸轮转动速度,作用在从动件上的载荷大小等。例如,当凸轮的运转速度较高时,选择形封闭的槽凸轮机构要比选用力封闭型的凸轮机构更为适宜。这是因为在力封闭型凸轮机构中,当凸轮转速达到某一值时,弹簧—从动件质量系统将会进入共振区,从而引起从动件系统破坏性的跳动;而形封闭凸轮机构的主要优点是不需要复位弹簧,因此更适用于速度较高的场合。在高速汽车和摩托赛车的发动机阀门传动系统中,通常都采用形封闭的槽凸轮机构,以保证在发动机高速运转时阀门不致浮起或从动件不致跳动。

(3) 环境方面的因素——凸轮机构运动的环境条件,工作对凸轮机构的环境要求(噪声、清洁度等)。例如,在自动生产线的机械中所用的凸轮机构,几乎毫无例外地都选择滚子

从动件。这是因为,在自动生产线这样的工作环境下,有一个近乎苛刻的规定:当工作一段时间产生磨损需要更换旧件时,要求能够从库存中取出新备件很快地更换已磨损的旧件,尽量少占用生产线的生产时间。而滚子从动件可以很好地满足快速更换这样严苛的要求。工程实际中通常用滚子轴承或球轴承来充当滚子从动件,这样的从动件可以从各制造厂商中选用而无须自己单独设计制造,当从动件需要更换时,只要通知供应厂商即可马上得到更换的备件,实现快捷更换。由于无须自己单独设计与制造,在经济上也通常是十分划算的。此外,这样的从动件也适用于自动生产线低噪声的要求。

(4) 经济方面的因素——加工制造成本、维护费用等。例如,当凸轮转速不太高时,采用力封闭型凸轮机构比采用形封闭的槽凸轮机构更为经济。这是因为槽凸轮的凹槽有两个表面与滚子接触,所以这两个表面均需要加工和研磨。由于热处理会使凹槽发生变形,从而造成凹槽与从动件的滚子不能很好地接触配合,因此为了保持导槽的尺寸,在热处理后需要对导槽进行磨削,这会大大增加凸轮的制造成本。而力封闭凸轮虽然在热处理后也可能产生变形,但不经过磨削的凸轮也可以用。

在根据上述因素选择凸轮机构类型时,通常简单性总是首要考虑的原则。即在满足工作要求的前提下,选用的凸轮机构越简单越好。

2. 根据工作要求选择或设计从动件的运动规律

在工程实际的多数情况下,通常只是要求从动件移动或摆动一个规定的推程和回程。初看起来,选择何种运动规律似乎并不重要,因为无论选择哪种运动规律,都能满足这一要求。但是,凸轮和从动件作为整个机械系统的一个组成部分,其动态特性(惯性和冲击等)将会直接影响到整个系统的动力学性能,有时甚至起决定作用。因此,在选择或设计从动件运动规律时,不仅要考虑从动件位移曲线的形状,还要考虑其速度、加速度甚至跃度曲线的特征。特别是对于高速凸轮,这一点尤为重要。

需要指出的是,在一些工程实际中,工作要求一部机器中的关键部件按某种规律运动,而这一关键部件可能是远离凸轮及其从动件的一个构件,它与凸轮机构并不直接接触。凸轮是通过其他构件间接地将运动传至该关键构件的。在这种情况下,在设计凸轮廓线前,需要首先根据工作要求选择该关键部件的运动规律,然后通过间接构件将该运动规律折算到与凸轮直接接触的从动件上。

3. 根据机构的具体结构条件,初选凸轮的基圆半径 r_b

当采用滚子从动件时,还需根据滚子的结构、强度等条件,选择滚子半径 r_r。

4. 对凸轮机构进行计算机辅助设计

设计的目标是保证凸轮机构在既满足工作对从动件的运动要求(即不产生运动失真现象)、又具有良好的受力状况(即压力角不超过许用值)的前提下,机构的结构尽可能紧凑。

下面通过一个具体的设计实例来加以说明。

例 3.2 某机械装置中需采用一凸轮机构。工作要求当凸轮顺时针转过 180°时,从动件上升 50mm;当凸轮接着转过 90°时,从动件停歇不动;当凸轮转过 1 周中剩余 90°时,从动件返回原处。已知凸轮以等角速度 $\omega = 10\text{rad/s}$ 转动,工作要求机构既无刚性冲击又无柔性冲击,试设计该凸轮机构。

解 (1) 根据使用场合和工作要求,选择凸轮机构的类型。本例中,要求从动件作往复移动,因此可选择一对心滚子移动从动件盘形凸轮机构。

（2）根据工作要求选择从动件的运动规律。为了保证机构既无刚性冲击又无柔性冲击,可选用摆线运动规律或3-4-5次多项式运动规律。本例中,从动件推程和回程均选用摆线运动规律。推程运动角 $\Phi=180°$,回程运动角 $\Phi'=90°$,停歇角 $\Phi_s=90°$。

（3）根据滚子的结构和强度等条件,选择滚子半径 r_r。本例中,选取 $r_r=8\mathrm{mm}$。

（4）根据机构的结构空间,初选基圆半径 r_b。本例中,初选 $r_b=25\mathrm{mm}$。

（5）对凸轮机构进行计算机辅助设计。为保证凸轮机构具有良好的受力状况,取推程许用压力角 $[\alpha]=38°$,回程许用压力角 $[\alpha']=70°$,设计过程中要保证 $\alpha_{推程}\leqslant[\alpha]=38°$,$\alpha_{回程}\leqslant[\alpha']=70°$；为保证机构不产生运动失真和避免凸轮廓线应力集中,取凸轮实际廓线的许用曲率半径 $[\rho_a]=3\mathrm{mm}$,设计过程中要保证凸轮理论廓线外凸部分的曲率半径 $\rho\geqslant[\rho_a]+r_r=3+8=11(\mathrm{mm})$。

根据上述思路及有关计算公式,可设计出该凸轮机构的计算机辅助设计程序框图,如图 3.28 所示。

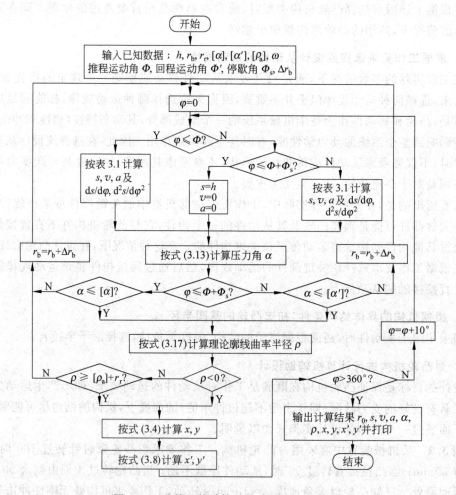

图 3.28　凸轮机构计算机辅助设计程序框图

按照上述框图编程上机设计计算,结果见表 3.3。

表 3.3　凸轮机构计算机辅助设计计算结果

$\varphi/(°)$	s/mm	v/(mm·s^{-1})	a/(mm·s^{-2})	$\alpha/(°)$	ρ/mm	x/mm	y/mm	x'/mm	y'/mm
0.00	0.00	0.00	0.00	0.00	25.0	0.00	25.0	0.00	17.0
10.0	0.0561	9.598	1089.0	2.19	44.2	4.36	24.7	3.26	16.7
20.0	0.440	37.24	2046.0	8.33	110	8.69	23.9	7.08	16.1
30.0	1.44	79.58	2757.0	16.8	217	13.2	22.9	11.4	15.1
40.0	3.27	131.5	3135.0	25.0	117	18.2	21.7	16.1	13.9
50.0	6.05	186.8	3135.0	31.0	69.1	23.8	19.9	21.2	12.4
60.0	9.78	238.7	2757.0	34.5	54.0	30.1	17.4	26.7	10.2
70.0	14.3	281.1	2046.0	35.6	48.6	36.9	13.4	32.4	6.85
80.0	19.5	308.7	1089.0	34.8	46.7	43.8	7.73	38.1	2.10
90.0	25.0	318.3	0.0000	32.5	46.0	50.0	0.00	43.3	−4.30
100	30.5	308.7	−1089.0	29.1	45.8	54.7	−9.64	47.1	−12.3
110	35.7	281.1	−2046.0	24.9	46.0	57.0	−20.8	49.0	−21.4
120	40.2	238.7	−2757.0	20.1	46.6	56.5	−32.6	48.6	−31.2
130	43.9	186.8	−3135.0	15.2	47.9	52.8	−44.3	45.6	−41.0
140	46.7	131.5	−3135.0	10.4	50.1	46.1	−54.9	39.9	−49.8
150	48.6	79.58	−2757.0	6.18	53.5	36.8	−63.7	32.1	−57.2
160	49.6	37.24	−2046.0	2.86	58.5	25.5	−70.1	22.4	−62.7
170	49.9	9.598	−1089.0	0.734	65.4	13.0	−73.8	11.5	−65.9
180	50.0	0.00	−0.00	0.00	75.0	0.00	−75.0	0.00	−67.0
190	50.0	0.00	−0.00	0.00	75.0	−13.0	−73.9	−11.6	−66.0
200	50.0	0.00	−0.00	0.00	75.0	−25.7	−70.5	−22.9	−63.0
210	50.0	0.00	−0.00	0.00	75.0	−37.5	−65.0	−33.5	−58.0
220	50.0	0.00	−0.00	0.00	75.0	−48.2	−57.5	−43.1	−51.3
230	50.0	0.00	−0.00	0.00	75.0	−57.5	−48.2	−51.3	−43.1
240	50.0	0.00	−0.00	0.00	75.0	−65.0	−37.5	−58.0	−33.5
250	50.0	0.00	−0.00	0.00	75.0	−70.5	−25.7	−63.0	−22.9
260	50.0	0.00	−0.00	0.00	75.0	−73.9	−13.0	−66.0	−11.6
270	50.0	0.00	−0.00	0.00	75.0	−75.0	0.00	−67.0	−0.00
280	49.6	−74.47	−8184.0	5.71	35.7	−73.5	13.0	−65.7	10.8
290	46.7	−263.0	−12539	20.1	28.7	−67.4	24.5	−61.3	19.4
300	40.2	−477.5	−11027	36.2	33.0	−56.5	32.6	−53.3	25.3
310	30.5	−617.4	−4355.0	48.1	43.6	−42.5	35.7	−42.2	27.7
320	19.5	−617.4	4355.0	54.2	57.5	−28.6	34.1	−30.6	26.3
330	9.87	−477.5	11027	53.9	107	−17.4	30.1	−20.6	22.8
340	3.27	−263.0	12539	42.9	−42.3	−9.68	26.6	−12.8	19.2
350	0.440	−74.47	8184.0	16.3	−14.1	−4.41	25.0	−5.30	17.1
360	0.00	−0.00	0.00	0.00	25.0	0.00	25.0	−0.00	17.0

由表 3.3 可以看出,凸轮机构推程的最大压力角发生在 $\varphi=70°$ 处,其值 $\alpha_{max}=35.6°$,满足 $\alpha\leqslant[\alpha]=38°$ 的设计要求;回程的最大压力角发生在 $\varphi=320°$ 处,其值 $\alpha'_{max}=54.2°$,满足 $\alpha'\leqslant[\alpha']=70°$ 的设计要求。凸轮理论廓线的最小曲率半径发生在 $\varphi=350°$ 处,其值为 $\rho=14.1mm$,但因它为负值,说明此处廓线内凹,因此不会产生过度切割;在所有外凸廓线部分,理论廓线的最小曲率半径为 $\rho_{min}=25mm>11mm$,均能满足 $\rho_a>[\rho_a]=3mm$ 的设计要求,不会产生应力集中和运动失真。

表 3.3 是每隔 $10°$ 给一个 φ 值进行计算的结果,在实际设计时,为了提高凸轮廓线的设计精度,通常需每隔 $1°$ 或 $2°$ 给一个 φ 值进行计算。

利用计算机对凸轮机构进行辅助设计的另一个优点是可以方便迅速地打印出从动件的位移、速度、加速度线图,如果需要的话,还可以绘制出凸轮廓线图。图 3.29 所示就是将计算机与数字绘图机连接所绘制的凸轮理论廓线图。

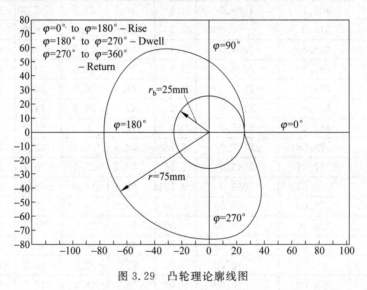

图 3.29 凸轮理论廓线图

文献阅读指南

(1) 根据工作要求和使用场合选择或设计从动件的运动规律,是现代凸轮机构设计中至关重要的一步,它将直接影响凸轮机构的运动和动力特性。本章介绍了从动件 5 种常用运动规律,讨论了运动规律的特性指标,分析了选择或设计从动件运动规律需要注意的事项,并简要介绍了运动规律的设计方法。在工程实际中,为了获得更好的运动和动力特性,还经常需要选择或设计其他形式的运动规律,如改进梯形加速度运动规律、改进正弦加速度运动规律等。关于这方面的详细情况,可参阅邹慧君、董师予等编译的《凸轮机构的现代设计》(上海:上海交通大学出版社,1991)。该书是根据美国著名机构学教授 F. Y. Chen 所著的凸轮机构的权威著作 *Mechanics and Design of Cam Mechanisms* 编译的。书中除介绍了若干改进型及组合型运动规律、用复杂多项式和傅里叶级数表示的运动规律外,还论述了用有限差分法光滑从动件运动规律曲线的方法。鉴于从动件运动规律的设计在现代凸轮机构设计中的重要性,迄今为止,仍有不少学者在致力于这方面的研究。除继续探寻更好的运动规律外,还在致力于研究更为有效的方法,以便使用这些方法创造出满足工作要求且性能更为优良的运动规律,其中,张策在《机械动力学》(北京:高等教育出版社,2000)中提出了通用简谐梯形组合运动规律的构造方法,应用该方法,不仅可以构造出多种常用运动规律,而且可以设计出高阶导数连续、性能优良的从动件运动规律。

　　(2)在设计凸轮机构时,需要恰当选择机构的某些参数,如基圆半径等。若这些参数选择不当,则可能造成压力角过大和产生运动失真现象。本章着重讨论了移动从动件盘形凸轮机构设计中,由于参数选择不当可能造成的问题及应采取的对策,并推导了有关的方程式。虽然对于摆动从动件盘形凸轮机构和其他类型的凸轮机构,这些方程式是不同的,但为了防止压力角过大和避免运动失真,也需要对其进行类似的研究。根据给定的参数,也能够推导出类似的方程式。有兴趣的读者可参阅 S. Molian 所著的 *The Design of Cam Mechanisms and Linkages*(London:Constable,1968)。此外,在邹慧君、董师予等人根据 F. Y. Chen 的专著所编译的《凸轮机构的现代设计》中,也对摆动从动件盘形凸轮机构的压力角与凸轮基本尺寸的关系,以及凸轮廓线最小曲率半径的求法,作了较详细的论述。

　　(3)本章在研究凸轮机构的运动设计时,是把机构中除力封闭弹簧外的各构件均视为绝对刚体,不考虑弹簧及各构件弹性变形对运动的影响。在这种情况下,从动件工作端的运动规律,仅取决于凸轮廓线的形状。这种将凸轮机构按刚性系统来处理的方法,称为凸轮机构的静态分析和静态设计。它适用于系统刚性较大、构件质量较轻的中、低速凸轮机构。当凸轮机构运转速度较高、构件刚性较低时,由于构件的惯性力相当大,构件的弹性变形的影响便不能忽略。在这种情况下,应将整个系统看成是一个弹性系统。这种将凸轮机构按弹性系统来分析和设计的方法,称为凸轮机构的动态分析和动态设计,它比静态分析和设计要复杂得多。关于这方面的情况,可参阅孔午光所著《高速凸轮》(北京:高等教育出版社,1992)。书中首先介绍了高速凸轮运转时的真实运动情况,以及引起凸轮-从动件系统振动的原因和减小振动的途径;然后讨论了高速凸轮机构的弹性动力模型和运动方程,以及确定从动件系统工作端真实运动的方法;最后详细介绍了高速凸轮运动曲线的设计,包括连接基圆和工作段的过渡段运动曲线的设计问题。

　　(4)随着计算机技术的迅猛发展,计算机在工程设计领域已获得广泛应用,并在优化设计、计算机辅助设计和专家系统等方面取得了惊人的成就。在凸轮机构设计中,如何发展通用有效的 CAD 系统和引入专家系统或人工智能 CAD 系统,已成为当前一些机构学工作者研究的热点。有关这方面的情况,可参阅赵韩、丁爵曾等人编著的《凸轮机构设计》(北京:高等教育出版社,1993)。书中除介绍了一种较为通用的凸轮机构优化设计程序外,还着重对凸轮机构的 CAD 系统、凸轮机构设计的专家系统以及凸轮机构的 Expert/CAD 系统作了较详细的介绍,并附有算例和部分源程序。其中,Expert/CAD 系统是专家系统与 CAD 系统的有机结合。它在很大程度上弥补了单一的 CAD 系统或专家系统的不足,因此可以更为有效地用于凸轮机构的设计。

　　(5)剖析和掌握现有机械设备尤其引进设备中的关键技术,是促进我国科技现代化的重要措施之一。凸轮机构的检测和反求,是研究有关自动机械设备时涉及的一项重要内容,正日益引起人们的重视。有关这方面的内容,可参阅石永刚、徐振华编著的《凸轮机构设计》(上海:上海科学技术出版社,1995)。这是一本有关凸轮机构设计的专著,书中除介绍了从动件运动规律设计、凸轮廓线设计、凸轮机构基本尺寸设计、凸轮机构计算机辅助设计等内容外,还介绍了凸轮机构设计的新进展,包括反求设计、动态设计等,是一本系统研究凸轮机构的参考书。

习　题

3.1　图 3.30 所示为一尖端移动从动件盘形凸轮机构从动件的部分运动线图。试在图上补全各段的位移、速度及加速度曲线,并指出在哪些位置会出现刚性冲击?哪些位置会出现柔性冲击?

3.2　在图 3.31 所示的从动件位移线图中,AB 段为摆线运动,BC 段为简谐运动。若要求在两段曲线交界处 B 点从动件的速度和加速度分别相等,试根据图中所给数据确定 φ_2 角大小。

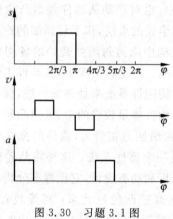

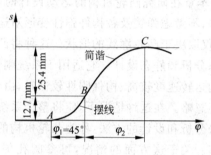

图 3.30　习题 3.1 图　　　　图 3.31　习题 3.2 图

3.3　设计一偏置移动滚子从动件盘形凸轮机构。已知凸轮以等角速度 ω 顺时针转动,基圆半径 $r_b=50$ mm,滚子半径 $r_r=10$ mm,凸轮轴心偏于从动件轴线右侧,偏距 $e=10$ mm。工作对从动件运动的要求如下:当凸轮转过 $120°$ 时,从动件上升 30 mm;当凸轮接着转过 $30°$ 时,从动件停歇不动;当凸轮再转过 $150°$ 时,从动件返回原处;当凸轮转过一周中其余角度时,从动件又停歇不动。

3.4　设计一对心移动平底从动件盘形凸轮机构。已知基圆半径 $r_b=50$ mm,从动件平底与导路中心线垂直,凸轮顺时针等速转动。工作对从动件运动的要求如下:当凸轮转过 $120°$ 时,从动件上升 30 mm;当凸轮再转过 $150°$ 时,从动件返回原处;当凸轮转过其余 $90°$ 时,从动件停歇不动。

3.5　在图 3.32 所示的凸轮机构中,已知摆杆 AB 在起始位置时垂直于 OB,$l_{OB}=40$ mm,$l_{AB}=80$ mm,滚子半径 $r_r=10$ mm,凸轮以等角速度 ω 顺时针转动。工作对从动件运动的要求如下:当凸轮转过 $180°$ 时,从动件向上摆动 $30°$;当凸轮再转过一周中剩余角度时,从动件返回原来位置。试设计该凸轮机构。

3.6　在图 3.33 所示的三个凸轮机构中,已知 $R=40$ mm,$a=20$ mm,$e=15$ mm,$r_r=20$ mm。试用反转法

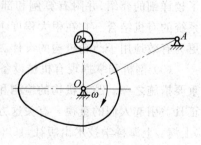

图 3.32　习题 3.5 图

求从动件的位移曲线 s-$s(\varphi)$，并比较之。（要求选用同一比例尺，画在同一坐标系中，均以从动件最低位置为起始点。）

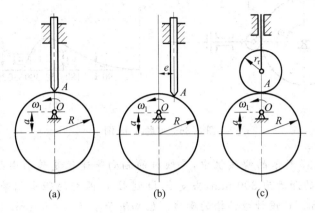

图 3.33　习题 3.6 图

3.7　试用作图法求出图 3.34 所示凸轮机构中当凸轮从图示位置转过 45°后机构的压力角，并在图上标注出来。

3.8　在图 3.35 所示的凸轮机构中，从动件的起始上升点均为 C 点。

（1）试在图上标注出从 C 点接触到 D 点接触时，凸轮转过的角度 φ 及从动件走过的位移；

（2）标出在 D 点接触时凸轮机构的压力角 α。

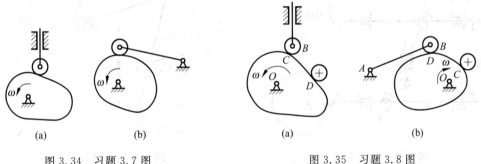

图 3.34　习题 3.7 图　　　　图 3.35　习题 3.8 图

3.9　设计一移动平底从动件盘形凸轮机构。工作要求凸轮每转动 1 周，从动件完成两个运动循环：当凸轮转过 90°时，从动件以简谐运动规律上升 50.8 mm，当凸轮接着转过 90°时，从动件以简谐运动规律返回原处；当凸轮转过 1 周中其余 180°时，从动件重复前 180°的运动规律。试确定凸轮的基圆半径 r_{b} 和从动件平底的最小宽度 B。

3.10　设计一移动平底从动件盘形凸轮机构。工作对从动件运动的要求如下：当凸轮转过 180°时，从动件上升 50.8 mm；当凸轮转过 1 周中其余 180°时，从动件返回原处。若设计者选择的运动规律为简谐运动规律，并取基圆半径 $r_{\mathrm{b}}=38.1$ mm，试确定凸轮廓线的最小曲率半径 ρ_{min} 和从动件平底的最小宽度 B（每侧加上 5 mm 裕量）。

3.11　图 3.36(a)所示为自动闪光对焊机的机构简图。凸轮 1 为原动件，通过滚子 2 推动滑板 3 移动进行焊接。工作要求滑板的运动规律如图 3.36(b)所示。今根据结构、空间、强度等条件已初选基圆半径 $r_b=90$ mm，滚子半径 $r_r=15$ mm，试设计该机构。

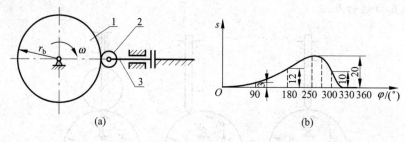

图 3.36　习题 3.11 图

3.12　在图 3.37 所示的绕线机中，导线杆的轴向等速往复移动由凸轮机构控制。设 B,C 两杆轴线之间的距离为 300 mm，当支点 D 到 B,C 两杆的距离相等时，要求导线杆移动的行程为 100 mm。试设计该凸轮的廓线。已知滚子半径 $r_r=5$ mm。

3.13　图 3.38 所示为书本打包机的推书机构简图。凸轮逆时针转动，通过摆杆滑块机构带动滑块 D 左右移动，完成推书工作。已知滑块行程 $H=80$ mm，凸轮理论廓线的基圆半径 $r_b=50$ mm，$l_{AC}=160$ mm，$l_{CD}=120$ mm，其他尺寸如图所示。当滑块处于左极限位置时，AC 与基圆切于 B 点；当凸轮转过 $120°$ 时，滑块以等加速等减速运动规律向右移动 80 mm；当凸轮接着转过 $30°$ 时，滑块在右极限位置静止不动；当凸轮再转过 $60°$ 时，滑块又以等加速等减速运动向左移动至原处；当凸轮转过 1 周中最后 $150°$ 时，滑块在左极限位置静止不动。试设计该凸轮机构。

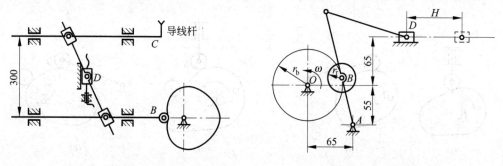

图 3.37　习题 3.12 图　　　　　　　图 3.38　习题 3.13 图

3.14　利用靠模凸轮车制被加工凸轮，是一种批量生产凸轮常用的加工方法。图 3.39(a) 所示为一靠模车削凸轮装置的简图。靠模凸轮与被加工凸轮毛坯固结在一起绕

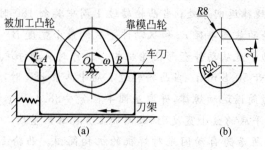

图 3.39　习题 3.14 图

O 轴转动,车刀和滚子转轴共同固结在刀架上,刀架随着靠模凸轮推动滚子而左右移动,从而使车刀车削出一定形状的凸轮。若已知 A,O,B 位于一条直线上,且 $\overline{AB}=70$ mm,滚子半径 $r_r=15$ mm,被加工凸轮的几何尺寸如图 3.39(b)所示,试设计靠模凸轮的轮廓曲线。

　　3.15　设计一对心移动滚子从动件盘形凸轮机构,已知凸轮顺时针等角速度转动。从动件运动规律如下：当凸轮转过 $120°$ 时,从动件以摆线运动规律上升 45 mm；当凸轮接着转过 $60°$ 时,从动件停歇不动；当凸轮再转过 $90°$ 时,从动件以摆线运动规律返回原处；当凸轮转过 1 周中其余角度时,从动件又停歇不动。若初选凸轮理论廓线的基圆半径 $r_b=45$ mm,滚子半径 $r_r=10$ mm,要求凸轮机构推程许用压力角 $[\alpha]=30°$,回程许用压力角 $[\alpha]'=70°$,凸轮实际廓线的许用曲率半径 $[\rho_a]=3$ mm,试写出计算机辅助设计该机构的流程图,并对该机构进行计算机辅助设计。若该凸轮在数控线切割机上加工,钼丝(即刀具)直径为 0.15 mm,试给出刀具中心的坐标值。

　　3.16　图 3.40 所示为一冲压机构的示意图。冲压台板 1 支撑在两挠性件 2 上。工作要求冲压台板按图示运动规律周期性地下压到固定砧座 5 上,这一运动是由凸轮-从动件连杆机构来实现的。当冲压台板向上运动时,拉伸弹簧 4 使其上部靠在挡板 3 上。试根据图中所给的大致空间设计该冲压机构。

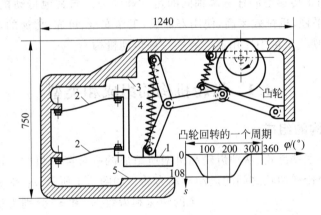

图 3.40　习题 3.16 图

齿 轮 机 构

【内容提要】 本章重点介绍渐开线直齿圆柱齿轮机构的啮合原理、尺寸计算和传动设计；在此基础上，介绍斜齿圆柱齿轮机构、蜗杆蜗轮机构和圆锥齿轮机构的啮合特点和基本尺寸计算；最后简要介绍非圆齿轮机构。

齿轮机构可用来传递空间任意两轴间的运动和动力。与其他传动机构相比，其主要优点是：传动准确、平稳，机械效率高，使用寿命长，工作安全、可靠，传递的功率和适用速度范围大。因此，它是现代机械中应用最广泛的一种传动机构。

4.1 齿轮机构的组成和类型

4.1.1 齿轮机构的组成

齿轮机构是由主动齿轮、从动齿轮和机架所组成的一种高副机构。这种机构是通过成对的轮齿依次啮合传递两轴之间的运动和动力的。如图 4.1 所示，n_1 和 z_1 分别为主动齿轮

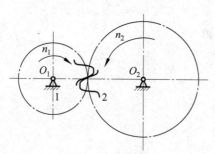

图 4.1 齿轮机构

1 的转速和齿数，n_2 和 z_2 分别为从动齿轮 2 的转速和齿数。当齿轮机构传动时，主动齿轮每转过 1 个轮齿，拨动从动齿轮也转过 1 个轮齿，故 $n_1 z_1 = n_2 z_2$，于是可得其平均传动比为

$$\bar{i}_{12} = \frac{n_1}{n_2} = \frac{z_2}{z_1} \tag{4.1}$$

式(4.1)说明主动齿轮与从动齿轮转速之比是它们齿数的反比，齿轮齿数确定后，齿轮机构的平均传动比是一定值。但是若要求瞬时传动比恒定或按一定规律变化，则需设计相应的齿轮形状和齿廓曲线。主、从动齿轮的瞬时角速度之比 ω_1/ω_2 称为两轮的瞬时传动比，简称传动比，用 i_{12} 表示，即

$$i_{12} = \omega_1/\omega_2 \tag{4.2}$$

通常所说的齿轮机构传动比，指的是其瞬时传动比。

4.1.2　齿轮机构的类型

工程实际中所使用的齿轮机构形式多种多样,下面简要介绍几种常用的分类方法。

1. 按照一对齿轮传动的传动比是否恒定分类

1)定传动比齿轮机构

定传动比齿轮机构中的齿轮是圆形的,又称圆形齿轮机构,其具体类型见表4.1。圆形齿轮机构的传动比是恒定的,故传动平稳,广泛应用在现代机械中。

表 4.1　圆形齿轮机构的类型

平面齿轮机构	传递平行轴运动的外啮合齿轮机构		
	直　齿	斜　齿	人字齿
	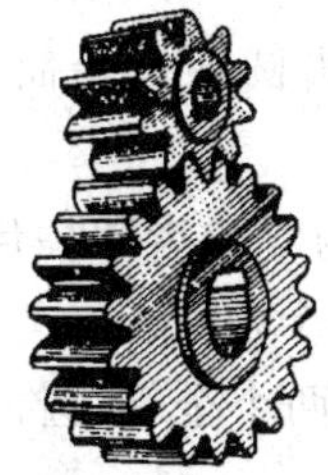		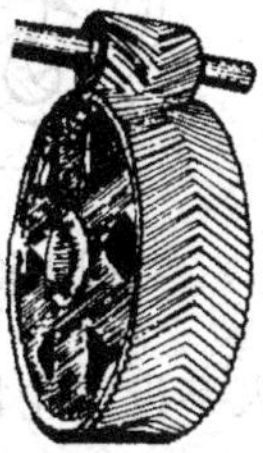
	内啮合齿轮机构	齿轮齿条机构	
	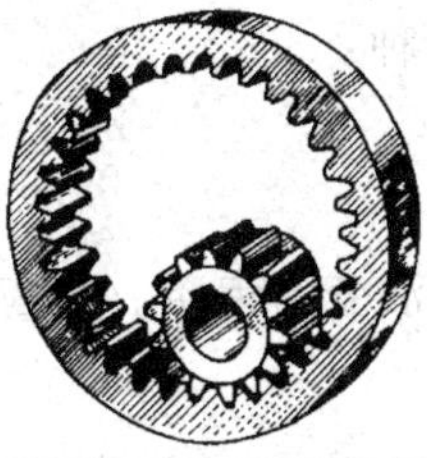	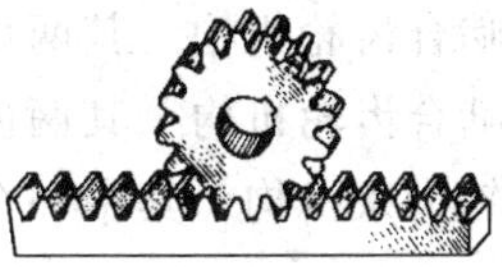	
空间齿轮机构	传递相交轴运动的外啮合圆锥齿轮机构		
	直　齿	斜　齿	曲　齿

空间齿轮机构	传递交错轴运动的外啮合齿轮机构		
	斜　齿	蜗杆蜗轮	

2）变传动比齿轮机构

变传动比齿轮机构中的齿轮一般是非圆形的，又称为非圆齿轮机构。图 4.2 所示的椭圆齿轮机构就是这类齿轮机构中的一种。在这类齿轮机构中，当主动齿轮作等角速度转动时，从动齿轮按一定规律作变角速度转动。这类齿轮机构主要应用于一些有特殊要求的机械中。

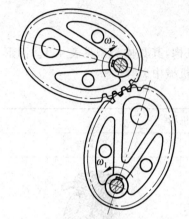

图 4.2　椭圆齿轮机构

2. 按照一对齿轮传动时的相对运动分类

1）平面齿轮机构

作平面相对运动的齿轮机构称为平面齿轮机构。它用于传递两平行轴之间的运动和动力，其齿轮是圆柱形的，故称为圆柱齿轮。按照轮齿在圆柱体上排列方向的不同，平面齿轮机构又可分为以下 4 种：

（1）直齿圆柱齿轮机构　直齿圆柱齿轮简称直齿轮，其轮齿的齿向与轴线平行。

（2）平行轴斜齿圆柱齿轮机构　斜齿圆柱齿轮简称斜齿轮，其轮齿的齿向与轴线倾斜一个角度。

（3）人字齿齿轮机构　人字齿齿轮的齿形如"人"字，它相当于两个全等、齿向倾斜方向相反的斜齿轮拼接而成。

（4）曲线齿圆柱齿轮机构　曲线齿圆柱齿轮简称曲线齿轮，其轮齿沿轴向成弯曲的弧面。

按照齿轮啮合方式，平面齿轮机构还可以分为以下 3 种：

（1）外啮合齿轮机构　其两齿轮的转动方向相反。

（2）内啮合齿轮机构　其两齿轮的转动方向相同。

（3）齿轮齿条机构　其中一个齿轮的直径为无穷大，演变为齿条。当齿轮转动时，齿条作直线移动。

2）空间齿轮机构

作空间相对运动的齿轮机构称为空间齿轮机构，它用来传递两相交轴或交错轴之间的运动和动力。

（1）传递相交轴运动的齿轮机构

用于传递相交轴运动的齿轮机构称为圆锥齿轮机构。圆锥齿轮的轮齿分布在截圆锥体表面上，也有直齿、斜齿和曲线齿之分。其中以直齿圆锥齿轮应用最广。

（2）传递交错轴运动的齿轮机构

用于传递交错轴运动的齿轮机构常见的有交错轴斜齿圆柱齿轮机构和蜗杆蜗轮机构。交错轴斜齿圆柱齿轮机构由两个斜齿轮组成，就其单个齿轮而言，仍是一个斜齿圆柱齿轮。蜗杆蜗轮机构由蜗杆和蜗轮组成，可看作是由交错轴斜齿圆柱齿轮机构演化而来，一般以蜗杆为主动件作减速传动，通常两轴垂直交错，交错角为 90°。

4.2　渐开线齿廓及其啮合特性

齿轮机构是依靠主动齿轮轮齿的齿廓推动从动齿轮轮齿的齿廓来实现运动传递的。两轮的瞬时角速度之比可以是恒定的，也可以是按照一定规律变化的。齿轮齿廓曲线要根据给定传动比的要求来确定。本节从分析齿廓曲线与两轮传动比关系出发,介绍齿廓曲线的选择应满足的条件,进一步介绍渐开线齿廓及其啮合特性。

4.2.1　齿廓啮合基本定律

图 4.3 所示为一对平面齿廓曲线 G_1,G_2 在点 K 处啮合接触的情况。齿廓曲线 G_1 绕轴 O_1 转动,齿廓曲线 G_2 绕轴 O_2 转动,过啮合接触点 K 所作的两齿廓公法线 nn 与连心线 O_1O_2 相交于点 C。由三心定理可知,点 C 是这一对齿廓的相对速度瞬心,齿廓曲线 G_1 和 G_2 在该点有相同的速度:

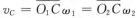

$$v_C = \overline{O_1C}\,\omega_1 = \overline{O_2C}\,\omega_2$$

由此可得

$$i_{12} = \frac{\omega_1}{\omega_2} = \frac{\overline{O_2C}}{\overline{O_1C}} \qquad (4.3)$$

点 C 称为两齿廓的啮合节点,简称节点。i_{12} 称为两齿廓的传动比。由以上分析可得**齿廓啮合基本定律**:两齿廓在任一位置啮合接触时,过接触点所作两齿廓的公法线必通过节点 C,它们的传动比等于连心线 O_1O_2 被节点 C 所分成的两段线段的反比。

凡满足齿廓啮合基本定律的一对齿廓称为共轭齿廓,共轭齿廓的齿廓曲线称为共轭曲线。

由式(4.3)可知,要使两轮做定传动比传动,则其齿廓曲线必须满足以下条件:无论两齿廓在何处啮合,过啮合接触点所作的两齿廓公法线必须通过两轮连心线 O_1O_2 上的一固定点 C。若分别以 r_1' 和 r_2' 表示 O_1C 和 O_2C,则有

图 4.3　一对平面齿廓曲线的啮合

$$i_{12} = \frac{\omega_1}{\omega_2} = \frac{\overline{O_2C}}{\overline{O_1C}} = \frac{r_2'}{r_1'} = 常数$$

分别以 O_1 和 O_2 为圆心,以 r_1' 和 r_2' 为半径作圆,这两个圆分别称为轮 1 与轮 2 的节圆,故两齿轮的啮合传动可以视为一对节圆做无滑动的纯滚动,r_1' 和 r_2' 称为节圆半径。

图 4.3 和图 4.4 所示的齿廓都能满足 i_{12} 为常数的要求。在图 4.3 中,一对齿廓曲线在任何位置啮合时,过啮合接触点的公法线是一条定直线,所以通过连心线 O_1O_2 上的定点 C。而在图 4.4 中,一对齿廓曲线在不同位置啮合时,过啮合接触点的公法线不是一条定直线,但是各条公法线都通过连心线 O_1O_2 上的定点 C。

凡是能满足定传动比(或某种变传动比规律)要求的一对齿廓曲线,从理论上说,都可以作为实现定传动比(或某种变传动比规律)传动的齿轮齿廓曲线。但在生产实际中,必须从制造、安装和使用等各方面综合考虑,选择适当的曲线作为齿廓曲线。目前常用的齿廓曲线有渐开线、摆线和圆弧等。采用渐

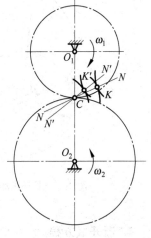

图 4.4　两齿廓的啮合

开线作为齿廓曲线,有容易制造和便于安装等优点,所以目前绝大多数齿轮都采用渐开线齿廓。本章主要介绍渐开线齿轮。

4.2.2　渐开线齿廓

1. 渐开线的形成及其性质

如图 4.5 所示,当直线 BK 沿半径为 r_b 的圆周作纯滚动时,直线上任一点 K 的轨迹 $(\overset{\frown}{AK})$ 就是该圆的渐开线。这个圆称为渐开线的基圆,半径 r_b 称为基圆半径,直线 BK 称为渐开线的发生线,$\theta_k = \angle AOK$ 称为渐开线上点 K 的展角。

由渐开线的形成过程,可得渐开线的性质如下。

(1) 发生线沿基圆滚过的长度,等于基圆上被滚过的圆弧长度。由于发生线在基圆上作纯滚动,故由图 4.5 可知 $\overline{KB}=\overset{\frown}{AB}$。

(2) 渐开线上任一点的法线恒与基圆相切。由于发生线 BK 沿基圆作纯滚动,故它与基圆的切点 B 即为其速度瞬心,所以发生线 BK 即为渐开线在 K 点的法线。又由于发生线恒切于基圆,故可得出结论:渐开线上任一点的法线恒与基圆相切。

(3) 渐开线上离基圆愈远的部分,其曲率半径愈大,渐开线愈平直。由于发生线 BK 与基圆的切点 B 也是渐开线在点 K 的曲率中心,而线段 $\overline{KB}$ 是相应的曲率半径,故由图 4.5 可知,渐开线上离基圆愈远的部分,其曲率半径愈大,渐开线愈平直;渐开线上离基圆愈近的部分,其曲率半径愈小,渐开线愈弯曲;渐开线在基圆上起始点处的曲率半径为零。

(4) 基圆内无渐开线。由于渐开线是由基圆开始向外展开的,所以基圆内无渐开线。

(5) 渐开线的形状取决于基圆的大小。如图 4.6 所示,基圆愈小,渐开线愈弯曲;基圆愈大,渐开线愈平直。当基圆半径为无穷大时,其渐开线将成为一条垂直于 B_3K 的直线,它就是后面将介绍的齿条齿廓曲线。

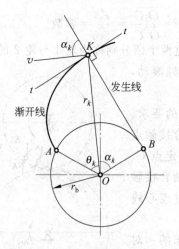

图 4.5　渐开线的形成

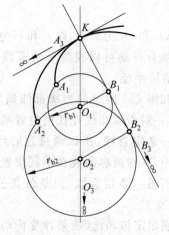

图 4.6　渐开线形状与基圆大小的关系

2. 渐开线方程

根据渐开线的性质,可导出以极坐标形式表示的渐开线方程式。如图 4.5 所示,点 A

为渐开线在基圆上的起始点,点 K 为渐开线上任意点,它的向径用 r_k 表示,展角用 θ_k 表示。若用此渐开线作齿轮的齿廓,则当齿轮绕 O 点转动时,齿廓上点 K 速度方向应垂直于直线 OK,我们把法线 BK 与点 K 速度方向线(沿 Kv 方向)之间所夹的锐角称为渐开线齿廓在该点的压力角,以 α_k 表示,其大小等于 $\angle KOB$,即 $\alpha_k = \angle KOB$。由 $\triangle OBK$ 可知

$$r_k = \frac{r_b}{\cos\alpha_k}$$

又

$$\tan\alpha_k = \frac{\overline{KB}}{\overline{OB}} = \frac{\widehat{AB}}{r_b} = \frac{r_b(\alpha_k + \theta_k)}{r_b} = \alpha_k + \theta_k$$

即

$$\theta_k = \tan\alpha_k - \alpha_k$$

上式表明展角 θ_k 随压力角 α_k 的变化而变化,所以 θ_k 又称为压力角 α_k 的渐开线函数,工程上用 $\mathrm{inv}\alpha_k$ 表示 θ_k。

综上所述,渐开线的极坐标方程式为

$$\left. \begin{array}{l} r_k = \dfrac{r_b}{\cos\alpha_k} \\[2mm] \theta_k = \mathrm{inv}\alpha_k = \tan\alpha_k - \alpha_k \end{array} \right\} \tag{4.4}$$

为了使用方便,在工程中已把不同压力角 α_k 的渐开线函数值计算出来制成了渐开线函数表,以备查用。渐开线函数表可查阅有关设计手册。

4.2.3　渐开线齿廓的啮合特性

1. 啮合线为一条定直线

图 4.7(a)中实线所示为一对渐开线齿廓在任意位置啮合,啮合接触点为点 K 的情况。过 K 作这对齿廓的公法线 N_1N_2,根据渐开线性质可知,此公法线 N_1N_2 必同时与两齿廓的基圆相切,即 N_1N_2 为两基圆的一条内公切线。由于两齿廓的基圆是定圆,在其同一方向上的内公切线只有一条。因此,不论两齿廓在什么位置啮合接触,它们的啮合点一定在这条内公切线上(如图中 K' 点)。这条内公切线就是啮合点 K 走过的轨迹,称为啮合线,亦即一对渐开线齿廓的啮合线为一条定直线。

由于啮合线与两齿廓啮合接触点的公法线重合,且为一条定直线,所以在渐开线齿轮传动过程中,齿廓间的正压力方向始终不变,这对于齿轮传动的平稳性极为有利。

2. 能实现定传动比传动

如上所述,无论两齿廓在任何位置啮合,啮合接触点的公法线是一条定直线,所以其与连心线 O_1O_2 的交点 C 必为一定点,这就说明了渐开线齿廓能实现定传动比传动。

又由图 4.7(a)可知,$\triangle O_1CN_1 \backsim \triangle O_2CN_2$,因此传动比可写成

$$i_{12} = \frac{\omega_1}{\omega_2} = \frac{\overline{O_2C}}{\overline{O_1C}} = \frac{r_2'}{r_1'} = \frac{r_{b2}}{r_{b1}} \tag{4.5}$$

上式表明两渐开线齿廓啮合时,其传动比 i_{12} 不仅与两轮的节圆半径成反比,也与两轮基圆半径成反比。

3. 中心距变化不影响传动比

由式(4.5)可知,传动比取决于两基圆半径的反比。当齿轮加工好以后,两基圆的大小

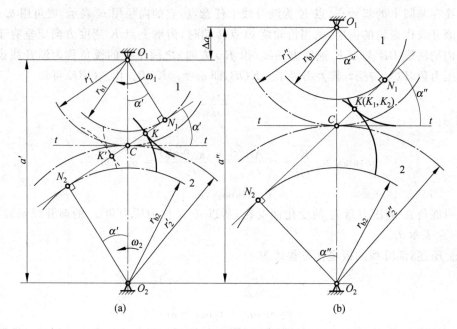

图 4.7 一对渐开线齿廓的啮合

就不变了,即使中心距由原来的 a' 变化 Δa 而成为 a''(如图 4.7(b)所示),节圆半径变为 r_1'' 和 r_2'',但由于基圆半径仍为原来的 r_{b1} 和 r_{b2},因此传动比仍为

$$i_{12} = \frac{\omega_1}{\omega_2} = \frac{r_{b2}}{r_{b1}}$$

这说明即使中心距有所变化,只要一对渐开线齿廓仍能啮合传动,就仍能保持原来的传动比不变,渐开线齿廓的这一特性称为中心距可分性。这一特性对渐开线齿轮的加工、安装和使用都十分有利,这也是渐开线齿廓被广泛采用的主要原因之一。

4. 啮合角恒等于节圆压力角

在图 4.7 中,啮合线 N_1N_2 与两节圆公切线 tt 之间所夹的锐角 α',称为啮合角,它的大小标志着啮合线的倾斜程度。由于两个节圆在节点 C 相切,所以当一对渐开线齿廓在节点 C 处啮合时,啮合点 K 与节点 C 重合,这时的压力角称为节圆压力角。可以分别用 $\angle N_1O_1C$ 和 $\angle N_2O_2C$ 来度量。从图中可知 $\angle N_1O_1C = \angle N_2O_2C = \alpha'$,因此可得出如下结论:一对相啮合的渐开线齿廓的啮合角,其大小恒等于两齿廓的节圆压力角。

5. 中心距与啮合角余弦的乘积恒等于两基圆半径之和

由图 4.7(a)可知,中心距

$$a' = r_1' + r_2' = \frac{r_{b1} + r_{b2}}{\cos\alpha'}$$

即

$$a'\cos\alpha' = r_{b1} + r_{b2}$$

由图 4.7(b)可知,中心距改变后,啮合角由原来的 α' 改变为 α'',中心距

$$a'' = r_1'' + r_2'' = \frac{r_{b1} + r_{b2}}{\cos\alpha''}$$

即

$$a''\cos\alpha'' = r_{b1} + r_{b2}$$

故可得中心距和啮合角关系式为

$$a'\cos\alpha' = a''\cos\alpha'' \tag{4.6}$$

上式说明中心距与相应的啮合角余弦的乘积是常数,恒等于两基圆半径之和。

4.3　渐开线标准直齿圆柱齿轮

4.3.1　外齿轮

1. 齿轮各部分的名称

图 4.8 为一外齿轮的一部分,齿轮上每个凸起部分称为齿,齿轮的齿数用 z 表示。

（1）分度圆　是设计齿轮的基准圆,其半径用 r 表示,直径用 d 表示。

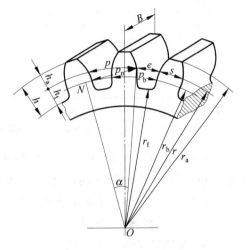

（2）齿顶圆　过所有轮齿顶端的圆称为齿顶圆,其半径用 r_a 表示,直径用 d_a 表示。分度圆与齿顶圆之间的径向距离称为齿顶高,用 h_a 表示。

（3）齿根圆　过所有齿槽底部的圆称为齿根圆,其半径用 r_f 表示,直径用 d_f 表示。分度圆与齿根圆之间的径向距离称为齿根高,用 h_f 表示。

（4）全齿高　齿顶圆与齿根圆之间的径向距离称为全齿高,用 h 表示,$h = h_a + h_f$。

（5）基圆　产生渐开线的圆称为基圆,其半径用 r_b 表示,直径用 d_b 表示。

图 4.8　外齿轮

（6）齿厚　每个轮齿上的圆周弧长称为齿厚。在半径为 r_k 的圆周上度量的弧长称为该半径上的齿厚,用 s_k 表示。在分度圆上度量的弧长称为分度圆齿厚,用 s 表示。

（7）槽宽　两个轮齿间齿槽上的圆周弧长称为槽宽。在半径为 r_k 的圆周上度量的弧长称为该半径上的槽宽,用 e_k 表示。在分度圆上度量的弧长称为分度圆槽宽,用 e 表示。

（8）齿距　相邻两个轮齿同侧齿廓之间的圆周弧长称为齿距。在半径为 r_k 的圆周上度量的弧长称为该半径的齿距,用 p_k 表示,显然 $p_k = s_k + e_k$。在分度圆上度量的弧长称为分度圆齿距,用 p 表示,$p = s + e$。在基圆上度量的弧长称为基圆齿距,用 p_b 表示,$p_b = s_b + e_b$,s_b 和 e_b 是基圆上的齿厚与槽宽。

（9）法向齿距　相邻两个轮齿同侧齿廓之间在法线方向上的距离称为法向齿距,用 p_n 表示。由渐开线性质可知,$p_n = p_b$。

2. 基本参数

渐开线标准直齿圆柱齿轮有 5 个基本参数:齿数、模数、压力角、齿顶高系数和顶隙系数。

（1）齿数 z　齿轮上的轮齿总数。

（2）分度圆模数 m 　分度圆周长＝$\pi d = zp$，于是可得

$$d = \frac{zp}{\pi}$$

由于 π 是无理数，分度圆直径也可能为无理数，用一个无理数的尺寸作为设计基准，对设计是很不利的。为了方便设计、加工和检验，人为地把分度圆齿距与 π 的比值用 m 表示，并取其为一有理数列，即

$$\frac{p}{\pi} = m$$

于是，分度圆直径 $d = mz$，分度圆齿距 $p = \pi m$。其中，m 称为分度圆模数，简称为模数，单位是 mm。我国已制定了国家标准，见表 4.2。

表 4.2　标准模数（GB/T 1357—1987）　　　　mm

第一系列	0.1	0.12	0.15	0.2	0.25	0.3	0.4	0.5	0.6	0.8	1
	1.25	1.5	2	2.5	3	4	5	6	8	10	12
	16	20	25	32	40	50					
第二系列	0.35	0.7	0.9	1.75	2.25	2.75	(3.25)	3.5	(3.75)	4.5	5.5
	(6.5)	7	9	(11)	14	18	22	28	(30)	36	45

　　说明：（1）本表适用于渐开线圆柱齿轮。对斜齿轮是指法面模数。

　　　　　（2）选用模数时，应优先选用第一系列，其次是第二系列，括号内的模数尽可能不用。

　　（3）分度圆压力角 α 　图 4.8 中过分度圆与渐开线交点作基圆切线得切点 N，该交点与中心 O 的连线与 NO 线之间的夹角用 α 表示，其大小等于渐开线在分度圆周上压力角的大小。我国规定分度圆压力角标准值一般为 $20°$。在某些装置中，也有用分度圆压力角为 $14.5°, 15°, 22.5°$ 和 $25°$ 等的齿轮。

　　至此，可以给分度圆下一个完整的定义：分度圆就是齿轮中具有标准模数和标准压力角的圆。

　　（4）齿顶高系数 h_a^* 　齿顶高 h_a 用齿顶高系数 h_a^* 与模数的乘积表示，$h_a = h_a^* m$。

　　（5）顶隙系数 c^* 　齿根高 h_f 用齿顶高系数 h_a^* 与顶隙系数 c^* 之和乘以模数表示，$h_f = (h_a^* + c^*)m$。

我国规定了齿顶高系数与顶隙系数的标准值：

正常齿制　　当 $m \geqslant 1$mm 时，　　$h_a^* = 1$，　　$c^* = 0.25$

　　　　　　当 $m < 1$mm 时，　　$h_a^* = 1$，　　$c^* = 0.35$

短齿制　　　　　　　　　　　$h_a^* = 0.8$，　$c^* = 0.3$

3. 渐开线标准直齿轮的几何尺寸和基本参数的关系

渐开线标准直齿轮除了基本参数是标准值外，还有两个特征：

（1）分度圆齿厚与槽宽相等，即

$$s = e = \frac{p}{2} = \frac{\pi m}{2}$$

（2）具有标准的齿顶高和齿根高，即

$$h_a = h_a^* m, \quad h_f = (h_a^* + c^*)m$$

不具备上述特征的齿轮称为非标准齿轮。

渐开线标准直齿轮的几何尺寸计算公式见表 4.3。

表 4.3　渐开线标准直齿圆柱齿轮几何尺寸计算公式

基　本　参　数		z,α,m,h_a^*,c^*
名　　称	符　号	公　式
分度圆直径	d	$d_i=mz_i,i=1,2,$ 下同
齿顶高	h_a	$h_a=h_a^*m$
齿根高	h_f	$h_f=(h_a^*+c^*)m$
全齿高	h	$h=h_a+h_f=(2h_a^*+c^*)m$
齿顶圆直径	d_a	$d_{ai}=d_i\pm 2h_a=(z_i\pm 2h_a^*)m$
齿根圆直径	d_f	$d_{fi}=d_i\mp 2h_f=(z_i\mp 2h_a^*\mp 2c^*)m$
基圆直径	d_b	$d_{bi}=d_i\cos\alpha=mz_i\cos\alpha$
齿距	p	$p=\pi m$
齿厚	s	$s=\pi m/2$
槽宽	e	$e=\pi m/2$
中心距	a	$a=\dfrac{1}{2}(d_2\pm d_1)=\dfrac{m}{2}(z_2\pm z_1)$①
顶隙	c	$c=c^*m$
基圆齿距	p_b	$p_n=p_b=\pi m\cos\alpha$②
法向齿距	p_n	

说明：① 上面符号用于外齿轮；下面符号用于内齿轮。

　　　中心距计算公式中上面符号用于外啮合齿轮传动；下面符号用于内啮合齿轮传动。

　　② 因为 $zp_b=\pi d_b=\pi mz\cos\alpha$，所以 $p_b=\pi m\cos\alpha$。

由标准齿轮的几何尺寸计算可知，对于齿数 z、齿顶高系数 h_a^*、顶隙系数 c^* 和分度圆压力角 α 均相同的齿轮，模数不同，其几何尺寸也不同。模数就相当于一个齿轮的"长度比例参数"，模数越大，齿轮的尺寸就越大，如图 4.9 所示。

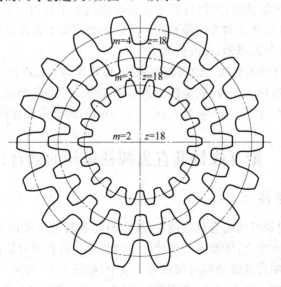

图 4.9　齿轮尺寸与模数的关系

4.3.2　内齿轮

图 4.10 为一直齿内齿轮的一部分,它与外齿轮的不同点是:

(1) 内齿轮的齿顶圆小于分度圆,齿根圆大于分度圆。

(2) 内齿轮的齿廓是内凹的,其齿厚和槽宽分别对应于外齿轮的槽宽与齿厚。

除此之外,为了使一个外齿轮与一个内齿轮组成的内啮合齿轮传动能正确啮合,内齿轮的齿顶圆必须大于基圆。

4.3.3　齿条

图 4.11 所示为一标准齿条。当标准外齿轮的齿数增加到无穷多时,齿轮上的基圆和其他圆都变成了互相平行的直线,同侧渐开线齿廓也变成了互相平行的斜直线齿廓,这样就成了齿条。齿条与齿轮相比主要有以下两个特点:

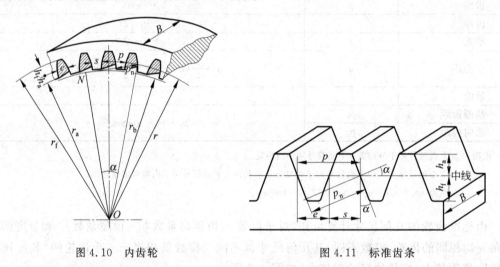

图 4.10　内齿轮　　　　图 4.11　标准齿条

(1) 由于齿条齿廓是直线,所以齿廓上各点的法线是平行的。又由于齿条在传动时作平动,齿廓上各点速度的大小和方向都相同。所以齿条齿廓上各点的压力角都相同,且等于齿廓的倾斜角,此角称为齿形角,标准值为 20°。

(2) 与齿顶线平行的各直线上的齿距都相同,模数为同一标准值,其中齿厚与槽宽相等且与齿顶线平行的直线称为中线,它是确定齿条各部分尺寸的基准线。

标准齿条的齿廓尺寸 $h_a = h_a^* m$,$h_f = (h_a^* + c^*)m$,与标准齿轮相同。

4.4　渐开线标准直齿圆柱齿轮的啮合传动

4.4.1　正确啮合条件

齿轮传动时,一对轮齿的啮合只能使主、从动齿轮各转过有限的角位移,而依靠若干对轮齿一对接一对地依次啮合,才能实现齿轮的连续传动。若有两对轮齿同时参加啮合,则两对齿工作一侧齿廓的啮合点必须同时都在啮合线上,如图 4.12 所示。为了保证前后两对轮齿传动时能够同时在啮合线上接触,既不发生分离,也不出现干涉,轮 1 和轮 2 相邻两齿同

侧齿廓沿法线的距离应相等,也就是说要保证两齿轮正确啮合,两齿轮在啮合线上的法向齿距必须相等,即

$$p_{n1} = p_{n2} \tag{4.7}$$

式(4.7)就是一对相啮合齿轮的轮齿分布要满足的几何条件,称为齿轮传动的正确啮合条件。

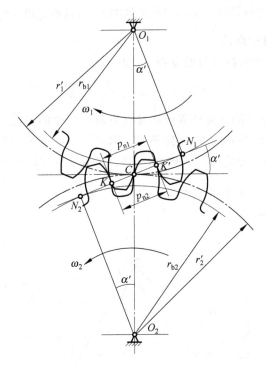

图 4.12 齿轮传动的正确啮合条件

由渐开线的性质可知,齿轮法向齿距等于基圆齿距,故上式可写成 $p_{b1} = p_{b2}$。由于 $p_b = \pi m \cos\alpha$,则有

$$m_1 \cos\alpha_1 = m_2 \cos\alpha_2$$

式中,m_1,m_2,α_1 和 α_2 分别为两轮的模数和压力角。由于齿轮的模数和压力角都已标准化,故要使上式成立,可以用

$$\left. \begin{array}{l} m_1 = m_2 = m \\ \alpha_1 = \alpha_2 = \alpha \end{array} \right\} \tag{4.8}$$

来保证两轮法向齿距相等。所以两齿轮正确啮合的条件可表述为:两齿轮的模数和压力角分别相等。

4.4.2 无齿侧间隙啮合条件

1. 无齿侧间隙啮合

由于一对齿轮传动时,相当于两个节圆作无滑动的纯滚动,因此,两齿轮的节圆齿距应相等。为了使齿轮在正转和反转两个方向的传动中避免撞击,要求相啮合的轮齿齿侧没有间隙。为了保证无齿侧间隙啮合,一齿轮的节圆齿厚 s_1' 必须等于另一齿轮的节圆齿槽宽 e_2',

即

$$s_1' = e_2' \quad \text{或} \quad s_2' = e_1' \tag{4.9}$$

这就是一对齿轮无齿侧间隙啮合的几何条件。在工程实际中,考虑到齿轮加工和安装时均有误差,以及齿面滑动摩擦会导致热膨胀等因素,实际应用的齿轮传动应具有适当的侧隙,但此侧隙是通过规定齿厚、中心距等的公差来实现的。因此在进行齿轮机构的运动设计时,仍应按无齿侧间隙的情况来进行设计。实际存在的侧隙大小,是衡量齿轮传动质量的指标之一。

2. 标准齿轮的标准安装

由于标准齿轮的分度圆齿厚与槽宽相等,即

$$s_1 = e_1 = s_2 = e_2 = \frac{\pi m}{2}$$

因此,当满足正确啮合条件的一对外啮合标准直齿圆柱齿轮的分度圆相切即分度圆充当节圆时,正好满足无齿侧间隙啮合的几何条件。如图4.13所示,此时两轮基圆内公切线 $N_1 N_2$ 通过切点即节点 C,分度圆与节圆重合,啮合角等于分度圆压力角。两轮的中心距为

$$a = r_1' + r_2' = r_1 + r_2 = \frac{m}{2}(z_1 + z_2) \tag{4.10}$$

该中心距称为标准中心距。

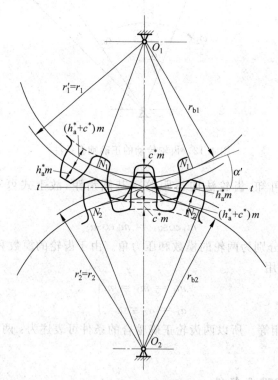

图 4.13　标准齿轮的标准安装

对于标准齿轮,其齿顶圆半径和齿根圆半径分别为

$$\begin{aligned} r_{ai} &= r_i + h_a^* m \\ r_{fi} &= r_i - (h_a^* + c^*)m \end{aligned} \qquad (i = 1,2)$$

因此，一对外啮合齿轮的标准中心距还可表示为

$$a = r_{a1} + r_{f2} + c^* m = r_{a2} + r_{f1} + c^* m$$

上式说明在一轮齿顶与另一轮齿根之间有径向间隙 $c = c^* m$，$c^* m$ 称为标准顶隙，它是为储存润滑油以润滑齿廓表面而设置的。

上述这种标准齿轮的安装情况称为标准安装。

当一对标准齿轮的实际中心距大于标准中心距即 $a' > a$ 时，称为非标准安装，此时节圆与分度圆分离，$a' > a$，顶隙大于 $c^* m$，齿侧产生了间隙。

3. 标准齿轮与齿条的标准安装

当标准齿轮与齿条作无齿侧间隙啮合传动时，由于标准齿轮分度圆上的齿厚等于槽宽，齿条中线上的齿厚也等于槽宽，且均等于 $\frac{\pi m}{2}$，所以根据无齿侧间隙啮合条件，齿轮分度圆与齿条中线必然相切，如图 4.14 中实线所示。此时，齿轮分度圆与节圆重合，齿条中线与节线重合，啮合角 α' 等于分度圆压力角 α。这种情况称为标准安装。

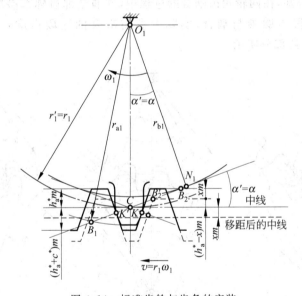

图 4.14　标准齿轮与齿条的安装

如果把齿条由图 4.14 所示实线位置径向移动一段距离，至图中虚线位置，此距离用模数的 x 倍表示，即移距 xm，这时齿轮和齿条将只有一侧接触，另一侧出现间隙。由于齿条齿廓各点压力角均为 α，啮合线没有变，节点 C 也没有变，所以 $O_1 C = r$，$\alpha' = \alpha$，齿轮分度圆仍然与节圆重合，但齿条中线与节线不再重合，而平移了 xm 距离。这种安装称为非标准安装。

综上所述，当齿轮与齿条啮合传动时，无论是标准安装（无齿侧间隙）还是非标准安装（有齿侧间隙）都具有下述两个特点：

(1) 齿轮分度圆永远与节圆重合，即 $r_1' = r_1$。

(2) 啮合角 α' 永远等于分度圆压力角，即 $\alpha' = \alpha$。

这两个重要特点在齿轮加工中具有重要意义。

4.4.3　连续传动条件

1. 轮齿啮合过程

图 4.15 所示为一对轮齿的啮合过程。主动轮 1 顺时针方向转动,推动从动轮 2 逆时针方向转动,从动轮齿顶圆与啮合线 N_1N_2 的交点 B_2 是一对轮齿啮合的起始点,这时主动轮的齿根与从动轮的齿顶接触,如图 4.15(a)所示,随着啮合传动的进行,两齿廓的啮合点将沿着啮合线向左下方移动,到达节点 C,如图 4.15(b)所示,一直到主动轮 1 的齿顶圆与啮合线 N_1N_2 的交点 B_1 时,两轮齿即将脱离接触,故点 B_1 为两轮齿的啮合终止点,如图 4.15(c)所示。

从一对轮齿的啮合过程来看,啮合点实际走过的轨迹只是啮合线上的一段,即 $\overline{B_2B_1}$,所以把 $\overline{B_2B_1}$ 称为实际啮合线。当两轮齿顶圆加大时,点 B_2 和 B_1 将分别趋近于点 N_1 和 N_2,实际啮合线将加长,但因基圆内无渐开线,所以实际啮合线不会超过 N_1N_2,即 N_1N_2 是理论上可能的最长啮合线,称为理论啮合线。

由上面的分析可知,在两轮轮齿啮合的过程中,并非全部齿廓都参加工作,而只是限于从齿顶到齿根的一段齿廓参与啮合,实际上参与啮合的这段齿廓称为齿廓工作段,如图 4.15(c)中的阴影线部分所示。

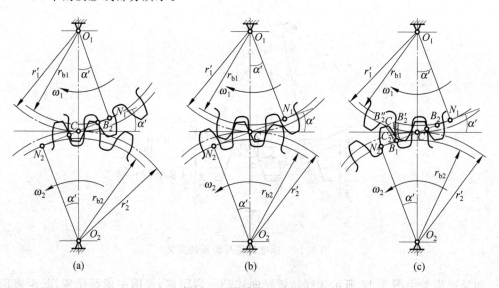

图 4.15　轮齿的啮合过程

2. 连续传动条件

为了使一对渐开线齿轮连续不间断地传动,要求前一对轮齿终止啮合前,后续的一对轮齿必须进入啮合。如图 4.16(a)所示,一对渐开线齿轮的法向齿距相等,但 $\overline{B_2B_1} < p_n$,当前一对轮齿在点 B_1 脱离啮合时,后一对轮齿尚未进入啮合,结果将使传动瞬时中断,从而引起冲击,影响传动的平稳性。

在图 4.16(b)中,一对齿轮的实际啮合线正好等于其法向齿距,$\overline{B_2B_1} = p_n$,当前一对轮齿在点 B_1 即将脱离啮合时,后一对轮齿正好在点 B_2 进入啮合,表明传动刚好连续,在传动过程中,始终有一对轮齿啮合。

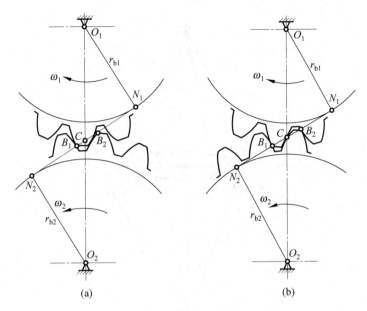

图 4.16　齿轮连续传动条件

由图 4.16(b)可以看出,为达到连续传动的目的,实际啮合线段$\overline{B_2B_1}$应大于或至少等于齿轮的法向齿距 p_n。一对渐开线齿轮的实际啮合线长度$\overline{B_2B_1}$与轮齿的法向齿距 p_n 之比 ε_a 称为齿轮传动的重合度。所以齿轮连续传动的条件为

$$\varepsilon_a = \frac{\overline{B_2B_1}}{p_n} \geqslant 1 \tag{4.11}$$

从理论上讲,重合度 $\varepsilon_a = 1$ 就能保证齿轮的连续传动,但考虑到制造和安装的误差,为了确保齿轮传动的连续,应该使计算所得的重合度 $\varepsilon_a > 1$。在实际应用中,ε_a 应大于或至少等于许用值$[\varepsilon_a]$,即

$$\varepsilon_a \geqslant [\varepsilon_a]$$

推荐的 ε_a 许用值见表4.4。

表 4.4　$[\varepsilon_a]$的推荐值

齿轮精度	$[\varepsilon_a]$的推荐值	制造业	$[\varepsilon_a]$的推荐值
Ⅰ级精度齿轮	1.05	汽车拖拉机制造业	1.1~1.2
Ⅱ级精度齿轮	1.08	机床制造业	1.3
Ⅲ级精度齿轮	1.15	纺织机器制造业	1.3~1.4
Ⅳ级精度齿轮	1.35	一般机器制造业	1.4

3. 重合度计算

由图 4.17 可知,

$$\overline{B_2B_1} = \overline{B_1C} + \overline{CB_2}$$

$$\overline{B_1C} = r_{b1}(\tan\alpha_{a1} - \tan\alpha')$$

$$\overline{CB_2} = r_{b2}(\tan\alpha_{a2} - \tan\alpha')$$

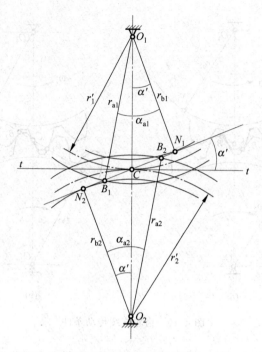

图 4.17　重合度的计算

式中,α' 为啮合角,α_{a1} 和 α_{a2} 分别为齿轮 1 和齿轮 2 的齿顶圆压力角。

将 $\overline{B_2B_1}$ 的表达式和 $p_n = \pi m\cos\alpha$ 代入式(4.11),可得外啮合齿轮传动的重合度计算公式:

$$\varepsilon_\alpha = \frac{\overline{B_2B_1}}{p_n} = \frac{1}{2\pi}\left[z_1(\tan\alpha_{a1} - \tan\alpha') + z_2(\tan\alpha_{a2} - \tan\alpha')\right] \tag{4.12}$$

对于内啮合齿轮传动,用类似的方法可导出其重合度计算公式:

$$\varepsilon_\alpha = \frac{\overline{B_2B_1}}{p_n} = \frac{1}{2\pi}\left[z_1(\tan\alpha_{a1} - \tan\alpha') + z_2(\tan\alpha' - \tan\alpha_{a2})\right] \tag{4.13}$$

当齿轮齿条啮合传动时,由图 4.14 中的实线位置可知 $\overline{CB_2} = h_a^* m/\sin\alpha$,由此可得

$$\varepsilon_\alpha = \frac{\overline{B_2B_1}}{p_n} = \frac{z_1}{2\pi}(\tan\alpha_{a1} - \tan\alpha') + \frac{2h_a^*}{\pi\sin2\alpha} \tag{4.14}$$

由式(4.12)~式(4.14)可以看出,ε_α 与模数无关,随着齿数的增多而加大。如果假想将两轮的齿数增加而趋于无穷大,则 ε_α 将趋于理论极限值 $\varepsilon_{\alpha\,\max}$。由于此时

$$\overline{B_1C} = \overline{CB_2} = \frac{h_a^* m}{\sin\alpha}$$

所以,

$$\varepsilon_{\alpha\,\max} = \frac{4h_a^*}{\pi\,\sin2\alpha} \tag{4.15}$$

当 $\alpha = 20°$ 及 $h_a^* = 1$ 时,$\varepsilon_{\alpha\,\max} = 1.981$。

可见正常齿制的标准直齿圆柱齿轮的重合度极限值为 1.981,即最多有两对齿同时啮合。事实上,由于两轮均变为齿条,将吻合成一体而无啮合运动,所以这个理论极限值是不可能达到的。

一对齿轮啮合传动时,其重合度的大小表明了同时参与啮合的轮齿对数的多少。如图 4.18 所示,$\varepsilon_a = 1.47$,表示有时是一对轮齿啮合,有时是两对轮齿啮合。由图可知,在实际啮合线 $\overline{B_2D}$ 和 $\overline{EB_1}$ 这两段长度上,有两对轮齿同时参与啮合,而在 $\overline{DE}$ 这一段长度上只有一对轮齿参与啮合。我们把 $\overline{DE}$ 段称为一对齿啮合区,而把 $\overline{B_2D}$ 段和 $\overline{EB_1}$ 段称为两对齿啮合区。齿轮传动的重合度愈大,表明双齿啮合区越长,传动愈平稳,每对轮齿所承受的载荷愈小,因此,重合度是衡量齿轮传动性能的重要指标之一。

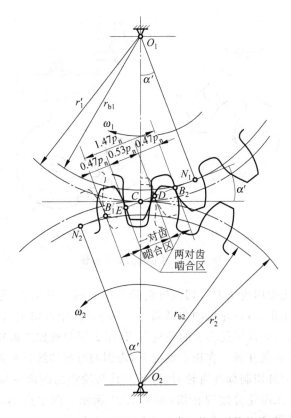

图 4.18　重合度和同时参与啮合的轮齿对数的关系

4.4.4　齿廓滑动与磨损

一对渐开线齿廓在啮合传动时,只有在节点 C 处具有相同的速度,而在啮合线的其他位置啮合时,两齿廓上啮合点的速度是不同的,因而齿廓间必存在相对滑动。在干摩擦和润滑不良的情况下,相对滑动会引起齿面磨损。越靠近齿根部分,齿廓相对滑动越严重,尤其是小齿轮更为严重。为减轻磨损和齿面接触应力,在齿轮传动设计时,应设法使实际啮合线 B_2B_1 尽可能远离极限啮合点 N_1。

4.5　渐开线齿轮的范成加工及渐开线齿廓的根切

4.5.1　范成法加工齿轮的基本原理

齿轮加工的方法很多,其中范成法是应用最广泛的齿轮加工方法。范成法(又称共轭法或包络法)是指利用一对齿轮作无侧隙啮合传动时,两轮的齿廓互为包络线的原理来加工齿轮,其中一个齿轮(或齿条)作为刀具,另一个"齿轮"为被加工的齿轮坯,如图 4.19 所示。范成法加工齿轮的刀具有齿轮插刀、齿条插刀和齿轮滚刀,它们的切齿原理基本相同。刀具相对于被切齿轮坯作确定的相对运动,刀具齿廓在齿轮坯上切制出被加工齿轮轮齿的齿廓。

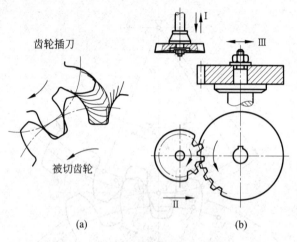

图 4.19　用范成法加工齿轮

本节仅介绍范成法中用齿条刀具切制齿轮的工作原理。图 4.20 为一标准齿条型刀具的齿廓。与标准齿条相比,刀具轮齿的顶部高出 $c^* m$ 一段,用以切制出被加工齿轮的顶隙。这一部分齿廓不是直线,而是半径为 ρ 的圆角刀刃,用于切制被加工齿轮靠近齿根圆的过渡曲线,这段过渡曲线不是渐开线。在正常情况下,齿廓的过渡曲线是不参与啮合的。

采用标准齿条型刀具切制标准齿轮时,齿条刀具与轮坯的距离应该符合标准安装的规定,即刀具中线与被加工齿轮分度圆相切,如图 4.21 所示。图中点 N_1 是轮坯基圆与啮合线的切点,称为啮合极限点。

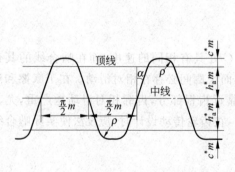

图 4.20　标准齿条型刀具的齿廓

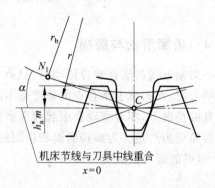

图 4.21　用标准齿条型刀具切制标准齿轮

　　图 4.22 所示为用齿条插刀切削齿轮的情况。齿条插刀与轮坯的范成运动相当于齿轮齿条的啮合运动，齿条的移动速度为

$$v_c = r\omega = \frac{mz}{2}\omega$$

上式即为用齿条型刀具加工齿轮的运动条件。由该式可知，只有当刀具的移动速度与轮坯的转动角速度满足上述关系时，才能加工出所需齿数的齿轮，即被加工齿轮的齿数 z 取决于 v_c 与 ω 的比值。

4.5.2　渐开线齿廓的根切现象

　　采用范成法加工渐开线齿轮时，有时刀具的顶部会过多地切入轮齿根部，从而将齿根部分已经切制好的渐开线齿廓切去一部分，这种现象称为渐开线齿廓的根切现象，如图 4.23 所示。产生根切的齿轮，直接导致轮齿的抗弯强度下降；也使实际啮合线缩短，从而使得重合度降低，影响传动的平稳性。因此，在设计齿轮传动时应尽量避免产生根切现象。

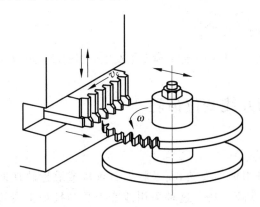

图 4.22　用齿条插刀切制齿轮

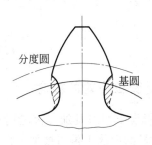

图 4.23　齿廓的根切现象

　　在图 4.24 中，被加工齿轮分度圆与刀具中线作无滑动的纯滚动，$v_{刀} = r\omega$。由一对轮齿的啮合过程可知，刀具刀刃将从啮合线与被切齿轮齿顶圆的交点 B_1 处开始切削被切齿轮的渐开线齿廓，切制到啮合线与刀具齿顶线的交点 $B_{刀}$ 处结束。若点 $B_{刀}$ 在点 N_1 的下方，则当刀具的刀刃从点 B_1 移至点 $B_{刀}$ 时，被切齿轮的渐开线齿廓部分已被全部切出。若点 $B_{刀}$ 与点 N_1 重合，则被加工齿轮基圆以外的齿廓将全部为渐开线。若刀具齿顶线（即点

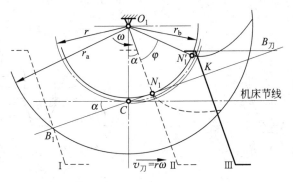

图 4.24　根切产生示意图

$B_刀$)在极限啮合点 N_1 的上方,则刀具将会把被加工齿轮的齿根部分已经切制好的渐开线齿廓切去一部分,从而产生根切。可以证明,只要齿条刀具齿顶线超过被加工齿轮的基圆与啮合线的切点 N_1,即只要 $\overline{CB_刀} > \overline{CN_1}$,就会发生根切现象。

4.5.3　用标准齿条型刀具切制标准齿轮不发生根切的最少齿数

加工标准齿轮时,齿条刀具中线与齿轮分度圆相切,$B_刀$ 点位置已经确定。齿轮齿数越少,分度圆和基圆越小,N_1 点下移。当 N_1 点与 $B_刀$ 点重合(即 $\overline{CB_刀} = \overline{CN_1}$)时,正好不发生根切,此时的齿数称为标准齿轮不发生根切的最少齿数,用 z_{min} 表示。由图 4.24 可得

$$\overline{CB_刀} = \frac{h_a^* m}{\sin\alpha}$$

$$\overline{CN_1} = r\sin\alpha = \frac{mz}{2}\sin\alpha$$

将上述两式代入 $\overline{CB_刀} = \overline{CN_1}$,可得

$$z_{min} = \frac{2h_a^*}{\sin^2\alpha} \tag{4.16}$$

当 $h_a^* = 1$,$\alpha = 20°$时,$z_{min} = 17$。这说明用齿条型刀具加工标准齿轮不发生根切的最少齿数为 17。

4.6　渐开线变位齿轮

4.6.1　变位齿轮的概念

在用齿条型刀具加工齿轮时,若不采用标准安装,而是将刀具远离或靠近轮坯回转中心,则刀具的中线不再与被加工齿轮的分度圆相切。这种采用改变刀具与被加工齿轮相对位置来加工齿轮的方法称为变位修正法。采用这种方法加工的齿轮称为变位齿轮。刀具移动的距离 xm 称为变位量,x 称为变位系数。

若将刀具中线由与被加工齿轮分度圆相切位置远离轮坯中心移动一段径向距离 xm,则称正变位,加工出来的齿轮称为正变位齿轮,$xm > 0$,$x > 0$,如图 4.25 所示。若将刀具中线靠近轮坯中心移动一段径向距离 xm,则称负变位,加工出来的齿轮称为负变位齿轮,$xm < 0$,$x < 0$,如图 4.26 所示。

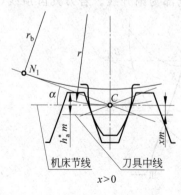

图 4.25　加工正变位齿轮

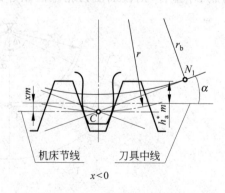

图 4.26　加工负变位齿轮

对于齿数少于 $z_{\min}$ 的齿轮，为了避免根切，可以采用正变位，使刀具齿顶线不超过 N_1 点。刀具最小变位量应使刀具齿顶线通过 N_1 点，如图 4.27 所示。此时的变位系数称为最小变位系数，用 $x_{\min}$ 表示。当变位系数为 x 时，$\overline{CB_{刀}}$ 可表达为

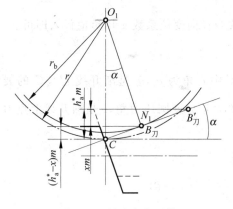

图 4.27　最小变位系数

$$\overline{CB_{刀}} = \frac{(h_a^* - x)m}{\sin\alpha}$$

根据不发生根切的几何条件 $\overline{CB_{刀}} \leqslant \overline{CN_1}$，可得

$$x \geqslant h_a^* - \frac{z}{2}\sin^2\alpha \qquad (4.17)$$

则不发生根切的最小变位系数为

$$x_{\min} = h_a^* - \frac{z}{2}\sin^2\alpha \qquad (4.18)$$

当 $h_a^* = 1, \alpha = 20°$ 时，

$$x_{\min} = \frac{17 - z}{17} \qquad (4.19)$$

由上式可知，对于 $\alpha = 20°, h_a^* = 1$ 的正常齿齿轮，当其齿数 $z < 17$ 时，$x_{\min}$ 为正值，这说明为了避免根切，要采用正变位，其变位系数 $x \geqslant x_{\min}$；当其齿数 $z > 17$ 时，$x_{\min}$ 为负值，这说明该齿轮在 $x \geqslant x_{\min}$ 的条件下采用负变位也不会根切。

由标准加工和变位加工出来的齿数相同的齿轮，虽然其齿顶高、齿根高、齿厚和槽宽各不相同，但是其模数、压力角、分度圆、齿距和基圆均相同。它们的齿廓曲线是由相同基圆展出的渐开线，只不过截取的部位不同，如图 4.28 所示。与标准齿轮相比：

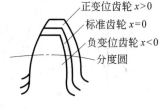

图 4.28　标准齿轮与变位齿轮齿廓的关系

（1）正变位齿轮的齿根厚度增大，轮齿的抗弯能力增强。但正变位齿轮的齿顶厚度减少，因此，变位量不宜过大，以免造成齿顶变尖。

（2）负变位齿轮的齿根厚度减小，轮齿的抗弯能力降低。

4.6.2　变位齿轮几何尺寸的变化

1. 分度圆齿厚和槽宽

图 4.29 所示为标准齿条型刀具加工正变位齿轮的情况，刀具中线远离轮坯中心移动了 xm 的距离，即径向变位量 $xm > 0$。从图中可以看出，刀具节线上的齿厚较刀具中线上的齿厚减小了 $2\overline{KJ}$。由于用范成法加工齿轮的过程相当于齿轮齿条作无齿侧间隙啮合传动，轮坯分度圆与刀具节线作纯滚动，所以被加工齿轮分度圆上的槽宽 e 应等于刀具节线上的齿厚 $s'_{刀}$。即被加工齿轮分度圆上的槽宽也减少了 $2\overline{KJ}$，即 $e = \frac{\pi m}{2} - 2\overline{KJ}$。由 $\triangle IKJ$ 可知，$\overline{KJ} = xm\tan\alpha$。因此，正变位齿轮分度圆上的槽宽为

$$e = \frac{\pi m}{2} - 2\overline{KJ} = \left(\frac{\pi}{2} - 2x\tan\alpha\right)m \qquad (4.20)$$

而分度圆齿厚为

$$s = \frac{\pi m}{2} + 2\overline{KJ} = \left(\frac{\pi}{2} + 2x\tan\alpha\right)m \tag{4.21}$$

对于负变位齿轮也可用上述两式计算,只需将式中径向变位系数 x 用负值代入即可。

2. 任意半径圆上的齿厚

图 4.30 中 $\widehat{CC}$ 是任意半径 r_i 圆上的齿厚,其所对中心角为 φ_i,θ_i 是渐开线上点 C 的展角,α_i 是渐开线在点 C 的压力角。$\widehat{BB}$ 是分度圆齿厚,α 是分度圆压力角,θ 是渐开线上点 B 的展角。由图可知

$$s_i = \widehat{CC} = r_i\varphi_i$$

$$\varphi_i = \angle BOB - 2\angle BOC = \frac{s}{r} - 2(\theta_i - \theta)$$

$$= \frac{s}{r} - 2(\mathrm{inv}\alpha_i - \mathrm{inv}\alpha)$$

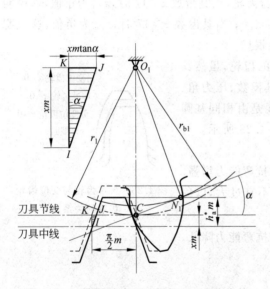

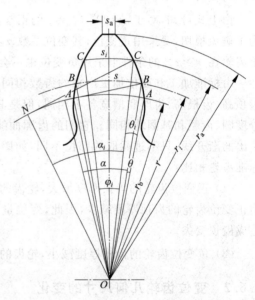

图 4.29　用标准齿条型刀具加工正变位齿轮　　　　图 4.30　任意半径圆上的齿厚

所以,

$$s_i = s\frac{r_i}{r} - 2r_i(\mathrm{inv}\alpha_i - \mathrm{inv}\alpha) \tag{4.22}$$

根据上式可得齿顶圆齿厚为

$$s_a = s\frac{r_a}{r} - 2r_a(\mathrm{inv}\alpha_a - \mathrm{inv}\alpha) \tag{4.23}$$

式中,α_a 为齿顶圆压力角。

节圆齿厚为

$$s' = s\frac{r'}{r} - 2r'(\mathrm{inv}\alpha' - \mathrm{inv}\alpha) \tag{4.24}$$

其中，r' 为节圆半径，α' 为节圆压力角。

基圆齿厚为

$$s_b = s\frac{r_b}{r} + 2r_b\,\text{inv}\,\alpha = \cos\alpha(s + mz\,\text{inv}\,\alpha) \tag{4.25}$$

在计算上述各齿厚时，式中的 s 为分度圆齿厚。对于标准齿轮，$s=\frac{\pi m}{2}$；对于变位齿轮，$s=\frac{\pi m}{2}+2xm\tan\alpha$。

4.6.3　变位齿轮的啮合传动

当变位齿轮啮合传动时，与标准齿轮啮合传动一样，必须满足前述的正确啮合条件、无侧隙啮合条件及连续传动条件，另外，还要尽可能地保证标准顶隙。

1. 无齿侧间隙啮合方程式

一对相啮合的齿轮为了实现无齿侧间隙啮合，必须满足下列条件：

$$s_1' = e_2' \quad 及 \quad s_2' = e_1'$$

因此，两轮的节圆齿距应满足

$$p' = s_1' + e_1' = s_2' + e_2' = s_1' + s_2' \tag{4.26}$$

由式(4.24)可得

$$s_i' = s_i\frac{r_i'}{r_i} - 2r_i'\,(\text{inv}\,\alpha' - \text{inv}\,\alpha)$$

式中，

$$s_i = \frac{\pi m}{2} + 2x_i m\,\tan\alpha$$

$$r_i = \frac{mz_i}{2}$$

$$r_i' = \frac{r_i\cos\alpha}{\cos\alpha'} \quad (i = 1,2)$$

而

$$p_1' = \frac{2\pi r_1'}{z_1} = \pi m\frac{\cos\alpha}{\cos\alpha'} = p_2' = p'$$

将以上各式代入式(4.26)，整理后可得

$$\text{inv}\,\alpha' = \frac{2(x_1+x_2)\tan\alpha}{z_1+z_2} + \text{inv}\,\alpha \tag{4.27}$$

该式称为无齿侧间隙啮合方程式，它反映了一对相啮合齿轮的变位系数之和 (x_1+x_2) 与啮合角之间的关系。

2. 中心距与中心距变动系数

一对变位齿轮无侧隙啮合时，其中心距 a' 为

$$a' = r_1' + r_2' = (r_1+r_2)\frac{\cos\alpha}{\cos\alpha'} = a\frac{\cos\alpha}{\cos\alpha'} \tag{4.28}$$

上式与式(4.27)是变位齿轮传动设计的基本关系式，通常成对使用。若已知 x_1+x_2，

可先由式(4.27)求出 α',再由式(4.28)求出 a';若已知 a',可先由式(4.28)求出 α',再由式(4.27)求出 x_1+x_2。

实际中心距 a' 与标准中心距 a 的差值用 ym 表示,即

$$ym = a' - a \qquad (4.29)$$

式中,m 为模数;y 称为中心距变动系数。

3. 齿高变动系数和齿顶圆半径

加工变位齿轮时,刀具中线与节线分离,移动了 xm,故变位齿轮的齿根高为

$$h_f = (h_a^* + c^* - x)m \qquad (4.30)$$

由于变位齿轮的齿根高发生了变化,若要保持全齿高不变,即 $h=(2h_a^*+c^*)m$,则齿顶高应为 $h_a=(h_a^*+x)m$。

一对变位齿轮传动时,既要求两轮无齿侧间隙,又要求两轮间具有标准顶隙。

为了保证两轮作无齿侧间隙啮合传动,两轮的中心距 a' 应为

$$a' = a + ym$$

为了保证两轮间具有标准顶隙 c^*m,两轮的中心距 a'' 应为

$$\begin{aligned}
a'' &= r_{a1} + r_{f2} + c^*m \\
&= r_1 + (h_a^*+x_1)m + r_2 - (h_a^*+c^*-x_2)m + c^*m \\
&= a + (x_1+x_2)m
\end{aligned}$$

由以上两式可以看出,如果 $y=x_1+x_2$,则 $a'=a''$,就可以同时满足无侧隙条件和标准顶隙条件。但是可以证明,只要 $x_1+x_2 \neq 0$,就必有 $x_1+x_2>y$,即 $a''>a'$。为了在实现无齿侧间隙啮合的同时,仍有标准顶隙,工程实际中采用如下办法:两轮按无侧隙中心距 a' 安装,而将两轮的齿顶高各削去一段 Δym,以保证满足标准顶隙的要求。此处 m 为模数,Δy 称为齿高变动系数,其值为

$$\Delta y = x_1 + x_2 - y \qquad (4.31)$$

这时,齿轮的齿顶高应按下式计算:

$$h_a = (h_a^* + x - \Delta y)m \qquad (4.32)$$

由于齿顶高尺寸发生了变化,故相应的齿顶圆半径应为

$$r_a = \frac{mz}{2} + (h_a^* + x - \Delta y)m \qquad (4.33)$$

4.7 渐开线直齿圆柱齿轮的传动设计

4.7.1 传动类型及其选择

按照一对齿轮变位系数之和 x_1+x_2 的不同,齿轮传动可分为零传动($x_1+x_2=0$)、正传动($x_1+x_2>0$)和负传动($x_1+x_2<0$)3 种类型。

1. 零传动

零传动又分为标准齿轮传动和高度变位齿轮传动。

1) 标准齿轮传动

两轮变位系数都为零,即 $x_1=x_2=0$。当两标准齿轮作无齿侧间隙啮合传动时,啮合角

等于分度圆压力角,节圆与分度圆重合,中心距等于两轮分度圆半径之和。为了避免根切,两轮的齿数必须满足 $z_1 \geqslant z_{min}$ 和 $z_2 \geqslant z_{min}$ 的条件。

这种齿轮传动虽然具有设计计算简单、重合度较大、不会发生过渡曲线干涉和齿顶厚度较大等优点,但也存在一些较严重的缺点:

(1) 抗弯曲强度能力较弱。由于基圆齿厚随齿数 z 减少而减薄,所以小齿轮的基圆齿厚比大齿轮基圆齿厚小,小齿轮根部成为抗弯曲强度的薄弱环节,容易损坏,从而限制了一对齿轮的承载能力和使用寿命。

(2) 齿廓表面沿齿高方向的磨损不均匀,齿根部分磨损严重,尤其是小齿轮齿根部分磨损更严重。

(3) 小齿轮齿数受到不发生根切条件的限制,因而限制了结构尺寸的减小和重量的减轻。

(4) 在齿轮变速箱中,两根轴常常有两对及两对以上的齿轮传动,它们的标准中心距往往不等。当 $a' > a$ 时,产生齿侧间隙,而且重合度也会减小,影响齿轮传动的平稳性。当 $a' < a$ 时,无法安装。

2) 高度变位齿轮传动(或称等变位齿轮传动)

这种齿轮传动中两轮的变位系数之和 $x_1 + x_2 = 0$,但 $x_1 = -x_2 \neq 0$。由无齿侧间隙啮合方程式、中心距与啮合角关系式、中心距变动系数计算式和齿高变动系数计算式可知,啮合角 $a' = a$,中心距 $a' = a$,以及 $y = \dfrac{a' - a}{m} = 0$,$\Delta y = x_1 + x_2 - y = 0$。这表明当两轮做无齿侧间隙啮合传动时,啮合角等于分度圆压力角,节圆与分度圆重合。在这种传动中,虽然两轮的全齿高不变,但每个齿轮的齿顶高和齿根高已不是标准值,它们分别为

$$h_{ai} = (h_a^* + x_i)m$$
$$h_{fi} = (h_a^* + c^* - x_i)m \quad (i = 1,2)$$

故这种齿轮传动称为高度变位齿轮传动。又由于两个齿轮的变位量绝对值相等,所以又称为等变位齿轮传动。

为了使两个齿轮都不发生根切,两轮的齿数必须满足以下条件:

$$z_i \geqslant \frac{2(h_a^* - x_i)}{\sin^2 \alpha} \quad (i = 1,2)$$

$$z_1 + z_2 \geqslant \frac{4h_a^* - 2(x_1 + x_2)}{\sin^2 \alpha}$$

因为 $x_1 + x_2 = 0$,所以

$$z_1 + z_2 \geqslant \frac{4h_a^*}{\sin^2 \alpha} \tag{4.34}$$

当 $h_a^* = 1, \alpha = 20°$ 时

$$z_1 + z_2 \geqslant 2z_{min} = 34$$

上式表明,在高度变位齿轮传动中,两轮的齿数之和必须大于或等于两倍的不发生根切的最少齿数。

在一对齿数不等的高度变位齿轮传动中,通常小齿轮采用正变位,大齿轮采用负变位。

与标准齿轮传动相比,这种传动有以下优点:

(1) 可以减小机构的尺寸。因为小齿轮正变位,其齿数 z_1 可以少于 z_{1min} 而不产生根

切,在传动比一定的情况下,大轮的齿数可以相应减少,从而减小齿轮机构尺寸。

（2）可以相对地提高两轮的承载能力。由于小齿轮正变位,齿根厚度增加。虽然大齿轮由于负变位而齿根有所减弱,但是,只要适当地选取变位系数,就可以使大、小齿轮的抗弯曲能力接近,从而相对地提高了齿轮传动的承载能力。

（3）可以改善齿轮的磨损情况。由于小齿轮正变位,齿顶圆半径增大了;大齿轮负变位,齿顶圆半径减小,这样就使实际啮合线向远离 N_1 点的方向移动一段距离,从而减轻了小齿轮齿根部的齿面磨损。

由以上分析可知,与标准齿轮传动相比,高度变位齿轮传动具有较多的优点,因此,在中心距为标准中心距的情况下,应该优先考虑采用高度变位齿轮传动,以改善传动性能。但是,小齿轮正变位,齿顶易变尖;由于实际啮合线 $\overline{B_2B_1}$ 的位置在移动的同时有稍微缩短,重合度会略有下降。因此,在设计高度变位齿轮传动时,需要对 s_{a1} 和 ε_α 进行校核,保证 $s_{a1} \geqslant [s_a]$, $\varepsilon_\alpha \geqslant [\varepsilon_\alpha]$。

2. 正传动

如果一对齿轮的变位系数之和大于零,则这种齿轮传动称为正传动。由于 $x_1+x_2>0$,所以啮合角 $\alpha'>\alpha$,中心距 $a'>a$, $y>0$,以及 $\Delta y=x_1+x_2-y>0$。这表明在无齿侧间隙啮合传动时,节圆与分度圆不重合。因 $\Delta y>0$,故两轮的全齿高均比标准齿轮降低了 Δym。

正传动有以下优点:

（1）由于 $x_1+x_2>0$,两轮齿数不受 $z_1+z_2 \geqslant 2z_{min}$ 的限制,所以齿轮机构可以设计得更为紧凑。

（2）由于两轮都可以正变位,所以可以使两轮的齿根厚度均增加,从而提高了轮齿的抗弯能力。或者小齿轮正变位,大齿轮负变位,但 $x_1>|x_2|$,选择合适的变位系数,也可以相对提高轮齿的抗弯能力。

（3）由于 $\alpha'>\alpha$,所以在节点啮合时的齿廓综合曲率半径增加,从而降低了齿廓接触应力,提高了接触强度。

（4）适当选择两轮的变位系数 x_1 和 x_2,在保证无齿侧间隙啮合传动的情况下可配凑给定的中心距。

（5）可以减轻轮齿磨损程度。由于啮合角增大和齿顶的降低,使得实际啮合线 $\overline{B_2B_1}$ 更加远离极限啮合点 N_1 和 N_2,从而可进一步减轻两轮齿根部的磨损。

但是,由于正传动的 $\alpha'>\alpha$,所以实际啮合线将会缩短,重合度会有所下降,因此,在设计正传动时,需要校核 ε_α,以保证 $\varepsilon_\alpha \geqslant [\varepsilon_\alpha]$。此外,正变位齿轮的齿顶易变尖,在设计时也需要校核 s_a,以保证 $s_a \geqslant [s_a]$。

3. 负传动

若一对齿轮的变位系数之和小于零,则这种齿轮传动称为负传动。由于 $x_1+x_2<0$,所以啮合角 $\alpha'<\alpha$,中心距 $a'<a$, $y<0$,以及 $\Delta y>0$。这表明在无齿侧间隙啮合传动时,它们的分度圆呈交叉状态。由于正传动的优点正好是负传动的缺点,因此负传动是一种缺点较多的传动。通常只是在给定的中心距 $a'<a$ 的情况下,才利用它来配凑中心距。此外,与其他传动相比,负传动的重合度会略有增加。需要注意的是,由于 $x_1+x_2<0$,所以两轮的齿数之和必须大于 $2z_{min}$。

由于正传动和负传动啮合角均不等于分度圆压力角,即啮合角发生了变化,所以这两种传动又统称为角变位齿轮传动。

以上介绍了各种齿轮传动的特点。从中可以看出,正传动的优点较多,传动质量较高。所以在一般情况下,应多采用正传动;负传动的缺点较多,除用于配凑中心距外,一般情况下尽量不用;在传动中心距等于标准中心距时,为了提高传动质量,可采用等变位齿轮传动代替标准齿轮传动。

4.7.2 齿轮传动设计的步骤

给定的原始数据不同,齿轮传动设计的步骤也有所不同,一般可归纳为 3 种主要情况:避免根切、配凑中心距和实现给定传动比。

1. 避免根切的设计

原始数据一般为 z_1,z_2,m,α,h_a^* 和 c^*。这类设计问题主要关注的是避免根切。由于没有给定实际中心距,可兼顾提高齿轮的强度(弯曲强度、接触强度)和耐磨性。为此,优先选用零传动中的高度变位传动或正传动。其设计步骤如下:

(1) 选择传动类型。若 $z_1+z_2<2z_{\min}$,则必须选用正传动,否则可考虑选择其他类型传动;

(2) 选择变位系数 x_1 和 x_2;

(3) 根据表 4.5 所列公式,计算齿轮机构的几何尺寸;

(4) 核验重合度 ε_a 和正变位齿轮的齿顶圆齿厚 s_a。

2. 配凑中心距的设计

这类问题的原始数据一般为 $z_1,z_2,m,h_a^*,c^*,\alpha$ 和 a'。要根据实际中心距确定传动类型,综合考虑避免根切和改善强度分配两轮的变位系数。其设计步骤如下:

(1) 计算标准中心距 a;

(2) 按照中心距与啮合角关系式,计算啮合角 α';

(3) 按照无齿侧间隙啮合方程式,计算两轮变位系数之和 x_1+x_2;

(4) 分配两轮变位系数 x_1 和 x_2;

(5) 根据表 4.5 所列公式,计算齿轮机构的几何尺寸;

(6) 核验重合度 ε_a 及正变位齿轮的齿顶圆齿厚 s_a。

3. 实现给定传动比的设计

原始数据一般为 $i_{12},m,h_a^*,c^*,\alpha$ 和 a'。这类设计问题是在满足给定的传动比 i_{12} 和实际中心距的前提下,配凑两轮齿数 z_1 和 z_2。在确定两轮齿数时,优先选用正传动,同时保证齿轮不产生根切。其设计步骤如下:

(1) 选取两轮齿数。由 $a=\dfrac{m}{2}(z_1+z_2)$ 和 $i_{12}=\dfrac{z_2}{z_1}$ 可得

$$a=\frac{mz_1}{2}(1+i_{12})$$

因正传动具有较多优点,应考虑优先选用正传动。当采用正传动时,

表 4.5　外啮合直齿圆柱齿轮机构的几何尺寸计算公式

渐开线方程式：$r_k = \dfrac{r_b}{\cos\alpha_k}$ $\text{inv}\,\alpha_k = \tan\alpha_k - \alpha_k$				基本参数：$z, m, \alpha, h_a^*, c^*, x$
名　称	符　号	标准齿轮传动	高度变位齿轮传动	正传动和负传动
变位系数	x	$x_1 = 0$　$x_2 = 0$	$x_1 = -x_2$	$x_1 + x_2 \neq 0$
分度圆直径	d		$d = mz$	
啮合角	α'		$\alpha' = \alpha$	$\text{inv}\,\alpha' = \dfrac{2(x_1 + x_2)}{z_1 + z_2}\tan\alpha + \text{inv}\,\alpha$
中心距	$a(a')$		$a = \dfrac{1}{2}(d_1 + d_2) = \dfrac{m}{2}(z_1 + z_2)$	$a' = \dfrac{\cos\alpha}{\cos\alpha'}a$
节圆直径	d'		$d' = d$	$d' = \dfrac{\cos\alpha}{\cos\alpha'}d$
中心距变动系数	y		$y = 0$	$y = \dfrac{a' - a}{m} = \dfrac{z_1 + z_2}{2}\left(\dfrac{\cos\alpha}{\cos\alpha'} - 1\right)$
齿高变动系数	Δy		$\Delta y = 0$	$\Delta y = x_1 + x_2 - y$
齿顶高	h_a	$h_a = h_a^* m$	$h_a = (h_a^* + x)m$	$h_a = (h_a^* + x - \Delta y)m$
齿根高	h_f	$h_f = (h_a^* + c^*)m$	$h_f = (h_a^* + c^* - x)m$	$h_f = (h_a^* + c^* - x)m$
齿全高	h		$h = (2h_a^* + c^*)m$	$h = (2h_a^* + c^* - \Delta y)m$
齿顶圆直径	d_a		$d_a = d + 2h_a$	
齿根圆直径	d_f		$d_f = d - 2h_f$	
重合度	ε_a		$\varepsilon_a = \dfrac{\overline{B_1 B_2}}{p_n} = \dfrac{1}{2\pi}\big[z_1(\tan\alpha_{a1} - \tan\alpha') + z_2(\tan\alpha_{a2} - \tan\alpha')\big]$	
分度圆齿厚	s	$s = \dfrac{\pi m}{2}$		$s = \dfrac{\pi m}{2} + 2xm\tan\alpha$
齿顶厚	s_a		$s_a = s\dfrac{r_a}{r} - 2r_a(\text{inv}\,\alpha_a - \text{inv}\,\alpha)$	

说明：① 齿顶圆直径也可先算出两轮齿根圆直径，然后用下式求得：

$$d_{a1} = 2a' - d_{f2} - 2c^* m \qquad d_{a2} = 2a' - d_{f1} - 2c^* m$$

② 在确定齿数和变位系数时，都要满足不发生根切的条件。

$$a' > a = \frac{mz_1}{2}(1 + i_{12})$$

由此可得

$$z_1 < \frac{2a'}{m(1 + i_{12})}$$

在按上式选取 z_1 时，考虑到小齿轮齿顶不变尖等原因，z_1 值不宜取得太小。

选定 z_1 后，可按 $z_2 = i_{12}z_1$ 求得 z_2。将求得的 z_2 取整数，从而确定出两轮的齿数。这时其实际传动比为 $i_{12} = z_2/z_1$，与给定的原始数据可能不一致，但只要其误差在允许范围内，即满足要求。

（2）以下步骤同情形 2 的设计步骤。

若已知原始数据为 i_{12}, m, α, h_a^* 和 c^*，则可直接根据传动比 i_{12} 初选两轮齿数。一般在设计时采用正传动，并使小齿轮齿数少于标准齿轮不产生根切的最少齿数，以达到结构紧凑的目的。在确定齿数后，以下步骤同情形1的设计步骤。

4.7.3 变位系数的选择

在齿轮传动设计中，变位系数的选择是十分重要的，它直接影响到齿轮传动的性能。只有恰当地选择变位系数，才能充分发挥变位齿轮传动的优点。变位系数的选择受到一系列的限制，但概括起来可分为两大类：基本限制条件和传动质量要求。在外啮合齿轮传动中必须满足的基本限制条件为：

（1）齿轮不发生根切，即变位系数应大于或至少等于不发生根切的最小变位系数。

（2）齿轮啮合时不发生过渡曲线干涉。在渐开线齿廓与齿根圆之间是一段过渡曲线，这段曲线不应参与啮合，但如果变位系数选择不当，可能出现过渡曲线进入啮合的情况，称之为过渡曲线干涉，这是不允许的。

（3）保证齿轮啮合时有足够的重合度。除去负传动，其他变位齿轮传动都会使重合度下降，重合度应大于或等于许用重合度。

（4）保证有足够的齿顶厚度。正变位时会导致齿顶变薄，一般要求齿顶厚 $s_a \geqslant (0.2\sim0.4)m$。

满足上述基本限制条件的变位系数是很多的，那么，在给出的变位系数许用范围内，如何选择变位系数才能充分发挥变位齿轮传动的优越性呢？为此，需要根据齿轮的不同失效形式，建立一些所谓的质量指标，以便能够根据不同情况，更加合理地选择变位系数。齿轮传动的主要质量指标包括：两齿轮均衡磨损、两齿轮等弯曲疲劳强度和节点处于两对齿啮合区等。以上要求往往是相互矛盾的，因此，在选择变位系数时，首先要满足基本要求，然后根据实际工作情况，抓住主要质量问题，兼顾其他，选取最有利的变位系数。

选择变位系数的方法很多，有查表法、封闭图法、公式计算法及优化设计方法等，其中一种方便、实用的方法是封闭图方法。这种方法是针对不同齿数组合的一对齿轮，分别作出相应的封闭图。根据设计所提出的具体要求，参照封闭图中各条啮合特性曲线，就可以选择出符合设计要求的变位系数。关于变位系数选择的详细论述，可参阅有关资料，此处不再赘述。

4.8 斜齿圆柱齿轮机构

4.8.1 渐开线斜齿圆柱齿轮

1. 斜齿圆柱齿轮齿面的形成

对于直齿圆柱齿轮，因为其轮齿方向与齿轮轴线相平行，在所有与轴线垂直的平面内情形完全相同，所以只需考虑其端面就能代表整个齿轮。但是，齿轮都是有一定宽度的，如图4.31所示，因此，在端面上的点和线实际上代表着齿轮上的线和面。基圆代表基圆柱，发生线 NK 代表切于基圆柱面的发生面 S。当发生面与基圆柱做纯滚动时，它上面的一条与基圆柱母线 NN 相平行的直线 KK 所展成的渐开线曲面，就是直齿圆柱齿轮的齿廓曲面，称为渐开面。同样，当两个直齿轮啮合时，端面上的接触点实际上代表着两齿廓渐开面的切线，即接触线。

由于该接触线与齿轮轴线平行,所以在啮合过程中,一对轮齿是沿整个齿宽同时进入啮合或退出啮合的,从而轮齿上所受载荷是突然加上或卸掉的,容易引起振动和冲击噪声,传动平稳性差,不适合高速传动。为了克服直齿圆柱齿轮传动的这一缺点,人们在实践中设计了斜齿圆柱齿轮。

斜齿圆柱齿轮齿面的形成原理与直齿圆柱齿轮类似,所不同的是其发生面上展成渐开面的直线 KK 不再与基圆柱母线 NN 平行,而是相对于 NN 偏斜一个角度 β_b,如图 4.32 所示。当发生面 S 绕基圆柱做纯滚动时,斜直线 KK 上每一点的轨迹,都是一条位于与齿轮轴线垂直平面内的渐开线,这些渐开线的集合,就形成了渐开线曲面,称为渐开螺旋面。该渐开螺旋面在齿顶圆柱以内的部分,就是斜齿圆柱齿轮的齿廓曲面。β_b 称为斜齿轮基圆柱上的螺旋角。显然,β_b 越大,轮齿的齿向越偏斜;而当 $\beta_b = 0°$ 时,斜齿轮就变成了直齿轮。因此,可以认为直齿圆柱齿轮是斜齿圆柱齿轮的一个特例。

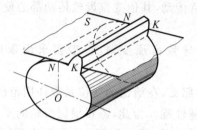
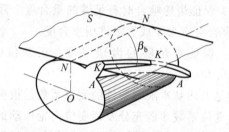

图 4.31   直齿圆柱齿轮齿面的形成   图 4.32   斜齿圆柱齿轮齿面的形成

2. 斜齿圆柱齿轮的基本参数

由于螺旋角 β 的存在,斜齿轮齿廓为渐开螺旋面,不同方向截面上轮齿的齿形各不相同,所以斜齿轮具有 3 套基本参数:端面(垂直于齿轮回转轴线的截面)参数、法面(垂直于轮齿方向的截面)参数和轴面(通过齿轮回转轴线的截面)参数,分别用下标 t,n 和 x 表示。

在加工斜齿轮时,刀具通常沿着螺旋线方向进刀,故斜齿轮的法面参数应该是与刀具参数相同的标准值。而斜齿轮大部分几何尺寸计算均采用端面参数,因此必须建立法面参数和端面参数之间的换算关系。轴面参数在此没有用到,故暂不讨论。

1) 螺旋角

如图 4.33(a)所示,把斜齿轮的分度圆柱面展开成一个矩形,其中阴影线部分表示轮齿截面,空白部分表示齿槽,b 为斜齿轮轴向宽度,πd 为分度圆周长,β 为斜齿轮分度圆柱面上的螺旋角(简称为斜齿轮的螺旋角),P_z 为螺旋线导程。

对于同一个斜齿轮,任一圆柱面上螺旋线的导程 P_z 都是相同的,但是不同圆柱面的直径不同,导致各圆柱面上的螺旋角也不相等。由图 4.33(b)可知

$$\tan\beta = \frac{\pi d}{P_z}$$

$$\tan\beta_b = \frac{\pi d_b}{P_z}$$

因为 $d_b = d\cos\alpha_t$,所以有

$$\tan\beta_b = \tan\beta\cos\alpha_t \tag{4.35}$$

式中,α_t 为斜齿轮的端面压力角。

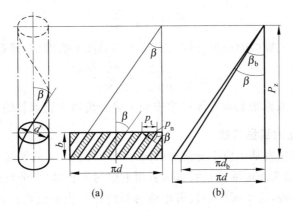

图 4.33　斜齿轮的展开

2）模数

在图 4.33(a)中，直角三角形两条边 p_t 与 p_n 的夹角为 β，由此可得

$$p_n = p_t\cos\beta$$

式中，p_n 为法面齿距；p_t 为端面齿距。考虑到 $p_n=\pi m_n$，$p_t=\pi m_t$，故有

$$m_n = m_t\cos\beta \tag{4.36}$$

式中，m_n 为法面模数（标准值）；m_t 为端面模数（不是标准值）。

3）压力角

为便于分析，以斜齿条为例来说明法面压力角与端面压力角之间的换算关系。在图 4.34 中，平面 ABB' 为端面，平面 ACC' 为法面，$\angle ACB$ 为直角。

在直角三角形 ABB'，ACC' 和 ACB 中，

$$\tan\alpha_t = \frac{\overline{AB}}{\overline{BB'}} \quad \tan\alpha_n = \frac{\overline{AC}}{\overline{CC'}} \quad \overline{AC}=\overline{AB}\cos\beta$$

因为 $\overline{BB'}=\overline{CC'}$，所以有

$$\tan\alpha_n = \tan\alpha_t\cos\beta \tag{4.37}$$

式中，α_n 为法面压力角（标准值）；α_t 为端面压力角（不是标准值）。

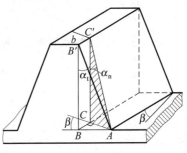

图 4.34　端面压力角与法面压力角的关系

4）齿顶高系数和顶隙系数

无论从法面还是从端面来看，轮齿的齿顶高和顶隙都是分别相等的，即

$$h_a = h_{an}^* m_n = h_{at}^* m_t \quad 及 \quad c = c_n^* m_n = c_t^* m_t$$

考虑到 $m_n=m_t\cos\beta$，故有

$$\left.\begin{array}{l} h_{at}^* = h_{an}^*\cos\beta \\ c_t^* = c_n^*\cos\beta \end{array}\right\} \tag{4.38}$$

式中，h_{an}^* 和 c_n^* 分别为法面齿顶高系数和顶隙系数（标准值）；h_{at}^* 和 c_t^* 分别为端面齿顶高系数和顶隙系数（不是标准值）。

5）其他几何尺寸

斜齿轮的分度圆直径 d 按端面参数计算，即

$$d = m_{t}z = \frac{m_{n}}{\cos\beta}z \tag{4.39}$$

标准斜齿轮不产生根切的最少齿数 $z_{t\,min}$ 也可按端面参数求出,即有

$$z_{t\,min} = \frac{2h_{at}^{*}}{\sin^{2}\alpha_{t}} = \frac{2h_{an}^{*}\cos\beta}{\sin^{2}\alpha_{t}} \tag{4.40}$$

由于 $\cos\beta < 1$,$\alpha_{n} < \alpha_{t}$,故标准斜齿轮不产生根切的最少齿数比直齿轮的要少。

3. 斜齿圆柱齿轮的当量齿数

由于斜齿轮的作用力是作用于轮齿的法面,其强度设计、制造等都是以法面齿形为依据的,因此需要知道它的法面齿形。一般可以采用近似的方法,用一个与斜齿轮法面齿形相当的直齿轮的齿形来代替,这个假想的直齿轮称为斜齿轮的当量齿轮。该当量齿轮的模数和压力角分别与斜齿轮法面模数、法面压力角相等,而它的齿数则称为斜齿轮的当量齿数。

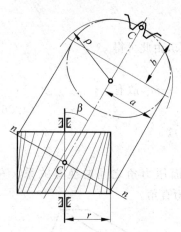

图 4.35　斜齿轮当量齿数的确定

如图 4.35 所示,过实际齿数为 z 的斜齿轮分度圆柱螺旋线上的一点 C,作此轮齿螺旋线的法面 nn,分度圆柱的截面为一椭圆剖面。此剖面上 C 点附近的齿形可以近似认为是该斜齿轮的法面齿形。如果以椭圆上 C 点的曲率半径 ρ 为半径作一个圆,作为假想直齿轮的分度圆,并设此假想直齿轮的模数和压力角分别等于该斜齿轮的法面模数和法面压力角,则该假想直齿轮的齿形就非常近似于上述斜齿轮的法面齿形。故此假想直齿轮就是该斜齿轮的当量齿轮,其齿数即为当量齿数 z_{v}。显然,$z_{v} = \dfrac{2\rho}{m_{n}}$。

由图 4.35 可知,当斜齿轮分度圆柱的半径为 r 时,椭圆的长半轴 $a = \dfrac{r}{\cos\beta}$,短半轴 $b = r$。由高等数学可知,椭圆上 C 点的曲率半径为

$$\rho = \frac{a^{2}}{b} = \left(\frac{r}{\cos\beta}\right)^{2}\frac{1}{r} = \frac{r}{\cos^{2}\beta}$$

因而

$$z_{v} = \frac{2\rho}{m_{n}} = \frac{2r}{m_{n}\cos^{2}\beta} = \frac{m_{t}z}{m_{n}\cos^{2}\beta}$$

将 $m_{n} = m_{t}\cos\beta$ 代入上式,则得

$$z_{v} = \frac{z}{\cos^{3}\beta} \tag{4.41}$$

按式(4.41)求得的当量齿数一般不是整数,也不必圆整为整数。

4.8.2　平行轴斜齿圆柱齿轮机构

能够用于传递两平行轴之间运动和动力的一对斜齿圆柱齿轮所组成的传动机构,称为平行轴斜齿轮机构。

1. 平行轴斜齿轮机构的啮合传动

1) 正确啮合条件

由于平行轴斜齿圆柱齿轮机构在端面内的啮合相当于一对直齿轮啮合,所以需满足端

面模数和端面压力角分别相等的条件。另外,为了使一对斜齿轮能够传递两平行轴之间的运动,两轮啮合处的轮齿倾斜方向必须一致,这样才能使一轮的齿厚落在另一轮的齿槽内。对于外啮合,两轮的螺旋角 β 应大小相等、方向相反,即 $\beta_1 = -\beta_2$;对于内啮合,两轮螺旋角 β 应大小相等、方向相同,即 $\beta_1 = \beta_2$。

由于相互啮合的两轮的螺旋角 β 大小相等,所以法面模数 m_n 和法面压力角 α_n 也应分别相等。

综上所述,一对平行轴斜齿圆柱齿轮的正确啮合条件为

$$\left.\begin{array}{l} \beta_1 = -\beta_2 (外啮合) \qquad \beta_1 = \beta_2 (内啮合) \\ m_{n1} = m_{n2} = m_n \quad 或 \quad m_{t1} = m_{t2} = m_t \\ \alpha_{n1} = \alpha_{n2} = \alpha_n \quad 或 \quad \alpha_{t1} = \alpha_{t2} = \alpha_t \end{array}\right\} \tag{4.42}$$

2)连续传动条件

同渐开线直齿圆柱齿轮啮合传动一样,要保证一对平行轴斜齿圆柱齿轮能够连续传动,其重合度也必须大于(至少等于)1。

但与直齿轮传动不同的是,斜齿轮啮合时两个齿廓曲面的接触线是与齿轮轴线成 β_b 倾角的直线 KK(图4.36)。以端面参数相同的直齿轮和斜齿轮为例进行比较。图 4.37(a)为直齿轮传动的啮合面,图 4.37(b)为平行轴斜齿轮传动的啮合面。直线 B_2B_2 表示一对轮齿开始进入啮合的位置,直线 B_1B_1 表示一对轮齿开始脱离啮合的位置。

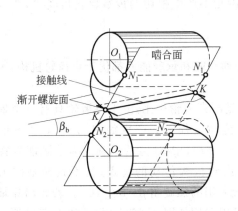

图 4.36　斜齿轮啮合时的齿廓曲面接触线

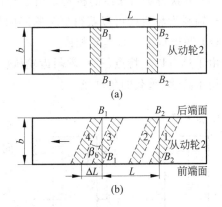

图 4.37　齿轮传动的啮合面
(a) 直齿轮;(b) 斜齿轮

对于直齿轮传动,轮齿沿整个齿宽 b 在 B_2B_2 处进入啮合,到 B_1B_1 处整个轮齿脱离啮合,B_2B_2 与 B_1B_1 之间为轮齿啮合区。

对于平行轴斜齿轮传动,轮齿也是在 B_2B_2 位置进入啮合,但不是沿整个齿宽同时进入啮合,而是由轮齿一端到达位置1时开始进入啮合,随着齿轮转动,直至到达位置2时才沿全齿宽进入啮合,当到达位置3时由前端面开始脱离啮合,直至到达位置4时才沿全齿宽脱离啮合。显然,平行轴斜齿轮传动的实际啮合区比直齿轮传动增大了 $\Delta L = b\tan\beta_b$,因此,其重合度也就比直齿轮传动大。

平行轴斜齿圆柱齿轮传动的总重合度 ε_γ 为

$$\varepsilon_\gamma = \varepsilon_\alpha + \varepsilon_\beta \tag{4.43}$$

其中,ε_α 称为端面重合度,可以用直齿轮传动的重合度计算公式求得,但要用端面啮合角

α'_t代替 α',用端面齿顶圆压力角 α_{at}代替 α_a,即

$$\varepsilon_a = \frac{1}{2\pi}\left[z_1(\tan\alpha_{at1} - \tan\alpha'_t) + z_2(\tan\alpha_{at2} - \tan\alpha'_t)\right]$$

而增大的部分 ε_β 称为纵向重合度,其值为

$$\varepsilon_\beta = \frac{\Delta L}{p_{bt}} = \frac{b\tan\beta_b}{\pi m_t \cos\alpha_t}$$

由于 $\tan\beta_b = \tan\beta\cos\alpha_t$,$m_t = \dfrac{m_n}{\cos\beta}$,故

$$\varepsilon_\beta = \frac{b\sin\beta}{\pi m_n} \tag{4.44}$$

由于 ε_β 随 β 和齿宽 b 的增大而增大,所以斜齿轮传动的重合度比直齿轮传动的重合度大得多。但是 β 和 b 也不能任意增加,有一定限制。

2. 平行轴斜齿轮机构的特点及应用

(1) 啮合性能好。平行轴斜齿轮机构传动过程中,由于啮合接触线是一条不平行于轴线的斜直线,轮齿进入啮合和退出啮合都是逐渐变化的,故传动平稳,噪声小。同时这种啮合方式也减小了轮齿制造误差对传动的影响。

(2) 重合度大,传动平稳,并减轻了每对轮齿承受的载荷,提高了承载能力。

(3) 可获得更为紧凑的机构。由于标准斜齿轮不产生根切的齿数比直齿轮少,所以采用平行轴斜齿轮机构可以获得更为紧凑的尺寸。

(4) 制造成本与直齿轮相同。

由于具有以上特点,平行轴斜齿轮机构的传动性能和承载能力都优于直齿轮机构,因而广泛用于高速、重载的传动场合。

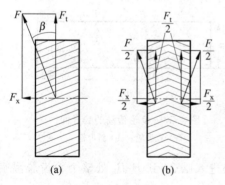

图 4.38   轮齿的受力

(a) 斜齿轮;(b) 人字齿轮

但是与直齿轮相比,由于斜齿轮具有一个螺旋角 β,故传动过程中会产生如图 4.38(a)所示的轴向推力 $F_x = F\sin\beta$,对传动不利。为了既能发挥平行轴斜齿轮机构传动的优点,又不致使轴向力过大,一般采用的螺旋角 $\beta = 8° \sim 20°$。若要消除轴向推力,可以采用如图 4.38(b)所示的人字齿轮。对于人字齿,可取 $\beta = 25° \sim 35°$。但是人字齿加工制造较为困难。

3. 平行轴斜齿圆柱齿轮机构的传动设计

如前所述,一对平行轴斜齿圆柱齿轮啮合传动时,从端面看与一对直齿圆柱齿轮传动一样,因此,其设计方法也基本相同。不同的是,由于螺旋角 β 的存在,斜齿轮有端面参数与法面参数之分,且法面参数为标准值,因此在设计计算时,要把法面参数换算成端面参数。

一对平行轴标准斜齿圆柱齿轮传动的中心距为

$$a = \frac{1}{2}m_t(z_1 + z_2) = \frac{m_n}{2\cos\beta}(z_1 + z_2) \tag{4.45}$$

由上式可知,在 z_1,z_2 和 m_n 一定时,也可以用改变螺旋角 β 的办法来调整中心距,而不一定

像直齿轮传动那样采用变位的方法。当然,由于 β 有一定的取值范围,用改变 β 来调整中心距是有一定限度的。

同直齿圆柱齿轮一样,为了避免根切、配凑中心距或改善传动质量,平行轴斜齿圆柱齿轮也可以采用变位齿轮传动。

为了方便设计,表 4.6 列出了平行轴斜齿圆柱齿轮机构几何尺寸的计算公式,供设计时查用。

表 4.6　外啮合平行轴斜齿圆柱齿轮机构的几何尺寸计算公式

名　称	符号	公　式
螺旋角	β	$\beta_1 = -\beta_2$(一般 $\beta = 8° \sim 20°$)
端面模数	m_t	$m_t = m_n / \cos\beta$(m_n 为标准值)
端面分度圆压力角	α_t	$\tan\alpha_t = \tan\alpha_n / \cos\beta$($\alpha_n = 20°$)
端面齿顶高系数	h_{at}^*	$h_{at}^* = h_{an}^* \cos\beta$($h_{an}^* = h_a^* = 1$ 或 0.8)
端面顶隙系数	c_t^*	$c_t^* = c_n^* \cos\beta$($c_n^* = c^* = 0.25$ 或 0.3)
当量齿数	z_v	$z_{vi} = z_i / \cos^3\beta$
端面最少齿数	$z_{t\,min}$	$z_{t\,min} = \dfrac{2h_{at}^*}{\sin^2\alpha_t}$
端面变位系数	x_t	$x_{ti} = x_{ni} \cos\beta$($x_{ni}$ 根据 z_{vi} 选取)
端面啮合角	α_t'	$\mathrm{inv}\,\alpha_t' = \dfrac{2(x_{t1}+x_{t2})}{z_1+z_2}\tan\alpha_t + \mathrm{inv}\,\alpha_t$
分度圆直径	d	$d_i = m_t z_i$
标准齿轮中心距	a	$a = \dfrac{d_1+d_2}{2} = \dfrac{m_n}{2\cos\beta}(z_1+z_2)$
实际中心距	a'	$a' = a\,\dfrac{\cos\alpha_t}{\cos\alpha_t'}$
中心距变动系数	y_t	$y_t = \dfrac{a'-a}{m_t}$
齿高变动系数	Δy_t	$\Delta y_t = x_{t1} + x_{t2} - y_t$
齿顶圆直径	d_a	$d_{ai} = m_t(z_i + 2h_{at}^* + 2x_{ti} - \Delta y_t)$
齿根圆直径	d_f	$d_{fi} = m_t(z_i - 2h_{at}^* - 2c_t^* + x_{ti})$
基圆直径	d_b	$d_{bi} = d_i \cos\alpha_t$
节圆直径	d'	$d_i' = d_{bi} / \cos\alpha_t'$
端面齿顶圆压力角	α_{at}	$\alpha_{ati} = \arccos\left(\dfrac{d_{bi}}{d_{ai}}\right)$
重合度	ε_γ	$\varepsilon_\gamma = \dfrac{1}{2\pi}\left[z_1(\tan\alpha_{at1} - \tan\alpha_t') + z_2(\tan\alpha_{at2} - \tan\alpha_t')\right] + \dfrac{b\sin\beta}{\pi m_n}$
传动比	i_{12}	$i_{12} = \dfrac{\omega_1}{\omega_2} = -\dfrac{z_2}{z_1} = -\dfrac{d_2}{d_1}$(负号表示两轮转向相反)

说明:下标中 $i = 1, 2$。

*4.8.3　交错轴斜齿圆柱齿轮机构

若将一对斜齿圆柱齿轮安装成其轴线既不平行又不相交,就成为交错轴斜齿圆柱齿轮机构,两轮轴线之间的夹角 Σ 称为交错角。因此,交错轴斜齿圆柱齿轮机构有两个明显的特点：其一,就单个齿轮而言,就是一个斜齿圆柱齿轮;其二,传递空间两交错轴之间的运动。

1. 交错轴斜齿圆柱齿轮机构的啮合传动

与平行轴斜齿轮机构相比,相同的是两个斜齿轮的法面模数和法面压力角仍然相等,但有 3 点不同之处。

(1) 两轮的螺旋角不一定相等,而有

$$\Sigma = | \beta_1 + \beta_2 | \qquad (4.46)$$

在上式中,若两轮的螺旋线方向相同,即均为右旋或均为左旋,则 β_1 和 β_2 均用正值(或均用负值)代入;若两轮的螺旋线方向相反,即一轮为右旋而另一轮为左旋,则 β_1 和 β_2 中一个用正值代入,另一个用负值代入。

当交错角 $\Sigma = 0$ 时,$\beta_1 = -\beta_2$,即两轮螺旋角大小相等,方向相反,变成平行轴斜齿圆柱齿轮机构。所以平行轴斜齿圆柱齿轮机构是交错轴斜齿圆柱齿轮机构的一个特例。

(2) 传动比计算方法虽相同,但传动比大小不仅与两轮分度圆半径有关,而且与两轮的螺旋角也有关,即

$$i_{12} = \frac{\omega_1}{\omega_2} = \frac{z_2}{z_1} = \frac{d_2 \cos\beta_2}{d_1 \cos\beta_1} \qquad (4.47)$$

(3) 由于两齿轮轴线不再相互平行,所以不能采用正负号来表示主、从动轮转向相同或相反,而是需要根据节点速度和螺旋角旋向来判断。比较图 4.39(a)和图 4.39(b)中两个交错轴斜齿轮机构,虽然两轴位置和主动轮 1 的转向均相同,但由于两轮螺旋角的旋向不同,从而导致两机构中从动轮 2 的转向相反。

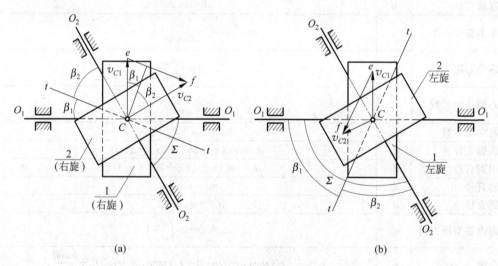

(a)   (b)

图 4.39 交错轴斜齿轮机构

2. 交错轴斜齿圆柱齿轮机构的特点及应用

(1) 容易实现任意交错角的两交错轴之间的传动,设计待定参数多($z_1, z_2, \beta_1, \beta_2, m_n$),可以灵活满足不同中心距、传动比和从动轮转向的要求。

(2) 两轮啮合齿面间为点接触,接触应力大,齿面易磨损。

(3) 轮齿之间除了沿齿高方向的滑动外,还存在较大的沿齿槽方向的相对滑动,故轮齿

易磨损,传动效率较低。

由于以上特点,交错轴斜齿轮机构不宜用于高速、大功率传动,通常仅用于仪表或载荷不大的辅助传动装置中,用来传递任意两交错轴之间的运动。

4.9 蜗杆蜗轮机构

蜗杆蜗轮机构也是用来传递两交错轴之间运动的一种齿轮机构,通常取其交错角 $\Sigma = 90°$。

4.9.1 蜗杆蜗轮的形成

蜗杆蜗轮机构是由交错轴斜齿圆柱齿轮机构演变而来的。如图 4.40 所示,在一对交错角 $\Sigma = 90°$,β_1 和 β_2 旋向相同的交错轴斜齿轮机构中,如果增大小齿轮 1 的螺旋角 β_1,减小分度圆直径 d_1,加大轴向长度 b_1,减小齿数 z_1(一般取 1~4),使得轮齿在分度圆柱上形成完整的螺旋线,此时该齿轮外形类似于螺杆,称为蜗杆,齿数 z_1 称为蜗杆的头数。与之啮合的大齿轮 2 的螺旋角 β_2 较小,$\beta_2 = 90° - \beta_1$,分度圆直径 d_2 很大,且轴向长度 b_2 较短,齿数 z_2 很多,将此斜齿轮称为蜗轮。

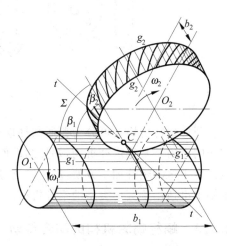

图 4.40 蜗杆蜗轮的形成

为了改善原交错轴斜齿轮机构点接触啮合的缺点,将蜗轮分度圆柱面的母线改为圆弧形,使之将蜗杆部分包住(如图 4.41);采用"对偶法"加工蜗轮轮齿,即选取与蜗杆形状和参数相同的滚刀(为加工出顶隙,滚刀的外径稍大于标准蜗杆外径),并保持蜗轮蜗杆啮合时的中心距和传动关系。这样加工出的蜗轮和蜗杆啮合时,轮齿间为线接触,可传递较大动力。这种传动机构称为蜗杆蜗轮机构(又称为蜗杆传动机构)。

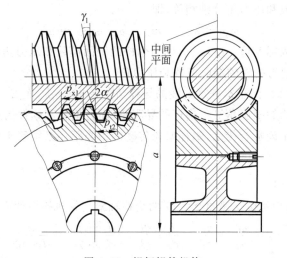

图 4.41 蜗杆蜗轮机构

由蜗杆蜗轮的形成来看,蜗杆蜗轮机构具有以下两个明显特征:其一,它是一种特殊的交错轴斜齿轮机构,其特殊之处在于 $\Sigma = 90°$,z_1 很少(一般为 1~4);其二,它具有螺旋机构的某些特点,蜗杆相当于螺杆,蜗轮相当于螺母,蜗轮部分地包容蜗杆。

4.9.2　蜗杆蜗轮机构的类型

同螺杆一样,蜗杆也有左旋、右旋及单头、多头之分。工程中多采用右旋蜗杆。除此之外,根据蜗杆形状的不同,可以将蜗杆蜗轮机构分为 3 类:圆柱蜗杆机构(图 4.42(a))、环面蜗杆机构(图 4.42(b))和锥蜗杆机构(图 4.42(c))。

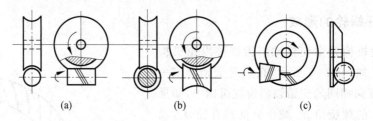

(a)　　　　　　　(b)　　　　　　　(c)

图 4.42　常见的蜗杆蜗轮机构

圆柱蜗杆机构又可分为普通圆柱蜗杆机构和圆弧蜗杆机构。在普通蜗杆机构中,最为常用的是阿基米德蜗杆机构,蜗杆的端面齿形为阿基米德螺线,轴面齿形为直线,相当于齿条。由于这种蜗杆加工方便,应用广泛,所以在此重点介绍阿基米德蜗杆机构,其传动的基本知识也适用于其他类型的蜗杆机构。

4.9.3　蜗杆蜗轮机构的啮合传动

1. 正确啮合条件

图 4.41 所示为阿基米德蜗杆蜗轮机构的啮合传动情况。过蜗杆轴线作一垂直于蜗轮轴线的平面,该平面称为蜗杆传动的中间平面。由图中可以看出,在该平面内蜗杆与蜗轮的啮合传动相当于齿条与齿轮的传动。因此,蜗杆蜗轮机构的正确啮合条件为:在中间平面中,蜗杆与蜗轮的模数和压力角分别相等,即

$$m_{x1} = m_{t2} = m \qquad \alpha_{x1} = \alpha_{t2} = \alpha \tag{4.48}$$

其中,蜗杆轴面参数取标准值,m_{x1},α_{x1} 分别为蜗杆的轴面模数和压力角;蜗轮的标准参数为端面参数,m_{t2},α_{t2} 分别为蜗轮的端面模数和压力角。

当交错角 $\Sigma = 90°$ 时,由于蜗杆螺旋线的导程角 $\gamma_1 = 90° - \beta_1$,而 $\Sigma = \beta_1 + \beta_2 = 90°$,故还必须满足 $\gamma_1 = \beta_2$,即蜗轮的螺旋角等于蜗杆的导程角,而且蜗轮和蜗杆的旋向相同。

此外,为了保证正确啮合传动,蜗杆蜗轮传动的中心距还必须等于用蜗轮滚刀范成加工蜗轮的中心距。

2. 传动比

由于蜗杆蜗轮机构是由交错角 $\Sigma = 90°$ 的交错轴斜齿轮机构演变而来的,故其传动比为

$$i_{12} = \frac{\omega_1}{\omega_2} = \frac{z_2}{z_1} = \frac{d_2 \cos\beta_2}{d_1 \cos\beta_1} = \frac{d_2 \cos\gamma_1}{d_1 \sin\gamma_1} = \frac{d_2}{d_1 \tan\gamma_1} \tag{4.49}$$

至于蜗杆蜗轮的转动方向,既可按交错轴斜齿轮机构判断,也可借助于螺杆螺母来确

定,即把蜗杆看作螺杆,蜗轮视为螺母,当螺杆只能转动而不能移动时,螺母移动的方向即表示蜗轮圆周速度的方向,由此即可确定蜗轮的转向。

4.9.4 蜗杆蜗轮机构的特点及应用

1. 蜗杆蜗轮机构的特点

（1）传动比大,结构紧凑。一般可实现 $i_{12}=10\sim80$,在不传递动力的分度机构中,i_{12} 可达 500 以上,因此结构十分紧凑。

（2）传动平稳,无噪声。因啮合时为线接触,且具有螺旋机构的特点,故其承载能力强,传动平稳,几乎无噪声。

（3）反行程具有自锁性。当蜗杆导程角 γ_1 小于啮合轮齿间的当量摩擦角时,机构反行程具有自锁性,即只能由蜗杆带动蜗轮传动,而不能由蜗轮带动蜗杆运动。

（4）传动效率较低,磨损较严重。由于啮合轮齿间相对滑动速度大,故摩擦损耗大,因而传动效率较低（一般为 $0.7\sim0.8$,反行程具有自锁性的蜗杆传动,其正行程效率小于 0.5）,易出现发热和温升过高现象,且磨损较严重。为保证有一定使用寿命,蜗轮常需采用价格较昂贵的减磨材料,因而成本高。

（5）蜗杆轴向力较大,致使轴承摩擦损失较大。

2. 蜗杆蜗轮机构的应用

由于蜗杆蜗轮机构具有以上特点,故常用于两轴交错、传动比较大、传递功率不太大或间歇工作的场合。当要求传递较大功率时,为提高传动效率,常取 $z_1=2\sim4$。此外,由于当 γ_1 较小时机构具有自锁性,故常用在卷扬机等起重机械中,起安全保护作用。

4.9.5 蜗杆蜗轮机构的传动设计

1. 基本参数

（1）模数 蜗杆模数系列与齿轮模数系列有所不同。国家标准 GB/T 10088—1988 中对蜗杆模数作了规定,表 4.7 为部分摘录,供设计时查阅。

表 4.7 **蜗杆模数 m 取值**（摘自 GB/T 10088—1988） mm

第一系列	1;1.25;1.6;2;2.5;3.15;4;5;6.3;8;10;12.5;16;20;25;31.5;40
第二系列	1.5;3;3.5;4.5;5.5;6;7;12;14

注:优先采用第一系列。

（2）压力角 国家标准 GB/T 10087—1988 规定,阿基米德蜗杆的压力角 $\alpha=20°$。在动力传动中,允许增大压力角,推荐用 $\alpha=25°$;在分度传动中,允许减小压力角,推荐用 $\alpha=15°$ 或 $12°$。

（3）导程角 蜗杆的形成原理与螺旋相同,若以 z_1 表示蜗杆的头数（即齿数）,以 p_x 表示其轴向齿距,则其螺旋线导程 $P_z=z_1 p_x=z_1\pi m$,其导程角 γ 可由下式求出:

$$\tan\gamma=\frac{P_z}{\pi d_1}=\frac{z_1\pi m}{\pi d_1}=\frac{z_1 m}{d_1} \tag{4.50}$$

式中,d_1 为蜗杆的分度圆直径。

（4）蜗杆的头数和蜗轮的齿数　蜗杆的头数 z_1 一般可取 $1\sim10$，推荐取 $z_1=1,2,4,6$。当要求传动比大或反行程具有自锁性时，z_1 取小值；当要求具有较高传动效率或传动速度较高时，导程角 γ 要大些，z_1 应取较大值。蜗轮的齿数 z_2 可根据传动比及选定的 z_1 确定。对动力传动，推荐 $z_2=29\sim70$。

（5）蜗杆分度圆直径　因为加工蜗轮所采用滚刀的分度圆直径必须和与蜗轮相配的蜗杆分度圆直径相同，为了限制滚刀的数目，国家标准 GB/T 10085—1988 中规定了蜗杆分度圆直径 d_1 与模数、头数的匹配系列值，部分摘录见表 4.8。设计者可根据模数来选取蜗杆分度圆直径。

表 4.8　蜗杆的基本参数（摘自 GB/T 10085—1988）

m	z_1	d_1	m	z_1	d_1	m	z_1	d_1	m	z_1	d_1
1	1	18			(28)			(50)			(90)
1.25	1	16	3.15	1,2,4	(35.5)	6.3	1,2,4	63	12.5	1,2,4	112
		22.4			(45)			(80)			(140)
1.6	1,2,4	20		1	(31.5)		1	(63)		1	(112)
	1	28	4	1,2,4	40	8	1,2,4	80	16	1,2,4	140
2	1,2,4	18			(50)			(100)			(180)
		22.4		1	71		1	140		1	250
		(28)			(40)			71			(140)
	1	35.5	5	1,2,4	50	10	1,2,4	90	20	1,2,4	160
2.5		(22.4)			(63)			(112)			(224)
	1,2,4	28		1	90		1	160		1	315
		(35.5)									
	1	45									

注：模数和直径的单位为 mm，括号内的数尽可能不采用。

2. 几何尺寸计算

蜗杆和蜗轮的齿顶高、齿根高、全齿高、齿顶圆直径和齿根圆直径，均可参照直齿轮的公式进行计算，但需注意其顶隙系数 $c^*=0.2$。表 4.9 列出了标准阿基米德蜗杆蜗轮机构的几何尺寸计算公式，供设计时查阅。

表 4.9　标准阿基米德蜗杆蜗轮机构的几何尺寸计算公式

名　称	符号	蜗　杆	蜗　轮
齿顶高	h_a	$h_{a1}=h_{a2}=h_a^* m$	
齿根高	h_f	$h_{f1}=h_{f2}=(h_a^* + c^*)m$	
全齿高	h	$h_1=h_2=(2h_a^* + c^*)m$	
分度圆直径	d	d_1 从表 4.8 中选取	$d_2=mz_2$
齿顶圆直径	d_a	$d_{a1}=d_1+2h_{a1}$	$d_{a2}=d_2+2h_{a2}$
齿根圆直径	d_f	$d_{f1}=d_1-2h_{f1}$	$d_{f2}=d_2-2h_{f2}$
蜗杆导程角	γ	$\gamma=\arctan\left(\dfrac{z_1 m}{d_1}\right)$	
蜗轮螺旋角	β_2		$\beta_2=\gamma$
节圆直径	d'	$d_1'=d_1$	$d_2'=d_2$
中心距	a	$a=\dfrac{1}{2}(d_1+d_2)$	

4.10　圆锥齿轮机构

4.10.1　圆锥齿轮机构的特点及应用

　　圆锥齿轮机构是用来传递两相交轴之间运动和动力的一种齿轮机构。轴交角 Σ 可根据传动需要来任意选择,一般机械中多采用 $\Sigma=90°$。如图 4.43 所示,圆锥齿轮的轮齿分布在截圆锥体上,对应于圆柱齿轮中的各有关圆柱,在这里均变成了圆锥;并且齿形从大端到小端逐渐变小,导致圆锥齿轮大端和小端参数不同,为方便计算和测量,通常取大端参数为标准值。

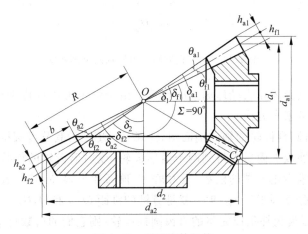

图 4.43　圆锥齿轮机构

　　圆锥齿轮的轮齿有直齿、斜齿和曲齿(圆弧齿、螺旋齿)等多种形式。其中,直齿圆锥齿轮机构由于其设计、制造和安装均较简便,故应用最为广泛;曲齿圆锥齿轮机构由于传动平稳、承载能力强,常用于高速重载的传动中,如汽车、飞机、拖拉机等的传动机构中。本节仅介绍直齿圆锥齿轮机构。

4.10.2　直齿圆锥齿轮齿廓的形成

　　直齿圆锥齿轮齿廓曲面为球面渐开线,即轮齿由一系列以锥顶 O 为球心、不同半径的球面渐开线组成。由于球面曲线不能展开成平面曲线,这就给圆锥齿轮的设计和制造带来很多困难。为了在工程上应用方便,人们采用一种近似的方法来处理这一问题。

　　图 4.44 为一标准直齿圆锥齿轮的轴向半剖面图。OAB 为其分度圆锥,$\overset{\frown}{eA}$ 和 $\overset{\frown}{fA}$ 为轮齿在球面上的齿顶高和齿根高。过点 A 作直线 $AO_1 \perp AO$,与圆锥齿轮轴线相交于点 O_1。设想以 OO_1 为轴线、O_1A 为母线作一圆锥 O_1AB,该圆锥称为直齿圆锥齿轮的背锥。显然,背锥与球面切于圆锥齿轮大端的分度圆上。

　　延长 Oe 和 Of,分别与背锥母线相交于点 e' 和 f'。从图中可以看出,在点 A 和点 B 附近,背锥面与球面非常接近,且锥距 R 与大端模数 m 的比值越大 $\left(\text{一般} \dfrac{R}{m}>30\right)$,二者就越接近,球面渐开线 $\overset{\frown}{ef}$ 与它在背锥上的投影 $\overline{e'f'}$ 之间的差别就越小。因此,可以用背锥上的齿

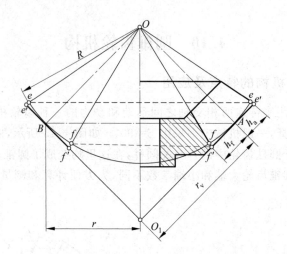

图 4.44　标准直齿圆锥齿轮轴向半剖面图

形近似地代替直齿圆锥齿轮大端球面上的齿形。由于背锥可以展成平面，这就给直齿圆锥齿轮的设计和制造带来了方便。

图 4.45 为一对圆锥齿轮的轴向剖面图，OAC 和 OBC 为其分度圆锥，O_1AC 和 O_2BC 为其背锥。将两背锥展成平面后即得到两个扇形齿轮，该扇形齿轮的模数、压力角、齿顶高和齿根高分别等于圆锥齿轮大端的模数、压力角、齿顶高和齿根高，其齿数就是圆锥齿轮的实际齿数 z_1 和 z_2，其分度圆半径 r_{v1} 和 r_{v2} 就是背锥的锥距 O_1A 和 O_2B。如果将这两个齿数分别为 z_1 和 z_2 的扇形齿轮补足成完整的直齿圆柱齿轮，则它们的齿数将增加为 z_{v1} 和 z_{v2}。把这两个虚拟的直齿圆柱齿轮称为这一对圆锥齿轮的当量齿轮，其齿数 z_{v1} 和 z_{v2} 称为圆锥齿轮的当量齿数。

对于齿数为 z、大端模数为 m、分度圆锥角为 δ 的圆锥齿轮，其当量齿数 z_v 和实际齿数 z 的关系可由图 4.45 求出，即

$$r_v = \frac{r}{\cos\delta} = \frac{mz}{2\cos\delta}$$

$$r_v = \frac{1}{2}mz_v$$

故得

$$z_v = \frac{z}{\cos\delta} \tag{4.51}$$

因 $\cos\delta$ 总小于 1，故 z_v 总大于 z，而且一般不是整数，也无需圆整为整数。采用当量齿轮的齿形来近似替代直齿圆锥齿轮大端球面上的理论齿形，误差微小，所以引入当量齿轮的概念后，就可以将直齿圆柱齿轮的某些原理近似地应用到圆锥齿轮上。例如，用仿形法加工直齿圆锥齿轮时，可按当量齿数来选择铣刀的号码；在进行圆锥齿轮的齿根弯曲疲劳强度计算时，按当量齿数来查取齿形系数。此外，标准直齿圆锥齿轮不发生根切的最少齿数 $z_{\min}$ 可根据其当量齿轮不发生根切的最少齿数 $z_{v\min}$ 来换算，即

$$z_{\min} = z_{v\min}\cos\delta \tag{4.52}$$

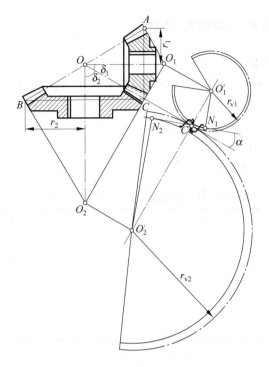

图 4.45　圆锥齿轮机构轴向剖面图

4.10.3　直齿圆锥齿轮的啮合传动

如上所述，一对直齿圆锥齿轮的啮合传动相当于其当量齿轮的啮合传动。因此可以采用直齿圆柱齿轮的啮合理论来分析。

1. 正确啮合条件

一对直齿圆锥齿轮的正确啮合条件为：两个当量齿轮的模数和压力角分别相等，亦即两个圆锥齿轮大端的模数和压力角应分别相等。此外，还应保证两轮的锥距相等、锥顶重合。

2. 连续传动条件

为保证一对直齿圆锥齿轮能够实现连续传动，其重合度也必须大于（至少等于）1。其重合度可按其当量齿轮进行计算。

3. 传动比

一对直齿圆锥齿轮传动的传动比为

$$i_{12} = \frac{\omega_1}{\omega_2} = \frac{z_2}{z_1} = \frac{r_2}{r_1}$$

由图 4.45 可知，$r_1 = \overline{OC}\sin\delta_1$，$r_2 = \overline{OC}\sin\delta_2$，故

$$i_{12} = \frac{\sin\delta_2}{\sin\delta_1}$$

当轴角 $\Sigma = \delta_1 + \delta_2 = 90°$ 时，则有

$$i_{12} = \frac{\sin(90° - \delta_1)}{\sin\delta_1} = \cot\delta_1 = \tan\delta_2 \tag{4.53}$$

4.10.4 直齿圆锥齿轮机构的传动设计

1. 基本参数的标准值

直齿圆锥齿轮大端模数 m 的值为标准值,按表 4.10 选取;压力角 $\alpha = 20°$,齿顶高系数 h_a^* 和顶隙系数 c^* 如下:

$$\text{对于正常齿} \quad m < 1\text{mm 时}, \qquad h_a^* = 1, \qquad c^* = 0.25$$
$$\qquad\qquad\qquad m \geqslant 1\text{mm 时}, \qquad h_a^* = 1, \qquad c^* = 0.2$$
$$\text{对于短齿} \qquad\qquad\qquad\qquad h_a^* = 0.8, \qquad c^* = 0.3$$

表 4.10 锥齿轮模数(摘自 GB/T 12368—1990)   mm

0.10	0.35	0.9	1.75	3.25	5.5	10	20	36
0.12	0.4	1	2	3.5	6	11	22	40
0.15	0.5	1.125	2.25	3.75	6.5	12	25	45
0.2	0.6	1.25	2.5	4	7	14	28	50
0.25	0.7	1.375	2.75	4.5	8	16	30	—
0.3	0.8	1.5	3	5	9	18	32	—

2. 几何尺寸计算

直齿圆锥齿轮的齿高通常是由大端到小端逐渐收缩的,按顶隙的不同,可分为不等顶隙收缩齿(图 4.43)和等顶隙收缩齿(图 4.46)两种。前者的齿顶圆锥、齿根圆锥与分度圆锥具有共同的锥顶,故顶隙由大端至小端逐渐缩小。其缺点是齿顶厚度和齿根圆角半径也由大端到小端逐渐变小,影响轮齿强度。后者的齿根圆锥与分度圆锥共锥顶,但齿顶圆锥因其母线与另一齿轮圆锥母线平行而不和分度圆锥共锥顶,故两轮的顶隙从大端至小端都是相等的,这样不仅提高了轮齿的承载能力,并且利于储油润滑,所以根据国家标准(GB/T 12369—1990,GB/T 12370—1990),现多采用等顶隙圆锥齿轮传动。

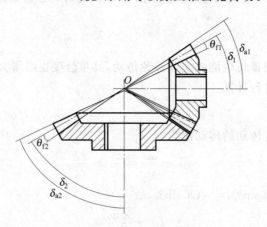

图 4.46 等顶隙收缩齿

为方便设计时查用,将标准直齿圆锥齿轮机构的几何尺寸计算公式列于表 4.11。

表 4.11　标准直齿圆锥齿轮机构的几何尺寸计算公式

名　称	代号	计算公式	
		小　齿　轮	大　齿　轮
分度圆锥角	δ	$\delta_1 = \mathrm{arccot}\dfrac{z_2}{z_1}$	$\delta_2 = 90° - \delta_1$
齿顶高	h_a	$h_{a1} = h_{a2} = h_a^* m$	
齿根高	h_f	$h_{f1} = h_{f2} = (h_a^* + c^*)m$	
分度圆直径	d	$d_i = mz_i$	
齿顶圆直径	d_a	$d_{ai} = d_i + 2h_a\cos\delta_i$	
齿根圆直径	d_f	$d_{fi} = d_i - 2h_f\cos\delta_i$	
锥距	R	$R = \dfrac{mz}{2\sin\delta} = \dfrac{m}{2}\sqrt{z_1^2 + z_2^2}$	
齿顶角	θ_a	（收缩顶隙传动）　$\tan\theta_{a2} = \tan\theta_{a1} = h_a/R$	
齿根角	θ_f	$\tan\theta_{f1} = \tan\theta_{f2} = h_f/R$	
分度圆齿厚	s	$s = \dfrac{\pi m}{2}$	
顶隙	c	$c = c^* m$	
当量齿数	z_v	$z_{vi} = z_i/\cos\delta_i$	
顶锥角	δ_a	收缩顶隙传动　$\delta_{ai} = \delta_i + \theta_{ai}$　等顶隙传动　$\delta_{ai} = \delta_i + \theta_{fi}$	
根锥角	δ_f	$\delta_{fi} = \delta_i - \theta_{fi}$	
当量齿轮分度圆半径	r_v	$r_{vi} = \dfrac{d_i}{2\cos\delta_i}$	
当量齿轮齿顶圆半径	r_{va}	$r_{vai} = r_{vi} + h_{ai}$	
当量齿轮齿顶压力角	α_{va}	$\alpha_{vai} = \arccos\left(\dfrac{r_{vi}\cos\alpha}{r_{vai}}\right)$	
重合度	ε_α	$\varepsilon_\alpha = \dfrac{1}{2\pi}\left[z_{v1}(\tan\alpha_{va1} - \tan\alpha) + z_{v2}(\tan\alpha_{va2} - \tan\alpha)\right]$	
齿宽	b	$b \leqslant \dfrac{R}{3}$（取整数）	

说明：$i = 1, 2$。

为了改善直齿圆锥齿轮机构的传动性能,也可以对其进行变位修正。关于这方面的知识,可参阅有关资料。

4.11　非圆齿轮机构

非圆齿轮机构是一种用来实现两轴之间变传动比传动的齿轮机构。由齿廓啮合基本定律可知,若要求一对齿轮作变传动比传动,其节线不再是圆,而是非圆曲线。工程实际中用得较多的是椭圆齿轮,此外还有对数螺线齿轮、卵形齿轮和偏心圆齿轮等。

因为在非圆齿轮机构中,齿轮节曲线形状可以按运动要求专门设计,与其他变传动比传动的机构(凸轮机构、连杆机构等)相比,具有明显的特点。例如,非圆齿轮可以精确地按要求的运动关系设计和制造,运动精度高;节曲线封闭的非圆齿轮副可以单向连续转动,获得周期性变传动比传动;齿轮机构的结构紧凑,刚性好,传动平稳,容易实现动平衡等。

4.11.1 非圆齿轮机构的啮合传动

下面以椭圆齿轮机构为例,简单介绍非圆齿轮机构的啮合传动。图 4.47 所示为一对椭圆齿轮机构的两个节椭圆作纯滚动的情况。两椭圆的长轴均为 $2a$,短轴均为 $2b$,两焦点之间的距离均为 $2d$。两轮分别绕各自的焦点 O_1 和 O_2 转动。在图示位置时,其节点为 C'。当主动轮 1 绕其回转中心 O_1 转过 φ_1 角时,其椭圆节线上的点 C_1 将到达连心线 O_1O_2 上的 C 点,此时从动轮 2 椭圆节线上的对应点 C_2 也将到达 C 点。由于两椭圆节线作纯滚动,故有

$$\overset{\frown}{C_2C'} = \overset{\frown}{C_1C'}$$

而在点 C 啮合时,两轮传动比为

$$i_{12} = \frac{\omega_1}{\omega_2} = \frac{\overline{O_2C}}{\overline{O_1C}} = \frac{r_2}{r_1}$$

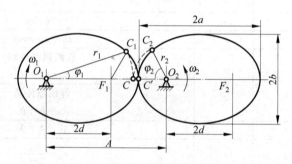

图 4.47 椭圆齿轮机构

由以上分析可知,要使一对非圆齿轮的节曲线实现纯滚动,必须满足以下条件:

(1) 任何瞬时,两轮节曲线的瞬时向量半径之和均应等于两轮中心距 A,即

$$r_1 + r_2 = A$$

(2) 相互滚过的两段节曲线弧长应时时相等,即

$$r_1 \mathrm{d}\varphi_1 = r_2 \mathrm{d}\varphi_2$$

由上述条件可知,每当小齿轮节曲线滚过整个周长时,大齿轮节曲线的每个向量半径都应周期性地重复一次。因此,大齿轮的节曲线应由周期性重复的全等曲线线段组成,其总长度应为小齿轮节曲线的整数倍。

4.11.2 非圆齿轮机构的应用

非圆齿轮机构常用于某些自动化仪表、解算装置、印刷机械、纺织机械等各种专用机械或作为通用机械的专用部件,用以实现某种特定的运动要求或改善运动性能和动力特性。下面结合一些工程实例介绍非圆齿轮机构的应用。

1) 非圆齿轮机构在汽车刮水器中的应用

挡风玻璃刮水器是各种汽车上的重要部件。它的结构形式很多,但传动系统基本上都

是采用一个电机经过蜗杆蜗轮机构等减速传动,驱动连杆机构,使刮水器转臂及雨刷做往复摆动。由于刮水器在往复行程的两端所受的阻力比行程中部的大,尤其是雪天使用刮水器需要更大启动力矩,而转臂的力矩和其转速是成反比的,所以在设计刮水器时,希望转臂在行程两端速度小、转矩大,保证顺利启动;而行程中部速度大、转矩小,以提高刮水效率。如图 4.48 所示,在传动系统中使用一个非圆齿轮机构就可以达到这一要求。

2) 非圆齿轮机构与其他机构的组合应用

非圆齿轮机构最为常见的一种应用方式是与其他机构组合使用,使执行构件的运动更符合设计要求。如图 4.49 所示,在一台卧式压力机的主机构中,一椭圆齿轮机构和一对心曲柄滑动机构串联使用,不仅实现了急回特性,节省了空回行程的时间,而且使工作行程的速比更为均匀,改善了机构的受力状况。

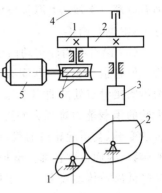

图 4.48　汽车刮水器中的非圆齿轮机构

1—主动轮;2—从动轮;3—电位器;4—转臂;5—电动机;6—蜗杆蜗轮副

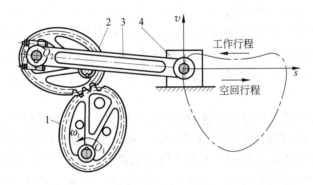

图 4.49　卧式压力机中的非圆齿轮机构

文献阅读指南

(1) 一对渐开线齿轮在啮合传动过程中,两轮齿廓间除在节点处作纯滚动外,在其他位置啮合时,均既有相对滚动,又有相对滑动。由于传动过程中齿廓间有正压力作用,故相对滑动会引起齿廓磨损,其磨损程度通常用滑动系数来衡量。研究表明,两轮齿根部分的滑动系数分别大于其齿顶部分的滑动系数;小齿轮齿根的滑动系数大于大齿轮齿根的滑动系数;在极限啮合点附近,两轮齿根部分的滑动系数分别趋于无穷大,磨损最为严重。为了使大小齿轮齿根部分的磨损接近相等,除了提高小齿轮的齿面硬度以增加其耐磨性外,通常采用变位齿轮传动,通过选择合适的变位系数来达到这一目的。有关内容可参阅朱景梓所著《渐开线齿轮变位系数的选择》(北京:人民教育出版社,1982)。

(2) 一对渐开线齿轮啮合传动时,如果一轮齿顶部分的渐开线与另一轮齿根部分的过渡曲线接触,由于过渡曲线不是渐开线,故两齿廓在接触点的公法线将不通过固定的节点 C,从而引起传动比的变化。此外,还可能使两轮卡住不动,这种现象称为过渡曲线干涉。为了保证一对渐开线齿轮正确啮合传动,在设计齿轮传动时,必须设法避免这种情况的发生。有关过渡曲线干涉的详细论述及避免措施,可参阅[俄]李特文著,卢贤占等译的《齿轮啮合原理》(上海:上海科技出版社,1984)。此外,在朱景梓所著的《渐开线齿轮变位系数的选择》中也有论述。

(3) 渐开线齿轮传动由于有许多显著的优点,因此是目前应用最为广泛的一种齿轮机构。但它也存在着一些固有的缺陷:欲降低齿廓间接触应力以提高接触强度,就必须加大两齿廓接触点处的曲率半径,这势必使机构的几何尺寸增大,由于机构尺寸的限制,渐开线齿轮的承载能力难以大幅度提高;渐开线齿轮是线接触,由于制造和安装误差以及传动时轴的变形,会引起轮齿的载荷集中,从而降低了齿轮承载能力;由于滑动系数是啮合点位置的函数,因而齿廓各部分磨损不均匀,影响齿轮的承载能力和使用寿命,同时齿廓间的磨损会降低齿轮传动效率。由于这些缺陷,限制了齿轮承载能力和传动质量的进一步提高。为了适应日益提高的传动要求,人们正在寻求更合适的齿廓曲线,由此产生了圆弧齿轮、抛物线齿轮等其他曲线齿廓的齿轮传动。有关这方面的情况,可参阅[俄]李特文著,卢贤占等译的《齿轮啮合原理》(上海:上海科学技术出版社,1984)。

(4) 在齿轮传动设计中,变位系数的选择是十分重要的,它直接影响到齿轮传动的性能。只有恰当地选择变位系数(包括选定 $x_1 + x_2$ 及分配 x_1 和 x_2),才能充分发挥变位齿轮的优点。选择变位系数的方法很多,但目前比较科学和完整的方法是封闭图法。关于封闭图的制作与变位系数的选择,可参阅朱景梓编著的《渐开线齿轮变位系数的选择》(北京:人民教育出版社,1982)和(日)仙波正荘著,张范孚译的《齿轮变位》(上海:上海科学技术出版社,1984)等专著。

(5) 非圆齿轮机构是一种用来传递两轴之间变传动比运动的机构。随着计算机技术及数控技术的发展,非圆齿轮机构设计与制造中的一些难点问题已得到解决,使得此类齿轮机构越来越广泛地应用到工程实际中。有关非圆齿轮机构的设计、制造及其应用实例,可参阅吴序堂、王贵海编著的《非圆齿轮及非匀速比传动》(北京:机械工业出版社,1997)和李福生等编著的《非圆齿轮与特种齿轮传动设计》(北京:机械工业出版社,1983)。

习　题

4.1 在图 4.50 中,

(1) 已知 $\alpha_k = 20°$,$r_b = 46.985$ mm,求 r_k、$\overset{\frown}{AB}$ 之值及点 K 处曲率半径 ρ_k;

(2) 当 $\theta_i = 3.25°$,r_b 仍为 46.985 mm 时,求 α_i 及 r_i。

4.2 当 $\alpha = 20°$,$h_a^* = 1$,$c^* = 0.25$ 的渐开线标准外齿轮的齿根圆和基圆重合时,其齿数应为多少?当齿数大于所求出的数值时,基圆与齿根圆哪个大,为什么?

4.3 一对渐开线外啮合直齿圆柱齿轮机构,两轮的分度圆半径分别为 $r_1 = 30$ mm,$r_2 = 54$ mm,$\alpha = 20°$,试求:

(1) 当中心距 $a' = 86$ mm 时,啮合角 α' 等于多少?两个齿轮的节圆半径 r_1' 和 r_2' 各为多少?

(2) 当中心距改变为 $a' = 87$ mm 时,啮合角 α' 和节圆半径

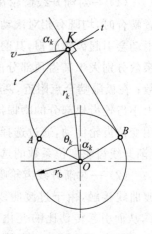

图 4.50　习题 4.1 题

r'_1，r'_2 又各等于多少?

（3）以上两种中心距情况下的两对节圆半径的比值是否相等,为什么?

4.4 已知一对渐开线外啮合标准直齿圆柱齿轮机构,$\alpha=20°$，$h_a^*=1$，$m=4$ mm，$z_1=18$，$z_2=41$。试求:

（1）两轮的几何尺寸 r,r_b,r_f,r_a 和标准中心距 a 以及重合度 ε_a；

（2）用长度比例尺 $\mu_l=0.5$ mm/mm 画出理论啮合线 $\overline{N_1N_2}$，在其上标出实际啮合线 $\overline{B_2B_1}$，并标出一对齿啮合区、两对齿啮合区以及节点 C 的位置。

4.5 某牛头刨床中,有一对渐开线外啮合标准齿轮传动,已知 $z_1=17$，$z_2=118$，$m=5$ mm，$h_a^*=1$，$a'=337.5$ mm。检修时发现小齿轮严重磨损,必须报废。大齿轮磨损较轻,沿分度圆齿厚共需磨去 0.91 mm,可获得光滑的新齿面,拟将大齿轮修理后使用,仍用原来的箱体,试设计这对齿轮。

4.6 在图 4.51 所示的回归轮系中,已知 $z_1=27$，$z_2=60$，$z'_2=63$，$z_3=25$，压力角均为 $\alpha=20°$，模数均为 $m=4$ mm。试问有几种（传动类型配置）设计方案?哪一种方案较合理,为什么?（不要求计算各轮几何尺寸）

4.7 一对渐开线外啮合直齿圆柱齿轮,原设计为标准齿轮,已知 $m=4$ mm，$\alpha=20°$，$h_a^*=1$，$z_1=23$，$z_2=47$。由于传动比由原来的 $i_{12}=\dfrac{47}{23}$ 改为 $i_{12}=2$，故欲在中心距与齿数 z_1 不变的情况下,将 z_2 改为 46，且 z_2 不变位,试设计这对齿轮。z_2 是否是标准齿轮?试用长度比例尺 $\mu_l=1$ mm/mm 定下中心距,画出基圆和 z_1 为主动轮逆时针方向转动时的理论啮合线 $\overline{N_1N_2}$，在其上标出实际啮合线 $\overline{B_2B_1}$，以及一对齿啮合和两对齿啮合区。

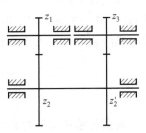

图 4.51　习题 4.6 图

4.8 某技术人员欲设计一机床变速箱中的一对渐开线外啮合圆柱齿轮机构,以传递两平行轴运动,已知 $z_1=10$，$z_2=13$，$m=12$ mm，$\alpha=20°$，$h_a^*=1$，要求两轮刚好不发生根切,试设计这对齿轮（变位系数取小数点后 3 位）,并分析计算结果。

4.9 一对渐开线标准平行轴外啮合斜齿圆柱齿轮机构,其齿数 $z_1=23$，$z_2=53$，$m_n=6$ mm，$\alpha_n=20°$，$h_{an}^*=1$，$c_n^*=0.25$，$a=236$ mm，$b=25$ mm，试求:

（1）分度圆螺旋角 β 和两轮分度圆直径 d_1,d_2；

（2）两轮齿顶圆直径 d_{a1},d_{a2}，齿根圆直径 d_{f1},d_{f2} 和基圆直径 d_{b1},d_{b2}；

（3）当量齿数 z_{v1},z_{v2}；

（4）重合度 $\varepsilon_\gamma=\varepsilon_a+\varepsilon_\beta$。

4.10 一对阿基米德标准蜗杆蜗轮机构,$z_1=2$，$z_2=50$，$m=8$ mm，$d_1=80$ mm，试求:

（1）传动比 i_{12} 和中心距 a；

（2）蜗杆蜗轮的几何尺寸。

4.11 一渐开线标准直齿圆锥齿轮机构,$z_1=16$，$z_2=32$，$m=6$ mm，$\alpha=20°$，$h_a^*=1$，$\Sigma=90°$，试设计这对直齿圆锥齿轮机构。

轮　系

【内容提要】 本章首先介绍轮系的类型,然后重点介绍各类轮系传动比的计算方法、轮系的功能和轮系的设计,并对轮系的效率问题进行讨论。最后简要介绍几种新型的行星传动机构。

在工程实际中,为了满足各种不同的工作要求,经常采用若干个彼此啮合的齿轮进行传动,这种由一系列齿轮所组成的传动系统称为轮系。它通常介于原动机和执行机构之间,把原动机的运动和动力传给执行机构。

5.1　轮系的类型

根据轮系在运转过程中各轮几何轴线在空间的相对位置关系是否变动,轮系可分为以下几类。

5.1.1　定轴轮系

在图 5.1 所示的轮系中,运动由齿轮 1 输入,通过一系列齿轮传动,带动从动齿轮 5 转动。在这个轮系中虽然有多个齿轮,但在运转过程中,每个齿轮几何轴线的位置都是固定不变的。这种所有齿轮几何轴线的位置在运转过程中均固定不变的轮系,称为定轴轮系,又称为普通轮系。

5.1.2　周转轮系

在图 5.2 所示的轮系中,齿轮 1,3 的轴线相重合,它们均为定轴齿轮,而齿轮 2 的转轴装在构件 H

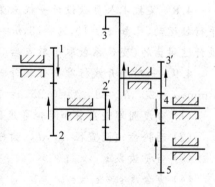

图 5.1　定轴轮系

的端部,在构件 H 的带动下,它可以绕齿轮 1,3 的轴线做周转。这种在运转过程中至少有一个齿轮几何轴线的位置并不固定,而是绕着其他定轴齿轮轴线回转的轮系,称为周转轮系。由于齿轮 2 既绕自己的轴线做自转,又绕定轴齿轮 1,3 的轴线做公转,犹如行星绕日运行一样,故称其为行星轮;带动行星轮 2 做公转的构件 H 则称为系杆或行星架;而行星轮所绕之做公转的定轴齿轮 1 和 3 则称为中心轮,其中齿轮 1 又称为太阳轮。

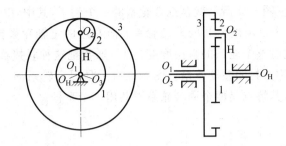

图 5.2　周转轮系

由于中心轮 1,3 和系杆 H 的回转轴线的位置均固定且重合,通常以它们作为运动的输入或输出构件,故称其为周转轮系的基本构件。

根据周转轮系所具有的自由度数目的不同,周转轮系可进一步分为两类。

(1) 行星轮系。在图 5.2 所示的周转轮系中,若将中心轮 3(或 1)固定,则整个轮系的自由度为 1。这种自由度为 1 的周转轮系称为行星轮系。为了确定该轮系的运动,只需要给定轮系中一个构件以独立的运动规律即可。

(2) 差动轮系。在图 5.2 所示的周转轮系中,若中心轮 1 和 3 均不固定,则整个轮系的自由度为 2。这种自由度为 2 的周转轮系称为差动轮系。为了使其具有确定的运动,需要两个原动件。

此外,根据周转轮系中基本构件的不同,周转轮系还可以分为两类。

(1) 2K-H 型周转轮系。这里,符号 K 表示中心轮,H 表示系杆。图 5.3 所示是 2K-H 型周转轮系的几种不同形式,其中(a)为单排形式,(b)和(c)是双排形式。

(2) 3K 型周转轮系。图 5.4 所示为具有 3 个中心轮的周转轮系。由于在此轮系中,其基本构件是 3 个中心轮,而系杆 H 则只起支承行星轮使其与中心轮保持啮合的作用,不起传力作用,故在轮系的型号中不含"H"。

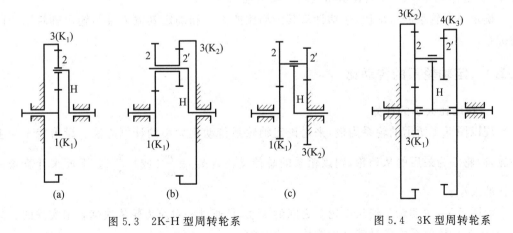

图 5.3　2K-H 型周转轮系　　　　　图 5.4　3K 型周转轮系

5.1.3　混合轮系

在工程实际中,除了采用单一的定轴轮系和单一的周转轮系外,还经常采用既含定轴轮系部分又含周转轮系部分,或者由几部分周转轮系所组成的复杂轮系,通常把这种轮系称为混合轮系或复合轮系。图5.5所示就是混合轮系的一个例子,其中,由中心轮1,3,行星轮2和系杆H组成的是一个自由度为2的差动轮系;而左边的定轴轮系把差动轮系中的中心轮1和3联接起来,这时整个轮系的自由度变为1。通常把这种联接称为封闭,而把所得到的自由度为1的轮系称为封闭差动轮系。图5.6所示是混合轮系的又一个例子,它是由两部分周转轮系所组成,其特点是两个周转轮系不共用一个系杆。

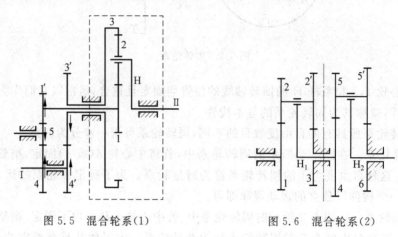

图5.5　混合轮系(1)　　　　　　图5.6　混合轮系(2)

5.2　轮系的传动比

轮系运动学分析的主要内容是确定其传动比。所谓轮系的传动比,指的是轮系中输入轴的角速度(或转速)与输出轴的角速度(或转速)之比,即

$$i_{io} = \frac{\omega_{in}}{\omega_{out}} = \frac{n_{in}}{n_{out}}$$

式中,下角标in和out分别表示输入轴和输出轴。

确定一个轮系的传动比,包括计算其传动比的大小和确定其输入轴与输出轴转向之间的关系。

5.2.1　定轴轮系的传动比

1. 传动比大小的计算

现以图5.1所示的轮系为例,来讨论定轴轮系传动比大小的计算方法。设齿轮1为主动轮,齿轮5为最后的从动轮,则该轮系的总传动比为 $i_{15} = \dfrac{\omega_1}{\omega_5}\left(或 = \dfrac{n_1}{n_5}\right)$。下面来计算该传动比的大小。

由图可见,主动轮1到从动轮5之间的传动,是通过一对对齿轮依次啮合来实现的。为此,首先求出该轮系中各对啮合齿轮传动比的大小:

$$i_{12} = \frac{\omega_1}{\omega_2} = \frac{z_2}{z_1} \tag{a}$$

$$i_{2'3} = \frac{\omega_{2'}}{\omega_3} = \frac{\omega_2}{\omega_3} = \frac{z_3}{z_{2'}} \tag{b}$$

$$i_{3'4} = \frac{\omega_{3'}}{\omega_4} = \frac{\omega_3}{\omega_4} = \frac{z_4}{z_{3'}} \qquad (c)$$

$$i_{45} = \frac{\omega_4}{\omega_5} = \frac{z_5}{z_4} \qquad (d)$$

由上述各式可以看出,主动轮 1 的角速度 ω_1 出现在(a)式的分子中,从动轮 5 的角速度 ω_5 出现在(d)式的分母中,而各中间齿轮的角速度 $\omega_2,\omega_3,\omega_4$ 在这些式子的分子和分母中均各出现一次。因此,为了求得整个轮系的传动比 $i_{15} = \frac{\omega_1}{\omega_5}$,可将上述各式两边分别连乘起来。于是有

$$i_{12} \cdot i_{2'3} \cdot i_{3'4} \cdot i_{45} = \frac{\omega_1}{\omega_2} \cdot \frac{\omega_2}{\omega_3} \cdot \frac{\omega_3}{\omega_4} \cdot \frac{\omega_4}{\omega_5} = \frac{\omega_1}{\omega_5}$$

即

$$i_{15} = \frac{\omega_1}{\omega_5} = i_{12} \cdot i_{2'3} \cdot i_{3'4} \cdot i_{45} = \frac{z_2 z_3 z_4 z_5}{z_1 z_{2'} z_{3'} z_4} \qquad (5.1)$$

上式表明,定轴轮系的传动比等于组成该轮系的各对啮合齿轮传动比的连乘积,其大小等于各对啮合齿轮中所有从动轮齿数的连乘积与所有主动轮齿数的连乘积之比。即

$$定轴轮系的传动比 = \frac{所有从动轮齿数的连乘积}{所有主动轮齿数的连乘积} \qquad (5.2)$$

由图 5.1 可以看出,齿轮 4 同时与齿轮 $3'$ 和齿轮 5 相啮合,对于齿轮 $3'$ 来讲,它是从动轮,对于齿轮 5 来讲,它又是主动轮。因此,其齿数 z_4 在式(5.1)的分子、分母中同时出现,可以约去。齿轮 4 的作用仅仅是改变齿轮 5 的转向,而它的齿数的多少并不影响该轮系传动比的大小,称这样的齿轮为惰轮。

2. 主、从动轮转向关系的确定

在工程实际中,不仅需要知道轮系传动比的大小,还需要根据主动轮的转动方向来确定从动轮的转向。下面分几种情况加以讨论。

1) 轮系中各轮几何轴线均互相平行的情况

这是工程实际中最为常见的情况,组成这种轮系的所有齿轮均为直齿或斜齿圆柱齿轮。由于一对内啮合圆柱齿轮的转向相同,而一对外啮合圆柱齿轮的转向相反,所以每经过一对外啮合就改变一次方向,故可用轮系中外啮合的对数来确定轮系中主、从动轮的转向关系。即若用 m 来表示轮系中外啮合的对数,则可用 $(-1)^m$ 来确定轮系传动比的正负号。若计算结果为正,则说明主、从动轮转向相同;若结果为负,则说明主、从动轮转向相反。对于图 5.1 所示的轮系,$m=3$,所以其传动比为

$$i_{15} = (-1)^3 \frac{z_2 z_3 z_5}{z_1 z_{2'} z_{3'}} = -\frac{z_2 z_3 z_5}{z_1 z_{2'} z_{3'}}$$

这说明从动轮 5 的转向与主动轮 1 的转向相反。

2) 轮系中所有齿轮的几何轴线不都平行,但首、尾两轮的轴线互相平行的情况

在图 5.7 所示的轮系中,齿轮 1 和齿轮 2 的几何轴线不平行,它们的转向无所谓相同或相反;同样,齿轮 $2'$ 和齿轮 3 的几何轴线也不平行,它们的转向也无所谓同向或反向。在这种情况下,可在图上用箭头来

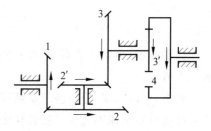

图 5.7 首尾两轮几何轴线平行的定轴轮系

表示各轮的转向。由于该轮系中首、尾两轮(齿轮 1 和 4)的轴线互相平行,所以仍可在传动比的计算结果中加上"＋"、"－"号来表示主、从动轮的转向关系。如图,主动轮 1 和从动轮 4 的转向相反,故其传动比为

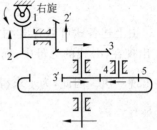

$$i_{14} = \frac{\omega_1}{\omega_4} = -\frac{z_2 z_3 z_4}{z_1 z_{2'} z_{3'}}$$

3) 轮系中首、尾两轮几何轴线不平行的情况

在图 5.8 所示的轮系中,主动轮 1(蜗杆)和从动轮 5(内齿轮)的几何轴线不平行,它们分别在两个不同的平面内转动,转向无所谓相同或相反,因此不能采用在传动比的计算结果中加"＋"、"－"号的方法来表示主、从动轮转向间的关系,其转向关系只能用箭头表示在图上。

图 5.8　首尾两轮几何轴线
不平行的定轴轮系

5.2.2　周转轮系的传动比

在周转轮系中,由于其行星轮的运动不是绕定轴的简单转动,因此其传动比的计算不能像定轴轮系那样,直接以简单的齿数反比的形式来表示。

1. 周转轮系传动比计算的基本思路

周转轮系与定轴轮系的根本区别在于周转轮系中有一个转动着的系杆,因此使行星轮既自转又公转。如果能够设法使系杆固定不动,那么周转轮系就可转化成一个定轴轮系。为此,假想给整个轮系加上一个公共的角速度($-\omega_H$),根据相对运动原理可知,各构件之间的相对运动关系并不改变,但此时系杆的角速度就变成了 $\omega_H - \omega_H = 0$,即系杆可视为静止不动。于是,周转轮系就转化成了一个假想的定轴轮系,通常称这个假想的定轴轮系为周转轮系的转化机构。

下面以图 5.9 所示的单排 2K-H 型周转轮系为例,来说明当给整个轮系加上一个($-\omega_H$)的公共角速度后,各构件角速度的变化情况。

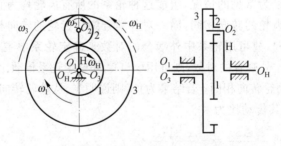

图 5.9　单排 2K-H 型周转轮系

如图所示,当给整个轮系加上公共角速度($-\omega_H$)后,其各构件的角速度变化情况如表 5.1 所示。

表中 ω_1^H,ω_2^H,ω_3^H 分别表示在系杆固定后所得到的转化机构中齿轮 1,2,3 的角速度。由于系杆固定后上述周转轮系就转化成了如图 5.10 所示的定轴轮系,因此该转化机构的传动比就可以按照定轴轮系传动比的计算方法来计算。下面将会看到,通过该转化机构传动比的计算,就可以得到周转轮系中各构件的真实角速度之间的关系,进而求得周转轮系的传动比。

表 5.1　周转轮系转化机构中各构件的角速度

构 件 代 号	原有角速度	在转化机构中的角速度 （即相对于系杆的角速度）
1	ω_1	$\omega_1^H = \omega_1 - \omega_H$
2	ω_2	$\omega_2^H = \omega_2 - \omega_H$
3	ω_3	$\omega_3^H = \omega_3 - \omega_H$
H	ω_H	$\omega_H^H = \omega_H - \omega_H = 0$

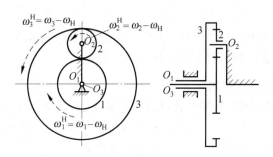

图 5.10　周转轮系的转化机构

2. 周转轮系传动比的计算方法

首先求转化机构的传动比。由传动比的概念可知,

$$i_{13}^H = \frac{\omega_1^H}{\omega_3^H} = \frac{\omega_1 - \omega_H}{\omega_3 - \omega_H}$$

式中,i_{13}^H 表示在转化机构中 1 轮主动、3 轮从动时的传动比。由于转化机构为一定轴轮系,因此其传动比的大小为

$$i_{13}^H = -\frac{z_3}{z_1}$$

综合以上两式可得

$$i_{13}^H = \frac{\omega_1 - \omega_H}{\omega_3 - \omega_H} = -\frac{z_3}{z_1}$$

式中,齿数比前的"$-$"号表示在转化机构中齿轮 1 和齿轮 3 的转向相反。

根据上述原理,不难写出周转轮系转化机构传动比的一般公式。设周转轮系中两个中心轮分别为 1 和 n,系杆为 H,则其转化机构的传动比 i_{1n}^H 可表示为

$$i_{1n}^H = \frac{\omega_1 - \omega_H}{\omega_n - \omega_H} = \pm \frac{z_2 \cdots z_n}{z_1 \cdots z_{n-1}} \tag{5.3}$$

若一个周转轮系转化机构的传动比为"$+$",则称其为正号机构;为"$-$",则称其为负号机构。

虽然我们的目的并非求转化机构的传动比,但是由上式可以看出,在各轮齿数均为已知的情况下,i_{1n}^H 总可以求出。因此,只要给定了 ω_1,ω_n 和 ω_H 三者中任意两个参数,由上式就可以求出第三者,从而可以方便地得到周转轮系 3 个基本构件中任两个构件之间的传动比 i_{1n},i_{1H},i_{nH}。

在利用上式计算周转轮系传动比时,需要注意以下几点:

(1) 式中 i_{1n}^{H} 是转化机构中 1 轮主动、n 轮从动时的传动比,其大小和正负完全按定轴轮系来处理。在具体计算时,要特别注意转化机构传动比 i_{1n}^{H} 的正负号,它不仅表明在转化机构中中心轮 1 和轮 n 转向之间的关系,而且将直接影响到周转轮系传动比的大小和正负号。

(2) ω_1,ω_n 和 ω_H 是周转轮系中各基本构件的真实角速度。对于差动轮系来说,因它具有两个自由度,所以在 3 个基本构件中,必须有两个的运动规律已知,机构才具有确定的运动,即 ω_1,ω_n,ω_H 三者中必须有两个是已知的,才能求出第三者。若已知的两个转速方向相反,则在代入上式求解时,必须一个代正值,另一个代负值,第三个转速的转向则将根据计算结果的正负号来确定。

(3) 对于行星轮系来说,由于其中一个中心轮是固定的(例如中心轮 n 固定,即 $\omega_n=0$),这时可直接由式(5.3)求出其余两个基本构件间的传动比。

3. 周转轮系传动比计算举例

为了进一步理解和掌握周转轮系传动比的计算方法,现举例如下。

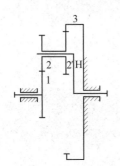

图 5.11　例 5.1 图

例 5.1　图 5.11 所示的轮系中,已知各轮齿数为:$z_1=28$,$z_2=18$,$z_{2'}=24$,$z_3=70$,试求传动比 i_{1H}。

解　这是一个双排 2K-H 型行星轮系。其转化机构的传动比为

$$i_{13}^{H}=\frac{\omega_1-\omega_H}{\omega_3-\omega_H}=-\frac{z_2 z_3}{z_1 z_{2'}}=-\frac{18\times70}{28\times24}=-1.875$$

由于 $\omega_3=0$,故得

$$\frac{\omega_1-\omega_H}{-\omega_H}=-1.875$$

由此得

$$i_{1H}=\frac{\omega_1}{\omega_H}=1+1.875=2.875$$

计算结果 i_{1H} 为正值,说明系杆 H 与中心轮 1 转向相同。

例 5.2　在图 5.12 所示轮系中,已知各轮齿数为:$z_1=48$,$z_2=48$,$z_{2'}=18$,$z_3=24$,又 $n_1=250\text{r/min}$,$n_3=100\text{r/min}$,转向如图所示。试求系杆 H 的转速 n_H 的大小及方向。

解　这是一个由锥齿轮所组成的周转轮系。先计算其转化机构的传动比。

$$i_{13}^{H}=\frac{n_1^{H}}{n_3^{H}}=\frac{n_1-n_H}{n_3-n_H}=-\frac{z_2 z_3}{z_1 z_{2'}}=-\frac{48\times24}{48\times18}=-\frac{4}{3}$$

式中,齿数比前的"—"号表示在该轮系的转化机构中,齿轮 1,3 的转向相反,它是通过图中用虚线箭头所表示的 n_1^{H},n_2^{H},n_3^{H}(转化机构中各轮的转向)确定的。

将已知的 n_1,n_3 值代入上式。由于 n_1 和 n_3 的实际转向相反,故一个取正值,另一个取负值。今取 n_1 为正,n_3 为负,则

$$\frac{n_1-n_H}{n_3-n_H}=\frac{250-n_H}{-100-n_H}=-\frac{4}{3}$$

解该式可得

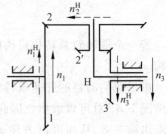

图 5.12　例 5.2 图

$$n_{\mathrm{H}} = \frac{350}{7} = 50(\mathrm{r/min})$$

计算结果为正,表明系杆 H 的转向与齿轮 1 相同,与齿轮 3 相反。

对于由锥齿轮所组成的周转轮系,在计算其传动比时应注意以下两点:

(1) 转化机构的传动比,大小按定轴轮系传动比公式计算,其正负号则根据在转化机构中用箭头表示的结果来确定,而不能按外啮合的对数来确定。

(2) 由于行星轮的角速度矢量与系杆的角速度矢量不平行,所以不能用代数法相加减,即 $\omega_2^{\mathrm{H}} \neq \omega_2 - \omega_{\mathrm{H}}$,$i_{12}^{\mathrm{H}} \neq \frac{\omega_1 - \omega_{\mathrm{H}}}{\omega_2 - \omega_{\mathrm{H}}}$。不过,由于通常所需要的多是中心轮之间或中心轮与系杆之间的传动比,计算过程中并不涉及 ω_2 与 ω_{H} 之间的关系,故实际上并不妨碍计算的进行。否则,就需要利用向量合成的方法来求解,此处不再详述。

5.2.3　混合轮系的传动比

1. 混合轮系传动比的计算方法

如前所述,在实际机械中,除了广泛应用单一的定轴轮系和单一的周转轮系外,还大量用到由定轴轮系与周转轮系组成的混合轮系,或由几个单一的周转轮系组合而成的混合机构。

在计算混合轮系传动比时,既不能将整个轮系作为定轴轮系来处理,也不能对整个机构采用转化机构的办法。因为若将整个机构加上一个 $(-\omega_{\mathrm{H}})$ 的公共角速度后,虽然原来的周转轮系部分可以转化为一个定轴轮系,但同时却使原来的定轴轮系部分转化成了周转轮系,使问题仍得不到解决。即使是对于由几个单一的周转轮系组合而成的混合机构,由于各周转轮系不共用一个系杆,也无法加上一个公共的角速度 $(-\omega_{\mathrm{H}})$ 将整个轮系转化为定轴轮系。

计算混合轮系传动比的正确方法如下:

(1) 首先将各个基本轮系正确地区分开来。

(2) 分别列出计算各基本轮系传动比的方程式。

(3) 找出各基本轮系之间的联系。

(4) 将各基本轮系传动比方程式联立求解,即可求得混合轮系的传动比。

这里最为关键的一步是正确划分各个基本轮系。所谓基本轮系,指的是单一的定轴轮系或单一的周转轮系。在划分基本轮系时,首先要找出各个单一的周转轮系。具体方法是:先找行星轮,即找出那些几何轴线位置不固定而是绕其他定轴齿轮几何轴线转动的齿轮;找到行星轮后,支承行星轮的构件即为系杆;而几何轴线与系杆重合且直接与行星轮相啮合的定轴齿轮就是中心轮。这一由行星轮、系杆、中心轮所组成的轮系,就是一个基本的周转轮系。重复上述过程,直至将所有周转轮系均一一找出。区分出各个基本的周转轮系后,剩余的那些由定轴齿轮所组成的部分就是定轴轮系。

2. 混合轮系传动比计算举例

为了具体说明混合轮系传动比计算的方法,下面举例说明。

例 5.3　在图 5.5 所示的轮系中,设已知各轮的齿数为: $z_1 = 30$,$z_2 = 30$,$z_3 = 90$,$z_{1'} = 20$,$z_4 = 30$,$z_{3'} = 40$,$z_{4'} = 30$,$z_5 = 15$。试求轴 Ⅰ、轴 Ⅱ 之间的传动比 $i_{\mathrm{I \, II}}$。

解 这是一个混合轮系。首先将各个基本轮系区分开来。从图中可以看出：齿轮2的几何轴线不固定,它是一个行星轮;支承该行星轮的构件 H 即为系杆;而与行星轮2相啮合的定轴齿轮1,3为中心轮。因此,齿轮1,2,3和系杆 H 组成了一个基本周转轮系,它是一个差动轮系。剩余的由定轴齿轮 4—4′,5,1′,3′所组成的轮系为一定轴轮系。计算传动比 $i_{ⅠⅡ}$,就是求传动比 i_{4H}。

下面分别列出各基本轮系传动比的计算式。

对于差动轮系,有

$$i_{13}^H = \frac{n_1 - n_H}{n_3 - n_H} = -\frac{z_3}{z_1} = -\frac{90}{30} = -3$$

即

$$\frac{n_1 - n_H}{n_3 - n_H} = -3 \tag{a}$$

对于定轴轮系,有

$$i_{41'} = \frac{n_4}{n_{1'}} = \frac{z_{1'}}{z_4} = \frac{20}{30} = \frac{2}{3}$$

即

$$n_{1'} = \frac{3}{2} n_4 \tag{b}$$

$$i_{43'} = \frac{n_4}{n_{3'}} = -\frac{z_{3'}}{z_{4'}} = -\frac{40}{30} = -\frac{4}{3}$$

即

$$n_{3'} = -\frac{3}{4} n_4 \tag{c}$$

从图中可以看出,定轴轮系和差动轮系是通过齿轮 1—1′和齿轮 3—3′联系起来的,因此有 $n_{1'} = n_1, n_{3'} = n_3$,即

$$n_1 = n_{1'} = \frac{3}{2} n_4 \tag{d}$$

$$n_3 = n_{3'} = -\frac{3}{4} n_4 \tag{e}$$

将(d),(e)两式代入(a)式,可得

$$\frac{\frac{3}{2} n_4 - n_H}{-\frac{3}{4} n_4 - n_H} = -3$$

从而可求得

$$i_{ⅠⅡ} = i_{4H} = \frac{n_4}{n_H} = -\frac{16}{3} \approx -5.33$$

负号表明Ⅰ,Ⅱ两轴转向相反。

例 5.4 图 5.13 所示为一电动卷扬机减速器的运动简图。已知各轮齿数为：$z_1 = 26$, $z_2 = 50, z_{2'} = 18, z_3 = 94, z_{3'} = 18, z_4 = 35, z_5 = 88$。试求传动比 i_{15}。

解 这是一个比较复杂的轮系。首先区分出各个基本轮系。从图中可以看出,双联齿轮 2—2′的几何轴线不固定,而是随着内齿轮5的转动绕中心轴线运动,因此它是一个双联行星轮。支承该行星轮的构件齿轮5即为系杆 H,而与齿轮 2,2′分别啮合的定轴齿轮1和3即为中心轮。齿轮 1,2—2′,3,5(H)组成了一个差动轮系。剩余的定轴齿轮 3′,4,5组成一个定轴轮系。整个轮系是一个由定轴轮系把差动轮系中系杆和中心轮3封闭起来的封闭

差动轮系。

对差动轮系来说，有

$$i_{13}^H = i_{13}^5 = \frac{n_1 - n_5}{n_3 - n_5} = -\frac{z_2 z_3}{z_1 z_{2'}} = -\frac{50 \times 94}{26 \times 18} = -\frac{1175}{117}$$

即

$$\frac{n_1 - n_5}{n_3 - n_5} = -\frac{1175}{117} \qquad (a)$$

对定轴轮系来说，有

$$i_{3'5} = \frac{n_{3'}}{n_5} = -\frac{z_5}{z_{3'}} = -\frac{88}{18} = -\frac{44}{9}$$

即

$$n_{3'} = -\frac{44}{9} n_5 \qquad (b)$$

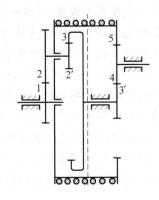

图 5.13　电动卷扬机减速器
运动简图

由于齿轮 $3'$ 和 3 为一个构件，故

$$n_3 = n_{3'} = -\frac{44}{9} n_5 \qquad (c)$$

将(c)式代入(a)式得

$$\frac{n_1 - n_5}{-\frac{44}{9} n_5 - n_5} = -\frac{1175}{117}$$

整理后可得

$$i_{15} = \frac{n_1}{n_5} \approx 60.14$$

正号表明齿轮 1 和齿轮 5 转向相同。

*5.3　轮系的效率

轮系的效率计算涉及到多方面的因素，是一个比较复杂的问题。加之实际加工精度、安装精度和使用情况等都会直接影响到效率的大小，故工程中一般常用实验方法来测定。本节只讨论涉及轮齿啮合损耗的效率计算，因为它对在设计阶段评价方案的可行性（如效率的高低、是否会发生自锁现象等）和进行方案的比较与选择十分有用。

在各种轮系中，定轴轮系的效率计算最为简单。当轮系由 k 对齿轮串联组成时，其传动总效率为

$$\eta = \eta_1 \eta_2 \cdots \eta_k \qquad (5.4)$$

式中，$\eta_1, \eta_2, \cdots, \eta_k$ 为每对齿轮的传动效率，可通过查阅有关手册得到。由于 $\eta_1, \eta_2, \cdots, \eta_k$ 均小于1，故啮合对数越多，则传动的总效率越低。

由于周转轮系中具有既自转又公转的行星轮，它的效率不能用定轴轮系的公式来计算。

在研究周转轮系传动比计算问题时，我们曾通过"转化机构法"找到了周转轮系与定轴轮系之间的内在联系，从而得到了周转轮系传动比的计算方法；同样，利用"转化机构法"也可以找出两者在效率方面的内在联系，进而得到计算周转轮系效率的方法。这种方法的理论基础是：齿廓啮合传动时，其齿面摩擦引起的功率损耗取决于齿面间的法向压力、摩擦系数和齿面间的相对滑动速度。而周转轮系的转化机构与原周转轮系相比，二者的差别仅在于给整个机构附加了一个公共的角速度（$-\omega_H$）。经过这样的转化后，各对啮合齿廓间的相

对滑动速度并未改变,其摩擦系数也不会发生变化;此外,只要使周转轮系中作用的外力矩与其转化机构中所作用的外力矩保持相同,则齿面之间的法向压力也不会改变。这说明只要使周转轮系与其转化机构上作用有相同的外力矩,则由轮齿啮合而引起的摩擦损耗功率 P_f 不变。换言之,只要使周转轮系和其转化机构中所作用的外力矩保持不变,就可以用转化机构中的摩擦损耗功率来代替周转轮系中的摩擦损耗功率,使周转轮系的效率与其转化机构的效率发生联系,从而计算出周转轮系的效率。

下面以图 5.3 所示的 2K-H 行星轮系为例来具体说明这种方法的运用。

设中心轮 1 和系杆 H 为受有外力矩的两个转动构件。中心轮 1 的角速度为 ω_1,其上作用有外力矩 M_1;系杆的角速度为 ω_H。则齿轮 1 所传递的功率为

$$P_1 = M_1 \omega_1$$

而在其转化机构中,由于齿轮 1 的角速度为 $\omega_1^H = \omega_1 - \omega_H$,故在外力矩 M_1 保持不变的情况下,齿轮 1 所传递的功率则为

$$P_1^H = M_1(\omega_1 - \omega_H)$$

两者的关系为

$$\frac{P_1^H}{P_1} = \frac{M_1(\omega_1 - \omega_H)}{M_1 \omega_1} = 1 - \frac{1}{i_{1H}}$$

即

$$P_1^H = P_1 \left(1 - \frac{1}{i_{1H}} \right) \tag{a}$$

由(a)式可以看出:当 $1 - \dfrac{1}{i_{1H}} > 0$,即 $i_{1H} > 1$ 或 $i_{1H} < 0$ 时,P_1^H 与 P_1 同号,这表明在行星轮系和其转化机构中,齿轮 1 主动或从动的地位不变,即若齿轮 1 在行星轮系中为主动轮,则其在转化机构中仍为主动轮,反之亦然。当 $1 - \dfrac{1}{i_{1H}} < 0$,即 $0 < i_{1H} < 1$ 时,P_1^H 与 P_1 异号,这表明在行星轮系和其转化机构中,齿轮 1 的主、从动地位发生了变化,即若齿轮 1 原为主动轮,则在转化机构中变为从动轮;若齿轮 1 原为从动轮,则在转化机构中变为主动轮。

下面分两大类进行讨论。

1. 在行星轮系中,中心轮 1 为主动,系杆 H 为从动

这时有两种可能的情况。

1) $i_{1H} > 1$ 或 $i_{1H} < 0$ 时,齿轮 1 在转化机构中仍为主动轮

此时,转化机构的输入功率为 $P_1^H = M_1(\omega_1 - \omega_H)$。若用 P_f 来表示其摩擦损耗功率,则转化机构的效率为 $\eta^H = 1 - \dfrac{P_f}{P_1^H}$,由此可求出其摩擦损耗功率为

$$P_f = P_1^H (1 - \eta^H) = M_1(\omega_1 - \omega_H)(1 - \eta^H) \tag{b}$$

由于转化机构是个定轴轮系,因此 η^H 可由式(5.4)求出。在外力矩 M_1 相同的情况下,上述转化机构中的摩擦损耗功率 P_f 即为行星轮系中的摩擦损耗功率。

因为在行星轮系中,主动中心轮 1 的输入功率为 $P_1 = M_1 \omega_1$,故当中心轮 1 为主动、系杆 H 为从动时,轮系的效率为

$$\eta_{1H} = 1 - \frac{P_f}{M_1 \omega_1}$$

将(b)式代入上式,可得

$$\eta_{1H} = 1 - \frac{M_1(\omega_1 - \omega_H)(1 - \eta^H)}{M_1\omega_1}$$

$$= 1 - \left(1 - \frac{1}{i_{1H}}\right)(1 - \eta^H) = \frac{1 - \eta^H(1 - i_{1H})}{i_{1H}} \tag{5.5}$$

2）$0 < i_{1H} < 1$ 时，齿轮 1 在转化机构中变为从动轮

此时，在转化机构中，从动轮 1 上的输出功率为 $P_1^H = M_1(\omega_1 - \omega_H)$，而机构的输入功率可以表示为输出功率与摩擦损耗功率之和，因此转化机构的效率为

$$\eta^H = 1 - \frac{P_f}{P_1^H + P_f}$$

由此可求出其摩擦损耗功率为

$$P_f = \frac{P_1^H(1 - \eta^H)}{\eta^H} = \frac{M_1(\omega_1 - \omega_H)(1 - \eta^H)}{\eta^H}$$

这里需要指出的是，由于此时在转化机构中齿轮 1 为输出构件，M_1 和 $(\omega_1 - \omega_H)$ 的方向相反，故输出功率 P_1^H 表现为负值，因此由上式所求出的摩擦损耗功率 P_f 也将为负值。鉴于在一般的效率计算公式中，摩擦损耗功率均以其绝对值的形式代入，因此需把上式负值的 P_f 改为正值，即用下式表示：

$$P_f = \frac{-M_1(\omega_1 - \omega_H)(1 - \eta^H)}{\eta^H} = \frac{M_1(\omega_H - \omega_1)(1 - \eta^H)}{\eta^H} \tag{c}$$

由于在行星轮系中，主动中心轮 1 的输入功率为 $P_1 = M_1\omega_1$，故此时行星轮系的效率仍可表示为

$$\eta_{1H} = 1 - \frac{P_f}{M_1\omega_1}$$

将（c）式代入上式，则得

$$\eta_{1H} = 1 - \frac{M_1(\omega_H - \omega_1)(1 - \eta^H)}{M_1\omega_1\eta^H}$$

$$= 1 - \frac{\left(\dfrac{1}{i_{1H}} - 1\right)(1 - \eta^H)}{\eta^H}$$

$$= 1 - \frac{(1 - i_{1H})(1 - \eta^H)}{i_{1H}\eta^H}$$

$$= \frac{\eta^H - (1 - i_{1H})}{i_{1H}\eta^H} \tag{5.6}$$

2. 在行星轮系中，中心轮 1 为从动，系杆 H 为主动

这时也有两种可能的情况。

1）$i_{1H} > 1$ 或 $i_{1H} < 0$ 时，齿轮 1 在转化机构中仍为从动轮

此时，由于在转化机构中中心轮 1 为从动轮，故可仿照第一大类中的情况（2）求出其摩擦损耗功率：

$$P_f = \frac{M_1(\omega_H - \omega_1)(1 - \eta^H)}{\eta^H} \tag{d}$$

由于在行星轮系中中心轮 1 为从动，其输出功率为负值的 $P_1 = M_1\omega_1$，所以行星轮系的

效率为

$$\eta_{H1} = 1 - \frac{P_f}{-M_1\omega_1 + P_f}$$

将(d)式代入上式,整理后可得

$$\eta_{H1} = \frac{i_{1H}\eta^H}{\eta^H - (1 - i_{1H})} \tag{5.7}$$

2) $0 < i_{1H} < 1$ 时,齿轮1在转化机构中变为主动轮

由于齿轮1在转化机构中为主动轮,因此可仿照第一大类中的情况(1)求出其摩擦损耗功率:

$$P_f = M_1(\omega_1 - \omega_H)(1 - \eta^H) \tag{e}$$

鉴于此时在行星轮系中中心轮1为从动轮,其输出功率为负值的 $P_1 = M_1\omega_1$,所以行星轮系的效率为

$$\eta_{H1} = 1 - \frac{P_f}{(-M_1\omega_1 + P_f)}$$

将(e)式代入上式,整理后得

$$\eta_{H1} = \frac{i_{1H}}{1 - \eta^H(1 - i_{1H})} \tag{5.8}$$

由以上两大类4种情况的效率表达式可以看出,行星轮系的效率是其传动比 i_{1H} 的函数,其具体计算公式又因主动件的不同而各异。式中 η^H 为转化机构的效率,计算时一般可取 $\eta^H = 0.9$。

图5.14所示为上述4种情况下的效率曲线图。曲线1和曲线H分别为中心轮1为主动件和系杆H为主动件时行星轮系的效率曲线。

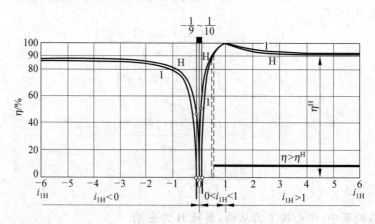

图5.14 效率曲线图

进一步分析行星轮系效率的4个计算公式和效率曲线图,可以得出下面几点重要结论:

(1) 由2K-H行星轮系传动比计算公式可知 $i_{1H} = 1 - i_{13}^H$。当转化机构的传动比 $i_{13}^H < 0$ 时,行星轮系为负号机构,$i_{1H} > 1$。由效率曲线可以看出,此时无论是中心轮主动还是系杆主动,轮系的效率都很高,均高于其转化机构的效率 η^H。这说明,对于负号机构来说,无论是用作增速还是减速,都具有较高的效率。因此,在设计行星轮系时,若用于传递功率,应尽

可能选用负号机构。但需要指出的是,负号机构的传动比 i_{1H} 的值,只比其转化机构的传动比 i_{13}^H 的绝对值大 1。因此,若希望利用负号机构来实现大的减速比,首先要设法增大其转化机构的传动比的绝对值,由此势必造成机构本身尺寸增大,即得之于效率较高,将失之于机构尺寸过大,这是行星轮系设计中的一对矛盾因素。

(2) 当转化机构的传动比 $i_{13}^H > 0$ 时,行星轮系为正号机构,$i_{1H} = 1 - i_{13}^H < 1$。由图 5.14 可以看出,在这种情况下,当系杆 H 为主动件时,行星轮系的效率 η_{H1} 总不会为负值,机构将不会发生自锁;而当中心轮 1 为主动件时,η_{1H} 则有可能为负值,故轮系可能发生自锁。图 5.14 上方的粗黑线段示出了这个自锁区域。由图可以看出,当传动比 i_{1H} 在此范围内时,若改为系杆 H 作主动件,虽不会发生自锁,但此时效率却很低。

由以上分析可知,当正号机构用作减速时,无论减速比为多少均不会发生自锁,但在某些情况下效率很低;当用作增速时,则在某些情况下会发生自锁。但是我们也注意到,当 $|i_{1H}|$ 很小时,正号机构中若以系杆 H 为主动件,其传动比 $|i_{H1}|$ 将很大,亦即利用正号机构可以获得很大的减速比;且由于这时其转化机构的传动比 $i_{13}^H = 1 - i_{1H}$ 将接近于 1,因此机构的尺寸不致很大。换句话说,采用正号机构作为传动装置,虽失之于效率低,却得之于传动比大和结构紧凑。

综上所述,在行星轮系中,存在着效率、传动比和机构尺寸等相互制约的矛盾。因此在设计行星轮系时,应根据工作要求和工作条件,适当选择行星轮系的类型。

例 5.5　在图 5.15 所示的轮系中,已知各轮齿数为:$z_1 = 100$, $z_2 = 101$, $z_{2'} = 100$, $z_3 = 99$,设 $\eta^H = 0.9$,试求分别以中心轮 1 和系杆 H 为主动件时轮系的效率 η_{1H} 和 η_{H1}。

解　该行星轮系为一正号机构。首先计算其传动比:

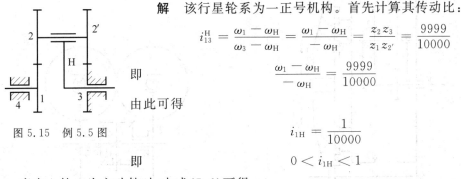

图 5.15　例 5.5 图

$$i_{13}^H = \frac{\omega_1 - \omega_H}{\omega_3 - \omega_H} = \frac{\omega_1 - \omega_H}{-\omega_H} = \frac{z_2 z_3}{z_1 z_{2'}} = \frac{9999}{10000}$$

即

$$\frac{\omega_1 - \omega_H}{-\omega_H} = \frac{9999}{10000}$$

由此可得

$$i_{1H} = \frac{1}{10000}$$

即

$$0 < i_{1H} < 1$$

当中心轮 1 为主动件时,由式(5.6)可得

$$\eta_{1H} = \frac{\eta^H - (1 - i_{1H})}{i_{1H}\eta^H} = \frac{0.9 - \left(1 - \dfrac{1}{10000}\right)}{\dfrac{1}{10000} \times 0.9} = -1110 < 0$$

当系杆 H 为主动件时,由式(5.8)可得

$$\eta_{H1} = \frac{i_{1H}}{1 - \eta^H(1 - i_{1H})} = \frac{\dfrac{1}{10000}}{1 - 0.9 \times \left(1 - \dfrac{1}{10000}\right)}$$

$$\approx 0.001 = 0.1\%$$

这表明,该轮系在以中心轮 1 为主动件时将发生自锁;而当以系杆 H 为主动件时,虽不会产生自锁,并可获得很大的减速比($i_{H1} = 10000$),但效率却极低。

5.4　轮系的功能

在工程实际中,广泛地使用着各种轮系。其功能可概括为以下几个方面。

1. 实现大传动比传动

一对齿轮传动,为了避免由于齿数过于悬殊而使小齿轮易于损坏和发生齿根干涉等问题,一般传动比不得大于5~7。在需要获得更大传动比时,可利用定轴轮系的多级传动来实现。

为了获得大的传动比,也可以采用周转轮系和混合轮系。图5.16所示为车床电动三爪卡盘的行星减速器,它是利用周转轮系实现大传动比传动的一个实例。电动机带动齿轮1转动,通过一个3K型行星轮系带动内齿轮4转动,从而使固结在齿轮4右端面上的阿基米德螺旋槽转动,驱使3个卡爪快速径向移动,以夹紧或放松工件。其各轮齿数为$z_1=6$,$z_2=z_{2'}=25$,$z_3=57$,$z_4=56$,传动比$i_{14}=-588$。只用几个齿轮就实现了如此大的传动比,且结构紧凑、体积小、重量轻。图5.17所示为一大速比减速器的运动简图。其中蜗杆1和5均为单头右旋蜗杆,其余各轮齿数为:$z_{1'}=101$,$z_2=99$,$z_{2'}=z_4$,$z_{4'}=100$,$z_{5'}=100$。当运动由蜗杆1输入,由系杆H输出时,其传动比$i_{1H}=1980000$。这是利用混合轮系实现大传动比的一个实例。

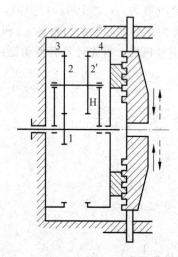

图5.16　车床电动三爪卡盘的行星减速器

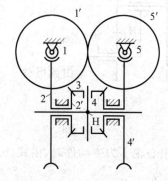

图5.17　大速比减速器运动简图

2. 实现变速与换向传动

图5.18(a)所示为国产红旗高级轿车中的自动变速器简图。它是由4套简单的2K-H型周转轮系经过复杂的联接组合而成的。图中B_3,B_2,B_1和C是由液力变扭器控制的带式制动器和锥面离合器,B_r是由司机控制的倒车制动器。运动由Ⅰ轴输入,当带式制动器B_1,B_2,B_3,锥面离合器C和倒车制动器B_r分别起作用时,输出轴Ⅱ可得到5种不同的速度——4个前进挡和1个倒车挡。这样,在不需要改变各轮啮合状态的情况下,就实现了变速和换向传动。各挡传动比如表5.2所示。

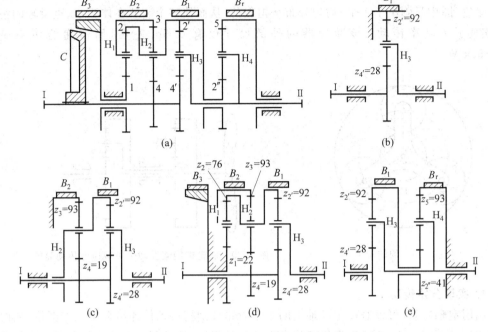

图 5.18　红旗轿车中的自动变速器简图

表 5.2　变速器各挡传动比

第 1 挡	B_1 制动(见图 5.18(b))	$i_{I II} = 4.286$
第 2 挡	B_2 制动(见图 5.18(c))	$i_{I II} = 2.752$
第 3 挡	B_3 制动(见图 5.18(d))	$i_{I II} = 1.67$
第 4 挡	C 合上(见图 5.18(a))	$i_{I II} = 1$
第 5 挡	B_r 制动(见图 5.18(e))	$i_{I II} = -6.453$

为了实现上述的变速和换向传动,也可以采用由定轴轮系所组成的变速器。其变速和换向是通过轮齿的离合来实现的。换挡时,需通过人工干预使一对或几对齿轮退出啮合,另一对或几对齿轮进入啮合。由于摩擦力的存在,要使一对正在啮合传动的齿轮突然退出啮合比较困难,而使齿轮突然进入啮合时又往往受到很大冲击,以致会打断轮齿。为了避免这种情况,司机需先用脚踩离合器脱开主动运动,再移动手柄拨动定轴滑移齿轮,使之进入啮合,操作较为繁琐。

3. 实现结构紧凑的大功率传动

在周转轮系中,多采用多个行星轮的结构形式,各行星轮均匀地分布在中心轮四周,如图 5.19 所示。这样,载荷由多对齿轮承受,可大大提高承载能力;又因多个行星轮均匀分布,可使因行星轮公转所产生的离心惯性力和各齿廓啮合处的径向分力得以平衡,可大大改善受力状况。此外,采用内啮合又有效地利用了空间,加之其输入轴与输出轴共轴线,故可减小径向尺寸。因此可在结构紧凑的条件下,实现大功率传动。

图 5.20 所示为国产某涡轮螺旋桨发动机主减速器的传动简图。其右侧为一差动轮系,左侧为一定轴轮系。动力由中心轮 1 输入后,经系杆 H 和内齿轮 3 分两路输往左部,最后

在系杆 H 与内齿轮 5 的接合处汇合,输往螺旋桨。由于功率实施分路传递,加之采用了多个行星轮(图中只画出了 1 个)均匀分布承担载荷,从而使整个装置在体积小、重量轻的情况下,实现了大功率传动。该减速器的外部尺寸仅有 0.5m 左右,而传递的功率却可达 2850kW。

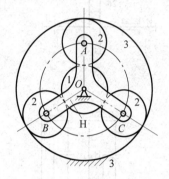

图 5.19　周转轮系

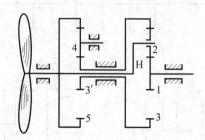

图 5.20　涡轮螺旋桨发动机主减速器传动简图

4. 实现分路传动

利用定轴轮系,可以通过主动轴上的若干齿轮分别把运动传递给多个工作部位,从而实现分路传动。图 5.21 所示滚齿机工作台中的传动机构,就是利用定轴轮系实现分路传动的一个实例。电机带动主动轴转动,通过该轴上的齿轮 1 和 3,分两路把运动传给滚刀 A 和轮坯 B,从而使刀具和轮坯之间具有确定的对滚关系。

5. 实现运动的合成与分解

如前所述,差动轮系有两个自由度。利用差动轮系的这一特点,可以把两个运动合成为一个运动。

图 5.22 所示的由锥齿轮所组成的差动轮系,就常被用来进行运动的合成。在该轮系中,因两个中心轮的齿数相等,即 $z_1=z_3$,故

$$i_{13}^{H}=\frac{n_1-n_H}{n_3-n_H}=-\frac{z_3}{z_1}=-1$$

即

$$n_H=\frac{1}{2}(n_1+n_3)$$

上式说明,系杆 H 的转速是两个中心轮转速的合成,故这种轮系可用作加法机构。

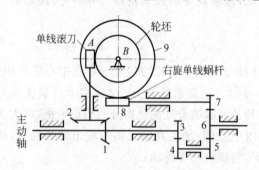

图 5.21　滚齿机工作台中的传动机构

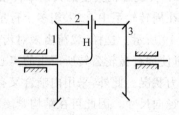

图 5.22　锥齿轮组成的差动轮系

又若在该轮系中,以系杆 H 和任一中心轮(比如齿轮 3)作为主动件时,则上式可改写成

$$n_1 = 2n_H - n_3$$

这说明该轮系又可用作减法机构。由于转速有正负之分,所以这种加减是代数量的加减。

差动轮系的这种特性在机床、计算装置及补偿调整装置中得到了广泛应用。

差动轮系不仅能将两个独立的运动合成为一个运动,而且还可以将一个基本构件的主动转动,按所需比例分解成另两个基本构件的不同转动。汽车后桥的差速器就利用了差动轮系的这一特性。

图 5.23(a)所示为装在汽车后桥上的差速器简图。其中齿轮 3,4,5,2(H)组成一差动轮系。汽车发动机的运动从变速箱经传动轴传给齿轮 1,再带动齿轮 2 及固接在齿轮 2 上的系杆 H 转动。当汽车直线行驶时,前轮的转向机构通过地面的约束作用,要求两后轮有相同的转速,即要求齿轮 3,5 转速相等($n_3 = n_5$)。由于在差动轮系中,

$$i_{35}^H = \frac{n_3 - n_H}{n_5 - n_H} = -\frac{z_5}{z_3} = -1 \tag{a}$$

故

$$n_H = \frac{1}{2}(n_3 + n_5)$$

将 $n_3 = n_5$ 代入上式,得 $n_3 = n_5 = n_H = n_2$,即齿轮 3,5 和系杆 H 之间没有相对运动,整个差动轮系相当于同齿轮 2 固接在一起成为一个刚体,随齿轮 2 一起转动,此时行星轮 4 相对于系杆没有转动。

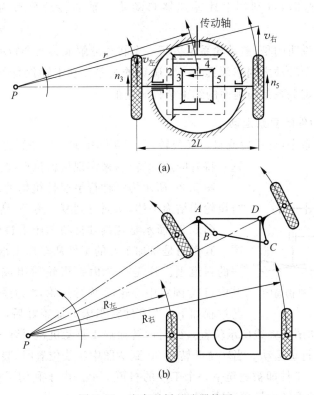

(a)

(b)

图 5.23 汽车后桥差速器简图

当汽车转弯时,在前轮转向机构确定了后轴线上的转弯中心 P 点之后(如图5.23(b)所示),通过地面的约束作用,使处于弯道内侧的左后轮走的是一个小圆弧,而处于弯道外侧的右后轮走的是一个大圆弧,即要求两后轮所走的路程不相等,因此要求齿轮3,5具有不同的转速。汽车后桥上采用了上述差速器后,就能根据转弯半径的不同,自动改变两后轮的转速。

设汽车向左转弯行驶,汽车两前轮在梯形转向机构 $ABCD$ 的作用下向左偏转,其轴线与汽车两后轮的轴线相交于 P 点。在图5.23(b)所示左转弯的情况下,要求四个车轮均能绕 P 点作纯滚动,两个左侧车轮转得慢些,两个右侧车轮要转得快些。由于两前轮是浮套在轮轴上的,故可以适应任意转弯半径而与地面保持纯滚动;至于两个后轮,则是通过上述差速器来调整转速的。设两后轮中心距为 $2L$,弯道平均半径为 r,由于两后轮的转速与弯道半径成正比,故由图可得

$$\frac{n_3}{n_5} = \frac{r-L}{r+L} \tag{b}$$

联立解(a),(b)两式,可求得此时汽车两后轮的转速分别为

$$n_3 = \frac{r-L}{r}n_H$$

$$n_5 = \frac{r+L}{r}n_H$$

这说明,当汽车转弯时,可利用上述差速器自动将主轴的转动分解为两个后轮的不同转动。

这里需要特别说明的是,差动轮系可以将一个转动分解成另两个转动是有前提条件的,其前提条件是这两个转动之间必须具有一个确定的关系。在上述汽车差速器的例子中,两后轮转动之间的确定关系是由地面的约束条件确定的。

6. 实现执行构件的复杂运动

由于在周转轮系中,行星轮既自转又公转,工程实际中的一些装置直接利用了行星轮的

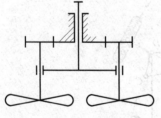

图5.24   行星搅拌机构简图

这一特有的运动特点,来实现机械执行构件的复杂动作。

图5.24所示为一种行星搅拌机构的简图。其搅拌器与行星轮固结为一体,从而得到复合运动,增加了搅拌效果。

图5.25所示是花键轴自动车床下料机械手的传动示意图。其作用是将加工好的工件从车床上取下,送至下一个工序的料道上。这是一个由锥齿轮所组成的简单行星轮系。其中,1为固定中心轮,2为行星轮,3为系杆,$z_1 = 2z_2$。其工艺过程如下:当工件在车床上加工好后,夹紧油缸6控制卡爪5将工件夹紧(如图中虚线所示位置),此时回转油缸4驱动机械手臂3顺时针回转,带动行星轮2作确定的行星运动。当转臂3转过90°到达图中实线位置时,装在行星轮2上的卡爪5正好转过180°,工件即被送至下一个工序的料道7上。由于利用了行星轮既自转又公转的特点,整个机械手结构简单紧凑,动作可靠。

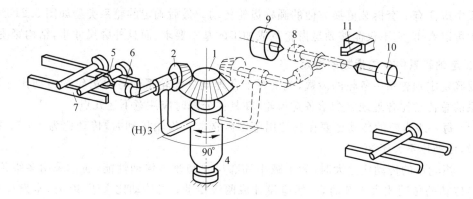

图 5.25　花键轴自动车床下料机械手传动示意图

5.5　轮系的设计

5.5.1　定轴轮系的设计

在机构运动方案设计阶段,定轴轮系设计的基本任务是选择轮系的类型,确定各轮的齿数和选择轮系的布置方案。现简要分述如下。

1. 定轴轮系类型的选择

在一个定轴轮系中,可以同时包含有直齿圆柱齿轮、平行轴斜齿轮、交错轴斜齿轮、蜗杆蜗轮和圆锥齿轮机构等。因此,为了实现同一种运动和动力传递,采用定轴轮系可以有多种不同的方案,这既提供了定轴轮系类型选择的灵活性,也增加了定轴轮系类型选择的复杂性。

在设计定轴轮系时,应根据工作要求和使用场合恰当地选择轮系的类型。一般来说,除了满足基本的使用要求外,还应考虑到机构的外廓尺寸、效率、重量、成本等因素。当设计的定轴轮系用于高速、重载场合时,为了减小传动的冲击、振动和噪声,提高传动性能,选用由平行轴斜齿轮组成的定轴轮系,要比选用由直齿圆柱齿轮组成的定轴轮系更好;当设计的轮系在主、从动轴传递过程中,由于工作或结构空间的要求,需要转换运动轴线方向或改变从动轴转向时,选择含有圆锥齿轮传动的定轴轮系可以满足这一要求;当设计的轮系用于功率较小、速度不高但需要满足交错角为任意值的空间交错轴之间的传动时,可选用含有交错轴斜齿轮传动的定轴轮系;当设计的轮系要求传动比大、结构紧凑或用于分度、微调及有自锁要求的场合时,则应选择含有蜗杆传动的定轴轮系。

下面以滚齿机工作台中传动机构(图 5.21 所示)的设计为例,来说明定轴轮系类型的选择。对滚齿机工作台传动机构的要求主要有以下几点:第一,滚刀和轮坯由同一电机带动分两路传动,一路由电机到滚刀,另一路由电机到轮坯。由于滚刀和轮坯不在同一平面内运动,因此要求传动路线中要转换运动轴线的方向;第二,用滚刀范成加工齿轮时,要求滚刀转 1 周,轮坯只转过 1 个齿,这就要求设计的轮系既要具有大的传动比,又要有分度功能;第三,为了能用一把滚刀加工不同齿数的齿轮,需要经常配换挂轮,这就要求所设计的轮系中要有一套更换方便的齿轮传动。为了满足第一条要求,所选择的轮系中应含有一对圆锥齿轮传动,用它可转换运动轴线的方向;为了满足第二条要求,所选择的轮系中应含有一对蜗杆蜗轮传动,它不仅具有大的传动比,而且具有分度功能;为了满足第三条要求,所选择的轮系中应含有一套拆装更换方便的圆柱齿轮传动。最后确定的轮系类型如图 5.21 所示，从图中可以看出，它不仅能够满足齿轮范成加工的基本要求，而且外廓尺寸小，结构紧凑。

2. 定轴轮系中各轮齿数的确定

要确定定轴轮系中各轮的齿数，关键在于合理地分配轮系中各对齿轮的传动比。为了把轮系的总传动比合理地分配给各对齿轮，在具体分配时应注意下述几点：

（1）每一级齿轮的传动比要在其常用范围内选取。齿轮传动时，传动比为 5～7；蜗杆传动时，传动比不大于 80。

（2）当轮系的传动比过大时，为了减小外廓尺寸和改善传动性能，通常采用多级传动。当齿轮传动的传动比大于 8 时，一般应设计成两级传动；当传动比大于 30 时，常设计成两级以上齿轮传动。

（3）当轮系为减速传动时（工程实际中的大多数情况），按照"前小后大"的原则分配传动比较有利。同时，为了使机构外廓尺寸协调和结构匀称，相邻两级传动比的差值不宜过大。运动链这样逐级减速，与其他传动比分配方案相比，可使各级中间轴有较高的转速和较小的扭矩，因而轴及轴上的传动零件可有较小的尺寸，从而获得较为紧凑的结构。

（4）当设计闭式齿轮减速器时，为了润滑方便，应使各级传动中的大齿轮都能浸入油池，且浸入的深度应大致相等，以防止某个大齿轮浸油过深而增加搅油损耗。根据这一条件分配传动比时，高速级的传动比应大于低速级的传动比，通常取 $i_{高} = (1.3～1.4)i_{低}$。

由以上分析可见，当考虑问题的角度不同时，就有不同的传动比分配方案。因此，在具体分配定轴轮系各级传动比时，应根据不同条件进行具体分析，不能简单地生搬硬套某种原则。

一旦根据具体条件合理地分配了各对齿轮传动的传动比，就可以根据各对齿轮的传动比来确定每一个齿轮的齿数了。下面通过一个具体例子来说明定轴轮系中各轮齿数的确定方法。

某装置中拟采用一个定轴轮系，工作要求的总传动比 $i=12$。由于传动比大于 8，考虑采用两级齿轮传动；为了使机构较为紧凑，需使中间轴有较高的转速和较小的扭矩，为此，在传动比分配时，初步确定低速级的传动比为高速级的 2 倍。由此可得

$$i = \frac{z_2}{z_1} \cdot \frac{z_3}{z_{2'}} = \frac{z_2}{z_1} \cdot 2\frac{z_2}{z_1} = 2\left(\frac{z_2}{z_1}\right)^2 = 12$$

式中，z_2/z_1 和 $z_3/z_{2'}$ 分别为高速级和低速级的传动比。

即

$$\frac{z_2}{z_1} = \sqrt{6} = 2.4495$$

下列齿数比与该值接近：

$$\frac{37}{15} \quad \frac{39}{16} \quad \frac{44}{18} \quad \frac{49}{20} \quad \frac{54}{22}$$

其中，$\frac{49}{20} = 2.45$，与 2.4495 最为近似。若选择它作为高速级齿轮的齿数比，则低速级齿轮的齿数比应为 $\frac{98}{20}$，由此可得

$$i = \frac{z_2}{z_1} \cdot \frac{z_3}{z_{2'}} = \frac{49}{20} \times \frac{98}{20} = \frac{2401}{200} = 12.005$$

这一结果与工作要求的传动比存在少许误差。若工作对传动比的要求很严格，则可以选择

高速级的齿数比为 $\frac{44}{18}$，低速级的齿数比为 $\frac{108}{22}$，即 $z_1=18,z_2=44,z_{2'}=22,z_3=108$，此时总传动比为

$$i=\frac{z_2}{z_1}\cdot\frac{z_3}{z_{2'}}=\frac{44}{18}\times\frac{108}{22}=12$$

在这种情况下，虽然低速级的传动比不再严格地等于高速级传动比的 2 倍(通常这一要求并不是主要的)，但总传动比却精确地满足了工作要求。

3. 定轴轮系布置方案的选择

同一个定轴轮系，可以有几种不同的布置方案，在设计定轴轮系时，应根据具体情况来加以选择。

例如图 5.26 所示的定轴轮系，就有 3 种形式的布置方案。

图(a)是最简单的形式。其优点是结构简单；缺点是轴上的齿轮与两端轴承的位置不对称，当轴弯曲变形时，会引起载荷沿齿宽分布不均匀的现象，故只宜用于载荷较平稳处。

图(b)是另一种布置形式。其优点是轴上齿轮的位置与两端的轴承对称，故宜用于变载荷处；缺点是结构较复杂。

图(c)所示形式的优点是输入轴与输出轴在同一轴线上(称为回归轮系)，结构较紧凑；缺点是中间轴较长，由于中间轴的变形，会使齿宽上的载荷分布不均匀。

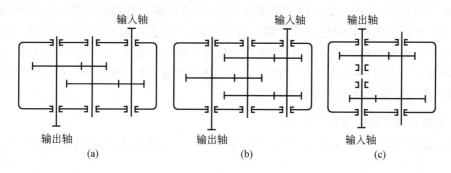

图 5.26　定轴轮系的布置方案

由以上分析可以看出，同一个定轴轮系，可以有几种不同的布置方案，各方案具有不同的特点。究竟选择什么方案，要根据具体情况来决定：若载荷较平稳，可模仿方案(a)，结构简单些；若用于变载处，可选择方案(b)，工作情况好一些；若空间位置较紧，则可参考方案(c)，机构尺寸小些。

5.5.2　周转轮系的设计

在机构运动方案设计阶段，周转轮系设计的主要任务是：合理选择轮系的类型，确定各轮的齿数，选择适当的均衡装置。

1. 周转轮系类型的选择

轮系类型的选择，主要应从传动比范围、效率高低、结构复杂程度以及外廓尺寸等几方面综合考虑。

(1) 当设计的轮系主要用于传递运动时，首要的问题是考虑能否满足工作所要求的传

动比,其次兼顾效率、结构复杂程度、外廓尺寸和重量。

由传动比计算公式可知,负号机构的传动比,只比其转化机构传动比的绝对值大1,因此单一的负号机构,其传动比均不太大。在设计轮系时,若工作所要求的传动比不太大,则可根据具体情况选用上述负号机构。这时,轮系除了可以满足工作对传动比的要求外,还具有较高的效率。

由于负号机构传动比的大小主要取决于其转化机构中各轮的齿数比,因此,若希望利用负号机构来实现大的传动比,首先要设法增大其转化机构传动比的绝对值,这势必会造成机构外廓尺寸过大。在选择轮系类型时,要注意这一问题。若希望获得比较大的传动比,又不致使机构外廓尺寸过大,可考虑选用混合轮系。

利用正号机构可以获得很大的减速比,且当传动比很大时,其转化机构的传动比将接近于1,因此,机构的尺寸不致过大,这是正号机构的优点;正号机构的缺点是效率较低。若设计的轮系是用于传动比大而对效率要求不高的场合,可考虑选用正号机构。需要注意的是,正号机构用于增速时,虽然可以获得极大的传动比,但随着传动比的增大,效率将急剧下降,甚至出现自锁现象。因此,选用正号机构一定要慎重。

(2) 当设计的轮系主要用于传递动力时,首先要考虑机构效率的高低,其次兼顾传动比、外廓尺寸、结构复杂程度和重量。

由5.3节的讨论可知,对于负号机构来说,无论是用于增速还是减速,都具有较高的效率。因此,当设计的轮系主要是用于传递动力时,为了使所设计的机构具有较高的效率,应选用负号机构。若所设计的轮系除了用于传递动力外,还要求具有较大的传动比,而单级负号机构又不能满足传动比的要求时,可将几个负号机构串联起来,或采用负号机构与定轴轮系串联的混合轮系,以获得较大的传动比。需要指出的是,随着串联级数的增多,效率将会有所降低,机构外廓尺寸和重量都会增加。

2. 周转轮系中各轮齿数的确定

周转轮系用来传递运动,就必须实现工作所要求的传动比,因此各轮齿数必须满足第一个条件——传动比条件。

周转轮系是一种共轴式的传动装置。为了保证装在系杆上的行星轮在传动过程中始终与中心轮正确啮合,必须使系杆的转轴与中心轮的轴线重合,这就要求各轮齿数必须满足第二个条件——同心条件。

周转轮系中如果只有一个行星轮,则所有载荷将由一对齿轮啮合来承受,功率也由一对齿轮啮合来传递。由于在运动过程中,轮齿的啮合力以及行星轮的离心惯性力都随着行星轮绕中心轮的转动而改变方向,因此轴上所受的是动载荷。为了提高承载能力和解决动载荷问题,通常采用若干个均匀分布的行星轮。这样,载荷将由多对齿轮来承受,可大大提高承载能力;又因行星轮均匀分布,中心轮上作用力的合力将为零,系杆上所受的行星轮的离心惯性力也将得以平衡,可大大改善受力状况。要使多个行星轮能够均匀地分布在中心轮四周,就要求各轮齿数必须满足第三个条件——装配条件。

均匀分布的行星轮数目越多,每对齿轮所承受的载荷就越小,能够传递的功率也就越大。但受到一个限制,就是不能让相邻两个行星轮的齿顶产生干涉和相互碰撞。因此,由上述3个条件确定了各轮齿数和行星轮个数后,还必须进行这方面的校核,这就是各轮齿数需要满足的第四个条件——邻接条件。

周转轮系的类型很多,各类周转轮系满足上述 4 个条件的关系式也不尽相同。下面以图 5.3(a)所示的单排 2K-H 负号机构行星轮系为例来加以讨论。

1) 传动比条件

因

$$i_{1H} = 1 + \frac{z_3}{z_1}$$

故

$$\frac{z_3}{z_1} = i_{1H} - 1$$

由此可得

$$z_3 = (i_{1H} - 1)z_1 \tag{5.9}$$

2) 同心条件

中心轮 1 与行星轮 2 组成外啮合传动,中心轮 3 与行星轮 2 组成内啮合传动,同心条件就是要求这两组传动的中心距必须相等,即 $a'_{12} = a'_{23}$。因

$$a'_{12} = r'_1 + r'_2$$
$$a'_{23} = r'_3 - r'_2$$

故

$$r'_1 + r'_2 = r'_3 - r'_2$$

若 3 个齿轮均为标准齿轮或高度变位齿轮传动,则上式可用各轮的分度圆半径来表示,即

$$r_1 + r_2 = r_3 - r_2$$

而分度圆半径可用齿数和模数来表示,因各轮模数相等,故上式可写成

$$z_1 + z_2 = z_3 - z_2$$

即

$$z_2 = \frac{z_3 - z_1}{2}$$

该式表明,两中心轮的齿数应同为奇数或偶数。将式(5.9)代入上式,整理后可得

$$z_2 = \frac{i_{1H} - 2}{2}z_1 \tag{5.10}$$

若采用角度变位传动,由于变位后的中心距分别为

$$a'_{12} = a_{12}\frac{\cos\alpha}{\cos\alpha'_{12}} = \frac{m}{2}(z_1 + z_2)\frac{\cos\alpha}{\cos\alpha'_{12}}$$

$$a'_{23} = a_{23}\frac{\cos\alpha}{\cos\alpha'_{23}} = \frac{m}{2}(z_3 - z_2)\frac{\cos\alpha}{\cos\alpha'_{23}}$$

故同心条件的关系式变为

$$\frac{z_1 + z_2}{\cos\alpha'_{12}} = \frac{z_3 - z_2}{\cos\alpha'_{23}}$$

3) 装配条件

若需要有 k 个行星轮均匀地分布在中心轮四周,则相邻两个行星轮之间的夹角为 $\frac{360°}{k}$。今设行星轮齿数为偶数,参照图 5.27 分析行星轮数目 k 与各轮齿数间应满足的关系。

如图 5.27 所示,设 I 位置线为固定中心内齿轮 3 的某一齿厚中线。为了在 I 位置处装入第一个行星轮,必须使该行星轮的齿槽中线放置在 I 位置线上,才能与内齿轮 3 的轮齿相配合。由于行星轮是偶数个齿,所以在它与中心轮 1 相啮合的一侧,也一定是其齿槽中线。

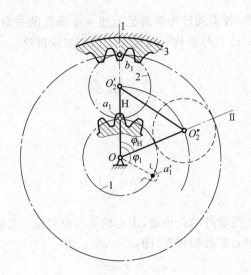

图 5.27　装配条件推导示意图

为了使中心轮 1 的轮齿能与行星轮的该齿槽相配合,把中心轮 1 的某一齿厚转到该处,即中心轮 1 的某一齿厚中线与 I 位置线重合。从图中可以看出,I 位置线通过行星轮 2 和中心轮 3 的节圆切点即节点 b_1,而 b_1 点是齿轮 3 的齿厚中点;同时 I 位置线也通过行星轮 2 和中心轮 1 的节圆切点即节点 a_1,a_1 点也是中心轮 1 的齿厚中点。当第一个行星轮在 I 位置线装入后,中心轮 1 和 3 的相对角向位置就通过该行星轮而产生了联系。

　　为了易于说明和分析装配条件,可采用"依次轮流装入法"来安装其余各个行星轮,即让每个行星轮都依次从位置 I 处装入。为此,让系杆转动 $\varphi_H = \dfrac{360°}{k}$,使位置 I 处的行星轮转到位置 II;与此同时,中心轮 1 将按传动比 i_{1H} 的关系转过 φ_1 角,这时它上面的 a_1 点将到达 a_1' 位置,如图所示。由于

$$i_{1H} = \frac{\varphi_1}{\varphi_H}$$

所以

$$\varphi_1 = i_{1H}\varphi_H = i_{1H}\frac{360°}{k} \tag{a}$$

此时,若在空出的 I 位置处,齿轮 1 和 3 的轮齿相对位置关系与装入第一个行星轮时完全相同,则在该位置处一定能够顺利地装入第二个行星轮。为此,就要求在中心轮转过 φ_1 角后,其上某一轮齿的齿厚中点正好到达原来的 a_1 点位置,即要求中心轮 1 正好转过整数个齿距。若用 N 来表示这一正整数,则由于中心轮 1 每个齿距所对的圆心角为 $\dfrac{360°}{z_1}$,故

$$\varphi_1 = N\frac{360°}{z_1} \tag{b}$$

将(a),(b)两式联立求解,即得装配条件的关系式:

$$z_1 = \frac{kN}{i_{1H}} \tag{5.11}$$

若行星轮齿数为奇数,经过类似的推导过程,仍能得到同样的结果。

　　装入第二个行星轮后,再将系杆转过 $\dfrac{360°}{k}$,中心轮 1 又会相应地转过 $N\dfrac{360°}{z_1}$,故又可装

入第三个行星轮。以此类推，直至装入 k 个行星轮。

若将 $i_{1H}=1+\dfrac{z_3}{z_1}$ 代入式(5.11)，可得

$$N=\frac{z_1+z_3}{k}$$

该式表明，欲将 k 个行星轮均匀地分布在中心轮四周，则两个中心轮的齿数和应能被行星轮个数 k 整除。

在设计计算时，由于传动比是已知条件，故通常用式(5.11)作为装配条件关系式。

4）邻接条件

在图 5.27 中，O_2'，O_2'' 为相邻两行星轮的转轴中心，为了保证相邻两行星轮的齿顶不发生碰撞和干涉，就要求其中心连线 $O_2'O_2''$ 大于两行星轮的齿顶圆半径之和，即

$$O_2'O_2''>2r_{a2}$$

式中，r_{a2} 为行星轮的齿顶圆半径。

对于标准齿轮传动，可得

$$2(r_1+r_2)\sin\frac{180°}{k}>2(r_2+h_a^*m)$$

或

$$(z_1+z_2)\sin\frac{180°}{k}>z_2+2h_a^* \tag{5.12}$$

当采用变位齿轮传动时，其邻接条件应根据齿轮的实际尺寸进行校核。

至此，我们得到了单排 2K-H 负号机构行星轮系中用以确定各轮齿数的 4 个条件的关系式。

对于图 5.3(b)所示的双排 2K-H 负号机构行星轮系，可推导出其 4 个条件的关系式如下（标准齿轮传动，各轮模数相等）：

（1）传动比条件

$$z_3=\frac{(i_{1H}-1)}{x}z_1 \quad \left(x=\frac{z_2}{z_{2'}}\right) \tag{5.13}$$

（2）同心条件

$$z_2=\frac{i_{1H}-(x+1)}{x+1}z_1 \tag{5.14}$$

（3）装配条件

$$z_1=\frac{k}{i_{1H}}(Q+Rx) \quad (Q,R\text{ 均为正整数}) \tag{5.15}$$

（4）邻接条件

$$(z_1+z_2)\sin\frac{180°}{k}>z_2+2h_a^* \quad (\text{假定 }z_2>z_{2'}) \tag{5.16}$$

不难发现，若将 $x=\dfrac{z_2}{z_{2'}}=1$ 代入上述各式，即可得到单排 2K-H 负号机构行星轮系中各轮齿数需满足的 4 个条件的关系式。这说明单排 2K-H 行星轮系是双排 2K-H 行星轮系的一个特例。

至于差动轮系的设计问题，可以假想将其一个中心轮固定，使其转化为一个假想的行星轮系，然后用上述方法进行设计。

*3. 周转轮系的均载装置

周转轮系之所以具有体积小、重量轻、承载能力高等优点,主要是由于在结构上采用了多个行星轮均布分担载荷,并合理地利用了内啮合传动的空间。如果各个行星轮之间的载荷分配是均衡的,则随着行星轮数目的增加,其结构将更为紧凑。但实际上,由于零件不可避免地存在着制造误差、安装误差和受力后的变形,往往会造成行星轮间的载荷不均衡,使这种优点难以实现。为了尽可能降低载荷分配不均现象,提高承载能力,更充分地发挥其优点,在设计周转轮系时,必须合理地选择或设计其均载装置。

1) 采用基本构件浮动的均载装置

所谓基本构件浮动,是指周转轮系的某基本构件(中心外齿轮、中心内齿轮或系杆)不加径向支承,允许作径向及偏转位移,当受载不均衡时,即可自动寻找平衡位置(即自动定心),直至各行星轮之间载荷均匀分配为止,从而达到载荷均衡的目的。

基本构件浮动最常用的方法是采用双齿或单齿式联轴器。3 个基本构件中有 1 个浮动即可起到均载作用,若两个基本构件同时浮动,则效果更好。图 5.28(a),(b)所示为中心外齿轮浮动的情况,(c),(d)为中心内齿轮浮动的情况。

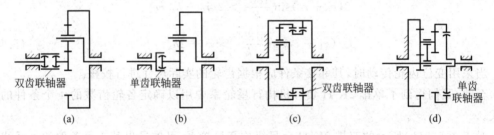

图 5.28 中心轮浮动的行星轮系

2) 采用弹性元件的均载装置

这类均载装置主要是通过弹性元件的弹性变形使各行星轮之间的载荷得以均衡。

图 5.29 所示为这种均载装置的几种结构。图(a)为行星轮装在弹性心轴上;图(b)为行星轮装在非金属弹性衬套上;图(c)为行星轮内孔与轴承外套的介轮之间留有较大间隙以形成厚油膜的所谓"油膜弹性浮动"结构。

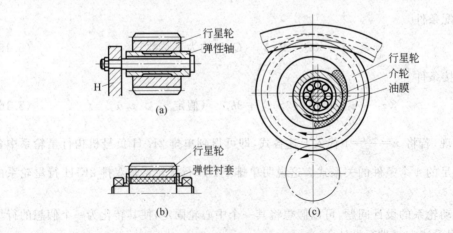

图 5.29 采用弹性元件的均载装置结构示意图

3）采用杠杆联动的均载装置

这种均载装置中装有偏心的行星轮轴和杠杆系统。当行星轮受力不均衡时，可通过杠杆系统的联锁动作自行调整达到新的平衡位置。

图 5.30 所示为具有 3 个行星轮的均载装置。3 个偏心的行星轮轴互成 120°布置，每个偏心轴与平衡杠杆刚性联接，杠杆的另一端由一个能在本身平面内自由运动的浮动环支撑。当作用在 3 个行星轮轴上的力互不相等时，则作用在浮动环上的 3 个力也不相等，环即失去平衡，产生移动或转动，使受载大的行星轮减载，受载小的增载，直至达到平衡为止。

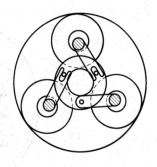

图 5.30　具有 3 个行星轮的均载装置

*5.6　其他类型的行星传动简介

5.6.1　渐开线少齿差行星传动

图 5.31 所示为渐开线少齿差行星传动的简图。其中，齿轮 1 为固定中心内齿轮，齿轮 2 为行星轮，运动由系杆 H 输入，通过等角速比机构由轴 V 输出。它与前述各种行星轮系的不同之处在于，它输出的是行星轮的绝对转动，而不是中心轮或系杆的绝对运动。由于中心轮与行星轮的齿廓均为渐开线，且齿数差很少（一般为 1～4），故称为渐开线少齿差行星传动。又因其只有 1 个中心轮、1 个系杆和 1 个带输出机构的输出轴 V，故又称为 K-H-V 行星轮系。其转化机构的传动比为

$$i_{21}^H = \frac{n_2 - n_H}{n_1 - n_H} = \frac{n_2 - n_H}{-n_H} = 1 - \frac{n_2}{n_H} = \frac{z_1}{z_2}$$

由此可得

$$\frac{n_2}{n_H} = 1 - \frac{z_1}{z_2} = -\frac{z_1 - z_2}{z_2}$$

故系杆主动、行星轮从动时的传动比为

$$i_{HV} = i_{H2} = \frac{n_H}{n_2} = -\frac{z_2}{z_1 - z_2} \tag{5.17}$$

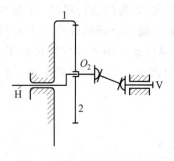

图 5.31　渐开线少齿差行星传动简图

该式表明，当齿数差（$z_1 - z_2$）很小时，传动比 i_{HV} 可以很大；当 $z_1 - z_2 = 1$ 时，称为一齿差行星传动，其传动比 $i_{HV} = -z_2$，"—"号表示其输出与输入转向相反。

由于行星轮 2 除自转外还有随系杆 H 的公转运动，故其中心 O_2 不可能固定在一点。为了将行星轮的运动不变地传递给具有固定回转轴线的输出轴 V，需要在二者间安装一能实现等角速比传动的输出机构。目前用得最为广泛的是如图 5.32 所示的双盘销轴式输出机构。图中 O_2，O_3 分别为行星轮 2 和输出轴圆盘的中心。在输出轴圆盘上，沿半径为 ρ 的圆周上均匀分布有若干个轴销（一般为 6～12 个），其中心为 B。为了改善工作条件，在这些圆柱销的外边套有半径为 r_x 的滚动销套。将这些带有销套的轴销对应地插入行星轮轮辐上中心为 A、半径为 r_k 的销孔内。若设计时取系杆的偏距 $e = r_k - r_x$，则 O_2，O_3，A，B 将构成平行四边形 O_2ABO_3。由于在运动过程中，位于行星轮上的 O_2A 和位于输出轴圆盘上的

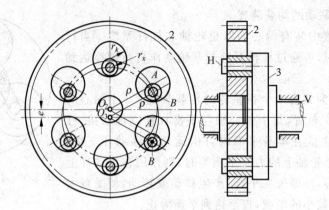

图 5.32   双盘销轴式输出机构

O_3B 始终保持平行,故输出轴 V 将始终与行星轮 2 等速同向转动。

渐开线少齿差行星传动具有传动比大、结构简单紧凑、体积小、重量轻、加工装配及维修方便、传动效率高等优点,被广泛用于冶金机械、食品工业、石油化工、起重运输及仪表制造等行业。但由于齿数差很少,又是内啮合传动,为避免产生齿廓重叠干涉,一般需采用啮合角很大的正传动(当齿数差为 1 时,$\alpha' = 54° \sim 56°$),从而导致轴承压力增大。加之还需要一个输出机构,故使传递的功率受到一定限制,一般用于中、小功率传动。

5.6.2   摆线针轮行星传动

图 5.33 所示为摆线针轮行星传动的示意图。其中,1 为针轮,2 为摆线行星轮,H 为系杆,3 为输出机构。运动由系杆 H 输入,通过输出机构 3 由轴 V 输出。同渐开线一齿差行星传动一样,摆线针轮行星传动也是一种 K-H-V 型一齿差行星传动。两者的区别仅在于:在摆线针轮传动中,行星轮的齿廓曲线不是渐开线,而是变态外摆线;中心内齿轮采用了针齿,又称为针轮。摆线针轮行星传动即因此而得名。

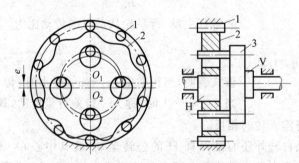

图 5.33   摆线针轮行星传动示意图

同渐开线少齿差行星传动一样,其传动比为

$$i_{HV} = i_{H2} = \frac{n_H}{n_2} = -\frac{z_2}{z_1 - z_2} \qquad (5.18)$$

由于 $z_1 - z_2 = 1$,故 $i_{HV} = -z_2$,即利用摆线针轮行星传动可获得大传动比。

摆线针轮行星传动具有减速比大、结构紧凑、传动效率高、传动平稳、承载能力高(理论上有近半数的齿同时处于啮合状态)、使用寿命长等优点。此外,与渐开线少齿差行星传动相比,无齿顶相碰和齿廓重叠干涉等问题。因此,日益受到世界各国的重视,在军工、矿山、冶金、造船、化工等工业部门得到广泛应用,以其多方面的优点取代了一些笨重庞大的传动装置。其主要缺点是加工工艺复杂,制造成本较高。

5.6.3　谐波齿轮传动

谐波传动是建立在弹性变形理论基础上的一种新型传动,它的出现为机械传动技术带来了重大突破。图 5.34 所示为谐波传动的示意图。它由 3 个主要构件所组成,即具有内齿的刚轮 1、具有外齿的柔轮 2 和波发生器 H。这 3 个构件和前述的少齿差行星传动中的中心内齿轮 1、行星轮 2 和系杆 H 相当。通常波发生器为主动件,而刚轮和柔轮之一为从动件,另一个为固定件。

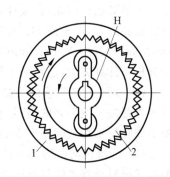

当波发生器装入柔轮内孔时,由于前者的总长度略大于后者的内孔直径,故柔轮变为椭圆形,于是在椭圆的长轴两端产生了柔轮与刚轮轮齿的两个局部啮合区;同时在椭圆短轴两端,两轮轮齿则完全脱开。至于其余各处,则视柔轮回转方向的不同,或处于啮入状态,或处于啮出状态。当波发生器连续转动时,柔轮长短轴的位置不断变化,从而使轮齿的啮合处和脱开处也随之不断变化,于是在柔轮与刚轮之间就产生了相对位移,从而传递运动。

图 5.34　谐波传动示意图

在波发生器转动 1 周期间,柔轮上一点变形的循环次数与波发生器上的凸起部位数是一致的,称为波数。常用的有两波和三波两种。为了有利于柔轮的力平衡和防止轮齿干涉,刚轮和柔轮的齿数差应等于波发生器波数(即波发生器上的滚轮数)的整倍数,通常取为等于波数。

由于在谐波齿轮传动过程中,柔轮与刚轮的啮合过程与行星齿轮传动类似,故其传动比可按周转轮系的计算方法求得。

当刚轮 1 固定,波发生器 H 主动、柔轮 2 从动时,其传动比可计算如下:

$$i_{21}^{H} = \frac{\omega_2 - \omega_H}{\omega_1 - \omega_H} = \frac{\omega_2 - \omega_H}{-\omega_H} = 1 - \frac{\omega_2}{\omega_H} = \frac{z_1}{z_2}$$

故

$$i_{H2} = \frac{\omega_H}{\omega_2} = -\frac{z_2}{z_1 - z_2} \qquad (5.19)$$

上式与渐开线少齿差行星传动的传动比计算式完全相同。主从动件转向相反。

当柔轮 2 固定,波发生器主动、刚轮从动时,其传动比为

$$i_{H1} = \frac{\omega_H}{\omega_1} = \frac{z_1}{z_1 - z_2} \qquad (5.20)$$

此时,主从动件转向相同。

谐波齿轮传动具有以下明显优点:传动比大且变化范围宽;在传动比很大的情况下,仍具有较高的效率;结构简单、体积小、重量轻;由于同时啮合的轮齿对数多,齿面相对滑动速度低,加之多齿啮合的平均效应,使其承载能力强、传动平稳,运动精度高。其缺点是柔轮易发生疲劳损坏;起动力矩大。

近年来谐波齿轮传动技术发展十分迅速,应用日益广泛。在机械制造、冶金、发电设备、

矿山、造船及国防工业中(如宇航技术、雷达装置等)都得到了广泛应用。

文献阅读指南

(1) 本章介绍了定轴轮系和周转轮系的设计问题。限于篇幅,对混合轮系的设计问题未予涉及。混合轮系按其组成特点一般可分为由定轴轮系与周转轮系串联而成的混合轮系、由几个不共用同一系杆的周转轮系串联而成的混合轮系和封闭差动轮系 3 大类。在讨论了定轴轮系和周转轮系的设计方法后,前两类混合轮系的设计问题已基本解决。至于封闭差动轮系的设计问题,则涉及到其特殊问题——循环功率流问题。

所谓“循环功率流”,指的是由于轮系的结构型式及有关参数选择不当,造成有一部分功率只在轮系内部循环而不能向外输出的情况。这种循环功率流将会增大功率的损耗,使轮系的效率降低。因此,在设计封闭差动轮系用于动力传递时,必须对其给予足够重视。关于这方面的内容,可参阅 H. H. Mabie,C. F. Reinholtz 所著的 *Mechanisms and Dynamics of Machinery*(New York:John Wiley & Sons,Inc. ,1987)。书中不仅介绍了循环功率流的理论分析和计算方法,还给出了具体实例。

(2) 关于周转轮系的均载装置,本章只作了简要介绍,关于这方面的内容,有兴趣的读者可参阅饶振纲编著的《行星传动机构设计(第二版)》(北京:国防工业出版社,1994)。书中对周转轮系均载问题产生的原因及解决措施进行了较为详细的阐述。

(3) 行星传动机构具有体积小、重量轻、传动比大、承载能力强和传动效率高等优点。随着我国科学技术的日益进步,渐开线少齿差行星齿轮传动、摆线针轮行星传动和谐波齿轮传动的应用日渐增多。本章对这些新型的行星传动机构的工作原理、传动比计算、特点及应用作了简要介绍。有兴趣对此作深入学习和研究的读者,可参阅饶振纲编著的《行星传动机构设计(第二版)》(北京:国防工业出版社,1994)。书中不仅系统地论述了上述 3 种新型行星传动机构的传动原理、结构型式、传动比计算、几何尺寸设计、受力分析、强度计算和效率计算等内容,还介绍了许多有关行星传动机构的设计参数和图表以及设计步骤、设计示例和图例,是一本有关行星传动机构设计方面内容十分丰富的专著。

习　　题

5.1 在图 5.35 所示的车床变速箱中,已知各轮齿数分别为 $z_1 = 42, z_2 = 58, z_{3'} = 38, z_{4'} = 42, z_{5'} = 50, z_{6'} = 48$,电动机转速为 1450r/min。若移动三联滑移齿轮 a 使齿轮 $3'$ 和 $4'$ 啮合,又移动双联滑移齿轮 b 使齿轮 $5'$ 和 $6'$ 啮合,试求此时带轮转速的大小和方向。

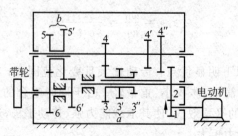

图 5.35　习题 5.1 图

5.2 图 5.36 所示为一电动卷扬机的传动简图。已知蜗杆 1 为单头右旋蜗杆,蜗轮 2 的齿数 $z_2 = 42$,其余各轮齿数分别为 $z_{2'} = 18, z_3 = 78, z_{3'} = 18, z_4 = 55$;卷筒 5 与齿轮 4 固联,其直径 $D_5 = 400$ mm,电动机转速 $n_1 = 1500$ r/min。试求:

(1) 转筒 5 的转速 n_5 的大小和重物的移动速度 v;

(2) 提升重物时,电动机应该以什么方向旋转?

5.3 在图 5.37 所示的传动装置中,螺杆 4 和螺杆 5 是一对旋向相反的单头螺杆,其螺距分别为 3 mm 和 2.5 mm,螺杆 5 穿在螺杆 4 内,螺杆 4 穿在框架内。齿轮 1 和 1′是固联在手轮转轴上的双联齿轮,齿轮 2 与螺杆 5 固联在一起,齿轮 3 与螺杆 4 固联在一起。已知各轮齿数分别为 $z_1 = 20, z_{1'} = 26, z_2 = 44, z_3 = 38$,试确定当手轮按图示方向转动 1 周时,$x$,$y$ 的大小和方向变化。

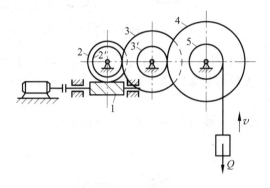

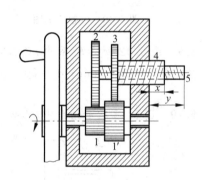

图 5.36 习题 5.2 图　　　　　　　　　　图 5.37 习题 5.3 图

5.4 在图 5.38 所示的压榨机中,螺杆 4 和螺杆 5 为一对旋向相反的螺杆,其螺距分别为 6 mm 和 3 mm,螺杆 5 旋在螺杆 4 内,螺杆 4 与齿轮 3 固联在一起,螺杆 5 与盘 B 固联在一起,盘 B 插在框架上的一个槽内不能转动。已知各轮齿数分别为 $z_1 = 18, z_2 = 24, z_{2'} = 24, z_3 = 64$,试求为使盘 B 下降 19 mm,轴 A 应转多少转,转向如何?

5.5 在图 5.21 所示的滚齿机工作台的传动系统中,已知各轮齿数分别为 $z_1 = 15, z_2 = 28, z_3 = 15, z_4 = 35, z_9 = 40$,被加工齿轮 B 的齿数为 64,试求传动比 i_{75}。

5.6 图 5.39 所示轮系中,已知各轮齿数分别为 $z_1 = 60, z_2 = 20, z_{2'} = 20, z_3 = 20, z_4 = 20, z_5 = 100$,试求传动比 i_{41}。

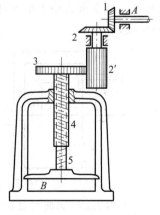

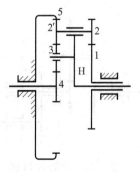

图 5.38 习题 5.4 图　　　　　　　　　　图 5.39 习题 5.6 图

5.7 图 5.40 所示轮系中,已知各轮齿数分别为 $z_1=20$, $z_2=56$, $z_{2'}=24$, $z_3=35$, $z_4=76$, 试求传动比 i_{AB}。

5.8 在图 5.41 所示轮系中,设已知各轮齿数分别为 z_1, z_2, $z_{2'}$, z_3, $z_{3'}$ 和 z_4,试求其传动比 i_{1H}。

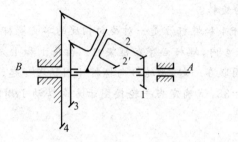

图 5.40　习题 5.7 图

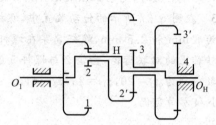

图 5.41　习题 5.8 图

5.9 图 5.42 所示轮系中,已知各轮齿数分别为 $z_1=26$, $z_2=32$, $z_{2'}=22$, $z_3=80$, $z_4=36$;又 $n_1=300$ r/min; $n_3=50$ r/min,两者转向相反。试求齿轮 4 的转速 n_4 的大小和方向。

5.10 图 5.43 所示轮系中,已知:$z_1=22$, $z_3=88$, $z_{3'}=z_5$,试求传动比 i_{15}。

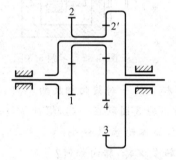

图 5.42　习题 5.9 图

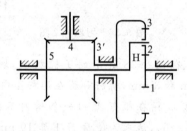

图 5.43　习题 5.10 图

5.11 图 5.44 所示轮系中,已知各轮齿数分别为 $z_1=20$, $z_2=38$, $z_3=18$, $z_4=42$, $z_{4'}=24$, $z_5=36$。又轴 A 和轴 B 的转速分别为 $n_A=350$ r/min, $n_B=400$ r/min,转向如图所示,试确定轴 C 转速的大小及方向。

5.12 图 5.45 所示为一种大速比减速器的示意图。动力由齿轮 1 输入,H 输出。已知各轮齿数分别为 $z_1=12$, $z_2=51$, $z_3=76$, $z_{2'}=49$, $z_4=12$, $z_{3'}=73$。

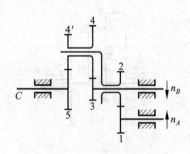

图 5.44　习题 5.11 图

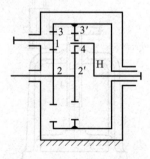

图 5.45　习题 5.12 图

（1）试求传动比 i_{1H}。

（2）若将齿轮 2 的齿数改为 52（即增加一个齿）则传动比 i_{1H} 又为多少？

5.13 图 5.46 所示的大速比减速器中,已知蜗杆 1 和蜗杆 5 的头数均为 1,且均为右旋,各轮齿数分别为 $z_{1'}=101,z_2=99,z_{2'}=z_4,z_{4'}=100,z_{5'}=100$。

（1）试求传动比 i_{1H};

（2）若主动蜗杆 1 由转速为 1375 r/min 的电动机带动,问输出轴 H 转 1 周需要多长时间？

5.14 图 5.47 所示的自行车里程表机构中,C 为车轮轴,P 为里程表指针。已知各轮齿数分别为 $z_1=17,z_3=23,z_4=19,z_{4'}=20,z_5=24$。设轮胎受压变形后使 28 in 车轮的有效直径约为 0.7 m,当车行 1 km 时,表上的指针刚好回转 1 周。试求齿轮 2 的齿数。

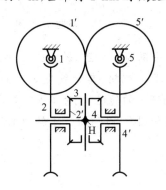

图 5.46 习题 5.13 图

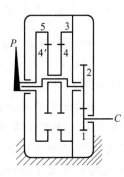

图 5.47 习题 5.14 图

5.15 图 5.48 所示轮系中,已知各轮齿数分别为 $z_1=18,z_2=27,z_{2'}=20,z_3=25,z_4=18,z_5=42,z_{5'}=24,z_6=36$;又轴 A 以 450 r/min 按图示方向回转,轴 B 以 600 r/min 按图示方向回转。试求轴 C 转速的大小和方向。

5.16 图 5.49 所示轮系中,已知各轮齿数分别为 $z_1=22,z_2=60,z_3=z_{3'}=142,z_4=22,z_5=60$,试求传动比 i_{AB}。

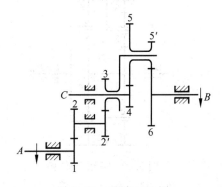

图 5.48 习题 5.15 图

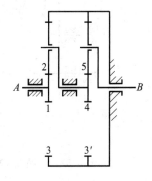

图 5.49 习题 5.16 图

5.17 图 5.50 所示的轮系中,已知各轮齿数分别为 $z_1=32,z_2=34,z_{2'}=36,z_3=64,z_4=32,z_5=17,z_6=24$。若轴 A 按图示方向以 1250 r/min 的转速回转,轴 B 按图示方向以 600 r/min 的转速回转,试确定轴 C 的转速大小及转向。

5.18 图 5.51 所示的轮系中,已知各轮齿数分别为 $z_1=40,z_{1'}=70,z_2=20,z_3=30,$

$z_{3'}=10,z_4=40,z_5=50,z_{5'}=20$。若轴 A 按图示方向以 100 r/min 的转速转动，试确定轴 B 转速的大小及转向。

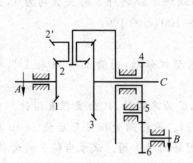

图 5.50 习题 5.17 图

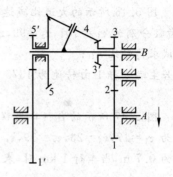

图 5.51 习题 5.18 图

5.19 图 5.52 所示传动装置中，已知各轮齿数分别为 $z_1=20,z_2=40,z_3=30,z_{1'}=60,$ $z_5=30,z_{5'}=20,z_4=44,z_{3'}=40,6$ 为右旋三头蜗杆，7 为蜗轮，其齿数为 $z_7=63$。试问：当轴 A 以 $n_A=60$ r/min 的转速按图示方向回转时，蜗轮 7 的转速 n_7 为多少？转向如何？

5.20 汽车自动变速器中的预选式行星变速器如图 5.53 所示。Ⅰ 轴为主动轴，Ⅱ 轴为从动轴，S,P 为制动带。其传动有两种情况：

(1) S 压紧齿轮 3，P 处于松开状态；

(2) P 压紧齿轮 6，S 处于松开状态。

已知各轮齿数分别为 $z_1=30,z_2=30,z_3=z_6=90,z_4=40,z_5=25$。试求两种情况下的传动比 $i_{Ⅲ}$。

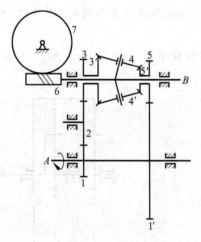

图 5.52 习题 5.19 图

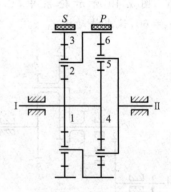

图 5.53 习题 5.20 图

5.21 在图 5.23(a)所示的汽车差速器中，已知各轮齿数分别为 $z_1=17,z_2=54,z_3=z_5=16,z_4=11$。若传动轴的转速为 1200 r/min，试问：当右轮抬起、左轮停留在地面上时，右轮的转速为多少？

5.22 一汽车后桥上所装的差速器如图 5.23(a)所示，已知各轮齿数分别为 $z_1=17,$ $z_2=54,z_3=z_5=16,z_4=11$，后轮轮胎直径为 381 mm，两后轮的中心距为 1.524 m。若汽车以 48.28 km/h 的速度向左转弯,转弯半径为 24.384 m,试求每一后轮的转速。

5.23　一轮系由 3 根轴组成,在主动轴 A 上固联有齿轮 1 和 2,在中间轴 B 上装有可滑移的三联齿轮 3,4,5,在从动轴 C 上固联有齿轮 6 和 7。这些齿轮在轴上的排列顺序均是从左到右,且各轮均为直齿圆柱齿轮,模数 $m=5$ mm。轴 A,B 和轴 B,C 的中心距皆为 300 mm。当三联滑移齿轮向左移动时,通过齿轮 1,4,3,6 得传动比 $i_{AC}=\dfrac{\omega_A}{\omega_C}=5$;当三联齿轮向右移动时,通过齿轮 2,4,5,7 得传动比 $i_{AC}=\dfrac{25}{9}$。试画出该轮系的简图,又若假定 $z_2=z_5$,试确定该轮系中各轮的齿数。

5.24　在图 5.54 所示的轮系中,已知 $z_1=20$,$z_2=32$,模数 $m=6$ mm,试求齿轮 3 的齿数 z_3 和系杆 H 的长度 l_H。

5.25　在图 5.55 所示的行星轮系中,中心内齿轮 3 固定不动,系杆 H 为主动件,中心轮 1 为从动件。工作要求中心轮的输出转速为系杆输入转速的 2.5 倍,内齿轮 3 的分度圆直径近似为 280 mm。设各轮均为标准直齿轮,模数 $m=2.5$ mm,压力角为 $\alpha=20°$。

(1)试设计该行星轮系,保证内齿轮 3 的分度圆直径尽可能接近 280 mm。

(2)确定该轮系中能否均匀地安装 3 个行星轮。

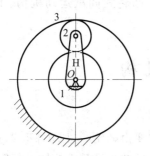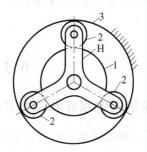

图 5.54　习题 5.24 图　　　　　图 5.55　习题 5.25 图

6 间歇运动机构

【内容提要】 本章着重介绍几种常用间歇运动机构的组成、工作原理、类型、特点及功能,同时简要介绍间歇运动机构设计的基本要求。

间歇运动机构是将主动件的连续运动转换成从动件有规律的运动和停歇的机构。

在很多自动机械中都有间歇运动机构,如通用机床、纺织机、钟表、电影放映机及计量仪器中。常用的间歇运动机构有棘轮机构、槽轮机构、凸轮式间歇运动机构、不完全齿轮机构等。

6.1 棘 轮 机 构

6.1.1 棘轮机构的组成和工作原理

图 6.1 所示为常见的外啮合齿式棘轮机构,它主要由棘轮 3、主动棘爪 2、止回棘爪 4 和机架 5 组成。当主动摆杆 1 逆时针摆动时,摆杆上铰接的主动棘爪 2 插入棘轮 3 的齿内,推动棘轮同向转动一定角度。当主动摆杆顺时针摆动时,止回棘爪 4 阻止棘轮反向转动,此时主动棘爪在棘轮的齿背上滑回原位,棘轮静止不动。从而实现将主动件的往复摆动转换为从动棘轮的单向间歇转动。为保证棘爪工作可靠,常利用弹簧 6 使止回棘爪压紧齿面。

6.1.2 棘轮机构的类型和特点

1. 按结构分类

(1)齿式棘轮机构。如图 6.1 所示。其特点为结构简单,制造方便;转角准确,运动可靠;动程可在较大范围内调节;动停时间比可通过选择合适的驱动机构来实现。但动程只能作有级调节;棘爪在齿背上的滑行易引起噪声、冲击和磨损,故不宜用于高速。

(2)摩擦式棘轮机构。如图 6.2 所示。它以偏心扇形楔块 2 代替齿式棘轮机构中的棘爪,以无齿摩擦轮 3 代替棘轮。它的特点是传动平稳、无噪声;动程可无级调节。因靠摩擦力传动,会出现打滑现象,一方面可起过载保护作用,另一方面使得传动精度不高。适用于低速轻载的场合。

2. 按啮合方式分类

(1)外啮合方式。如图 6.1、图 6.2 所示,它们的棘爪或楔块 2 均安装在从动轮 3 的外部。外啮合式棘轮机构应用较广。

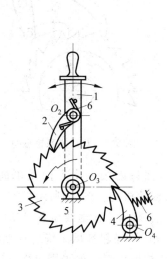 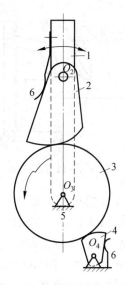

图 6.1 外啮合齿式棘轮机构　　　　图 6.2 摩擦式棘轮机构

（2）内啮合方式。图 6.3(a)所示为内啮合齿式棘轮机构，图 6.3(b)所示为内啮合摩擦式棘轮机构。它们的棘爪或楔块 2 均安装在从动轮 3 内部。特点为结构紧凑，外形尺寸小。

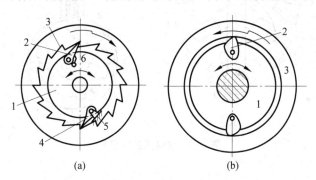

(a)　　　　　　　　　(b)

图 6.3 内啮合棘轮机构

3. 按运动形式分类

（1）从动件做单向间歇转动。如图 6.1、图 6.2、图 6.3 所示，各机构的从动件均做单向间歇转动。

（2）从动件做单向间歇移动。如图 6.4 所示，当棘轮半径为无穷大时成为棘齿条，当主动件 1 往复摆动时，棘爪 2 推动棘齿条 3 做单向间歇移动。

（3）双动式棘轮机构（或称双棘爪机构）。以上介绍的机构，都是当主动件向某一方向运动时，才能使棘轮转动，称作单动式棘轮机构。图 6.5 所示机构为双动式棘轮机构，装有两个主动棘爪 2 和 2′的主动摆杆 1 不是绕棘轮转动中心 O_3 而是绕 O_1 轴摆动，在其向两个方向往复摆动的过程中分别带动棘爪 2 或 2′，两次推动棘轮转动。双动式棘轮机构常用于载荷较大、棘轮尺寸受限、齿数 z 较少、主动摆杆的摆角小于棘轮齿距角 $2\pi/z$ 的场合。

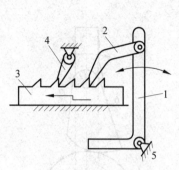

图 6.4   棘齿条机构

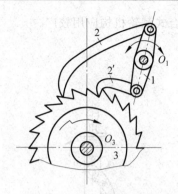

图 6.5   双动式棘轮机构

（4）双向式棘轮机构。以上介绍的棘轮机构，都只能按一个方向做单向间歇运动。图 6.6 所示的机构为棘轮可变换转动方向的双向式棘轮机构。图（a）所示机构，当棘爪 2 在实线位置 AB 时，棘轮 3 按逆时针方向做间歇运动；当棘爪 2 在虚线位置 AB′ 时，棘轮 3 按顺时针方向做间歇运动。图（b）所示机构，只需拔出销子，提起棘爪 2 绕自身轴线转 180° 放下，即可改变棘轮 3 的间歇转动方向。双向式棘轮机构的齿形一般采用对称齿形。

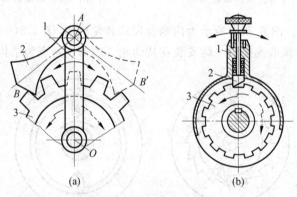

(a)   (b)

图 6.6   双向式棘轮机构

6.1.3   棘轮机构的功能及应用

由于棘轮机构运动形式的多样性，在工程实际中得到了广泛应用。其主要功能如下。

1.   间歇送进

图 6.7 所示为牛头刨床的示意图。为了实现工件台的双向间歇送进，由齿轮机构、曲柄摇杆机构和如图 6.6(b) 所示的双向式棘轮机构组成了工作台横向进给机构。

2.   调整、制动

图 6.8 所示为棘轮式紧带器，棘轮 1 与 1′ 装在轴 5 上，与轴 5 为一体，主动棘爪 2 和止回棘爪 3 分别插入棘轮 1、1′ 中，带 4 从轴 5 上的槽中穿过。逆时针拨动主动棘爪 2，可以使棘轮 1—1′ 转过需要的角度，并将带 4 收紧，此时止回棘爪 3 在棘轮 1′ 的齿面上滑过；当主动棘爪 2 顺时针转动回到某一位置准备再一次张紧带时，止回棘爪 3 插入棘轮 1′ 的齿内防止棘轮反转。一旦带调整到合适位置，止回棘爪 3 将把带锁紧在所调整的位置上，从而实现了带的调整和锁紧。

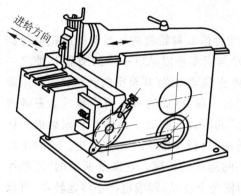

图 6.7　牛头刨床示意图

图 6.8　棘轮式紧带器

图 6.9 所示为棘条式千斤顶。当需要举升重物时,下压手柄 1′带动齿轮 1 绕轴 O_1 转动,齿轮 1 与构件 2 右侧的齿条部分啮合,使构件 2 上移举升重物。此时止回棘爪 3 滑过构件 2 左侧的棘齿。当松开手柄 1′后,止回棘爪 3 插入构件 2 左侧的棘齿内防止重物下落。

图 6.10 所示为卷扬机制动机构。卷筒 1、链轮 2 和棘轮 3 为一体,杆 4 和杆 5 调整好角度后紧固为一体,杆 5 端部与链条导板 6 铰接。当链条 7 突然断裂时,链条导板失去支撑而下摆,使杆 4 端齿与棘轮 3 啮合,可阻止卷筒逆转,起制动作用。

3.　转位、分度

图 6.11 所示为手枪盘分度机构。滑块 1 沿导轨 d 向上运动时,棘爪 4 使棘轮 5 转过一个齿距,并使与棘轮固结的手轮盘 3 绕 A 轴转过一个角度,此时挡销 a 上升使棘爪 2 在弹簧 b 的作用下进入盘 3 的槽中使手枪盘静止并防止反向转动。当滑块 1 向下运动时,棘爪 4 从棘轮 5 的齿背上滑过,在弹簧(图中未示出)力的作用下进入下一个齿槽中,同时挡销 a 使棘爪 2 克服弹簧力绕 B 轴逆时针转动,手枪盘 3 解脱止动状态。

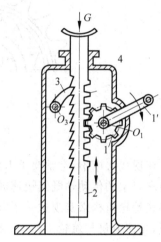

图 6.9　棘条式千斤顶

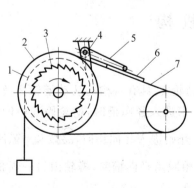

图 6.10　卷扬机制动机构

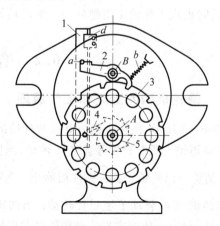

图 6.11　手枪盘分度机构

4. 超越离合

图 6.12(a)所示为用于自行车后轴"飞轮"的内啮合齿式棘轮机构。当踩动脚蹬通过链条带动内棘轮 3 逆时针方向转动时,通过棘爪 2 推动与后车轮固结成一体的圆盘 1,使之一同做逆时针方向的转动,自行车向左方前进。如果停止踩动脚蹬(甚至反向倒踩脚蹬),则棘爪 2 在棘轮 3 的棘齿表面上滑过,这时,棘轮 3 与圆盘 1 脱开(此时可以听到棘爪 2 在棘齿面上滑过时一次次击打棘齿根部的清脆"哒、哒……"的声音),圆盘 1 连同与它固结成一体的后车轮将在惯性力作用下继续做逆时针方向的转动,自行车继续向左方前进。这时出现了从动圆盘 1 连同后车轮的转动"超越"主动棘轮 3 的运动情况。这就是所谓的"超越作用"(如果自行车后轮上没有装设棘轮机构,这时,即使是下坡路,脚蹬也将不停地转动,可以设想这将给骑车人带来多大的麻烦!)。

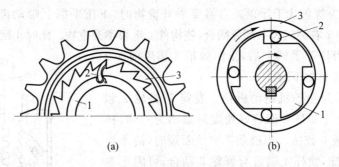

(a)   (b)

图 6.12   用于超越离合的棘轮机构

在现代机床中,常常要求刀架既能快速向工件趋近,继而又能慢速向工件精确进给,这就要求刀架的传动轴既能快速转动,又能慢速转动。机床中较多地采用图 6.12(b)所示的摩擦式棘轮机构来实现这一要求。机床具有快速和慢速两部电机。假设低速电机与外环 3 相连,高速电机与棘轮 1 相连,并假设两部电机均作顺时针方向的转动,而且低速电机始终保持接通状态。如果高速电机未被接通,则当低速电机带动外环 3 顺时针转动时,摩擦力将驱动小球 2 向缺口窄处移动,从而使外环 3 与棘轮 1 固结成一个整体,带动刀架传动轴顺时针慢速转动。此时,如果接通高速电机,摩擦力将驱动小球 2 向缺口宽处移动,棘轮 1 与外环 3 将不再成为一个整体,棘轮 1 将在高速电机的直接驱动下带动刀架传动轴顺时针快速转动,这时出现了棘轮 1 超越外环 3 的运动情况,实现了所谓的超越作用。

6.2 槽 轮 机 构

6.2.1 槽轮机构的组成和工作原理

如图 6.13 所示,槽轮机构由具有圆柱销的主动销轮 1、具有直槽的从动槽轮 2 及机架组成。主动销轮 1 顺时针做等速连续转动,当圆销 A 未进入径向槽时,槽轮因其内凹的锁止弧$\overset{\frown}{\beta\beta}$被销轮外凸的锁止弧$\overset{\frown}{\alpha\alpha}$锁住而静止;当圆销 A 开始进入径向槽时,$\overset{\frown}{\alpha\alpha}$弧和$\overset{\frown}{\beta\beta}$弧脱开,槽轮 2 在圆销 A 的驱动下逆时针转动;当圆销 A 开始脱离径向槽时,槽轮因另一锁止弧$\overset{\frown}{\beta'\beta'}$又被锁住而静止,从而实现从动槽轮的单向间歇转动。

6.2.2 槽轮机构的类型

槽轮机构主要分成传递平行轴运动的平面槽轮机构和传递相交轴运动的空间槽轮机构两大类。平面槽轮机构又分为外啮合式的外槽轮机构(如图 6.13 所示)和内啮合式的内槽轮机构(如图 6.14 所示)。外槽轮机构的主、从动轮转向相反;内槽轮机构的主、从动轴转向相同。与外槽轮机构相比,内槽轮机构停歇时间短,运动时间长,因此传动较平稳。此外,内槽轮机构所占空间小。

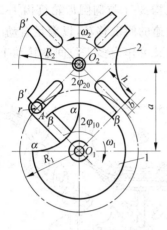

图 6.13 外槽轮机构

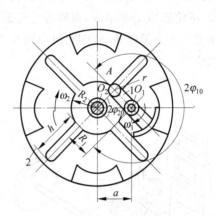

图 6.14 内槽轮机构

图 6.15 所示为空间槽轮机构,从动槽轮 2 呈半球形,槽 a、槽 b 和锁止弧 $\overset{\frown}{\beta\beta}$ 均分布在球面上,主动构件 1 的轴线、销 A 的轴线都与槽轮 2 的回转轴线汇交于槽轮球心 O,故又称为球面槽轮机构。主动件 1 连续转动,槽轮 2 作间歇转动,转向如图所示。

上述各槽轮机构均具有几何上的对称性。为了满足工程实际中某些特殊的工作要求,槽轮机构也可以设计成不对称的。图 6.16 所示为不等臂长的多销槽轮机构,其特点是其槽轮上的径向槽的尺寸不同,主动销轮上圆销的分布也不均匀。这样,当主动销轮顺时针等角速度连续转动时,从动槽轮在逆时针转动一周的过程中就可以实现几个动、停时间均不相同的运动要求。

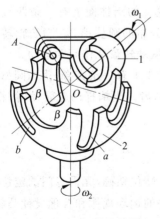

图 6.15 空间槽轮机构

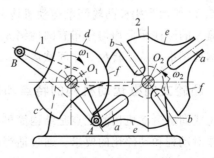

图 6.16

6.2.3　槽轮机构的特点与应用

　　槽轮机构的优点是结构简单,制造容易,工作可靠,能准确控制转角,机械效率高。缺点主要为动程不可调节,转角不可太小,且槽轮在起动和停止时加速度变化大、有冲击,随着转速的增加或槽轮槽数的减少而加剧,因而不适用于高速。

　　槽轮机构一般用于转速不很高的自动机械、轻工机械或仪器仪表中。例如,在电影放映机中用作送片机构(如图 6.17 所示)。此外也常与其他机构组合,在自动生产线中作为工件传送或转位机构。例如在图 6.18 所示机构中,槽轮机构 3'-4 与椭圆齿轮机构 1-2、锥齿轮机构 2'-3、链轮机构 4'-5 串联,可使传送链条实现非匀速的间歇移动,以满足自动线上的流水装配作业。若去掉链条,将链轮改为回转式平台,则又可作为多工位间歇转动工作台,用于制灯泡机中。

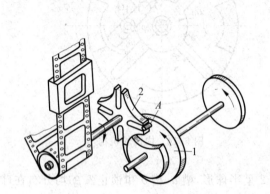

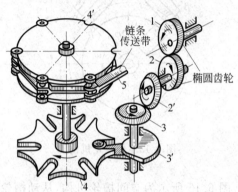

图 6.17　电影放映机中的送片机构　　　图 6.18　槽轮机构与其他机构的组合

6.3　凸轮式间歇运动机构

6.3.1　凸轮式间歇运动机构的组成和工作原理

　　凸轮式间歇运动机构一般由主动凸轮、从动转盘和机架组成。

　　图 6.19 所示为圆柱凸轮间歇运动机构,其主动凸轮 1 的圆柱面上有一条两端开口、不闭合的曲线沟槽(或凸脊),从动转盘 2 的端面上有均匀分布的圆柱销 3。当凸轮转动时,通过其曲线沟槽(或突脊)拨动从动转盘 2 上的圆柱销,使从动转盘 2 作间歇运动。

　　图 6.20 所示为蜗杆凸轮间歇运动机构,其主动凸轮 1 上有一条突脊,犹如圆弧面蜗杆,从动转盘 2 的圆柱面上均匀分布有圆柱销 3,犹如蜗轮的齿。当蜗杆凸轮转动时,将通过转盘上的圆柱销推动从动转盘 2 作间歇运动。

6.3.2　凸轮式间歇运动机构的特点和应用

　　凸轮式间歇运动机构的优点是结构简单、运转可靠、转位精确,无需专门的定位装置,易实现工作对动程和动停比的要求。通过适当选择从动件的运动规律和合理设计凸轮的轮廓曲线,可减小动载荷和避免冲击,以适应高速运转的要求,这是这种间歇运动机构不同于棘轮机构、槽轮机构的最突出优点。其主要缺点是精度要求较高,加工比较复杂,安装调整比较困难。

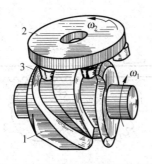
图 6.19　圆柱凸轮间歇运动机构

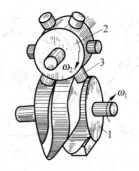
图 6.20　蜗杆凸轮间歇运动机构

凸轮式间歇运动机构在轻工机械、冲压机械等高速机械中常用作高速、高精度的步进进给、分度转位等机构。

图 6.21 所示为凸轮式间歇运动机构用于驱动间歇回转工作台的示意图。图中,小齿轮 1 绕主动轴 A 做连续转动,当其与不完全齿轮 2 的齿廓部分啮合时,齿轮 2 绕 B 轴转动,带动与齿轮 2 同轴的回转工作台转动;当其对应齿轮 2 的无齿部分时,蜗杆凸轮 4 与装在齿轮 2 端面上的滚子 3 相啮合,带动齿轮 2 逐渐减速至停歇;当齿轮 1 即将与齿轮 2 的有齿部分相啮合前,凸轮 4 又通过滚子 3 带动齿轮 2 逐渐加速至工作台正常转速。只要合理设计凸轮 4 的廓线,就能实现上述运动要求,从而避免工作台突然起动或停歇时产生冲击。

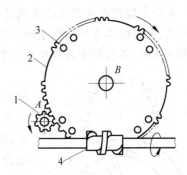
图 6.21　凸轮式间歇运动机构的应用

6.4　不完全齿轮机构

6.4.1　不完全齿轮机构的工作原理

不完全齿轮机构是从一般的渐开线齿轮机构演变而来,与一般齿轮机构相比,最大区别在于齿轮的轮齿不布满整个圆周。如图 6.22 所示,主动轮 1 上有 1 个或几个轮齿,其余部分为外凸锁止弧,从动轮 2 上有与主动轮轮齿相应的齿间和内凹锁止弧相间布置。不完全齿轮机构的啮合型式也分外啮合(图 6.22(a))、内啮合(图 6.22(b))以及不完全齿轮齿条机构(如图 6.23)。

在不完全齿轮机构中,主动轮 1 连续转动,当轮齿进入啮合时,从动轮 2 开始转动,当轮 1 上的轮齿退出啮合后,由于两轮的凸、凹锁止弧的定位作用,齿轮 2 可靠停歇,从而实现从动齿轮 2 的间歇转动。在图 6.22(a)所示的外啮合不完全齿轮机构中,主动轮上有 3 个轮齿,从动轮上有 6 段轮齿和 6 个内凹圆弧相间分布,每段轮齿上有 3 个齿间与主动轮齿相啮合。当主动轮转动 1 周时,从动轮转动 α 角度,$\alpha = \dfrac{2\pi}{6}$。

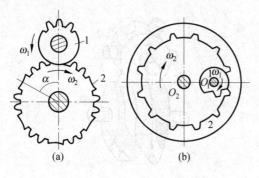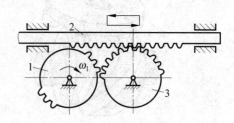

图 6.22　不完全齿轮机构　　　　　　图 6.23　不完全齿轮齿条机构

6.4.2　不完全齿轮机构的特点和应用

不完全齿轮机构的优点是设计灵活,从动轮的运动角范围大,很容易实现一个周期中的多次动、停时间不等的间歇运动。缺点是加工复杂;在进入和退出啮合时速度有突变,会引起刚性冲击,不宜用于高速传动;主、从动轮不能互换。

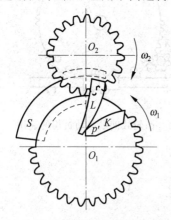

图 6.24　装有瞬心线附加板的
不完全齿轮机构

为改善从动轮的动力特性,可在主、从动轮上分别装上如图 6.24 所示的瞬心线附加板 L 和 K。其作用是在首齿进入啮合前,使 L 和 K 先接触,从动轮的速度从零逐渐增至 ω_2,此时两轮已在啮合线上啮合。然后首齿及其他齿相继在啮合线上啮合,以定传动比传动。当末齿退出啮合时,借助另一对附加板(图中未画出),使从动轮角速度由 ω_2 逐渐降至零。图中,S 为锁止弧;p' 点为首齿进入啮合前 K 与 L 的接触点,它处在两轮连心线 O_1O_2 上。因首齿啮入阶段的冲击比末齿啮出阶段的大,有时只采用如图 6.24 所示的一对瞬心线附加板。

不完全齿轮机构常用于多工位、多工序的自动机械或生产线上,实现工作台的间歇转位和进给运动。

图 6.25 所示为不完全齿轮机构与凸轮机构相配合,实现生产线上自动抓取和运送成形零件的装置。图中,具有扇形齿廓 a 的不完全齿轮 2 绕固定轴 A 转动,周期性地与绕轴 B 转动的不完全齿轮 3 上的有齿部分 b 啮合,轮 2 转动 1 周,轮 3 转动 1/4 周,在轮 3 停歇时,轮 2 上的锁止弧在轮 3 对应的锁止弧 e 内滑动,保证轮 3 的有效停歇。

叶轮 1 与轮 3 固连,其上有 4 个叶片 f,当轮 3 转动时,叶片 f 从料仓中抓取成形零件 4,并将之送至料槽 6。图中,平板 7 用以导引和储存零件 4,当与轮 2 固连的凸轮 10 作用于可绕轴 C 转动的摆杆 9 上的凸起 k 时,就使挡块 8 运动。挡块 8 相对于平板 7 的推移就释放了零件 4。

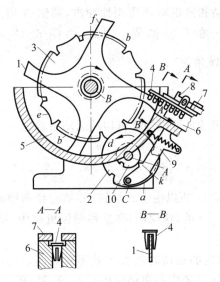

图 6.25　自动抓取和运送装置

6.5　间歇运动机构设计的基本要求

随着机械的自动化程度和劳动生产率的不断提高,间歇运动机构的应用也日益广泛,对其运动、性能、功能等设计要求也就更高了。

间歇运动机构在设计中常有以下几项基本要求。

6.5.1　对从动件动、停时间的要求

间歇运动机构中,从动件停歇的时间往往是机床或自动机进行工艺加工的时间,而从动件运动的时间一般是机床和自动机作送进、转位等辅助工作的时间。间歇运动机构的这个运动特性通常用动停时间比 k 来描述,即有

$$k = \frac{t_d}{t_t} \tag{6.1}$$

式中, t_d 表示从动件在 1 个运动周期中的运动时间; t_t 表示其停歇时间。

从提高生产率的角度看, k 值应尽量取得小些;但从动力性能看, k 值过小会使起动和停止时的加速度过大,又是设计中应避免的。因此在设计间歇运动机构时,应合理选择动、停时间比,并根据不同的动、停时间要求来设计间歇运动机构的结构参数。

例如,在槽轮机构的设计中,选取不同的槽数 z 和圆销数 n ,将获得不同的动、停规律。

在图 6.13 所示的外槽轮机构中,当主动销轮 1 回转 1 周时,从动槽轮 2 的运动时间 t_2 与主动销轮 1 的运动时间 t_1 之比,称为该槽轮机构的运动系数,用 τ 表示,即

$$\tau = \frac{t_2}{t_1} \tag{6.2}$$

由于主动销轮 1 通常做等速转动,故上述时间的比值可用销轮转角的比值表示。对于图 6.13 所示的单圆销外槽轮机构,时间 t_2 与 t_1 所对应的转角分别为 $2\varphi_{10}$ 与 2π ,故

$$\tau = \frac{t_2}{t_1} = \frac{2\varphi_{10}}{2\pi}$$

　　为了避免槽轮2在起动和停歇时产生刚性冲击,圆销 A 进入和退出径向槽时,径向槽的中心线应切于圆销中心的运动圆周。因此,由图 6.13 可知,对应于槽轮每转过 $2\varphi_{20} = \frac{2\pi}{z}$ 角度,主动销轮的转角为

$$2\varphi_{10} = \pi - 2\varphi_{20} = \pi - \frac{2\pi}{z}$$

　　将上述关系式代入式(6.2),可得槽轮机构的运动系数为

$$\tau = \frac{t_2}{t_1} = \frac{2\varphi_{10}}{2\pi} = \frac{\pi - \frac{2\pi}{z}}{2\pi} = \frac{z-2}{2z} = \frac{1}{2} - \frac{1}{z} \tag{6.3}$$

　　因为运动系数 τ 应大于零,所以由上式可知,外槽轮径向槽的数目应大于或等于3。从上式还可看出,τ 总是小于 0.5 的,这说明,在这种槽轮机构中,槽轮的运动时间总小于其静止时间。

　　若欲使 $\tau \geqslant 0.5$,即让槽轮的运动时间大于其停歇时间,可在销轮上安装多个圆销。设均匀分布的圆销数为 n,且各圆销中心离销轮中心 O_1 等距,则运动系数 τ 为

$$\tau = n\frac{z-2}{2z} \tag{6.4}$$

因 τ 应小于1,故

$$n < \frac{2z}{z-2} \tag{6.5}$$

由该式可得圆销数 n 与槽数 z 的关系如表 6.1 所示,设计时可根据工作要求的不同加以选取。选择不同的 z 和 n,可获得具有不同动停规律的槽轮机构。

表 6.1　圆销数与槽数的关系

z	3	4～5	≥6
n	1～5	1～3	1～2

6.5.2　对从动件动、停位置的要求

　　设计中应根据工作要求来选取从动件运动行程(以下简称动程)的大小,并注意从动件停歇位置的准确性。有时还要求设计的间歇运动机构能调节动程或动停比的大小。

　　例如,在棘轮机构的设计中,可用下述办法来改变动程或动停比。

　　(1) 将驱动机构设计成行程可调机构。如图 6.26(a)所示,棘轮机构由曲柄摇杆机构 O_1ABO_2 驱动。在主动轮1的槽中安装滑块2,由丝杠3调节其位置,以改变曲柄 O_1A 的长度;连杆 AB 的长度可由螺母4调节;改变销 B 在槽内的位置,则可改变摇杆 O_2B 的长度。通过改变曲柄或摇杆的长度,即可改变棘轮动程的大小。而调节连杆的长度,则可在一定范围内改变动停时间比。当然,实际设计时,并不需要同时设置多个调整环节。

　　(2) 装置遮板。图 6.26(b)所示的棘轮机构装置了遮板4,改变插销6在定位板5孔中的位置,即可调节遮板遮盖的棘齿数,从而改变棘轮转角的大小。

6.5.3　对间歇运动机构动力性能的要求

　　设计中应尽量保证间歇运动机构动作平稳、减小从动构件在起动和停止运动时产生的

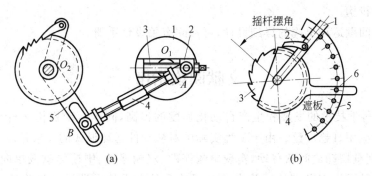

(a)　　　　　　　　　　　(b)

图 6.26　动程或动停比可调的棘轮机构

冲击,尤其要减小高速运动构件的惯性负荷,改善机构的动力特性。为此应注意合理选择从动件的运动规律,合理设计机构的参数。

例如,槽轮机构的运动和动力特性,通常可以用 $\frac{\omega_2}{\omega_1}$ 和 $\frac{\varepsilon_2}{\omega_1^2}$ 来衡量。图 6.27 给出了外槽轮机构的运动和动力特性曲线。由图 6.27 可知,随着槽数 z 的增加,运动趋于平稳,动力特性也将得到改善。但槽数过多将使槽轮体积过大,产生较大的惯性力矩。因此为保证性能,一般设计中,槽数的正常选用值为 $4\sim8$。

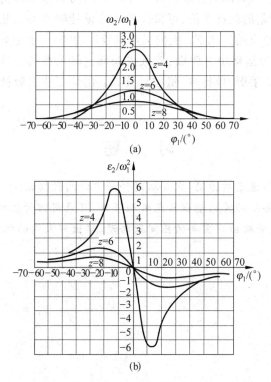

(a)

(b)

图 6.27　外槽轮机构的运动和动力特性曲线

不同用途的间歇运动机构有不同的工艺要求,对以上各项设计要求也有不同侧重。同时,各类间歇运动机构又具有不同的性能。设计时应根据具体的工作要求和应用场合,合理选用间歇运动机构。

　　关于各种间歇运动机构的详细设计,可参阅有关设计手册。

文献阅读指南

　　(1) 随着科学技术的发展和生产自动化程度的提高,间歇运动机构在自动化机械和自动生产线中的应用日趋广泛。由于工程实际中对从动件运动形式的要求是多种多样的——作间歇转动、间歇摆动或间歇移动,实现单侧停歇、双侧停歇、中途停歇或单向停歇等,故间歇运动机构的种类也多种多样。除本章介绍的几种常用的间歇运动机构外,还有星轮(针轮)机构、连杆间歇运动机构、组合式间歇运动机构、带挠性件的间歇运动机构等。有关内容可参阅刘政昆编著的《间歇运动机构》(大连:大连理工大学出版社,1991)。

　　(2) 间歇运动机构的类型不同,其设计方法也不相同。限于篇幅,本章仅简要地介绍了间歇运动机构设计的基本要求,关于各种间歇运动机构的设计理论与方法可参阅殷鸿梁、朱邦贤编著的《间歇运动机构设计》(上海:上海科学技术出版社,1996)。该书是一本系统介绍间歇运动机构设计理论与方法的专著,书中不仅详细介绍了棘轮机构、槽轮机构、针轮机构、不完全齿轮机构、共轭盘形分度凸轮机构、弧面分度凸轮机构和圆柱分度凸轮机构的设计理论和方法,还介绍了具有瞬时停歇特性或停歇区的间歇运动机构,内容十分丰富,具有很强的可读性。书中所附的设计实例,可供读者实际设计时参考。此外,还可参阅孟宪源、姜琪编著的《机构构型与应用》(北京:机械工业出版社,2004),书中第6章介绍了间歇转动机构;第7章介绍了往复运动中有停歇、停顿或局部逆转的机构;第15章中有计算范例。成大先主编的《机械设计手册》单行本《机构》(北京:化学工业出版社,2004)对间歇运动机构及其设计也有介绍。

习　　题

6.1　当主动件做等速连续运动,需要从动件做单向间歇转动时,请给出3种可行机构。

6.2　设计中当需要从动件的动程可无级调节时,可采用何种机构?

6.3　在高速、高精密机械中需要输出间歇转动,举出可采用的机构。

7 其他常用机构

【内容提要】 本章介绍几种其他常用机构的工作原理、类型、特点、功用及适用场合,包括螺旋机构、摩擦传动机构、挠性传动机构、可展机构、并联机构、柔顺机构、基于智能材料驱动的机构和利用其他物理效应的机构等。

为了满足生产过程中提出的不同要求,在机械中采用了各种类型的机构。除了前面各章介绍的几种主要机构外,还有许多其他形式和用途的机构。本章将对这些机构的工作原理、特点及功能予以简要介绍。

7.1 螺 旋 机 构

7.1.1 螺旋机构的工作原理及类型

螺旋机构是利用螺旋副传递运动和动力的机构。图 7.1 所示为最简单的三构件螺旋机构。其中构件 1 为螺杆,构件 2 为螺母,构件 3 为机架。在图 7.1(a)中,B 为螺旋副,其导程为 l;A 为转动副,C 为移动副。当螺杆 1 转动 φ 角时,螺母 2 的位移 s 为

$$s = l \frac{\varphi}{2\pi} \tag{7.1}$$

如果将图 7.1(a)中的转动副 A 也换成螺旋副,便得到图 7.1(b)所示的螺旋机构。设 A,B 段螺旋的导程分别为 l_A,l_B,则当螺杆 1 转过 φ 角时,螺母 2 的位移为

$$s = (l_A \mp l_B) \frac{\varphi}{2\pi} \tag{7.2}$$

式中,"−"号用于两螺旋旋向相同时;"+"号用于两螺旋旋向相反时。

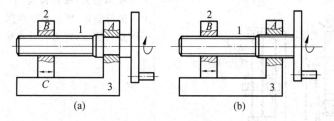

图 7.1 三构件螺旋机构

由上式可知,当两螺旋旋向相同时,若 l_A 与 l_B 相差很小,则螺母 2 的位移可以很小,这种螺旋机构称为差动螺旋机构(又称微动螺旋机构);当两螺旋旋向相反时,螺母 2 可产生快速移动,这种螺旋机构称为复式螺旋机构。

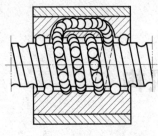

图 7.2　滚动螺旋机构

按螺杆与螺母之间的摩擦状态,螺旋机构可分为滑动螺旋机构、滚动螺旋机构和静压螺旋机构。滑动螺旋机构中的螺杆与螺母的螺旋面直接接触,摩擦状态为滑动摩擦,其摩擦阻力大,效率低,磨损快,故传动精度较低;但其结构简单,制造成本低。滚动螺旋机构是在螺杆与螺母的螺纹滚道间有滚动体,如图 7.2 所示。当螺杆或螺母转动时,滚动体在螺纹滚道内滚动,使螺杆和螺母间为滚动摩擦,提高了传动效率和传动精度。静压螺旋机构是在螺杆与螺母间充以压力油,为液体摩擦,传动效率和精度较高。

7.1.2　螺旋机构的特点及功能

螺旋机构结构简单、制造方便、运动准确、能获得很大的降速比和力的增益,工作平稳、无噪声,合理选择螺纹导程角可具有反向自锁作用,但效率较低,需要有反向机构才能反向运动。螺旋机构的主要功能如表 7.1 所示。

表 7.1　螺旋机构的主要功能

功能	应用示例	说　明
传递运动和动力		台钳定心夹紧机构,由平面夹爪 1 和 V 型夹爪 2 组成定心机构。螺杆 3 的 A 端是右旋螺纹;B 端为左旋螺纹,采用导程不同的复式螺旋。当转动螺杆 3 时,夹爪 1 与 2 夹紧工件 5
转变运动形式		(a) 螺杆转动,螺母移动 (b) 螺母转动,螺杆移动 (c) 螺母固定,螺杆转动和移动 (d) 螺杆固定,螺母转动和移动

续表

功能	应 用 示 例	说　　明
机构调整	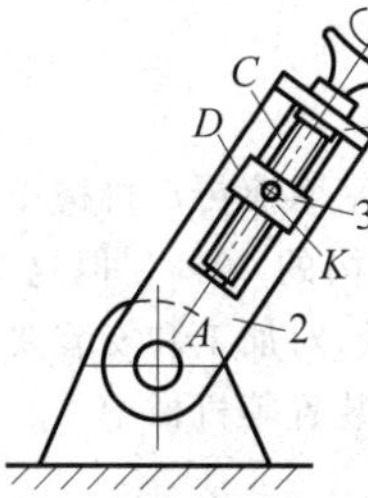	利用螺旋机构调节曲柄长度。螺杆(构件1)与曲柄(构件2)组成转动副B,与螺母(构件3)组成螺旋副D。曲柄2的长度AK可通过转动螺杆1改变螺母3的位置来调整
微调与测量	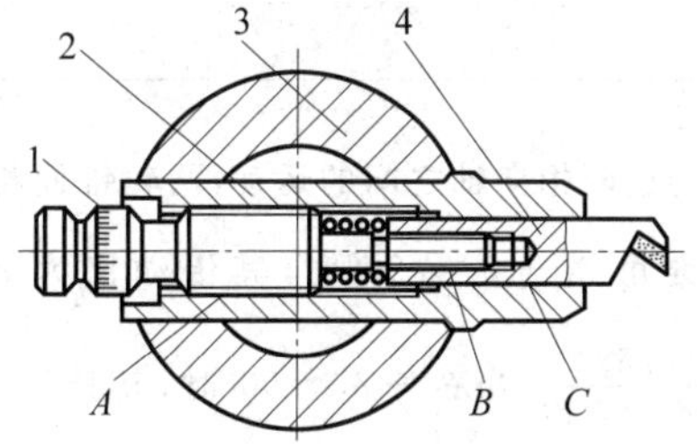	镗床镗刀的微调机构。螺母2固定于镗杆3。螺杆1与螺母2组成螺旋副A,同时又与螺母4组成螺旋副B。4的末端是镗刀,它与2组成移动副C。螺旋副A与B旋向相同而导程不同,当转动螺杆1时,镗刀相对镗杆作微量的移动,以调整镗孔时的进刀量

7.2　摩擦传动机构

7.2.1　摩擦传动机构的工作原理及特点

摩擦传动机构由两个相互压紧的摩擦轮及压紧装置等组成。它是靠接触面间的摩擦力传递运动和动力的。这种机构的优点是结构简单、制造容易、运转平稳、过载可以打滑(可防止设备中重要零部件的损坏)以及能无级改变传动比,因而有较大的应用范围。但由于运转中有滑动、传动效率低、结构尺寸较大、作用在轴和轴承上的载荷大等缺点,故只宜用于传递动力较小的场合。

7.2.2　摩擦传动机构的类型及应用

表7.2给出了常用摩擦传动机构的类型及应用场合,供设计时参考。

表 7.2　摩擦传动机构类型、特点及应用

类型	简　　图	特点及应用
圆柱平摩擦传动机构	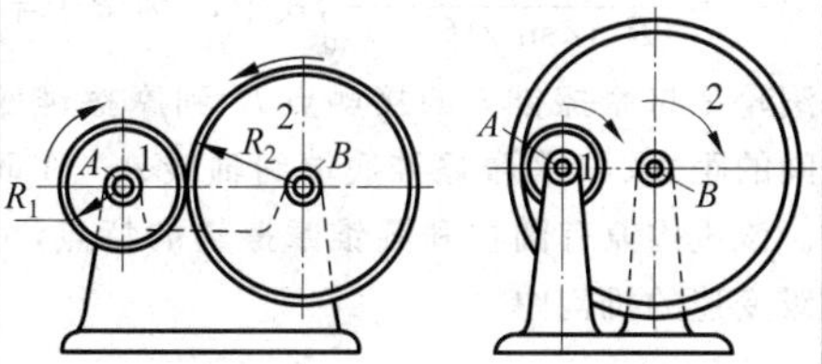	分为外切与内切两种类型,轮1和轮2的传动比为 $i_{12}=\dfrac{n_1}{n_2}=\mp\dfrac{R_2}{R_1(1-\varepsilon)}$,$\varepsilon$ 为滑动率,通常 $\varepsilon=0.01\sim0.02$;"$-$"、"$+$"分别用于外切和内切,表示两轮转向相反或相同。此种形式结构简单,制造容易,但压紧力大,宜用于小功率传动

类型	简　图	特点及应用
圆柱槽摩擦传动机构	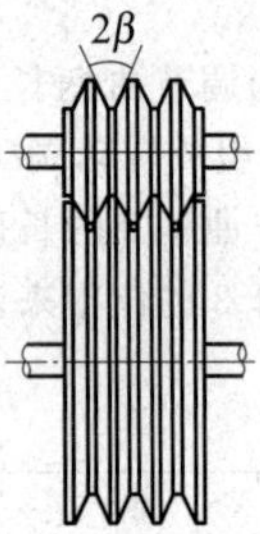	压紧力较圆柱平摩擦传动机构小,当 $\beta=15°$ 时,约为平摩擦传动机构的 30%。但这种机构易发热与磨损,故效率较低,对加工和安装要求较高。该机构常用于铰车驱动装置等机械中
圆锥摩擦轮传动机构	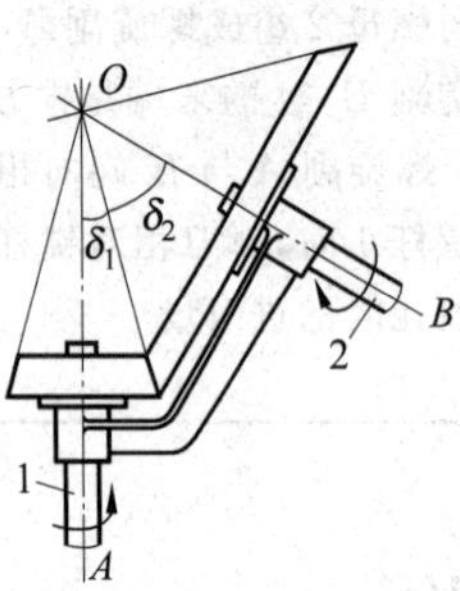	可传递两相交轴之间的运动,两轮锥面相切。当两圆锥角 $\delta_1+\delta_2\neq90°$ 时,其传动比为 $i_{12}=\dfrac{n_1}{n_2}=\dfrac{\sin\delta_2}{\sin\delta_1(1-\varepsilon)}$,当 $\delta_1+\delta_2=90°$ 时,其传动比为 $i_{12}=\dfrac{n_1}{n_2}=\dfrac{\tan\delta_2}{(1-\varepsilon)}$。此种形式结构简单,易于制造,但安装要求较高。常用于摩擦压力机中
滚轮圆盘式摩擦传动机构	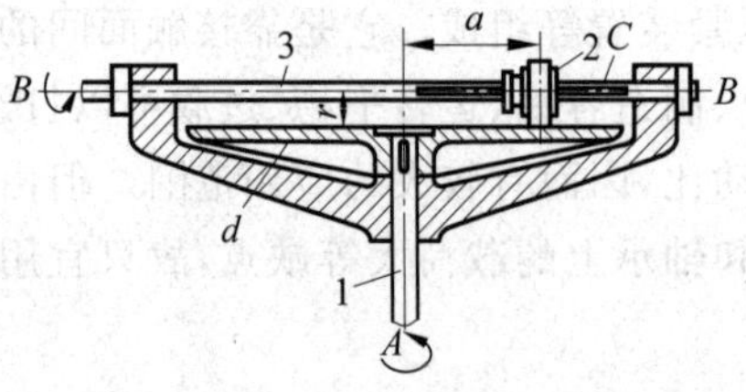	用于传递两垂直相交轴间的运动。盘形摩擦轮 d 装在轴 1 上,滚轮 2 装在轴 3 上,并可沿轴 3 上的滑键 C 移动。传动比为 $i_{13}=\dfrac{n_1}{n_3}=\dfrac{r}{a(1-\varepsilon)}$,式中,$r$ 为滚轮 2 的半径;a 为滚轮 2 与摩擦盘 d 的接触点到轴线 A 的距离。此种形式压紧力较大,易发热和磨损。如果将滚轮 2 制成鼓形,可减小几何滑动。如果轴向移动滚轮 2,可实现正反向无级变速。常用于摩擦压力机中
滚轮圆锥式摩擦传动机构	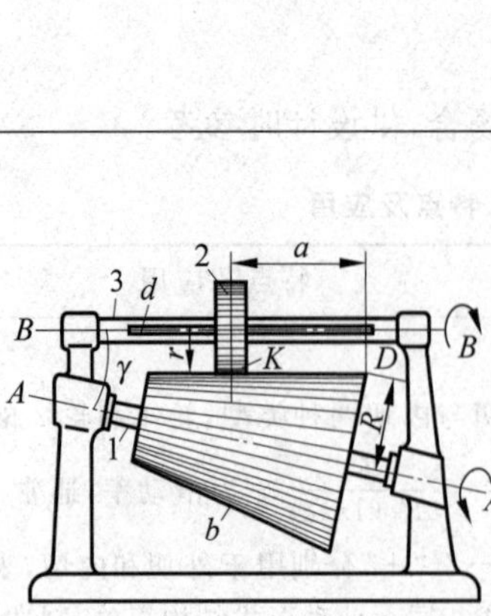	滚轮 2 绕轴 3 的固定轴线 B—B 转动,并可在轴 3 的滑键上移动。轴线 A—A 与 B—B 间夹角为 γ,其值等于摩擦锥 b 的半锥角。轴 1 与轴 3 的传动比为 $i_{13}=\dfrac{n_1}{n_3}=\dfrac{r}{(R-a\sin\gamma)(1-\varepsilon)}$,式中,$r$ 为滚子半径;a 为滚轮 2 与摩擦锥 b 的接触点 K 到摩擦锥底端 D 点间的距离;R 为摩擦锥底端到轴线 A—A 间的半径。该机构兼有圆柱和圆锥摩擦轮的特点,可用于无级变速的机构中

7.3　挠性传动机构

7.3.1　带传动机构

1. 带传动机构的工作原理和特点

带传动机构主要由主动轮 1、从动轮 2 和张紧在两轮上的传动带 3 组成(图 7.3)。当原动机驱动主动轮转动时,借助带轮和带间的摩擦或啮合,传递两轴间的运动和动力。带传动机构具有结构简单、传动平稳、造价低廉、不需润滑以及具有缓冲吸振作用和能实现较大距离两轴间的传动等优点,在近代机械中被广泛应用。其缺点是外廓尺寸较大,传动比不准确,带的寿命较短,由于安装时需加预紧力,因此轴和轴承受力较大,且一般不适用于高温或有腐蚀性介质的环境中。

2. 带传动机构的类型及应用

根据传动原理不同,带传动机构可分为摩擦型和啮合型两大类,图 7.4 为啮合型带传动机构的局部示意图。摩擦型带传动机构过载时带可以在带轮上打滑,起到过载保护作用,但传动比不准确,滑动率 $\varepsilon = 0.01 \sim 0.02$;啮合型带传动机构兼有挠性传动和啮合传动的特点,可保持传动同步,故又称为同步带传动机构。

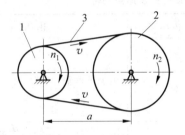 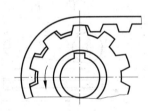

图 7.3　带传动机构　　　　　图 7.4　啮合型带传动机构示意图

根据传动带截面形状的不同,摩擦型带传动机构又可分为平带传动、V 带传动、圆形带传动和多楔带传动等。常用带传动的类型及适用场合见表 7.3。

表 7.3　常用带传动的类型及应用

类型	简　图	主要特点	应　用
平带		结构简单,制造容易,效率较高	用于中心距较大的传动,如用于物料输送
V 带		当量摩擦系数大,工作面与轮槽粘附性好,结构紧凑	用于传动比较大、中心距较小的传动

类型	简 图	主要特点	应 用
圆形带	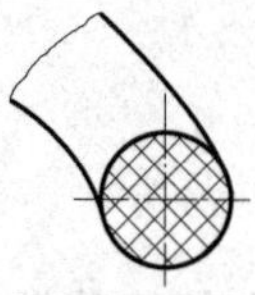	结构简单	用于小功率传动,如仪器和家用器械中
多楔带	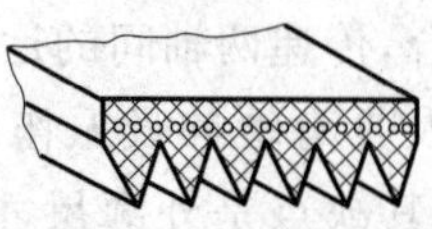	兼有平带和 V 带的特点,传动平稳,外廓尺寸小	用于结构紧凑的传动,特别是要求 V 带根数多或轮轴垂直地面的场合
齿形带	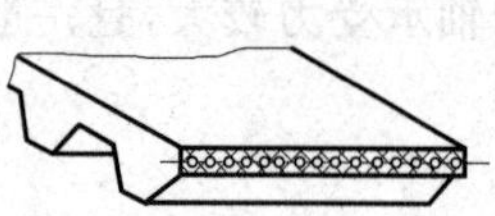	靠啮合传动,平均传动比准确,轴压力较小,结构紧凑,但制造、安装要求较高	用于平均传动比要求恒定的同步传动和传递功率较大的场合

3. 带传动机构的传动形式及适用场合

带传动机构的传动形式很多,常用的形式及适用场合见表 7.4。

表 7.4 常用带传动机构的传动形式及适用场合

传动形式	简 图	传动比	适 用 场 合
开口传动	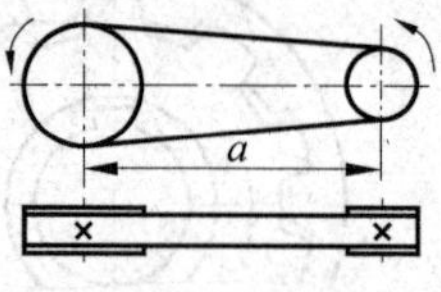	≤5 (≤7)	用于平行轴、同转向传动
交叉传动	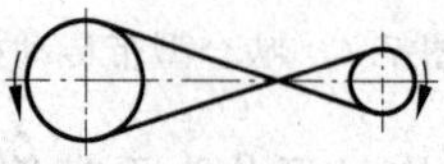	≤6	用于平行轴、反转向传动,交叉处有摩擦,用于中心距 $a > 20b$(带宽)的场合
半交叉传动	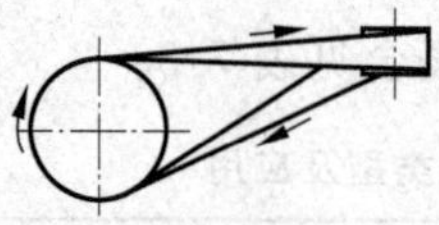	≤3 (≤2.5)	用于交错轴传动
有导轮的相交轴传动	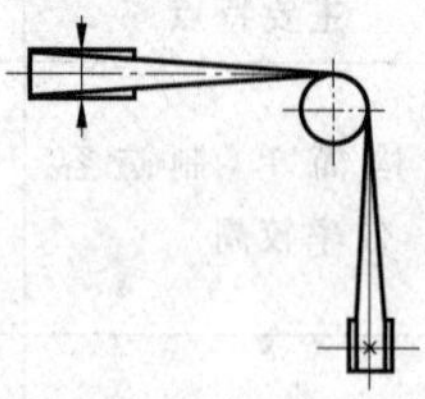	≤4	用于相交轴传动
多从动轮传动	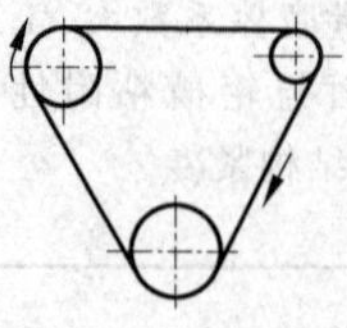	≤6	用于平行轴、同转向、多输出轴传动

说明:括号中的传动比值用于 V 带、多楔带和齿形带。

　　由于带传动机构中的传动带不是完全弹性体,张紧的带在去掉拉力后,并不能恢复原有长度,所以传动带工作一段时间后,其预拉力会逐渐减小,出现松弛,使传动能力下降,甚至丧失。因此带传动需要定期张紧或采用自动张紧装置,以保证必需的预拉力。张紧方法可参考有关文献。

7.3.2　链传动机构

1. 链传动机构的工作原理和特点

　　链传动机构由主、从动链轮和绕在链轮上的链条组成(图 7.5)。链轮上制有特殊齿形的齿,依靠链轮轮齿与链节的啮合传递运动和动力。

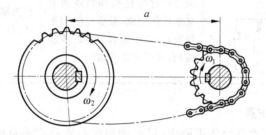

图 7.5　链传动机构

　　链传动机构属于具有中间挠性件的啮合传动,它兼有齿轮机构和带传动机构的一些特点。与齿轮机构相比,链传动机构的制造与安装精度要求较低;链轮齿受力情况较好,承载能力大;有一定的缓冲和减振性能;中心距大而结构轻便。与摩擦型带传动机构相比,链传动机构的平均传动比准确,传动效率高;链条对轴的拉力较小;在使用条件相同的情况下,结构尺寸更为紧凑;此外,链条的磨损伸长比较缓慢,张紧调节工作量较小,且能在恶劣的环境中工作。链传动机构的主要缺点是:不能保证瞬时传动比恒定;工作时有噪声;磨损后易发生跳齿;不适合用于受空间限制、要求中心距小以及急速反向传动的场合。

2. 链条的类型及适用场合

　　按链条的结构形式可分为套筒链、滚子链、齿形链等多种类型。表 7.5 给出了常用链条的主要特点及适用场合,供设计时参考。

表 7.5　常用链条的主要特点及适用场合

类型	简　　图	主要特点	适用场合
套筒链		结构简单,价格便宜,但工作时套筒和链轮轮齿间有相对滑动,易引起链轮的磨损	用于传动功率小、速度低的场合
滚子链		除具有套筒链的优点外,滚子与链轮间为滚动摩擦,可减轻链与链轮轮齿的磨损,使用寿命长,应用更广	用于低速、动力传动、曳引提升,配上各种附件也可供输送用

续表

类型	简　图	主　要　特　点	适　用　场　合
齿形链	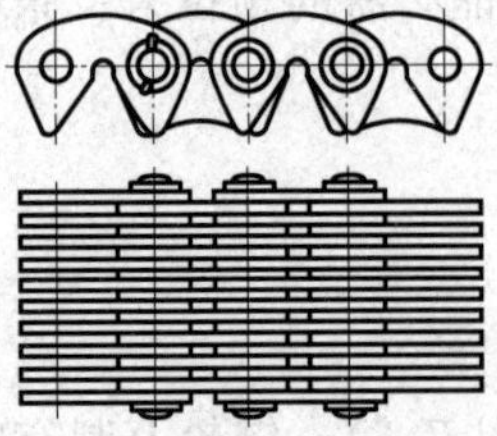	由多个链片铰接而成,链片与轮齿作楔入啮合,故传动平稳,噪声较小,可靠性较高,但重量较大,价格较高,且对安装和维护的要求较高	适用于高速或运动精度要求较高的传动,也用于大功率、较大传动比场合,以及要求平稳、噪声小的传动
铰卷式平顶链	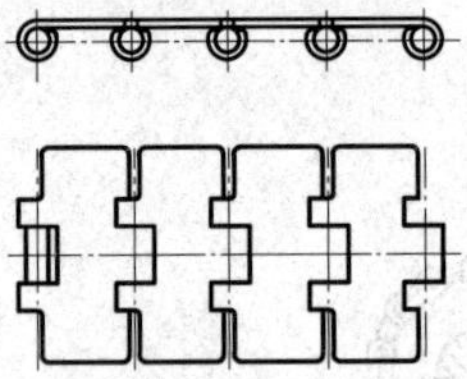	由带铰卷的链板和销轴两个基本零件组成,形成连续的平顶面,可避免灌装容器的绊磕碰翻,易于保持清洁	作为输送链广泛用于灌装生产线,以及输送罐、盒、瓶、玻璃器皿等

3. 链传动机构的布置

链传动机构一般布置在铅垂平面内,尽可能避免布置在水平或倾斜平面内。如确有需要,则应考虑加装托板或张紧轮等装置,并且设计成较紧凑的中心距。

链传动机构的布置应按表 7.6 提出的一些原则设计。

表 7.6　链传动机构的布置

传动条件	正确布置	不正确布置	说　　明
$i=2\sim3$ $a=(30\sim50)p$	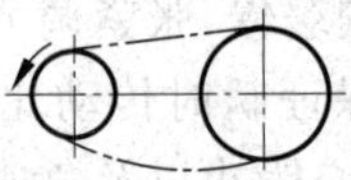	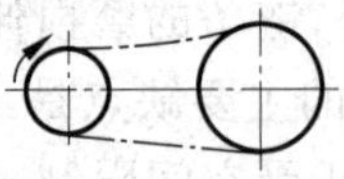	两链轮中心线最好成水平,或与水平面成 60° 以下的倾角。紧边应布置在上面
i 大 a 小的场合 $i>2$ $a<30p$	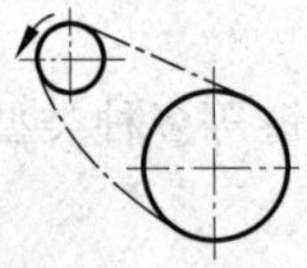	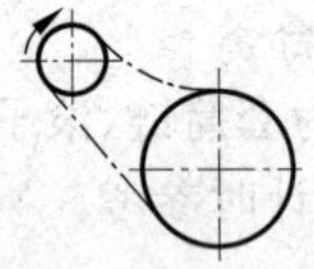	两轮轴线不在同一水平面上,此时松边应布置在下面
i 小 a 大场合 $i<1.5$ $a>60p$	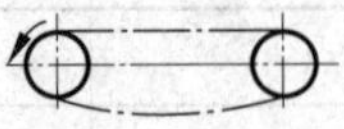	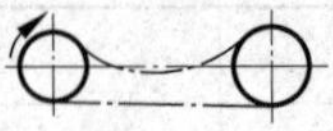	两轮轴线在同一水平面上,松边应布置在下面,需经常调整中心距
垂直传动场合 i,a 为任意值	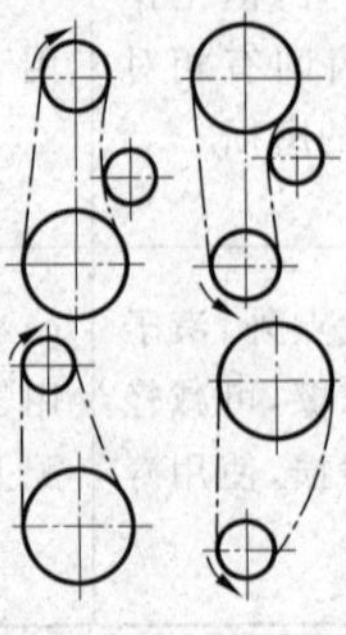	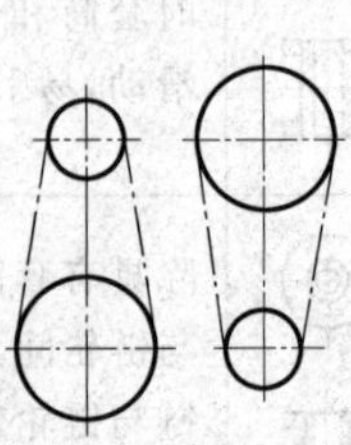	两轴线在同一铅垂面内,为保证下面链轮的有效啮合齿数,应采取中心距可调、张紧装置、上下两轮错开、尽可能将小链轮装在上方等措施

续表

传动条件	正确布置	不正确布置	说　明
反向传动 $\|i\|<8$	从动轮 主动轮		为使两轮转向相反,应加装 3 和 4 两个导向轮,且其中至少有 1 个是可以调整张紧的。紧边应在 1 和 2 两轮之间

说明:表中 p 为链条节距,i 为传动比,a 为两链轮之中心距。

为避免链条松边垂度过大,出现链条与轮齿干扰或两链边相碰,以及保证链轮的有效啮合齿数,应在链轮机构中设置张紧装置,具体方法可参阅有关文献。

7.4　可 展 机 构

可展机构是指具有压缩和展开等两种状态的一类机构,如图 7.6 所示的可折叠雨伞。可展机构一般要求展开尺寸尽可能大,收缩体积尽可能小。图 7.7 为一个六杆可展机构,它有两个稳定状态:压缩状态和展开状态。

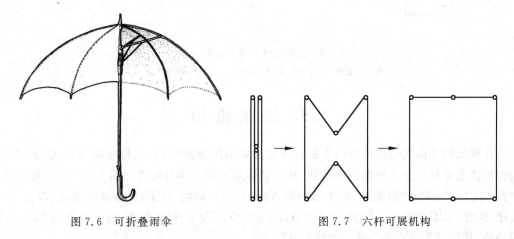

图 7.6　可折叠雨伞　　　　　　　　　图 7.7　六杆可展机构

在航天工程中,由于发射重量和体积受到限制,大型卫星天线、折叠式太阳电池阵和空间机械臂等航天器部件一般是可展机构。这些机构在运输、储存时呈收缩状态,发射到指定轨道后再展开成工作状态。驱动展开运动的动力源一般分为两类:一类是储能释放,如弹簧驱动;另一类是动力驱动,如电机。图 7.8 所示为航天器太阳电池阵可展机构,其基本结构单元主要包括摇臂架、电池板、连接铰链和同步机构。摇臂架分别与卫星本体和太阳能帆板连接,其作用主要是支撑电池板,以及避免卫星主体遮挡帆板吸收太阳能。展开驱动可采用平面涡卷形式的驱动扭簧,将其安装在转动副位置,展开时依靠扭簧预设的预紧扭矩,驱动太阳电池阵展开。为保证各块电池板按预定轨迹同步展开,在电池板间安装有同步带机构以保证其同步性。太阳电池阵展开过程如图 7.9 所示。

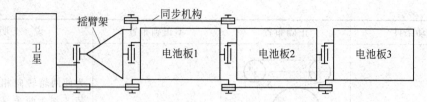

图 7.8　太阳电池阵展开机构

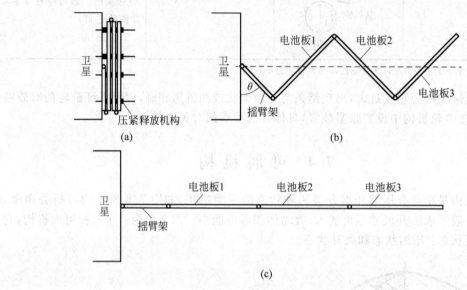

(a)　　　　　　　　　(b)

(c)

图 7.9　太阳电池阵展开过程示意图
（a）折叠状态；（b）半展开状态；（c）完全展开状态

7.5　并联机构

　　并联机构是由两个或两个以上的分支链并联而组成的机构,也称多路闭环机构。这类机构的特点是每个分支链都有原动件,其运动传递到同一执行构件。图 7.10 所示为具有 3 个自由度的 3-RPS 并联机构,图中运动副 A、B、C 为转动副,D、E、F 为移动副,G、H、I 为球面副,构件 ABC 为机架。该机构具有 ADG、BEH、CFI 3 个分支链,每个分支链都有一个原动件,其运动传递到同一执行物件 GHI。

　　图 7.11 所示为一具有 3 个自由度的平面 3-RRR 并联机构。该机构有 AGD、BHE 和 CIF 等 3 个支链,A、B、C 3 点的空间位置构成一个大等边三角形。作为机构工作平台的三角形构件 DEF 也为等边三角形。各个支链的杆件 AG、BH、CI、GD、HE、IF 长度均相等。P 点为△DEF 的中心。A、B、C、D、E、F、G、H、I 处的运动副皆为转动副。构件 AG、BH、CI 均为曲柄,分别绕 A、B、C 点旋转作为机构运动的输入,P 点的平面移动为运动输出。由于该机构具有 3 个自由度,即当 A、B、C 3 点处的回转副转动的角度确定后,机构的任一构件的位形就可以确定。

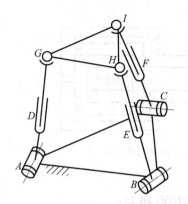
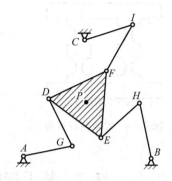

图 7.10　3-RPS 并联机构　　　　图 7.11　具有 3 自由度的平面 3-RRR 并联机构

与传统的串联机构相比,并联机构具有刚度大、承载能力大、自重负荷小等优点,已被用于并联机器人、并联机床、航天器对接机构、微动机构和训练飞行员的飞行模拟器等。

7.6　柔顺机构

柔顺机构是采用柔性铰链替代传统刚性机构中的运动副,利用柔性铰链的弹性变形而非刚性元件的运动来传递或转换力、运动或能量的一类机构。

柔性铰链的中部较为薄弱,在力矩作用下可以产生较明显的弹性角变形,能在机械结构中起到铰链的作用。柔性铰链有很多种形式,其中常用的形式是绕一个轴的弹性弯曲,相当于转动副。图 7.12 所示为常用的直梁型柔性铰链和圆弧型柔性铰链。直梁型柔性铰链有较大的转动范围,但其运动精度较差,转动中心在转动过程中有明显的偏转。圆弧型柔性铰链的运动精度较高,但运动行程受到很大的限制,只能实现微小幅度的转动。

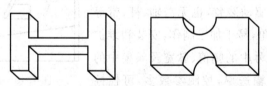

图 7.12　直梁型柔性铰链和圆弧型柔性铰链

图 7.13 所示为柔顺四杆机构。与传统铰链四杆机构相比,该柔顺机构采用柔性铰链替代了转动副。与传统的刚性机构相比,柔顺机构具有无间隙、无摩擦、免润滑、无磨损、可单件加工(免装配)等特点,有助于减少机构运动中的振动、冲击和噪声,从而可以提高机构精度,增加机构运行的可靠性。柔顺机构由于采用了柔性铰链,其运动精度可达到纳米级。此类机构已在精密测量与定位、微机电系统、航空宇航、生物工程等诸多领域得到应用。图 7.14 所示为一种微夹持器,压电驱动器输出微位移,经柔性铰链杠杆机构进行位移放大,使夹持器的两个手指合拢,达到抓取微小物体的目的。微型夹持器常被用于微型仪器的装配、生物细胞的操作和微细外科手术等领域。

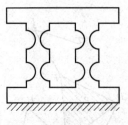

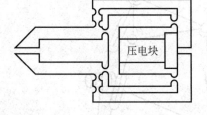

图 7.13   柔顺四杆机构   图 7.14   微夹持器

7.7   基于智能材料驱动的机构

智能材料是指具有感知和驱动功能的材料。常用的智能材料有压电材料、形状记忆合金材料等。压电材料通过电偶极子在电场中的自然排列而改变材料的尺寸,响应外加电压而产生应力或应变;形状记忆合金材料可以在特定温度下发生热弹性马氏体相变,能记忆特定的形状。基于上述特性,这两种材料可制作成机构的驱动器。采用智能材料驱动元件替代传统的驱动源,可减少传统电机和传动系统(如齿轮传动),直接采用智能元件驱动执行机构,易于实现机电系统的微型化、精密定位和力控制。

图 7.15 所示为一种压电振动送料装置。其工作原理如下:在双压电晶片 3 上加交流电,使其产生周期性的弯曲运动,采用加振体 5 增加振动效果,由弹簧片 4 带动料槽 1 实现振动送料。与传统的电磁或机械驱动的振动送料装置相比,这类送料装置具有以下优点:应用压电晶片作为驱动源,无需电机、电磁激振器等驱动装置,也无需轴、杆、带等机械传动部件,结构简单,易于加工制作,安装和维护更加方便;改变驱动信号中的幅值、脉宽及频率中的任意一个,都可以调节输送率,控制参数多,可控性好;启动、停止迅速,响应性能快。其缺点是驱动力较小,因此这类装置大多应用于物料的微量或精量输送。

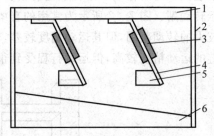

图 7.15   压电振动送料装置

1—料槽;2—板弹簧;3—双压电晶片;
4—弹簧片;5—加振体;6—底座

目前小型机械手一般采用微小型伺服电机经传动系统后驱动,传统的伺服电机功率-重量比低,需要减速装置降低转速,导致其结构和传动系统复杂。另外,机械手结构和驱动都是刚性的,缺少柔顺性。为解决上述不足,可以利用形状记忆合金等功能材料制作驱动器,直接驱动机械手。形状记忆合金(SMA)是一种功能材料,有两种不同的金属相,它们可以在不同的温度范围内稳定地存在。经过相应的热处理和记忆训练后,对原有的形状具有记忆能力。利用这种记忆功能,可以实现夹取、释放等动作。

　　图 7.16 所示为 SMA 驱动机械手的结构示意图和机构运动简图。滑块 1 由 SMA 弹簧驱动,带动连杆 2 和 3,实现手指 4 和 5 的张开或闭合动作。SMA 弹簧驱动是由温度变化产生的,因此,机械手的控制可选用直接电流加热升温和风扇冷却实现。

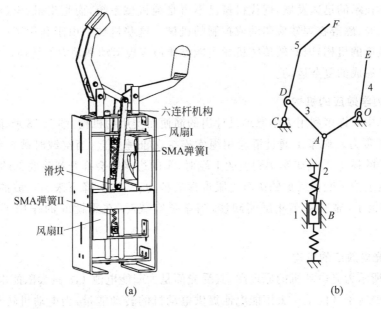

图 7.16　SMA 机械手

(a) 结构示意图；(b) 机构运动简图

　　图 7.17 所示为一种形状记忆合金微夹钳。微夹钳是一种重要的微执行器,主要用于微小目标的夹持、移动和组装等动作。通过对由形状记忆合金组成的驱动单元 1 施加电流加热使其产生变形,并引起驱动单元 2 变形,从而使钳爪闭合,夹紧物体。反之,如果温度下降,驱动单元恢复原状,钳爪松开,释放物体。上述采用形状记忆合金驱动器的机械手属于微型机械手,其动作范围很小,两指端的张合距离在微米或毫米级,抓取物体尺寸变化范围较小,适合于细微操作。

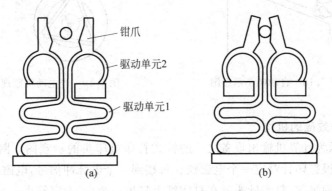

图 7.17　形状记忆合金微夹钳

(a) 钳爪张开状态；(b) 钳爪闭合状态

7.8　其他物理效应机构简介

随着科学技术的迅速发展,现代机械已不再是纯机械系统,而是集机、电、液为一体,充分利用力、声、光、磁等物理效应驱动或控制的机械。这些机械中由于利用了一些新的工作介质和物理效应的机构,因此较传统机械更能方便地实现运动和动力的转换,并能实现某些传统机械难以完成的复杂运动。

1. 利用力学效应的机构

工程实际中有许多利用力学原理设计出的简便而实用的机构,图 7.18 所示的自动矿车巧妙地利用了重力。矿车 1 通过滑轮用绳索连接在重锤 5 上,当空载时被自动拽到坡上。坡上有装沙子的料斗 3,当矿车爬到坡的上端时,车的边缘就会推开料斗底部的门 4,将沙子装入车中。装上沙子变得沉重的矿车克服重锤的拽力,从坡上降下来。在坡的下端导轨面 2 推动车上的销子,靠它将车斗反倒卸沙,当车子空载时,在重锤 5 的作用下又重新向上爬去。

2. 利用光电效应的机构

图 7.19 所示为光电动机的原理图,其受光面是太阳能电池 1,3 只太阳能电池组成三角形,与电动机的转子 2 固结。太阳能电池提供电动机的转动能量,当电动机转动时,太阳能电池也跟着旋转,动力由电动机轴输出。由于受光面连成一个三角形,即使光的入射方向改变,也不影响正常启动。这样光电动机就将光能转变成了机械能。

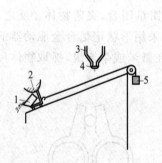

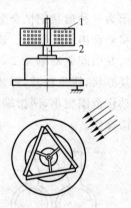

图 7.18　自动矿车示意图　　　　图 7.19　光电动机原理图

3. 利用电磁效应的机构

图 7.20 所示为计算机输出设备之一的针式打印机印头的示意图。图中仅示出了打印头的一部分。每根打印针对应一个电磁铁。每接到一个电脉冲信号,电磁铁吸合一次,其衔铁便打击打印针的尾部,打印针头就在打印纸上打出一个点,而字符由一系列点阵组成。

4. 利用振动及惯性效应的机构

利用振动或惯性产生运动和动力的机构,广泛用于机械的安装和散状物料的捣实、装卸、输送、筛选、研磨、粉碎、混合等工艺中。图 7.21 所示为惯性激振蛙式夯土机,由电动机 1 通过 2,3 两级带传动,使带有偏心块 5 的带轮 4 回转。当偏心块 5 回转至某一角度时,在离心惯性力的作用下,夯头 6 被抬起,夯头被提升到一定高度,同时整台机器向前移动一定距离;当偏心块转到一定位置后,在离心惯性力的作用下,夯头开始下落,下落速度逐渐增大,并以较大的冲击力夯实土壤。该机器用于建筑工程中夯实灰土和地基以及场地的平整等场合。

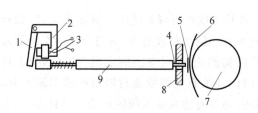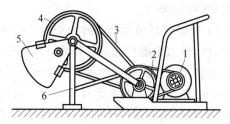

图 7.20　针式打印机印头示意图　　　　图 7.21　惯性激振蛙式夯土机

1—衔铁;2—铁心;3—线圈;4—打印针;5—色带;

6—打印纸;7—滚筒;8—导板;9—针管

5. 利用气、液效应的机构

液压机构是以液压油为动力源来完成预定运动要求和实现各种功能的机构,气动机构是以压缩空气为工作介质来传递动力和控制信号的机构。如图 7.22 所示的增力机构,液压缸 1(或气缸)驱动移动凸轮 2,控制压紧摆杆 3 压紧工件 4,并保持自锁。图 7.23 所示为铸锭供料机构,气缸 1 通过连杆 2 驱动双摇杆机构 ABCD,将由加热炉出料的铸锭 6 运送到升降台 7 上。

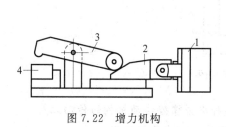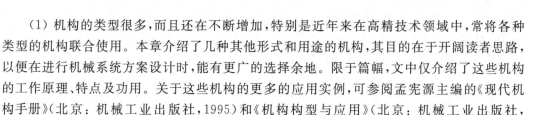

图 7.22　增力机构　　　　　　图 7.23　铸锭供料机构

文献阅读指南

(1) 机构的类型很多,而且还在不断增加,特别是近年来在高精技术领域中,常将各种类型的机构联合使用。本章介绍了几种其他形式和用途的机构,其目的在于开阔读者思路,以便在进行机械系统方案设计时,能有更广的选择余地。限于篇幅,文中仅介绍了这些机构的工作原理、特点及功用。关于这些机构的更多的应用实例,可参阅孟宪源主编的《现代机构手册》(北京:机械工业出版社,1995)和《机构构型与应用》(北京:机械工业出版社,2004)。

(2) 随着科学技术的迅速发展,现代机械已不再是纯机械系统,而是集机、电、液为一体,充分利用力、声、光、磁等物理效应驱动或控制的机械,从而使机械结构更为简单,使用更加方便。在这些机械系统中,由于利用了一些新的工作介质和工作原理的机构,因此较传统机械能更方便地实现运动和动力的传递与转换,并能实现某些传统机械难以完成的复杂运动。限于篇幅,本节仅简单介绍了应用较为广泛的几种其他物理效应机构的工作原理和结构特点。关于利用各种物理效应驱动或控制的机构与机器实例,可参阅黄纯颖主编的《机械创新设计》(北京:高等教育出版社,2000)和孟宪源主编的《机构构型与应用》(北京:机械工业出版社,2004)。

(3) 智能材料结构是一种新型的结构件,将其集成在机械系统中具有诸多优点,如减少传动系统、输出精确位移等。智能材料结构所孕育的巨大科技潜力,对当今知识空间的限定思维,或许是难以完全展望的。关于智能材料结构的论述,可参阅陶宝祺主编的《智能材料结构》(北京:国防工业出版社,1997)。目前国内外虽有介绍智能材料结构的书籍出版,但对基于智能材料驱动的机构还缺乏系统的描述,还没有建立起系统的理论和设计方法,有待进一步的研究。

习　题

7.1　在图 7.24 所示的微动螺旋机构中,构件 1 与机架 3 组成螺旋副 A,其导程 $l_A = 2.8$ mm,右旋。构件 2 与机架 3 组成移动副 C,2 与 1 还组成螺旋副 B。现要求当构件 1 转 1 圈时,构件 2 向右移动 0.2 mm,问螺旋副 B 的导程 l_B 为多少? 右旋还是左旋?

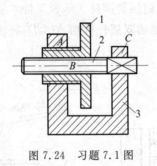

图 7.24　习题 7.1 图

7.2　摩擦传动机构有哪些特点? 如何计算各种类型摩擦传动机构的传动比?

7.3　可展机构、并联机构和柔顺机构各有哪些特点? 试举例说明。

组 合 机 构

【内容提要】 本章首先介绍机构的组合方式和组合机构,然后介绍常用组合机构的类型和功能,最后以复合式组合机构为例介绍组合机构的设计方法。

随着科学技术的日益进步和工业生产的迅猛发展,对生产过程机械化和自动化程度的要求愈来愈高,许多过去用手工完成的复杂工作,迫切需要用机械来实现。单一的基本机构往往由于其本身所固有的局限性而无法满足多方面的要求。为了满足生产发展所提出的许多新的更高的要求,人们尝试将各种基本机构进行适当的组合,使各基本机构既能发挥其特长,又能避免其本身固有的局限性,从而形成结构简单、设计方便、性能优良的机构系统,以满足生产中所提出的多种要求和提高生产的自动化程度。

机构的组合是发展新机构的重要途径之一。

8.1 机构的组合方式与组合机构

8.1.1 机构的组合方式

机构的组合方式有多种。在机构组合系统中,单个的基本机构称为组合系统的子机构。常见的机构组合方式主要有以下几种。

1. 串联式组合

在机构组合系统中,若前一级子机构的输出构件即为后一级子机构的输入构件,则这种组合方式称为串联式组合。图 8.1(a)所示的机构就是这种组合方式的一个例子。图中,构件 1,2,5 组成凸轮机构(子机构 Ⅰ),构件 2,3,4,5 组成曲柄滑块机构(子机构 Ⅱ),构件 2 是凸轮机构的从动件,同时又是曲柄滑块机构的主动件。这种组合方式可用图 8.1(b)所示的框图来表示。

2. 并联式组合

在机构组合系统中,若几个子机构共用同一个输入构件,而它们的输出运动又同时输入给一个多自由度的子机构,从而形成一个自由度为 1 的机构系统,则这种组合方式称为并联式组合。图 8.2(a)所示的双色胶版印刷机中的接纸机构就是这种组合方式的一个实例。图中,凸轮 1,1′为一个构件,当其转动时,同时带动四杆机构 $ABCD$(子机构 Ⅰ)和四杆机构

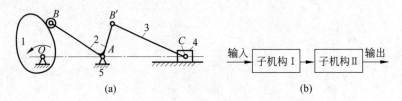

图 8.1 机构的串联式组合

$GHKM$(子机构Ⅱ)运动,而这两个四杆机构的输出运动又同时传给五杆机构 $DEFNM$(子机构Ⅲ),从而使其连杆9上的 P 点描绘出一条工作所要求的运动轨迹。图 8.2(b)所示为这种组合方式的框图。

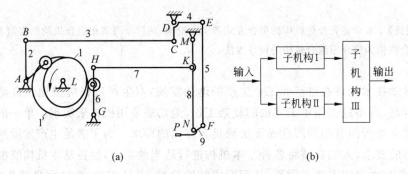

图 8.2 机构的并联式组合

3. 反馈式组合

在机构组合系统中,若其多自由度子机构的一个输入运动是通过单自由度子机构从该多自由度子机构的输出构件回授的,则这种组合方式称为反馈式组合。图 8.3(a)所示的精密滚齿机中的分度校正机构就是这种组合方式的一个实例。图中,蜗杆1除了可绕本身的轴线转动外,还可以沿轴向移动,它和蜗轮2及机架4组成一个自由度为2的蜗杆蜗轮机构(子机构Ⅰ);槽凸轮 2′ 和推杆3及机架4组成自由度为1的移动滚子从动件盘形凸轮机构(子机构Ⅱ)。其中,蜗杆1为主动件,凸轮 2′ 和蜗轮2为一个构件。蜗杆1的一个输入运动(沿轴线方向的移动)就是通过凸轮机构从蜗轮2回授的。图 8.3(b)是这种组合方式的框图。

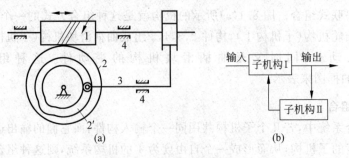

图 8.3 机构的反馈式组合

4. 复合式组合

在机构组合系统中,若由一个或几个串联的基本机构去封闭一个具有两个或多个自由度的基本机构,则这种组合方式称为复合式组合。在这种组合方式中,各基本机构有机联接,互相依存,它与串联式组合和并联式组合都既有共同之处,又有不同之处。图8.4(a)所示的凸轮-连杆组合机构,就是这种组合方式的一个例子。图中,构件1,4,5组成自由度为1的凸轮机构(子机构Ⅰ),构件1,2,3,4,5组成自由度为2的五杆机构(子机构Ⅱ)。当构件1为主动件时,C点的运动是构件1和构件4运动的合成。与串联式组合相比,其相同之处在于子机构Ⅰ和子机构Ⅱ的组成关系也是串联关系,不同的是,子机构Ⅱ的输入运动并不完全是子机构Ⅰ的输出运动;与并联式组合相比,其相同之处在于C点的输出运动也是两个输入运动的合成,不同的是,这两个输入运动一个来自子机构Ⅰ,而另一个来自主动件。这种组合方式的框图如图8.4(b)所示。

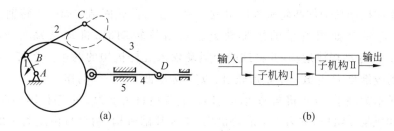

图8.4 机构的复合式组合

8.1.2 组合机构

由上述第一种组合方式——串联式组合所形成的机构系统,其分析和综合的方法均比较简单。其分析的顺序是:按框图由左向右进行,即先分析运动已知的基本机构,再分析与其串联的下一个基本机构。而其设计的次序则刚好反过来,按框图由右向左进行,即先根据工作对输出构件的运动要求设计后一个基本机构,然后再设计前一个基本机构。由于各种基本机构的分析和设计方法在前面各章中已作过较详细的研究,故在本章不再赘述。

通常所说的组合机构,指的是用一种机构去约束和影响另一个多自由度机构所形成的封闭式机构系统,或者是由几种基本机构有机联系、互相协调和配合所组成的机构系统。

在组合机构中,自由度大于1的差动机构称为组合机构的基础机构,而自由度为1的基本机构称为组合机构的附加机构。

组合机构可以是同类基本机构的组合(如在第5章中所介绍的封闭式差动轮系就是这种组合机构的一个特例),也可以是不同类型基本机构的组合。通常,由不同类型的基本机构所组成的组合机构用得最多,因为它更有利于充分发挥各基本机构的特长和克服各基本机构固有的局限性。

组合机构多用来实现一些特殊的运动轨迹或获得特殊的运动规律,它们广泛地应用于纺织、印刷和轻工业等生产部门。

8.2 组合机构的类型及功能

组合机构的类型多种多样,本节介绍几种常用组合机构的特点及功能。

8.2.1 凸轮-连杆组合机构

凸轮-连杆组合机构多是由自由度为 2 的连杆机构(作为基础机构)和自由度为 1 的凸轮机构(作为附加机构)组合而成。利用这类组合机构可以比较容易地准确实现从动件的多种复杂的运动轨迹或运动规律,因此在工程实际中得到了广泛应用。

1. 实现复杂运动轨迹的凸轮-连杆组合机构

图 8.5 所示为平板印刷机上的吸纸机构的简图。该机构由自由度为 2 的五杆机构和两个自由度为 1 的摆动从动件凸轮机构所组成。两个盘形凸轮固结在同一个转轴上。工作要求吸纸盘 P 走一个如图所示的矩形轨迹。当凸轮转动时,推动从动件 2,3 分别按 $\varphi_2(t)$ 和 $\varphi_3(t)$ 的运动规律运动,并将这两个运动输入五杆机构的两个连架杆,从而使固结在连杆 5 上的吸纸盘 P 走出一个矩形轨迹,以完成吸纸和送进等动作。

图 8.6 所示为刻字、成形机构的运动简图。它是由自由度为 2 的四杆四移动副机构(由构件 2,3,4 和机架 5 组成,称为十字滑块机构)作为基础机构,两个自由度为 1 的凸轮机构(分别由槽凸轮 1 和杆件 2、槽凸轮 1′ 和杆件 3 及机架 5 组成)作为附加机构,经并联组合而形成的凸轮-连杆组合机构。槽凸轮 1 和 1′ 固结在同一转轴上,它们是一个构件。当凸轮转动时,其上的曲线凹槽 1,1′ 将通过滚子推动从动杆 2 和 3 分别在 x 和 y 方向上移动,从而使与杆 2 和杆 3 组成移动副的十字滑块 4 上的 M 点描绘出一条复杂的轨迹。

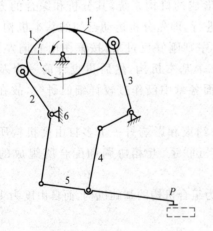

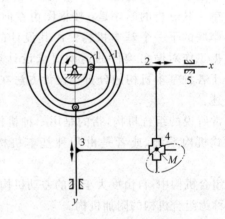

图 8.5 平板印刷机吸纸机构   图 8.6 刻字成形机构运动简图

2. 实现复杂运动规律的凸轮-连杆组合机构

图 8.7 所示为一种结构简单的能实现复杂运动规律的凸轮-连杆组合机构。其基础机构为自由度为 2 的五杆机构(由构件 1,2,3,5 和机架 6 组成),其附加机构为槽凸轮机构(其中槽凸轮 6 固定不动)。只要适当地设计凸轮的轮廓曲线,就能使从动滑块 3 按照预定的复杂规律运动。

图 8.8 所示是利用凸轮-连杆组合机构实现复杂运动规律的又一个例子。其基础机构为 2 自由度的旋转四杆机构(由构件 1,2,3,4 和机架组成,A 为固定铰链),其附加机构为一槽凸轮机构(其中槽凸轮 5 为固定凸轮)。当主动件 1 等速转动时,装在杆件 2 与 3 铰接点 C 处的滚子 6 将沿着固定凸轮 5 的凹槽运动,从而迫使主动件 1 和杆件 2 间的夹角 γ 发生变化。因此,从动件 4 的运动将是主动件 1 的运动和因 γ 角变化而使从动件 4 获得的附加运动的叠加。只要适当地设计凸轮廓线,就能使从动件实现复杂的预期运动规律。例如,当滚子 6 沿着以 A 为中心、AC_1 为半径的圆弧段廓线 $C_4 C_1$ 运动时,由于 γ 角保持不变,整个旋转四杆机构将如同一个刚性构件绕固定铰链 A 转动,此时,从动件 4 的运动规律将与主动件 1 完全相同;当滚子 6 沿着以 D 为中心、CD 为半径的圆弧段廓线 $C_1 C_2$ 运动时,从动件 4 将停歇不动;当滚子 6 沿着凸轮上的其他任意曲线段 $C_2 C_3 C_4$ 运动时,从动件 4 将做非匀速运动。由于杆件 2 相对于主动件 1 仅做往复摆动,所以当主动件 1 转过 1 周时,从动件 4 也回转一整周。

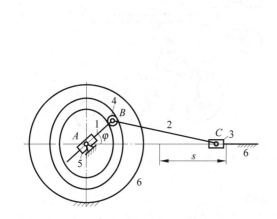

图 8.7　凸轮-连杆组合机构(1)

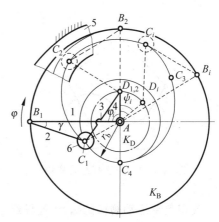

图 8.8　凸轮-连杆组合机构(2)

从这个例子可以看出:将凸轮机构和连杆机构适当加以组合而形成的凸轮-连杆组合机构,既发挥了两种基本机构的特长,又克服了它们各自的局限性。我们知道,单一的连杆机构很难准确地实现任意复杂的预定运动规律,单一的凸轮机构也不能使从动件作整周回转,而采用上述组合机构,既实现了从动件的整周回转,又准确地实现了工作要求的复杂运动规律。这正是凸轮-连杆组合机构在工程实际中得到日益广泛应用的原因之一。

8.2.2　齿轮-连杆组合机构

齿轮-连杆组合机构是由定传动比的齿轮机构和变传动比的连杆机构组合而成。近年来,这类组合机构在工程实际中应用日渐广泛,这不仅是由于其运动特性多种多样,还因为组成它的齿轮和连杆便于加工、精度易保证和运转可靠。

1. 实现复杂运动轨迹的齿轮-连杆组合机构

这类组合机构多是由自由度为 2 的连杆机构作为基础机构,自由度为 1 的齿轮机构作为附加机构组合而成。利用这类组合机构的连杆曲线,可方便地实现工作所要求的预定轨迹。

图 8.9 所示为工程实际中常用来实现复杂运动轨迹的一种齿轮-连杆组合机构,它是由定轴轮系 1,4,5 和自由度为 2 的五杆机构 1,2,3,4,5 经复合式组合而成。当改变两轮的传动比、相对相位角和各杆长度时,连杆上 M 点即可描绘出不同的轨迹。

图 8.10 所示为振摆式轧钢机轧辊驱动装置中所使用的齿轮-连杆组合机构。主动齿轮 1 转动时,同时带动齿轮 2 和 3 转动,通过五杆机构 $ABCDE$ 使连杆上的 M 点描绘出如图所示的复杂轨迹,从而使轧辊的运动轨迹符合轧制工艺的要求。调节两曲柄 AB 和 DE 的相位角,可方便地改变 M 点的轨迹,以满足轧制生产中不同的工艺要求。

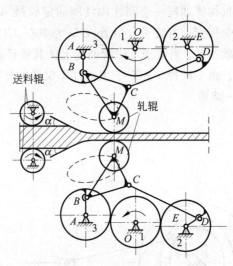

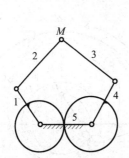

图 8.9　齿轮-连杆组合机构　　　　图 8.10　振摆式轧钢机轧辊驱动装置

2. 实现复杂运动规律的齿轮-连杆组合机构

这类组合机构多是以自由度为 2 的差动轮系为基础机构,以自由度为 1 的连杆机构为附加机构组合而成的。其中最具特色的是用曲柄摇杆机构来封闭自由度为 2 的差动轮系而形成的齿轮-连杆组合机构。图 8.11 所示是这类组合机构的几种基本型式。图(a)和图(b)为两轮式齿轮-连杆组合机构,图(c)、图(d)分别为三轮式和多轮式齿轮-连杆组合机构。下面以图 8.11(a)和(c)为例分别介绍其运动特点。

图 8.11(a)所示为一典型的两轮式齿轮-连杆组合机构。其基础机构为自由度为 2 的差动轮系(由齿轮 5、$2'$、系杆 1 和机架 4 组成),其附加机构为四杆机构(由构件 1,2,3 和机架 4 组成)。行星轮 $2'$ 与连杆 2 固连,中心轮 5 与曲柄 1 共轴线并可分别转动,曲柄 1 同时充当差动轮系的系杆。

由于

$$i_{52'}^1 = \frac{\omega_5 - \omega_1}{\omega_{2'} - \omega_1} = \frac{\omega_5 - \omega_1}{\omega_2 - \omega_1} = -\frac{z_{2'}}{z_5}$$

故

$$\omega_5 = \frac{z_5 + z_{2'}}{z_5}\omega_1 - \frac{z_{2'}}{z_5}\omega_2$$

式中,ω_2 为连杆 2 的角速度,其值随四杆机构的运动作周期性变化。

由上式可以看出,当曲柄 1 等角速度转动时,从动齿轮 5 做非匀速转动。其角速度 ω_5 由两部分组成:一部分为等角速度部分 $\frac{z_5 + z_{2'}}{z_5}\omega_1$,另一部分为周期性变化的角速度 $-\frac{z_{2'}}{z_5}\omega_2$。

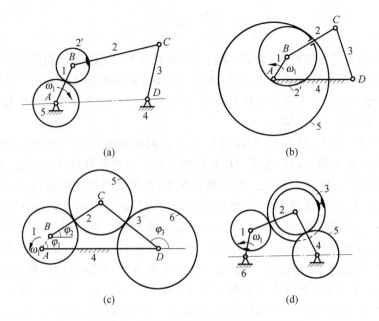

图 8.11　齿轮-连杆组合机构的基本型式

改变四杆机构各构件的尺寸和两轮的齿数，就可使从动轮 5 获得各种不同的运动规律，在某种条件下，从动轮可以实现瞬时停歇。

图 8.11(c)所示的三轮式齿轮-连杆组合机构，由相互啮合的 3 个齿轮 1,5,6 以及连接齿轮 1,5 中心的杆件 2 和连接齿轮 5,6 中心的杆件 3 所组成。其中，齿轮 5,6 和杆件 3 及机架 4 组成一个自由度为 2 的差动轮系，构件 1,2,3,4 组成一个自由度为 1 的四杆机构。当偏心安置的主动齿轮 1 绕 A 点等速回转时，一方面通过轮齿啮合使行星轮 5 转动，另一方面又通过连杆 2 带动系杆 3 转动，因此从动轮 6 输出的是这两个运动的合成，该合成运动是按一定规律变化的变速运动。其运动特点可借助瞬心法来分析。

如图 8.12 所示，P_{41}，P_{46}，P_{15} 及 P_{56} 分别为构件 4 和 1、构件 4 和 6、构件 1 和 5 及构件 5 和 6 的瞬心，由三心定理可知，连直线 $P_{15}P_{56}$ 和直线 $P_{41}P_{46}$，则两直线交点即为构件 1 和 6 的相对瞬心 P_{16}，故有

$$v_{P_{16}} = \omega_1 \overline{AP_{16}} = \omega_6 \overline{DP_{16}}$$

由此可得

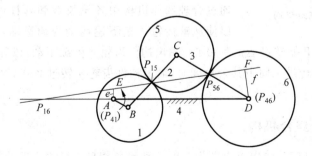

图 8.12　三轮式齿轮-连杆组合机构的运动特点分析

$$i_{61} = \frac{\omega_6}{\omega_1} = \frac{\overline{AP_{16}}}{\overline{DP_{16}}}$$

从图 8.12 和上式可以看出,当 P_{16} 落在 AD 延长线上时,主、从动轮转向相同;当 P_{16} 落在 A,D 之间时,两轮转向相反;而当 P_{16} 落在 A 点时,从动轮角速度 $\omega_6 = 0$,这表明此时从动轮处于瞬时停顿状态。由于在实际机构中,相互啮合的齿轮之间通常存在着齿侧间隙,故此时表现为从动轮作片刻停歇。

由图 8.12 可以看出,瞬心 P_{16} 的位置与 A,D 之间的距离有关。当 AD 的长度大于某一值时,在主动轮转动 1 周内,P_{16} 先从 AD 延长线上某一点逐渐移过 A 点到达 A,D 之间,然后再移回 A 点回到 AD 延长线上。在这种情况下,在主动轮等速转动的 1 周内,从动轮 6 先向一个方向转动,然后减速到停止,随即反向转动,再减速停止,又回复到原来的转向,即在主动轮转动 1 周期间,从动轮转向改变两次,有两次瞬时停歇。当 A,D 之间的距离小于某一值时,在主动轮转动 1 周内,P_{16} 总落在 AD 延长线上。在这种情况下,从动轮转向不变,只作周期性的增速、减速运动。当 A,D 之间的距离等于某一值时,在主动轮转动 1 周内,P_{16} 先从 AD 延长线上某一点逐渐移到 A 点,然后返回原处。在这种情况下,在主动轮转动 1 周期间,从动轮只有一次瞬时停歇。利用这一特性,可将其用作停歇时间很短的步进机构。

食品厂糖果包装机上的糖条送进机构,就是利用这种齿轮-连杆组合机构实现复杂运动规律的一个实例。糖条的送进有两点要求:其一是在切断糖条的瞬间,要求糖条瞬时不动,以防止糖条弓起;其二是切断后的糖条速度要从零平稳增加,然后再平稳地降低到零,以防止传动机构产生冲击。上述的三轮式齿轮-连杆组合机构,当 AD 长度等于某一值时,正好能够满足糖条送进运动的要求,中心轮 6 瞬时停歇时,就相当于糖条停止不动。

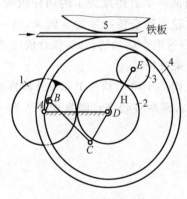

图 8.13　铁板输送机构

图 8.13 所示的铁板输送机构是应用齿轮-连杆组合机构实现复杂运动规律的又一实例。如图所示,在该组合机构中,齿轮 2,3,4 及系杆 H 组成一自由度为 2 的差动轮系,它是该组合机构的基础机构。齿轮机构 1,2 和曲柄摇杆机构 $ABCD$ 是该组合机构的附加机构。其中,齿轮 1 和杆 AB 固结在一起,杆 CD 与系杆 H 是一个构件。主动件 1 的运动,一方面通过齿轮机构传给差动轮系中的中心轮 2,另一方面又通过曲柄摇杆机构传给系杆 H。因此,齿轮 4 所输出的运动是上述两种运动的合成。通过合理选择机构中各轮齿数和各杆件的几何尺寸,可以使从动齿轮 4 按下述运动规律运动:当主动曲柄 AB（即齿轮 1）从某瞬时开始转过 $\Delta\varphi_1 = 30°$ 时,输出构件齿轮 4 停歇不动,以等待剪切机构将铁板剪断;在主动曲柄转过 1 周中其余角度时,输出构件齿轮 4 转过 $240°$,这时刚好将铁板输送到所要求的长度。

8.2.3　凸轮-齿轮组合机构

凸轮-齿轮组合机构多是由自由度为 2 的差动轮系和自由度为 1 的凸轮机构组合而成。其中,差动轮系为基础机构,凸轮机构为附加机构,即用凸轮机构将差动轮系的两个自由度约束掉一个,从而形成自由度为1的机构系统。

在图 8.14 所示的凸轮-齿轮组合机构中,其基础机构是由齿轮 1、行星轮 2(扇形齿轮)和系杆 H 所组成的简单差动轮系,其附加机构为一摆动从动件凸轮机构,且凸轮 4 固定不动。当主动件系杆 H 转动时,带动行星轮 2 的轴线做周转运动,由于行星轮 2 上的滚子 3 置于固定凸轮 4 的槽中,凸轮廓线将迫使行星轮 2 相对于系杆 H 转动。这样,从动轮 1 的输出运动就是系杆 H 的运动与行星轮相对于系杆的运动之合成。

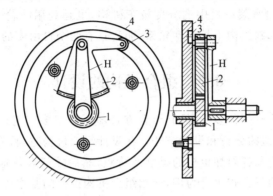

图 8.14　凸轮-齿轮组合机构

由于

$$i_{12}^{H} = \frac{\omega_1 - \omega_H}{\omega_2 - \omega_H} = -\frac{z_2}{z_1}$$

故

$$\omega_1 = -\frac{z_2}{z_1}(\omega_2 - \omega_H) + \omega_H$$

在主动件 H 的角速度 ω_H 一定的情况下,改变凸轮 4 的廓线形状,也就改变了行星轮 2 相对于系杆的运动 $\omega_2 - \omega_H$,即可得到不同规律的输出运动 ω_1。当凸轮的某段廓线满足关系式

$$\omega_H = \frac{z_2}{z_1}(\omega_2 - \omega_H)$$

时,从动轮 1 在这段时间内将处于停歇状态。因此,利用该组合机构可以实现具有任意停歇时间的间歇运动。

凸轮-齿轮组合机构多用来使从动件产生多种复杂运动规律的转动。例如,在输入轴等速转动的情况下,可使输出轴按一定的规律做周期性的增速、减速、反转和步进运动;也可使从动件实现具有任意停歇时间的间歇运动;还可以实现机械传动校正装置中所要求的特殊的补偿运动等。

图 8.15 所示为某滚齿机工作台校正机构的简图,它是利用凸轮-齿轮组合机构实现运动补偿的一个实例。图中,齿轮 2 为分度挂轮的末轮,运动由它输入;蜗杆 1 为分度蜗杆,运动由它输出;通过与蜗杆相啮合的分度蜗轮(图中未画出)控制工作台转动。采用该组合机构,可以消除分度蜗轮副的传动误差,使工作台获得精确的角位移,从而提高被加工齿轮的精度。其工作原理如下:如

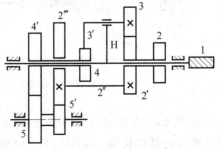

图 8.15　滚齿机工作台校正机构简图

图,中心轮 2′、行星轮 3 和系杆 H 组成一简单的差动轮系。凸轮 4 和摆杆 3′组成一摆动从动件凸轮机构。运动由 2 轮输入后,一方面带动中心轮 2′转动,另一方面又通过杆件 2″,齿轮 2‴,5′,5,4′带动凸轮 4 转动,从而通过摆杆 3′使行星轮 3 获得附加转动,系杆 H 和与之相固连的分度蜗杆 1 的输出运动,就是上述这两种运动的合成。只要事先测定出机床分度蜗轮副的传动误差,并据此设计凸轮 4 的廓线,就能消除分度误差,使工作台获得精确的角位移。

图 8.3(a)所示的精密滚齿机中的分度校正机构,也是利用凸轮-齿轮机构进行运动补偿的实例。只不过其基础机构不是差动轮系,而是具有两个自由度的蜗杆蜗轮机构。

8.3　组合机构的设计

组合机构的类型虽然多种多样,但其组合方式却不是很多。用相同组合方式组合而成的组合机构,具有相类似的分析和设计方法。在设计组合机构时,首先需要了解其组合方式及组合机构中基础机构和各附加机构的类型及特点,然后才能有效地设计各组合机构。本节以工程实际中常用的复合式组合为例,介绍组合机构设计的基本思路。

复合式组合方式的特点是:原动件的运动,一方面直接传给自由度为 2 的基础机构,另一方面又通过一个单自由度的附加机构传给该自由度为 2 的基础机构,该基础机构将这两个输入运动合成为一个输出运动。

在设计这类机构时,首先需要根据工作所要求实现的运动规律或轨迹,恰当地选择一个合适的 2 自由度机构作为基础机构;然后给定该基础机构一个原动件的运动规律,并使该机构的从动件按照工作要求实现的运动规律或轨迹运动,从而找出上述给定运动规律的原动件和另一原动件之间的运动关系;最后按此运动关系设计单自由度的附加机构,即可得到满足工作要求的组合机构。

下面以图 8.16(a)所示的实现复杂运动轨迹的凸轮-连杆组合机构为例,说明复合式组合机构设计的思路和方法。

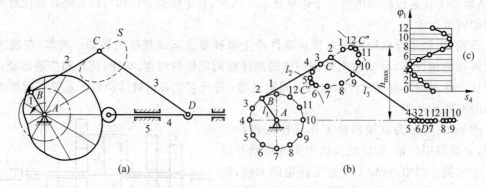

图 8.16　实现复杂运动轨迹的凸轮-连杆组合机构的设计

如图所示,在该组合机构中,构件 1,2,3,4,5 组成一个自由度为 2 的五杆机构,它是该组合机构的基础机构;构件 1,4,5 组成一个单自由度的凸轮机构,它是该组合机构的附加机构。原动件 1 的运动,一方面直接传给五杆机构的构件 1,一方面又通过凸轮机构传给五杆机构的构件 4,五杆机构将这两个输入运动合成后,从 C 点输出一个如图所示的复杂运动轨迹 S。该机构的组合方式是典型的复合式组合。

在未引入凸轮机构之前,由于五杆机构具有 2 个自由度,故可有两个输入运动。因此,当使构件 1 作等速转动时,可同时让连杆上的 C 点沿着工作所要求的轨迹 S 运动,这时,构件 4 的运动则完全确定。由此可求出构件 4 与构件 1(它们是五杆机构的两个原动件)之间的运动关系 $s_4(\varphi_1)$,并据此设计凸轮的廓线。很显然,当与构件 1 固联的凸轮的廓线能使构件 4 与构件 1 按此运动关系运动时,C 点必将沿着预定的轨迹 S 运动。

由以上分析,可得出该组合机构的设计步骤如下:

(1) 作出轨迹曲线 S,并根据机构的总体布局,选定曲柄转轴 A 与预定轨迹曲线 S 之间的相对位置。

(2) 确定构件 1 和构件 2 的尺寸。为此,在曲线 S 上找出与转轴 A 之间的最近点 C' 和最远点 C'',如图 8.16(b)所示。由于这两点分别对应于构件 1 和构件 2 两次共线的位置,故有

$$l_1 = \frac{1}{2}(l_{AC''} - l_{AC'})$$

$$l_2 = \frac{1}{2}(l_{AC''} + l_{AC'})$$

(3) 确定构件 3 的尺寸。由于构件 4 的导路通过凸轮轴心,为了保证 CD 杆与导路有交点,必须使 l_{CD} 大于轨迹 S 上各点到导路的最大距离。为此,找出曲线 S 与构件 4 的导路间的最大距离 $h_{\max}$,从而选定构件 3 的尺寸:

$$l_3 > h_{\max}$$

(4) 绘制构件 4 相对于构件 1 的位移曲线 $s_4(\varphi_1)$。具体做法如下:将曲柄圆分为若干等份,得到曲柄转一周期间 B 点的一系列位置,然后用作图法找出 C,D 两点对应于 B 点的各个位置,由此即可绘制出从动件的位移曲线 $s_4(\varphi_1)$,如图 8.16(c)所示。

(5) 根据结构选定凸轮的基圆半径,按照位移曲线 $s_4(\varphi_1)$ 设计移动滚子从动件盘形凸轮的廓线。

文献阅读指南

(1) 机构的组合是创造发明新机构的重要途径之一。本章介绍了机构组合的几种主要方式,除此之外,还有运载式组合、时序组合等。关于这方面的知识,可参阅曹惟庆、徐曾荫主编的《机构设计》(北京:机械工业出版社,1993)和《机械工程手册》第四卷(北京:机械工业出版社,1996)中"机构的变异和组合"一章的有关内容。为了满足更高的要求,还可以把各种组合方式混合使用。

(2) 组合机构的类型,常以组成该组合机构的子机构的种类来命名,如凸轮-连杆组合机构、齿轮-连杆组合机构、凸轮-齿轮组合机构等。本章介绍了工程实际中常用的几大类组合机构。除此之外,还有带有挠性构件的组合机构、具有气体和液体等中间介质的组合机构等。关于这方面的内容,可参阅孟宪源主编的《现代机构手册》(北京:机械工业出版社,

1994）。随着科学技术的进步和生产的发展,组合机构的应用日渐广泛,其类型也必将更加多样。

(3) 由于组成组合机构的各子机构运动参数间关系牵连较多,故组合机构的设计方法比较复杂。但这并非意味着组合机构的设计无任何规律可循。由于通过相同组合方式而形成的组合机构具有共同的特点,因此具有相类似的分析和设计方法。本章着重介绍了由复合式组合而形成的组合机构的设计思路和方法。至于其他类型组合机构的设计方法,可参阅吕庸厚编著的《组合机构设计》(上海:上海科学技术出版社,1996)。书中除详细介绍了齿轮-连杆组合机构、凸轮-连杆组合机构和齿轮-凸轮组合机构的设计方法外,还对组合机构按运动要求选型的问题进行了讨论。在介绍各类组合机构的设计时,除采用优化设计方法和新的传动质量指标外,还从实用的角度出发,绘制了设计线图,使设计者易于选择设计参数。书中所列举的大量典型设计实例,对读者具有启迪作用。

习　题

8.1 图 8.17 所示为糖果包装机中所用的凸轮-连杆组合机构。凸轮 5 为原动件,当它等角速度转动时,M 点将描绘出如图所示的轨迹。试分析该机构的组合方式,并画出其组合方式的框图。

8.2 图 8.18 所示为能够实现变速回转运动的凸轮-齿轮组合机构。构件 H 为原动件,齿轮 1 为输出构件。试分析该机构的组合方式,并画出其组合方式框图。

8.3 在图 8.19 所示机构中,构件 1 为原动件,齿轮 5 为输出构件。试分析该机构的组合方式,并画出其组合方式框图。

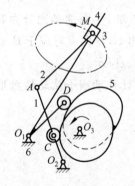
图 8.17　习题 8.1 图

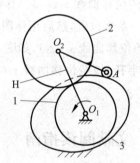
图 8.18　习题 8.2 图

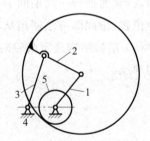
图 8.19　习题 8.3 图

8.4 图 8.20 所示为实现复杂往复运动规律的凸轮-连杆组合机构。构件 1 为原动件,当其做等角速度转动时,可使滑块 4 按给定运动规律往复移动。试分析该机构的组合方式,并画出其组合方式框图。

8.5 图 8.21 所示为香皂包装机中所使用的凸轮-连杆组合机构。凸轮 1—1′ 为原动件,从 M 点输出复杂轨迹。试分析该机构的组合方式,并画出其组合方式框图。

8.6 试分析图 8.22 所示机构的组合方式,并画出其组合方式框图。

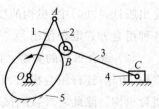
图 8.20　习题 8.4 图

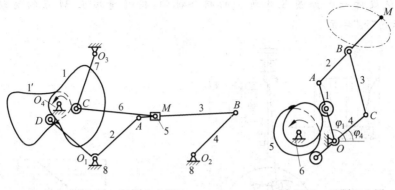

图 8.21　习题 8.5 图　　　　　图 8.22　习题 8.6 图

8.7　图 8.23 所示为卡片穿孔机上所采用的凸轮-齿轮组合机构。它可将原动件的等速转动变为输出轴的变速转动。图中齿轮 1 和齿轮 2 齿数相同,齿轮 1 与凸轮 6 固结在同一轴上,齿轮 2 为原动件,齿轮 5 为输出构件,系杆 H 的延伸部分即为凸轮机构的摆动从动件,7 为从动摆杆上的滚子。当原动件齿轮 2 等速回转时,由于凸轮机构使系杆 H 按一定的运动规律摆动,从动齿轮 5 将输出一单向变速连续转动。若已知各轮齿数及从动齿轮 5 的运动规律 $\varphi_5 = f(\varphi_6)$,试写出系杆 H 的转角 φ_H 与凸轮转角 φ_6 的关系式。

8.8　设计一凸轮-连杆组合机构。已知连杆机构的初始位置如图 8.24 所示,此时 $\angle GAB = \angle ABC = \angle CDE = 90°$,$AG = 50$ mm,$AB = 90$ mm,$BC = 95$ mm,$CD = 30$ mm,$DE = 90$ mm,$DF = 45$ mm,凸轮转轴 O 在 FG 连线的中点,两滚子半径均为 7.5 mm。若要求铰接点 C 沿图示轨迹 abc 运动,$ac = bc = 30$ mm,且在 ab 段为等速运动,在图示位置 $ac \parallel BC$,$bc \parallel CD$,C 在 ab 中点,试设计该机构。

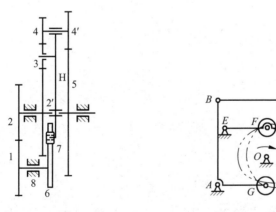

图 8.23　习题 8.7 图　　　　　图 8.24　习题 8.8 图

8.9　图 8.25 所示为巧克力包装机中的托包机构。已知杆长 $l_1 = 24$ mm,$l_2 = 19$ mm,$l_3 = 76$ mm,托包行程 $h = 33$ mm,滚子半径 $r_r = 4$ mm,托包在最高位置时 $L_{OC} = L = 94$ mm,原动件 1 沿递时针方向回转。托杆的运动规律如图所示,即当构件 1 回转 120° 时,托杆快速退回;当构件 1 再转 60° 时,托杆静止不动;当构件 1 转过 1 周中其余 180° 时,托杆慢速托包。试设计该组合机构。

8.10 试设计一个如图 8.6 所示的组合机构，使其滑块上 M 点的运动轨迹为如图 8.26 所示的"K"字形。

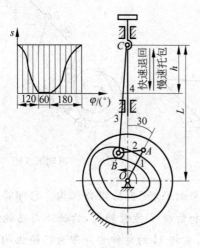

图 8.25   习题 8.9 图

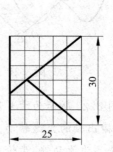

图 8.26   习题 8.10 图

开式链机构

【内容提要】　本章首先介绍开式链机构的特点及功能,然后以机器人操作器为例,介绍开式链机构的组成和结构分析,最后介绍开式链机构运动学研究的主要问题,并以平面两连杆和三连杆操作器为例,重点讨论开式链机构正向运动学和反向运动学问题的求解方法。

　　由开式运动链所组成的机构称为开式链机构,简称开链机构。随着机械化、自动化技术的高速发展,特别是机器人、机械手的应运而生,开式链机构在工程实际中的应用也逐渐增多,正日益受到人们的重视。

9.1　开式链机构的特点及功能

　　由本书第 1 章所述可知:开式运动链的自由度较闭式运动链为多。要使其成为具有确定运动的机构,就需要更多的原动机(如电动机、油马达、油缸、气缸等)。当然,开式运动链中末端构件的运动,与闭式运动链中任何构件的运动相比,也就更为任意和复杂多样。利用开式运动链的这一特点,结合伺服控制和电子计算机的使用,开式链机构在各种机器人和机械手中得到了广泛的应用。

　　机器人技术并不是某种陈旧技术的改良,它与传统的由闭式链机构所组成的机械化和自动化系统之间存在着原则的区别。

　　由连杆、凸轮等闭式链机构所组成的一般自动机,用于多次完成同样的作业。这些作业的特点可以是多种多样的:简单的或复杂的,断续的或连续的。毫无疑问,当要求机器在全部时间内以不变形式多次重复同一作业时,采用这类自动机在经济上是有利的。

　　与这种传统的自动机不同,由开式链机构所组成的机器人和机械手,可在任意位置、任意方向和任意环境下单独地或协同地进行工作,组成一种灵活的、万能的、具有多目的用途的自动化系统。每一个机器人可用于完成一系列各种不同的作业;或者能按照固定程序迅速地调整到它所能实现的所有其他作业;或者具有对环境的自适应能力并能在需要更换作业时自行进行调整等。所有这些,对于不可能固定地预见作业进程等条件及对于改换产品的生产都是必要的。此外,当一定形式的手工劳动不可能用传统的机械化和自动化方法来实现时,采用机器人就是不可避免的。机器人能赋予系统全新的品质。

　　总之,含有开式链机构的机器人与传统的由闭式链机构组成的自动机的区别,在于它具有更大的灵活性和多种用途,易于调整来完成各种不同的劳动作业和智能动作,包括在变化之中以及没有事先说明的情况下的作业。正是由于这一原则的区别,通常把使用机器人的操作称为柔性自动化,而把使用诸如连杆、凸轮等闭式链机构所组成的传统自动机的操作称为固定自动化。

工程实际中对机器人的需求是多方面的。在制造业中,由于多数产品的商业寿命正逐渐缩短,品种需求增多,这就促使产品的生产需要从传统的单一品种大批量生产逐步向多品种小批量柔性生产过渡。由各种加工设备、机器人、物料传送装置和自动化仓库所组成的柔性制造系统以及由电子计算机统一调度的更大规模的计算机集成制造系统将逐步成为制造工业的主要生产手段之一;在微电子工业、制药工业中,为了避免人工介入而造成的污染,保证产品质量,需要用机器人部分地代替人去完成某些操作;在深水资源开发、卫星空间回收以及外层空间活动中,机器人将成为不可缺少的工具;机器人还可用于矿产采掘、排险救灾及各种军事用途。目前,从实现单机自动化到组成生产装配线,从喷漆、焊接到货物装卸,从原子能工业到星际航行和海底作业,都应用着各种机器人和机械手。在未来几十年中,机器人还将在人类社会生活的许多方面发挥作用,办公机器人、医护机器人、康复机器人及家务劳动机器人等都将会成为现实。正因为如此,越来越多的工程技术人员认识到:机器人已不再是一种可望而不可及的新奇装置,而是在工程设计过程中可供选择的可行方案。

机器人技术是一门跨学科的综合性技术,机器人学的研究涉及诸多领域。在机器人学研究中,最基本和最重要的问题之一是机器人操作器的机构学问题。这是因为:当进行机器人设计时,首先提出来的问题是确定机器人操作器中运动副的种类和数目,以及使机器人产生给定运动所需要的各连杆的几何尺寸。从事机器人研究和应用的工程技术人员,也必须对一个给定的机器人操作器所能产生的运动有一个清楚的了解。介绍开式链机构及其研究方法,正是为读者进一步深入研究打下一个必要的基础。

开式链机构除了在机器人、机械手中得到广泛应用外,在某些通用夹具、舰船雷达天线装置、导航陀螺仪中也得到了应用。

9.2　开式链机构的结构分析

本节以机器人操作器为例,介绍开式链机构的组成和结构。

9.2.1　操作器的组成

图 9.1 所示为一空间通用关节型工业机器人的执行系统。它是由多个近乎刚性的连杆所组成,各连杆间由运动副相联(在机器人学中,通常称这些运动副为关节),使得相邻连杆间具有相对运动。在机器人学中,通常把这一执行系统称为机器人操作器(机械手)。由图中可以看出,它是一个装在固定机架上的开式运动链。在该运动链的自由端,固结着一个夹持式手爪,通常称其为末端执行器。根据机器人使用场合的不同,末端执行器可以是焊枪、油漆喷枪、自动螺母扳手、钻头、电磁铁,等等,并可根据工作需要任意更换。

由以上所述可知,操作器是机器人的执行系统,是机器人握持工具或工件、完成各种运动和操作任务的机械部分。由图中可以看出,它由机身、臂部、腕部和手部(末端执行器)等组成。

通常，机身是用来支持手臂并安装驱动装置等部件的，常把它与臂部合并考虑，而不单独列为一部分。

臂部是操作器的主要执行部件，其作用是支撑腕部和手部，并带动它们在空间运动，从而使手部按一定的运动轨迹由某一位置到达另一指定位置。

腕部是连接臂部和手部的部件，其作用主要是改变和调整手部在空间的方位，从而使手爪中所握持的工具或工件取得某一指定的姿态。

手部是操作器的执行部件之一，其作用是握持工具或抓取工件。

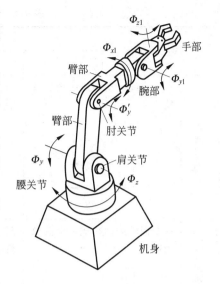

9.2.2　操作器的自由度

所谓操作器的自由度，是指在确定操作器所有构件的位置时所必须给定的独立运动参数的数目。这一定义与第 1 章中所述的一般闭式链机构的自由度的定

图 9.1　空间通用关节型工业机器人执行系统

义是一样的。不同的是，在典型的工业机器人的情况下，操作器的主运动链通常是一个装在固定机架上的开式运动链，为了驱动方便，每一个关节位置通常是由单个变量来规定的，因此，操作器中的运动副仅包含单自由度的运动副——转动副和移动副，在机器人学中称其为转动关节和移动关节。由于每个关节具有 1 个自由度，故机器人操作器的自由度数目等于操作器中各运动部件自由度的总和，即

$$F = \sum f_i \tag{9.1}$$

式中，F 为操作器的自由度；f_i 为操作器中第 i 个运动部件的自由度。在图 9.1 所示的机器人操作器中，其臂部有 3 个关节，故臂部具有 3 个自由度：绕腰关节转动的自由度 Φ_z，绕肩关节运动的自由度 Φ_y，绕肘关节摆动的自由度 Φ_y'；其腕部有 3 个关节，故腕部也具有 3 个自由度：绕自身旋转的自由度 Φ_{x1}，上下摆动的自由度 Φ_{y1}，左右摆动的自由度 Φ_{z1}。因此，整个操作器具有 6 个自由度。

操作器的自由度，也可以用第 1 章所述的自由度计算公式来计算。

一般情况下，操作器手部在空间的位置和运动范围主要取决于臂部的自由度，因此臂部的运动也称为操作器的主运动，臂部各关节称为操作器的基本关节。表 9.1 所列为臂部几种自由度的不同组合及其相应的运动图形。

由表 9.1 可见，当臂部只有 1 个自由度时，其运动图形为一直线或圆弧；当臂部有 2 个自由度时，其运动图形为平面图形或圆柱面；当臂部有 3 个自由度时，其运动图形变为立体（长方体或回转体）。因此，为了使操作器手部能够到达空间任一指定位置，通用的空间机器人操作器的臂部应至少具有 3 个自由度；同样，为了使操作器的手部能够到达平面中任一指定位置，通用的平面机器人操作器的臂部应至少具有 2 个自由度。表 9.2 列出了臂部各运动自由度及其所对应的动作。

表 9.1　臂部自由度组合及运动图形

	自由度数目		
	1	2	3
直线运动	一个直线运动构成一个直线轨迹 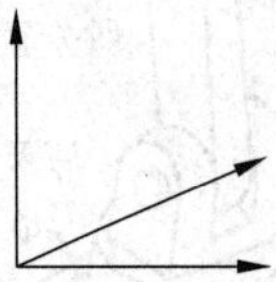	两个直线运动构成一个矩形平面 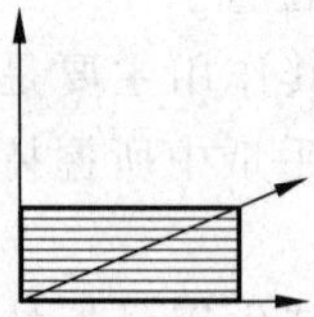	3 个直线运动构成一个长方体 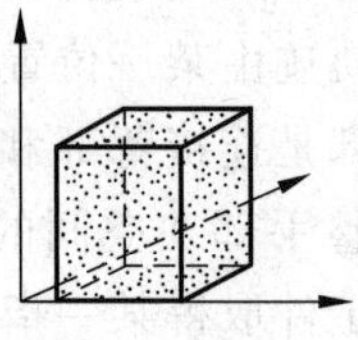
回转运动	一个回转运动构成一个圆弧轨迹 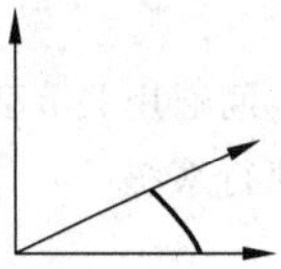	两个回转运动构成一个球面轨迹 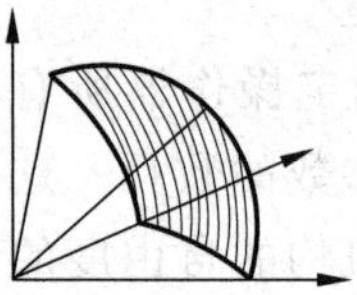	
直线运动与回转运动		一个直线运动与一个回转运动组合： ① 当质点运动方向与回转中心线垂直时,构成扇面形 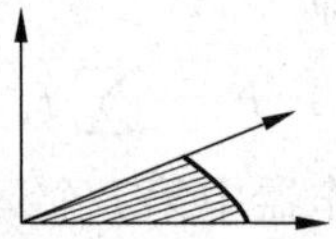 ② 当直线运动方向与回转中心线平行时,构成一个圆柱面 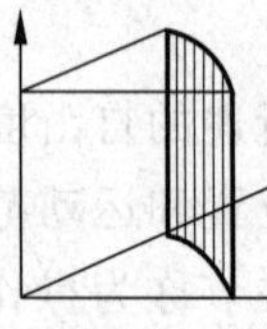	两个直线运动、一个回转运动构成圆柱体 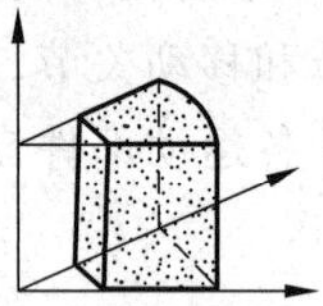 两个回转运动、一个直线运动构成空心球体 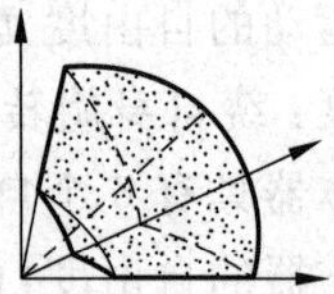

表 9.2　臂部各运动自由度及对应动作

移动自由度		回转自由度	
x	前后伸缩	Φ_x	一般不用(由手腕运动代替)
y	左右移动	Φ_y	上下俯仰
z	上下移动(升降)	Φ_z	左右摆动

通常,腕部的自由度主要是用来调整手部在空间的姿态的。为了使手爪在空间能取得任意要求的姿态,在通用的空间机器人操作器中,其腕部应至少有 3 个自由度(即 3 个关节)。一般情况下,这 3 个关节为轴线互相垂直的转动关节,如图 9.2 所示。同样,为了使手爪在平面中能取得任意指定的姿态,在通用的平面机器人操作器中,其腕部至少应有 1 个转动关节。表 9.3 列出了腕部各运动自由度及其所对应的动作。

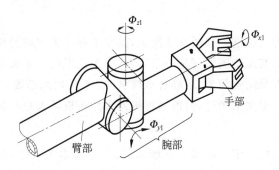

图 9.2   机器人操作器的腕部关节

表 9.3   腕部各运动自由度及对应动作

移 动 自 由 度			回 转 自 由 度	
x_1	不用		Φ_{x1}	自身旋转
y_1	横向移动	只用其中之一且很少使用	Φ_{y1}	上下摆动
z_1	纵向移动		Φ_{z1}	左右摆动

手部的动作主要是开闭,用来夹持工件或工具。由于其运动并不改变工件或工具在空间的位置和姿态,故其运动自由度一般不计入操作器的自由度数目中。

由以上分析可知,通用的空间机器人操作器必须至少具有 6 个自由度:3 个自由度决定手爪在空间的位置,3 个自由度确定手爪在空间的姿态,并且为了使手爪能够在三维空间中取得任意指定的姿态,至少要有 3 个转动关节;同样,对于通用的平面机器人操作器,必须至少具有 3 个自由度:两个自由度决定手爪在平面中的位置,1 个自由度决定手爪在平面中的姿态,并且为了使手爪能够在二维平面中取得任意指定的姿态,必须至少有 1 个转动关节。也就是说,仅仅用移动关节来建立通用的空间或平面机器人是不可能的。

上述讨论是针对通用的机器人而言,在工程实际的许多局部问题中,操作器的情况是多种多样的。例如,可只要求空间操作器具有 4 个或 5 个自由度。究竟采用具有多少个自由度的操作器,主要取决于机器人的使用场合及其所执行的操作的特点。目前工程实际中最常用的机器人操作器,其自由度数目为 4~7 个。

有时,当在工作区内存在着障碍时,为了使机器人操作器具有必要的机动性,以便机器人的手臂能够绕过各种障碍进入难以到达的地方,要求操作器设计时应具有冗余自由度,如图 9.3 所示。图中,操作器的自由度数目大于 6。这样,当手臂的

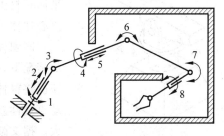

图 9.3   具有冗余自由度的机器人手臂

所有构件位置改变时,手爪可以在空间保持一定的位置,这对于绕过各种障碍是十分必要的。

9.2.3　操作器的结构分类

就操作器结构坐标系的特点来说,可以分为以下几类。

1. 直角坐标型

直角坐标型又称为直移型。如图 9.4 所示,其 3 个基本关节均为移动关节,即臂部只有伸缩、升降和平移运动,其运动图形可是一条直线、一个矩形或一个长方体。

这种操作器的优点是结构简单,运动直观性强,便于实现高精度。缺点是占据空间大,相应的工作范围较小。据文献统计,目前这种机器人约占机器人总产量的 14%。

2. 圆柱坐标型

圆柱坐标型又称为回转型。如图 9.5 所示,其 3 个基本关节中,两个为移动关节,1 个为转动关节,即臂部除具有伸缩和升降自由度外,还有 1 个水平回转自由度。其运动图形可以是一圆弧、一扇形平面、一圆柱面或者一空心圆柱体。

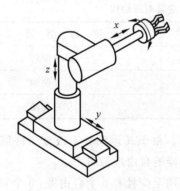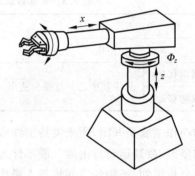

图 9.4　直角坐标型操作器　　　　图 9.5　圆柱坐标型操作器

同直角坐标型操作器相比,圆柱坐标型操作器除保持了运动直观性强的优点外,还具有占据空间较小、结构紧凑、工作范围大的特点。缺点是受升降机构的限制,一般不能提升地面上较低位置的工件。据文献统计,目前这种机器人约占机器人总产量的 47%。

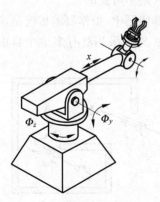

3. 球坐标型

球坐标型又称为俯仰型。如图 9.6 所示,其 3 个基本关节中,两个为转动关节,1 个为移动关节,即臂部除具有伸缩和水平回转自由度外,还有 1 个俯仰运动自由度。其运动图形为一空心球体。

同圆柱坐标型操作器相比,这种操作器在占据同样空间的情况下,其工作范围扩大了。由于其具有俯仰自由度,因此还能将臂伸向地面,完成从地面提取工件的任务。缺点是运动直观性差,结构较复杂,臂端的位置误差会随臂的伸长而放大。据文献统计,目前这类机器人约占机器人总产量的 13%。

图 9.6　球坐标型操作器

4. 关节型

如图 9.1 所示,其臂部由大臂和小臂两部分组成,大臂与机身之间以肩关节相连,大臂与小臂之间以肘关节相连。大臂具有水平回转和俯仰两个自由度,小臂相对于大臂还有一个俯仰自由度。从形态上看,小臂相对于大臂作屈伸运动,因此这种类型的操作器又称为屈伸型操作器。其运动图形为一球体。

关节型操作器具有人手臂的某些特征。与其他类型的操作器相比,其特点是占据空间最小,而工作范围最大;此外,它还可以绕过障碍物提取和运送工件。因此,近年来受到普遍重视。其缺点是运动直观性更差,驱动控制比较复杂。据文献统计,目前这种机器人约占机器人总产量的 25%。

除上述 4 种基本坐标型式外,还有各种复合坐标型式,此处就不再介绍。

9.3　开式链机构的运动学

本节以机器人操作器为例,介绍开式链机构的运动学问题。

9.3.1　开式链机构运动学研究的主要问题

操作器的运动分析,涉及操作器中各连杆的位置、速度和加速度等运动参数,这些参数对于操作器的设计、编程和动力学计算等都具有重要意义。

机器人各种应用问题的一个共同特点是末端执行器的位置和姿态通常是由使用者在直角坐标系中来描述的,然而操作器中各连杆的运动控制则是通过驱动和测量各关节坐标来获得的。因此,操作器的运动学研究包括两方面内容:其一是当给定了操作器的一组关节参数时,如何来确定其末端执行器的位置和姿态,这类问题通常称为操作器的正向运动学问题,又称为直接问题;另一类更重要的问题是,对于工作所要求的末端执行器的一个给定位置和姿态,如何确定一组关节参数,使末端执行器达到这一给定的位置和姿态,这类问题通常称为操作器的反向运动学问题,又称为间接问题。通常,正向运动学问题用于对机器人进行运动分析和运动效果的检验;而反向运动学问题则与机器人的设计和控制有密切关系。

操作器运动分析的另一个问题是确定机器人的工作空间。所谓工作空间,是指在机器人运动过程中其操作器臂端所能到达的全部点所构成的空间,其形状和大小反映了一个机器人的能力。工作空间可分为可达到的工作空间和灵活的工作空间。前者指机器人末端执行器至少可在一个方位上能达到的空间范围;后者指机器人末端执行器在所有方位均能到达的空间范围。也就是说,在灵活的工作空间的每一点,末端执行器都可以取得任意姿态。显然,灵活的工作空间是可达到的工作空间的一个子集。需要指出的是,工作空间是指操作器臂端所能到达的全部点所构成的空间,而不是指末端执行器或工具末端所能到达的所有点组成的空间。之所以这样定义,道理是显而易见的:工作空间是机器人本身的特性,而末端执行器或工具等,是依据机器人使用场合的不同而不同的,它们可以更换,因此具有各自不同的形状和尺寸,而这些对于机器人实际的工作空间的形状和尺寸都会有较明显的影响。

对于由开式链所组成的机器人操作器,当各关节坐标和其各阶导数已知时,其正向运动学分析将能够得到末端执行器的位置、速度和加速度的一组惟一确定的解。然而,其反向运动学的研究却要复杂得多。由于其运动方程通常是一组含有多个三角函数的非线性方程,因此不易求解,甚至其解不能以封闭的形式给出,而且还有解的存在性和多解性问题。

解的存在或非存在就决定了操作器工作空间的大小,没有解就意味着此操作器不能达到所要求的位置和姿态。例如,当操作器的自由度少于6时,它不能在三维空间内获得一般的目标位置和姿态。所谓多重解,是指对应于工作所要求的末端执行器的一个给定的位置和姿态,可能存在着多组关节参数,每一组关节参数都可以使末端执行器达到这一给定的位置和姿态,特别是对于具有冗余自由度的操作器,情况更是如此。当有多重解时,需要求出所有可能的解,然后根据具体情况,选择其中一个解作为方案。

综上所述,对于由开式链机构所组成的机器人操作器,其运动学研究的内容和方法与前述各章中所介绍的单自由度闭式链机构有很大不同。为了阐述其运动学研究中所涉及的诸多问题,下面以平面两连杆和三连杆关节型操作器为例来加以说明。

9.3.2 平面两连杆关节型操作器

图9.7所示为一平面两连杆关节型操作器的简图。若在此基础上再增加1个绕 y 轴运动的转动关节,则可代表一般的三维空间的关节型操作器。

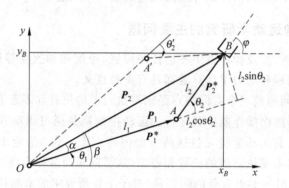

图 9.7 平面两连杆关节型操作器

1. 正向运动学问题

在正向运动学问题中,已知的是各关节的位置坐标 θ_1,θ_2 及其各阶导数 $\dot{\theta}_1$,$\dot{\theta}_2$(关节速度)和 $\ddot{\theta}_1$,$\ddot{\theta}_2$(关节加速度),需要求解的是操作器臂端点 B(即目标点)的位置、速度和加速度。

首先分析正向运动学的位置问题。在图9.7中,若用 $\boldsymbol{P}_i^*$ 表示从各关节中心到相应连杆末端的矢量,用 $\boldsymbol{P}_i$ 表示从固定直角坐标系的原点到第 i 个连杆末端的位置矢量,则由图中可以看出,

$$\boldsymbol{P}_1 = \boldsymbol{P}_1^* \qquad \boldsymbol{P}_2 = \boldsymbol{P}_1^* + \boldsymbol{P}_2^*$$

而矢量 $\boldsymbol{P}_i^*$ 可以写成如下的矩阵形式:

$$\boldsymbol{P}_1^* = l_1\begin{bmatrix}\cos\theta_1\\\sin\theta_1\end{bmatrix} \qquad \boldsymbol{P}_2^* = l_2\begin{bmatrix}\cos(\theta_1+\theta_2)\\\sin(\theta_1+\theta_2)\end{bmatrix}$$

由图9.7可知,操作器臂端 B 点的位置,可以用矢量 $\boldsymbol{P}_2$ 或 B 点的直角坐标 x_B,y_B 表示,即

$$\boldsymbol{P}_2 = \begin{bmatrix}x_B\\y_B\end{bmatrix} = \begin{bmatrix}l_1\cos\theta_1 + l_2\cos(\theta_1+\theta_2)\\l_1\sin\theta_1 + l_2\sin(\theta_1+\theta_2)\end{bmatrix} \tag{9.2}$$

而固连在臂末端的末端执行器的姿态角 φ，可以用连杆 2 在直角坐标系中的方位来表示，即

$$\varphi = \theta_1 + \theta_2 \tag{9.3}$$

下面分析正向运动学的速度问题。将式(9.2)两边对时间求导，即可得到其速度的求解公式：

$$\dot{\boldsymbol{P}}_2 = \begin{bmatrix} \dot{x}_B \\ \dot{y}_B \end{bmatrix} = \begin{bmatrix} -l_1\dot{\theta}_1\sin\theta_1 - l_2(\dot{\theta}_1 + \dot{\theta}_2)\sin(\theta_1 + \theta_2) \\ l_1\dot{\theta}_1\cos\theta_1 + l_2(\dot{\theta}_1 + \dot{\theta}_2)\cos(\theta_1 + \theta_2) \end{bmatrix}$$

$$= \begin{bmatrix} -l_1\sin\theta_1 - l_2\sin(\theta_1 + \theta_2) & -l_2\sin(\theta_1 + \theta_2) \\ l_1\cos\theta_1 + l_2\cos(\theta_1 + \theta_2) & l_2\cos(\theta_1 + \theta_2) \end{bmatrix}\begin{bmatrix} \dot{\theta}_1 \\ \dot{\theta}_2 \end{bmatrix} = \boldsymbol{J}\begin{bmatrix} \dot{\theta}_1 \\ \dot{\theta}_2 \end{bmatrix} \tag{9.4}$$

式中，矩阵

$$\boldsymbol{J} = \begin{bmatrix} -l_1\sin\theta_1 - l_2\sin(\theta_1 + \theta_2) & -l_2\sin(\theta_1 + \theta_2) \\ l_1\cos\theta_1 + l_2\cos(\theta_1 + \theta_2) & l_2\cos(\theta_1 + \theta_2) \end{bmatrix} = \begin{bmatrix} \dfrac{\partial x}{\partial \theta_1} & \dfrac{\partial x}{\partial \theta_2} \\ \dfrac{\partial y}{\partial \theta_1} & \dfrac{\partial y}{\partial \theta_2} \end{bmatrix} \tag{9.5}$$

称为操作器的雅可比矩阵。在机器人学领域，雅可比矩阵是关节速度和操作器臂端的直角坐标速度之间的转换矩阵。

至于操作器臂端 B 点的加速度，可通过将式(9.4)两边对时间再次求导得到，此处不再赘述。

2. 反向运动学问题

在反向运动学问题中，已知条件是工作所要求的操作器末端执行器的位置、速度和加速度，需要求解的是操作器各关节的运动参数。

首先来分析反向运动学的位置问题。如果工作要求的臂末端的位置坐标为 x_B, y_B，则由式(9.2)可得

$$x_B^2 + y_B^2 = [l_1\cos\theta_1 + l_2\cos(\theta_1 + \theta_2)]^2 + [l_1\sin\theta_1 + l_2\sin(\theta_1 + \theta_2)]^2$$
$$= l_1^2 + l_2^2 + 2l_1l_2\cos\theta_2$$

由此可得

$$\cos\theta_2 = \frac{x_B^2 + y_B^2 - l_1^2 - l_2^2}{2l_1l_2} \tag{9.6}$$

为了使式(9.6)有解，等式右边的值应该在 $-1\sim+1$ 之间，在求解计算时，必须要核验这一约束条件，以判断是否有解存在。事实上，如果不满足这个约束条件，那么说明所给定的臂端的目标位置过远，已超出了该操作器的工作空间。

如果所给定的目标点在操作器的工作空间内，则可以得到

$$\sin\theta_2 = \pm\sqrt{1 - \cos^2\theta_2} \tag{9.7}$$

然后即可用这两个变量的反正切公式计算关节角 θ_2：

$$\theta_2 = \arctan\frac{\sin\theta_2}{\cos\theta_2} \tag{9.8}$$

这里，在确定 θ_2 时，采用了同时确定所求关节角的正弦和余弦，然后求这两个变量的反正切的方法。这样，既可以保证求出所有的解，又保证了求出的角度是在正确的象限内。

式(9.8)有两个解，它们大小相等，正负号相反，这说明到达所给定的目标点的构型有两

个,一个如图 9.7 中的实线所示(θ_2 为正,肘向上),另一个如图中的点线所示(θ_2' 为负,肘向下)。需要指出的是,在两自由度平面关节型操作器的情况下,这两组解所对应的末端执行器的姿态是不同的。

关节角 θ_2 求出后,即可以进一步来求解关节角 θ_1。为此,首先来确定图 9.7 中的 β 角和 α 角,由图可知

$$\beta = \arctan \frac{y_B}{x_B} \tag{9.9}$$

β 角可以在任一象限内,它取决于所给定的目标点的坐标 x_B 和 y_B 的符号。

而 α 角可通过余弦定理求得:

$$l_2^2 = x_B^2 + y_B^2 + l_1^2 - 2l_1\sqrt{x_B^2 + y_B^2}\cos\alpha$$

即

$$\alpha = \arccos \frac{x_B^2 + y_B^2 + l_1^2 - l_2^2}{2l_1\sqrt{x_B^2 + y_B^2}} \tag{9.10}$$

很显然,$0° \leqslant \alpha \leqslant 180°$。

由此可得

$$\theta_1 = \beta \pm \alpha \tag{9.11}$$

式中的正负号按下述原则确定:当 $\theta_2 < 0$ 时取正号,$\theta_2 > 0$ 时取负号。

反向运动学的速度问题,可通过将式(9.4)两边同乘一个 $\boldsymbol{J}^{-1}$(雅可比矩阵的逆矩阵)来求解,即

$$\begin{bmatrix} \dot{\theta}_1 \\ \dot{\theta}_2 \end{bmatrix} = \boldsymbol{J}^{-1} \begin{bmatrix} \dot{x}_B \\ \dot{y}_B \end{bmatrix} \tag{9.12}$$

该式表明,操作器各关节的速度,可以通过其雅可比矩阵的逆矩阵和给定的操作器臂末端在直角坐标系中的速度求得。

当已知操作器臂末端在直角坐标系中的速度,利用上式来求解各关节速度时,首先需要判断其雅可比矩阵是否可以求逆。由线性代数可知,一个矩阵有逆的充要条件是其行列式的值不为零。对于平面两连杆关节型操作器,由式(9.5)可知,其雅可比矩阵的行列式的值为

$$|J| = -l_1l_2\sin\theta_1\cos(\theta_1 + \theta_2) - l_2^2\sin(\theta_1 + \theta_2)\cos(\theta_1 + \theta_2)$$
$$+ l_1l_2\cos\theta_1\sin(\theta_1 + \theta_2) + l_2^2\sin(\theta_1 + \theta_2)\cos(\theta_1 + \theta_2)$$

整理后可得

$$|J| = l_1l_2\sin\theta_2 \tag{9.13}$$

该式表明,当 $\theta_2 = 0°$ 或 $180°$ 时,雅可比矩阵的行列式的值为零,此时其逆矩阵不存在。从物理意义上讲,当 $\theta_2 = 0°$ 时,两连杆伸直共线;当 $\theta_2 = 180°$ 时,两连杆重叠共线。在这两种情况下,臂末端只能沿着垂直于手臂的方向运动,而不能沿着连杆 2 的方向运动。这意味着在该操作器工作空间的边界上,操作器将不再是一个 2 自由度的操作器,而变成了仅具有 1 个自由度的操作器。这样的位置称为操作器的奇异位置。在奇异位置,有限的关节速度不可能使臂末端获得规定的速度,这同曲柄滑块机构中的死点位置相类似,在死点位置,滑块的速度为零,有限的曲柄转速不能使滑块获得其他规定的速度。

为了进一步了解奇异位置的特点,下面分析关节速度求解的一般表达式:

$$\begin{bmatrix} \dot{\theta}_1 \\ \dot{\theta}_2 \end{bmatrix} = \boldsymbol{J}^{-1} \begin{bmatrix} \dot{x}_B \\ \dot{y}_B \end{bmatrix}$$

$$= \frac{1}{l_1 l_2 \sin\theta_2} \begin{bmatrix} l_2\cos(\theta_1+\theta_2) & l_2\sin(\theta_1+\theta_2) \\ -l_1\cos\theta_1 - l_2\cos(\theta_1+\theta_2) & -l_1\sin\theta_1 - l_2\sin(\theta_1+\theta_2) \end{bmatrix} \begin{bmatrix} \dot{x}_B \\ \dot{y}_B \end{bmatrix} \qquad (9.14)$$

该式表明,在奇异位置($\theta_2 = 0°$ 和 $\theta_2 = 180°$),为了使臂末端具有规定的速度,要求关节速度必须达到无穷大;在奇异位置附近,为了使臂末端具有规定的速度,需要有限的但是非常高的关节速度 $\dot{\theta}_1, \dot{\theta}_2 \left(\text{正比于} \dfrac{1}{\sin\theta_2}\right)$。奇异位置的这一特点将会给机器人的控制带来麻烦。

3. 工作空间

该平面两连杆关节型操作器的工作空间可以用下式来描述:

$$|l_1 - l_2| \leqslant \sqrt{x_B^2 + y_B^2} \leqslant (l_1 + l_2) \qquad (9.15)$$

其工作空间为一圆环面积,该圆环的中心同固定铰链点 O 相重合。圆环的内半径和外半径分别为 $|l_1 - l_2|$ 和 $l_1 + l_2$,如图 9.8(a)所示。在该工作空间内的每一点,末端执行器可取得两个可能的姿态;而在工作空间边界上的每一点,末端执行器只能有一个可能的姿态。因此,该工作空间为操作器可达到的工作空间。

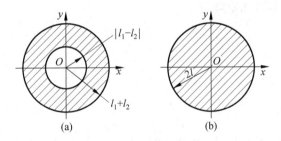

图 9.8 平面两连杆关节型操作器的工作空间

若对于给定的 $l_1 + l_2$,设计时取 $l_1 = l_2 = l$,即让两连杆等长,则此时工作空间可用下式来表示:

$$0 \leqslant \sqrt{x_B^2 + y_B^2} \leqslant 2l \qquad (9.16)$$

即工作空间为一圆面积。如图 9.8(b)所示,在圆心点,末端执行器可取得任意姿态。

9.3.3 平面三连杆关节型操作器

图 9.9 所示为一平面三连杆关节型操作器的简图,同上述两连杆操作器相比,它增加了一个腕部 l_3,构成了通用的平面关节型机器人操作器。

1. 正向运动学问题

由图中可以看出,当已知操作器各连杆长度 l_i 和各关节角 θ_i 时,操作器臂端末端执行器的位置坐标 x_C, y_C 和姿态角 φ 可由下式求得:

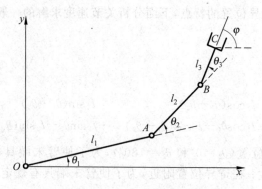

图 9.9　平面三连杆关节型操作器

$$\begin{bmatrix} x_C \\ y_C \\ \varphi \end{bmatrix} = \begin{bmatrix} l_1\cos\theta_1 + l_2\cos(\theta_1+\theta_2) + l_3\cos(\theta_1+\theta_2+\theta_3) \\ l_1\sin\theta_1 + l_2\sin(\theta_1+\theta_2) + l_3\sin(\theta_1+\theta_2+\theta_3) \\ \theta_1+\theta_2+\theta_3 \end{bmatrix} \qquad (9.17)$$

至于末端执行器的速度,则可由下式求出:

$$\begin{bmatrix} \dot{x}_C \\ \dot{y}_C \\ \dot{\varphi} \end{bmatrix} = \boldsymbol{J} \begin{bmatrix} \dot{\theta}_1 \\ \dot{\theta}_2 \\ \dot{\theta}_3 \end{bmatrix} \qquad (9.18)$$

式中,$\boldsymbol{J}$ 为该操作器的雅可比矩阵,

$$\boldsymbol{J} = \begin{bmatrix} \dfrac{\partial x}{\partial \theta_1} & \dfrac{\partial x}{\partial \theta_2} & \dfrac{\partial x}{\partial \theta_3} \\[2mm] \dfrac{\partial y}{\partial \theta_1} & \dfrac{\partial y}{\partial \theta_2} & \dfrac{\partial y}{\partial \theta_3} \\[2mm] \dfrac{\partial \varphi}{\partial \theta_1} & \dfrac{\partial \varphi}{\partial \theta_2} & \dfrac{\partial \varphi}{\partial \theta_3} \end{bmatrix}$$

$$= \begin{bmatrix} -l_1\sin\theta_1 - l_2\sin(\theta_1+\theta_2) - l_3\sin(\theta_1+\theta_2+\theta_3) & -l_2\sin(\theta_1+\theta_2) - l_3\sin(\theta_1+\theta_2+\theta_3) \\ l_1\cos\theta_1 + l_2\cos(\theta_1+\theta_2) + l_3\cos(\theta_1+\theta_2+\theta_3) & l_2\cos(\theta_1+\theta_2) + l_3\cos(\theta_1+\theta_2+\theta_3) \\ 1 & 1 \end{bmatrix}$$

$$\begin{bmatrix} -l_3\sin(\theta_1+\theta_2+\theta_3) \\ l_3\cos(\theta_1+\theta_2+\theta_3) \\ 1 \end{bmatrix} \qquad (9.19)$$

将式(9.18)两边对时间求导,即可得到 C 点的加速度。

2. 反向运动学问题

在给定了工作所要求的操作器臂末端的位置(x_C, y_C)和末端执行器的姿态 φ 的情况下,各关节角可通过联立求解式(9.17)解出,也可以直接利用上述两连杆操作器的结果来求解,后一种方法更为简单,这种方法的求解步骤如下。首先计算出 B 点的位置坐标 (x_B, y_B):

$$x_B = x_C - l_3\cos\varphi \qquad y_B = y_C - l_3\sin\varphi$$

然后利用式(9.6)~式(9.11)计算关节角 θ_2 和 θ_1,最后计算关节角 θ_3:

$$\theta_3 = \varphi - \theta_1 - \theta_2 \tag{9.20}$$

同两连杆关节型操作器一样,对应于工作空间的一个目标点,可解出两组关节角,不同的是,在两连杆操作器的情况下,对应于这两组关节角,末端执行器的姿态不同。而在三连杆操作器的情况下,这两组关节角所对应的末端执行器的姿态相同,如图9.10所示,即为了使手爪所夹持的物体到达工作空间中规定的位置并取得规定的姿态,可同时有两组关节角供选择,即出现了多重解问题。

当操作器有多重解时,系统必须选择其中的一个解。选取的原则因情况不同而异,一般情况下总是选择使每个关节运动量最小的解。例如,在图9.11所示的三连杆平面操作器中,当其初始位置在 A 点而我们希望它运动至 B 点时,在无障碍物的情况下,应选择图中上方虚线所示的一组解;但是,当存在障碍物时,为了避免引起碰撞,则必须选择图中下方虚线所示的一组解。因此,在存在多重解时,必须求出所有可能的解,然后根据具体情况加以选择。

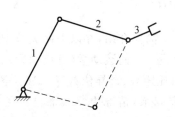

图 9.10 反向运动学问题的多重解

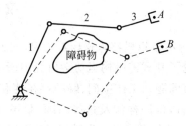

图 9.11 多重解的选择

该操作器反向运动学的速度问题,可通过将式(9.18)两边同乘一个雅可比矩阵的逆矩阵 $\boldsymbol{J}^{-1}$ 求解,即

$$\begin{bmatrix} \dot{\theta}_1 \\ \dot{\theta}_2 \\ \dot{\theta}_3 \end{bmatrix} = \boldsymbol{J}^{-1} \begin{bmatrix} \dot{x}_C \\ \dot{y}_C \\ \dot{\varphi} \end{bmatrix} \tag{9.21}$$

其具体求解思路和方法与两连杆操作器相同,此处不再赘述。

3. 工作空间

同两连杆关节型操作器相比,三连杆操作器在工作空间方面有了很大改善。由图9.9可知,若 $l_3 \leqslant |l_1 - l_2|$,则其灵活的工作空间为一外半径为 $(l_1 + l_2 - l_3)$、内半径为 $(|l_1 - l_2| + l_3)$ 的圆环,如图9.12(a)所示。很显然,如果腕部连杆 l_3 设计得较短,那么对于同样的 l_1 和 l_2,工作空间将变大。若 $l_3 > |l_1 - l_2|$,则其灵活的工作空间还包括一个半径为 $(l_3 - |l_1 - l_2|)$ 的圆面积,如图9.12(b)所示。当 $l_1 - l_2 = 0$ 时(即大臂和小臂长度相等),圆面积和圆环面积将合二为一,如图9.12(c)所示。

由以上分析可以得出如下重要结论,对于关节型操作器而言,如果各连杆长度相等,而腕部连杆的长度设计得尽可能短的话,其工作空间的形状和尺寸则可以大大改善。这一结论对关节型操作器的设计具有重要的指导意义。为了论证这一结论,让我们来观察一下人的手臂——它可以被看作一个设计得最好的操作器,其上臂和下臂的长度大约相等,而腕部

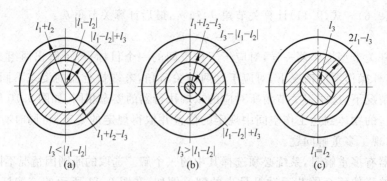

图 9.12   平面三连杆关节型操作器的工作空间

的长度(不包括手指,手指相当于操作器臂端的末端执行器)大约是上臂或下臂长度的 $\frac{2}{5}$。

文献阅读指南

(1) 本章以机器人操作器为例,对开式链机构作了简要介绍,并以平面关节型操作器为例,讨论了开式链机构运动学研究中所涉及的诸多问题:正向运动学(直接问题)、反向运动学(间接问题)、工作空间、解的存在性和多解性、雅可比矩阵、奇异位置等。对于空间开式链机构而言,也同样涉及这些问题,只不过分析和研究起来,情况更复杂而已。关于这方面的内容,可参阅张启先所著的《空间机构的分析与综合(上册)》(北京:机械工业出版社,1984)。书中除介绍了空间开式链机构及其在机器人等领域中的应用、空间开式链自由度计算公式及末杆的自由度分析外,还专辟一章详细讨论了空间开式链机构的运动分析问题。

(2) 由于开式链机构广泛应用于机器人领域,故人们也常将其称为机器人机构。近年来随着机器人应用的日渐增多,机器人机构的设计问题日益引起人们的重视。限于篇幅,本章未涉及这方面的内容。有兴趣进一步学习和研究的读者,可参阅谢存禧等编著的《空间机构设计》(上海:上海科学技术出版社,1996)。该书在介绍开式链机构运动分析和受力分析的基础上,专门讨论了机器人机构设计的基本问题和方法,包括机构的型综合(即根据作业要求,确定机构的组成形式、关节数目及配置方式)、尺寸综合和轨迹规划等问题。此外,还以弧焊机器人、点焊机器人、喷涂机器人为例,介绍了机器人机构的设计应用。

(3) 机器人学是一门跨学科的综合性技术。机器人的研究、开发和应用,涉及许多学科,其中最主要的有四个领域:机械操作、运转、计算机视觉和人工智能。有志于机器人学研究开发和应用的读者,可参阅美国斯坦福大学教授 John J. Craig 所著的 *Introduction to Robotics—Mechanics & Control*。该书取材新颖、内容全面、理论与应用兼顾,易读易懂。该书内容虽然大量取自机械领域,但却是任何一位从事机器人学研究的工作者应该掌握的重要背景材料。书中不仅深入浅出地介绍了操作器的正向运动学、反向运动学、雅可比矩阵,还讨论了操作器的动力学、位置和力控制、编程语言和编程系统。该书出版不久即被我国学者苏仲飞等人译成了中文,即《机器人学导论》(西安:西北工业大学出版社,1987)。

习　题

9.1　为了使手爪能够在二维平面中到达任意指定的位置并取得任意指定的姿态,设计的机器人操作器必须至少应具有几个关节? 对这些关节的类型有什么要求?

9.2　在开式链机构的反向运动学问题中,已知的参数是什么? 需要求解的参数又是什么? 在求解过程中需要对哪几方面的问题加以讨论?

中篇 机械的动力设计

　　机械总是在外力作用下进行工作的。机电产品的设计除了应满足工作所要求的动作功能外，还必须具有良好的动力学性能。由于机械的动态性能将直接影响机械的工作质量及其在市场上的竞争力，因此正日益受到设计者的重视。

　　机械的动力设计是机械系统方案设计中必须考虑的重要问题之一，它包括的内容十分广泛。本篇着重介绍机械在运转过程中所出现的若干动力学问题，以及如何通过合理设计和试验来改善机械动力性能的方法。主要包括：作用在机械上的力及机械的力分析方法；机械中的摩擦及其对机械运转的影响，以及如何通过合理设计来减小机械中的摩擦，提高机械效率；机械运转中的速度波动及其对机械工作质量的影响，以及如何通过设计途径来减小机械运转中的速度波动，将波动程度限制在工作允许的范围内；机械中的不平衡及其对机械运转的影响，以及如何通过平衡设计和试验来消除或减小不平衡所造成的危害，提高工作质量。

　　本篇的内容将为机械系统的方案设计打下必要的动力学方面的基础。

10

机械的力分析

【内容提要】 本章首先简述作用于机械上的力,然后通过分析运动副中的摩擦,介绍考虑摩擦的机构静力分析法和机械的效率与自锁,最后介绍平面机构力分析的动态静力分析法。

机械力分析的目的主要有两个:一是确定各运动副中的约束反力,用于各构件强度、刚度的设计和校核以及机械效率的分析。二是确定使机械能按给定运动规律运动所需要施加的平衡力(平衡力矩)。若平衡力(平衡力矩)作用于原动件上,则该平衡力(平衡力矩)是确定原动机功率参数和选取原动机具体型号的重要依据;若平衡力(平衡力矩)作用于执行构件上,则该平衡力(平衡力矩)是确定机械工作能力的重要依据。

对于低速、轻载的机械,在进行力分析时,允许忽略各运动构件的质量和转动惯量,不考虑其惯性力和惯性力矩,采用机构静力分析法;对于高速、重载的机械,这样的分析误差可能会直接影响到设计的安全性和可靠性,一般需考虑各运动构件的惯性力和惯性力矩,采用动态静力分析法。

10.1 作用在机械上的力

机械是在各种力的作用下进行工作的。根据力对机械运动的影响,作用于机械上的力可分为驱动力和阻抗力两大类。

1. 驱动力

驱使机械运动的力称为驱动力。其特征是力与其作用点的速度方向相同或成锐角,其所做的功为正功,称为驱动功或输入功。

原动机发出的力(力矩)是驱动力(力矩),构件质心位置下降时,重力为驱动力,构件作减速运动时的惯性力(力矩)以及靠摩擦传动时的摩擦力都是驱动力(力矩)。

通常原动机发出的力(力矩)是变化的,其变化规律取决于原动机的机械特性。例如,内燃机、蒸汽机发出的驱动力(力矩)是位置的函数,电动机发出的驱动力(力矩)是速度的函数。

2. 阻抗力

阻止机械运动的力称为阻抗力。其特征是力与其作用点的速度方向相反或成钝角,其所做的功为负功,称为阻抗功。阻抗力又可分为以下两种:

　　一种为工作阻力。机械在生产过程中为了改变工作物的外形、位置、状态等所受到的阻力称为工作阻力。机械克服这些阻力就完成了有效的工作。金属切削机床上刀具所受的切削阻力,吊车在起吊重物时的重力等都是工作阻力。克服工作阻力所做的功称为输出功。

　　工作阻力的变化规律取决于机械的工艺特点。例如,车床和起重机的工作阻力近似为常数,冲压机械的阻力是执行构件位移的函数,鼓风机、搅拌机等的工作阻力是执行构件速度的函数,揉面机、球磨机等的工作阻力是时间的函数。

　　另一种为有害阻力。机械在运转过程中所受到的非生产阻力称为有害阻力。克服这类阻力所做的功是一种纯粹的损耗,故称为损耗功。

　　摩擦力是机械运转过程中的一种主要的有害阻力,它不仅会造成动力的浪费,从而降低机械效率;而且会使运动副元素受到磨损,从而削弱零件的强度,降低运动精度和工作可靠性,缩短机械的寿命。在机械设计的最初阶段即概念设计和方案设计阶段就考虑和研究机械中的摩擦及其对机械运行和效率的影响,通过合理设计,改善机械运转性能和提高机械效率,是摆在设计工作者面前的重要任务。

10.2　机械中的摩擦

10.2.1　移动副中的摩擦

1. 平面摩擦

　　图 10.1 所示为滑块 1 与水平平面 2 构成的移动副。驱动力和滑块自重的合力 F 作用于滑块 1 上使滑块向右移动,β 为力 F 与滑块 1 和平面 2 接触面的法线 nn 之间的夹角。滑块 1 与平面 2 之间的摩擦系数为 f,平面 2 对滑块 1 产生的反力有法向反力 N_{21} 和摩擦力 F_{21},它们的合力称为总反力,以 R_{21} 表示。

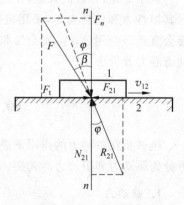

　　总反力 R_{21} 与法向反力 N_{21} 之间的夹角 φ 即为摩擦角。由图可知,

$$\tan\varphi = \frac{F_{21}}{N_{21}} = \frac{fN_{21}}{N_{21}} = f \tag{10.1}$$

故

图 10.1　平面摩擦

$$\varphi = \arctan f$$

　　图中 R_{21} 与 v_{12} 间的夹角总是一个钝角,故在分析移动副中的摩擦时,可利用这一规律来确定总反力的方向,即滑块 1 所受的总反力 R_{21} 与其对平面 2 的相对速度 v_{12} 间的夹角总是 $(90°+\varphi)$ 的钝角。

2. 斜面摩擦

　　如图 10.2(a)所示,设将滑块 1 置于倾角为 α 的斜面 2 上,Q 为作用在滑块 1 上的铅垂载荷(包括滑块自重)。下面分析使滑块 1 沿斜面 2 等速运动时所需的水平力。

　　1) 滑块等速上升

　　当滑块 1 在水平力 F 作用下以等速沿斜面上升时,斜面 2 作用于滑块 1 的总反力 R_{21}

如图 10.2(a)所示,根据力的平衡条件可知,

$$F + Q + R_{21} = 0$$

由于此式中只有 F 的大小和 R_{21} 的大小未知,故可做力三角形,如图 10.2(b)所示。由此可得水平驱动力 F 的大小为

$$F = Q\tan(\alpha + \varphi) \tag{10.2}$$

2) 滑块等速下滑

若滑块 1 沿斜面 2 等速下滑,如图 10.3(a)所示,此时 Q 为驱动力,F' 为阻力,即阻止滑块 1 沿斜面加速下滑的力。此时总反力 R'_{21} 的方向如图 10.3(a)所示。根据力的平衡条件可得

$$F' + Q + R'_{21} = 0$$

由力三角形(图 10.3(b)所示)可得

$$F' = Q\tan(\alpha - \varphi) \tag{10.3}$$

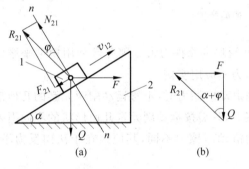
图 10.2　斜面摩擦(滑块等速上升)

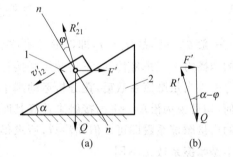
图 10.3　斜面摩擦(滑块等速下滑)

如果把力 F 为驱动力的行程称为正行程,把力 F' 为工作阻力时的行程称为反行程,则由以上分析可知,当已经列出了正行程的力关系式(10.2)后,反行程的力关系式可以不必再做其力三角形求解,可以直接利用正行程的关系式(10.2),把摩擦角 φ 前面的符号加以改变而得到。

当 $\alpha \leqslant \varphi$ 时,由式(10.3)可得 $F' \leqslant 0$。这表明只有当原工作阻力反向作用在滑块 1 上,即工作阻力变成驱动力时,滑块 1 才能运动。

3. 槽面摩擦

如图 10.4(a)所示,楔形滑块 1 放在夹角为 2θ 的槽面 2 上,在水平驱动力 F 的作用下,滑块沿槽面等速滑动。Q 为作用在滑块上的铅垂载荷(包括滑块的自重),N_{21} 为槽的每一侧面给滑块 1 的法向反力。根据楔形块 1 在铅垂方向受力平衡条件(图 10.4(b)所示)可得

$$N_{21} = \frac{Q}{2\sin\theta}$$

故

$$F_{21} = 2fN_{21} = f\frac{Q}{\sin\theta}$$

若令

$$\frac{f}{\sin\theta} = f_{e} \tag{10.4}$$

则

$$F_{21} = f_e Q \tag{10.5}$$

式中,f_e 为当量摩擦系数,它相当于把楔形滑块视为平滑块时的摩擦系数,与之相对应的摩擦角 $\varphi_e = \arctan f_e$,称为当量摩擦角。

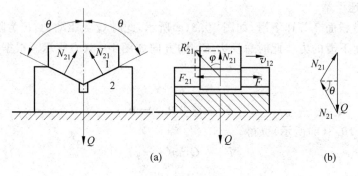

图 10.4 槽面摩擦

一般 $\theta \leqslant 90°$,故 $f_e \geqslant f$,即楔形滑块较平面滑块的摩擦力大。因此常利用楔形来增大所需的摩擦力。三角带传动,三角螺纹联接等即为其应用实例。

引入当量摩擦系数后,在分析运动副中的滑动摩擦力时,不管运动副两元素的几何形状如何,均可视为沿单一平面接触来计算其摩擦力,只需按运动副元素几何形状的不同引入不同的当量摩擦系数即可。但须注意,所求得的滑动摩擦力不同,其原因在于法向反力不同,而不是摩擦系数 f 不同。

10.2.2 螺旋副中的摩擦

螺旋副为一种空间运动副,其接触面是螺旋面。当螺杆和螺母的螺纹之间受有轴向载荷 Q 时,拧动螺杆或螺母,螺旋面之间将产生摩擦力。在研究螺旋副的摩擦时,通常假设螺杆与螺母之间的作用力 Q 集中在平均直径为 d 的螺旋线上,如图 10.5(a)所示。由于螺旋线可以展成平面上的斜直线,螺旋副中力的作用与滑块和斜面间力的作用相同,如图 10.5(b)所示。这样,就可以把空间问题转化为平面问题来研究。

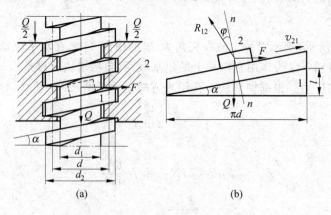

图 10.5 矩形螺纹螺旋副中的摩擦

1. 矩形螺纹螺旋副中的摩擦

图 10.5(a)所示为一矩形螺纹螺旋副,其中 1 为螺杆,2 为螺母,螺母 2 上受有轴向载荷 Q。现若在螺母 2 上加一力矩 M,使螺母 1 逆着 Q 力等速向上运动(对螺纹联接来说,相当于拧紧螺母),则此时相当于在滑块 2 上加一水平力 F(如图 10.5(b)所示),使滑块 2 沿着斜面等速向上滑动。该斜面的倾角 α 即为螺旋平均直径 d 上的螺旋升角,其计算式为

$$\tan\alpha = \frac{l}{\pi d} = \frac{zp}{\pi d}$$

式中,l 为螺纹导程;z 为螺纹的头数;p 为螺距。

根据式(10.2),得

$$F = Q\tan(\alpha + \varphi)$$

式中,F 相当于拧紧螺母时必须在螺旋平均直径 d 处施加的圆周力,其对螺旋轴心线之矩即为拧紧螺母时所需的拧紧力矩 M,故

$$M = F\frac{d}{2} = \frac{d}{2}Q\tan(\alpha + \varphi) \tag{10.6}$$

当螺母顺着力 Q 的方向等速向下运动时,即放松螺母,此时相当于滑块 2 沿着斜面等速下滑,于是根据式(10.3)可求得必须在螺旋平均直径 d 处施加的防止螺母加速松脱的圆周力为

$$F' = Q\tan(\alpha - \varphi)$$

而防止螺母松脱的防松力矩 M' 为

$$M' = F'\frac{d}{2} = \frac{d}{2}Q\tan(\alpha - \varphi) \tag{10.7}$$

当 $\alpha < \varphi$ 时,M' 为负值,这意味着若要使滑块下滑,则必须施加一个反向的力矩 M',此时的力矩 M' 称为拧松力矩。

2. 三角形螺纹螺旋副中的摩擦

如图 10.6 所示,三角形螺纹和矩形螺纹的区别仅在于螺纹间接触面的几何形状不同。研究三角形螺纹的摩擦时,可把螺母在螺杆上的运动近似地认为是楔形滑块沿斜槽面的运动,此时斜槽面的夹角等于 $2\theta(\theta=90°-\beta,\beta$ 称为牙形半角)根据式(10.4)可得

$$f_e = \frac{f}{\sin(90°-\beta)} = \frac{f}{\cos\beta}$$

而

$$\varphi_e = \arctan f_e = \arctan\left(\frac{f}{\cos\beta}\right)$$

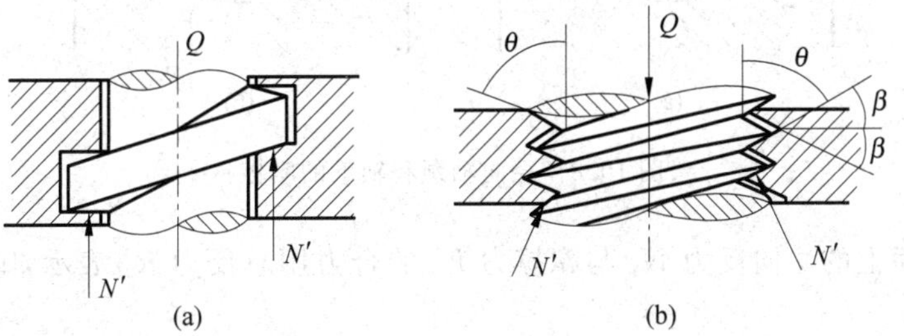

图 10.6 三角形螺纹螺旋副与矩形螺纹螺旋副的比较

将式(10.6)和式(10.7)中的 φ 用 φ_e 代替即可得三角形螺旋的拧紧和防松力矩分别为

$$M = \frac{d}{2}Q\tan(\alpha + \varphi_e) \tag{10.8}$$

$$M' = \frac{d}{2}Q\tan(\alpha - \varphi_e) \tag{10.9}$$

同理,当 $\alpha < \varphi_e$ 时,M' 为拧松力矩。

由于 $\varphi_e > \varphi$,故三角形螺纹的摩擦力矩较矩形螺纹的大,宜用于联接紧固,而矩形螺纹摩擦力矩较小,效率较高,宜用于传递动力的场合。

10.2.3 转动副中的摩擦

转动副在各种机械中应用很广,常见的有轴和轴承以及各种铰链。转动副可按载荷作用情况的不同分为两种:当载荷垂直于轴的几何轴线时,称为径向轴颈与轴承(如图 10.7(a)所示);当载荷平行于轴的几何轴线时,称为止推轴颈与轴承(如图 10.7(b)所示)。

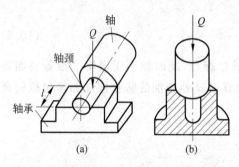

图 10.7 转动副中的摩擦

1. 径向轴颈和轴承的摩擦

如图 10.8(a)所示,轴颈 1 置于轴承 2 中,设受有径向载荷 Q(包括自重在内)作用的轴颈在驱动力矩 M_d 的作用下做等速回转。由于转动副间存在法向反力 N_{21},则轴承 2 对轴颈 1 的摩擦力 $F_{21} = fN_{21} = f_e Q$。式中 f_e 为当量摩擦系数。f_e 的大小可在一定条件下用实验测得,也可以在一定条件下经理论推导计算得出。对于非跑合的径向轴颈,$f_e = \frac{\pi}{2}f$;而对于跑合的径向轴颈,$f_e = \frac{4}{\pi}f$。摩擦力 F_{21} 对轴颈形成的摩擦力矩 M_f 为

$$M_f = F_{21}r = f_e Qr \tag{10.10}$$

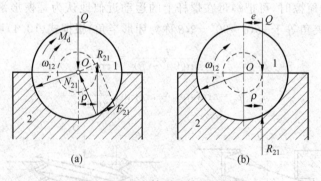

图 10.8 径向轴颈和轴承的摩擦

若将接触面上的法向反力 N_{21} 与摩擦力 F_{21} 的合力用总反力 R_{21} 表示,则根据力平衡条件得

$$R_{21} = -Q$$

$$M_\text{d} = -R_{21}\rho = -M_\text{f}$$

由于法向反力 N_{21} 对轴颈之矩为零,故

$$M_\text{f} = f_\text{e}Qr = f_\text{e}R_{21}r = R_{21}\rho$$

由上式可得

$$\rho = f_\text{e}r \tag{10.11}$$

上式表明,ρ 的大小与轴颈半径 r 和当量摩擦系数有关。对于一个具体轴颈,ρ 为定值。以轴颈中心 O 为圆心,ρ 为半径作圆,此圆称为摩擦圆,ρ 称为摩擦圆半径。

综合上述分析可知,轴承对轴颈的总反力 R_{21} 将始终切于摩擦圆,且其大小与载荷 Q 相等,总反力 R_{21} 对轴颈轴心 O 之矩的方向必与轴颈 1 相对于轴承 2 的角速度 ω_{12} 的方向相反。

如图 10.8(b)所示,若用对轴 1 中心有偏距 e 的单一载荷 Q 来代替图 10.8(a)中的 Q 和驱动力矩 M_d,则此时有

$$M_\text{d} = Qe$$

显然,当 $e>\rho$ 时,单一载荷 Q 作用在摩擦圆之外,轴颈将加速转动;当 $e=\rho$ 时,单一载荷刚好切于摩擦圆,轴颈将等速转动;当 $e<\rho$ 时,单一载荷割于摩擦圆,轴颈将减速至停止转动,若轴颈原来是静止的,则仍保持原来状态。

2. 止推轴颈和轴承的摩擦

轴用以承受轴向载荷的部分称为轴端或轴踵。如图 10.9 所示,轴 1 的轴端和承受轴向载荷的止推轴承 2 构成一转动副。当轴转动时,轴的端面将产生摩擦力矩 M_f。

如图所示,假设与轴承 2 的支承面相接触的轴端是内径为 $2r$,外径为 $2R$ 的空心端面,轴 1 承受载荷 Q 并与轴承 2 压紧,则 M_f 大小可如下计算。

从端接触面半径为 ρ 处取一宽度为 $\text{d}\rho$ 的圆环微面积 $\text{d}S = 2\pi\rho\text{d}\rho$,则该微面积承受的正压力 $\text{d}N = p \cdot \text{d}S$,而环形微面积上产生的摩擦力为 $\text{d}F = f\text{d}N = fp\text{d}S$。其对轴心的摩擦力矩为

$$\text{d}M_\text{f} = \rho\text{d}F = \rho fp\text{d}S = 2\pi\rho^2 fp\text{d}\rho$$

则轴端所受的总摩擦力矩 M_f 为

$$M_\text{f} = \int_r^R \text{d}M_\text{f} = \int_r^R 2\pi fp\rho^2 \text{d}\rho \tag{10.12}$$

（1）非跑合的止推轴承,由于轴端各处的压强 p 相等,故

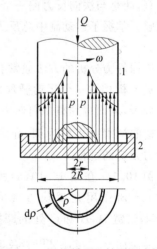

图 10.9 止推轴颈和轴承的摩擦

$$M_\text{f} = 2\pi fp\int_r^R \rho^2 \text{d}\rho = \frac{2}{3}\pi fp(R^3 - r^3) \tag{10.13}$$

又因

$$N = \int_r^R p\text{d}S = \int_r^R p \cdot 2\pi\rho\text{d}\rho = \pi p(R^2 - r^2) = Q$$

故

$$p = \frac{Q}{\pi(R^2 - r^2)}$$

将上式代入(10.13)式可得

$$M_f = \frac{2}{3} Qf \frac{R^3 - r^3}{R^2 - r^2} \tag{10.14}$$

（2）跑合的止推轴承,轴端各处的压强 p 不相等,离中心远的部分磨损较快,因而压强减小;离中心近的部分磨损较慢,因而压强增大。在常磨损情况下有

$$p\rho = 常数$$

由于

$$Q = \int_r^R dN = \int_r^R p\,dS = \int_r^R 2\pi p\rho\,d\rho = 2\pi p\rho \int_r^R d\rho = 2\pi p\rho(R - r)$$

故

$$p = \frac{Q}{2\pi\rho(R - r)} \tag{10.15}$$

将上式代入式(10.12)有

$$M_f = 2\pi f \frac{Q}{2\pi(R - r)} \int_r^R \rho\,d\rho = \frac{R + r}{2} fQ \tag{10.16}$$

根据跑合后轴端各处压强的分布规律 $p\rho=$ 常数可知,轴端中心处的压强将非常大,理论上将为无穷,因此会使该部分很容易损坏,故实际工作中一般都采用空心的轴端。

10.2.4 考虑摩擦时机构的静力分析

由对运动副中摩擦的分析可知,当考虑摩擦时,移动副中的总反力不再与相对运动的方向垂直,而是与法向反力偏一个摩擦角,转动副中的总反力也不再通过回转中心,而是切于摩擦圆。掌握了运动副中总反力方位的确定方法后,就可以进行考虑摩擦时机构的静力分析了。

机构静力分析的方法通常有两种,即图解法和解析法。图解法形象、直观,但精度低,不便于进行机构在一个运动循环周期的力分析;解析法精度高,可以进行一个运动循环周期的力分析,从而得到整个周期中运动与力的关系曲线,但直观性较差。下面以图 10.10(a) 所示的曲柄滑块机构为例,介绍用图解法进行机构静力分析的过程。

例 10.1 在图 10.10(a)所示的曲柄滑块机构中,已知作用在滑块 3 上的工作阻力 $P =$ 2000N,铰链 A,B 和 C 处的摩擦圆如图中所示,其长度比例尺 $\mu_l = 10\ \dfrac{mm}{mm}$,移动副接触面之间的摩擦角 $\varphi = 15°$。试用图解法求解在图示位置需施加于曲柄 1 上的驱动力矩 M_1。

分析：这是考虑摩擦的含移动副和转动副的连杆机构静力分析问题。为了确定转动副和移动副处的总反力方向,首先应根据已知条件确定各杆件的相对运动方向,然后再确定总反力方向。

解 (1)根据所给已知力的方向,分析机构

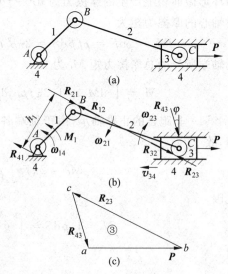

图 10.10 例 10-1 图

的运动情况

根据给定的工作阻力 P 的方向,可以判断滑块 3 向左移动,因而曲柄 1 必逆时针转动。由于从图示位置经微小时间间隔 Δt 后,杆 2 与杆 1 间的夹角变小,而杆 2 与导路间的夹角变大,故可以判定 ω_{21} 和 ω_{23} 的方向如图 10.10(b)所示。

(2) 确定二力杆的受力方向

杆 2 在不计重力的情况下为不含力偶的二力杆,它受一对大小相等、方向相反且共线的拉力。作用在它上面的两个全反力 R_{12} 和 R_{32} 应切于铰链 B 和 C 处的摩擦圆,且分别形成与 ω_{21} 和 ω_{23} 相反的阻碍力矩,故全反力 R_{21} 和 R_{23} 的作用线为铰链 B 和 C 处摩擦圆的内公切线,如图 10.10(b)所示。

(3) 从作用有已知力 P 的构件 3 开始进行受力分析,进而求出全反力 R_{21}

构件 3 上作用有 3 个力,即工作阻力 P、构件 2 对构件 3 的全反力 R_{23} 和构件 4 对构件 3 的全反力 R_{43},其力平衡方程式为

$$P + R_{23} + R_{43} = 0$$

其中,力 P 的方向和大小已给定;力 R_{23} 的方向已求出;而如何确定全反力 R_{43} 的方向则需慎重考虑。因力 P 水平,力 R_{23} 指向斜上方,故滑块 3 有向上的趋势,即滑块 3 的上表面与导路 4 接触构成移动副,全反力 R_{43} 应指向下方,且从法线位置向左偏转 φ 角,以阻碍相对运动 v_{34}。取力比例尺 $\mu_P = 80 \dfrac{\text{N}}{\text{mm}}$,则力 P 所代表的线段 $\overline{ab}$ 的长度为

$$\overline{ab} = \frac{P}{\mu_P} = \frac{2000}{80} = 25(\text{mm})$$

据此在图 10.10(c)中作力多边形 abc,从而求得

$$R_{23} = \overline{bc} \cdot \mu_P = 33 \times 80 = 2640(\text{N})$$

考虑到 $R_{23} = -R_{32}$,$R_{32} = -R_{12}$,$R_{12} = -R_{21}$,可知

$$R_{21} = R_{23} = 2640(\text{N})$$

(4) 求驱动力矩

曲柄 1 为含有力偶的二力构件,全反力 R_{41} 应与 R_{21} 大小相等、方向相反且互相平行,考虑到 ω_{14} 的方向,即可确定 R_{41} 切于铰链 A 处摩擦圆的位置,如图 10.10(b)所示。力 R_{21} 和 R_{41} 之间的距离为 $h_1 = 17\text{mm}$,它们形成一个顺时针方向的阻力偶矩,而作用于曲柄 1 上的驱动力矩 M_1 应该与之平衡(大小相等、方向相反)。故 M_1 的方向为逆时针(与 ω_{14} 相同),其大小为

$$
\begin{aligned}
M_1 &= R_{21} h_1 \mu_l = 2640 \times 17 \times 10 \\
&= 448800(\text{N} \cdot \text{mm}) \\
&= 448.8(\text{N} \cdot \text{m})
\end{aligned}
$$

从上述例题求解过程中可以发现,对于考虑摩擦时含有转动副和移动副的连杆机构的静力分析,一般应注意分析 3 个问题:

(1) 根据已知条件,分析各构件的相对运动情况;

(2) 确定连杆是拉力杆还是压力杆,并通过各构件相对运动情况判断作用于二力杆上的各全反力方向;

(3) 从作用有已知力的构件开始,利用力三角形求解。

10.3　机械的效率和自锁

10.3.1　机械效率的表达形式

作用在机械上的力可分为驱动力、工作阻力和有害阻力 3 种。通常把驱动力所做的功称为驱动功(输入功),克服工作阻力所做之功称为输出功,而克服有害阻力所做之功称为损耗功。

机械在稳定运转时期,输入功等于输出功与损耗功之和。即

$$W_d = W_r + W_f \tag{10.17}$$

式中,W_d,W_r,W_f 分别为输入功、输出功和损耗功。输出功和输入功的比值,反映了输入功在机械中有效利用的程度,称为机械效率,通常以 η 表示。

1. 效率以功或功率的形式表达

根据机械效率的定义

$$\eta = \frac{W_r}{W_d} = \frac{W_d - W_f}{W_d} = 1 - \frac{W_f}{W_d} \tag{10.18}$$

将式(10.17)和式(10.18)分别除以做功的时间,则得

$$P_d = P_r + P_f \tag{10.19}$$

$$\eta = \frac{P_r}{P_d} = 1 - \frac{P_f}{P_d} \tag{10.20}$$

式中,P_d,P_r 和 P_f 分别为输入功率、输出功率和损耗功率。

因为损耗功 W_f 或损耗功率 P_f 不可能为零,所以由式(10.18)及式(10.20)可知机械的效率总是小于 1 的。且 W_f 或 P_f 越大,机械的效率就越低。因此在设计机械时,为了使其具有较高的机械效率,应尽量减少机械中的损耗,主要是减少摩擦损耗。

2. 效率以力或力矩的形式表达

机械效率也可以用力或力矩之比值的形式来表达。图 10.11 所示为一机械传动装置示意图,设 F 为驱动力,Q 为生产阻力,v_F 和 v_Q 分别为 F 和 Q 的作用点沿该力作用线方向的速度,根据式(10.20)可得

$$\eta = \frac{P_r}{P_d} = \frac{Q v_Q}{F v_F} \tag{10.21}$$

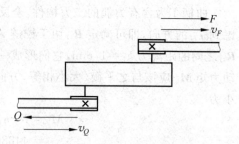

图 10.11　机械传动装置示意图

假设在该机械中不存在摩擦,此机械称为理想机械。这时为了克服同样的生产阻力 Q,其所需的驱动力称为理想驱动力 F_0,此力必定小于实际驱动力 F。对于理想机械有

$$\eta_0 = \frac{Q v_Q}{F_0 v_F} = 1$$

故

$$Q v_Q = F_0 v_F \tag{10.22}$$

将式(10.22)代入式(10.21)得

$$\eta = \frac{Qv_Q}{Fv_F} = \frac{F_0 v_F}{F v_F} = \frac{F}{F_0} \tag{10.23}$$

此式表明,机械效率亦等于在克服同样生产阻力 Q 的情况下,理想驱动力 F_0 与实际驱动力 F 之比值。

同理,机械效率也可以用力矩之比的形式表达,即

$$\eta = \frac{M_{F_0}}{M_F} \tag{10.24}$$

式中,M_{F_0} 和 M_F 分别表示为了克服同样生产阻力所需的理想驱动力矩和实际驱动力矩。

从另一角度讲,同样的驱动力 F,理想机械所能克服的生产阻力 Q_0 必大于实际机械所能克服的生产阻力 Q,对于理想机械有

$$\eta_0 = \frac{Q_0 v_Q}{F v_F} = 1$$

故

$$Q_0 v_Q = F v_F \tag{10.25}$$

将式(10.25)代入式(10.21)得

$$\eta = \frac{Qv_Q}{Fv_F} = \frac{Qv_Q}{Q_0 v_Q} = \frac{Q_0}{Q} \tag{10.26}$$

同理,有下式成立:

$$\eta = \frac{M_Q}{M_{Q_0}} \tag{10.27}$$

式中,M_Q 和 M_{Q_0} 分别表示在同样驱动力情况下,机械所能克服的实际生产阻力矩和理想生产阻力矩。

10.3.2 机械系统的机械效率

上述机械效率及计算主要是指一个机构或一台机器的效率。对于由许多机构或机器组成的机械系统的机械效率及其计算,可以根据组成系统的各机构或机器的效率计算求得。若干机构或机器联接组合的方式一般有串联、并联和混联 3 种,故机械系统的机械效率也有相应的 3 种不同计算方法。

1. 串联

图 10.12 所示为由 k 台机器串联组成的机械系统。设系统的输入功率为 P_d,各机器的效率分别为 $\eta_1, \eta_2, \eta_3, \cdots, \eta_k$,$P_k$ 为系统的输出功率,则系统的总效率 η 为

$$\eta = \frac{P_k}{P_d} = \frac{P_1}{P_d} \cdot \frac{P_2}{P_1} \cdot \frac{P_3}{P_2} \cdot \cdots \cdot \frac{P_k}{P_{k-1}} = \eta_1 \cdot \eta_2 \cdot \eta_3 \cdot \cdots \cdot \eta_k \tag{10.28}$$

此式表明,串联系统的总效率等于组成该系统的各个机器的效率的连乘积。由于 $\eta_1, \eta_2, \cdots,$ η_k 均小于 1,故串联的级数越多,系统的效率越低。

2. 并联

图 10.13 所示为由 k 台机器互相并联组成的机械系统。设各个机器的输入功率分别为 $P_1, P_2, \cdots, P_k$,而输出功率分别为 $P_1', P_2', \cdots, P_k'$。因总输入功率为

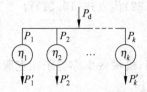

图 10.12　串联机械系统　　　　　　　图 10.13　并联机械系统

$$P_d = P_1 + P_2 + \cdots + P_k$$

总输出功率为

$$P_r = P_1' + P_2' + \cdots + P_k' = P_1\eta_1 + P_2\eta_2 + \cdots + P_k\eta_k$$

所以总效率 η 为

$$\eta = \frac{P_r}{P_d'} = \frac{P_1\eta_1 + P_2\eta_2 + \cdots + P_k\eta_k}{P_1 + P_2 + \cdots + P_k} \tag{10.29}$$

上式表明,并联系统的总效率 η 不仅与各机器的效率有关,而且也与各机器所传递的功率有关。设 η_{max} 和 η_{min} 为各个机器的效率中的最大值和最小值,则 $\eta_{max} < \eta < \eta_{min}$。

若各台机器的输入功率均相等,即 $P_1 = P_2 = P_3 = \cdots = P_k$,则

$$\begin{aligned}
\eta &= \frac{P_1\eta_1 + P_2\eta_2 + \cdots + P_k\eta_k}{P_1 + P_2 + \cdots + P_k} \\
&= \frac{(\eta_1 + \eta_2 + \cdots + \eta_k)P_1}{kP_1} \\
&= (\eta_1 + \eta_2 + \cdots + \eta_k)/k
\end{aligned} \tag{10.30}$$

上式表明,当并联系统中各台机器的输入功率均相等时,其总效率等于各台机器效率的平均值。

若各台机器的效率均相等,即 $\eta_1 = \eta_2 = \eta_3 = \cdots = \eta_k$,则

$$\begin{aligned}
\eta &= \frac{P_1\eta_1 + P_2\eta_2 + \cdots + P_k\eta_k}{P_1 + P_2 + \cdots + P_k} = \frac{\eta_1(P_1 + P_2 + \cdots + P_k)}{P_1 + P_2 + \cdots + P_k} \\
&= \eta_1(= \eta_2 = \eta_3 = \cdots = \eta_k)
\end{aligned} \tag{10.31}$$

上式表明,当各台机器的效率均相等时,并联机械系统的总效率等于任一台机器的效率。

3. 混联

图 10.14 所示为兼有串联和并联的混联式机械系统,其总效率的求法按其具体组合方式而定。可先将输入功至输出功的路线弄清,然后分别按各部分的联接方式,参照式(12.28)和式(10.29)的方法推导出总效率的计算公式。如图所示,若系统串联部分的效率为 η',并联部分的效率为 η'',则系统的总效率应为

$$\eta = \eta'\eta'' \tag{10.32}$$

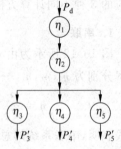

图 10.14　混联机械系统

10.3.3　机械的自锁

在实际机械中,由于摩擦的存在以及驱动力作用方向的问题,有时会出现无论驱动力如

何增大,机械都无法运转的现象,这种现象称为机械的自锁。

在图 10.1 所示的移动副中,使滑块 1 产生运动的有效分力为 $F_t = F\sin\beta = F_n\tan\beta$,此时滑块 1 所受的摩擦阻力为 $F_{21} = F_n\tan\varphi$。当 $\beta \leqslant \varphi$ 即驱动力作用在摩擦角之内时,$F_t \leqslant F_{21}$,即不论驱动力 F 在其作用线方向上如何增大,其有效分力总小于因它所产生的摩擦力,此时滑块 1 总不能产生运动,即出现自锁现象。

在图 10.8(b)所示的转动副中,作用在轴颈上的外载荷为 Q,当 $e \leqslant \rho$ 即 Q 力作用在摩擦圆之内时,由于驱动力矩 $M_d(=Qe)$ 总小于由它产生的摩擦阻力矩 $M_f(=R_{21}\rho = Q\rho)$,故此时无论 Q 如何增大也不能使轴 1 转动,即出现自锁现象。

综上所述,机械是否发生自锁,与其驱动力作用线的位置及方向有关。在移动副中,若驱动力 F 作用在摩擦角之外,则不会发生自锁;在转动副中,若驱动力 Q 作用于摩擦圆之外,亦不会发生自锁。故一个机械是否发生自锁,可以通过分析组成机械的各环节的自锁情况来判断,只要组成机械的某一环节或数个环节发生自锁,则该机械必发生自锁。

当机械出现自锁时,无论驱动力多么大都不能超过由它所产生的摩擦阻力,即此时驱动力所做的功总小于或等于由它所产生的摩擦阻力所做的功。由式(10.18)可知,此时机械的效率小于或等于零,即

$$\eta \leqslant 0 \qquad\qquad (10.33)$$

故也可以借助机械效率的计算式来判断机械是否发生自锁和分析自锁产生的条件。但注意此时 η 已没有通常效率的意义。

机械通常可以有正行程和反行程,它们的机械效率一般并不相等。在设计机械时,应使其正行程的机械效率大于零,而反行程的效率则根据使用场合既可使其大于零也可使其小于零。反行程效率小于零的机械在反行程中会发生自锁,因而可以防止机械自发倒转或松脱。在反行程能自锁的机械,称为自锁机械,它常用于各种夹具、螺栓联接、楔联接、起重装置和压榨机等机械上。但自锁机械在正行程中效率一般都较低,因此在传递动力时,只宜用于传递功率较小的场合。对于传递功率较大的机械,常采用其他装置来防止其倒转或松脱,以不致影响其正行程的机械效率。

例 10.2 在图 10.15(a)所示的斜面机构中,P 为主动力,Q 为工作阻力,设各接触面之间的摩擦角 $\varphi = 10°$。试求:

(1) 当 $\alpha = 75°$,$Q = 100\text{N}$ 时所需的主动力 P;

(2) 此斜面机构的效率;

(3) 此斜面机构在 P 力作用下不自锁而在 Q 力作用下能自锁时,角 α 的取值范围(α 为锐角)。

解 (1) 求主动力 P

欲求克服 Q 力所需的主动力 P,需先分析 P 和 Q 之间的关系。

P 为主动力时,滑块 1 向下运动,滑块 2 向右运动,其受力图如图 10.15(b)所示。两个滑块的力平衡方程式分别为

滑块 1: $\qquad\qquad\qquad \boldsymbol{P} + \boldsymbol{R}_{21} + \boldsymbol{R}_{31} = 0$

滑块 2: $\qquad\qquad\qquad \boldsymbol{R}_{12} + \boldsymbol{Q} + \boldsymbol{R}_{32} = 0$

据此画出两个滑块的力多边形如图 10.15(c)所示。由图可得

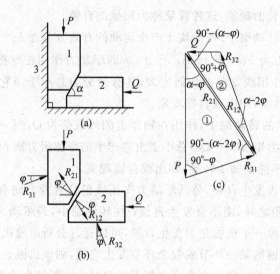

图 10.15 斜面机构

$$\frac{P}{\sin[90°-(\alpha-2\varphi)]}=\frac{R_{21}}{\sin(90°-\varphi)}$$

$$\frac{R_{12}}{\sin(90°+\varphi)}=\frac{Q}{\sin(\alpha-2\varphi)}$$

考虑到 $R_{12}=R_{21}$，则可得到

$$P=Q\cot(\alpha-2\varphi)$$

此即正行程时主动力 P 与工作阻力 Q 之间的数学关系式。

当 $\alpha=75°$，$Q=100\mathrm{N}$ 和摩擦角 $\varphi=10°$ 时，所需的主动力 P 为

$$P=Q\cot(\alpha-2\varphi)$$
$$=100\cot(75°-2\times10°)$$
$$=70(\mathrm{N})$$

（2）求机构的效率 η

根据上面求得的力 P 和 Q 之间的关系式，可以求得理想状态下（不计摩擦，$\varphi=0°$）主动力 P_0 与工作阻力 Q 之间的关系式为

$$P_0=Q\cot\alpha$$

则机构的效率为

$$\eta=\frac{P_0}{P}=\frac{\cot\alpha}{\cot(\alpha-2\varphi)}=\frac{\tan(\alpha-2\varphi)}{\tan\alpha}$$

（3）求角 α 的取值范围

在此斜面机构中，要求在 P 力作用下不自锁而在 Q 力作用下自锁，即要求正行程时机构效率 $\eta>0$，而反行程时机构效率 $\eta'<0$。

正行程：
$$\eta=\frac{\tan(\alpha-2\varphi)}{\tan\alpha}>0$$

即
$$\alpha-2\varphi>0,\quad \alpha>2\varphi$$

此为正行程时不自锁的几何条件。

反行程时，Q 变为主动力，假设其克服的工作阻力为 P'，则

$$Q = P' \tan(\alpha + 2\varphi), \quad Q_0 = P' \tan\alpha$$

$$\eta' = \frac{\tan\alpha}{\tan(\alpha + 2\varphi)}$$

反行程 $\eta' < 0$，即

$$\alpha + 2\varphi > 90°, \quad \alpha > 90° - 2\varphi$$

此为保证反行程能自锁的条件。

归纳以上两个条件：$\alpha > 2\varphi$ 且 $\alpha > 90° - 2\varphi$，由于 α 为锐角，则当 $\varphi = 10°$ 时，α 的取值范围为

$$\alpha > 70°$$

10.3.4　提高机械效率的途径

由前面的分析可知，机械运转过程中影响其效率的主要原因为机械中的损耗，而损耗主要是由摩擦引起的。因此，为提高机械的效率就必须采取措施减小机械中的摩擦，一般需从3方面加以考虑，即设计方面、制造方面和使用维护方面。在设计方面主要采取以下措施：

（1）尽量简化机械传动系统，采用最简单的机构来满足工作要求，使功率传递通过的运动副的数目越少越好。例如宇航设备中的天线，往往靠航天器转动产生的离心力甩出。但是如果运动副数目多，摩擦过大，天线甩出的运动就可能无法实现或者运动位置不确定。

（2）选择合适的运动副形式。如转动副易保证运动副元素的配合精度，效率高；移动副不易保证配合精度，效率较低且容易发生自锁或楔紧。

（3）在满足强度、刚度等要求的情况下，不要盲目增大构件尺寸。如轴颈尺寸增加时会使该轴颈的摩擦力矩增加，机械易发生自锁。

（4）设法减少运动副中的摩擦。如在传递动力的场合尽量选用矩形螺纹或牙形半角小的三角形螺纹；用平面摩擦代替槽面摩擦；采用滚动摩擦代替滑动摩擦。选用适当的润滑剂及润滑装置进行润滑，合理选用运动副元素的材料等。

（5）减少机械中因惯性力所引起的动载荷，可提高机械效率。特别是在机械设计阶段就应考虑其平衡问题。否则不平衡引起的振动，使零件的磨损加速，磨损又引起振动等问题，造成恶性循环，导致机器精度和可靠性降低。

本节重点讨论了摩擦对机械效率的影响以及提高机械效率的途径。需要指出的是，机械中的摩擦虽然对机械的工作有许多不利的影响，但在某些情况下也有其有利的一面。工程实际中不少机械正是利用摩擦来工作的，除了第7章中介绍的摩擦传动机构、带传动机构外，常见的应用摩擦的机构还有摩擦离合器、摩擦制动器、摩擦式缓冲器、摩擦式夹紧机构、斜面压榨机等等。对于这些机械，如何合理利用摩擦力则是其设计时需要考虑的重要问题之一。

10.4　机构的动态静力分析

在机械运转过程中，外力的变化会引起机械的速度波动，这种速度波动会在机构中产生惯性力，在运动副中产生附加的约束反力，从而影响运动副中的摩擦与磨损，降低机械系统的效率和工作精度。同时，运动副中约束反力的大小和性质也决定了机械各构件的强度和刚度，从而影响机械的寿命。

在考虑惯性力的情况下进行机构的力分析时,可将机构运动过程离散为多个瞬时静止状态,根据达朗贝尔原理将构件运动时产生的惯性力和惯性力矩作为已知外力(矩)加在相应状态的构件上,将动态受力系统转化为多个瞬时静力学平衡系统,用静力学的方法对机构相应状态进行受力分析,得到机构的动态受力情况,这种分析方法称为机构的动态静力分析。

10.4.1　构件惯性力(矩)的确定

用动态静力分析法进行机构的受力分析时,首先需要确定各构件在已知运动下的惯性力(力矩)。

机械在运转过程中,各构件产生的惯性力(矩)不仅与该构件的质量、质心位置、绕质心轴的转动惯量、质心的加速度及构件的角加速度有关,而且与构件的运动形式有关。

设构件的质量为 m_i,质心 s_i 的位置为 (x_{si}, y_{si}),构件绕质心的转动惯量为 J_{si},运动分析后得到的质心加速度为 a_{si},构件的角加速度为 ε_i,则由理论力学可知:若该构件作平面复合运动且具有平行于运动平面的对称面(如曲柄滑块机构中的连杆),则其惯性力系可简化为一个通过质心 s_i 的惯性力 F_{Ii} 和一个惯性力矩 M_{Ii},即

$$\left.\begin{array}{l} F_{Ii} = -m_i a_{si} \\ M_{Ii} = -J_{si} \varepsilon_i \end{array}\right\} \qquad (10.34)$$

若该构件作定轴转动(如曲柄滑块机构中的曲柄),则当其回转轴线不通过质心且作变速转动时,其上作用有惯性力 F_{Ii} 和惯性力矩 M_{Ii};当其回转轴线通过质心时,则只有惯性力矩 M_{Ii}。

若该构件作平面移动(如曲柄滑块机构中的滑块),则当其作变速移动时,只有作用于其质心 s_i 上的惯性力 F_{Ii}。

式(10.34)中的负号表示 F_{Ii} 和 M_{Ii} 的方向分别与 a_{si} 和 ε_i 相反。若将 F_{Ii} 分别向直角坐标系 xOy 中 x 和 y 方向投影,则可得到沿坐标轴 x 和 y 的分量分别为

$$F_{Ii}^x = -m_i a_{si}^x \qquad (10.35)$$

$$F_{Ii}^y = -m_i a_{si}^y \qquad (10.36)$$

分析时先假设某个方向的力为正,计算结果若为负,则表示该力的方向与所假设的力的方向相反。定义逆时针方向为力矩的正方向。

综上所述,确定构件惯性力(矩)的步骤如下:

首先通过分析确定构件质量、质心位置和转动惯量;然后通过对机构进行运动学分析,得到构件的位置和角加速度以及构件质心的加速度;最后根据构件运动形式计算出各构件的惯性力和惯性力矩。

10.4.2　不计摩擦时机构的动态静力分析

机构的动态静力分析可以采用图解法和解析法进行。受精度和工作量的限制,实际分析常采用解析法进行。

不计摩擦时机构的动态静力分析基本过程为:首先分析各构件的受力包括惯性力、惯性力矩等,画出各构件的受力图;然后针对每个构件建立静力和力矩平衡方程式;最后将所有方程式联立,求出各运动副中的约束反力和其他待求力与力矩。

本节以曲柄滑块机构为例,介绍不计摩擦时平面机构动态静力分析的方法及步骤。

在图 10.16 所示的对心曲柄滑块机构中,已知各杆的长度分别为 l_1 和 l_2,质心分别为 $s_1(x_{s1},y_{s1})$ 和 $s_2(x_{s2},y_{s2})$,各构件质量分别为 m_1,m_2,m_3,各构件对质心的转动惯量为 J_{s1} 和 J_{s2},构件 2 的角加速度为 ε_2,各构件质心的加速度分别为 a_{s1},a_{s2} 和 a_{s3},构件 1 为原动件,以 ω_1 沿逆时针方向匀速转动,滑块 3 所受的工作阻力为 P,试分析在不计摩擦的情况下机构各运动副中的约束反力和应加在原动件 1 上的驱动力矩 M_1。

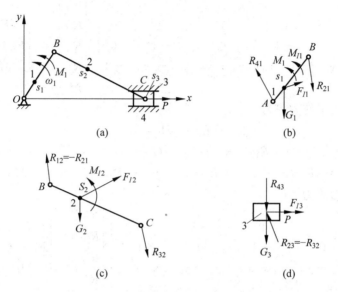

图 10.16　曲柄滑块机构的力分析

1) 计算各构件的惯性力和惯性力矩

构件	总惯性力	惯性力 x 方向分量	惯性力 y 方向分量	惯性力矩
1	$F_{I1}=-m_1a_{s1}$	$F_{I1}^x=-m_1a_{s1}^x$	$F_{I1}^y=-m_1a_{s1}^y$	$M_{I1}=-J_{s1}\varepsilon_1=0$
2	$F_{I2}=-m_2a_{s2}$	$F_{I2}^x=-m_2a_{s2}^x$	$F_{I2}^y=-m_2a_{s2}^y$	$M_{I2}=\rightarrow J_{s2}\varepsilon_2$
3	$F_{I3}=-m_3a_{s3}$	$F_{I3}^x=-m_3a_{s3}^x$	$F_{I3}^y=-m_3a_{s3}^y$	$M_{I3}=-J_{s3}\varepsilon_3=0$

上式中的负号表示 F_{Ii} 和 M_{Ii} 的方向分别与 a_{si} 和 ε_{si} 的方向相反。将 F_{Ii} 分别向直角坐标系 xOy 中 x,y 方向投影,得到沿坐标轴 x,y 方向的投影,即 F_{Ii}^x 和 F_{Ii}^y。分析时可以先假设力 F_{Ii} 为正,若计算结果为负,则表示该力的方向与所假设方向相反。定义逆时针方向为力矩的正方向。

2) 绘制各构件受力图

建立如图 10.16(a) 所示的直角坐标系 xOy,分析各构件受力,绘制构件 1,2 和 3 的受力图(图 10.16(b),(c),(d))。图中,R_{ij} 表示构件 i 对构件 j 的约束力,而 R_{ji} 表示构件 j 对构件 i 的约束力,且 $R_{ij}=-R_{ji}$;R_{ij}^x,R_{ij}^y 分别表示约束力在 x 方向和 y 方向的分量;G_i 表示各构件的重量。

在不计摩擦的情况下,转动副处的约束力通过转动副中心,移动副处的约束力垂直于导路。

3) 建立各构件的静力平衡方程

构件 1 的静力平衡方程为

$$-R_{41}^x + R_{21}^x + F_{I1}^x = 0$$

$$R_{41}^y - R_{21}^y + F_{I1}^y - G_1 = 0$$

$$-R_{41}^x(y_A - y_{s1}) - R_{41}^y(x_A - x_{s1}) - R_{21}^x(y_B - y_{s1}) - R_{21}^y(x_B - x_{s1}) + M_1 + M_{I1} = 0$$

(10.37)

将 R_{21} 用 $-R_{12}$ 代替,上式表达成矩阵形式为

$$\begin{bmatrix} 1 & 0 & 1 & 0 & 0 \\ 0 & -1 & 0 & -1 & 0 \\ y_A - y_{s1} & x_A - x_{s1} & y_{s1} - y_B & x_{s1} - x_B & -1 \end{bmatrix} \begin{bmatrix} R_{41}^x \\ R_{41}^y \\ R_{12}^x \\ R_{12}^y \\ M_1 \end{bmatrix} = \begin{bmatrix} F_{I1}^x \\ F_{I1}^y - G_1 \\ M_{I1} \end{bmatrix}$$ (10.38)

构件 2 的静力平衡方程为

$$-R_{12}^x + R_{32}^x + F_{I2}^x = 0$$

$$R_{12}^y - R_{32}^y + F_{I2}^y - G_2 = 0$$

$$R_{12}^x(y_B - y_{s2}) - R_{12}^y(x_B - x_{s2}) + R_{32}^x(y_C - y_{s2}) - R_{32}^y(x_C - x_{s2}) + M_{I2} = 0$$

(10.39)

表达成矩阵形式为

$$\begin{bmatrix} 1 & 0 & -1 & 0 \\ 0 & -1 & 0 & 1 \\ y_{s2} - y_B & x_B - x_{s2} & y_{s2} - y_C & x_C - x_{s2} \end{bmatrix} \begin{bmatrix} R_{12}^x \\ R_{12}^y \\ R_{32}^x \\ R_{32}^y \end{bmatrix} = \begin{bmatrix} F_{I2}^x \\ F_{I2}^y - G_2 \\ M_{I2} \end{bmatrix}$$ (10.40)

构件 3 的静力平衡方程为

$$-R_{23}^x + R_{43}^x + F_{I3}^x + P = 0$$

$$R_{23}^y - R_{43}^y + F_{I3}^y - G_3 = 0$$

(10.41)

由于 $F_{I3}^x = F_{I3}$,$F_{I3}^y = 0$,$R_{43}^x = 0$,$R_{43}^y = R_{43}$,$R_{23} = -R_{32}$,分别代入上式,表达成矩阵形式为

$$\begin{bmatrix} -1 & 0 & 0 \\ 0 & 1 & 1 \end{bmatrix} \begin{bmatrix} R_{32}^x \\ R_{32}^y \\ R_{43} \end{bmatrix} = \begin{bmatrix} F_{I3} - P \\ G_3 \end{bmatrix}$$ (10.42)

4)方程式联立求解

联立式(10.38)、式(10.40)、式(10.42)进行约束力和 M_1 的求解,表达为矩阵形式为

$$\begin{bmatrix} 1 & 0 & 1 & 0 & 0 & 0 & 0 & 0 \\ 0 & -1 & 0 & -1 & 0 & 0 & 0 & 0 \\ y_A - y_{s1} & x_A - x_{s1} & y_{s1} - y_B & x_{s1} - x_B & 0 & 0 & 0 & -1 \\ 0 & 0 & 1 & 0 & -1 & 0 & 0 & 0 \\ 0 & 0 & 0 & -1 & 0 & 1 & 0 & 0 \\ 0 & 0 & y_{s2} - y_B & x_B - x_{s2} & y_{s2} - y_C & x_C - x_{s2} & 0 & 0 \\ 0 & 0 & 0 & 0 & -1 & 0 & 0 & 0 \\ 0 & 0 & 0 & 0 & 0 & -1 & -1 & 0 \end{bmatrix} \begin{bmatrix} R_{41}^x \\ R_{41}^y \\ R_{12}^x \\ R_{12}^y \\ R_{32}^x \\ R_{32}^y \\ R_{43} \\ M_1 \end{bmatrix} = \begin{bmatrix} F_{I1}^x \\ F_{I1}^y - G_1 \\ M_{I1} \\ F_{I2}^x \\ F_{I2}^y - G_2 \\ M_{I2} \\ F_{I3} + P \\ G_3 \end{bmatrix}$$

(10.43)

即

$$
\begin{bmatrix}
1 & 0 & 1 & 0 & 0 & 0 & 0 & 0 \\
0 & -1 & 0 & -1 & 0 & 0 & 0 & 0 \\
y_A - y_{s1} & x_A - x_{s1} & y_{s1} - y_B & x_{s1} - x_B & 0 & 0 & 0 & -1 \\
0 & 0 & 1 & 0 & -1 & 0 & 0 & 0 \\
0 & 0 & 0 & -1 & 0 & 1 & 0 & 0 \\
0 & 0 & y_{s2} - y_B & x_B - x_{s2} & y_{s2} - y_C & x_C - x_{s2} & 0 & 0 \\
0 & 0 & 0 & 0 & -1 & 0 & 0 & 0 \\
0 & 0 & 0 & 0 & -1 & -1 & 0 & 0
\end{bmatrix}
\begin{bmatrix}
R_{41}^x \\
R_{41}^y \\
R_{12}^x \\
R_{12}^y \\
R_{32}^x \\
R_{32}^y \\
R_{43} \\
M_1
\end{bmatrix}
=
\begin{bmatrix}
-m_1 a_{s1}^x \\
-m_1 a_{s1}^y - m_1 g \\
\\
-m_2 a_{s2}^x \\
-m_2 a_{s2}^y - m_2 g \\
-J_{s2}\, \varepsilon_2 \\
-m_3 a_{s3} + P \\
m_3 g
\end{bmatrix}
$$

$$(10.44)$$

上式即为该机构的动态静力分析的矩阵方程。若用 $\{F\}$ 表示矩阵方程中的已知力列阵,用 $\{R\}$ 表示矩阵方程中的待求力列阵,用 $[A]$ 表示矩阵方程中的待求力系数矩阵,则上式可表示为

$$[A]\{R\} = \{F\} \tag{10.45}$$

由于待求力系数矩阵是机构位置的函数,而已知力列阵中的惯性力(力矩)也是机构位置的函数,因此在作机构动态静力分析的过程中,需要根据机构的不同运动位置计算出待求力系数矩阵中的各有关元素和已知力列阵中的各惯性力(力矩)。

当矩阵 $[A]$ 可求导时,

$$\{R\} = [A]^{-1}\{F\} \tag{10.46}$$

式(10.46)可在计算机上用现有的标准程序求解。

至此,即可解出机构在不同位置时作用在各运动副中的约束力和作用在原动件上的平衡力矩。

*10.4.3 考虑摩擦时机构动态静力分析方法简介

在工程实际的一般情况下,在作机构的动态静力分析时,可以不考虑运动副间摩擦力(力矩)的影响,所得结果通常也都能满足工程实际问题的需要。但是,对于高速、精密和大动力传动的机械,由于摩擦对机械的性能会产生较大的影响,因此,在进行机构动态静力分析时,需要考虑摩擦力(力矩)。

在进行机构的动态静力分析时,若需要考虑运动副中摩擦的影响,则上述动态静力平衡方程中还应包含运动副中的摩擦力和摩擦力矩。由于运动副中的摩擦力和摩擦力矩与作用在运动副中的约束力和运动副元素间的摩擦系数有关,所以摩擦力和摩擦力矩可以表示为与约束力有关的函数。由 10.2 节移动副和转动副中的摩擦可知,在上述对心曲柄滑块机构中,若各运动副元素间的摩擦系数为 f,则作用于移动副中的摩擦力为 $f R_{43}^y$,摩擦力矩为零。对于转动副,仍令总反力为 R_{ij},但此时 R_{ij} 不通过转动副的中心,而是切于半径为 $\rho = fr$ 的摩擦圆,将 R_{ij} 向转动副中心简化,此时转动副处除了作用有总反力 R_{ij} 外,还有一个摩擦力矩 $fr R_{ij}$,方向与 ω_{ij} 方向相同,用待求分量可以表示为 $fr\sqrt{(R_{ij}^x)^2 + (R_{ij}^y)^2}$。将移动副和转动副的摩擦力和摩擦力矩分别写入相应的静力平衡方程中,可以得到考虑运动副间摩擦的机构动态静力平衡方程组。由于此时的方程组已是一个非线性方程组,求解较困难,所以通常需要采用逼近法进行多次迭代运算求解。有关逼近法的基本过程,请参阅有关文献。

文献阅读指南

（1）人类长期以来都在为提高机械效率而不懈努力。影响机械效率提高的主要因素是机械中的损耗，而这种损耗主要是由摩擦引起的。因此，研究材料表面间的摩擦机理，寻找减少摩擦的途径，对提高机械效率具有重要意义。

据估计，全世界有 1/3～1/2 的能源以各种形式损耗在摩擦上，而由摩擦导致的磨损是机械设备失效的主要原因，大约有 80% 的零件损坏是由各种形式的磨损引起的。因此，控制摩擦、减少磨损、改善润滑性能已成为节约能源、提高机械效率、缩短机械维修时间、提高产品质量的主要措施，正日益受到机械设计者的重视。摩擦学就是研究有关摩擦、磨损与润滑的一门新兴交叉学科，有兴趣的读者可参阅温诗铸所著的《摩擦学原理》（北京：清华大学出版社，1990）。书中系统地论述了摩擦学的基本理论及其应用，较全面地反映了现代摩擦学研究的状况。此外，由国家自然科学基金委员会材料与工程学部组织十几位机械学领域的专家撰写而成的，由温诗铸、黎明主编的《机械学发展战略研究》（北京：清华大学出版社，2003）中，第 5 章讨论了摩擦学国内外研究进展和发展趋势以及今后的发展方向和发展策略。

（2）除本章介绍的平面机构动态静力分析方法外，还可以采用杆组法。黄锡恺、郑文纬主编的《机械原理》（第 6 版）（北京：高等教育出版社，1989）详细介绍了考虑摩擦和不考虑摩擦时平面连杆机构动态静力分析的图解法。此外关于考虑或不考虑摩擦时机构的动态静力分析还可以参阅梁崇高、阮平生编著的《连杆机构的计算机辅助设计》（北京：机械工业出版社，1986）及华大年、华志宏和吕静平编著的《连杆机构设计》（上海：上海科学技术出版社，1995）。

习　　题

10.1　图 10.17 所示的钻模夹具中，已知工作阻力 Q，各滑动面间的摩擦系数均为 f，楔块倾角为 α。试写出作用力 F 与 Q 的关系式。

10.2　图 10.18 所示为一楔形滑块 1 沿倾斜的 V 形导路 2 滑动的情形。已知：$\alpha=25°$，$\theta=60°$，$f=0.15$，载荷 $Q=200$ N。试求：

（1）滑块 1 等速上升，需要多大的力 F？

（2）分析说明滑块 1 在 Q 力作用下能否沿斜面下滑。

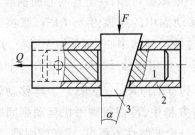
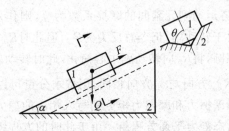

图 10.17　习题 10.1 图　　　　　　　图 10.18　习题 10.2 图

10.3 图 10.19 所示机床滑板的运动方向垂直于纸面,经测定得知接触面的滑动摩擦系数为 $f=0.1$。试求整个滑板的当量摩擦系数:

(1) 当 $x=l/2$ 时;

(2) 当 $x=l/3$ 时。

10.4 图 10.20 所示螺旋提升机构中,转动手轮 H,通过矩形螺杆 2 使楔块 3 向右移动以提升滑块 4 上的重物 Q。已知:$Q=20$ kN,楔块倾角 $\alpha=15°$,各接触面间摩擦系数 f 均为 0.15,矩形螺杆螺纹螺距 $p=6$ mm,且为双头螺杆,螺纹中径 $d=25$ mm,不计凸缘处摩擦,试求提起重物 Q 时,需加在手轮上的力矩 M 及该机构的效率 η。

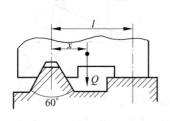

图 10.19　习题 10.3 图

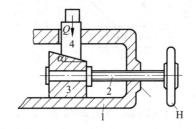

图 10.20　习题 10.4 图

10.5 图 10.21 所示为一曲柄滑块机构的 3 个不同位置,F 为作用在滑块上的力,转动副 A 和 B 上所画的虚线圆为摩擦圆,试确定在此 3 个位置时,连杆 AB 上所受作用力的方向。

10.6 图 10.22 所示为偏心夹具机构,已知其尺寸 R,d 及摩擦系数 f。试分析当夹紧到图示位置后,在工件反力作用下夹具不会自动松开时,应取转轴 B 的偏心距 e 为多大尺寸?

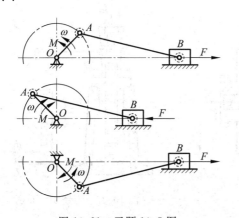

图 10.21　习题 10.5 图

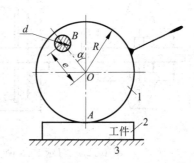

图 10.22　习题 10.6 图

10.7 图 10.23 所示的双滑块机构中,设已知 $l=200$ mm,转动副 A,B 处轴颈直径为 $d=20$ mm,转动副处的摩擦系数 $f_v=0.15$,移动副处的摩擦系数 $f=0.1$,试求:

(1) F 与 Q 的关系式,当 $\alpha=45°$,$Q=100$ N 时,F 等于多少?

(2) 在 F 力为驱动力时,机构的自锁条件(不计各构件的重量)。

10.8 图 10.24 所示的斜面压榨机中,滑块 1 上作用一主动力 F 推动滑块 2 并夹紧工件 3。设工件所需的夹紧力为 Q,各接触面的摩擦系数均为 f。试求:

(1) F 为主动力时,F 与 Q 的关系式及该机构的效率 η;

(2) 若希望此机构既可在 F 作用下夹紧工件又不致在 F 撤去后使工件自动松脱,求 α 的取值范围。

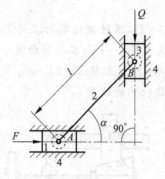

图 10.23　习题 10.7 图

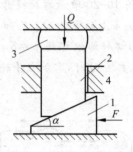

图 10.24　习题 10.8 图

10.9　两种轴向压力式制动器,如图 10.25(a),(b)所示。已知:$d_1=100$ mm,$d_2=200$ mm,$d_1'=170$ mm,$\alpha=10°$,$f=0.3$,二者轴向压力相等。试按跑合情况求:两种制动器产生的制动力矩(即 M 和 M')分别为多大? 并比较之。

10.10　在图 10.26 所示的矩形螺纹千斤顶中,已知:螺纹的中径 $d_2=22$ mm,螺距 $p=4$ mm,托环的环形摩擦面外径 $D=50$ mm,内径 $d_0=42$ mm,手柄长 $l=300$ mm,所有摩擦面的摩擦系数均为 $f=0.1$。试求:

(1) 该千斤顶的效率;

(2) 若 $F=100$ N,所能举起的重物 Q 的大小。

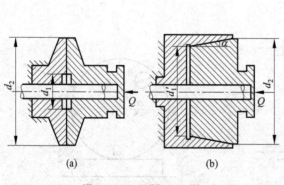

图 10.25　习题 10.9 图

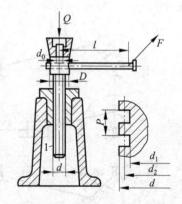

图 10.26　习题 10.10 图

10.11　图 10.27 所示为电动卷扬机,已知:每对齿轮的效率 η_{12} 和 $\eta_{2'3}$ 均为 0.95,鼓轮及滑轮的效率 η_4,η_5 均为 0.96。设载荷 $Q=40$ kN,以 $v=15$ m/min 匀速上升,试求所需电动机的功率。

10.12　如图 10.28 所示,电机 M 通过齿轮减速器带动工作机 A 和 B。已知:每对圆柱齿轮的效率 $\eta_1=0.95$,圆锥齿轮的效率为 $\eta_2=0.92$,工作机 A 和 B 的效率分别为 $\eta_A=0.7$,$\eta_B=0.8$,现设电机的功率为 $P=5$ kW,$P_A/P_B=2$,试求工作机 A 和 B 的输出功率 P_A,P_B 各为多少?

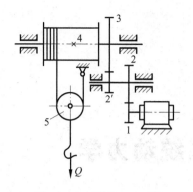

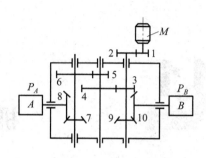

图 10.27　习题 10.11 图　　　　　　　　　图 10.28　习题 10.12 图

10.13　图 10.29 所示为平锻机中的六杆机构。已知各构件的尺寸如下：$l_{AB}=$ 120 mm，$l_{BC}=460$ mm，$l_{BD}=240$ mm，$l_{DE}=200$ mm，$l_{EF}=260$ mm 及 $\beta=30°$，$x_F=500$ mm，$y_F=180$ mm。构件为原动件，以等角速度转动，$\omega_1=10$ rad/s。BC 杆的质心位于杆长的几何中心处，BC 杆的质量为 16.3 kg，其对质心的转动惯量为 0.287 kg·m²，滑块 3 的质量为 25 kg，其他构件的质量和转动惯量不计，压头 3 所受的工作阻力为 8.0 kN，试求在一个运动循环中各运动副中的约束反力和应加在构件 1 上的平衡力矩。

10.14　图 10.30 所示为干草压缩机中的六杆机构，已知各构件长度 $l_{AB}=600$ mm，$l_{OA}=150$ mm，$l_{BC}=120$ mm，$l_{BD}=500$ mm，$l_{CE}=600$ mm 及 $x_D=400$ mm，$y_D=500$ mm，$y_E=600$ mm。构件 1 为原动件，以等角速度转动，$\omega_1=10$ rad/s。构件 2，3，4 及构件 5 的质量分别为 17.0 kg，14.1 kg，17.0 kg 及 30.0 kg，构件 2，3，4 的质心位于杆长的几何中心处，各构件转动惯量分别为 0.510 kg·m²，0.295 kg·m²，0.510 kg·m²，压头 5 所受的工作阻力为 1.2 kN，试求在一个运动循环中各运动副中的约束反力和应加在构件 1 上的平衡力矩。

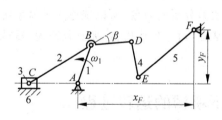

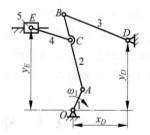

图 10.29　习题 10.13 图　　　　　　　　　图 10.30　习题 10.14 图

11 机械系统动力学

【内容提要】 本章首先介绍机械系统在外力作用下的运转过程,然后基于功能原理,介绍单自由度机械系统等效动力学模型的建立思路和求解方法,最后介绍机械运转过程中速度波动产生的原因及其调节方法,重点介绍飞轮调节周期性速度波动的基本原理和飞轮的设计方法。

机械动力学是研究机械在力作用下的运动和机械在运动中产生的力,并从力和运动相互作用的角度进行机械的设计和改进的科学。前面各章中,在对机构进行分析时,总是认为原动件的运动是已知的,而且一般都假设为匀速运动。实际上,原动件的运动取决于作用在机械上的外力,通常为外力、各构件惯性参数(质量、转动惯量)以及原动件位置和时间的函数。研究机械系统的真实运动规律,属于机械动力学分析范畴中的动力分析(dynamic analysis)。对于多数机械系统的正常工作状态,其运转速度会随着外力产生周期性或非周期性的波动。这种波动将在运动副中产生附加的动载荷,导致机械振动,从而降低机械系统的效率和使用寿命,也会降低系统的工作质量。为此需要采取适当措施把速度波动控制在允许范围。通过改变机械系统的动力参数保证系统在外力下尽可能稳定运动,属于动力学设计(dynamic design)问题。以上的动力分析和动力学设计问题是本章的主要研究内容。因为将包含原动机在内的整个机械系统作为动力分析的对象,所以统称为机械系统动力学。

机械系统动力学是机械系统动态设计的基础,对于现代机械,尤其是高速、重载、高精度以及高自动化的机械具有十分重要的意义。

11.1 外力作用下机械的运转过程

机械系统在工作阻力、驱动力以及重力、摩擦力等作用下产生运动。根据能量守恒定律,作用在机械系统上的力在任一时间间隔内所做的功,应等于机械系统动能的增量,即

$$W_d - (W_r + W_f) = W_d - W_c = E_2 - E_1 \tag{11.1}$$

式中,W_d 为驱动力所做的功,即输入功;W_r,W_f 分别为克服工作阻力和有害阻力(主要是摩擦力)所需的功,两者之和为总耗功 W_c;E_1,E_2 分别为机械系统在该时间间隔开始和结束时的动能。

根据机械系统所受外力(或力矩)和运动参数(位移、速度、时间等)之间的关系特点,机械运转过程可以分为如图 11.1 所示的三个阶段。

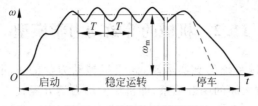

图 11.1　机械的运转过程

1. 启动阶段

原动件的速度从零逐渐上升到开始稳定运转的阶段。此阶段输入功大于总耗功,系统的动能增加,即

$$W_d - W_c = E_2 - E_1 > 0$$

为了缩短这一过程,在启动阶段,一般常使机械在空载下启动,或者另加一个启动马达来增大驱动力,从而达到快速启动的目的。

2. 稳定运转阶段

原动件速度保持常数(称为匀速稳定运转)或在平均工作速度的上下做周期性的速度波动(称为变速稳定运转)。图 11.1 中 T 为变速稳定运转阶段速度波动的周期,ω_m 为原动件的平均角速度。

在此阶段,对于匀速稳定运转,在任一时间间隔内输入功总等于总耗功;对于变速稳定运转,由于一个周期内合功为零,所以每个运动周期的末速度总等于初速度,经过一个周期,系统中各构件的运动均回到原来的状态。值得注意的是,在一个周期内,速度存在波动,任一时间间隔内的输入功和总耗功不一定相等。

$$W_d - W_c = E_2 - E_1 = 0$$

3. 停车阶段

机械系统的动能逐渐减小,即

$$W_d - W_c = E_2 - E_1 < 0$$

在此阶段,由于驱动力通常已经撤去,即 $W_d = 0$,故当总耗功逐渐将机械具有的动能消耗殆尽时,机械便停止运转。也可以安装制动装置,用增加摩擦阻力的方法来缩短停车时间。

需要注意的是,并不是所有机械都有三个运转阶段,例如起重机等可能只有启动和停车阶段;而有些机械在正常工作时,也并非始终处于稳定运转状态,例如 11.6 节介绍的具有非周期速度波动的系统。理想的动力匹配情况是匀速稳定运转阶段,但是满足这种要求的机械并不多。最为常见的是做变速稳定运转的机械。

机械的启动阶段和停车阶段,称为机械的过渡过程。在此过程中,会产生较大的动载荷。在进行机械零件强度设计时,需要知道这些动载荷。对于频繁启停的机械,过渡过程动力学分析非常重要。但是本章的重点在于稳定运转阶段,尤其是变速稳定运转。外力的周期性变化引起速度的周期性波动,研究机械的真实运动和调节速度波动的方法是以下各节的主要内容。

11.2　机械的等效动力学模型

求解外力作用下机械系统的真实运动,属于机械动力学的正问题,需要建立动力学模型,推导外力与运动参数之间的函数关系,即机械的动力学方程式。

随着机械系统高速度、大功率、高精度、轻量化的发展趋势,机械动力学的建模方法也更加多样化。对于不同复杂程度(单或多自由度)、不同结构形态(刚性、弹性)的机械系统,可以采用不同的建模方法。对于多刚体机械系统,可以采用牛顿-欧拉(Newton-Euler)的矢量力学法、拉格朗日(Lagrange)的分析力学法和凯恩(Kane)的多体动力学方法。对于含弹性构件、运动副间隙等的机械系统,可以采用动态子结构法、传递矩阵法、小位移法等。时至今日,这些方法仍在发展完善中。

本节针对应用最为广泛的单自由度刚性机械系统(以下非特指,本章涉及的机械系统都指此类系统),基于机械系统的功能关系,介绍一种简单的等效动力学模型的建模方法。

11.2.1　单自由度刚性机械系统的功能关系

对于一般的某单自由度刚性机械系统,已知 m_i 为构件 i 的质量,J_{Si} 为构件 i 相对于其质心的转动惯量,v_{Si} 为构件 i 质心的线速度,ω_i 为构件 i 的角速度。根据理论力学的知识可以计算系统的动能和外力的瞬时功率。

机械系统中做一般平面运动的构件 i 的动能 E_{ki} 可表示为

$$E_{ki} = \frac{1}{2} m_i v_{Si}^2 + \frac{1}{2} J_{Si} \omega_i^2 \tag{11.2}$$

做平动的构件的动能只包含上式中的第一项,做绕质心定轴转动的构件则只包含第二项。因此,系统的全部构件的动能总和为

$$E_k = \sum_{i=1}^n E_{ki} = \sum_{i=1}^n \left(\frac{1}{2} m_i v_{Si}^2 + \frac{1}{2} J_{Si} \omega_i^2 \right) \tag{11.3}$$

其中,n 为活动构件总数。

设作用在机械系统每个活动构件上的外力和外力矩分别为 F_i 和 M_i,F_i 与其作用点速度 v_i 的夹角为 α_i,M_i 作用的构件的角速度为 ω_i,则这些力和力矩产生的瞬时功率之和为

$$P = \sum_{i=1}^n (F_i v_i \cos\alpha_i \pm M_i \omega_i) \tag{11.4}$$

式中,当 M_i 和 ω_i 同向时取正号,反向时取负号。

由功能原理可知,作用在机械系统上的外力,在任一时间间隔内所做的功应等于系统所具有的动能的增量,即

$$Pdt = dE \tag{11.5}$$

亦即

$$P = \frac{d}{dt} E \tag{11.6}$$

将式(11.3)和式(11.4)代入式(11.6),可得单自由度刚性机械系统的动力学方程为

$$\frac{d}{dt} \left\{ \sum_{i=1}^n \left(\frac{1}{2} m_i v_{Si}^2 + \frac{1}{2} J_{Si} \omega_i^2 \right) \right\} = \sum_{i=1}^n (F_i v_i \cos\alpha_i \pm M_i \omega_i) \tag{11.7}$$

　　由于方程两侧都需要对 n 个活动构件进行求和,在各构件真实运动未知的情况下,即使对构件为数不多的平面机构来说,求解上述方程也是相当麻烦的。

　　对于单自由度机械系统而言,描述其运动只需要一个独立的坐标。要确定单自由度机械系统在外力下的真实运动,只需要求解该独立坐标随时间变化的规律即可。在这样的一个前提下,就出现了如下可能:如果可以把复杂的单自由度机械系统简化为一个等效构件,该等效构件与原系统某一活动构件具有相同的运动规律,对此等效构件建立简单的等效动力学模型,求出该构件的真实运动后,就相当于单自由度系统中的某一个构件运动已知,进而可以获得系统中每个构件的真实运动。

　　等效构件的引入和等效模型的建立,将使得单自由度机械系统真实运动的研究大为简化。

11.2.2　等效动力学模型

　　以原动件作回转运动的情况为例,取原动件的转角 φ 作为描述系统运动的独立坐标,其角速度为 ω,式(11.7)可以改写为

$$\frac{\mathrm{d}}{\mathrm{d}t}\left\{\sum_{i=1}^{n}\left[m_i\left(\frac{v_{Si}}{\omega}\right)^2+J_{Si}\left(\frac{\omega_i}{\omega}\right)^2\right]\cdot\frac{\omega^2}{2}\right\}=\sum_{i=1}^{n}\left(F_i\frac{v_i\cos\alpha_i}{\omega}\pm M_i\frac{\omega_i}{\omega}\right)\cdot\omega \tag{11.8}$$

　　观察式(11.8)可以看出,式子左侧大括号中第一项具有转动惯量的量纲,设用 J_e 表示;式子右侧第一项具有力矩的量纲,设用 M_e 表示,则上式可以进一步简化为

$$\frac{\mathrm{d}}{\mathrm{d}t}\left(J_e\cdot\frac{\omega^2}{2}\right)=M_e\cdot\omega \tag{11.9}$$

　　至此不难发现,式(11.9)和我们熟悉的绕定轴转动刚体的动力学方程 $\frac{\mathrm{d}}{\mathrm{d}t}\left(\frac{J\omega^2}{2}\right)=M\cdot\omega$ 形式完全相同,单自由度机械系统中做回转运动的原动件和一个做定轴转动刚体构件具有相同的动力学特性。这个过程给了我们建立等效动力学模型的启发。

　　选取做回转运动的这个构件作为该单自由度机械系统的等效构件。如果能够求出该等效构件的运动,即知道了机构原动件的运动,其他构件的运动也就完全确定了。

　　为了保证等效构件和机械中相应的该构件具有同样的真实运动,必须满足等效前后系统的动力学效果相同,即:

　　(1) 等效构件所具有的动能应等于原机械系统所有构件所具有的动能之和;

　　(2) 作用在等效构件上的等效力(矩)所做的功或所产生的功率,应等于作用在原机械系统上所有力和力矩所做的功或所产生的功率之和。

　　满足这两个条件,即可认为等效构件和原机械系统在动力学上是等效的,就可将等效构件作为该系统的等效动力学模型。通过以上推导,得到了如图 11.2(a)所示的等效动力学模型。等效构件作定轴转动,转角 φ,角速度 ω,等效转动惯量为 J_e,所受等效力矩为 M_e。

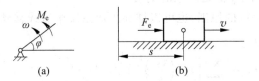

(a)　　　　　　　　　　(b)

图 11.2　等效动力学模型

同样,也可以选取系统中作直线移动的构件为等效构件,如图 11.2(b)所示。描述系统运动的独立坐标为等效构件线速度 v,等效质量为 m_e,所受等效力为 F_e。此时,以上的式(11.7)可相应地改写为

$$\frac{d}{dt}\left\{\sum_{i=1}^{n}\left[m_i\left(\frac{v_{Si}}{v}\right)^2 + J_{Si}\left(\frac{\omega_i}{v}\right)^2\right]\cdot\frac{v^2}{2}\right\} = \sum_{i=1}^{n}\left(F_i\frac{v_i\cos\alpha_i}{v} \pm M_i\frac{\omega_i}{v}\right)\cdot v \quad (11.10)$$

引入等效量,式(11.10)简化为

$$\frac{d}{dt}\left(m_e\cdot\frac{v^2}{2}\right) = F_e\cdot v \quad (11.11)$$

当然,也可以选取系统中作平面一般运动的构件作为等效构件,但是计算并不简单,就失去了等效模型的意义。

11.2.3 等效量的计算

等效前后的系统动力学效果相同,是计算等效动力学模型等效量的根据。取绕定轴转动的构件作等效构件时,需要计算等效转动惯量 J_e 和等效力矩 M_e;取作直线移动的构件作等效构件时,需要计算等效质量 m_e 和等效力 F_e。

作定轴转动的等效构件对其转轴的转动惯量,定义为系统的等效转动惯量 J_e。已知等效构件的角速度为 ω,等效构件所具有的动能为

$$E = \frac{1}{2}J_e\cdot\omega^2 \quad (11.12)$$

与式(11.3)对比后不难得出

$$J_e = \sum_{i=1}^{n}\left[m_i\left(\frac{v_{Si}}{\omega}\right)^2 + J_{Si}\left(\frac{\omega_i}{\omega}\right)^2\right] \quad (11.13)$$

其中 $\frac{v_{Si}}{\omega}$ 和 $\frac{\omega_i}{\omega}$ 分别是构件 i 的质心速度、角速度与等效构件角速度 ω 的比值。该比值是运动学参数,取决于各构件的运动尺寸、惯性参数和机构运动的位置,是系统的固有特性,与系统的真实运动无关。因此在机械系统真实运动未知的情况下,仍可计算出等效转动惯量。

作用在定轴转动的等效构件上的力矩,定义为系统的等效力矩 M_e。等效构件所具有的功率为

$$P = M_e\cdot\omega \quad (11.14)$$

与式(11.4)对比可以看出

$$M_e = \sum_{i=1}^{n}\left(F_i\frac{v_i\cos\alpha_i}{\omega} \pm M_i\frac{\omega_i}{\omega}\right) \quad (11.15)$$

同样,M_e 和 J_e 一样,取决于各构件的运动尺寸、惯性参数和机构运动的位置,与系统的真实运动无关。若计算出的 M_e 为正,表示 M_e 与等效构件角速度 ω 方向一致,否则相反。

需要强调的是 M_e 和 J_e 都是假想的变量。

同样,根据动力学等效的原则,也可以推导出取系统中直线移动构件为等效构件时的等效质量 m_e 和等效力 F_e:

$$m_e = \sum_{i=1}^{l}\left[m_i\left(\frac{v_{Si}}{v}\right)^2 + J_{Si}\left(\frac{\omega_i}{v}\right)^2\right] \quad (11.16)$$

$$F_e = \sum_{i=1}^{n}\left(F_i\frac{v_i\cos\alpha_i}{v} \pm M_i\frac{\omega_i}{v}\right) \quad (11.17)$$

到此为止,将一个复杂的单自由度机械系统的动力学问题转化为了一个等效构件的动力学问题,主要步骤总结如下:

(1) 将具有独立坐标的构件(通常取作转动的原动件,也可以取作往复移动的构件)取作等效构件。

(2) 按式(11.13)或式(11.16)求出系统的等效转动惯量或等效质量,按式(11.15)或式(11.17)求出系统的等效力矩或等效力,并将其作用于等效构件上,建立单自由度机械系统的等效动力学模型。

(3) 根据功能原理,列出等效模型的动力学方程,该方程只含有描述系统运动的独立坐标。

(4) 求解所列出的动力学方程,得到等效构件的运动规律,即系统中具有独立坐标的构件的运动规律。

(5) 用机构运动分析方法,由具有独立坐标的构件的运动规律,进一步求出系统中所有活动构件的运动规律。

以上各步骤中,第(1)、(2)步是本节的主要内容,并将结合例 11.1 进行巩固;第(3)、(4)步分别在 11.3 和 11.4 节进行详细介绍;第(5)步则可以根据之前章节中相关的运动分析方法来完成。

例 11.1 在图 11.3 所示的车床主轴箱系统中,电机通过一级皮带和二级齿轮减速,带动主轴Ⅲ工作。带轮半径 $R_0 = 40$ mm,$R_1 = 80$ mm,各齿轮齿数为 $Z_1' = Z_2' = 20$,$Z_2 = Z_3 = 40$,各轮转动惯量为 $J_1' = J_2' = 0.01$ kg·m²,$J_2 = J_3 = 0.04$ kg·m²,$J_0 = 0.02$ kg·m²,$J_1 = 0.08$ kg·m²;电机的驱动力矩为 $M_0 = 169.23 - 1.077\omega$,作用在主轴Ⅲ上的阻力矩 $M_3 = 60$ N·m。当取轴Ⅰ为等效构件时,试求机构的等效力矩 M_e 和等效转动惯量 J_e。

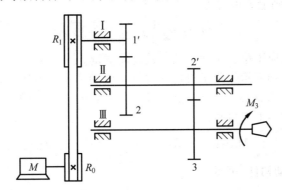

图 11.3 车床主轴箱系统

解 (1) 求等效力矩 M_e。

根据功率等效的原则,依据式(11.15)的方法,得

$$M_e = M_0 \frac{\omega_0}{\omega_1} - M_3 \frac{\omega_3}{\omega_1} \qquad (a)$$

$$\frac{\omega_0}{\omega_1} = \frac{R_1}{R_0} = \frac{80}{40} = 2 \qquad \frac{\omega_3}{\omega_1} = \frac{Z_1' Z_2'}{Z_2 Z_3} = \frac{20 \times 20}{40 \times 40} = \frac{1}{4}$$

$$M_e = (169.23 - 1.077\omega) \times 2 - 60 \times \frac{1}{4} = 80 - 15 = 323.46 - 2.154\omega \qquad (b)$$

以上计算过程中,需要注意两个正负号的问题。一是构件所受力矩和其转速的关系,例如 M_3 为阻力矩,与 ω_3 方向相反,所以式(a)中 $M_3\omega_3$ 乘积前取负号;另一个是计算结果

式(b)的正负号问题，M_e 计算结果为正值，表示等效力矩为驱动力矩，方向与 ω_1 相同。

（2）求等效转动惯量 J_e

根据动能等效的原则，依据式(11.13)的方法，得

$$J_e = J_1\left(\frac{\omega_1}{\omega_1}\right)^2 + J_{1'}\left(\frac{\omega_1}{\omega_1}\right)^2 + (J_2+J_{2'})\left(\frac{\omega_2}{\omega_1}\right)^2 + J_3\left(\frac{\omega_3}{\omega_1}\right)^2 + J_0\left(\frac{\omega_0}{\omega_1}\right)^2$$

$$= J_1 + J_{1'} + (J_2+J_{2'})\left(\frac{Z_{1'}}{Z_2}\right)^2 + J_3\left(\frac{Z_{1'}Z_{2'}}{Z_2Z_3}\right)^2 + J_0\left(\frac{R_1}{R_0}\right)^2$$

$$= 0.08 + 0.01 + (0.04+0.01)\times\left(\frac{20}{40}\right)^2 + 0.04\times\left(\frac{20\times20}{40\times40}\right)^2 + 0.02\times\left(\frac{80}{40}\right)^2$$

$$= 0.185\mathrm{kg\cdot m^2}$$

11.3　机械动力学方程的建立

机械的真实运动可通过建立等效构件的动力学方程式来求解，常用的机械动力学方程式有以下两种形式。

1. 能量形式方程式

根据动能定理，在一定的时间间隔内，机械系统所有驱动力和阻力所做功的总和 ΔW 应等于系统具有的动能的增量 ΔE，即

$$\Delta W = \Delta E \tag{11.18}$$

设等效构件为转动构件，若等效构件由位置 1 运动到位置 2（其转角由 φ_1 到 φ_2）时，其角速度由 ω_1 变为 ω_2，则上式可写为

$$\int_{\varphi_1}^{\varphi_2} M_e \mathrm{d}\varphi = \frac{1}{2}J_{e2}\omega_2^2 - \frac{1}{2}J_{e1}\omega_1^2$$

式中，J_{e1}，J_{e2} 分别为相应于位置 1 和 2 的等效转动惯量。

设以 M_{ed} 和 M_{er} 分别表示作用于机械中的所有驱动力和所有阻力的等效力矩，M_{ed} 与等效构件角速度 ω 同向，做正功，M_{er} 与 ω 方向相反，做负功。为了方便起见，M_{ed} 及 M_{er} 均取绝对值，则 $M_e = M_{ed} - M_{er}$，上式可写为

$$\int_{\varphi_1}^{\varphi_2} M_{ed} \mathrm{d}\varphi - \int_{\varphi_1}^{\varphi_2} M_{er} \mathrm{d}\varphi = \frac{1}{2}J_{e2}\omega_2^2 - \frac{1}{2}J_{e1}\omega_1^2 \tag{11.19}$$

若等效构件为移动构件，可得

$$\int_{s_1}^{s_2} F_{ed} \mathrm{d}s - \int_{s_1}^{s_2} F_{er} \mathrm{d}s = \frac{1}{2}m_{e2}v_2^2 - \frac{1}{2}m_{e1}v_1^2 \tag{11.20}$$

式中，F_{ed}，F_{er} 分别为等效驱动力和等效阻力，也取绝对值；m_{e1}，m_{e2} 分别为位置 1 和 2 时的等效质量；v_1，v_2 分别为等效构件在位置 1 和 2 时的速度；s_1，s_2 分别为等效构件在位置 1 和 2 时的坐标。

式(11.19)及式(11.20)即为等效构件动力学方程式的能量形式。

2. 力矩形式方程式

将式(11.18)写成微分形式，即

$$\mathrm{d}W = \mathrm{d}E$$

式中，　　$$\mathrm{d}W = M_e\mathrm{d}\varphi; \quad \mathrm{d}E = \mathrm{d}\left(\frac{1}{2}J_e\omega^2\right)$$

故

$$M_e \mathrm{d}\varphi = \frac{1}{2}\mathrm{d}(J_e \omega^2)$$

或

$$M_e = \frac{1}{2}\frac{\mathrm{d}}{\mathrm{d}\varphi}(J_e \omega^2) = \frac{\omega^2}{2}\frac{\mathrm{d}J_e}{\mathrm{d}\varphi} + J_e \omega \frac{\mathrm{d}\omega}{\mathrm{d}\varphi}$$

因

$$\omega \frac{\mathrm{d}\omega}{\mathrm{d}\varphi} = \frac{\mathrm{d}\varphi}{\mathrm{d}t}\frac{\mathrm{d}\omega}{\mathrm{d}\varphi} = \frac{\mathrm{d}\omega}{\mathrm{d}t}$$

故

$$M_e = M_{ed} - M_{er} = \frac{\omega^2}{2}\frac{\mathrm{d}J_e}{\mathrm{d}\varphi} + J_e \frac{\mathrm{d}\omega}{\mathrm{d}t} \qquad (11.21)$$

若等效构件为移动构件,则可得

$$F_e = F_{ed} - F_{er} = \frac{v^2}{2}\frac{\mathrm{d}m_e}{\mathrm{d}s} + m_e \frac{\mathrm{d}v}{\mathrm{d}t} \qquad (11.22)$$

式(11.21)和式(11.22),即为等效构件动力学方程式的力矩形式。当 J_e 和 m_e 为常数时,上述两式可以改写为

$$\left. \begin{array}{l} M_{ed} - M_{er} = J_e \dfrac{\mathrm{d}\omega}{\mathrm{d}t} \\[2mm] F_{ed} - F_{er} = m_e \dfrac{\mathrm{d}v}{\mathrm{d}t} \end{array} \right\} \qquad (11.23)$$

为了简便起见,在以后的叙述中,等效转动惯量 J_e(或等效质量 m_e)和等效力矩 M_e(或等效力 F_e)的下标"e"在不致造成混淆的情况下将略去不写。

11.4 机械动力学方程的求解

机械动力学方程建立以后,如果已知机械的受力和初始运动状态,就可以求解动力学方程而得到等效构件的运动规律,进而获得机械系统的真实运动规律。本节讨论只针对等效构件作定轴转动的情况,但方法同样也适用于移动构件作等效构件的情况。

由于不同的机械系统是由不同的原动机和执行机构组合而成的,机械所受的驱动力和生产阻力可能是角位移(位置)φ、角速度 ω 或时间 t 的函数,也可能同时是它们的函数。所以通常情况下,等效量也是这些变量的函数。动力学方程只有在某些简单的情况下能得到解析解,即等效构件角速度随位置变化的解析表达式。但是在多数情况下,只能进行数值求解。

以下根据等效量的特点分为三种情况来讨论动力学方程的求解方法。

11.4.1 等效力矩是位置函数时的求解方法

当机械所受的驱动力和生产阻力都是位置的函数时,等效力矩也仅为位置的函数,这是最简单的一种情况(此时等效转动惯量是常数还是位置的函数不影响求解方法)。例如,图 11.4 所示的冲床中,其基本机构采用曲柄滑块机构。电动机通过减速系统带动大带轮转动,当踩下踏板后,离合器闭合并带动曲轴转动,再经连杆带动冲头(滑块)沿导轨上、下往复运动,完成冲压动作。以曲轴为等效构件时,作用在滑块上的工作阻力转化到曲柄上后就是位置的函数。

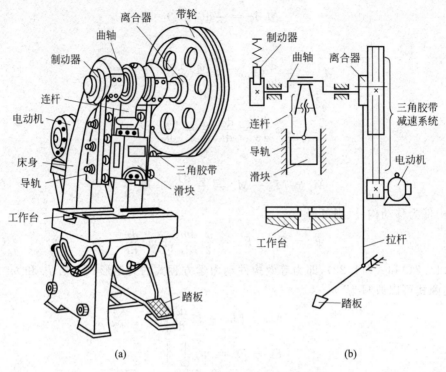

图 11.4　冲床外观图和机构运动示意图

(a) 外观图；(b) 机构运动示意图

设已知等效力矩 $M_d = M_d(\varphi)$，$M_r = M_r(\varphi)$，等效转动惯量 $J = J(\varphi)$，需要研究等效构件的运动规律。

1. 解析法求解

若等效力矩 $M_d = M_d(\varphi)$ 和 $M_r = M_r(\varphi)$ 以解析函数形式给出且可以积分，则采用式(11.19)所示的能量形式的动力学方程式求解最为简便。

设 φ_0 为起始角位置，ω_0 和 ω 为相应于角位置 φ_0 和 φ 时的角速度，$J_0 = J(\varphi_0)$ 和 $J = J(\varphi)$ 为相应于角位置 φ_0 和 φ 时的等效转动惯量，则由式(11.19)可得

$$\frac{1}{2}J\omega^2 = \frac{1}{2}J_0\omega_0^2 + \int_{\varphi_0}^{\varphi} M_d\,\mathrm{d}\varphi - \int_{\varphi_0}^{\varphi} M_r\,\mathrm{d}\varphi$$

故

$$\omega = \sqrt{\frac{J_0}{J}\omega_0^2 + \frac{2}{J}\left(\int_{\varphi_0}^{\varphi} M_d\,\mathrm{d}\varphi - \int_{\varphi_0}^{\varphi} M_r\,\mathrm{d}\varphi\right)} \tag{11.24}$$

在已知初值 $\varphi = \varphi_0$，$\omega = \omega_0$ 时，则由上式可求出任意 φ 时的角速度 ω，即

$$\omega = \omega(\varphi) \tag{11.25}$$

由于

$$\omega(\varphi) = \mathrm{d}\varphi/\mathrm{d}t$$

进行变换并积分可得

$$\int_{t_0}^{t} \mathrm{d}t = \int_{\varphi_0}^{\varphi} \frac{\mathrm{d}\varphi}{\omega(\varphi)}$$

由此可得

$$t = t_0 + \int_{\varphi_0}^{\varphi} \frac{\mathrm{d}\varphi}{\omega(\varphi)}$$

即

$$t = t(\varphi) \tag{11.26}$$

联立求解式(11.25)及式(11.26)消去 φ，即可求得等效构件角速度 ω 随时间 t 的变化规律：

$$\omega = \omega(t)$$

等效构件的角加速度 ε 可按下式计算：

$$\varepsilon = \frac{\mathrm{d}\omega}{\mathrm{d}t} = \frac{\mathrm{d}\omega}{\mathrm{d}\varphi} \frac{\mathrm{d}\varphi}{\mathrm{d}t} = \frac{\mathrm{d}\omega}{\mathrm{d}\varphi}\omega \tag{11.27}$$

求得了等效构件的角速度及角加速度后，整个机械系统的真实运动情况即可随之求得。

当 M 和 J 均为常数时，则成为本情况的特例。此时采用力矩形式的方程式更为方便。由于式(11.21)中的 $\dfrac{\mathrm{d}J_e}{\mathrm{d}\varphi} = 0$，所以有

$$J \frac{\mathrm{d}\omega}{\mathrm{d}t} = M$$

$$\omega = \omega_0 + \frac{M}{J}(t - t_0)$$

再次积分可得

$$\varphi = \varphi_0 + \omega_0(t - t_0) + \frac{M}{2J}(t - t_0)^2$$

等效构件作等加速度运动。

2. 数值法求解

很多情况很难用一个简单的易于积分的表达式给出等效力矩 M 和 φ 的关系式，而是以线图或者表格形式给出其一系列离散值。这种情况下就需要用数值积分法来求解 ω 的一系列数值。

数值法求解的核心思想是，将微分方程分段处理，将连续的时间区间划分为很多相等的小区间，近似认为小区间内的函数呈直线变化或者其他某种近似规律变化，然后由区间的初始值求区间的终点值，这样一个区间一个区间依次计算，从而获得整个区间的解。数值法需要在计算机上编程实施。虽然是一种近似方法，但一般能保证工程应用所需的精度。

如图 11.5 所示，设图中虚线表示函数 $M(\varphi)$，可将 φ 划分成步长为 $\Delta\varphi$ 的一系列小区间，各分点 φ_1、φ_2、$\cdots$、φ_i、φ_{i+1}、φ_{i+2}、$\cdots$ 对应的角速度分别为 ω_1、ω_2、$\cdots$、ω_i、ω_{i+1}、ω_{i+2}、$\cdots$。

若已知 $\varphi = \varphi_i$ 时 $\omega = \omega_i$，要求解 $\varphi = \varphi_{i+1} = \varphi_i + \Delta\varphi$ 时的 ω_{i+1}。

根据式(11.24)有

$$\omega_{i+1} = \sqrt{\frac{J_i}{J_{i+1}}\omega_i^2 + \frac{2}{J_{i+1}}\int_{\varphi_i}^{\varphi_{i+1}} M(\varphi)\mathrm{d}\varphi} \tag{11.28}$$

上式中的积分可以用数值积分法求得。常用的数值积分法有梯形法和辛普森法。梯形法最为简单，曲线 $M(\varphi)$ 在一定区间的积分，可用一系列小梯形的面积之和来代替，记 $M(\varphi_i) = M_i$，则有

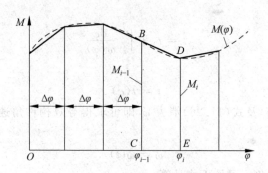

图 11.5 梯形法数值积分

$$\int_{\varphi_i}^{\varphi_{i+1}} M(\varphi)\,\mathrm{d}\varphi = \frac{1}{2}\bigl[M(\varphi_{i+1}) + M(\varphi_i)\bigr]\Delta\varphi = \frac{1}{2}(M_{i+1} + M_i)\Delta\varphi \tag{11.29}$$

代入式(11.28)得

$$\omega_{i+1} = \sqrt{\frac{J_i}{J_{i+1}}\omega_i^2 + \frac{\Delta\varphi}{J_{i+1}}(M_{i+1} + M_i)} \tag{11.30}$$

不论 M 和 J 用何种方式给出，上式右侧均为已知值。已知运动初值，以此类推，可对整个区间进行计算而得到一系列对应的 φ_i 和 ω_i，从而得出 $\omega(\varphi)$，进而不难求出 ω 和 t 的关系。

例 11.2 在图 11.6 所示的偏置曲柄滑块机构中，已知：当取曲柄为等效构件时，其等效转动惯量 J、等效力矩 M 与曲柄转角 φ_1 的关系如表 11.1 所示。若初始状态 $t=0$ 时，$\varphi_1^{(0)}=0°,\omega_0=62\ \mathrm{rad/s}$，求解曲柄角速度 ω 随其转角 φ_1 的变化规律。

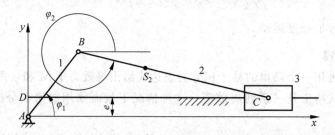

图 11.6 曲柄滑块机构

表 11.1 例 11.2 中等效力矩与曲柄转角的关系

φ_1	J	M	φ_1	J	M
0	3.0	720	90	3.59511	−900
10	3.12407	540	100	3.52504	−840
20	3.17672	360	110	3.43743	−720
30	3.28999	180	120	3.35343	−480
40	3.41832	0	130	3.27273	−240
50	3.52865	−240	140	3.20211	0
60	3.6003	−480	150	3.15402	180
70	3.63658	−720	160	3.12401	360
80	3.63102	−840	170	3.10419	480

续表

φ_1	J	M	φ_1	J	M
180	3.09602	540	280	3.70835	−180
190	3.10016	420	290	3.71722	0
200	3.11924	240	300	3.67571	240
210	3.15031	0	310	3.56916	480
220	3.19696	−180	320	3.39177	720
230	3.26318	−360	330	3.24368	840
240	3.35476	−480	340	3.15863	960
250	3.47561	−600	350	3.12324	840
260	3.57803	−480	360	3.0	720
270	3.66339	−360			

注：角度 φ_1 的单位为(°)，力矩单位为 N·m，转动惯量单位为 kg·m²。

解　由于等效力矩 M 和等效构件的转角 φ_1 的关系是以表格的形式给出的一系列离散值，故不能用解析法求解，需要用数值积分法来求解 ω 随 φ_1 的变化规律。

今选择梯形法求解。取每个区间长度 $\Delta\varphi$ 为

$$\Delta\varphi = \frac{\pi}{180°} \times 10° = 0.1745 \text{ rad}$$

由初始状态 $t=0$ 时 $\varphi_1^{(0)}=0$，$\omega_0=62$ rad/s 开始，依次将表 11.1 中的相应数据代入式(11.30)，即可求出一系列相对应的 $\varphi_1^{(i)}$，ω_i 值，作出 ω-φ_1 曲线，从而得到曲柄角速度 ω 随其转角 φ_1 的变化规律，具体结果如图 11.7 所示。

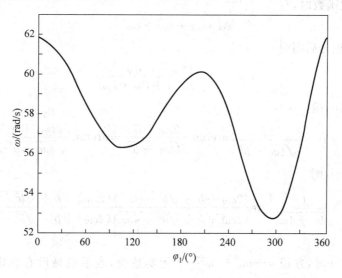

图 11.7　例 11.2 的计算结果

*11.4.2　等效力矩是角速度函数、等效转动惯量为常数时的求解方法

当机械系统中各活动构件与等效构件速度的比值为常数时，等效转动惯量为常数。当以电动机为原动机时，驱动力矩通常是角速度的函数，如果生产阻力也是角速度的函数或者

常数时,等效力矩是角速度的函数。由电动机驱动的水泵、鼓风机、搅拌机等就属于这种情况,例 11.1 中的车床主轴系统也属于这种情况。

已知 $M = M(\omega)$,$J =$常数,需要求解等效构件的运动规律。常用的方法也包括解析法和数值法。

1. 解析法求解

当等效力矩以 ω 的函数形式给出时,利用力矩形式的动力学方程式更为方便。因为等效转动惯量 $J =$常数,所以方程可以简化为

$$M(\omega) = J \frac{\mathrm{d}\omega}{\mathrm{d}t} \tag{11.31}$$

分离变量,加以积分得

$$\frac{1}{J} \int_{t_0}^{t} \mathrm{d}t = \int_{\omega_0}^{\omega} \frac{\mathrm{d}\omega}{M(\omega)}$$

$$t = t_0 + J \int_{\omega_0}^{\omega} \frac{\mathrm{d}\omega}{M(\omega)} \tag{11.32}$$

上式给出了 $\omega\text{-}t$ 的函数关系。

通常 M 是 ω 的一次函数或者二次函数。当 M 为一次函数时,有

$$M = a + b\omega$$

代入式(11.32),积分后得

$$t = t_0 + J \int_{\omega_0}^{\omega} \frac{\mathrm{d}\omega}{a + b\omega} = t_0 + \frac{J}{b} \ln \frac{a + b\omega}{a + b\omega_0} \tag{11.33}$$

当 M 是 ω 的二次函数时,有

$$M = a + b\omega + c\omega^2 \tag{11.34}$$

代入式(11.32),积分后则得

$$t = t_0 + J \int_{\omega_0}^{\omega} \frac{\mathrm{d}\omega}{a + b\omega + c\omega^2}$$

当 $b^2 - 4ac < 0$,则

$$t = t_0 + \frac{2J}{\sqrt{4ac - b^2}} \left[\arctan \frac{2c\omega + b}{\sqrt{4ac - b^2}} - \arctan \frac{2c\omega_0 + b}{\sqrt{4ac - b^2}} \right] \tag{11.35}$$

当 $b^2 - 4ac > 0$,则

$$t = t_0 + \frac{J}{\sqrt{b^2 - 4ac}} \left[\ln \frac{(2c\omega + b - \sqrt{b^2 - 4ac})(2c\omega_0 + b + \sqrt{b^2 - 4ac})}{(2c\omega + b + \sqrt{b^2 - 4ac})(2c\omega_0 + b - \sqrt{b^2 - 4ac})} \right]$$

$$\tag{11.36}$$

当 $b^2 - 4ac < 0$ 时,方程 $a + b\omega + c\omega^2 = 0$ 无实数根,表示机械没有稳定转速。因此式(11.35)的解只会出现在机械停机的过程中。

当 ω 在启动过程中逐渐增加,达到某一个值时,使 $M(\omega) = 0$,这时的转速称为稳定转速。只有在 $J =$常数、M 仅为角速度的函数这种情况下才会存在稳定转速。

由以上分析得到了运动规律 $t = f(\omega)$,但这不符合通常的表达习惯。当需要得到角速度的时间历程 $\omega(t)$ 时,可用解析求解 $t = f(\omega)$ 的反函数。

若要求 $\omega\text{-}\varphi$ 的关系式,可以把方程式(11.31)写成如下形式:

$$M = J\omega \frac{\mathrm{d}\omega}{\mathrm{d}\varphi}$$

分离变量后积分可得

$$\varphi = \varphi_0 + J \int_{\omega_0}^{\omega} \frac{\omega \mathrm{d}\omega}{M}$$

当 M 是 ω 的一次函数时,有

$$\varphi = \varphi_0 + \frac{J}{b} \left[(\omega - \omega_0) - \frac{a}{b} \ln \frac{a + b\omega}{a + b\omega_0} \right] \tag{11.37}$$

当 M 是 ω 的二次函数时,也可以通过积分获得 ω-φ 的关系式,在此不再赘述。

如果 M 以数表形式给出或函数形式过于复杂而不易积分,则只能用数值法求解。

2. 数值法求解

数值法求解的核心思想如前所述。首先将式(11.31)写作

$$\frac{\mathrm{d}\omega}{\mathrm{d}t} = \frac{M(\omega)}{J} = f(\omega) \tag{11.38}$$

这是 ω 对 t 的一阶微分方程。在已知初值 $t = t_0$,$\omega = \omega_0$ 的条件下进行数值求解。基于区间划分的思路,问题可以归结为:已知 $t = t_i$ 时 $\omega = \omega_i$,欲求 $t = t_{i+1}$ 时的 $\omega = \omega_{i+1}$。

这样逐步由 t_0 时的 ω_0 求出 $t = t_1 = t + \Delta t$ 时的 ω_1,然后再由 t_1 时的 ω_1 求出 $t_2 = t_1 + \Delta t$ 时的 ω_2,……,依次求得任何 t_i 时的 ω_i。下面来看根据 t_i,ω_i 求 $t_{i+1} = t_i + \Delta t$ 时的 ω_{i+1} 的过程。

最简单的近似积分方法是折线法,认为每个区间内函数近似为直线规律。采用欧拉公式,有

$$\omega_{i+1} = \omega_i + \left(\frac{\mathrm{d}\omega}{\mathrm{d}t} \right)_i \Delta t \tag{11.39}$$

其中 $\left(\frac{\mathrm{d}\omega}{\mathrm{d}t} \right)_i$ 为 $t = t_i$ 时 ω 对 t 的导数,Δt 为区间步长。

根据式(11.38)可知,$\left(\frac{\mathrm{d}\omega}{\mathrm{d}t} \right)_i = f(\omega_i)$,因为 ω_i 已知,所以 $\left(\frac{\mathrm{d}\omega}{\mathrm{d}t} \right)_i$ 可根据 $f(\omega_i)$ 算出,从而求出 $t_{i+1} = t_i + \Delta t$ 时的 ω_{i+1}。

折线法的累积误差比较大,当求解精度要求较高时,可以采用二阶龙格库塔法或者更高阶的龙格库塔法。在此直接给出二阶和四阶龙格库塔法的计算公式,详细推导过程可参考数值计算方面的相关文献。

二阶

$$\omega_{i+1} = \omega_i + k_2 \tag{11.40}$$

其中

$$k_1 = (\Delta t) f(\omega_i)$$

$$k_2 = (\Delta t) f\left(\omega_i + \frac{k_1}{2} \right)$$

四阶

$$\omega_{i+1} = \omega_i + \frac{1}{6} [k_1 + 2k_2 + 2k_3 + k_4] \tag{11.41}$$

其中

$$k_1 = (\Delta t) f(\omega_i);$$

$$k_2 = (\Delta t)f\left(\omega_i + \frac{1}{2}k_1\right);$$

$$k_3 = (\Delta t)f\left(\omega_i + \frac{1}{2}k_2\right);$$

$$k_4 = (\Delta t)f(\omega_i + k_3)。$$

各种数值求解方法都存在不同程度的误差。实际应用中,根据工程需求的精度要求选用简单的方法即可。以下例题将分别采用解析法和数值法求解,并比较各种数值方法的误差。

例 11.3 设起重机的电机特性曲线可近似用抛物线代替。设其等效力矩为

$$M_d = 145 - 0.3404\omega - 0.0101\omega^2$$

电机制动时施加的等效阻力矩 $M_r = 223$ N·m,等效转动惯量 $J = 1$ kg·m²。电机初始角速度 $\omega_0 = 100$ s⁻¹,试分析电机制动过程的运动规律。

解

$$M = M_d - M_r = -78 - 0.3404\omega - 0.0101\omega^2 \text{ N·m}$$

M 是 ω 的二次函数,可以采用解析法求解。

根据式(11.34)有:$a = -78, b = -0.3404, c = -0.0101$。计算 $b^2 - 4ac = -3.04 < 0$(可以看出这种情况一般的确多出现在机械停机过程中),因此应用式(11.35),令 $t_0 = 0$,$\omega_0 = 100$ s⁻¹,$J = 1$ kg·m²,得

$$t = \frac{2\times1}{\sqrt{3.04}}\left(\arctan\frac{-2\times0.0101\omega - 0.3404}{\sqrt{3.04}} - \arctan\frac{-2\times0.0101\times100 - 0.3404}{\sqrt{3.04}}\right)$$

整理后,有

$$\omega \approx \frac{0.1952 + \tan(0.9345851 - 0.8717797t)}{0.01159}$$

由此式可得出电机制动过程的角速度变化规律。

也可以采用数值法求解。运动微分方程为

$$\frac{\mathrm{d}\omega}{\mathrm{d}t} = -78 - 0.3404\omega - 0.0101\omega^2$$

取步长 $\Delta t = 0.1$ s,可以分别采用不同精度的几种方法:折线法、二阶龙格库塔法和四阶龙格库塔法。将解析法和三种数值法求得的结果列于表 11.2 并绘制如图 11.8 所示的运动曲线,以进行比较。可以看出:用折线法计算精度最差,四阶龙格库塔法精度最高;但是很明显,四阶龙格库塔法也更为复杂。所以实用中根据精度需要来选择合适的方法。

表 11.2 几种解法的结果对比

	t_i/s	0	0.1	0.2	0.3	0.4
角速度 ω/(rad/s)	解析法	100	80.891902	65.224774	51.961944	40.426968
	折线法	100	78.696	61.962197	48.175297	36.391342
	二阶龙格-库塔法	100	81.095698	65.520012	52.296989	40.77801
	四阶龙格-库塔法	100	80.901578	62.243426	51.988712	40.461441

续表

t_i/s		0.5	0.6	0.7	0.8	0.85
角速度 ω/(rad/s)	解析法	30.156654	20.819621	12.168726	4.0117277	0.0886365
	折线法	26.015008	16.645908	7.9994245	0.1375666	—
	二阶龙格-库塔法	30.513186	21.177818	12.528289	4.6240687	0.6758264
	四阶龙格-库塔法	30.198717	20.86939	12.226511	4.0780277	0.1408119

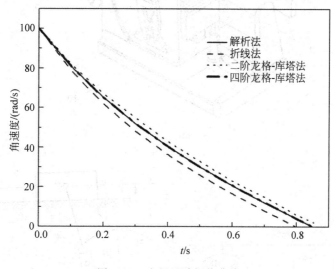

图 11.8　电机运动规律曲线

*11.4.3　等效力矩同时是位置和角速度函数时的求解方法

更具一般性的情况是等效力矩同时是等效构件位置和角速度的函数,在工程实际中可以找出很多这样的例子。例如,当各活动构件和等效构件的速度比不为常数时,即使阻力矩是一个常数,其折算到等效构件上的等效阻力矩也是等效构件位置的函数;再考虑到原动机的驱动力矩通常都与角速度有关,所以最终等效力矩同时是等效构件位置和角速度的函数。图 11.9 所示的牛头刨床即为一例。

牛头刨床是一种依靠刀具往复直线运动及工作台间歇送进运动来完成工件平面切削加工的机床。电机通过减速传动装置带动由构件 3、4、5、6、7 和机架 10 组成的六杆机构,从而使装在滑枕 7 上的刨刀实现往复移动。刨刀左行为工作行程,在该行程中,前后各有一段空刀距离,切削过程中切削阻力近似为常数,大小和切削速度有关;刨刀右行为空回行程,此行程无工作阻力。在刨刀空回行程时,由构件 3、11、12 和机架 10 组成的四杆机构通过棘轮机构带动丝杠 9 作单方向间歇转动,从而使固结在螺母上的工作台 8 实现单方向间歇送进,以便刨刀继续切削。

对于此类问题,设已知 $M=M(\varphi,\omega)$,$J=J(\varphi)$,求解等效构件的运动规律。通常采用力矩形式的运动方程式,通过数值法求解。

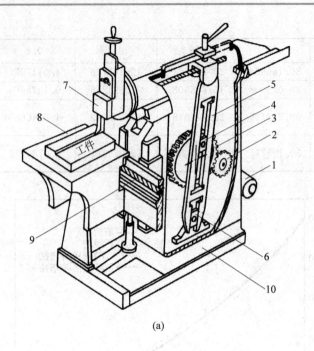

(a)

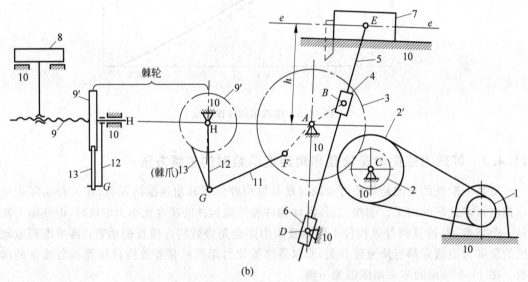

(b)

图 11.9   牛头刨床结构示意图和执行机构运动简图

根据式(11.21)有

$$M = \frac{\omega^2}{2}\frac{\mathrm{d}J}{\mathrm{d}\varphi} + J\omega\frac{\mathrm{d}\omega}{\mathrm{d}\varphi}$$

即

$$\frac{\mathrm{d}\omega}{\mathrm{d}\varphi} = \frac{M(\varphi,\omega) - \dfrac{\omega^2}{2}\dfrac{\mathrm{d}J}{\mathrm{d}\varphi}}{J\omega} = f(\varphi,\omega) \tag{11.42}$$

根据求解精度要求,该方程可以选取之前介绍的折线法、二阶龙格-库塔法或者四阶龙格-库塔法求解,此处仅给出折线法的求解过程。

设方程初值为 $\varphi=\varphi_0$ 时 $\omega=\omega_0$，取区间步长为 $\Delta\varphi$，逐步求出 $\varphi=\varphi_i$ 时的 $\omega=\omega_i$ 来。根据式(11.39)有

$$\omega_{i+1}=\omega_i+\Delta\varphi\left(\frac{d\omega}{d\varphi}\right)_i$$

$$=\omega_i+\Delta\varphi\frac{M(\varphi_i,\omega_i)-\frac{\omega_i^2}{2}\left(\frac{dJ}{d\varphi}\right)_i}{J_i\omega_i}$$

如用向前差商 $\dfrac{J_{i+1}-J_i}{\varphi_{i+1}-\varphi_i}=\dfrac{J_{i+1}-J_i}{\Delta\varphi}$ 代替 $\left(\dfrac{dJ}{d\varphi}\right)_i$，则上式可以写成

$$\omega_{i+1}=\omega_i+\frac{M(\varphi_i,\omega_i)\Delta\varphi}{J_i\omega_i}-\frac{\Delta\varphi}{2J_i}\frac{J_{i+1}-J_i}{\Delta\varphi}$$

$$=\omega_i\left(1-\frac{J_{i+1}-J_i}{2J_i}\right)+\frac{M(\varphi_i,\omega_i)\Delta\varphi}{J_i\omega_i}$$

所以有

$$\omega_{i+1}=\frac{3J_i-J_{i+1}}{2J_i}\omega_i+\frac{M(\varphi_i,\omega_i)\Delta\varphi}{J_i\omega_i} \tag{11.43}$$

知道 ω-φ 的关系，不难求出 ω-t 的关系。

例 11.4 设一由电动机带动的牛头刨床，其等效转动惯量 J 为牛头刨床主轴转角 φ 的函数，其值如表 11.3 中第 3 列所示。等效力矩 $M=5500-1000\omega-M_r(\text{N}\cdot\text{m})$，其中 M_r 是 φ 的函数，其值由表 11.3 第 4 列给出。初始条件为：$t_0=0,\varphi=\varphi_0=0,\omega=\omega_0=5\ \text{s}^{-1}$。试分析牛头刨床主轴运动情况。

表 11.3 例 11.4 中相关数据和计算结果

i	φ^0	$J(\varphi)/$ $(\text{kg}\cdot\text{m}^2)$	$M_r(\varphi)/$ $(\text{N}\cdot\text{m})$	ω $/(\text{s}^{-1})$	t/s	i	φ^0	$J(\varphi)/$ $(\text{kg}\cdot\text{m}^2)$	$M_r(\varphi)/$ $(\text{N}\cdot\text{m})$	ω $/(\text{s}^{-1})$	t/s
1	2	3	4	5	6	1	2	3	4	5	6
0	0	34.0	789	5.00	0.000	16	240	31.6	132	5.42	0.812
1	15	33.9	812	4.56	0.054	17	255	31.1	132	5.38	0.860
2	30	33.6	825	4.80	0.110	18	270	31.2	139	5.35	0.909
3	45	33.1	797	4.63	0.165	19	285	31.8	145	5.31	0.958
4	60	32.4	727	4.80	0.220	20	300	32.4	756	5.33	1.007
5	75	31.8	85	4.80	0.274	21	315	33.1	803	4.38	1.061
6	90	31.2	105	5.90	0.323	22	330	33.6	818	4.92	1.117
7	105	31.1	137	5.19$^\triangle$	0.370	23	345	33.9	802	4.52	1.172
8	120	31.6	181	5.43	0.419	24	360	34.0	789	4.81	1.228
9	135	33.0	185	5.14	0.469	25	15	33.9	812	4.66	1.283
10	150	35.0	179	5.25	0.519	26	30	33.6	825	4.73	1.339
11	165	37.2	150	5.19	0.569	27	45	33.1	797	4.66	1.395
12	180	38.2	141	5.34	0.619	28	60	32.4	727	4.78	1.450
13	195	37.2	150	5.43	0.668	29	75	31.8	85	4.81	1.505
14	210	35.0	157	5.49	0.716	30	90	31.2	105	5.89	1.554
15	225	33.0	152	5.45	0.764	31	105	31.1	137	5.19	1.601

解

自 $i=0$ 开始按照式(11.43)依次计算。因为已知数据都是间隔 15°，故取步长 $\Delta\varphi=\dfrac{2\pi\times15}{360}=0.2618\ \text{rad}$。

$$\omega_1 = \frac{3 \times 34.0 - 33.9}{2 \times 34.0} \times 5 + \frac{(5500 - 1000 \times 5 - 789) \times 0.2618}{34.0 \times 5} = 4.56 \ \mathrm{s^{-1}}$$

同样也可以由(φ_1, ω_1)求出ω_2：

$$\omega_2 = \frac{3 \times 33.9 - 33.6}{2 \times 33.9} \times 4.56 + \frac{(5500 - 1000 \times 4.56 - 812) \times 0.2618}{33.9 \times 4.56} = 4.80 \ \mathrm{s^{-1}}$$

依次取 $i=2,3,\cdots$ 即可得 $\omega_3, \omega_4, \cdots$。计算结果列入表 11.3 第 5、6 列。根据所得结果可绘制运动规律曲线,如图 11.10 所示。可以看出,$i=7$ 和 $i=31$ 时角速度 ω 相同,此区间为一个运动周期。此后,机械系统做周期性稳定运转。

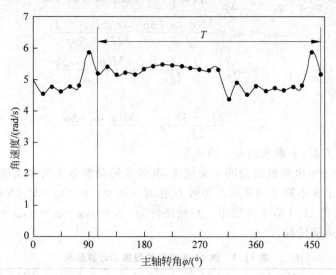

图 11.10 牛头刨床主轴运动规律 ω-φ 曲线

ω-φ 曲线存在一定的运动波动,一方面来自运动本身的特点,另一方面是来自于计算误差。如果认为折线法精度不够,可以选用高阶的龙格库塔法。

11.4.4 动力学软件 ADAMS 简介

ADAMS 软件是目前应用最为广泛的动力学软件之一,是以拉格朗日方法为基础的仿真软件,可以进行机械系统运动学、静力学和动力学分析。

ADAMS 最核心的功能模块是 ADAMS/View(图形建模模块)和 ADAMS/Solver(求解器模块),实现了强大的分析求解功能和便于用户使用的界面功能的结合,同时还具有开放接口,可以针对用户需求进行专门设计,在航空航天、汽车工程、工程机械等领域都有广泛应用。

11.5 机械的周期性速度波动及其调节方法

如前所述,机械在运转过程中,由于其上所作用的外力或力矩的变化,会导致机械运转速度的波动。过大的速度波动对机械的工作是不利的。因此,在机械系统设计阶段,设计者就应采取措施,设法降低机械运转的速度波动程度,将其限制在许可的范围内,以保证机械的工作质量。本节讨论机械的周期性速度波动及其调节方法。

11.5.1 周期性速度波动产生的原因

下面以等效力矩和等效转动惯量是等效构件位置函数的情况为例,分析周期性速度波动产生的原因。

图 11.11(a)所示为某一机械在稳定运转过程中,其等效构件在稳定运转的 1 个周期 φ_T 内所受等效驱动力矩 M_d 与等效阻力矩 M_r 的变化曲线。在等效构件回转过 φ 角时(设其起始位置为 φ_a),其等效驱动力矩和等效阻力矩所做功之差值为

$$\Delta W = \int_{\varphi_a}^{\varphi} (M_d - M_r) \mathrm{d}\varphi$$

ΔW 为正值时称为盈功,为负值时称为亏功。由图中可以看出,在 bc 段、de 段,由于 $M_d > M_r$,因而驱动功大于阻抗功,多余的功在图中以"+"号标识,称为盈功;反之,在 ab 段、cd 段和 ea' 段,由于 $M_d < M_r$,因而驱动功小于阻抗功,不足的功在图中以"−"号标识,称为亏功。

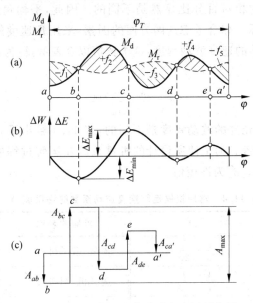

图 11.11 周期性速度波动产生原因分析
(a) 等效力矩变化曲线;(b) 动能增量变化曲线;(c) 能量指示图

图 11.11(b)表示以 a 点为基准的 ΔW 与 φ 的关系。ΔW-φ 曲线亦为机械的动能增量 ΔE 对 φ 的曲线。ab 区间为亏功区,等效构件的角速度由于机械动能的减小而下降;反之,由 b 到 c 的盈功区间,等效构件角速度由于机械动能的增加而上升。如果在等效力矩 M 和等效转动惯量 J 变化的公共周期内(如图中由 φ_a 到 $\varphi_{a'}$ 区间所示)驱动力矩与阻力矩所做功相等,则机械动能的增量等于零。由式(11.19)可知,

$$\int_{\varphi_a}^{\varphi_{a'}} (M_d - M_r) \mathrm{d}\varphi = \frac{1}{2} J_{a'} \omega_{a'}^2 - \frac{1}{2} J_a \omega_a^2 = 0$$

于是经过等效力矩与等效转动惯量变化的一个公共周期,机械的动能又恢复到原来的值,因而等效构件的角速度也将恢复到原来的数值。由以上分析可知,等效构件在稳定运转过程中其角速度将呈现周期性的波动。

11.5.2 速度波动程度的衡量指标

如果 1 个周期内角速度的变化如图 11.12 所示,其最

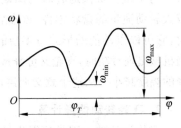

图 11.12 ω-φ 曲线

大和最小角速度分别为 $\omega_{\max}$ 和 $\omega_{\min}$,则在周期 φ_T 内的平均角速度 ω_m 应为

$$\omega_m = \frac{\int_0^{\varphi_T} \omega \mathrm{d}\varphi}{\varphi_T} \tag{11.44}$$

在工程实际中,当 ω 变化不大时,常按最大和最小角速度的算术平均值来计算平均角速度,即

$$\omega_m = \frac{1}{2}(\omega_{\max} + \omega_{\min}) \tag{11.45}$$

机械速度波动的程度不能仅用($\omega_{\max} - \omega_{\min}$)表示,因为当($\omega_{\max} - \omega_{\min}$)一定时,对低速机械和对高速机械其变化的相对百分比显然是不同的。因此,平均角速度 ω_m 也是衡量速度波动程度的一个重要指标。综合考虑这两方面的因素,采用角速度的变化量和其平均角速度的比值来反映机械运转的速度波动程度,这个比值以 δ 表示,称为速度波动系数或速度不均匀系数,表示为

$$\delta = \frac{\omega_{\max} - \omega_{\min}}{\omega_m} \tag{11.46}$$

不同类型的机械,所允许的波动程度是不同的,表 11.4 给出了几种常用机械的许用速度波动系数,供设计时参考。为了使所设计的机械系统在运转过程中速度波动在允许范围内,设计时应保证 $\delta \leqslant [\delta]$,$[\delta]$ 为许用值。

表 11.4　常用机械运转速度波动系数的许用值 $[\delta]$

机械的名称	$[\delta]$	机械的名称	$[\delta]$
碎石机	$\frac{1}{5} \sim \frac{1}{20}$	水泵、鼓风机	$\frac{1}{30} \sim \frac{1}{50}$
冲床、剪床	$\frac{1}{7} \sim \frac{1}{10}$	造纸机、织布机	$\frac{1}{40} \sim \frac{1}{50}$
轧压机	$\frac{1}{10} \sim \frac{1}{25}$	纺纱机	$\frac{1}{60} \sim \frac{1}{100}$
汽车、拖拉机	$\frac{1}{20} \sim \frac{1}{60}$	直流发电机	$\frac{1}{100} \sim \frac{1}{200}$
金属切削机床	$\frac{1}{30} \sim \frac{1}{40}$	交流发电机	$\frac{1}{200} \sim \frac{1}{300}$

11.5.3　周期性速度波动的调节方法

1. 飞轮调速原理

为了减少机械运转时的周期性速度波动,最常用的方法是在机械系统中安装一个具有较大转动惯量的盘状零件,该盘状零件称为飞轮。由于飞轮转动惯量很大,当机械出现盈功时,它可以以动能的形式将多余的能量储存起来,从而使主轴角速度上升的幅度减小;反之,当机械出现亏功时,飞轮又可释放出其储存的能量,以弥补能量的不足,从而使主轴角速度下降的幅度减小。从这个意义上讲,飞轮在机械中的作用,相当于一个容量较大的能量储存器。

2. 飞轮转动惯量计算

飞轮设计的关键是根据机械的平均角速度和允许的速度波动系数 $[\delta]$ 来确定飞轮的转动惯量。下面以等效力矩为机构位置函数时的情况为例,介绍飞轮转动惯量的计算方法。

由图 11.11(b)可以看出，该机械系统在 b 点处具有最小的动能增量 $\Delta E_{\min}$，它对应于最大的亏功 $\Delta W_{\min}$，其值等于图 11.11(a)中的阴影面积($-f_1$)；而在 c 点，机械具有最大的动能增量 $\Delta E_{\max}$，它对应于最大的盈功 $\Delta W_{\max}$，其值等于图 11.11(a)中的阴影面积 f_2 与阴影面积($-f_1$)之和。两者之差称为最大盈亏功，用$[W]$表示。对于图 11.11 所示的系统，

$$[W] = \Delta W_{\max} - \Delta W_{\min} = \int_{\varphi_b}^{\varphi_c} (M_d - M_r) \mathrm{d}\varphi \tag{11.47}$$

如果忽略等效转动惯量中的变量部分，即假设机械系统的等效转动惯量 J 为常数，则当 $\varphi = \varphi_b$ 时，$\omega = \omega_{\min}$；当 $\varphi = \varphi_c$ 时，$\omega = \omega_{\max}$。若设为调节机械系统的周期性速度波动，安装的飞轮的等效转动惯量为 J_F，则根据动能定理可得

$$[W] = \Delta E_{\max} - \Delta E_{\min} = \frac{1}{2}(J + J_F)(\omega_{\max}^2 - \omega_{\min}^2) = (J + J_F)\omega_m^2\delta$$

由此可得机械系统在安装飞轮后其速度波动系数的表达式为

$$\delta = \frac{[W]}{\omega_m^2(J + J_F)} \tag{11.48}$$

在设计机械时，为了保证安装飞轮后机械速度波动的程度在工作许可的范围内，必须满足 $\delta \leqslant [\delta]$，即

$$\delta = \frac{[W]}{\omega_m^2(J + J_F)} \leqslant [\delta]$$

由此可得应安装的飞轮的等效转动惯量为

$$J_F \geqslant \frac{[W]}{\omega_m^2[\delta]} - J \tag{11.49}$$

式中，J 为系统中除飞轮以外其他运动构件的等效转动惯量。若 $J \ll J_F$，则 J 通常可忽略不计，上式可近似写为

$$J_F \geqslant \frac{[W]}{\omega_m^2[\delta]} \tag{11.50}$$

若将上式中的平均角速度 ω_m 用平均转速 $n(\mathrm{r/min})$取代，则有

$$J_F \geqslant \frac{900[W]}{\pi^2 n^2[\delta]} \tag{11.51}$$

显然，忽略 J 后算出的飞轮转动惯量将比实际需要的大，从满足运转平稳性的要求来看是趋于安全的。

需要指出的是，在上述讨论飞轮转动惯量的计算时，是假定飞轮安装在机械的等效构件上的。实际设计时，若希望将飞轮安装在机械系统的其他构件上，则应将上述计算所得的飞轮转动惯量按等效的原则折算到其安装的构件上。

分析式(11.51)可知，当$[W]$与 n 一定时，若加大飞轮转动惯量 J_F，则机械的速度波动系数将下降，起到减小机械速度波动的作用，达到调速的目的。但是，如果$[\delta]$值取得很小，飞轮转动惯量就会很大，而且 J_F 是一个有限值，不可能使$[\delta] = 0$。因此，不能过分追求机械运转速度的均匀性，否则将会使飞轮过于笨重。

另外，当$[W]$与$[\delta]$一定时，J_F 与 n 的平方值成反比，所以为减小飞轮转动惯量，最好将飞轮安装在机械的高速轴上。

在由式(11.51)计算 J_F 时，由于 n 和$[\delta]$均为已知量，因此，为求飞轮转动惯量，关键在于确定最大盈亏功$[W]$。

如前所述,为了确定最大盈亏功$[W]$,需要先确定机械动能最大增量 ΔE_{max} 和最小增量 ΔE_{min} 出现的位置,因为在这两个位置,机械分别有最大角速度 ω_{max} 和最小角速度 ω_{min}。如图 11.11(a)和(b)所示,ΔE_{max} 和 ΔE_{min} 应出现在 M_d 与 M_r 两曲线的交点处。如果 M_d 和 M_r 分别用 φ 的函数表达式形式给出,则可由下式

$$\Delta W = \int_0^\varphi (M_d - M_r)\mathrm{d}\varphi = \Delta E \tag{11.52}$$

直接积分求出各交点处的 ΔW,进而找出 ΔW_{max} 和 ΔW_{min} 及其所在位置,从而求出最大盈亏功$[W] = \Delta W_{max} - \Delta W_{min}$。如果 M_d 和 M_r 以线图或表格给出,则可通过 M_d 和 M_r 之间包含的各块面积计算各交点处的 ΔW 值。然后找出 ΔW_{max} 和 ΔW_{min} 及其所在位置,从而求得最大盈亏功$[W]$。此外,还可借助于能量指示图来确定$[W]$,如图 11.11(c)所示,取任意点 a 作起点,按一定比例用向量线段依次表明相应位置 M_d 与 M_r 之间所包围的面积 A_{ab},A_{bc},A_{cd},A_{de} 和 $A_{ea'}$ 的大小和正负。盈功为正,其箭头向上;亏功为负,箭头向下。由于在一个循环的起始位置与终了位置处的动能相等,故能量指示图的首尾应在同一水平线上。由图中可以看出,b 点处动能最小,c 点处动能最大,而图中折线的最高点和最低点的距离 A_{max},就代表了最大盈亏功$[W]$的大小。

3. 飞轮基本尺寸的确定

飞轮的转动惯量确定后,就可以确定其各部分的尺寸了。飞轮按构造大体可分为轮形和盘形两种。

(1) 轮形飞轮

如图 11.13 所示,这种飞轮由轮毂、轮辐和轮缘 3 部分组成。由于与轮缘相比,其他两部分的转动惯量很小,因此,一般可略去不计。这样简化后,实际的飞轮转动惯量稍大于要求的转动惯量。若设飞轮外径为 D_1,轮缘内径为 D_2,轮缘质量为 m,则轮缘的转动惯量为

$$J_F = \frac{m}{2}\left(\frac{D_1^2 + D_2^2}{4}\right) = \frac{m}{8}(D_1^2 + D_2^2) \tag{11.53}$$

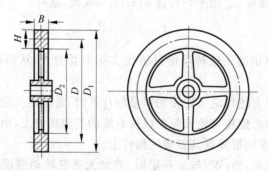

图 11.13 轮形飞轮

当轮缘厚度 H 不大时,可近似认为飞轮质量集中于其平均直径 D 的圆周上,于是得

$$J_F \approx \frac{mD^2}{4} \tag{11.54}$$

式中,mD^2 称为飞轮矩,其单位为 kg·m²。知道了飞轮的转动惯量 J_F,就可以求得其飞轮矩。当根据飞轮在机械中的安装空间,选择了轮缘的平均直径 D 后,即可用上式计算出飞轮的质量 m。

若设飞轮宽度为 $B(\mathrm{m})$，轮缘厚度为 $H(\mathrm{m})$，平均直径为 $D(\mathrm{m})$，材料密度为 $\rho(\mathrm{kg/m^3})$，则

$$m = \frac{1}{4}\pi(D_1^2 - D_2^2)B\rho = \pi\rho BHD \qquad (11.55)$$

在选定了 D 并由式(11.54)计算出 m 后，便可根据飞轮的材料和选定的比值 H/B 由式(11.55)求出飞轮的剖面尺寸 H 和 B，对于较小的飞轮，通常取 $H/B \approx 2$，对于较大的飞轮，通常取 $H/B \approx 1.5$。

由式(11.54)可知，当飞轮转动惯量一定时，选择的飞轮直径越大，则质量越小。但直径太大，会增加制造和运输困难，占据空间大。同时轮缘的圆周速度增加，会使飞轮有受过大离心力作用而破裂的危险。因此，在确定飞轮尺寸时应核验飞轮的最大圆周速度，使其小于安全极限值。

（2）盘形飞轮

当飞轮的转动惯量不大时，可采用形状简单的盘形飞轮，如图 11.14 所示。设 m，D 和 B 分别为其质量、外径及宽度，则整个飞轮的转动惯量为

$$J_F = \frac{m}{2}\left(\frac{D}{2}\right)^2 = \frac{mD^2}{8} \qquad (11.56)$$

当根据安装空间选定飞轮直径 D 后，即可由该式计算出飞轮质量 m。又因 $m = \pi D^2 B\rho/4$，故根据所选飞轮材料，即可求出飞轮的宽度 B 为

$$B = \frac{4m}{\pi D^2 \rho} \qquad (11.57)$$

图 11.14　盘形飞轮

例 11.5　在一台用电动机作原动机的剪床机械系统中，电动机的转速为 $n_m = 1500\ \mathrm{r/min}$。已知折算到电机轴上的等效阻力矩 M_r 的曲线如图 11.15(a)所示，电动机的驱动力矩为常数，机械系统本身各构件的转动惯量均忽略不计。当要求该系统的速度不均匀系数 $\delta \leqslant 0.05$ 时，求安装在电机轴上的飞轮所需的转动惯量 J_F。

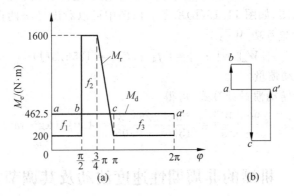

图 11.15　例 11.5 图

解　取电动机轴为等效构件

（1）求等效驱动力矩 M_d

图中只给出了等效阻力矩 M_r 的变化曲线，并知道电动机的驱动力矩为常数，但不知其具体数值。根据 1 个周期内等效驱动力矩 M_d 所做功等于等效阻力矩 M_r 所消耗功的原则，

可得

$$M_d = \frac{\int_0^{\varphi_T} M_r d\varphi}{\varphi_T} = \frac{200 \times 2\pi + (1600-200)\frac{\pi}{4} + \frac{1}{2}(1600-200)\frac{\pi}{4}}{2\pi}$$

$$= 462.5(\text{N} \cdot \text{m})$$

(2) 求最大盈亏功 $[W]$

在图中画出等效驱动力矩 $M_d = 462.5$ N·m 的直线,它与 M_r 曲线之间所夹的各单元面积所对应的盈功或亏功分别为

$$f_1 = (462.5-200)\frac{\pi}{2} = 412.3(\text{J})$$

$$f_2 = (1600-462.5)\frac{\pi}{4} + \frac{1}{2}(1600-462.5)\frac{1600-462.5}{1600-200} \cdot \frac{\pi}{4}$$

$$= -1256.3(\text{J})$$

$$f_3 = \frac{1}{2}(462.5-200)\left(1 - \frac{1600-462.5}{1600-200}\right)\frac{\pi}{4} + (462.5-200)\pi$$

$$= 844(\text{J})$$

对应于图中 a,b,c,a' 各点的盈亏功分别为

$$\Delta W_a = 0$$

$$\Delta W_b = f_1 = +412.3\text{J}$$

$$\Delta W_c = f_1 + f_2 = +412.3 + (-1256.3) = -844\text{J}$$

$$\Delta W_{a'} = f_1 + f_2 + f_3 = +412.3 + (-1256.3) + 844 = 0$$

由此可知,最大盈功出现在 b 点处,其值为 $\Delta W_{max} = 412.3$ J;最大亏功出现在 c 点处,其值为 $\Delta W_{min} = -844$ J。

从而可求得最大盈亏功为

$$[W] = \Delta W_{max} - \Delta W_{min} = 412.3 - (-844) = 1256.3(\text{J})$$

最大盈亏功也可以借助能量指示图来确定。根据上述计算的各单元面积,按一定比例作出系统的能量指示图,如图 11.15(b)所示。由图中可以看出,b,c 两点间的垂直距离所代表的盈亏功即为最大盈亏功 $[W]$:

$$[W] = |f_2| = |f_1 + f_3| = 1256.3(\text{J})$$

(3) 求飞轮的转动惯量

将 $[W]$ 代入飞轮转动惯量计算式,可得

$$J_F = \frac{900[W]}{\pi^2 n^2 \delta} = \frac{90 \times 1256.3}{1500^2 \times 0.05} = 1.018(\text{kg} \cdot \text{m}^2)$$

11.6 机械的非周期性速度波动及其调节方法

如果机械在运转过程中,等效力矩 $(M = M_d - M_r)$ 的变化是非周期性的,则机械的稳定运转状态将遭到破坏,此时出现的速度波动称为非周期性速度波动。

11.6.1 非周期性速度波动产生的原因

非周期性速度波动多是由于工作阻力或驱动力在机械运转过程中发生突变,从而使输

入能量与输出能量在一段较长时间内失衡所造成的。若不加以调节,它会使系统的转速持续上升或下降,严重时将导致"飞车"或停止运转。电网电压的波动,被加工零件的气孔和夹渣等都会引起非周期性速度波动。汽轮发电机是这方面的典型例子:当用电负荷增大时,必须开大气阀更多地供汽,否则将导致"停车";反之,当用电负荷减少时,必须关小气阀,否则会导致"飞车"事故。

11.6.2 非周期性速度波动的调节方法

对于非周期性速度波动,安装飞轮是不能达到调节目的的,这是因为飞轮的作用只是"吸收"和"释放"能量,它既不能创造出能量,也不能消耗掉能量。

非周期性速度波动的调节问题可分为两种情况:

(1) 当机械的原动机所发出的驱动力矩是速度的函数且具有下降的趋势时,机械具有自动调节非周期性速度波动的能力。

如图 11.16 所示,当机械处于稳定运转时,$M_d = M_r$,此时机械的稳定运转速度为 ω_S,S 点称为稳定工作点。当由于某种随机因素使 M_r 增大时,由于 $M_d < M_r$,等效构件的角速度会下降,但由图中可以看出,随着角速度的下降,M_d 将增大,所以可使 M_d 与 M_r 自动地重新达到平衡,机械将在 ω_a 的速度下稳定运转;反之,当由于某种随机因素,使 M_r 减小时,由于 $M_d > M_r$,机械的角速度将会上升,但由图中可以看出,随着角速度的上升,M_d 将减小,所以可使 M_d 与 M_r 自动地重新达到平衡,机械将在 ω_b 的速度下稳定运转,这种自动调节非周期性速度波动的能力称为自调性,选用电动机作为原动机的机械,一般都具有自调性。

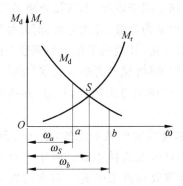

图 11.16 机械的自调性分析

(2) 对于没有自调性的机械系统(如采用蒸汽机,汽轮机或内燃机为原动机的机械系统),就必须安装一种专门的调节装置——调速器,来调节机械出现的非周期性速度波动。

调速器的种类很多,现举一例简要说明其工作原理。图 11.17 所示为离心式调速器的工作原理图,方框 1 为原动机,方框 2 为工作机,框 5 内是由两个对称的摇杆滑块机构组成的调速器本体。当系统转速过高时,调速器本体也加速回转,由于离心惯性力的作用,两重球 K 将张开带动滑块 M 上升,通过连杆机构关小节流阀 6,使进入原动机的工作介质减少,从而降低速度。如果转速过低,则工作过程反之。可以说调速器是一种反馈控制机构。其他类型的调速器可参阅有关资料。

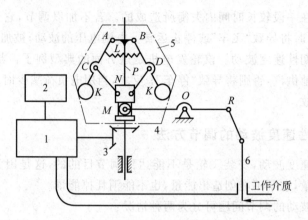

图 11.17   离心式调速器工作原理

文献阅读指南

(1) 为了研究机械系统在外力作用下的真实运动情况,以便提出改进设计的方法,提高机械的运动精度和工作质量,需要求解机械的动力学方程式。由于机械的组成情况和作用于机械系统的外力的机械特性是多种多样的,故等效力矩和等效转动惯量的形式也各不相同。加之等效力矩可能用函数表达式或曲线、数值表格等形式给出,所以不同情况下的动力学方程式的求解方法也各不相同。限于篇幅,本章仅介绍了等效力矩是机构位置函数、等效力矩是角速度函数且等效转动惯量为常数、等效力矩,同时是位置和角速度函数时三种情况下,方程求解的解析方法和数值方法,并给出了相应的例题帮助读者进一步理解。更多的方程求解方法可以参考唐锡宽主编的《机械动力学》(北京:高等教育出版社,1984)、徐业宜主编的《机械系统动力学》(北京:机械工业出版社,1991)和张策主编的《机械动力学》(第二版)(北京:高等教育出版社,2008)。

(2) 在工程实际中,除了单自由度机械系统外,还会遇到一些两个或者两个以上自由度的机械系统,如差动轮系、多自由度机械手等。对于多自由度系统,不能把其简化为几个独立的互不相关的单自由度等效构件来研究。通常可以采用拉格朗日方法,选择数目等于系统自由度数目的广义坐标,基于功能关系建立拉格朗日方程。有兴趣的读者,可参阅陈滨主编的《分析动力学》(北京:北京大学出版社,1987),在王鸿恩主编的《机械动力学》(重庆:重庆大学出版社,1989)中对此也有论述。需要指出的是,拉格朗日方程同样也适用于单自由度系统,但对单自由度系统而言,等效动力学模型是种相对较为简单的方法。

(3) 本章所研究的机械系统,将所有的构件视为刚体。随着机械向高速化、轻量化发展,系统急剧增加的惯性力将会使构件产生弹性变形,从而影响机械系统的输出精度,同时也会带来速度波动和系统振动。要比较准确估计这类系统的动态特性,就必须考虑构件的弹性,研究机械系统的弹性动力学。关于这方面,可参阅张策等主编的《弹性连杆机构的分析和设计》(第二版)(北京:机械工业出版社,1997)和《机械动力学》(第二版)(北京:高等教育出版社,2008),在石端伟主编的《机械动力学》(北京:中国电力出版社,2012)中对凸轮机构和齿轮机构弹性动力学等问题也有论述。

（4）工程实际中的大多数机械,其稳定运转过程中都存在着周期性速度波动。为了将其速度波动限制在工作允许的范围内,需要在系统中安装飞轮。因此飞轮设计是机械动力学设计中的重要内容之一。飞轮设计的核心问题是计算飞轮的转动惯量。本章仅介绍了等效力矩是机构位置函数时飞轮转动惯量的计算方法。关于其他情况下飞轮的转动惯量计算方法,可参阅孙序梁编著的《飞轮设计》(北京:高等教育出版社,1992)。书中除了详细介绍其他情况下飞轮转动惯量的计算方法外,还介绍了蓄能飞轮的转动惯量计算和飞轮结构的具体设计问题。

（5）机械系统的运转过程分为启动、稳定运转和停车三个阶段。本章主要讨论了稳定运转阶段的真实运动求解和速度波动调节问题。而启动和停车阶段的动力学问题,也是机械动力学研究的重要内容。对于频繁启停的机械,过渡过程动力学分析尤其重要。[俄]K.B.弗洛罗夫主编、刘作毅等编译的《机械原理》(北京:高等教育出版社,1997)中,介绍了非稳定状态下机械系统的运动分析及其真实运动的求解方法。

（6）机械动力学处理的对象日益复杂,模型更加精细,并且要求快速地进行计算。在动力学分析和设计中又应用了有限元法、优化方法等现代数值方法。计算机技术的应用为这一工作的实现提供了有力的工具,依靠研究设计人员针对具体对象独立地进行建模、分析、编程、计算的工作方式也慢慢被各种通用的动力学分析软件代替。本章仅简单介绍了ADAMS软件。有兴趣对机械系统动力学进一步深入学习和研究的读者,可参阅[美]HangE.J.著、刘兴祥等译的《机械系统的计算机辅助运动学和动力学(第一卷 基本方法)》(北京:高等教育出版社,1996)。该书着重阐述一种系统方法,利用这种方法,计算机可自动建立机械系统的运动学和动力学模型,并用数值方法自动求解。该书的最大特点在于:它不是分别论述各种机构或机械系统,而是针对平面系统和空间系统分别介绍运动学和动力学问题的建模和分析的普遍方法。另外,洪嘉振和刘锦阳编著的《机械系统计算动力学与建模》(北京:高等教育出版社,2011)对刚柔混合的多体机械系统的计算机辅助运动学和动力学分析也进行了全面的介绍。

习　题

11.1 在图 11.18 所示汽轮机和螺旋桨的传动机构中,已知各构件的转动惯量分别为:汽轮机 1 的转子和与其相固联的轴 2 及其上齿轮的转动惯量 $J_1 = 1900$ kg·m^2,螺旋桨 5 的转动惯量 $J_5 = 2500$ kg·m^2,轴 3 及其上齿轮的转动惯量 $J_3 = 400$ kg·m^2,轴 4 及其上齿轮的转动惯量 $J_4 = 1000$ kg·m^2;加在螺旋桨上的阻力矩 $M_5 = 30$ N·m,传动比 $i_{23} = 6$,$i_{34} = 5$。若取汽轮机 1 的轴为等效构件,试求整个机组的等效转动惯量 J_e 和等效阻力矩 M_r。

11.2 图 11.19 为具有往复运动构件的油泵机构运动简图。已知:$l_{AB} = 50$ mm,移动导杆 3 的质量 $m_3 = 0.4$ kg,加在导杆 3 上的工作阻力 $F_r = 20$ N。若选取曲柄 1 为等效构件,试分别求出机构运动至下列 3 个位置时,工作阻力 F_r 的等效阻力矩 M_r 和导杆 3 质量 m_3 的等效转动惯量 J_e。

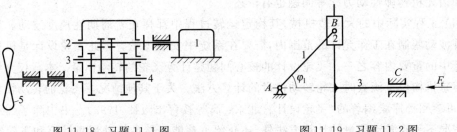

图 11.18 习题 11.1 图   图 11.19 习题 11.2 图

(1)$\varphi_1=0°$；(2)$\varphi_1=30°$；(3)$\varphi_1=90°$。

11.3 图 11.20 所示为 X6140 铣床主传动系统简图。图中标出各轴号（Ⅰ，Ⅱ，…，Ⅴ），Ⅴ轴为主轴。各轮齿数见图。各构件的转动惯量（单位为 kg·m²）为：电机 $J_M=0.0842$，轴：$J_{S1}=0.0002$，$J_{S2}=0.0018$，$J_{S3}=0.0019$，$J_{S4}=0.0070$，$J_{S5}=0.0585$；齿轮块：$J_3=0.0030$，$J_4=0.0091$，$J_7=0.0334$，$J_8=0.0789$；齿轮：$J_5=0.0053$，$J_6=0.0087$，$J_9=0.1789$，$J_{10}=0.0056$，飞轮 $J_F=0.1112$；带轮：$J_1=0.0004$，$J_2=0.1508$；制动器 C_1：$J_C=0.0004$，带的质量 $m=1.214$ kg。求在图示的传动路线上，以主轴Ⅴ为等效构件时的等效转动惯量。

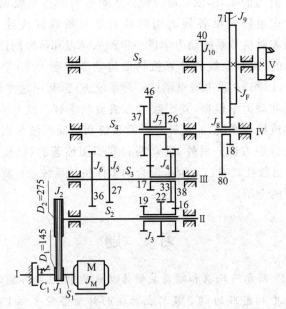

图 11.20 习题 11.3 图

11.4 在图 11.21 所示的搬运机构中，已知：滑块 5 的质量 $m_5=20$ kg，$l_{AB}=l_{ED}=100$ mm，$l_{BC}=l_{CD}=l_{EF}=200$ mm，$\varphi_1=\varphi_{23}=\varphi_3=90°$，作用在滑块 5 上的工作阻力 $Q=1000$ N；除滑块 5 以外，其他构件的质量和转动惯量均忽略不计。如选构件 1 为等效构件，试求此机构在图示位置的等效阻力矩 M_r 和等效转动惯量 J_e。

11.5 图 11.22 所示为一简易机床的主传动系统，由一级皮带传动和两级齿轮传动组成。已知直流电机的转速 $n_0=1500$ r/min，小皮带轮直径 $d=100$ mm，转动惯量 $J_d=0.1$ kg·m²，大皮带轮直径 $D=200$ mm，转动惯量 $J_D=0.3$ kg·m²。各齿轮的齿数和转动惯量分别为：$z_1 = 32$，$J_1 = 0.1$ kg·m²，$z_2 = 56$，$J_2 = 0.2$ kg·m²，$z_{2'} = 32$，$J_{2'} = 0.1$ kg·m²，$z_3 = 56$，$J_3 = 0.25$ kg·m²。

要求在切断电源 2 s 后，利用装在 Ⅰ 轴上的制动器将整个传动系统制动住。求所需的制动力矩 M_f。

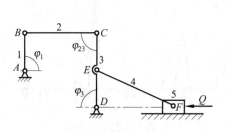
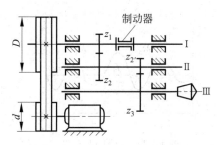

图 11.21　习题 11.4 图　　　　　　　图 11.22　习题 11.5 图

11.6　在图 11.23 所示定轴轮系中，已知各齿轮的齿数分别为 $z_1 = z_{2'} = 20$，$z_2 = z_3 = 40$；各轮对其轮心的转动惯量分别为 $J_1 = J_{2'} = 0.01$ kg·m²，$J_2 = J_3 = 0.04$ kg·m²；作用在轮 1 上的驱动力矩 $M_d = 60$ N·m，作用在轮 3 上的阻力矩 $M_r = 120$ N·m。设该轮系原来静止，试求在 M_d 和 M_r 作用下，运转到 $t = 1.5$ s 时，轮 1 的角速度 ω_1 和角加速度 ε_1。

11.7　设电动机的机械特性曲线可用直线近似表示，由计算得到等效驱动力矩 $M_d = (27600 - 264\omega)$ N·m，等效阻力矩为 $M_r = 1100$ N·m；等效转动惯量 $J = 10$ kg·m²。求自启动到 $\omega = 100$ rad/s 所需的时间 t。

11.8　图 11.24 所示为一轧钢机总耗功得到的功率曲线图，它是时间 t 的函数。工作行程所消耗的功率为 $P_1 = 400$ kW，时间 $t_1 = 6$ s，空行程所消耗的功率为 $P_2 = 100$ kW，时间为 $t_2 = 2$ s。若许用运转不均匀系数 $[\delta] = 0.1$，飞轮轴转速为 $n_m = 800$ r/min。试确定飞轮的转动惯量。

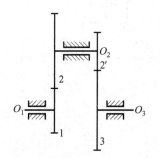
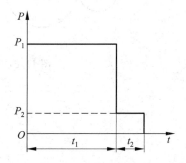

图 11.23　习题 11.6 图　　　　　　　图 11.24　习题 11.8 图

11.9　已知一机械系统的等效力矩 M_e 对转角 φ 的变化曲线如图 11.25 所示。各块面积为 $f_1 = 340$ mm²，$f_2 = 810$ mm²，$f_3 = 600$ mm²，$f_4 = 910$ mm²，$f_5 = 555$ mm²，$f_6 = 470$ mm²，$f_7 = 695$ mm²，比例尺：$\mu_M = 7000$ N·m/mm，$\mu_\varphi = 1°/$mm，平均转速 $n_m = 800$ r/min，许用运转不均匀系数 $[\delta] = 0.02$。若忽略其他构件的转动惯量，试求飞轮的转动惯量 J_F，并指出最大、最小角速度出现的位置。

11.10　在制造螺栓、螺钉及其他制件的双击冷压自动镦头机中，仅考虑有效阻力功时，主动轴上的有效阻力的等效力矩按线图(图11.26)所示的三角形规律变化。自动机所有构件的等效转动惯量 $J_e=1\ \mathrm{kg\cdot m^2}$,主动件上的等效驱动力矩为常数。自动机的运动可认为是稳定运转。轴的平均转速 $n=160\ \mathrm{r/min}$。许用运转不均匀系数 $[\delta]=0.1$。试确定飞轮的转动惯量。

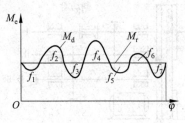

图 11.25 习题 11.9 图

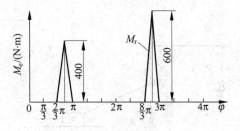

图 11.26 习题 11.10 图

11.11 在图 11.27(a)所示的传动机构中,轮 1 为主动件,其上作用的驱动力矩 M_1 为常数,轮 2 上作用有阻力矩 M_2,其值随轮 2 的转角 φ 作周期性变化:当轮 2 由 $0°$ 转至 $120°$ 时,其变化关系如图 11.27(b)所示;当轮 2 由 $120°$ 转至 $360°$ 时,$M_2=0$。轮 1 的平均角速度 $\omega_m=50\ \mathrm{s^{-1}}$,两轮的齿数为 $z_1=20$,$z_2=40$。以轮 1 为等效构件时,试求:

(1) 等效阻力矩 M_r;

(2) 在稳定运转阶段的等效驱动力矩 M_d;

(3) 为减小速度波动,在轮 1 轴上装置飞轮,若要求不均匀系数 $\delta=0.05$,而不计轮 1 和轮 2 的转动惯量时,问所加飞轮的转动惯量为多大?

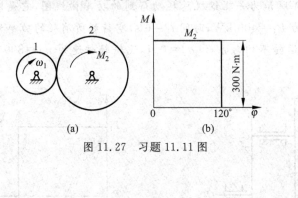

图 11.27 习题 11.11 图

机械的平衡

【内容提要】 本章首先介绍平衡的分类和平衡方法,然后介绍刚性转子的平衡设计和平衡试验,最后讨论平面机构的平衡设计问题。

　　机械在运转过程中,运动构件会产生不平衡的惯性力。这一方面会在构件中引起附加的动应力,从而影响构件的强度;另一方面会在运动副中引起附加的动反力,从而加剧磨损并降低机械的效率。而且,由于惯性力随机械的运转而做周期性变化,故将会使机械及其基础产生强迫振动,从而导致机械工作质量和可靠性下降、零件材料内部疲劳损伤加剧,并由振动而产生噪声污染。一旦振动频率接近机械系统的固有频率,将会引起共振,从而有可能使机械设备遭到破坏,甚至危及人员及厂房安全。这一问题在高速、重型及精密机械中尤为突出。因此,研究机械中惯性力的变化规律,采用平衡设计和平衡试验的方法对惯性力加以平衡,以消除或减轻惯性力的不良影响,是减轻机械振动、改善机械工作性能、提高机械工作质量、延长机械使用寿命、减轻噪声污染的重要措施之一。

　　平衡是在机构的运动设计完成之后进行的一种动力学设计。

12.1　平衡的分类和平衡方法

12.1.1　机械平衡的分类

1. 转子的平衡

　　绕固定轴转动的构件又称为转子,其惯性力和惯性力矩的平衡问题称为转子的平衡。根据转子工作转速的不同,转子的平衡又分为以下两类。

　　(1) 刚性转子的平衡　工作转速低于一阶临界转速、其旋转轴线挠曲变形可以忽略不计的转子称为刚性转子。刚性转子的平衡可以通过重新调整转子上质量的分布,使其质心位于旋转轴线的方法来实现。

　　(2) 挠性转子的平衡　工作转速高于一阶临界转速、其旋转轴线挠曲变形不可忽略的转子称为挠性转子。由于挠性转子在运转过程中会产生较大的弯曲变形,且由此所产生的离心惯性力也随之明显增大,所以挠性转子平衡问题的难度将会大大增加。

2. 机构的平衡

　　对于含有往复移动或平面复合运动构件的机构,其惯性力和惯性力矩不可能像绕定轴转动的构件那样可以在构件内部得到平衡,而必须就整个机构加以研究。由于所有构件上的惯性力和惯性力矩可合成为一个通过机构质心并作用于机架上的总惯性力和总惯性力矩,它们直接反映了机构惯性在机架上的作用,是造成机座振动的主要原因,因此,这类平衡问题应设法使其总惯性力和总惯性力矩在机架或机座上得到完全或部分平衡,以消除或减轻机构整体在机座上的振动,故这类平衡又称为机构在机架或机座上的平衡。

12.1.2   机械平衡的方法

1. 平衡设计

在机械的设计阶段,除了要保证其满足工作要求及制造工艺要求外,还要在结构上采取措施消除或减少产生有害振动的不平衡惯性力,即进行平衡设计。

2. 平衡试验

经过平衡设计的机械,虽然从理论上已达到平衡,但由于制造不精确、材料不均匀及安装不准确等非设计方面的原因,实际制造出来后往往达不到原来的设计要求,还会有不平衡现象。这种不平衡在设计阶段是无法确定和消除的,需要通过试验的方法加以平衡。

12.2   刚性转子的平衡设计

在转子的设计阶段,尤其是在对高速转子及精密转子进行结构设计时,必须对其进行平衡计算,以检查其惯性力和惯性力矩是否平衡。若不平衡,则需要在结构上采取措施消除不平衡惯性力的影响,这一过程称为转子的平衡设计。

在设计阶段,一般机械中的所有转动构件都需要进行平衡设计,除非工作要求该机械需要产生摆动力(例如摆动筛机构)。

12.2.1   静平衡设计

对于径宽比 $D/b \geqslant 5$ 的转子,如砂轮、飞轮、齿轮等构件,可近似地认为其不平衡质量分布在同一回转平面内。在这种情况下,若转子的质心不在回转轴线上,当其转动时,其偏心质量就会产生离心惯性力,从而在运动副中引起附加动压力。由于这种不平衡现象在转子静态时即可表现出来,故称其为静不平衡。为了消除惯性力的不利影响,设计时需要首先根据转子结构定出偏心质量的大小和方位,然后计算出为平衡偏心质量需添加的平衡质量的大小及方位,最后在转子设计图上加上该平衡质量,以便使设计出来的转子在理论上达到静平衡。这一过程称为转子的静平衡设计。下面介绍静平衡设计的方法。

图 12.1 所示为一盘形转子,已知分布于同一回转平面内的偏心质量为 m_1, m_2,从回转中心到各偏心质量中心的向径为 r_1, r_2。当转子以等角速度 ω 转动时,各偏心质量所产生的离心惯性力分别为:F_1, F_2。

为了平衡惯性力 F_1, F_2,可以在此平面内增加一个

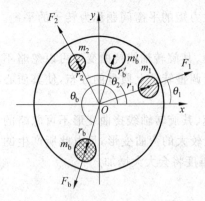

图 12.1   静平衡设计示意图

平衡质量 m_b，从回转中心到这一平衡质量的向径为 r_b，它所产生的离心惯性力为 F_b。要求平衡时，F_b，F_1，F_2 所形成的平面汇交力系的合力 F 应为零：

$$F = F_1 + F_2 + F_b = 0 \qquad (12.1)$$

即

$$m\omega^2 e = m_1\omega^2 r_1 + m_2\omega^2 r_2 + m_b\omega^2 r_b = 0$$

消去 ω^2 后可得

$$me = m_1 r_1 + m_2 r_2 + m_b r_b = 0 \qquad (12.2)$$

式中，m 和 e 分别为转子的总质量和总质心的向径；m_i，r_i 为转子各个偏心质量及其质心的向径；m_b，r_b 为所增加的平衡质量及其质心的向径。上式中，质量与向径的乘积称为质径积。它表示在同一转速下转子上各离心惯性力的相对大小和方位。式(12.2)表明转子平衡后，其总质心将与回转轴线相重合，即 $e=0$。

在转子的设计阶段，由于式(12.2)中的 m_i，r_i 均为已知，因此由式(12.2)即可求出为了使转子静平衡所需增加的平衡质量的质径积 $m_b r_b$ 的大小及方位。具体方法如下：

由式(12.2)可得

$$m_b r_b = -m_1 r_1 - m_2 r_2 \qquad (12.3)$$

将上式向 x，y 轴投影，可得

$$\left. \begin{array}{l} (m_b r_b)_x = -\sum m_i r_i \cos\theta_i \\ (m_b r_b)_y = -\sum m_i r_i \sin\theta_i \end{array} \right\} \qquad (12.4)$$

则所加平衡质量的质径积大小为

$$m_b r_b = \left[(m_b r_b)_x^2 + (m_b r_b)_y^2 \right]^{1/2} \qquad (12.5)$$

而其相位角为

$$\theta_b = \arctan\left[(m_b r_b)_y / (m_b r_b)_x \right] \qquad (12.6)$$

需要说明的是，θ_b 所在象限要根据式中分子、分母的正负号来确定。

当求出平衡质量的质径积 $m_b r_b$ 后，就可以得到平衡质量 m_b 及其质心向径 r_b 的无穷多组解，即得到平衡质量配置的无穷多个方案：既可任选一个 m_b 的值，然后求出其所在的向径 r_b；也可以任选一个向径 r_b，然后求出在该位置应加的平衡质量 m_b 的大小。工程实际中通常的做法是：根据转子结构的特点来选定 r_b，所需的平衡质量大小也就随之确定了，安装方向即为图中 θ_b 所指的方向。为了使设计出来的转子质量不致过大，一般应尽可能将 r_b 选大些，这样可使 m_b 小些。

若转子的实际结构不允许在向径 r_b 的方向上安装平衡质量，也可以在向径 r_b 的相反方向上去掉一部分质量来使转子得到平衡。

由上述分析可得出如下结论：

(1) 静平衡的条件为，分布于转子上的各个偏心质量的离心惯性力的合力为零或质径积的向量和为零。

(2) 对于静不平衡的转子，无论它有多少个偏心质量，都只需要适当地增加一个平衡质量即可获得平衡。即对于静不平衡的转子，需加平衡质量的最少数目为 1。

工程实际中常见的需要进行静平衡的实例有：轴上的单个齿轮或带轮；自行车或摩托车的轮胎和车轮；薄的飞轮；飞机上的螺旋推进器；单个汽轮机叶轮等。这些装置的共同特点是其轴向尺寸与径向尺寸相比要小得多,故可以近似地认为产生惯性力的不平衡质量都位于同一个平面内。为了校正静不平衡,平衡工作只需要在一个平面内进行即可,故静平衡又称为单平面平衡,简称单面平衡。

12.2.2　动平衡设计

对于径宽比 $D/b < 5$ 的转子,如多缸发动机的曲柄、汽轮机转子等,由于其轴向宽度较大,其质量分布在几个不同的回转平面内。这时,即使转子的质心在回转轴线上,但由于各偏心质量所产生的离心惯性力不在同一回转平面内,所形成的惯性力偶仍使转子处于不平衡状态。由于这种不平衡只有在转子运动的情况下才能显示出来,故称其为动不平衡。为了消除动不平衡现象,在设计时需要首先根据转子结构确定出各个不同回转平面内偏心质量的大小和位置,然后计算出为使转子得到动平衡所需增加的平衡质量的数目、大小及方位,并在转子设计图上加上这些平衡质量,以便使设计出来的转子在理论上达到动平衡,这一过程称为转子的动平衡设计。下面介绍动平衡的设计方法。

在图 12.2 中,设转子上的偏心质量 m_1, m_2 和 m_3 分别分布在 3 个不同的回转平面 1,2,3 内,其质心的向径分别为 r_1, r_2, r_3。当转子以等角速度 ω 转动时,平面 1 内的偏心质量 m_1 所产生的离心惯性力的大小为 $F_1 = m_1\omega^2 r_1$。如果在转子的两端选定两个垂直于转子轴线的平面 T', T'' 作为平衡平面(或校正平面),并设 T' 与 T'' 相距 l,平面 1 到平面 T', T'' 的距离分别为 l_1', l_1'',则 F_1 可用分解到平面 T' 和 T'' 中的力 F_1', F_1'' 来代替。由理论力学的知识可知

$$F_1' = \frac{l_1''}{l}F_1$$

$$F_1'' = \frac{l_1'}{l}F_1$$

式中,F_1', F_1'' 分别为平面 T', T'' 中向径为 r_1 的偏心质量 m_1', m_1'' 所产生的离心惯性力。由此

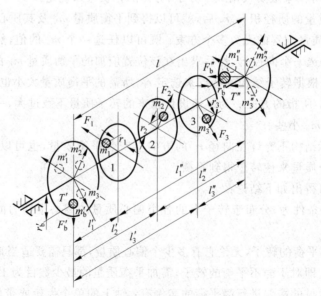

图 12.2　动平衡设计示意图

可得

$$F_1' = m_1' r_1 \omega^2 = \frac{l_1''}{l} m_1 r_1 \omega^2$$

$$F_1'' = m_1'' r_1 \omega^2 = \frac{l_1'}{l} m_1 r_1 \omega^2$$

亦即

$$m_1' = \frac{l_1''}{l} m_1, \quad m_1'' = \frac{l_1'}{l} m_1$$

同理得
$$\left. \begin{array}{ll} m_2' = \dfrac{l_2''}{l} m_2, & m_2'' = \dfrac{l_2'}{l} m_2 \\[2mm] m_3' = \dfrac{l_3''}{l} m_3, & m_3'' = \dfrac{l_3'}{l} m_3 \end{array} \right\} \tag{12.7}$$

以上分析表明,原分布在平面 1,2,3 上的偏心质量 m_1, m_2, m_3 完全可以用平面 T', T'' 上的 m_1' 和 m_1'', m_2' 和 m_2'', m_3' 和 m_3'' 所代替,它们的不平衡效果是一样的。经过这样的处理后,空间力系的平衡问题就转化为两个平面汇交力系的平衡问题,刚性转子的动平衡设计问题就可以用静平衡设计的方法来解决。

至于两个平衡平面 T', T'' 内需加平衡质量的大小和方位的确定,则与前述静平衡设计的方法完全相同,此处不再赘述。

由上述分析可得出如下结论:

(1) 动平衡的条件为,当转子转动时,转子上分布在不同平面内的各个质量所产生的空间离心惯性力系的合力及合力矩均为零。

(2) 对于动不平衡的转子,无论它有多少个偏心质量,都只需要在任选的两个平衡平面 T', T'' 内各增加或减少一个合适的平衡质量即可使转子获得动平衡,即对于动不平衡的转子,需加平衡质量的最少数目为 2。

(3) 由于动平衡同时满足静平衡条件,所以经过动平衡的转子一定静平衡;反之,经过静平衡的转子则不一定是动平衡的。

由以上分析可知,在进行动平衡设计时,首先需要根据转子的结构特点,在转子上选定两个适于安装平衡质量的平面作为平衡平面或校正平面;然后进行动平衡计算,以确定为平衡各偏心质量所产生的惯性力和惯性力矩需在两个平衡平面内增加的平衡质量的质径积大小和方向;最后选定向径,并将平衡质量加到转子相应的方位上,这样设计出来的转子在理论上就完全平衡了。

工程实际中,常见的需要进行动平衡的实例有:轧辊;曲轴;车轴;凸轮轴;传动轴;电动机转子;涡轮;多个齿轮组等。这些装置的共同特点是质量在其回转轴线的横向和纵向上的分布是不均匀的。为了校正动不平衡,平衡工作需要分别在回转轴上有一定距离的两个平衡平面上进行,故动平衡又称为双平面平衡,简称双面平衡。

综合本节所述静平衡和动平衡设计的方法,可以得出如下结论:在设计转动构件时,通常可以通过调整其本身的几何形状来改变其质量分布,从而使其达到平衡。

12.3　刚性转子的平衡试验

经过上述平衡设计的刚性转子在理论上是完全平衡的,但是由于制造和装配误差及材质不均匀等原因,实际生产出来的转子仍会存在部分不平衡,由于这种不平衡在设计阶段是无法确定和消除的,因此需要用试验的方法对其做进一步平衡。

所谓转子的平衡试验,就是借助试验设备测量出转子上存在的不平衡量的大小及其位置,然后通过在转子的相应位置添加或除去适当质量使其平衡。

12.3.1 静平衡试验

当刚性转子的径宽比 $D/b \geqslant 5$ 时,通常只需对转子进行静平衡试验。静平衡试验所用的设备称为静平衡架,如图 12.3 所示。图 12.3(a)为导轨式静平衡架,在用它平衡转子时,首先应将两导轨调整为水平且互相平行,然后将需要平衡的转子放在导轨上让其轻轻地自由滚动。如果转子上有偏心质量存在,其质心必偏离转子的旋转轴线,在重力的作用下,待转子停止滚动时,其质心 S 必在轴心的正下方,这时在轴心的正上方任意向径处加一平衡质量(一般用橡皮泥)。反复试验,加减平衡质量,直至转子能在任何位置保

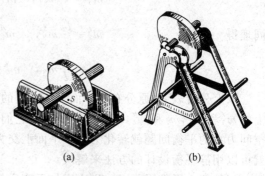

图 12.3　静平衡架

持静止为止。最后根据所加橡皮泥的质量和位置,得到其质径积。再根据转子的结构,在合适的位置上增加或减少相应的平衡质量,使转子最终达到平衡。

导轨式静平衡架虽然结构简单,平衡精度较高,但是当转子两端支承轴的尺寸不同时,便不能用其进行平衡。这时就需要使用图 12.3(b)所示的圆盘式静平衡架。进行平衡时,将转子的轴颈支承在两对圆盘上,每个圆盘均可绕自身轴线转动,而且一端的支承高度还可以调整,以适应两端轴颈的直径不相等的转子。其平衡方法与上述相同。它的主要优点是使用方便,可以平衡两端尺寸不同的转子,但由于其摩擦阻力较大,所以其平衡精度不如前者高。

12.3.2 动平衡试验

经过动平衡设计,理论上已平衡的径宽比 $D/b < 5$ 的刚性转子,必要时在制成后还需要进行动平衡试验。

动平衡试验一般需要在专用的动平衡机上进行,生产中使用的动平衡机种类很多,虽然其构造及工作原理不尽相同,但其作用都是用来确定需加于两个平衡平面中的平衡质量的大小及方位。目前使用较多的动平衡机是根据振动原理设计的,它利用测振传感器将转子转动时产生的惯性力所引起的振动信号变为电信号,然后通过电子线路加以处理和放大,最后通过解算求出被测转子的不平衡质量的质径积的大小和方位。图 12.4 所示为一种带微机系统的硬支承动平衡机的工作原理示意图。该动平衡机由机械部分、振动信号预处理电路和微机 3 部分组成。它利用平衡机主轴箱端部的小发电机信号作为

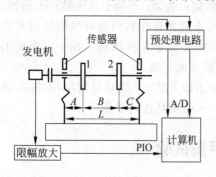

图 12.4　硬支承动平衡机工作原理示意图

转速信号和相位基准信号,由发电机拾取的信号经处理后成为方波或脉冲信号,利用方波的上升沿或正脉冲通过计算机的 PIO 口触发中断,使计算机开始和终止计数,以此达到测量转子旋转周期的目的。由传感器拾取的振动信号,在输入 A/D 转换器之前需要进行一些预处理,这一工作是由信号预处理电路来完成的,其主要工作是滤波和放大,并把振动信号调整到 A/D 卡所要求的输入量的范围内;振动信号经过预处理电路处理后,即可输入计算机,进行数据采集和解算,最后由计算机给出两个平衡平面上需加平衡质量的大小和相位,而这些工作是由软件来完成的。

根据平衡对象的不同,工程实际中使用着各种专用的动平衡机。例如,为了保证汽车行驶安全和乘坐舒适,需要对汽车轮胎和车轮进行动平衡。这一工作通常是在车轮动平衡机上进行的。所选的两个平衡平面(校正平面)一般为轮缘的内、外缘。根据车轮动平衡试验机测量所得结果,即可在每个校正平面的适当位置加上适当的平衡质量,使其达到动平衡。

生产实际中,有些转子是由多个零件装配而成的。在这种情况下,如果可能的话,建议最好在转子装配之前,先对组成它的各个零件单独进行静平衡,这样做不仅可以减小装配以后所必须校正的动不平衡量,而且可以减小轴上的弯曲力矩。一个典型的实例是飞机上的涡轮机,它是由多个圆形叶轮排列装配在涡轮机轴上而组成的。因为涡轮机工作时其转速很高,所以不平衡量引起的惯性力是非常大的。如果在把各个叶轮装配到轴上之前,先对每个单一的叶轮进行静平衡,则装配以后即可基本上达到动平衡。这不失为一种好方法。

但遗憾的是,并不是所有的装置都可以采用这种方法。例如电动机转子。众所周知,电动机转子实际上就是铜线以复式缠绕在轴上的线圈,而铜线的质量在绕线方向(即转子的径向,横向)和走线方向(即转子的轴向,纵向)上均不可能是完全均匀分布的,故转子是不平衡的。人们不可能通过改进线圈的局部结构使其质量均匀而又不危及电的安全性。在这种情况下,整个转子的不平衡就只能在其装配完成之后在动平衡试验机上通过两个校正平面进行校正。

需要指出的是,上述转子平衡试验都是在专用的平衡机上进行的。而对于一些尺寸很大的转子,如大型汽轮发电机的转子,要在平衡机上进行平衡是很困难的;此外,有些高速转子,虽然在出厂前已经进行过平衡试验且达到了良好的平衡精度,但由于运输、安装以及在长期运行过程中平衡条件发生变化等原因,仍会造成不平衡。在这些情况下,通常可进行现场平衡。所谓现场平衡,是指对旋转机械或部件在其运行状态或工作条件下的振动情况进行检测和分析,推断其在平衡平面上的等效不平衡量的大小和方位,以便采取措施减小由于不平衡所引起的振动。准确测定振动的幅值和相位是现场平衡的主要任务,有关这方面的内容可参阅有关资料,此处不再赘述。

*12.3.3　转子的平衡品质

1. 转子不平衡量的表示方法

转子不平衡量的表示方法一般有两种:质径积表示法和偏心距表示法。

如上所述,若一个转子的质量为 m,其质心偏离旋转中心的距离——偏心距为 e,则它

旋转时所产生的离心惯性力可以用一个向径为 r_j 的平衡质量 m_j 加以平衡,其条件为

$$m_j r_j = me \tag{12.8}$$

所以,一个转子的不平衡量可以用质径积来表示。

对于同一转子,质径积的大小直接反映了不平衡量的大小。但是,对于质径积相同,而质量不同的两个转子,它们的不平衡程度显然是不同的。由此提出用偏心距来表示转子的不平衡量。由式(12.8)得

$$e = \frac{m_j r_j}{m} \tag{12.9}$$

该式表明,转子的偏心距表示了单位质量的不平衡量。

2. 转子的许用不平衡量和平衡品质

转子在进行了平衡试验之后,其不平衡量已大大减少,但无论如何也不可能使其不平衡量为零,在实际工作中过高的要求也是不必要的。因此,应该对不同工作条件的转子,规定其不同的许用不平衡质径积 $[m \cdot r]$ 或许用偏心距 $[e]$。

转子平衡状态的优良程度称为平衡品质。由于转子运转时,其不平衡量所产生的离心惯心力与转速有关,因此,工程上常用 $e\omega$ 来表示转子的平衡品质,国际标准化组织以 $G = \frac{[e]\omega}{1000}$(单位为 mm/s)作为平衡品质的等级标准,表 12.1 给出了各种典型刚性转子的平衡品质等级,供使用时参考。

表 12.1 各种典型刚性回转件的平衡品质等级

品质等级	$\frac{e\omega}{1000}$/(mm·s⁻¹)	回 转 件 类 型 示 例
G4000	4000	刚性安装的具有奇数气缸的低速[1]船用柴油机曲轴部件[2]
G1600	1600	刚性安装的大型两冲程发动机曲轴部件
G630	630	刚性安装的大型四冲程发动机曲轴部件;弹性安装的船用柴油机曲轴部件
G250	250	刚性安装的高速[1]四缸柴油机曲轴部件
G100	100	六缸和六缸以上高速柴油机曲轴部件;汽车、机车用发动机整机
G40	40	汽车轮、轮缘、轮组、传动轴;弹性安装的六缸和六缸以上高速四冲程发动机曲轴部件;汽车、机车用发动机曲轴部件
G16	16	特殊要求的传动轴(螺旋桨轴、万向节轴);破碎机械和农业机械的零部件;汽车和机车用发动机特殊部件;特殊要求的六缸和六缸以上发动机的曲轴部件
G6.3	6.3	作业机械的回转零件;船用主汽轮机的齿轮;风扇;航空燃气轮机转子部件;泵的叶轮;离心机的鼓轮;机床及一般机械的回转零、部件;普通电机转子;特殊要求的发动机回转零、部件
G2.5	2.5	燃气轮机和汽轮机的转子部件;刚性汽轮发电机转子;透平压缩机转子;机床主轴和驱动部件;特殊要求的大型和中型电机转子;小型电机转子;透平驱动泵
G1.0	1.0	磁带记录仪及录音机驱动部件;磨床驱动部件;特殊要求的微型电机转子
G0.4	0.4	精密磨床的主轴、砂轮盘及电机转子;陀螺仪

说明: [1] 按国际标准,低速柴油机的活塞速度小于 9m/s,高速柴油机的活塞速度大于 9 m/s。
[2] 曲轴部件是指包括曲轴、飞轮、离合器、带轮等的组合件。

*12.4 挠性转子平衡简介

随着机械、电力工业的发展,高速转子的应用越来越广泛。当转子的工作转速超过第一临界转速时,由离心惯性力所引起的弯曲变形增加到不可忽略的程度,且其变形量随转速变化,这类转子称为挠性转子。由于转子在运转中产生明显的变形——动挠度,使得转子的平衡问题变得复杂了。下面讨论挠性转子的动挠度对平衡的影响。

图 12.5 所示为单圆盘挠性转子,不平衡质量为 m,偏心距为 e,圆盘位于转轴中央。当转子以角速度 ω_0 转动时,在离心惯性力的作用下,圆盘处的动挠度为 y_0。假设此时在转子两端的两个平衡平面 1 和 2 上相同的向径 r 处各加一个相同的平衡质量 $m_I = m_{II}$,使得转子达到平衡,则 $F = F_I + F_{II} = 2F_I$,即

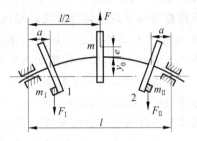

图 12.5 单圆盘挠性转子

$$m(y_0 + e)\omega_0^2 = 2m_I r \omega_0^2 \qquad (12.10)$$

由于转子的动挠度 y_0 与角速度 ω_0 有关,所以上式只在角速度为 ω_0 时成立。当 $\omega \neq \omega_0$ 时,$y \neq y_0$,转子又将处于不平衡状态。即使在角速度为 ω_0 时,离心惯性力得到的平衡也只是减少了转子的支承动反力,并没有消除转子动挠度所引起的转子的不平衡。

由以上分析可知挠性转子动平衡的特点如下:

(1) 由于存在着随角速度 ω 变化的动挠度 y,因此在一个角速度下平衡好的转子,不能保证在其他转速下仍处于平衡状态。

(2) 消除或减小转子的支承动反力,并不一定能减小转子的弯曲变形程度,而明显的动挠度对转子具有不利的影响。

因此,对于挠性转子,不仅要平衡其离心惯性力,减少或消除支承动反力,还应尽量消除其动挠度,由于挠性转子存在明显的弯曲变形,所以用刚性转子的平衡方法是不能解决挠性转子的动平衡问题的。需要对其进行专门研究,目前已有大量专著研究这类转子的平衡问题。

12.5 平面机构的平衡设计

在一般的平面机构中,存在着作平面复合运动和往复移动的构件,这些构件所产生的惯性力和惯性力矩,不能像绕定轴转动的构件那样通过构件自身加以平衡。为了消除机构惯性力和惯性力矩所引起的机构在机座上的振动,必须将机构中各运动构件视为一个整体系统进行平衡,这一工作通常称之为机构在机座上的平衡。

当机构运动时,其各运动构件所产生的惯性力和惯性力矩,可以合成为一个通过机构质心的总惯性力和一个总惯性力矩,该总惯性力和总惯性力矩就是机构由于惯性作用通过构件和运动副传给机座的合力和合力矩。由于该合力和合力矩的大小和方向均是随机构的运动而周期性变化的,故会引起机构整体在机座上的振动,通常称该合力为摆动力(shaking force,亦称震动力),该合力矩为摆动力矩(shaking moment,亦称震动力矩)。

机构在机座上的平衡的目标,就是设法使上述摆动力和摆动力矩得以平衡,从而消除由于惯性引起的机构整体在机座上的振动。

12.5.1 平面机构摆动力的平衡条件

机构摆动力是反映和度量一个机构在运动过程中各构件产生的惯性力作用的重要指标,其大小等于机构中各运动构件惯性力的合力 F。

设机构中活动构件的总质量为 m,机构总质心 S 的加速度为 a_S,则要使机构摆动力 F_S 得以平衡,就必须满足 $F_S = F = -ma_S = 0$。由于式中 m 不可能为零,故必须使 a_S 为零,即机构总质心 S 应做匀速直线运动或静止不动。又由于机构中各构件的运动是周期性变化的,故总质心 S 不可能永远做匀速直线运动。因此,欲使机构摆动力 $F_S = 0$,只有设法使总质心 S 静止不动,即机构摆动力平衡的条件是整个机构的总质心静止不动。

由机构摆动力的平衡条件可知,如果能够通过某种方法,适当调整机构中各构件质心的位置,最终达到使机构的总质心不动,则机构摆动力即可达到完全平衡。附加平衡质量法或质量重新分布法正是根据这一思想而产生的简单有效的平衡方法。

在设计机构时,可以通过其构件的合理布置、加平衡质量等方法来使机构摆动力得到完全或部分的平衡。

12.5.2 机构摆动力的完全平衡

对于某些机构,可通过在构件上附加平衡质量的方法来完全平衡其摆动力。用来确定平衡质量的方法有很多种,这里仅介绍较为简单的质量替代法。

1. 质量替代法简介

所谓质量替代法,是指将构件的质量简化成几个集中质量,并使它们所产生的力学效应与原构件所产生的力学效应完全相同。如图 12.6 所示,设一构件的质量为 m,其对质心 S 的转动惯量为 J_S,若以 n 个集中质量 $m_1, m_2, \cdots, m_n$ 来替代,替代点的坐标为 $(x_1, y_1), (x_2, y_2), \cdots, (x_n, y_n)$,则为使替代前后的力学效应完全相同,必须满足下列条件:

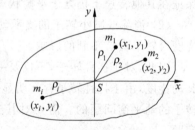

图 12.6 质量替代法示意图

(1) 所有替代质量之和与原构件质量相等,即

$$\sum_{i=1}^{n} m_i = m \tag{12.11}$$

(2) 所有替代质量的总质心与原构件的质心重合,即

$$\sum_{i=1}^{n} m_i x_i = m x_S = 0 \qquad \sum_{i=1}^{n} m_i y_i = m y_S = 0 \tag{12.12}$$

(3) 所有替代质量对质心的转动惯量与原构件对质心的转动惯量相同,即

$$\sum_{i=1}^{n} m_i \rho_i^2 = \sum_{i=1}^{n} m_i (x_i^2 + y_i^2) = J_S \tag{12.13}$$

满足上述 3 个条件时,替代质量产生的总惯性力和惯性力矩与原构件的惯性力和惯性力矩相等,这种替代称为质量动替代。若只满足前两个条件,则替代质量的总惯性力和原构

件的惯性力相同,而惯性力矩不同,这种替代称为质量静替代。需要指出的是,质量动替代后,替代质量的动能之和与原构件的动能相等;而质量静替代后,动能则不相等。

工程实际中,通常使用两个或 3 个替代质量,而且将替代点选在运动简单且运动容易确定的点上(如构件的转动副处)。下面介绍常用的两点替代法。

1) 两点动替代

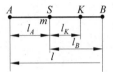

图 12.7　两点替代示意图

如图 12.7 所示,设构件 AB 长为 l,质心位于点 S,质量为 m。由于替代后的质心仍应在点 S,故两替代点必与 S 共线。若选 A 为替代点,则另一替代点 K 将在 AS 直线上。由式(12.11)、式(12.12)和式(12.13)得

$$m_A + m_K = m$$
$$m_A l_A - m_K l_K = 0$$
$$m_A l_A^2 + m_K l_K^2 = J_S$$

由此解得

$$\left.\begin{array}{l} m_A = \dfrac{m l_K}{l_A + l_K} \\[3mm] m_K = \dfrac{m l_A}{l_A + l_K} \\[3mm] l_K = \dfrac{J_S}{m l_A} \end{array}\right\} \tag{12.14}$$

由上式可知,当选定替代点 A 后,另一替代点 K 的位置也随之确定,不能自由选择。

2) 两点静替代

因为静替代条件比动替代条件少了 1 个方程式(12.13),所以自由选择的参数多 1 个,即两个替代点的位置均可自由选择。与动替代一样,两替代点必与 S 共线。若取两替代点位于转动副 A,B 处,则由式(12.11)、式(12.12)可得

$$m_A + m_B = m$$
$$m_A l_A - m_B l_B = 0$$

由此可得

$$\left.\begin{array}{l} m_A = \dfrac{m l_B}{l_A + l_B} = \dfrac{l_B}{l} m \\[3mm] m_B = \dfrac{m l_A}{l_A + l_B} = \dfrac{l_A}{l} m \end{array}\right\} \tag{12.15}$$

2. 用附加平衡质量法实现摆动力的完全平衡

在图 12.8 所示的平面四杆机构中,设活动构件 1,2,3 的质量分别为 m_1,m_2,m_3,其质心分别位于 S_1,S_2,S_3 处。为了完全平衡该机构的摆动力,可先将活动构件上的质量用静替代的方法代换为 A,B,C,D 4 个点上的集中质量。将曲柄 1 的质量 m_1 代换到 A,B 两点,由式(12.15)可得

$$m_{1A} = \frac{l_{BS_1}}{l_{AB}} m_1$$

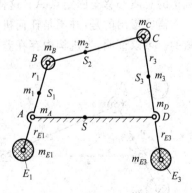

图 12.8　用附加平衡质量法平衡
四杆机构的摆动力

$$m_{1B} = \frac{l_{AS_1}}{l_{AB}} m_1$$

同理可求得连杆 2 的质量 m_2 代换到 B, C 上的集中质量:

$$m_{2B} = \frac{l_{CS_2}}{l_{BC}} m_2$$

$$m_{2C} = \frac{l_{BS_2}}{l_{BC}} m_2$$

而摇杆 3 的质量 m_3 代换到 C, D 点上的集中质量为

$$m_{3C} = \frac{l_{DS_3}}{l_{CD}} m_3$$

$$m_{3D} = \frac{l_{CS_3}}{l_{CD}} m_3$$

由此可得 B, C 两点的替代质量分别为

$$m_B = m_{1B} + m_{2B}$$

$$m_C = m_{2C} + m_{3C}$$

为了平衡 m_B 和 m_C 所产生的惯性作用,可在构件 1,3 的延长线上 r_{E1}, r_{E3} 处各加一平衡质量 m_{E1}, m_{E3},使 m_{E1} 和 m_B 合成后的质量位于 A 点;m_{E3} 与 m_C 合成后的质量位于 D 点。平衡质量 m_{E1}, m_{E3} 的大小可用如下方法求得

$$m_{E1} r_{E1} = l_{AB} m_B \qquad m_{E3} r_{E3} = l_{CD} m_C$$

$$m_{E1} = \frac{l_{AB} \cdot m_B}{r_{E1}} \qquad m_{E3} = \frac{l_{CD} m_C}{r_{E3}}$$

这样,整个机构包括平衡质量在内的总质量可用位于 A, D 两点的两个质量替代:

$$m_A = m_{1A} + m_B + m_{E1}$$

$$m_D = m_{3D} + m_C + m_{E3}$$

因此,整个机构的总质量 $m = m_A + m_D$,总质心 S 位于 A, D 的连心线上,且 $l_{AS} : l_{DS} = m_D : m_A$。当机构运动时,由于点 S 静止不动,即 $a_S = 0$,所以机构的摆动力得到完全平衡。

对于图 12.9 所示的曲柄滑块机构,也可以用同样的方法进行平衡。首先进行质量静替代,得到位于 A, B, C 3 点的 3 个集中质量 m_A, m_B, m_C;然后在构件 2 上 D 点加平衡质量 m_D,使 m_D 和 m_C 的总质心移至 B 点;最后,在构件 1 的延长线上 E 点处加平衡质量 m_E,使机构的总质心移至固定点 A。这样,整个机构的摆动力便达到完全平衡。

需要指出的是,并不是任何机构都可以通过附加平衡质量的方法来实现摆动力完全平衡的。可以证明,当机构内存在着被移动副所包围的构件或构件组时,该机构就不能通过附加平衡质量的方法实现摆动力的完全平衡。

3. 用机构对称布置法实现摆动力的完全平衡

当机械本身要求多套机构同时工作时,可采用图 12.10 所示的对称布置方式使摆动力得到完全平衡,由于机构各构件的尺寸和质量完全对称,故在运动过程中其总质心将保持不动。利用对称机构可得到很好的平衡效果,但会导致机械结构复杂,体积增大。若增设一个对称机构,其目的仅

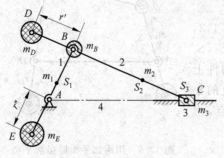

图 12.9　曲柄滑块机构摆动力的完全平衡

仅是为了消除由于惯性造成的机械振动,则这种方法就显得成本过于昂贵,很少具有经济上的理由。通常,只有在增设的对称机构具有第二个目的时(例如,机械本身要求多套机构同时工作),采用这种平衡方法才最为适宜。

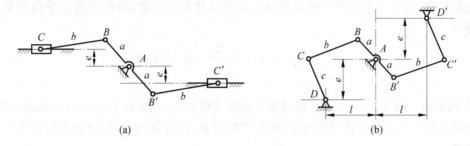

图 12.10   利用机构的对称布置平衡摆动力

以上所介绍的机构平衡设计的方法,虽然从理论上讲,可以使机构摆动力得到完全平衡,但也存在着明显缺点:利用附加平衡质量法,由于需装置若干个平衡质量,故会使机构的重量大大增加,尤其是把平衡质量安装在连杆上时,对结构更为不利;利用机构对称布置法,又会使机构体积增加和结构复杂化。所以,在工程实际的不少情况下,许多机械设计者宁愿采用摆动力的部分平衡法来减小机械的振动。

12.5.3   机构摆动力的部分平衡

1. 用附加平衡质量法实现摆动力的部分平衡

对于图 12.11 所示的曲柄滑块机构,用质量静替代可得到两个可动的替代质量 m_B 和 m_C。质量 m_B 所产生的惯性力,只需在曲柄 1 的延长线上 E 点处加一平衡质量 $m_{E1} = \dfrac{l_{AB}}{r_{E1}} m_B$ 即可完全被平衡。质量 m_C 做往复移动,由机构的运动分析可得到 C 点的加速度 a_C 的方程式,用级数法展开,并取前两项得

$$a_C \approx - \omega^2 l_{AB} \cos\varphi - \omega^2 \frac{l_{AB}^2}{l_{BC}} \cos 2\varphi$$

故 m_C 所产生的往复惯性力为

$$\begin{aligned} F_C &= - m_C a_C \\ &\approx m_C \omega^2 l_{AB} \cos\varphi + m_C \omega^2 \frac{l_{AB}^2}{l_{BC}} \cos 2\varphi \end{aligned}$$

$$\tag{12.16}$$

图 12.11   曲柄滑块机构摆动力的部分平衡

式(12.16)右边第一项称为一阶惯性力,第二项称为二阶惯性力。舍去较小的二阶惯性力,只考虑一阶惯性力,即取

$$F_C = m_C \omega^2 l_{AB} \cos\varphi \tag{12.17}$$

为平衡 F_C,可在曲柄延长线上 E 处再加一平衡质量 m_{E2}。m_{E2} 所产生的惯性力在 x, y 方向的分力分别为

$$\left. \begin{aligned} F_x &= - m_{E2} \omega^2 r_E \cos\varphi \\ F_y &= - m_{E2} \omega^2 r_E \sin\varphi \end{aligned} \right\} \tag{12.18}$$

比较式(12.17)及式(12.18)可知,通过适当地选择 m_{E2} 和 r_E,即可用 F_x 将 m_C 所产生的一阶惯性力平衡掉,但与此同时,又在 y 方向产生了一个新的不平衡惯性力 F_y,它对机构也会产生不利影响。为减少此不利影响,可考虑将平衡质量 m_{E2} 减小一些,使一阶惯性力 F_c 部分地被平衡,而在 y 方向产生的新惯性力也不致过大。通常,加在 E 点的平衡质量可按下式计算

$$m_E = m_{E1} + m_{E2} = \frac{l_{AB}}{r_E}(m_B + km_C) \tag{12.19}$$

式中,k 的取值一般为 $1/3 \sim 2/3$。设计者在选取 k 值时,根据具体情况可有不同的出发点,如使残余的惯性力的最大值尽可能小,或在平衡摆动力的同时使一运动副中的反力不超过许用值等。

很显然,这只是一种近似平衡法,这对机械的工作较为有利,且在结构设计上也较为简便。在一些农业机械的设计中,就常采用这种平衡方法。

2. 用加平衡机构法实现摆动力的部分平衡

图 12.12(a)所示为用齿轮机构作为平衡机构来平衡曲柄滑块机构中一阶惯性力的情形。由图中可以看出,只要设计时保证 $m_{E1}r_{E1} = m_{E2}r_{E2} = \dfrac{m_C l_{AB}}{2}$,就可使曲柄滑块机构中的一阶惯性力得到平衡。当需要平衡二阶惯性力时,可采用一对转向相反而角速度大小为 2ω 的齿轮机构,如图 12.12(b)所示。齿轮 1,2 上的平衡质量用来平衡一阶惯性力,齿轮 3,4 上的平衡质量用来平衡二阶惯性力。

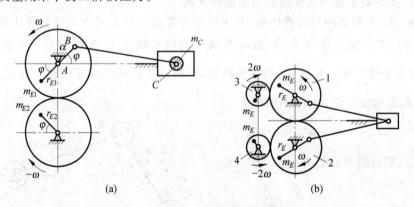

图 12.12 用齿轮机构作为平衡机构

与前面所讲的用附加平衡质量法来部分平衡曲柄滑块机构摆动力相比,用加齿轮机构的方法平衡水平方向惯性力时,将不产生垂直方向的惯性力。因为垂直方向的力在平衡机构内互相抵消了,故平衡效果较好。但采用平衡机构将使结构复杂、机构尺寸加大,这是此方法的缺点。

12.5.4 关于摆动力和摆动力矩完全平衡的研究

除了摆动力之外,摆动力矩的周期性变化同样也会引起机构在机架上的振动。由于在摆动力的平衡中没有考虑摆动力矩的问题,因此可能会出现这样的情况,即经过摆动力平衡

后,由于附加了平衡质量,摆动力矩的情况可能会变得更糟。

只有使摆动力和摆动力矩都得到完全平衡的机构,才能在理论上实现机构在机座上无振动。因此,摆动力和摆动力矩完全平衡的研究,成为机械动力学中的一个重要的理论研究领域。这一问题远比单纯的摆动力平衡具有更大的难度。限于篇幅,本节不作论述,有兴趣的读者可参阅本章后的文献阅读指南。

在进行机构型式设计时,一定要分析机构的受力状况,根据不同的机构类型选取适当的平衡方式。在尽可能消除或减少机构的摆动力和摆动力矩的同时,还应使机构的结构简单、尺寸较小,从而使整个机械具有良好的动力学特性。

本章讨论了机械的动力平衡问题。需要指出的是,在工程实际的某些领域,有些机械却是利用构件产生的不平衡惯性力所引起的振动来工作的,例如:振动打桩机,振动运输机,蛙式打夯机,振实机,摆动筛等等。对于这类机械,如何合理利用不平衡惯性力则是其设计时应考虑的重要问题之一。

文献阅读指南

(1) 本章对刚性转子的平衡设计理论与平衡试验方法作了较详细的介绍。虽然刚性转子的平衡试验方法已比较成熟,但随着数字信号处理技术的发展和计算机应用的普及,将计算机用于动平衡机已成为动平衡技术发展的趋势。关于这方面的情况可参阅申永胜等所著论文"带微机系统的硬支承动平衡机"(清华大学学报:自然科学版,1992,32(2))。文中介绍了在工业用硬支承动平衡机中,利用计算机代替传统的电气箱作测量和解算装置的方法。为保证解算精度,文中采用一种新方法对硬支承动平衡机进行标定。这项技术不仅可以使新生产的动平衡机具有较高的技术水平,还可推广应用于原有的、测试方法落后的动平衡机中。

(2) 挠性转子的平衡技术是近代高速大型回转机械设计、制造和运行的关键技术之一。限于篇幅,本章仅对挠性转子的平衡问题作了简要的介绍。关于挠性转子平衡原理及平衡方法的详细介绍,可参阅钟一谔等著的《转子动力学》(北京:清华大学出版社,1987)。该书是转子动力学领域的专著。书中不仅介绍了挠性转子的振型平衡法和影响系数法,还对挠性转子的现场平衡问题作了介绍。

(3) 机构在机座上的平衡包括摆动力和摆动力矩的平衡。本章仅讨论构件质心位于其两个转动副连线上的平面机构的摆动力平衡问题。关于构件质心不在其两转动副连线上的平面机构摆动力的平衡问题及平面机构摆动力矩的平衡问题,可参阅唐锡宽、金德闻编著的《机械动力学》(北京:高等教育出版社,1983)。书中给出了平面机构摆动力和摆动力矩平衡条件的方程式,分析了用加重办法完全平衡摆动力需满足的条件和应加的最少平衡质量的数目,讲述了用回转质量部分平衡机构摆动力的方法和最佳平衡量的选取。书中还通过四杆机构介绍了机构运动平面内摆动力矩平衡的可能性及平衡方法。

(4) 机构动力平衡的主要目的是减小机构惯性造成的机构振动。其平衡对象包括摆动力、摆动力矩、输入转矩、运动副反力等反映机构惯性作用的动力特性指标。这些动力平衡指标从不同角度反映了机构的惯性作用,它们并不是各自独立的,而是相互之间有一定联系的。关于这方面的内容及机构动力平衡研究的最新进展,可参阅张春林、余跃庆主编的《机械原理教学参考书(F)》第 20 章机构动力平衡(北京：高等教育出版社,2009)。

（5）由于机构平衡问题的复杂性,长期以来人们大多致力于单目标的平衡研究。优化方法的出现打破了这种局面,给研究者提供了综合考虑多个目标平衡的可能性。目前,优化综合平衡已成为平衡问题的最新趋向,其在工程实际中具有重要意义。关于这方面的内容可参阅张策编著的《机械动力学》(北京：高等教育出版社,2000)。

<h1 align="center">习 题</h1>

12.1 在图 12.13 所示的盘形转子中,存在有 4 个不平衡质量。它们的大小及其质心到回转轴的距离分别为 $m_1=10$ kg,$r_1=100$ mm；$m_2=8$ kg,$r_2=150$ mm；$m_3=7$ kg,$r_3=200$ mm；$m_4=5$ kg,$r_4=100$ mm；其方位如图所示。试对该转子进行平衡设计。

12.2 图 12.14 所示为一均质圆盘转子,工艺要求在圆盘上钻 4 个圆孔,圆孔直径及孔心到转轴 O 的距离分别为 $d_1=40$ mm,$r_1=120$ mm；$d_2=60$ mm,$r_2=100$ mm；$d_3=50$ mm,$r_3=110$ mm；$d_4=70$ mm,$r_4=90$ mm；方位如图。试对该转子进行平衡设计。

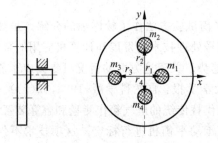

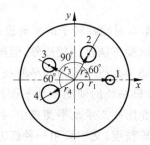

图 12.13   习题 12.1 图   图 12.14   习题 12.2 图

12.3 在图 12.15 所示的 3 根曲轴结构中,已知：$m_1=m_2=m_3=m_4=m$,$r_1=r_2=r_3=r_4=r$,$l_{12}=l_{23}=l_{34}=l$,且曲柄位于过回转轴线的同一平面中,试判断哪根曲轴已达到静平衡设计的要求,哪根曲轴达到了动平衡设计的要求。

12.4 图 12.16 所示为一钢质齿轮轴,大齿轮外径 $D_1=120$ mm 处有不平衡质量 $m_1=10$ g；小齿轮外径 $D_2=80$ mm 处有不平衡质量 $m_2=5$ g,其方位如图。若设计者欲通过在大、小齿轮轮毂 $D_1'=60$ mm,$D_2'=50$ mm 处各钻一孔以使齿轮轴达到动平衡。试确定两孔的直径 d_1,d_2 的大小及方向(齿轮的密度为 7.6 g/cm³)。

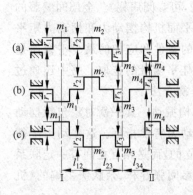

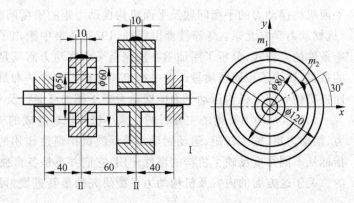

图 12.15   习题 12.3 图   图 12.16   习题 12.4 图

12.5 在图 12.17 所示的刚性转子中，已知各不平衡质量和向径的大小分别为 $m_1 = 10$ kg, $r_1 = 400$ mm; $m_2 = 15$ kg, $r_2 = 300$ mm; $m_3 = 20$ kg, $r_3 = 200$ mm; $m_4 = 10$ kg, $r_4 = 300$ mm; 方向如图所示，且 $l_{12} = l_{23} = l_{34} = 200$ mm。在对该转子进行平衡设计时，若设计者欲选择 T' 和 T'' 作为平衡平面，并取加重半径 $r_b' = r_b'' = 500$ mm。试求平衡质量 m_b', m_b'' 的大小和 r_b', r_b'' 的方向。

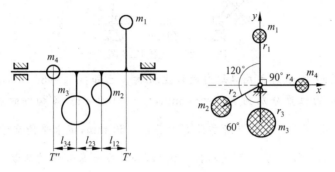

图 12.17 习题 12.5 图

12.6 在图 12.18 所示的机构中，轴 AB 上分别装有圆柱凸轮 1 和盘形凸轮 2，两凸轮的几何尺寸和安装位置如图所示。已知圆柱凸轮 1 的质量 $m_1 = 5$ kg，质心位于 S_1；盘形凸轮 2 的质量 $m_2 = 1$ kg，质心位于 S_2。为了使该凸轮轴达到动平衡，若设计者选取圆柱凸轮的左侧面和盘形凸轮的右侧面为平衡平面(分别记为 T' 和 T'')，试确定所需加平衡质量的大小及方向。

12.7 图 12.19 所示为一行星轮系，各轮均为标准齿轮，其齿数分别为 $z_1 = 60$, $z_2 = 40$, $z_{2'} = 42$, $z_3 = 58$, 模数均为 $m = 4$ mm。行星轮 2—$2'$ 本身已平衡，质心位于轴线上，其总质量 $m_{22'} = 2$ kg。试问：

(1) 行星轮 2—$2'$ 的不平衡质径积为多少？

(2) 传动中所产生的离心惯性力应如何加以平衡？

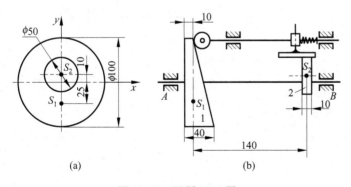

图 12.18 习题 12.6 图

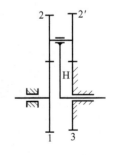

图 12.19 习题 12.7 图

12.8 图 12.20 所示曲柄摇杆机构中，已知各构件的长度分别为 $l_1 = 75$ mm, $l_2 = 300$ mm, $l_3 = 150$ mm, $l_4 = 250$ mm; 各杆的质量为 $m_1 = 0.3$ kg, $m_2 = 0.6$ kg, $m_3 = 0.9$ kg, 其质心位置 $l_{AS_1} = 25$ mm, $l_{BS_2} = 100$ mm, $l_{DS_3} = 100$ mm。

(1) 试用质量静替代法将各杆质量替代到 A, B, C, D 等 4 点；

（2）若在曲柄、摇杆上加平衡质量 m_{E1} 及 m_{E3} 使机构摆动力平衡，当取平衡质量的回转半径为 $r_{E1} = r_{E3} = 75$ mm 时，m_{E1}，m_{E3} 各为多少？

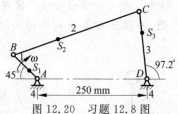

图 12.20　习题 12.8 图

12.9 图 12.21 所示为立式单缸内燃机主机构。已知：$l_{AB} = 66$ mm，$l_{BC} = 330$ mm。杆 1，2 的质心 S_1，S_2 的位置分别为 $l_{AS_1} = 44$ mm，$l_{BS_2} = 100$ mm，各构件的质量分别为 $m_1 = 5$ kg，$m_2 = 8$ kg，$m_3 = 6$ kg。若取平衡系数 $K = \dfrac{2}{3}$，$r = 60$ mm，试求平衡质量 m 的大小。

12.10 图 12.22 所示为 V 形发动机主机构，若设各活塞部件的质量 $m = 40$ kg，其余各杆的质量忽略不计，则应在曲柄 1 的延长线上 $r = l_{AB}$ 处加上多大的平衡质量 m'，可完全平衡发动机上的所有一阶惯性力。

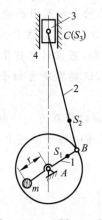

图 12.21　习题 12.9 图

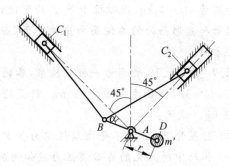

图 12.22　习题 12.10 图

____ 下篇 机械系统的方案设计

一个机电产品或一个机械系统的设计,通常包括以下四个阶段,即初期规划设计阶段、总体方案设计阶段、结构技术设计阶段和生产施工设计阶段。其中总体方案设计是关键的一步,它对于机械性能的优劣及其在市场上的竞争力具有决定性的作用,直接关系到机械的全局和设计的成败。因此,机械系统总体方案设计在整个机械设计中占有极其重要的地位。

本篇首先介绍机械系统方案设计在整个机械设计过程中所处的地位,然后介绍机械系统方案设计的设计内容、设计过程、设计思想和设计方法。全篇包括机械总体方案的设计,机械执行系统的方案设计,机械传动系统的方案设计及原动机的选择等内容。

鉴于机械执行系统的方案设计是机械系统方案设计中最具创造性的工作,本篇对机械执行系统方案设计的过程及其创新设计方法作了重点介绍。主要包括执行系统的功能原理设计,执行系统的运动规律设计,执行机构的型式设计,执行系统的协调设计,执行系统的方案评价与决策等。

13 ➤ 机械系统总体方案设计

【内容提要】 本章首先介绍机械产品的设计过程,在此基础上介绍机械系统总体方案设计的任务和内容,最后介绍总体方案设计中的设计思想和方法。

机械系统总体方案设计是产品开发的关键环节,它直接影响到产品的详细设计、加工制造,也因此决定了产品的质量、性能、成本、可靠性等,最终影响产品的市场销售。总体方案设计阶段也是决定产品创新的重要阶段。

13.1 机械产品设计的过程

机械产品的设计是通过分析、综合,在模仿、借鉴与创新中获得满足特定要求和功能的机械系统的技术过程。机械新产品的开发是在现有的技术条件下,采用合理的设计方法和准则,设计并创造出优秀的机械产品。

机械产品的设计过程一般包括 4 个阶段:初期规划设计阶段、总体方案设计阶段、结构技术设计阶段、试制和生产施工设计阶段。

1. 初期规划设计阶段

初期规划设计阶段的目标是通过市场调研、技术调研和同行调研,进行可行性论证,确定设计任务书,明确设计目标和所设计产品需要达到的功能和性能指标,其内容如表 13.1 所示。

选题是基于市场需求,选择设计目标,提出设计题目。产品设计选题一般有三种来源:市场需求、新技术的进步、对已有产品的改进。需求驱动是进行新产品研发的主要原因。

背景调研是产品设计过程中非常重要的一个阶段。它包括市场调研、技术调研和同行调研。

表 13.1 初期规划设计阶段的内容

选题	
背景调研	市场调研
	技术调研
	同行调研
可行性论证	
确定设计任务书	

市场调研:对市场需求、购买行为进行分析,进行销售量及市场占有率预测;进行产品环境信息分析,调研社会环境(政治、人文、法律、国际和人际环境等)、资金环境、市场环境、

技术环境和政策环境等,评价产品的社会效益,预测产品的生命周期。市场调研可以帮助企业了解市场可能的变化趋势以及消费者的潜在购买动机和需求,了解当前相关行业的发展状况和技术经验,以及对市场变化趋势进行预测。避免企业在制订营销策略时发生错误。

技术调研:通过相应的专利、技术文献或网络资源,收集与设计问题有关的技术信息,进行产品设计和制造新技术、新材料的调查研究,做出技术可行性预测及产品成本预测。通过调查研究现存的、有关相似工艺和产品的技术,可以学到很多与求解问题有关的东西。

同行调研:主要是对国内外竞争对手情况的分析,做出产品在性能、功能和占领市场时间上领先的可能性预测。

在背景调研后,进行可行性论证,从经济、技术、市场等方面论证新产品开发的必要性和产品设计、制造、销售上各项措施实施的可能性。完成产品开发的可行性论证报告。

最后,对设计问题进行明确的描述,阐明产品的功能指标和性能技术条件。需要注意的是,性能技术条件并不是设计技术条件,性能技术条件是定义系统必须做到什么,而设计技术条件是指如何把它做出来。

2. 总体方案设计阶段

总体方案设计阶段的主要任务是进行产品整体方案的构思和拟定,最终完成方案示意图、机械系统运动简图、运动循环图和方案设计说明书。其过程如表 13.2 所示。

目标分析阶段主要根据任务书中规定的设计任务进行功能分析,做出工艺动作的分解,明确各个工艺动作的工作原理。

构思与创新的过程是设计中最活跃的部分。设计者需要通过构思与创新,完成执行系统的运动方案设计即执行系统的运动规律设计、机构形式设计和协调设计。有许多技巧可以提高或激发设计问题的创新求解,它依靠设计者的知识面、工程经验以及设计灵感。这个阶段提出尽可能多的概念和构思是非常重要的。整个过程既充满挑战又会有挫折。

方案拟定是拟定产品的总体布局,确定产品各子系统如动力系统、传动系统、执行系统、控制系统之间的相互位置关系;进行原动机的选择、传动系统、执行系统多方案设计和参数设计。

方案评价是对各可行方案进行功能、性能评价和技术、经济评价,寻求一种既能实现预期功能要求,又性能优良、价格尽可能低的设计方案,为方案决策提供依据。方案决策的结果是从可行方案中选择最优方案,并绘制系统运动简图,编写整体方案的说明书。

3. 结构技术设计阶段

结构技术设计阶段的主要任务是进行产品的详细设计,包括结构设计、工作能力设计以及辅助系统的设计等。其过程如表 13.3 所示。

表 13.2 总体方案设计阶段的过程
目标分析
构思与创新
方案拟定
方案评价和决策

表 13.3 结构技术设计阶段的过程
结构草图设计
材料选择和工作能力设计
设计图绘制

　　结构草图设计是指根据经济性、可靠性、稳定性、运输安装、管理维修、环境保护等因素，拟定执行系统、传动系统的初步结构设计方案，以及与原动机之间的联接结构方案。在结构草图设计过程中，不仅需要考虑产品的外形、造型设计，而且需要考虑加工工艺、装配工艺等因素。

　　根据运动和动力学条件，进行产品的工作能力设计。选择零件的材料、热处理方法和要求，确定零件危险部分的形状、尺寸、公差及制造安装的技术条件。

　　设计图的绘制主要包括绘制装配总图、各类系统图（包括传动系统、执行系统、控制系统、润滑系统、气/液系统、电路系统）、部件装配图和零件图，并编制设计说明书。

4. 试制和生产施工设计阶段

　　产品试制和生产施工设计阶段的内容如表 13.4 所示。

　　任何产品的设计在制造出来和试验之前基本上都不可能完全保证设计的正确性或可行性，因此产品的试制实验是非常重要的。试制的样机通过调试和实验，测试产品的性能是否达到设计要求。经过设计的反复与调整，直到产品达到设计性能的要求，进入生产施工设计阶段。

表 13.4　试制和生产施工设计阶段的内容

样机试制	
生产施工设计	工艺设计
	工装设计
	施工设计

　　生产施工设计包括工艺设计、工装设计和施工设计。

　　工艺设计是指对产品进行加工工艺设计、装配工艺设计，并制定工艺流程及零部件检验、检测标准。

　　工装设计是指为产品加工、装配时必须的工具、量具、夹具和模具进行设计，包括必要的专用加工设备及装置的设计。

　　施工设计要解决好各工序、各工种之间的衔接配合，制定装配、调试、试运行性能测试的步骤和各个阶段的技术指标，制定产品包装、运输、基础安装的要求，确定随机器提供的备件、专用工具明细表等。

　　总之，在产品设计过程中，要坚持把质量注入到所设计的产品中去。传统的看法认为，产品是制造和装配出来的，因此强调通过质量检验来保证产品质量。实际上，产品首先是设计出来的，因此强调通过设计把质量注入到产品中去更为重要，这就不仅要求设计的产品具有既定的功能、寿命长等特点，而且要容易制造、具有较少的紧公差配合尺寸、装配容易并且能防止装错。

13.2　机械产品设计的分类

1. 开发性设计

　　在工作原理和功能结构等没有参照的情况下，应用新技术或成熟技术设计出在质量、性能方面满足功能要求的新产品。产品的工作原理，主体结构，所实现的功能，这三者中至少有一项是首创的才可以被认定为开发性设计。开发性设计的过程最复杂，创新性最强。比如最初的缝纫机、洗衣机的设计就属于开发性设计。

2. 适应性设计

在总的方案原理基本保持不变的情况下,对现有产品进行局部更改;或增设一个新部件以提高产品的技术性能和质量,增加产品的附加值,提高经济效益。例如用电子控制技术代替原有的机械结构或为了进行微电子控制对机械结构进行局部适应性设计。

3. 变参数设计

在工作原理和功能结构都基本不变的情况下,对已有产品的结构、参数、尺寸等方面作出调整和改变,设计出适用范围更广的系列化产品。例如改变齿轮减速器的尺寸、传动比、材料等以满足不同速比、转矩和尺寸的使用要求。

4. 测绘和仿制

对已有的机械产品进行零件的测量和分析,绘制出产品的装配图和零件图,编制出产品的技术文件,通过加工、制造、装配、调试完成产品的仿制。

13.3　机械系统总体方案设计的任务和内容

13.3.1　机械系统总体方案设计的任务

如前所述,机械系统总体方案设计的任务就是在初期规划设计阶段已完成产品规划、确定设计任务、明确设计要求和条件的基础上,寻求问题的解法及构思原理方案。在这个阶段需要进行功能原理设计,拟定机械功能原理方案,选择机构类型,得出一组可行的机械系统运动方案,为下一步进行详细的结构设计作好原理方案方面的准备,也为最终进行评价、选优、决策提供技术原理方面的科学依据。

总体方案设计的阶段性成果是总体布局的整体方案示意图、机械系统的运动简图、运动循环图和方案设计说明书。

13.3.2　机械系统总体方案设计的内容

1. 机械系统的组成

机械系统的组成如图 13.1 所示。原动机为机械系统提供动力,执行系统根据功能要求完成预定动作。由于原动机的速度一般不能直接满足执行系统实际的速度要求和多个动作的要求,因此在原动机和执行系统之间需要通过传动系统来实现能量的传递和运动形式的转换。

随着电子、信息、自动化技术的不断进步,机械系统的概念也在扩展。1984 年,美国机械工程师协会(ASME)提出,现代机械系统应是"由计算机信息网络协调与控制的,用于完成包括机械力、机械运动和能量流等动力学任务的机械和机电部件相互联系的系统"。也就是说,现代机械系统应是一个机电一体化系统,除原动机、传动系统和执行系统外,还必须有信息处理控制系统。

机械辅助系统主要包括润滑系统、冷却系统、故障监测系统、安全保护系统和照明系统等。虽然是机械的辅助系统,却是机械系统不可或缺的部

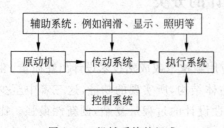

图 13.1　机械系统的组成

分,起着保证机械系统正常运行、提高工作质量、延长使用寿命、便于操作的重要作用。

需要指出的是,随着电子控制技术的发展和应用,伺服电机、步进电机、调速电机等可以通过电子技术调节原动机的输出速度以适应执行系统的要求,这样可以省去或简化用于速度调节的机械传动系统,从而简化机械系统,减小尺寸、重量。

另外,随着微电子和信息技术的不断发展,对机械产品的自动化和智能化要求越来越高,单纯的机械传动有时不能满足要求,因此合理采用机、电、液、气传动的组合,发挥各种技术的优势,可以使设计方案更加合理和完善。

2. 总体方案设计内容

如上所述,机械系统主要由原动机、传动系统、执行系统、控制系统和辅助系统所组成,因此机械系统总体方案设计的主要内容应是对这几部分的方案设计。

1)执行系统的方案设计

机械执行系统的方案设计是机械总体方案设计的核心,是产品能否实现预期功能和完成预定工作要求的关键环节。机械执行系统的方案设计应满足以下基本要求:

(1) 保证设计时提出的功能目标;

(2) 满足足够的使用寿命和强度、刚度要求;

(3) 保证各执行机构配合协调。

执行机构的方案设计主要包括执行系统的功能原理设计、运动规律设计、执行机构的型式设计、执行系统的协调设计和执行系统的方案评价与决策。

2) 原动机的选择和传动系统的方案设计

在完成执行系统的方案设计后,应选择原动机。常用的原动机有电动机、液压马达、气动马达、柴油机(汽油机)等,需要根据原动机的机械特性及性能是否与机械执行系统的工作环境(温度、湿度、粉尘、酸碱等)、负载特性(启动频繁程度、启动载荷大小等)和工作要求相匹配来选择。

传动系统介于原动机和执行系统之间,实现运动和动力的传递,同时使执行机构的运动学和动力学参数调整到设计需要的参数。传动系统的方案设计也是机械系统总体方案设计的重要内容,主要包括选择传动类型,拟定传动链的布置方案,安排各传动机构的顺序和分配各级传动比等。

3) 控制系统的方案设计

机械系统中的控制系统是指采用电气、电子、液压、气动等技术,以传感器件和检测诊断手段对机械的传动系统、执行系统进行自动控制的信息处理系统。它由控制装置和被控对象两部分组成。控制对象通常分为两类:第一类是以位移、速度、加速度、温度、压力等参数的数值大小为控制对象,并根据表示数量信号的种类分为模拟控制与数字控制;第二类是以物体的有、无、动、停等逻辑状态为控制对象,称为逻辑控制。逻辑控制可用"0"、"1"两个逻辑控制信号来表示。

在进行控制系统的方案设计时,必须保证控制装置和被控对象紧密结合,才能使机械系统获得完善的控制。

4) 辅助系统的方案设计

根据本课程的定位和任务,本书主要讨论机械执行系统、传动系统的方案设计和原动机的选择。

13.4 机械系统总体方案设计中的设计思想

总体方案设计是产品设计全过程中最关键的阶段。这个阶段的工作,不仅需要扎实的理论知识、丰富的实践经验、第一手资料和最新的信息,更需要科学的设计思想和方法,需要设计者具有现代设计的观念、系统工程的观念和工程设计的观念。

13.4.1 现代设计的观念

科学技术的迅猛发展引起了学科的交叉和综合,使得机械设计已不再纯属于工程技术范畴,而是自然科学、人文科学和社会科学相互交叉、科学理论与工程技术高度融合所形成的一门现代设计科学。随着信息论、控制论、系统论、决策理论、智能理论等现代理论和优化设计、可靠性设计、工业造型设计、计算机辅助设计、价值工程、反求工程等现代设计理论和方法的引入,机械设计已摆脱了传统设计模式的束缚,正以其现代设计的特点,克服传统设计带来的种种弊端,使机械产品的设计发生着深刻的变化。

现代机械设计具有以下特点。

1. 理论性

传统的机械设计偏重经验,设计过程中经验值多、经验公式多。这是因为传统的设计以改型设计为主,设计方法以仿照、类比为主,忽视了创新设计的重要性,甚至忽略了方案设计阶段。这种认为机械设计仅是工程设计,是以经验为主的实践活动的观念不符合现代设计的思想。

机械设计虽属工程设计,具有很强的工程性,但也具有很强的理论性。机械设计有其固有的设计原理、设计公理和设计体系,它和其他学科交叉形成新的现代机械设计的理论和系统。例如,与运筹学中的优化理论相结合形成机械优化设计理论与方法,与人工智能理论相结合形成机械设计专家系统,与人工生命科学相结合形成生物型机械设计系统等。目前,计算机辅助设计已进入机械设计领域,正逐渐取代传统的设计方法,不仅代替了设计者的手工设计计算和手工绘图,还可代替专家进行设计方案的决策,此时专家系统的知识库中仅有经验类的知识是不足以支持决策推理的,而必须以机械设计的公理和设计理论来丰富专家系统的知识库。

由此可见,各种现代设计方法和设计系统都是以现代科学理论为基础的,强调设计的理论性是现代机械设计的一大特点。

2. 创造性

人类文明的源泉是创造,而设计的本质就是创造性的思维与活动。尤其在方案设计阶段,更应敢于创新,充分发挥创造力。

由于传统设计中仿型设计、改型设计多,只需借鉴现成资料,改变现有产品中的某些结构或尺寸,或只需消化引进产品,仿照生产,因此往往从一开始就进入了常规设计,跃过了创新构思的方案设计阶段。这就像生物遗传中只有继承,没有变异。生物遗传没有突变,生物就不可能进化,设计只有仿照、没有创新就出不了新型产品。

21 世纪世界将进入全球化的知识经济时代,人类将更多地依靠知识创新、技术创新及知识的创新应用。没有创新能力的国家不仅会失去在国际市场上的竞争力,也会失去知识经济带来的机遇。同样,如果在产品设计中,没有新颖的构思,设计出的产品就不具有市场竞争性。任何一项没有创新的设计都将是一次失败的设计。

3. 广义性

现代科学理论与设计方法的迅速发展与传播,已使机械设计冲破了传统学科间的专业壁垒。

现代机械系统已成为由计算机控制的机、电、光、液一体化的综合系统。这使得机械系统的设计仅凭借机械专业的知识难以完成,必须向相邻的学科,甚至相距甚远的学科领域扩展。不仅应在电子、电气、航空、建筑等各种以人工制造物为设计对象的学科中探索交叉点,还应从生物工程、人文科学、社会科学中寻找增加产品功能、提高产品性能的思路和方法,寻找评价设计方案优劣的标准。

总之,现代科学日趋整体化和学科的高度交叉,已使机械设计从纯机械领域内的设计转向了广义设计。

4. 优选性

由于机构、原动机的类型很多,组合的方式也很多,所以能满足设计基本要求的可行性设计方案相当多。传统的设计方法是按类比方式,凭现成的资料、手册、数据和经验确定一个方案,经校核后能满足要求即认为可行,予以确认。

现代设计则认为设计的方案不仅要可行,还必须优选。设计过程中要避免主观的直接决策,强调客观的优化决策。设计者在方案拟定阶段,必须从方案群中探索出一组既满足设计要求又各有特色的待选方案,然后以科学的标准来评价各方案,评价值最高者为优选方案。这种以评价而不是以校核来进行方案决策的优选方法是现代设计的又一个特点。

5. 扩展性

满足设计任务书中的基本要求,不应是设计的最终目标,为使产品更具竞争力,现代设计提倡开拓性思维方式,进行扩展性设计。在拟定方案的过程中冲破定型的思维方式,不断提出以下问题:是否还可以找到新的更好的设计方案? 是否还可以使用其他的设计方法? 是否还可以增加新的功能? 是否还可以进一步改善性能、延长使用寿命? 是否还可以进一步减轻重量、降低成本?

当每个问题的答复都是"目前不可以再……"时,扩展设计便取得成功。将可得到一个功能更全、质量更高、成本更低的设计方案。

6. 设计计算机化

随着计算机技术的日益发展,机械设计的过程正在发生根本的变化。各种 CAD 软件包的使用将使设计的对象和设计的过程模式化,通过建立设计对象的数学模型和设计过程的模型,将使方案决策、设计计算、图纸绘制等阶段全都实现计算机化。这样,无论是方案设计、结构设计还是工艺设计,无论是设计图、计算说明书、技术文件还是工艺卡片,都将不再使用纸张、尺子、笔和图板。现代设计将成为无纸设计,计算机技术将使整个设计过程实现计算机化。

7. 设计信息化

人类社会已进入信息化时代。先进的信息处理技术不仅使设计过程计算机化,而且在设计的产品正式加工制造前,即可采用虚拟现实技术在虚拟工厂中显示出加工制造、安装、调试直至运行的全过程,从中发现问题,以便在正式加工前就可以进一步改进设计以改善性能,提高质量。

    图 13.2(a)所示为传统设计中机械产品设计各阶段前后有时序的串行排列,与此相对应,信息的传输也是单向串行的直线链式传递。由于并行工程技术的引入,使机械设计的过程发生了变化。实际上,不是每个设计阶段的工作都必须在上一个阶段完全结束后方可开始,各阶段间可有同时进行设计的子项目。而且信息的流向也不应完全是单向的,往往后一阶段产生的信息会对前一阶段的设计产生作用,若能逆向反馈这些有用的信息,将会改进前一阶段的设计。例如,方案评价的信息会改变方案的拟定;结构设计中的详细设计信息有可能促使创新方案的改进。所以,并行工程技术的引入,不仅减少了整个设计的时间、缩短了新产品开发的周期,也使设计过程和信息的流向由单向串行的直线链变为并行的多循环链,如图 13.2(b)所示。

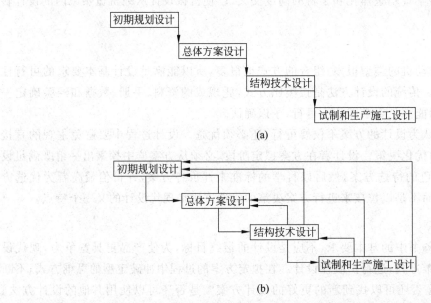

图 13.2　机械产品设计过程框图

    随着信息高速公路的开通,信息传输技术已达到了一个新阶段,设计图纸的异地甚至跨国传输,设计方案的实时异地讨论、异地现场修改都已成为现实。

    每个 21 世纪的机械设计人员,必须充分注重现代机械设计的这些特点,冲破传统设计的框框,掌握现代设计的新理论、新技术、新方法,建立起现代设计的观念。

13.4.2　系统工程的观念

    由具有特定功能、相互之间既有有机联系又相互制约的单元组合而成的有序整体称为系统。故每个机械产品不论其大小,都可以认为是一个系统。都应该从系统工程的角度来分析和研究它,以系统工程的观念来指导设计。

    一般机械系统都是由驱动系统、传动系统、执行系统、信息处理控制系统等若干子系统组成的,而每个子系统又由若干个更低一级的子系统或组合单元组成。从系统工程的角度看,各子系统虽具有各自特定的功能,但由于是为了共同实现整个系统的整体目标,因而各子系统之间是有机联系在一起、相互间既有依赖作用又有制约作用的。例如,自动加工系统中工作台运动控制子系统和刀具运动控制子系统是需要密切配合工作的。首先,各系统设计必须保证各自的功能能准确实现;其次,要保证能互相配合协调工作,使系统运行后整体功能能够达到预定目的。

然而,子系统的设计只满足于此是不够的,还需要从整个机械系统出发考虑各个子系统的性能设计,不仅考虑各子系统的各项性能指标能达到高标准,更要考虑设计合理、互相匹配。例如,前面所述的自动加工系统,若工作台的定位精度刚满足要求,而刀具设计的运动精度很高,工作台的防振设计得很好,而刀具的防振设计没有考虑,那么整体的加工精度和防振效果是不会增高的,成本反而会增加。

所以,达不到整体目标的设计、性能不匹配的设计,无论其局部的功能和性能指标设计得多么完善,从系统工程的角度看,都是失败的设计。

系统还具有环境适应性和动态性等特点。任何系统都存在于一定的物质环境中,在运行中必然要与外界交换物质、能量和信息。为此,在设计机械系统时,必须要考虑使其能适应外部环境及其变化,并考虑到外界随时可能产生的干扰或输出反馈的影响。

例如,设计一个机械产品的驱动系统时要选择原动机。通常因电动机型号多,驱动效率高,往往首选电动机。但也应考虑到外界环境:若产品是运行在易燃、易爆等恶劣环境下,则宜采用气动马达;若是需经常移动或是在野外作业场地工作,则宜选用内燃机。

在充分注意到系统的动态性时,设计应采用稳健设计方法(或称鲁棒设计),用内部机制来控制外界干扰使系统"强壮",或利用输出信号的波动反馈控制输入,来提高系统在动态情况下的稳定性,使其具有抗干扰能力。

系统工程是一门研究复杂系统的技术,是用以解决综合性工程问题的技术。系统工程解决设计问题的基本思想是:首先从系统的整体目标出发,将总体功能分解成若干功能单元;然后寻找出能完成各个功能的技术方案,即完成每个功能的子系统的构成、组成结构、信息传递、控制回路等设计;再把能完成各个功能的技术方案组成方案组,进行分析、评价和优选,进而实现给定环境条件下的整体优化。

总之,机械设计人员必须把开发设计的机械产品作为一个系统来对待,建立起系统工程的观念,以系统工程的基本思想来指导设计过程。

13.4.3　工程设计的观念

从工程设计的角度看,机械设计是一种工程活动,它有别于纯科学的研究活动。认识客观世界的科学研究是一种"发现"自然界新事物、新规律的活动,可以不必强调它的应用目的。然而,对于利用和改造客观世界的工程活动来说,以创造人工制造物为目标的工程设计是一种"发明与革新",必须讲究其应用性。

机械设计是工程设计,它既包括技术成分,又包括非技术成分。在总体方案拟定中,既要运用自然科学中的科学原理,也要考虑人文、社科、经济、艺术等学科中的非自然科学因素,考虑当时当地的自然环境、社会环境、经济环境和技术环境中诸多因素的制约,如图13.3所示。

从工程设计的观念看,评价一个机械系统总体方案的优劣,不应只从技术条件出发,看

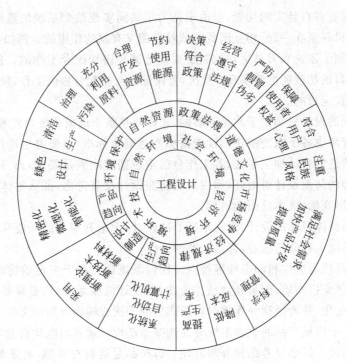

图 13.3　机械设计过程要考虑的因素

其功能是否符合要求,机械性能是否良好,还应从以下各方面作进一步考察:市场适应性,系统柔软性,设计规范性,可持续发展性,生产经济性,造型艺术性,操作性,安全性,可靠性,工艺性,维修性。例如汽车的设计,若是设计工程类车辆,则除了完成功能和性能设计外,更要注意运行的安全性、操作的可靠性、恶劣环境的适应性、易损件的互换性等,设计应更注重标准化、规范化;而小轿车的设计,除了保证功能和性能符合要求外,更要注重外形美观、色彩多样、车内舒适、操作简单,设计要有柔软性,便于随时改型以适应市场不同人群的需求。此外,这两类汽车的设计都需要充分考虑人的因素,从人机工程学的观点出发,结合生物力学、心理学、人体测量学等,做适合人体姿势、人的体能、听觉、视觉的设计。同时,为了保护环境,汽车的设计还要考虑减少废气污染和有利于废旧汽车的回收。由此可见,从工程设计的观念看,现代设计方法中非技术因素的设计占有很大的比例。

机械设计是一项工程设计,涉及的因素远非上述各项所能包含。综上所述,在科学技术高速发展的今天,作为机械产品的设计者,在进行总体方案设计时,必须以现代设计的观念、系统工程的观念、工程设计的观念来充实自己,使自己能以崭新的、更符合现代工程实际的思想来参加设计。

文献阅读指南

(1) 现代设计观念的建立是一个潜移默化的过程,需要时时追踪最新的科技报道。关于虚拟设计、并行工程、稳健设计、网络技术等的最新发展可查阅机械工程类、信息工程类、电子技术类的国内外期刊。关于科学技术与社会的关系的有关论述,可参阅胡显章等编著

的《科学技术概论》(北京：高等教育出版社,1998)。有关技术创新、技术与社会、技术系统
与科学系统、技术系统与工程系统的关系等的论述,可参阅李善先主编的《技术系统论》(北
京：科学出版社,2005)。

(2) 关于现代设计方法的论述,可参阅陈屹等编著的《现代设计方法及其应用》(北京：
国防工业出版社,2004),书中对于创新设计方法、虚拟设计、并行设计、绿色设计等作了论
述。也可参阅黄毓瑜主编的《现代工业设计概念》(北京：化学工业出版社,2004),书中对于
设计应该在共性中求导、求新、求创造,科学也要艺术化,现代设计要实现人的生存价值、考
虑人的感受等观点作了阐述。还可参阅《机械设计手册》第三版(北京：机械工业出版社,
2004),该书在第 5 卷第 27 篇、第 36 篇中介绍了人机工程、造型设计和创新设计的相关
内容。

(3) 系统工程是一门交叉学科,有兴趣深入研究的读者可参阅汪应洛主编的《系统工
程》(第 3 版)(北京：机械工业出版社,2004)和《系统工程理论、方法与应用》(北京：高等教
育出版社,1998),这两本书对系统和系统工程的概念、理论基础、系统分析方法及系统工程
的方法论等进行了阐述。还可阅读许国志主编的《系统科学》(上海：上海科学教育出版社,
2004),该书对系统科学的工程技术问题和系统工程方法论等作了阐述。

习　　题

13.1　简述机械产品设计过程包括的四个阶段。

13.2　机械总体方案设计的任务是什么？在这个阶段需要完成哪些方面的工作？

机械执行系统的方案设计

【内容提要】 本章首先介绍机械执行系统方案设计的过程和内容,在此基础上,重点介绍执行系统的功能原理设计、运动规律设计、执行机构的型式设计和执行系统的协调设计。最后简要介绍方案的评价与决策。

机械执行系统的方案设计是机械系统总体方案设计的核心,也是整个机械设计工作的基础。执行系统方案设计的好坏,对机械能否完成预期的工作任务、工作质量的优劣以及产品在国际市场上的竞争能力,都起着决定性的作用。

14.1 执行系统方案设计的过程和内容

机械执行系统方案设计的过程,可用图 14.1 所示的框图来表示。它主要包括以下内容。

1. 功能原理设计

任何一部机械的设计都是为了实现某种预期的功能要求,包括工艺要求和使用要求。所谓功能原理设计,就是根据机械预期实现的功能,考虑选择何种工作原理来实现这一功能要求。实现某种预期的功能要求,可以采用多种不同的工作原理,不同的工作原理需要不同的工艺动作。例如,要求设计一个齿轮加工设备,其预期实现的功能是在轮坯上加工出轮齿,为了实现这一功能要求,既可以选择仿形原理,也可以采用范成原理。若选择仿形原理,则工艺动作除了有切削运动、进给运动外,还需要有准确的分度运动;若采用范成原理,则工艺动作除了有切削运动和进给运动外,还需要有刀具与轮坯对滚的范成运动等。这说明,实现同一功能要求,可以选择不同的工作原理;选择的工作原理不同,所设计的机械在工作性能、工作品质和适用场合等方面就会有很大差异。

2. 运动规律设计

实现同一工作原理可以采用不同的运动规律。所谓运动规律设计是指为实现上述工作原理而决定选择何种运动规律。这一工作通常是通过对工作原理所提出的工艺动作进行分解来进行的。工艺动作分解的方法不同,所得到的运动规律也各不相同。例如,同是采用范成原理加工齿轮,工艺动作可以有不同的分解方法:一种方法是把工艺动作分解成齿条插刀与轮坯的范成运动、齿条刀具上下往复的切削运动以及刀具的进给运动等,按照这种工艺

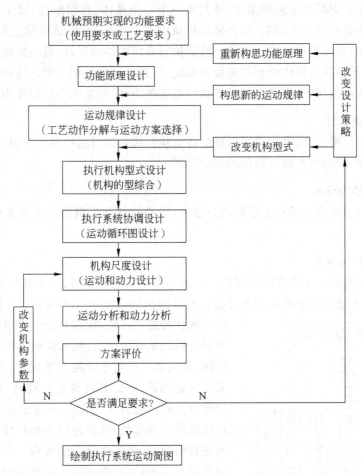

图 14.1　机械执行系统方案设计过程框图

动作分解方法,得到的是插齿机床的方案;另一种方法是把工艺动作分解成滚刀与轮坯的连续转动(将切削运动和范成运动合为一体)和滚刀沿轮坯轴线方向的移动,按照这种工艺动作分解方法,就得到了滚齿机床的方案。这说明,实现同一工作原理,可以选用不同的运动规律;所选用的运动规律不同,设计出来的机械也大相径庭。

3. 执行机构型式设计

实现同一种运动规律,可以选用不同型式的机构。所谓机构型式设计,是指究竟选择何种机构来实现上述运动规律。例如,为了实现刀具的上下往复运动,既可以采用齿轮齿条机构、螺旋机构;也可以采用曲柄滑块机构、凸轮机构;还可以通过机构组合或结构变异创造发明新的机构等。究竟选择哪种机构,还需要考虑机构的动力特性、机械效率、制造成本、外形尺寸等因素,根据所设计的机械的特点进行综合考虑,分析比较,抓住主要矛盾,从各种可能使用的机构中选择出合适的机构。机构型式设计又称为机构的型综合,它直接影响到机械的使用效果、繁简程度和可靠性等。

4. 执行系统的协调设计

一部复杂的机械,通常由多个执行机构组合而成。当选定各个执行机构的型式后,还必须使这些机构以一定的次序协调动作,使其统一于一个整体,互相配合,以完成预期的工作要求。如果各个机构动作不协调,就会破坏机械的整个工作过程,达不到工作要求,甚至会损坏机件和产品,造成生产和人身事故。所谓执行系统的协调设计,就是根据工艺过程对各动作的要求,分析各执行机构应当如何协调和配合,设计出协调配合图。这种协调配合图通常称为机械的运动循环图,它具有指导各执行机构的设计、安装和调试的作用。

5. 机构尺度设计

所谓机构的尺度设计,是指对所选择的各个执行机构进行运动和动力设计,确定各执行机构的运动尺寸,绘制出各执行机构的运动简图。

6. 运动和动力分析

对整个执行系统进行运动分析和动力分析,以检验其是否满足运动要求和动力性能方面的要求。

7. 方案评价与决策

方案评价包括定性评价和定量评价。前者是指对结构的繁简、尺寸的大小、加工的难易等进行评价,后者是指将运动和动力分析后所得的执行系统的具体性能与使用要求所规定的预期性能进行比较,从而对设计方案作出评价。如果评价的结果认为合适,则可绘制出执行系统的运动简图,即完成了执行系统的方案设计;如果评价的结果是否定的话,则需要改变设计策略,对设计方案进行修改。修改设计方案的途径因实际情况而异:既可以改变运动参数,重新进行机构尺度设计;也可以改变机构型式,重新选择新的机构;还可以改变工艺动作分解的方法,重新进行运动规律设计;甚至可以否定原来所采用的功能原理设计,重新寻找新的功能原理。

需要指出的是,选择方案与对方案进行尺度设计和性能分析,有时是不可分的。因为在实际工作中,如果大体尺寸还没有确定,就不可能对方案作出确切评价,确定选择哪种方案。所以,这些工作在某种程度上是并行的。

综上所述,实现同一种功能要求,可以采用不同的工作原理;实现同一种工作原理,可以选择不同的运动规律;实现同一种运动规律,可以采用不同型式的机构。因此,为了实现同一种预期的功能要求,就可以有许多种不同的方案。机械执行系统方案设计所要研究的问题,就是如何合理地利用设计者的专业知识和分析能力,创造性地构思出各种可能的方案并从中选出最佳方案,这种构思方案的思考方法可以用图 14.2 来表示。

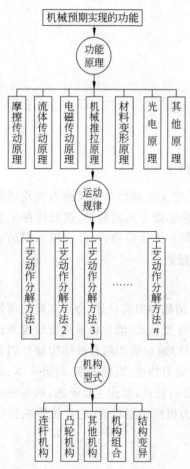

图 14.2　机械执行系统方案构思的方法

　　机械执行系统的方案设计,是一项难度极大的工作,它涉及如何根据功能要求选定工作原理,如何根据工作原理选择运动规律,如何根据运动规律选择或创新不同的机构型式来满足这些功能或运动规律要求,如何从功能原理、运动规律和机构型式设计的多解性中优化筛选出最佳的方案,因此机械执行系统的方案设计又是一项极富创造性的工作。

14.2　执行系统的功能原理设计

14.2.1　功能原理的构思与选择

　　功能原理设计是机械执行系统方案设计的第一步,也是十分重要的一步。如前所述,实现同一功能要求,可以有许多不同的工作原理可选择,选择的工作原理不同,执行系统的运动方案也必然不同。功能原理设计的任务,就是根据机械预期实现的功能要求,构思出所有可能的功能原理,加以分析比较,并根据使用要求或工艺要求,从中选择出既能很好地满足功能要求、工艺动作又简单的工作原理。

　　例如,要求设计一自动输送料板的装置,既可以采用机械推拉原理,将料板从底层推出,然后用夹料板将其抽走,如图 14.3(a)所示;也可以采用摩擦传动原理,用摩擦板从顶层推出一张料板,然后用夹料板将其抽走,如图 14.3(b)所示,或用摩擦轮将料板从底层滚出,再用夹料板将其抽走,如图 14.3(c)所示;还可以采用气吸原理,用顶吸法吸走顶层一张料板,

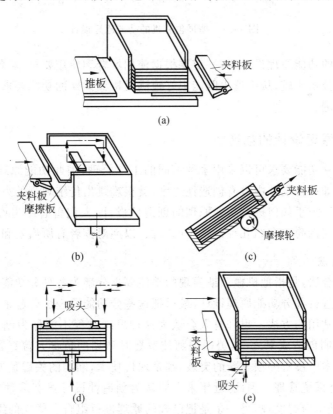

图 14.3　自动输送料板装置的功能原理设计

如图 14.3(d)所示,或用底层吸取法,吸出料板的边缘,再用夹料板将其抽走,如图 14.3(e)所示;当料板为钢材时,还可以采用磁吸原理。

上述几种工作原理,虽然均可以满足机械执行系统预期实现的功能要求,但工作原理不同,所需的运动规律也不相同。采用图 14.3(a)所示的机械推拉原理,只需要推料板和夹料板的往复运动,运动规律简单,但这种原理只适用于有一定厚度的刚性料板;采用图 14.3(b),(c)所示的摩擦传动原理,不仅需要有摩擦板(或摩擦轮)接近料板的运动,还需要送料运动和退回运动等,运动规律比较复杂;采用图 14.3(d),(e)所示的气吸原理,除了要求吸头作 L 形轨迹的运动外,还必须具有附加的气源。

再比如,为了加工出螺栓上的螺纹,可以采用车削加工原理,也可以采用套丝工作原理,还可以采用滚压工作原理。这几种不同的螺纹加工原理适用于不同的场合,满足不同的加工需要,其执行系统的运动方案也各不相同。

又比如,要求设计包装颗粒糖果的糖果包装机,既可以采用图 14.4(a)所示的扭结式包装原理,也可以采用图 14.4(b)所示的折叠式包装原理,还可以采用图 14.4(c)所示的接缝式包装原理。3 种包装方法所依据的工作原理不同,工艺动作显然也不同,所设计的机械的运动方案也完全不同。

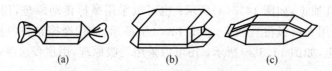

图 14.4　糖果包装机的功能原理设计

在进行机械的功能原理设计时,一定要根据使用场合和使用要求,对各种可能采用的功能原理认真加以分析比较,从中选出既能很好地满足机械预期的功能要求,工艺动作又可简便实现的工作原理。

14.2.2　功能原理设计的创造性

由于实现同一功能要求可以采用多种不同的工作原理,因此功能原理设计的过程是一个创造性过程。如果在设计中没有创造性思维,就很难跳出传统观念的束缚,设计出具有竞争能力的新产品。至于如何进行功能原理的创造性设计,人们曾总结出许多种方法。本节拟通过若干设计实例简要介绍几种最常用的方法,以期对读者有所启发和帮助。

1. 分析综合法

所谓分析综合法,是指把机械预期实现的功能要求分解为各种分功能,然后分别加以研究,分析其本质,进行各分功能原理设计,最后把这些分功能原理综合起来,组成一个新的系统。这是一种最常用的方法。也许有人会认为这种思维过程不能称为创造性设计。然而,当代最伟大的发明创造成果之一,美国的阿波罗登月计划的负责人曾直言不讳地讲过:阿波罗宇宙飞船技术中没有一项是新的突破,都是现代技术,问题的关键是如何把它们精确无误地组织好,实行系统管理。因此,近年来人们认为创造性设计虽有多种方法,但基本的途径有两条,一条是全新的发现,另一条是把已知的原理进行组合。优秀的组合也是一种创造性的体现。

2．思维扩展法

功能原理设计既然是一个创造性过程，就要求设计者从传统的定式思维方式转向发散思维。没有发散思维，很难有新的发现。在功能原理设计中，有些功能依靠纯机械装置是难以完成的，设计者切忌将思路仅仅局限在机构上，而应尽量采用先进、简单、廉价的技术。例如，要设计一种用于大批量生产的计数装置，既可以采用机械计数原理，也可以采用光电计数原理，根据后一种原理所设计的计数装置，在某些情况下可能比机械计数装置更简便；要设计一种连续生产过程中随时计测工件尺寸的装置，既可以采用机械测量原理，也可以采用超声波等测量原理，在某些情况下，后者不仅比前者更加方便，而且可以降低机械的复杂程度和提高机械的性能；挖土机在挖掘具有一定湿度的泥土时，泥土会黏附在挖斗内不易倒出，为解决这一问题，搞机械设计的人一般会马上想到采用机械原理设计一清扫机构，这虽然可以解决问题，但却会增加装置的复杂程度，而且使用不便，有人采用发散思维，提出可采用一种与黏土摩擦系数很小的材料作为挖斗的表面材料，从而把问题转向对新型材料的探寻上。类似的例子还有很多。

在进行机械功能原理设计时，设计者一定要拓宽自己的思路。在当今新技术层出不穷、多学科日益交叉的情况下，广泛采用气、液、光、声、电、材料等新技术，构思出新的功能原理，已成为一个优秀的设计人员必须具备的素质。

3．还原创新法

任何发明创造都有创造的原点和起点，创造的原点是机械预期实现的功能要求，它是惟一的；创造的起点是实现这一功能要求的方法，它有许多种。创造的原点可以作为创造的起点，而创造的起点却不一定都能作为成功创造的原点。所谓还原创新法，是指跳出已有的创造起点，重新返回到创造的原点，紧紧围绕机械预期实现的功能要求另辟蹊径，构思新的功能原理。

洗衣机的发明是一个很好的例子。洗衣机预期实现的功能要求是将衣物上的脏物（灰尘、油渍、汗渍等）洗去并且不损伤衣物。要将这些脏物从衣物上分离出来，现在采用的是洗衣粉这种表面活性剂，该活性剂的特点是其分子的一端与油渍等脏物有很好的亲和力，而另一端又与水有很好的亲和力，因此能把衣物中的脏物拉出来与水相混合。但是这种作用先发生在衣物表面与水相接触的滞留层上，因此需要另外加一个运动使它脱离滞留层，至于采用什么原理和方法使其脱离滞留层，并没有限制。既可以仿照传统的洗衣法采用揉搓原理、刷擦原理或捶打原理，也可以采用振动原理和漂洗原理等。若采用揉搓原理，就要设计一个模仿人手动作的机械手，难度很大；若采用刷擦原理，则很难把衣物各处都刷洗到；若采用捶打原理，虽然工艺动作简单，但却易损伤衣物。由于长期以来人们把创造的起点局限在这种传统的洗衣方法上，因此使洗衣机的发明在很长时间得不到解决。后来人们跳出传统的洗衣方法（即创造的起点），从洗衣机预期实现的功能要求出发（即回到创造的原点），采用漂洗原理，才成功地发明了现代家用洗衣机。它利用一个波轮在水中旋转，形成涡流来翻动衣物，从而达到了清洗衣物的目的。它不仅结构简单，而且安全可靠。

家用缝纫机的发明是又一个成功的例子。设计缝纫机的目的是为了缝连布料，这是缝纫机预期实现的功能要求，至于采用何种工作原理来实现这一功能要求，并没有什么限制。但是在缝纫机开始发明的50多年中，由于人们一味地模仿人手千百年来穿针走线的动作，将其作为发明创造的起点,使人类发明缝纫机的梦想迟迟未能实现。后来,突破了模仿人手的动作而回到创造的原点,采用摆梭使底线绕过面线将布料夹紧的工作原理,终于成功地发明了家用缝纫机,使梦想成真。它的工艺动作十分简单:针杆做往复移动,拉线杆和摆梭做往复摆动,送布牙的轨迹由复合运动实现,这几个动作的协调配合,便实现了缝连布料的功能要求。

14.3 执行系统的运动规律设计

根据机械预期实现的功能要求确定了机械的工作原理后,接下来的任务就是进行运动规律设计。运动规律设计的根本目的,就是根据工作原理所提出的工艺要求构思出能够实现该工艺要求的各种运动规律,然后从中选取最为简单适用的运动规律,作为机械的运动方案。运动方案选择得是否适当,直接关系到机械运动实现的可能性、整机的复杂程度以及机械的工作性能,对机械的设计质量具有决定性的影响。因此,它是机械执行系统方案设计中十分关键的一步。

14.3.1 工艺动作分解和运动方案选择

实现一个复杂的工艺过程,往往需要多种动作,而任何复杂的动作总是由一些最基本的运动合成的。因此,运动规律设计通常是对工艺方法和工艺动作进行分析,把其分解成若干个基本动作,工艺动作分解的方法不同,所形成的运动方案也不相同。

例如,要设计一台加工平面或成型表面的机床,可以选择刀具与工件之间相对往复移动的工作原理。为了确定该机床的运动方案,需要依据其工作原理对工艺过程进行分解。一种分解方法是让工件做纵向往复移动,刀具做间歇的横向进给运动,即切削时刀具静止不动,而不切削时刀具做横向进给。工艺动作的这种分解方法,就得到了龙门刨床的运动方案,它适用于加工大尺寸的工件。工艺过程的另一种分解方法是让刀具做纵向往复移动,工件做间歇的横向送进运动,即刀具在工作行程中工件静止不动,而刀具在空回行程中工件做横向送进,工艺动作的这种分解方法,就得到了牛头刨床的运动方案,它适用于加工中、小尺寸的工件。

再比如,要求设计一台计算机的绘图机,使其能按照计算机发出的指令绘制出各种平面曲线。绘制复杂平面曲线的工艺动作可以有不同的分解方法:一种方法是让绘图纸固定不动,而绘图笔做 x,y 两个方向的移动,从而在绘图纸上绘制出复杂的平面曲线。工艺动作的这种分解方法,就得到了如图 14.5(a)所示的小型绘图机的运动方案。工艺动作的另一种分解方法是让绘图笔做 x 方向的移动,而让绘图纸绕在卷筒上绕 x 轴做往复转动,从而在绘图纸上绘制出复杂的平面曲线。工艺动作的这种分解方法,就得到了如图 14.5(b)所示的大型绘图机的运动方案。

又比如,要求设计一台加工内孔的机床,所依据的是刀具与工件间相对运动的原理。根据这一工作原理,加工内孔的工艺动作可以有几种不同的分解方法:一种方法是让工件做连续等速转动,刀具做纵向等速移动;同时,为了得到所需的内孔尺寸,刀具还需做径向进给运动。工艺动作的这种分解方法,就得到如图 14.6(a)所示的镗内孔的车床的方案。第二种分解方法是让工件固定不动,使刀具既绕被加工孔的中心线转动,又做纵向进给运动;为了

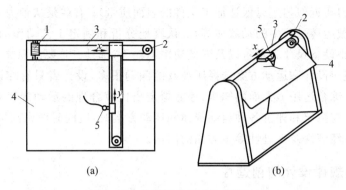

图 14.5　绘图机的运动方案设计

1—主动轮；2—从动轮；3—钢丝；4—绘图纸；5—绘图笔

调整被加工孔的直径,刀具还需做径向调整运动。这种分解方法就形成了如图 14.6(b)所示的镗内孔的镗床的方案。第三种分解方法是让工件固定不动,而采用不同尺寸的专用刀具——钻头和铰刀等,使刀具做等速转动并做纵向送进运动。这种分解方法就形成了如图 14.6(c)所示的加工内孔的钻床的方案。第四种方法是让工件和刀具均不转动,而只让刀具做直线运动。这种分解方法就形成了如图 14.6(d)所示的拉床方案。

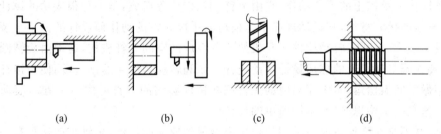

图 14.6　内孔加工机床的运动方案设计

从对以上几个例子的分析中可以看出:在完成了机械的功能原理设计、选定了机械的工作原理后,对工艺方法和工艺动作的分析就成了运动规律设计和运动方案选择的前提。实现同一个工艺动作,可以分解成各种简单运动,工艺动作分解的方法不同,所得到的运动规律和运动方案也大不相同,它们在很大程度上决定了机械的特点、性能和复杂程度。例如,在上面加工内孔的例子中,车、镗、钻、拉各种方案各具特点和用途。当加工小的圆柱形工件时,选用车床镗内孔的方案比较简单,即使稍大的圆柱形工件,也可以采用立式车床的方案;当加工尺寸很大且外形复杂的工件时(如加工箱体上的主轴孔),由于将工件装在机床主轴上转动很不方便,因此可以采用镗床的方案;钻床的方案取消了刀具的径向调整运动,工艺动作简化了,但带来了刀具的复杂化,且加工大的内孔有困难;拉床的方案动作最为简单,生产率也高,但所需拉力大,刀具价格昂贵且不易自制,拉削大零件和长孔时有困难,在拉孔前还需要在工件上预先制出拉孔和工件端面。所以在进行运动规律设计和运动方案选择时,应综合考虑各方面的因素,根据实际情况对各种运动规律和运动方案加以认真分析和比较,从中选择出最佳方案。

此外,在对运动规律进行设计时,不但要注意工艺动作本身的形式,还要注意其变化规律的特点,即运转过程中速度和加速度变化的要求。这些要求有些是工艺过程本身提出来的(如机床的走刀要近似匀速以保证加工工件的表面质量);有些是从动力学的观点提出来的(为了减小机械运转过程中的动载荷等)。认真地分析和确定工艺动作的运动规律,对保证工艺质量、减小设备尺寸和重量以及降低功率消耗等,都具有重要的意义。

机械运动规律设计和运动方案选择所涉及的问题很多,设计者只有在认真总结生产实践经验的基础上综合运用多方面的知识,才能拟定出比较合理的运动规律和选择出较为优秀的运动方案。在拟定和评价各种运动规律和运动方案时,应同时考虑到机械的工作性能、适应性、可靠性、经济性及先进性等多方面的因素。

14.3.2　运动规律设计的创造性

如前所述,实现同一工作原理,可以采用不同的工艺动作分解方法,设计出不同的运动规律。因此,运动规律设计也是一种创造性的工作。如果在设计中缺乏创造性,就难以设计出结构简单、性能良好、具有竞争力的新产品。

同功能原理设计一样,运动规律设计的创新方法也有多种。

在进行运动规律创新设计中,人们最常用的方法是仿生法。所谓仿生法,是指模仿人或动物的动作将工艺动作进行分解,构思出实现某一预定工作原理的运动规律。在不少情况下,采用仿生法可以获得成功的设计。例如,人们常见的建筑工地上使用的挖土机,其运动规律就是模仿人手挖土的工艺动作,它由上臂、肘、挖斗等组成,是一种很成功的设计。又如图 14.7 所示的搓元宵机,其运动规律也是模仿人手搓元宵的动作而设计的。整个装置是由旋转圆盘 1、连杆 2 和 3、转动构件 4 和机架 5 所组成的空间五杆机构,运动由旋转圆盘 1 输入,通过装在圆盘外圈上的球形铰链带动连杆 2、3 和转动构件 4 运动,从而使与连杆 2 固结的工作箱做空间振摆运动,工作箱内的元宵馅在稍许湿润的元宵粉中经多方向滚动即可制成元宵。这是一个构思巧妙、结构简单的设计。

但是,并不是在任何情况下采用仿生法都能得到成功的设计,思维扩展法仍是一个重要的创新方法。例如,某工厂要求设计一台分选不同直径钢珠的装置,若采用仿生法模仿人手分选钢珠的动作,则要考虑滚珠的送料动作、直径的测量动作、钢珠的分装动作等,这样设计的运动规律势必很复杂,从而导致整个分选装置的复杂化,甚至不能很好地完成预期的分选功能。若采用思维扩展法,在设计运动规律时,同时考虑到被分选对象的运动,让钢珠也参与到运动规律设计中去,使钢珠沿着两个斜放的不等距棒条滚动,当钢珠沿棒条移动时,小一些的钢珠由于棒条夹不住而靠自重先行落下,大一些的钢珠可多移动一段距离。钢珠落下的先后次序与其直径大小成比例,如图 14.8 所示。这一设计避开了传统的设计思路,设计者只需设计一个输送钢珠的动作,即可成功地达到钢珠尺寸分级的目的,是一个构思巧妙的设计。

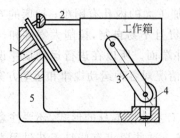
图 14.7　搓元宵机结构示意图

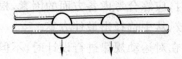
图 14.8　钢珠分选装置的构思

14.4　执行机构的型式设计

当把机械的整个工艺过程所需的动作或功能分解成一系列基本动作或功能,并确定了完成这些动作或功能所需的执行构件数目和各执行构件的运动规律后,即可根据各基本动作或功能的要求,选择或创造合适的机构型式来实现这些动作了。这一工作称为执行机构的型式设计,又称为机构的型综合。

执行机构型式设计的优劣,将直接影响到机械的工作质量、使用效果和结构的繁简程度。它是机械系统方案设计中举足轻重的一环,也是一项极具创造性的工作。

14.4.1　执行机构型式设计的原则

1. 满足执行构件的工艺动作和运动要求

满足执行构件所需的工艺动作和运动要求,包括运动形式、运动规律或运动轨迹方面的要求,是执行机构型式设计时首先要考虑的最基本因素。

2. 尽量简化和缩短运动链,选择较简单的机构

确定机构的运动,要求构件数和运动副数目之间满足一定的关系,这个关系就是机构自由度计算公式。在给定了所需设计的机构的自由度的前提下,构件数和运动副数目的多种组合都可以满足这个公式,这就为选择和设计机构的型式留下了比较的余地。

实现同样的运动要求,应尽量采用构件数和运动副数目最少的机构。这样做有以下好处:其一,运动链越短,构件和运动副数目就越少,可降低制造费用、减轻机械重量;其二,有利于减少运动副摩擦带来的功率损耗,提高机械的效率;其三,有利于减少运动链的累积误差,从而提高传动精度和工作可靠性;其四,构件数目的减少有利于提高机械系统的刚性。正是由于这些原因,在进行执行机构型式设计时,有时宁可采用具有较小设计误差但结构简单的近似机构,而不采用理论上没有误差但结构复杂的机构。图 14.9(a)、(b)所示分别为精确和近似直线导向机构的简图,

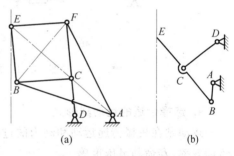

图 14.9　直线导向机构
(a) 精确型;(b) 近似型

实际分析表明,在同一制造精度条件下,前者的实际传动误差为后者的 2～3 倍。因此,在许多情况下,人们宁愿选用后者而不是前者。

图 14.10 所示为完成同样冲压工作的两种机构型式方案。从图中可以看出,在保证曲柄转速相同的前提下,图 14.10(b)所示的结构简化了,机械的重量也减轻了。

3. 尽量减小机构的尺寸

设计机械时,在满足工作要求的前提下,总希望机械结构紧凑、尺寸小、重量轻。而机械的尺寸和重量,随机构型式设计的不同而有较大差别。例如,在相同的运转参数下,行星轮系的尺寸和重量较定轴轮系显著减小;在从动件移动行程较大的情况下,采用圆柱凸轮要比盘形凸轮尺寸更为紧凑等。

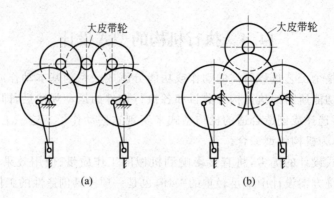

图 14.10 冲压机构方案

图 14.11(a)所示为驱动机械中某执行构件作往复移动的对心曲柄滑块机构。由图中可以看出,若欲使滑块行程为 s,则曲柄长度应为 $s/2$。若利用杠杆行程放大原理,采用图 14.11(b)所示的机构,并使 $DC=CE$,则使滑块实现同样的行程 s,曲柄长度约为 $s/4$,连杆尺寸也相应减小了;为了达到同样的目的,也可以利用活动齿轮倍增行程原理,采用图 14.11(c)所示的机构,当活动齿条的行程为 s 时,齿轮中心的行程为 $s/2$,曲柄长度可减小到 $s/4$。

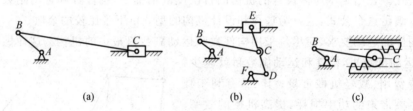

图 14.11 减小曲柄长度的几种方案

4. 选择合适的运动副形式

运动副在机械传递运动和动力的过程中起着重要作用,它直接影响到机械的结构形式、传动效率、寿命和灵敏度等。

一般来说,转动副易于制造,容易保证运动副元素的配合精度,且效率较高;同转动副相比,移动副元素制造较困难,不易保证配合精度,效率较低且易发生自锁或楔紧,故一般只宜用于作直线运动或将转动变为移动的场合。在进行执行机构型式设计时,在某些情况下,若能用转动副替代移动副,则可避免上述缺点,收到较好效果。图 14.12 所示的用转动副 D 代替移动副 D' 的近似直线导向机构就是一个实例。

采用带高副的机构比较易于实现执行构件较复杂的运动规律或运动轨迹,且有可能减少构件数和运动副数目,从而缩短运动链;其缺点是高副元素形状较复杂且易于磨损,故一般用于低速轻载场合。需要指出的

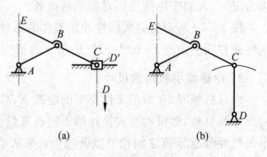

图 14.12 近似直线导向机构

是,在某些情况下,采用高副虽然可以缩短运动链,但可能会造成机构尺寸较大。

5. 考虑动力源的形式

选择合适的动力源,有利于简化机构结构和改善机械性能。在进行执行机构型式设计时,应充分考虑工作要求、生产条件和动力源情况,当有气、液源时,常采用液压和气动机构,这样既可以简化机构结构,省去许多电动机、传动机构或转换运动的机构,又有利于操作、调节速度和减振。特别是对于具有多个执行机构的工程机械、自动生产线或自动机等,更应优先考虑这些因素。例如,为了使执行构件 K 做等速往复直线运动,既可以如图 14.13(a)所示的那样采用电动机作为动力源,也可以如图 14.13(b)所示的那样采用往复式油缸作为动力源。由图中可以看出,若采用图 14.13(a)所示的方案,不仅需要单独的电动机和传动机构(图中未示出)驱动原动件,而且还需要采用连杆机构把转动变为执行构件的等速往复移动;而采用图 14.13(b)所示的液压驱动方案,不仅可以用一个动力源驱动多个执行构件,而且机构简单、结构紧凑、体积小,反向时运转平稳、易于调节移动速度。

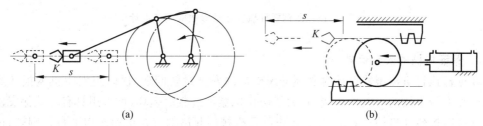

$$(a) \qquad\qquad (b)$$

图 14.13　采用不同动力源驱动的方案

6. 使执行系统具有良好的传力条件和动力特性

在进行执行机构型式设计时,应注意选用具有最大传动角、最大机械增益和效率较高的机构,这样可减小主动轴上的力矩和原动机的功率及机构的尺寸和重量。

机构中若有虚约束,则要求提高加工和装配精度,否则将会产生很大的附加内应力,甚至会产生楔紧现象而使运动发生困难。因此,在进行执行机构型式设计时,应尽量避免采用虚约束。若为了改善受力状况、增加机构刚度或减轻机构重量而必须引入虚约束时,则必须注意结构、尺寸等方面设计的合理性,必要时还需增加均载装置等辅助装置。

对于机械中高速运转的机构,如果做往复运动或平面复杂运动的构件惯性质量较大,或转动构件上有较大的偏心质量,则在机构型式设计时应考虑进行平衡设计,以减小机械运转中的动载荷,使构件和机构达到最佳平衡状态。否则会引起很大振动,甚至破坏机械的正常工作条件。

7. 使机械具有调节某些运动参数的能力

在某些机械的运转过程中,有些运动参数(如行程)需要经常调节;而在另一些机械中,虽然不需要在运转过程中调节运动参数,但为了安装调试方便,也需要机构中有调整环节。在这些情况下进行执行机构型式设计时,要考虑使机构具有调节功能。

机构运动参数的调节,在不同情况下有不同的方法。一般来说,可通过选择和设计具有两个自由度的机构来实现。二自由度的机构具有两个原动件,可将其中一个作为主原动件输入主运动(即驱动机构实现工艺动作所要求的运动),而将另一个作为调节原动件,当调整到需要位置后,使其固定不动,则整个机构就成为具有 1 个自由度的系统,在主原动件的驱动下机构即可正常工作。

图 14.14(a)所示为一普通的曲柄摇杆机构,其摇杆的极限位置和摆角均不能在运转过程中调节。若将其改为图(b)所示的二自由度机构,取 a 为主原动件,b 为调节原动件,则改变构件 b 的位置,摇杆的摆角和极限位置就会发生相应变化。调节适当后,即可使构件 b 固定不动,整个机构就变成了单自由度机构。

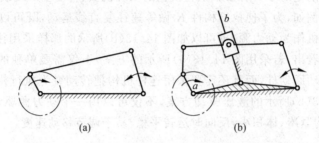

图 14.14 曲柄摇杆机构运动参数的调节设计

8. 保证机械的安全运转

在进行执行机构型式设计时必须考虑机械的安全运转问题,以防止发生机械损坏或出现生产和人身事故的可能性。例如,为了防止机械因过载而损坏,可采用具有过载保安性的带传动或摩擦传动机构;又如,为了防止起重机械的起吊部分在重物作用下自行倒转,可在运动链中设置具有自锁功能的机构(如蜗杆蜗轮机构)。

以上介绍了执行机构型式设计时应遵循的基本原则。在对某一具体执行系统进行机构型式设计时,应综合考虑,统筹兼顾,根据设计对象的具体情况,抓住主要矛盾,有所侧重。

执行机构型式设计的方法有两大类,即机构的选型和构型,下面分别加以介绍。

14.4.2 机构的选型

所谓机构的选型,是指利用发散思维的方法,将前人创造发明出的数以千计的各种机构按照运动特性或动作功能进行分类,然后根据设计对象中执行构件所需要的运动特性或动作功能进行搜索、选择、比较和评价,选出执行机构的合适型式。

1. 按照执行构件所需的运动特性进行机构选型

这种方法是从具有相同运动特性的机构中,按照执行构件所需的运动特性进行搜寻。当有多种机构均可满足所需要求时,则可根据上节所述原则,对初选的机构型式进行分析和比较,从中选择出较优的机构。

表 14.1 列出了常见运动特性及其所对应的机构举例。

需要说明的是,表中所列机构只是很少一部分,具有上述几种运动特性的机构有数千种之多,在各种机构设计手册中均可查到。

随着计算机技术的发展,一些研究者尝试通过对机构的运动形式、特点和应用场合等进行表达,建立机构库。通过应用软件可以方便地实现对机构库中的各种机构进行浏览、查询和修改等工作。设计者可根据机构库中对机构的描述、执行机构型式设计的基本原则以及设计者自身的经验来选择合适的机构型式。

表 14.1 常见运动特性及其对应机构

运动特性		实现运动特性的机构示例
连续转动	定传动比匀速	平行四杆机构、双万向联轴节机构、齿轮机构、轮系、谐波传动机构、摆线针轮机构、摩擦传动机构、挠性传动机构等
	变传动比匀速	轴向滑移圆柱齿轮机构、混合轮系变速机构、摩擦传动机构、挠性无级变速机构等
	非匀速	双曲柄机构、转动导杆机构、单万向联轴节机构、非圆齿轮机构、某些组合机构等
往复运动	往复移动	曲柄滑块机构、移动导杆机构、正弦机构、移动从动件凸轮机构、齿轮齿条机构、楔块机构、螺旋机构、气动机构、液压机构等
	往复摆动	曲柄摇杆机构、双摇杆机构、摆动导杆机构、曲柄摇块机构、空间连杆机构、摆动从动件凸轮机构、某些组合机构等
间歇运动	间歇转动	棘轮机构、槽轮机构、不完全齿轮机构、凸轮式间歇运动机构、某些组合机构等
	间歇摆动	特殊形式的连杆机构、摆动从动件凸轮机构、齿轮-连杆组合机构、利用连杆曲线圆弧段或直线段组成的多杆机构等
	间歇移动	棘齿条机构、从动件做间歇往复运动的凸轮机构、反凸轮机构、气动机构、液压机构、移动构件有停歇的斜面机构等
预定轨迹	直线轨迹	连杆近似直线机构、八杆精确直线机构、某些组合机构等
	曲线轨迹	利用连杆曲线实现预定轨迹的多杆机构、凸轮-连杆组合机构、齿轮-连杆组合机构、行星轮系与连杆组合的机构等
特殊运动要求	换向	双向式棘轮机构、定轴轮系(三星轮换向机构)等
	超越	齿式棘轮机构、摩擦式棘轮机构等
	过载保护	带传动机构、摩擦传动机构等
	⋮	⋮

利用这种方法进行机构选型,方便、直观。设计者只需根据给定的工艺动作的运动特性,从有关手册或机构库中查阅相应的机构即可,故使用普遍。若所选机构的型式不能令人满意,则需构造新的机构型式,以满足设计任务的要求。有关机构型式创新设计的方法将在14.4.3节介绍。

2. 按照动作功能分解与组合原理进行机构选型

任何一个复杂的执行机构都可以认为是由一些基本机构(如四杆机构、凸轮机构、齿轮机构、五杆机构、差动轮系等)组成的,这些基本机构具有如表 14.2 所示的进行运动变换和传递动力的基本功能。

在根据生产工艺和使用要求进行执行机构型式设计时,可首先认真研究它需实现的总体功能。一般情况下,总体功能往往可以分解成若干分功能。这样的分解可用下述形式表达:

$$U = (U_i) \qquad i = 1, 2, \cdots, m \qquad (14.1)$$

即总体功能 U 是由若干个分功能 U_i 组成的。而每一个分功能又可以用不同的机构来实现,即

表 14.2　基本机构的功能及符号

基本功能	表示符号	基本功能	表示符号
运动形式变换		运动合成	
运动方向交替变换		运动分解	
运动轴线变向		运动脱离	
运动(位移或速度)放大		运动连接	
运动(位移或速度)缩小			

$$T_j = (t_{i1}, t_{i2}, \cdots, t_{in}) \qquad j = 1, 2, \cdots, n \tag{14.2}$$

式中,T_j 为能够完成该分功能的机构的集合;t_{ij} 为对应于一个能完成分功能 U_i 的机构;n 为能实现该分功能的机构数目。若用 U_i 定义行,T_j 定义列,t_{ij} 为元素构成矩阵,则可得如下所示的功能-技术矩阵:

$$(\boldsymbol{U\text{-}T}) = \begin{bmatrix} t_{11} & \cdots & t_{1j} & \cdots & t_{1n} \\ \vdots & & \vdots & & \vdots \\ t_{i1} & \cdots & t_{ij} & \cdots & t_{in} \\ \vdots & & \vdots & & \vdots \\ t_{m1} & \cdots & t_{mj} & \cdots & t_{mn} \end{bmatrix} \tag{14.3}$$

由于能够实现各分功能的机构数目并不相等,因此,通常将能实现某一分功能的最多机构数定为 n,少于 n 的分功能的元素项 t_{ij} 用零表示。

由于总体功能是由若干个分功能组成的,因此,只要在矩阵的每一行任找一个元素,把各行中找出的机构组合起来,就可以组成一个能实现总体功能的方案。根据这一原则,在确定了各分功能顺序的前提下,可得到的方案总数为

$$N = n^m \tag{14.4}$$

当然,由于有些机构具有多种分功能(如曲柄滑块机构既具有运动形式变换功能,又具有运动轴线变向功能),因此可能会出现重复方案;由于矩阵中有些元素为零,因此有些方案不可能成为有效方案。所以 N 个方案并不是都能成立。尽管如此,这一方法还是为设计者寻求多种供分析和选择的方案提供了一条有效的途径。

从功能-技术矩阵中得出许许多多组合方案后,先从中剔除一些明显不符合要求的方案,然后按照前面所述的原则,即可筛选出一些较合理的方案,以供进一步评价。

由于这种机构选型方法的表达模式有利于用计算机存储、分析和选择,因此,具有广阔的应用前景。若再制定出科学的评价准则,它很有可能进一步发展成计算机自动进行机构型式选择的基础。故引起了国内外众多学者的浓厚兴趣。

下面以能锻出高精度毛坯的精锻机主机构的选型为例,来说明用这种方法形成方案的具体过程。

精锻机主机构的总体功能是当加压执行构件(冲头)上下运动时,能锻出较高精度的毛

坏。根据空间条件,驱动轴必须水平布置,加压执行构件沿铅垂方向移动。按照这些要求,该执行机构应具有以下 3 个基本功能:

(1) 运动形式变换功能　将转动变换为移动。

(2) 运动轴线变向功能　将水平轴运动变换为铅垂方向运动。

(3) 运动位移或速度缩小功能　减小位移量(或速度),以实现增力要求($F=W/s=P/v$)。

根据以上分析,可画出完成加压执行机构总体功能的功能-技术矩阵图,如图 14.15 所示。由于矩阵中 3 个分功能的排列次序是任意的,故变更这 3 种基本功能的排列顺序,可得到如图 14.16 所示的 6 种基本功能结构。其中,Ⅰ,Ⅱ,Ⅲ 3 种结构是先将转动变为移动,在移动状态下再改变运动方向;Ⅳ,Ⅴ,Ⅵ 3 种结构是在转动状态下改变运动方向后才变换为移动;Ⅰ,Ⅱ,Ⅵ是在移动状态中增力;Ⅲ,Ⅳ,Ⅴ 则是在转动状态中增力。

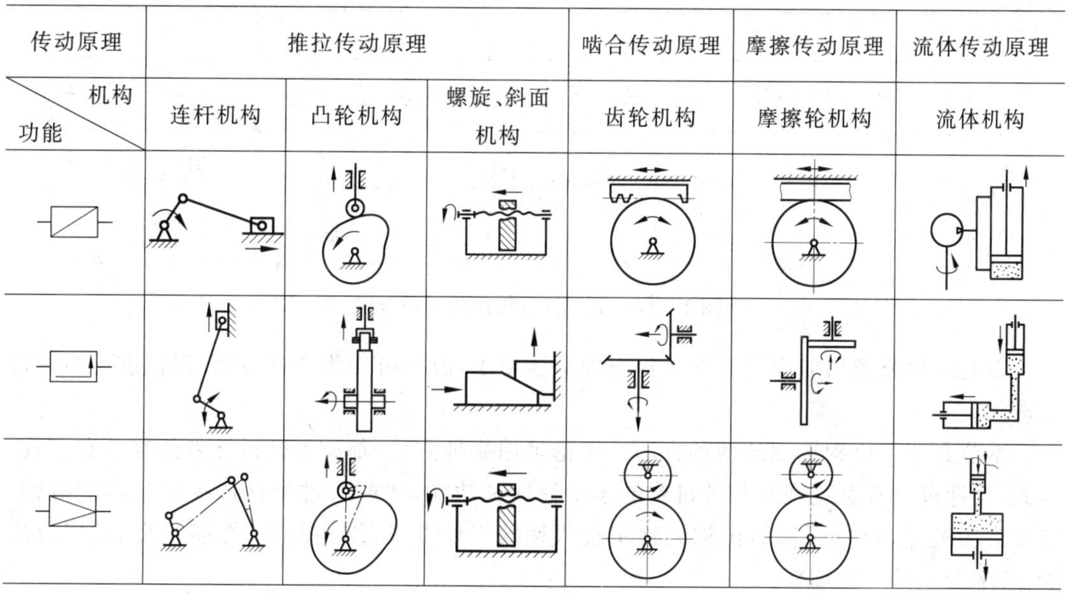

传动原理	推拉传动原理			啮合传动原理	摩擦传动原理	流体传动原理
机构 功能	连杆机构	凸轮机构	螺旋、斜面机构	齿轮机构	摩擦轮机构	流体机构

图 14.15　加压执行机构的功能-技术矩阵

只要在图 14.15 所示的功能-技术矩阵图中的 3 个分功能中各任选 1 个机构,就可以组合成一个能实现总体功能的执行机构方案,在确定了各分功能顺序的前提下,可得到 $N=6^3=216$ 个方案。在这众多的方案中,先剔除重复的或不合适的方案,然后按前面所述原则并结合精锻机的具体情况,选择合适的方案。

例如,若要求机构的结构尽可能简单,则可选择矩阵图 14.15 中的第 1 列(连杆机构)和第 2 列(凸轮机构),由于它们都同时兼有这 3 种基本功能,因此只要从中选择 1 个机构,就能完成设计要求中的 3 种功能,故这是所有方案中结构最简单的方案。但是,由于凸轮机构是高副接触,接触点应力过大,故不宜采用;曲柄滑块机构虽具有压力大、效率高等优点,但其刚度较小,也不宜用于要求锻出较高精

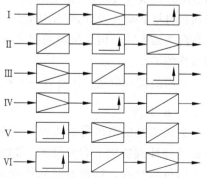

图 14.16　加压执行机构的基本功能结构

度毛坯的精锻机上。因此,需要在功能-技术矩阵图中另选一些刚度较高的机构组成新的方案。图 14.17 列出了 4 种方案:方案 A 采用曲柄滑块机构实现运动形式变换功能和运动大小变换功能,采用刚度很高的斜面机构实现运动轴线变向功能和运动大小变换功能,该方案由于采用斜面机构而增强了系统刚度,因经过两次运动大小变换而增加了锻压力;方案 B 采用曲柄滑块机构实现运动形式变换功能,采用液压机构实现运动轴线变向功能和运动大小变换功能,可具有较大锻压力;方案 C 采用曲柄摇杆机构实现运动大小变换功能,采用摆杆滑块机构实现运动形式变换、运动轴线变向和运动大小变换 3 种功能,由于该方案经过两次运动大小变换,故具有较大的压力,但系统刚度较差;方案 D 采用摩擦轮机构实现运动轴线变向功能,采用螺旋机构实现运动形式变换功能和运动大小变换功能,由于螺旋机构有很好的运动大小变换功能,故该方案可产生很大的锻压力。

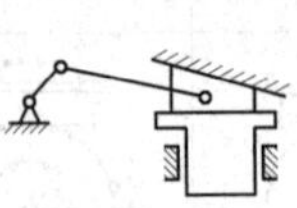

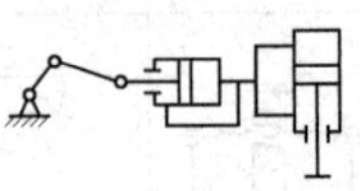

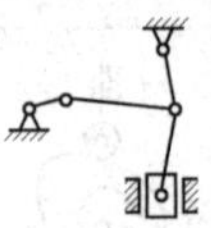

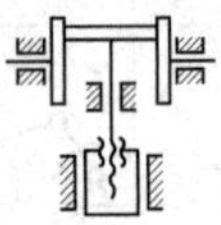

图 14.17　加压执行机构的 4 种方案

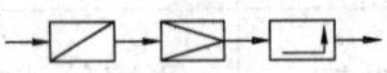

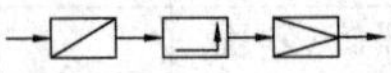

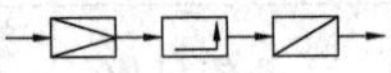

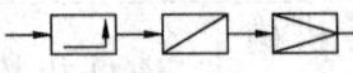

以上 4 种方案均能满足工作所提出的锻压要求,故均可作为初选方案,以供进一步评价和选优。

本节介绍了机构选型的两种方法。无论采用哪种方法,都离不开设计者的经验和直觉。因此,设计者只有熟悉现有各种机构的运动特性和功能,才能通过类比选择出合适的机构。需要说明的是,只要所选的机构能够实现预期的工作要求,结构简单,性能优良,且用得巧妙,其本身也是一种创新。

14.4.3　机构的构型

在根据执行构件的运动特性或功能要求采用类比法进行机构选型时,若所选择的机构型式不能完全实现预期的要求,或虽能实现功能要求但存在着或结构较复杂,或运动精度不当和动力性能欠佳,或占据空间较大等缺点,在这种情况下,设计者需要采用另一途径来完成执行机构的型式设计,即先从常用机构中选择一种功能和原理与工作要求相近的机构,然后在此基础上重新构筑机构的型式,这一工作称为机构的构型。它是一项比机构选型更具创造性的工作。

常用的机构构型方法有以下几种。

1. 扩展法

扩展法是根据机构组成原理创新机构的一种方法。当用选型法选择的基本机构在满足运动特性或功能上有欠缺时,可以以此机构为生长点,在其上连接若干基本杆组构筑出新的机构型式。这种方法的优点是在不改变机构自由度的情况下,能增加或改善机构的功能。

例如,要求设计一个急回特性比较显著、运动行程比较大的急回机构带动执行构件做往复移动,而常用的基本机构不能完全满足此要求时,可以选择如图 14.18 所示的摆动导杆机构 ABC 作为基本机构,合理设计该机构的参数,可以使其具有较显著的急回特性。然后在该摆动导杆机构的导杆 CB 延长线上的 D 点处连接一个 RPP 双杆组,形成如图所示的六杆机构。合理选择 CB 延长线上 D 点的位置,即可使执行构件 5 具有较大的运动行程,从而完全满足了工作要求。

2. 组合法

基本机构毕竟只能实现有限的功能和运动要求。对于更复杂的功能和运动要求,则常采用将几种基本机构用适当方式组合起来,来实现基本机构不易实现的运动或动力特性。

机构的组合是发明创造新机构的重要途径之一。常用的组合方式有串联、并联、反馈和复合式组合等,各种组合方式的特点及功用已在第 8 章作过详细介绍,此处不再赘述。

例如,要使做往复摆动的执行构件具有较显著的急回特性和较大的摆动行程,选择曲柄摇杆机构不能满足要求时,可如图 14.19 所示,将摆动导杆机构与齿轮机构串联组合,在摆动导杆 3 上固联一个扇形齿轮 3′,使其与小齿轮 4 相啮合,这样,当原动件曲柄等角速度转动时,固结在小齿轮 4 上的执行构件就可获得较大的往复摆动行程,且具有显著的急回特性。

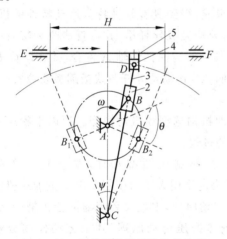

图 14.18 用扩展法进行机构的构型

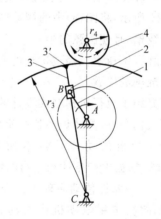

图 14.19 用组合法进行机构的构型

3. 变异法

机构的运动主要取决于运动副的形状、尺寸和位置,所谓机构的变异就是通过运动副形状、尺寸和位置安排上的变化生成新的机构型式。常用的方法有运动倒置法、运动副变换法和局部变异法等。

所谓运动倒置就是机架变换。四杆机构经过运动倒置能生成不同功能的机构,这一点已为大家所熟知。定轴齿轮机构经过运动倒置后可生成行星齿轮机构(见图 14.20),从而增加了行星轮上不同点所输出的轨迹的种类。这些都是运动倒置的典型实例。用运动倒置的观点研究现有机构,发现其内在联系,并由此使机构发生变异,是机构创新构型的方法之一。

运动副是机构运动变换的主要元素。通过运动副变换生成新的机构型式是机构创新构型的途径之一。常见的运动副变换有转动副变异为移动副、高副变异为低副、低副变异为高副等。前两种情况已在第2章和第1章中作过介绍,这里仅介绍低副变异为高副(即低副高代)的方法。

低副高代与高副低代的原理相同。图14.21所示为铰链四杆机构经低副高代变异为高副机构的情况。其代换方法是选一具有两个转动副的构件(如图14.21(a)中的构件4)作为代换构件,从运动链中除去该构件,而原来与该代换构件相邻的两构件(构件2,3)一个演化为凸轮,另一个演化为摆杆,成为摆动从动件凸轮机构。

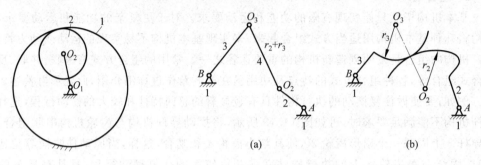

图 14.20 变异法——运动倒置   图 14.21 变异法——运动副变换

所谓局部变异法,是指通过改变机构的局部组成,得到具有某种特殊运动特性的机构。如图14.21所示,将图(a)中的摆动导杆机构中的导杆做成导杆槽,并将直槽改为带有一段圆弧的曲线槽,且使圆弧的半径等于曲柄长 AB,其中心与曲柄转轴 A 重合,并将滑块 B 改成滚子,如图(b)所示。经过这样的变异后,当曲柄 AB 运动至导杆曲线槽圆弧段位置时,滑块将获得准确的停歇。

本节介绍了执行机构型式设计的两大途径,即机构选型和机构构型。现以干粉压片机的主加压机构为例,具体说明执行机构型式设计的过程。

干粉压片机的功能是将不加粘结剂的干粉料制成圆型片坯,要求其生产率为25片/min。根据生产条件和粉料的特性,设计者决定采用大压力压制。由于主加压机构所加压力甚大,用摩擦传动原理不甚合适;用液压传动原理,因顾及系统漏油会污染产品,也不宜采用,故决定用电动机作为动力源,选择刚体推压传动原理,其工艺动作的分解如图14.22所示:(a)将粉料筛入型腔;(b)下冲头下沉,以防上冲头加压时粉料溢出型腔;(c)上、下冲头同时加压,并停歇一定时间保压;(d)上冲头退回,下冲头随后以稍慢速度向上运动,顶出压好的片坯;(e)料筛推走片坯,同时完成下一个循环的筛料工作。

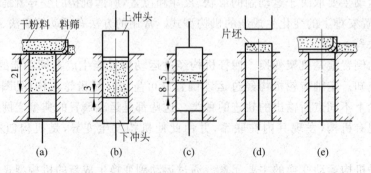

图 14.22 干粉压片机工艺动作分解图

由上述工艺动作分解过程可知,该机械共需 3 个执行构件,即上冲头、下冲头和料筛。现以上冲头主加压机构为例,说明其选型和构型过程。

首先根据动作功能分解与组合原理进行机构选型。上冲头主加压机构应具有以下几种基本功能:

(1) 运动形式变换功能　将原动机输出的转动变换为上冲头的直线移动。

(2) 运动方向交替变换功能　因上冲头的运动是往复运动,故机构应有运动方向交替变换功能。

(3) 运动缩小功能　因冲头压力较大,希望机构具有增力功能。而减小速度或位移可实现增力,从而可减小原动机功率。

(4) 运动停歇功能　因压制中有保压阶段,故要求上冲头在下移行程末端有较长的停歇或近似停歇功能。

先选取(1),(2),(3)所述的 3 种必备功能来构思方案。若每一种基本功能仅列出各类基本机构中的一种,则可组成如图 14.23 所示的功能-技术矩阵图。由该图可知方案数目 $N=3^3=27$ 个。先通过直观判断,剔除其中一些繁琐和不合理的方案,然后根据机构型式设计的原则,从剩余方案中选出如图 14.24 所示的 5 个方案作为初选方案。

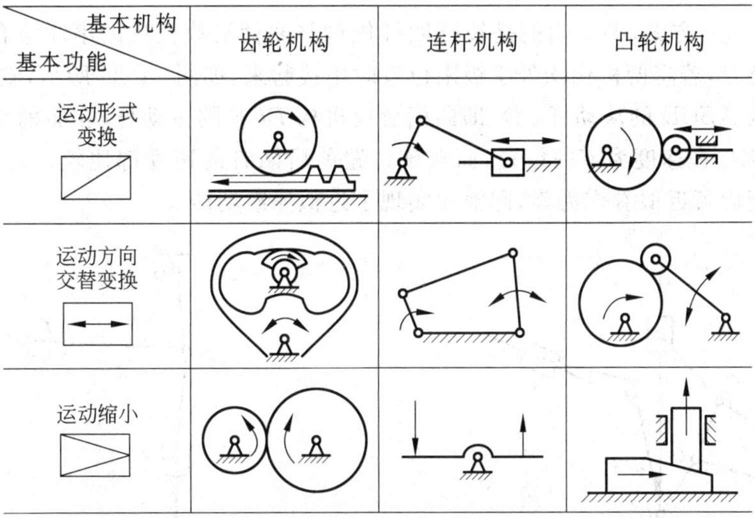

基本机构 基本功能	齿轮机构	连杆机构	凸轮机构
运动形式 变换			
运动方向 交替变换			
运动缩小			

图 14.23　主加压机构功能-技术矩阵图

由于上冲头在下移行程的末端还有停歇的附加要求,而通过上述机构选型所得的初选方案不具有这种功能,故需在这些方案的基础上采用机构扩展、机构组合或机构变异的方法进行机构创新构型,以完善其功能。

现以图 14.24(d)所示的方案为原型进行机构创新构型。

(1) 扩展法　如图 14.25 所示,为了使执行构件滑块(冲头)F 具有运动停歇功能,可先在铰链四杆机构连杆 BC 的延长线上寻找一点 H,该点的运动轨迹中有一段直线或近似直线,然后在该点添加一个 RPR 双杆组,且使该双杆组中的导杆 GH 与 H 点的直线轨迹段平行,则当 H 点运动在直线段上时,导杆 GH 将处于停歇状态,与导杆固连的 GE 杆也停歇不动,从而使冲头 F 具有了停歇功能。

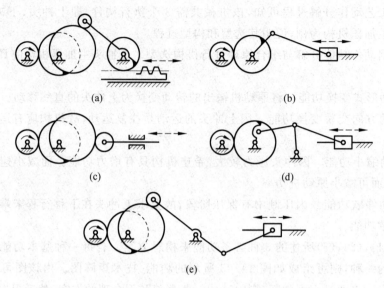

图 14.24　主加压机构的初选方案

(a) 方案一；(b) 方案二；(c) 方案三；(d) 方案四；(e) 方案五

（2）组合法　方案（d）采用的是铰链四杆机构与曲柄滑块机构的串联组合。根据串联组合方式的特点，若将两机构均处于极限位置时串接起来，如图 14.26 所示，则在该位置时，铰链四杆机构 $ABCD$ 的从动杆 CD（即曲柄滑块机构 DCF 的主动杆）和曲柄滑块机构的从动件滑块 F 都处在速度为零的位置，而在该位置前后两者的速度都比较小，因而滑块的速度在较长时间内可近似看作为零，即滑块实现了近似停歇功能。

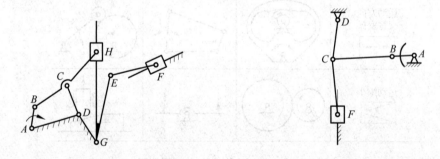

图 14.25　机构创新构型——扩展法　　　　图 14.26　机构创新构型——组合法

（3）变异法　若将方案（d）中铰链四杆机构的连杆与从动摇杆相连的转动副变为移动副，则可得到如图 14.27（a）所示的摆动导杆机构与摆杆滑块机构的串联组合方案。为了使冲头 F 获得准确的停歇功能，可将导杆槽由直槽改为带有一段圆弧的曲线槽，且使圆弧的半径等于曲柄长 AB，其中心与曲柄转轴 A 重合，并将滑块 B 改成滚子，如图 14.27（b）所示。经过如上变异后，当曲柄 AB 运动至导杆曲线槽圆弧段位置时，冲头 F 将获得准确的停歇。

通过采用扩展、组合和变异法进行机构创新构型设计后，方案（d）又派生出了 3 种方案可供选择。究竟选择哪种方案，则需经过评价和择优，由设计者作出决策。

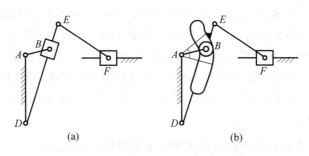

图 14.27　机构创新构型——变异法

14.5　执行系统的协调设计

当根据生产工艺要求确定了机械的工作原理和各执行机构的运动规律,并确定了各执行机构的型式及驱动方式后,还必须将各执行机构统一于一个整体,形成一个完整的执行系统,使这些机构以一定的次序协调动作,互相配合,以完成机械预定的功能和生产过程。这方面的工作称为执行系统的协调设计。如果各个动作不协调,就会破坏整个机械的工作过程,达不到工作要求,甚至会损坏机件和产品,造成生产和人身事故。因此,执行系统的协调设计是机械系统方案设计中不可缺少的一环。

14.5.1　执行系统协调设计的原则

1. 满足各执行机构动作先后的顺序性要求

执行系统中各执行机构的动作过程和先后顺序,必须符合工艺过程所提出的要求,以确保系统中各执行机构最终完成的动作及物质、能量、信息传递的总体效果能满足设计任务书中所规定的功能要求和技术要求。

2. 满足各执行机构动作在时间上的同步性要求

为了保证各执行机构的动作不仅能够以一定的先后顺序进行,而且整个系统能够周而复始地循环协调工作,必须使各执行机构的运动循环时间间隔相同,或按工艺要求成一定的倍数关系。

3. 满足各执行机构在空间布置上的协调性要求

为了使执行系统能够完成预期的工作任务,除了应保证各执行机构在动作顺序和时间上的协调配合外,还应考虑它们在空间位置上的协调一致。对于有位置制约的执行系统,必须进行各执行机构在空间位置上的协调设计,以保证在运动过程中各执行机构之间以及机构与周围环境之间不发生干涉。

4. 满足各执行机构操作上的协同性要求

当两个或两个以上的执行机构同时作用于同一操作对象完成同一执行动作时,各执行机构之间的运动必须协同一致。

5. 各执行机构的动作安排要有利于提高劳动生产率

为了提高劳动生产率,应尽量缩短执行系统的工作循环周期。通常可采用两种办法,其一是尽量缩短各执行机构工作行程和空回行程的时间,特别是空回行程的时间;其二是在前一个执行机构回程结束之前,后一个执行机构即开始工作行程,即在不产生相互干涉的前提下,充分利用两个执行机构的空间裕量,在系统中有多个执行机构的情况下,采用这种方法可取得明显效果。例如自动车床上,只要合理安排各刀具的进、退刀位置,保证不撞刀,在前一工序结束加工尚未退出刀具时,就可让后一工序的刀具开始进刀,从而缩短整个系统的工作循环周期,提高了生产率。

6. 各执行机构的布置要有利于系统的能量协调和效率的提高

当进行执行系统的协调设计时,不仅要考虑系统实现的运动和完成的工艺动作,还要考虑功率流向、能量分配和机械效率。例如,当系统中包含有多个低速大功率执行机构时,宜采用多个运动链并行的联接方式;当系统中具有几个功率不大、效率均很高的执行机构时,采用串联方式比较适宜。

14.5.2　执行系统协调设计的方法

根据生产工艺的不同,机械的运动循环可分为两大类:一类是机械中各执行机构的运动规律是非周期性的,它取决于工作条件的不同而随时改变,具有相当大的随机性,例如起重机、建筑机械和某些工程机械,就是这种可变运动循环的例子;另一类是机械中各执行机构的运动是周期性的,即经过一定的时间间隔后,各执行构件的位移、速度和加速度等运动参数就周期性地重复,生产中大多数机械都属于这种固定运动循环的机械。本节介绍这类机械执行系统协调设计的方法。

对于固定运动循环的机械,当采用机械方式集中控制时,通常用分配轴或主轴与各执行机构的主动件联接起来,或者用分配轴上的凸轮控制各执行机构的主动件。各执行机构主动件在主轴上的安装方位,或者控制各执行机构主动件的凸轮在分配轴上的安装方位,均是根据执行系统协调设计的结果来决定的。

执行系统协调设计的步骤如下。

1. 确定机械的工作循环周期

根据设计任务书中所定的机械的理论生产率,确定机械的工作循环周期。机械的工作循环周期即机械的运动循环周期,它是指一个产品生产的整个工艺过程所需要的总时间,用 T 来表示。

2. 确定机械在一个运动循环中各执行构件的各个行程段及其所需时间

根据机械生产工艺过程,分别确定各个执行构件的工作行程段、空回行程段和可能具有的若干个停歇段。确定各执行构件在每个行程段所需花费的时间以及对应于原动件(主轴或分配轴)的转角。

3. 确定各执行构件动作间的协调配合关系

根据机械生产过程对工艺动作先后顺序和配合关系的要求,协调各执行构件各行程段的配合关系。此时,不仅要考虑动作的先后顺序,还应考虑各执行机构在时间和空间上的协调性,即不仅要保证各执行机构在时间上按一定顺序协调配合,而且要保证在运动过程中不会产生空间位置上的相互干涉。

下面以冷霜自动灌装机为例来说明机械执行系统协调设计的过程。

如图 14.28 所示,冷霜自动灌装机应完成以下几个基本动作:

(1) 空盒在输送带上排列成行且空腔向上,由输送带送至转盘上的位置 A 中,如图 14.28(a)所示。

(2) 轮盘间歇转动,每次转 60°,把空盒间断地由 A 位置送至 B 位置。

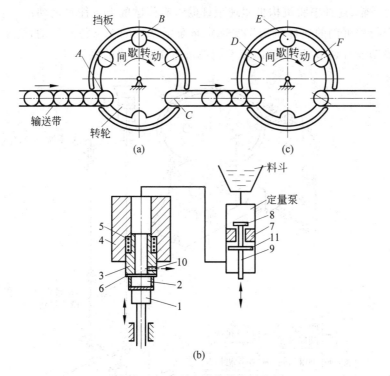

图 14.28　冷霜自动灌装机示意图

(3) 顶杆 1 把停在 B 位置上的空盒 2 向上顶起(见图 14.28(b)),使空盒紧贴出料管 4 上的刮料板 3。刮料板 3 的下端面为一耐油耐磨的橡皮圈 6,刮料板与出料管之间装有弹簧 5。当空盒靠上橡皮圈、顶杆继续向上顶时,便压缩弹簧使刮料板随空盒一起上升,直到顶杆停在上死点位置,冷霜即可由出料管进入四周密闭的空盒。当空盒被灌满冷霜后,顶杆开始下降,到盒与刮料板刚要分开时,顶杆停止不动,这时转盘开始转动,使盒和刮料板产生相对运动,把盒内冷霜表面刮平。然后顶杆继续下降直到下死点位置停止不动,准备下一个空盒的灌装。

(4) 定量泵把冷霜灌注入空盒的动作。如图 14.28(b)所示,当活塞杆 9 向上运动时,带动板 11 推动活塞 7 向上,从料斗流入泵上半部的冷霜即通过活门 8 及板 11 上的孔流入泵的下半部。当活塞杆向下运动时,先使活门压住活塞上的孔将活门关闭,然后带动活塞向下运动,把下半部的冷霜压出,通过出料管注入空盒。空盒内的空气及多余冷霜将由出孔 10 挤出,回到料斗。

灌满冷霜后的盒子将被转盘带至位置 C,由下面的输送带传出,送至下一道工序——盖盒盖(见图 14.28(c))。

由以上分析可知,冷霜灌装工序的工艺动作需要 4 个基本运动来完成,即输送带的连续运动,转盘的间歇分度运动,顶杆的中间带有停歇的上、下往复运动,定量泵活塞杆的上、往复运动。每一个运动可由一种机构来实现。通过执行机构的型式设计阶段,已选取了如图 14.29(b)所示的 4 个执行机构:

(1) 选用链传动机构 Ⅰ 实现输送带的连续运动;

(2) 选用径向槽数为 6 的外槽轮机构 Ⅱ 实现转盘的间歇分度运动;

(3) 选用凸轮、连杆串联机构 Ⅲ 实现顶杆的带有停歇的上下往复运动;

(4) 选用行程可调的连杆机构 Ⅳ 实现定量泵活塞杆的上下往复运动,活塞杆的上下移动量可通过调节丝杠调节,以控制灌装不同规格冷霜时冷霜的供给量。

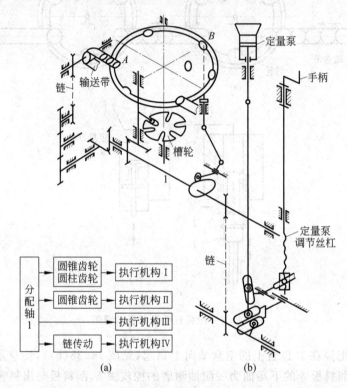

图 14.29 冷霜自动灌装机的执行机构

确定了各执行机构的型式后,即可着手对各执行机构进行协调设计了。

首先,根据设计任务书中规定的理论生产率 $Q=30$ 盒/min,计算出机械运动循环的周期 $T=\dfrac{60}{30}=2\mathrm{s}$。然后,确定在这段时间内各执行构件的行程区段:输送带有一个行程区段——连续运动;转盘有两个行程区段——转位和停歇,其动停比 $k=\dfrac{z-2}{z+2}=\dfrac{6-2}{6+2}=\dfrac{1}{2}$,即在 1 个循环中,$\dfrac{1}{3}$ 时间转动,$\dfrac{2}{3}$ 时间停歇;顶杆有 6 个行程区段——上顶、停歇、下降、停歇、下降、停歇;定量泵活塞杆有 2 个行程区段——上升和下降。最后,协调各执行机构动作的配合关系。此时应注意以下问题:

(1) 为了保证各执行机构在运动时间上的同步性,将各执行机构的主动件直接安装在同一根分配轴上或通过一些传动装置把它们与分配轴相联。如图 14.29(a)所示,把执行机构 Ⅰ 的主动件链轮通过圆锥齿轮和圆柱齿轮机构与分配轴 1 相联,以保证分配轴转 1 周,输

送带送一个空盒至 A 位置;将执行机构Ⅱ的主动件销轴通过圆锥齿轮与分配轴1相联,以保证分配轴转1周销轴也转1周,通过槽轮带动转盘转过 $60°$;将执行机构Ⅲ的主动件盘形凸轮直接安装在分配轴1上,以保证分配轴转1周,顶杆完成上述6个行程区段;将执行机构Ⅳ的主动件通过链传动机构与分配轴1相连,以保证分配轴转1周,活塞杆上、下往复运动1个循环。

（2）由于转盘的运动轨迹和顶杆的运动轨迹是相交的,故在安排这两个执行构件的运动时,不仅要注意时间上的协调性,还应注意其空间位置上的协调性,以防止转盘尚未停止顶杆就上升到了顶起位置,顶到转盘上造成机件损坏。

（3）由于顶杆与定量泵活塞杆的操作对象是同一空盒,故在安排这两个构件的运动时,应注意使其协同一致。否则,当空盒尚未被顶到预定位置,而定量泵已开始挤冷霜,就会造成冷霜不灌入盒内而流入机器内,完不成工艺要求。

（4）为了保证机械有较高的生产率,在保证不发生干涉的前提下,应尽量使各执行机构的动作有部分重合,以缩短机械的工作循环周期。例如,在盒内冷霜表面被刮平、转盘尚未转到下个工位前,就可使顶杆开始向底部下降和停歇,以准备下一个空盒的灌注;在顶杆向上顶起空盒时,活塞杆就可开始下移装料,当空盒被顶至预定位置停止时,灌装正好开始。

14.5.3 机械运动循环图

用来描述各执行构件运动间相互协调配合的图称为机械运动循环图。

由于机械在主轴或分配轴转动1周或若干周内完成1个运动循环,故运动循环图常以主轴或分配轴的转角为坐标来编制。通常选取机械中某一主要的执行构件作为参考件,取其有代表性的特征位置作为起始位置（通常以生产工艺的起始点作为运动循环的起始点）,由此来确定其他执行构件的运动相对于该主要执行构件运动的先后次序和配合关系。

1. 运动循环图的形式

常用的机械运动循环图有3种形式,如表14.3所示。

表 14.3 机械运动循环图的形式、绘制方法和特点

形　式	绘　制　方　法	特　　点
直线式	将机械在1个运动循环中各执行构件各行程区段的起止时间和先后顺序,按比例绘制在直线坐标轴上	绘制方法简单,能清楚地表示出1个运动循环内各执行构件运动的相互顺序和时间关系 直观性较差,不能显示各执行构件运动规律
圆周式	以极坐标系原点 O 为圆心作若干个同心圆环,每个圆环代表一个执行构件,由相应圆环分别引径向直线表示各执行构件不同运动状态的起始和终止位置	能比较直观地看出各执行机构主动件在主轴或分配轴上所处的相位,便于各机构的设计、安装和调试 当执行机构数目较多时,由于同心圆环太多不能一目了然,也无法显示各执行构件的运动规律
直角坐标式	用横坐标轴表示机械主轴或分配轴转角,以纵坐标轴表示各执行构件的角位移或线位移,为简明起见,各区段之间均用直线连接	不仅能清楚地表示出各执行构件动作的先后顺序,而且能表示出各执行构件在各区段的运动规律。对指导各执行机构的几何尺寸设计非常便利

图 14.30(a),(b),(c)分别为冷霜自动灌装机的 3 种形式的运动循环图。

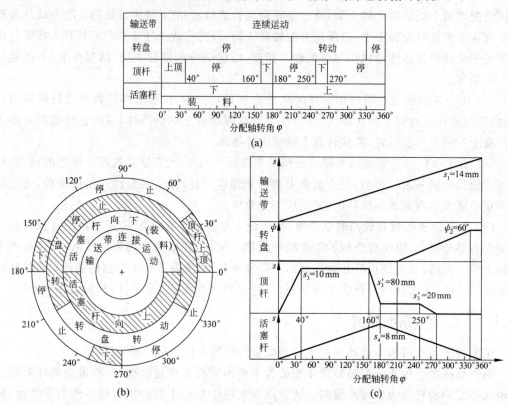

图 14.30　冷霜自动灌装机运动循环图
(a) 直线式；(b) 圆周式；(c) 直角坐标式

2. 运动循环图的功能

(1) 保证各执行构件的动作相互协调、紧密配合,使机械顺利实现预期的工艺动作。

(2) 运动循环图为进一步设计各执行机构的运动尺寸提供了重要依据。例如,从冷霜自动灌装机的运动循环图中可以看出：当分配轴转过 40°时,顶杆上升 10 mm；当分配轴接着转 120°时,顶杆在最上端静止不动；当分配轴再转 20°时,顶杆下降 8 mm；当分配轴从 180°转至 250°时,顶杆静止不动；当分配轴从 250°转至 270°时,顶杆下降 2 mm 至最底部；在分配轴转动 1 个周期中最后 90°时,顶杆又静止不动。有了这些数据,就不难对安装在分配轴上的凸轮的廓线进行设计了。

(3) 为机械系统的安装、调试提供了依据。例如,从图 14.30(b)可以看出凸轮在分配轴上的相对位置,若凸轮是通过键与分配轴相联结的,则可据此确定凸轮上键槽的位置。

在完成了执行机构的型式设计和执行系统的协调设计后,即可着手对各执行机构进行运动和动力设计了。关于这方面的内容,在本书的上篇和中篇中已作了详细讨论,这里不再赘述。

需要说明的是,在完成各执行机构的尺寸设计后,有时由于结构和整体布局等方面的原因,还需要对运动循环图进行修改。

14.6　方案评价与决策

14.6.1　方案评价的意义

机械系统方案设计的最终目标是寻求一种既能实现预期功能要求,又性能优良、价格低廉的设计方案。

如前所述,实现同一功能,可以采用不同的工作原理,从而构思出不同的设计方案;采用同一工作原理,工艺动作分解的方法不同,也会产生出不同的设计方案;采用相同的工艺动作分解方法,选用的机构型式不同,又会形成不同的设计方案。因此,机械系统的方案设计是一个多解性问题。面对多种设计方案,设计者必须分析比较各方案的性能优劣、价值高低,经过科学评价和决策,才能获得最满意的方案。机械系统方案设计的过程,就是一个先通过分析、综合,使待选方案数目由少变多,再通过评价、决策,使待选方案数目由多变少,最后获得满意方案的过程。

通过创造性构思产生多个待选方案,再以科学的评价和决策优选出最佳的设计方案,而不是主观地确定一个设计方案,通过校核来确定其可行性,是现代设计方法与传统设计方法的重要区别之一。如何通过科学评价和决策来确定最满意的方案,是机械系统方案设计阶段的一个重要任务。

14.6.2　评价指标和评价体系

1. 评价指标

评价指标包括两个方面:其一是定性的评价指标,常指设计的目标。例如结构越简单越好、尺寸越小越好、效率越高越好、加工制造越方便越好、操作越容易越好、成本越低越好等。其二是定量的评价指标,常指设计的定量指标。例如机构的运动学、动力学参数等。由于在执行机构的型式设计和协调设计完成后,又初步进行了各执行机构的运动设计和动力设计及运动分析和动力分析(见图14.1),故通常可以对这些指标进行定量评价。

评价指标通常应包括技术、经济、安全可靠3个方面的内容。但是,由于在方案设计阶段还不可能具体地涉及机械的结构和强度设计等细节,因此评价指标应主要考虑技术方面的因素,即功能和工作性能方面的指标应占有较大的比例。表14.4列出了机械系统功能和性能的各项评价指标及其具体内容。

表 14.4　机械系统的性能评价指标

序　号	评价指标	具　体　内　容
1	系统功能	实现运动规律或运动轨迹、实现工艺动作的准确性、特定功能等
2	运动性能	运转速度、行程可调性、运动精度等
3	动力性能	承载能力、增力特性、传力特性、振动噪声等
4	工作性能	效率高低、寿命长短、可操作性、安全性、可靠性、适用范围等
5	经济性	加工难易、能耗大小、制造成本等
6	结构紧凑性	尺寸、重量、结构复杂性等

需要指出的是,表14.4中所列的各项评价指标及其具体内容,是根据机械系统设计的主要性能要求和机械设计专家的咨询意见设定的。对于具体的机械系统,这些评价指标和具体内容还需要依实际情况加以增减和完善,以形成一个比较合适的评价指标。

2. 评价体系

根据上述评价指标,即可着手建立一个评价体系。所谓评价体系,就是根据评价指标所列的具体项目,通过一定范围内的专家咨询,确定评定方法并逐项分配评定的分数值。需要指出的是,对于不同的设计任务,应根据具体情况,拟定不同的评价体系。例如,对于重载的机械,应对其承载能力一项给予较大的重视;对于加速度较大的机械,应对其振动、噪声和可靠性给予较大的重视;至于适用范围这一项,对于通用机械,适用范围广些为好,而对于某些专用机械,则只需完成设计目标所要求的功能即可,不必要求其有很广的适用范围。

需要指出的是,虽然评价指标包括定性和定量两个方面,但在建立评价体系时,所有评价指标都应进行定量化。对于难以定量的评价指标,可以按优劣程度分成区段,进行分级量化。例如,可以分为5级,其评价值分别为:"很好"为4分,"好"为3分,"较好"为2分,"不太好"为1分,"不好"为0分。

针对具体设计任务,科学地选取评价指标和建立评价体系是一项十分细致和复杂的工作,也是设计者面临的重要问题。只有建立科学的评价体系,才可以避免个人决定的主观片面性,减少盲目性,从而提高设计的质量和效率。

14.6.3　评价方法简介

1. 经验性的概略评价法

该方法是请多名有经验的专家根据经验采用排队法或排除法直接评价。一般适用于对创新方案进行初步评价,当设计问题不很复杂或评价指标十分具体时,也可以使用这种方法。

所谓排队法就是请一组专家对 n 个待选方案进行排队。每个专家按方案的优劣排出这 n 个方案的名次,名次最高者为 n 分,最低者为1分。然后将各名专家对每个方案的评分相加,总分最高者为最佳方案。为了得出更准确的评价结果,也可根据评价指标所列的若干评价项目,逐项用上述方法评价,然后再根据各评价项目的总分之和对各方案进行排队。

对于设计目标和技术要求均很具体的方案群,可采用排除法(淘汰法)进行评价。根据设计要求请专家逐个方案、逐项进行评价,有一项基本要求不满足的就予以排除。未遭淘汰的待选方案即可进入下一轮设计。

2. 计算性的数学分析评价法

这是一种运用数学工具进行分析、推导和计算,得到定量评价参数的评价方法。目前此类评价方法最多,运用较普遍。常用的有评分法、技术-经济评价法和模糊评价法等。

1) 评分法

评分法是针对评价指标中的各个项目,选择一定的评分标准和总分计分法对方案的优劣进行定量评价,其工作步骤如图14.31所示。

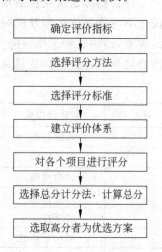

图 14.31　评分法的步骤

　　评分方法有直接评分法和加权系数法。前者是根据评分标准直接打分,各评价项目分值均等;后者是按各评价项目的重要程度确定其权重,每项打分均应乘以加权系数后计入总分。加权系数法又称有效值法。

　　所谓总分计分法,是指总分统计计算的方法。表 14.5 列出了常用的总分计分方法。总分的高低可综合体现方案的优劣,获得高分的方案为优选方案。

表 14.5　总分计分法

方　法	公　式	说　明
相加法	$Q_j = \sum_{i=1}^{n} p_i$	将 n 个评价项目评分值简单相加。该方法计算简单
连乘法	$Q_j = \prod_{i=1}^{n} p_i$	将 n 个评价项目评分值相乘,使各方案总分差拉开。便于比较
均值法	$Q_j = \dfrac{1}{n} \sum_{i=1}^{n} p_i$	将相加法所得结果除以项目数。结果直观
相对值法	$Q_j = \dfrac{\sum_{i=1}^{n} p_i}{n Q_0}$	将均值法所得结果除以理想值,使 $Q_j \leqslant 1$。可看出与理想值的差距
有效值法	$N_j = \sum_{i=1}^{n} q_i p_i$	将各项评分值乘以加权系数后相加。考虑了各评价项目的重要程度

　　注: Q_j 是 m 个方案中第 j 个方案的总分值; Q_0 是理想方案的总分值; n 是评价体系中的评价项目数; p_i 是 n 个评价项目中第 i 个项目的评分值; q_i 是 n 个评价项目中第 i 个项目的加权系数,且应满足: $q_i \leqslant 1$,$\sum_{i=1}^{n} q_i = 1$; N_j 是 m 个方案中第 j 个方案的有效值。

　　2) 技术-经济评价法

　　这是一种综合考虑技术类指标评价值和经济类指标评价值的评价法。所取的技术和经济评价值都是相对于理想状态的相对值。这种方法既考虑技术与经济指标的综合效应,又分别就技术类和经济类指标进行评价,若有一方评价值偏低,就可以有针对性地消除引起技术评价值(或经济评价值)偏低的设计中的薄弱环节,从而使改进后二次设计的技术-经济综合评价值大大提高。

　　3) 模糊评价法

　　评分法采用的评分标准是将评价项目按优劣程度分成区段,用代表其区段的离散数值来表达评价值。而模糊评价法的评分标准是将定性评价中使用的模糊概念,如"不好"、"不太好"、"较好"、"好"、"很好"等用[0,1]区间内的连续数值来表达评价值,使得评价值更趋精确、合理,评价结果更为准确。此方法的使用日趋普遍。

3. 实践性的试验评价法

　　对于一些重要的方案设计问题,当采用计算性的数学分析评价法仍无十分把握时,可通过模型试验或计算机模拟试验对方案进行评价。由于这种评价方法是依据试验结果而不是凭专家的经验,故可获得更为准确的评价结果,但其花费的代价较高。

　　以上介绍了 3 类评价方法。在对某一具体的机械系统进行方案评价时,应根据具体的设计对象、设计目标和设计阶段的任务加以选用。

14.6.4　评价结果的处理

评价结果为设计者的决策提供了依据,但究竟选择哪种方案,还取决于设计者的决策思想。在通常情况下,评价值最高的方案为整体最优方案,但最终是否选择这一方案,还需依设计问题的具体情况由设计者作出决策。例如,在实际工作中,有时为了满足某些特殊的要求,并不一定选择总评价值最高的方案,而是选择总评价值稍低、但某些评价项目评价值较高的方案。

每次评价结束,获得的入选方案数目不仅与待评方案本身的质量有关,也与所建立的评价体系是否适当有关。对于入选方案,应根据入选方案数目的多少和评价体系是否合理等,作出如表14.6所示的处理。

表 14.6　评价结果的处理

入选方案数	设计阶段	评价体系	结　果　处　理
1	最后阶段	合理	已得到最佳方案,设计结束
		可改进	重新决定评价体系,再作评价
	中间阶段	合理	评价结束,转入下一设计阶段
		可改进	重新决定评价体系,再作评价
多于1	最后阶段	合理	增加评价项目或提高评价要求再作评价
	中间阶段	可改进	若入选数太多,按上述方法改进评价体系再作评价
		合理	将入选方案排序,转入下一设计阶段
0	任何阶段	可改进	放宽评价要求,再作评价
		合理	待评设计方案质量不高需重新再设计

对于质量不高的方案的处理是再设计。再设计使设计过程产生循环。传统的设计是在每个设计阶段找到一个可行设计方案后,即转入下一阶段作进一步的设计,直至得到最终方案,这种设计称为直线链式的设计。现代设计则在每个设计阶段都将得到一组待选方案群,它们均为可行方案,经过评价后,淘汰不符合设计准则的方案。若有入选方案,则可转入下一设计阶段,否则将回到上一设计阶段,甚至更前面的设计阶段进行再设计,这样就形成了设计过程的动态设计循环链,它是现代设计的特点。

在进行再设计前,需对失败的设计进行分析,以决定从哪个阶段开始再设计。如图14.1所示,在执行机构的型式设计阶段,在方案评价后,经过对原待选方案的分析,再设计可能只需从机构的型式设计阶段开始,但也可能需要重新进行运动规律设计,甚至于重新进行功能原理方案设计。

同时还存在着这种可能性:当执行系统方案评价顺利通过后,在进行传动系统方案设计和原动机选择的过程中,甚至在执行系统、传动系统、原动机、控制系统综合成机械系统的总体方案的过程中,由于种种原因,还有可能返回到执行系统方案设计阶段,修改方案或重构方案进行再设计。设计→评价→再设计→再评价……直至得到最终的最佳总体方案,这就是整个的设计过程。

文献阅读指南

(1) 执行系统的方案设计是机械系统方案设计的核心。从功能原理设计、运动规律设计到执行机构的型式设计,其间无一不充满了创造性。本章对上述各设计阶段的创新方法作了简要介绍,目的在于启发设计者的思路,了解创新设计的重要性。需要指出的是,创新构思的方法很多,远非本章所述的内容所能概括,国内外出版的大量有关机构设计方面的专著中,对此均有多方面的论述。由曹惟庆、徐曾荫主编的《机构设计》(北京:机械工业出版社,1993)在这方面作了较多的论述,可供设计者参考。

(2) 执行机构型式设计的方法,大体可分为选型和构型两大类。无论是采用类比法选型,还是采用创新法构型,都需要设计者对前人所创造的众多机构有详细的了解。本章仅从运动特性和功能上对机构作了分类,所列机构只是很小一部分。由孟宪源主编的《现代机构手册》(北京:机械工业出版社,1994)中,汇集了各工业部门现代机器、设备和仪器中应用的机构实例 4800 余个,并按照功能用途和运动特性进行了分类。由于该书是由工程界专家和学术界教授联手合作编著的,充分体现了理论与实践、普及与提高相结合的精神,因此体系新颖、博大精深、图例繁多,是一本实用性很强的专著,可供设计者参考。

(3) 机构的选型和构型,都需要设计者充分发挥其创造性。那种认为机构选型只是简单地类比和选择,而无需发挥创造性的观点是错误的,起码是片面的。因为根据设计任务的具体要求,能选择出结构简单、性能优良的机构,并加以巧妙应用,其本身就是一种创新,这样的例子在工程实际中并不罕见。当然,构型与选型相比,具有更大的难度,也要求设计者具有更强的创新意识和掌握更多的创新方法。本章介绍了机构创新构型设计的几种常用方法。除此之外,还有运动链再生法、增加自由度法等重要方法,有关内容可参阅杨廷力所著《机械系统基本理论》(北京:机械工业出版社,1996)和上述两本著作。

(4) 机械系统方案设计的优劣,既取决于方案构思本身的质量,也取决于评价系统和评价方法。正因为如此,国内外众多学者正在致力于探索更为科学实用的评价体系和评价方法。限于篇幅,本章仅介绍了其中的几种,此外还有价值工程法、系统工程评价法等,有兴趣的读者可参阅邹慧君编著的《机械系统设计》(上海:上海科学技术出版社,1996),书中除介绍了机械系统方案评价的特点、方法、评价指标及评价体系外,还详细介绍了价值工程法、系统工程评价法和模糊综合评价法及其评价实例。

习　　题

14.1 为了实现打印功能,可以采用哪些工作原理?试观察各类打印设备,具体说明原理方案的多样性。

14.2 若采用刀具与工件间的相对运动原理来加工平面或成型表面,试问有哪几种工艺动作分解方法?各得什么运动规律?并以此说明采用不同的工艺动作分解方法,可以得到不同的方案。

14.3 试分析图 14.32 中各组机构是否具有相同的运动特性,并说明理由。

14.4 试列出几种能实现增力功能的机构,并画出其运动简图。

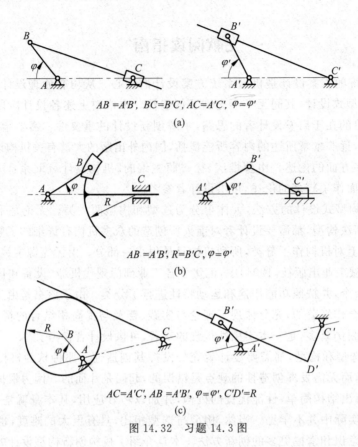

图 14.32 习题 14.3 图

14.5 欲设计一机构,要求其主动件做连续转动,输出构件做往复摆动,且在一极限位置时输出构件的角速度和角加速度同时为零,现初拟以下两种方案:

方案 1 采用凸轮机构,试问应选择何种从动件运动规律才能实现预期要求?

方案 2 采用连杆机构,试绘出能满足上述要求的机构运动简图。

14.6 冲压式蜂窝煤成型机的主运动机构是一曲柄滑块机构和一间歇运动机构:曲柄滑块机构将模筒内具有一定湿度并含适量黏土的煤粉冲压成型,间歇运动机构间歇地将模筒送至冲压处。试在曲柄滑块机构上加一清扫机构,每冲压一次都能将冲头上残留的粉煤屑扫去。要求清扫动作在冲头向上运动的过程中完成,且清扫机构尽可能简单。已知机器的工作速率为 60 块/min,试完成以下设计任务:

(1) 构思该清扫机构的运动方案,并画出机构运动简图;

(2) 绘出这 3 个机构的运动示意图,并指出分配轴或机械运动的主轴;

(3) 根据工艺动作顺序和协调要求,拟定机械的运动循环图。

14.7 糕点切片机的方案设计

(1) 工作原理及工艺过程

糕点先成型(如长方体、圆柱体等),经切片后再烘干。要求糕点切片机实现两个执行动作:糕点的直线间歇运送和切刀的往复上、下运动。并要求改变间歇移动速度或每次间隔的输送距离,以满足糕点不同切片厚度的需求。

（2）原始数据及设计要求

① 糕点厚度为 10～20 mm,要求可调整;

② 糕点切片宽度(切刀作用范围)最大为 300 mm;

③ 糕点切片高度(切刀抬刀最低量)范围为 5～80 mm,应可调整;

④ 糕点的长度范围为 20～50 mm;

⑤ 切刀工作节拍为 40 次/min;

⑥ 生产阻力小,受力不大。

（3）设计任务

① 进行间歇运送机构和切片机构的方案拟定,要求各有 3 个以上的方案;

② 进行方案的评价和决策;

③ 绘制机械执行系统的方案示意图;

④ 根据工艺动作顺序和协调要求,拟定运动循环图。

14.8　自动打印机的方案设计

（1）工作原理及工艺过程

在包装好的商品纸盒上打印记号。工艺过程为：将包装好的商品送至打印工位；夹紧定位后打印记号；将产品输出。

（2）原始数据及设计要求

① 纸盒尺寸为：长 100～150 mm,宽 70～100 mm,高 30～50 mm;

② 产品重量为 5～10 N;

③ 生产率为 80 次/min;

④ 要求结构简单紧凑,运动灵活可靠,便于制造。

（3）设计任务

① 进行送料夹紧机构、打印机构和输出机构的方案拟定,要求各有 3 个以上的预选方案;

② 进行方案的评价和决策;

③ 绘制机械执行系统的方案示意图;

④ 拟定机械运动循环图。

14.9　试根据图 14.22 给出的干粉压片机的工艺动作分解图,绘出其 3 个执行构件的运动循环图,已知其生产率为 25 片/min。

15 机械传动系统的方案设计和原动机选择

【内容提要】 本章首先介绍传动系统的功能和类型,然后重点介绍机械传动系统的特点、常用标准件以及机械传动系统的方案设计,最后介绍原动机的类型和选用原则。

15.1 传动系统的功能和类型

由图 13.1 可以看出,传动系统的主要功能是将原动机的运动和动力按执行系统的需要进行转换,并传递给执行系统。按照工作原理,传动系统分为机械传动、液力传动、电力传动、磁力传动四类。

机械传动是应用最广的传动系统,也是本书的主要内容,将在后面详述。

液力传动是以液体为工作介质,利用液体动能来传递能量的流体传动。液力传动装置有液力耦合器和液力变扭(矩)器两种,自动挡汽车中就采用了液力变扭(矩)器传动来实现速度的自动调节。

电力传动由电动机与控制系统组成,通过电子技术调整原动机的运动学参数,实现对机械的自动控制(如起动、制动、调速的自动控制),使其按需要的速度、转矩或功率输出。常用的电子传动系统有用于发动机的电子传动系统(如汽车发动机的电子传动系统)、直流电机的电子传动系统、交流电机的电子调速系统。电力传动通过电子技术调节电动机的输出速度,简化了机械减速装置,降低了机械系统的复杂程度和尺寸等,因此在很多领域得到越来越多的应用。但当执行系统要求有较大的扭矩和输出硬特性要求时,电力传动实现比较困难,而传统的机械传动的减速、增扭的优势就比较明显。

磁力传动的动力输入与输出之间通过磁力传递扭矩和能量。磁力传动由于在空间上可以分离输入和输出,因此结合组合密封技术,能满足用户特殊的密封要求,例如磁力传动的搅拌机,就具有很好的密封安全性能。

总体方案设计时,应根据执行系统对速度调整的要求选择采用哪种传动系统。如果需要速度有多种调整时,则电力传动系统具有优势;当需要较高的扭矩增加时,则机械传动会是更好的选择。

15.1.1 机械传动的功能

机械传动是发展最早且应用最普遍的一种传动形式。它具有传动准确可靠,操作简单,机构直观易掌握,负荷变化对传动比影响小及受环境影响小等优点。其主要功能如下:

(1)减速或增速 原动机的速度往往与执行系统的要求不一致,通过传动系统的减速或增速作用可达到满足工作要求的目的。传动系统中实现减速或增速的装置称为减速器或增速器。

(2)变速 许多执行系统需要多种工作转速,当不宜对原动机进行调速时,机械传动系统能实现变速和输出多种转速的目的。机械变速器有两种:一种是仅可获得有限的几种输入与输出速度关系,称为有级变速;另一种是输入与输出速度关系可在一定范围内逐渐变化,称为无级变速。

(3)增大转矩 当原动机输出的转矩较小而不能满足执行系统的工作要求时,通过传动系统可实现增大转矩的目的。

(4)改变运动形式 在原动机与执行系统之间实现运动形式的变换。原动机的输出运动多为旋转运动,传动系统可将旋转运动改变为执行系统要求的移动、摆动或间歇运动等形式。

(5)分配运动和动力 机械传动系统可将一台原动机的运动和动力分配给执行系统的不同部分,驱动几个工作机构工作,即实现分路传动。

(6)实现较远距离的运动和动力传递。

(7)实现某些操纵和控制功能 传动系统可操纵和控制某些机构,使机构启停、接合、分离、制动或换向等。

15.1.2 机械传动的分类和特点

机械传动的种类很多,可按不同的原则进行分类。掌握各类传动的性能、特点是合理选用、设计机械传动系统的前提。

1. 按传动的工作原理分

机械传动按工作原理可分为啮合传动和摩擦传动两大类。与摩擦传动相比,啮合传动的优点是工作可靠,寿命长,传动比准确,传递功率大,效率高(蜗杆传动除外),速度范围广;缺点是对加工制造、安装的精度要求较高,成本较高。摩擦传动工作平稳,噪声低,结构简单,成本低,具有过载保护能力;缺点是外廓尺寸较大,传动比不准确,传动效率较低,传动元件寿命较短,维护成本高。具体分类如图 15.1 所示。

2. 按传动比的变化分

(1)定传动比传动 输入与输出转速相对应,适用于工作机工况固定,或其工况与原动机工况对应的场合,如齿轮传动、蜗杆传动、带传动、链传动等。

(2)变传动比传动

a)有级变速传动 传动比的变化不连续,即一个输入转速对应若干个输出转速,且按某种数列排列,适用于原动机工况固定而工作机有若干种工况的场合,或用来扩大原动机的调速范围,如车床齿轮变速箱、手动挡汽车的变速箱等。

b)无级变速传动 传动比可连续变化,即一个输入转速对应于某一范围内的无限多个

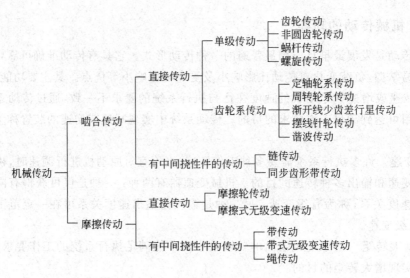

图 15.1　机械传动系统的分类

输出转速,适用于工作机工况极多或最佳工况不明确的场合,如各种机械无级变速传动。

c)变传动比周期性变速传动　输出角速度是输入角速度的周期性函数,用来实现函数传动或改善机构的动力特性,如非圆齿轮传动。

表 15.1 给出了常用机械传动的类型及主要性能。

表 15.1　常用机械传动的类型及主要性能

传动类型		单级传动比 i		功率 P/kW		效率 η	速度 v/(m·s^{-1})	寿　命
		常用值	最大值	常用值	最大值			
摩擦轮传动		≤7	15	≤20	200	0.85～0.92	一般≤25	取决于接触强度和耐磨损性
带传动	平带	≤3	5	≤20	3500	0.94～0.98	一般≤30 最大 120	一般 V 带 3000～5000h 优质 V 带 20000h
	V 带	≤8	15	≤40	4000	0.9～0.94	一般≤25～30 最大 40	
	同步带	≤10	20	≤10	400	0.96～0.98	一般≤50 最大 100	
链传动		≤8	15 (齿形链)	≤100	4000	闭式 0.95～0.98 开式 0.90～0.93	一般≤20 最大 40	链条寿命 5000～15000h
齿轮传动	圆柱齿轮	≤5	10		50000	闭式 0.96～0.99 开式 0.94～0.96	与精度等级有关 7 级精度 直齿≤20 斜齿≤25	润滑良好时,寿命可达数十年,经常换挡的变速齿轮平均寿命为 10000～20000h
	锥齿轮	≤3	8		1000	闭式 0.94～0.98 开式 0.92～0.95	与精度等级有关 7 级精度 直齿≤8	

传动类型	单级传动比 i		功率 P/kW		效率 η	速度 $v/(\text{m}\cdot\text{s}^{-1})$	寿　命
	常用值	最大值	常用值	最大值			
蜗杆传动	≤40	80	≤50	800	闭式 0.7~0.92 开式 0.5~0.7 自锁式 0.3~0.45	一般 v_s≤15 最大 35	精度较高、润滑条件好时寿命较长
螺旋传动			小功率传动		滑动 0.3~0.6 滚动≥0.9	低速	滑动螺旋磨损较快，滚动螺旋寿命较长

续表（上方右侧）

15.2　机械传动系统的方案设计

15.2.1　机械传动系统方案设计的一般过程

完成了执行系统的方案设计和原动机的预选型后，即可根据执行机构所需要的运动和动力条件以及原动机的类型和性能参数，进行机械传动系统的方案设计。通常其设计过程如下：

（1）确定机械传动系统的总传动比。

（2）选择机械传动类型，即根据设计任务书中所规定的功能要求，执行系统对动力、传动比或速度变化的要求以及原动机的工作特性，选择合适的传动装置类型。

（3）拟定传动链的布置方案，即根据空间位置、运动和动力传递路线及所选传动装置的传动特点和适用条件，合理拟定传动路线，安排各传动机构的先后顺序，以完成从原动机到各执行机构之间的传动系统的总体布置方案。

（4）分配传动比，即根据传动系统的组成方案，将总传动比合理分配至各级传动机构。

（5）确定各级传动机构的基本参数和主要几何尺寸，计算传动系统的各项运动学和动力学参数，为各级传动机构的结构设计、强度计算和传动系统方案评价提供依据和指标。

（6）绘制传动系统运动简图。

15.2.2　机械传动系统方案设计的基本要求

机械传动系统方案设计是一项复杂的工作，需要综合运用多种知识和实践经验，进行多方案分析比较，才能设计出较为合理的方案。通常设计方案应满足以下基本要求：

（1）机械传动系统应满足机器的功能要求，而且性能优良；

（2）传动效率高；

（3）结构简单紧凑，占用空间小；

（4）便于操作，安全可靠；

（5）可制造性好，加工成本低；

（6）维修性好；

（7）不污染环境。

15.2.3　常用典型机械传动部件

在工业化发展的今天，机械传动中，很多常用的传动部件已经标准化、系列化、通用化。

标准化是指将产品(特别是零部件)的质量、规格、性能、结构等方面的技术指标加以统一规定并作为标准来执行。标准包括国家标准(代号 GB)、行业标准(代号 JB)。系列化是指对同一产品,在同一基本结构或基本条件下规定出若干不同的尺寸系列,如自行车按车轮直径为 24 in、26 in、28 in 进行的系列化设计。通用化是指在不同种类的产品或不同规格的同类产品中尽量采用同一结构和尺寸的零部件,如在不同尺寸系列的自行车上采用相同尺寸的车座、车铃等。

在设计过程中通过产品目录优先选用这些"三化"的传动部件,有利于减轻设计工作量、提高机器的性能和质量、降低制造成本和生产周期、便于互换和维修;也有利于国家对产品进行宏观管理与调控,以及进行内、外贸易。

1. 减速器

减速器是用于减速、增扭的独立部件,具有结构紧凑、运动准确、工作可靠、效率高、维护方便等优点,因此是在工业上应用量最大的传动装置。按照国家和企业标准,有一系列的减速器产品。2012 年行业规模 2000 万元以上的减速器企业有 439 家。

减速器的主要类型有:齿轮减速器、蜗杆减速器、蜗杆-齿轮减速器、行星齿轮减速器。设计者可以通过减速器产品样本,根据减速器的功率、转速、传动比、外廓尺寸、传动效率、质量、价格等,选择最适合的减速器。只有在选不到合适的减速器时,才自行设计。常用减速器的传动简图和性能特点见表 15.2。

表 15.2 常用减速器的传动简图和性能特点

类型		传 动 简 图	传动比	特点及应用
圆柱齿轮减速器	单级		调质齿轮 $i \leqslant 7.1$ 淬硬齿轮 $i \leqslant 6.3$ (常用 $i \leqslant 5.6$)	结构简单,应用广泛。齿轮可用直齿、斜齿或人字齿。可用于低速轻载,也可用于高速重载,传递功率可达数万千瓦
	两级展开式		调质齿轮 $i = 7.1 \sim 50$ 淬硬齿轮 $i = 7.1 \sim 31.5$ (常用 $i = 7.1 \sim 20$)	结构简单,应用广泛。高速级常用斜齿,低速级可用斜齿或直齿。齿轮相对轴承不对称,齿向载荷分布不均,故要求高速级小齿轮远离输入端,轴应有较大刚性
	两级同轴式		调质齿轮 $i = 7.1 \sim 50$ 淬硬齿轮 $i = 7.1 \sim 31.5$ (常用 $i = 7.1 \sim 20$)	箱体长度较小,但轴向尺寸较大。输入输出轴同轴线,中间轴较长,刚性差,齿向载荷分布不均,但两级大齿轮直径接近,有利于浸油润滑
	两级分流式		调质齿轮 $i = 7.1 \sim 50$ 淬硬齿轮 $i = 7.1 \sim 31.5$ (常用 $i = 7.1 \sim 20$)	高速级常用斜齿,一侧左旋,一侧右旋。齿轮对称布置,齿向载荷分布均匀,两轴承受载均匀。结构复杂,常用于大功率、变载荷场合

续表

类型	传 动 简 图	传 动 比	特点及应用
锥齿轮减速器	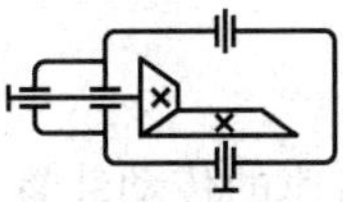	$i \leqslant 5$ 常用 $i \leqslant 3$	用于输出轴和输入轴两轴线垂直相交的场合。为保证两齿轮有准确的相对位置,应有进行调整的结构。齿轮难于精加工,仅在传动布置需要时采用
锥齿圆柱齿轮减速器	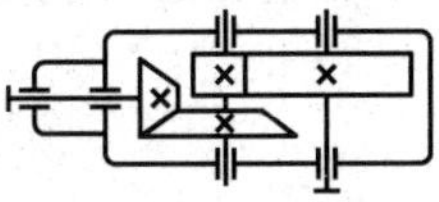	$i = 6.3 \sim 31.5$	应用场合与单级圆锥齿轮减速器相同。锥齿轮在高速级,可减小锥齿轮尺寸,避免加工困难;小锥齿轮轴常悬臂布置
蜗杆减速器	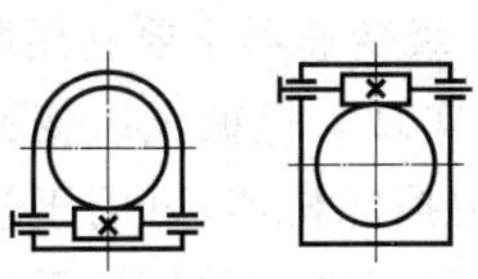	$i = 8 \sim 80$	大传动比时结构紧凑,外廓尺寸小,但效率较低。适用于载荷小且间歇工作的场合。蜗杆下置时润滑条件好,应优先采用,但当蜗杆速度太高时($v \geqslant 5$ m/s),搅油损失大,应采用上置蜗杆。上置蜗杆时轴承润滑不便
蜗杆圆柱齿轮减速器	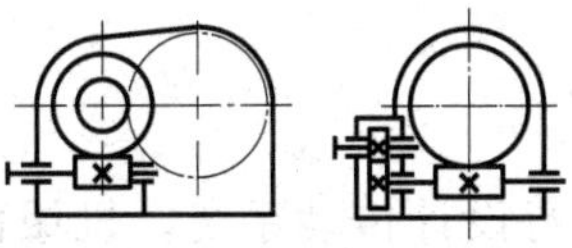	$i = 15 \sim 480$	有蜗杆传动在高速级和齿轮传动在高速级两种形式。前者效率较高,后者应用较少
行星齿轮减速器	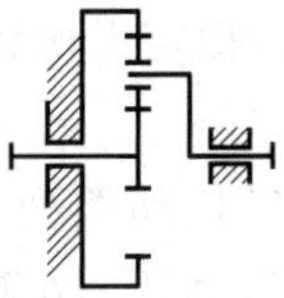	$i = 2.8 \sim 12.5$	传动型式有多种,其中 NGW 型体积小,重量轻,承载能力大,效率高(单级可达 $0.97 \sim 0.99$),工作平稳。与普通圆柱齿轮减速器相比,体积和重量减少 50%,效率提高 30%。但制造精度要求高,结构复杂
少齿差行星齿轮减速器	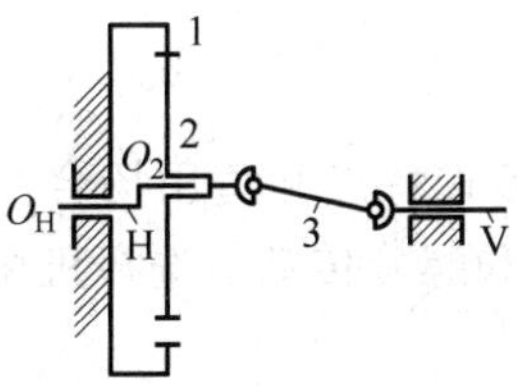	单级 $i = 10 \sim 160$	传动比大,齿形加工容易,装拆方便,结构紧凑,平均效率 90%
摆线针轮减速器	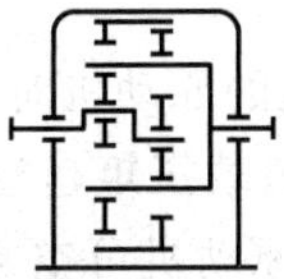	单级 $i = 11 \sim 87$ 双级 $i = 121 \sim 7500$	传动比大,效率较高($0.9 \sim 0.95$),运转平稳,噪声低,体积小,重量轻。过载和抗冲击能力强,寿命长。加工难度大,工艺复杂
谐波齿轮减速器	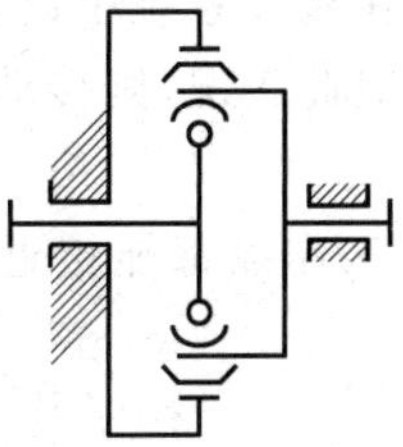	$i = 50 \sim 500$	传动比大,同时参与啮合齿数多,承载能力高。体积小,重量轻,效率 $0.65 \sim 0.9$,传动平稳,噪声小。制造工艺复杂

另外,还有由专业的减速机生产厂将减速器和电机进行集成组装好后成套供货的减速电机。在很多场合可以直接从产品目录中选用减速电机,这样做不仅可以简化设计,而且节省空间。

2. 有级变速器

有级变速器是通过改变传动比使工作机获得若干种不同转速的传动装置。有级变速器广泛应用在速度有级调节的场合,如汽车、机床等。常用的有级变速器有塔轮变速器、滑移齿轮变速器、离合器式变速器、拉键式变速器等。

3. 无级变速器

有级变速器只能实现输出速度的有级变化,而无级变速器可以实现输出速度的连续变化。实现无级变速的方法有机械的、电气的、液压的。机械无级变速器主要利用摩擦轮(盘、球、环等)传动原理,通过改变主动件和从动件的传动半径来实现。机械无级变速器的优点是结构简单、运行平稳,过载时可利用摩擦传动的打滑而避免损坏机器,可用于较高速的传动;缺点是体积大,效率低。许多机械无级变速器已标准化,可参考相关设计手册或产品样本选用。

15.2.4　机械传动系统的方案设计

当标准的减速器不能满足使用要求时,需要设计者自行设计传动系统。机械传动系统的方案设计直接影响装置的工作性能、轮廓尺寸、重量、可靠性及制造、维护成本。传动方案设计需要综合运用多方面的知识和设计实践经验,通过分析比较,拟定出比较合理的传动系统方案,并画出可行的传动方案简图。

在进行机械传动系统方案设计时应考虑以下几点:合理选择传动类型、统筹考虑传动系统的总体布置、合理安排各级传动的先后顺序、合理分配各级传动比、保证机器的安全性和经济性。

1. 机械传动类型的选择

选择传动类型时,必须充分了解各种常用机械传动的形式特点和适用场合。常用的机械传动有摩擦轮传动、带传动、链传动、齿轮传动、蜗杆传动和螺旋传动。选择机械传动类型时,可参考以下原则。

1) 考虑与原动机和执行系统相互匹配

当执行系统要求输入速度能调节,而又选不到调速范围合适的原动机时,应选择能满足要求的变速传动,例如有级、无级变速器;当传动系统启动时的负载扭矩超过原动机的启动扭矩时,应在原动机和传动系统间增设离合器或液力耦合器,使原动机可空载启动;当执行机构要求正反向工作时,若选用的原动机不具备此特性,则应在传动系统中设置换向装置;当执行机构需频繁启动、停车或频繁变速时,若原动机不能适应此工况,则传动系统中应设置空挡,使原动机能脱开传动链空转。

此外,传动类型的选择还应考虑使原动机和执行机构的工作点都能接近各自的最佳工况。

2) 考虑工作要求传递的功率和运转速度

选择传动类型时应优先考虑传递功率和运转速度的要求。各种机械传动都有合理的功率范围,对小功率的传动,在满足性能的前提下,优先选用结构简单、初始费用低的传动,如带传动、链传动、普通精度的齿轮传动等;对大功率的传动,优先选用高效率的传动,如高精度的齿轮传动;受运转时发热、振动、噪声或制造精度等条件的限制,各种传动的极限速度也都存在着合理范围。

3)考虑传动比的准确性及合理范围

当运动有同步要求或精确的传动比要求时,宜选用齿轮、蜗杆、同步带等传动,而不能选用有滑动的传动,如平带、V带传动及摩擦轮传动等。

4)考虑结构布置和外廓尺寸的要求

两轴的位置(如平行、垂直或交错等)及间距是选择传动类型时必须考虑的因素。在相同的传递功率和速度下,不同类型的传动,其外廓尺寸相差很大,当要求结构紧凑时,应优先选用齿轮、蜗杆或行星齿轮传动;相反,若因布置上的原因,要求两轴距离较大时,则应采用带、链传动,而不宜采用齿轮传动。

5)考虑提高传动效率

大功率传动和连续运转时尤其要优先考虑传动效率。提高传动效率一方面应选用效率高的传动类型如齿轮传动,避免选用低效率的传动如蜗杆传动等,以节约能源,降低运行和维护的费用;另一方面,在满足传动比、功率等技术指标的条件下,尽可能选用结构简单的单级传动,以缩短传动链,提高传动效率。

6)考虑机械安全运转和环境条件

要根据现场条件,包括场地大小、能源条件、工作环境(包括是否多尘、高温、易腐蚀、易燃、易爆等),来选择传动类型。例如当工作环境要求执行系统的输出和原动机的输出满足同轴条件时,应该采用输入输出同轴的机械传动,如同轴的减速器;当执行系统转动惯量较大或有紧急停车要求时,为缩短停车过程和适应紧急停车,应考虑安装制动装置;当执行系统载荷频繁变化、变化量大且有可能过载时,为保证安全运转,应考虑选用有过载保护性能的传动类型,或在传动系统中增设过载保护装置。

以上介绍的只是传动类型选择的基本原则。在选择传动类型时,同时满足以上各原则往往比较困难,有时甚至相互矛盾或制约。例如,要求传动效率高时,传动件的制造精度往往也高,其价格也必然会高;要求外廓尺寸小时,零件材料相对较好,其价格也相应较高。因此在选择传动类型时,应对机器的各项要求统筹考虑,以选择较合理的传动型式。

2. 机械传动系统的总体设计

在保证实现机械预期功能的条件下,应尽量简化传动链,以减轻机器重量和减小外廓尺寸,降低制造费用。简化传动链可减少传动链的累积误差,提高系统的效率和刚度。

采用额定转速低的电动机会增加电动机的尺寸和重量,价格也相应提高,但由于传动装置总的传动比减小,传动链会简化;另外,在多个执行系统工作时采用单个原动机,会使传动链过于复杂,而采用几个电机分别驱动各个执行机构,常能简化运动链。因此,在传动链设计时,应综合考虑电机和传动装置的总的尺寸、重量及传动装置的复杂程度,确定相对简单、经济的传动系统。

3. 传动链中机构顺序的安排

传动链布置的优劣对整个机械的工作性能和结构尺寸都有重要影响。在安排各机构在

传动链中的顺序时,通常应遵循以下原则:

1) 有利于提高传动系统的效率

尤其是对于长期连续运转或传递较大功率的机械,提高传动系统的效率更为重要。例如,对于蜗杆-齿轮两级减速器,因蜗杆的传动效率较低,当蜗轮材料为锡青铜时,应将蜗杆传动安排在高速级,以使其齿面有较高的相对滑动速度,易于形成润滑油膜而提高传动效率。

2) 有利于机械运转平稳和减少振动及噪声

带传动一般安排在传动链的高速端(通常与电机相连),以发挥其过载保护和缓冲吸振的作用,同时可减小其轮廓尺寸;而链传动冲击振动较大,运转不均匀,一般安排在传动链的中、低速级;例如图 15.2 所示的带式输送机传动链的设计。对斜齿-直齿圆柱齿轮传动,斜齿轮传动应放在传动的高速级以发挥斜齿传动平稳、动载荷较小的作用;对闭式-开式齿轮传动,开式齿轮机构润滑条件差、磨损严重、寿命短,应安排在低速级。

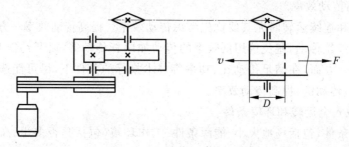

图 15.2　带式输送机传动方案

3) 有利于传动系统结构紧凑

用于变速的各类摩擦传动机构(如带轮机构、摩擦轮机构等)通常结构复杂、制造困难,为缩小其轮廓尺寸,通常安排在扭矩较小的高速级(一般与电动机相连);把转换运动形式的机构(如连杆机构、凸轮机构、螺旋传动等)安排在运动链的末端,即靠近执行构件的地方,这样安排运动链简单,结构紧凑。

4) 有利于加工制造

由于尺寸大而加工困难的机构应安排在高速轴。例如,圆锥齿轮尺寸大时加工困难,因此对圆锥-圆柱齿轮减速器,应将锥齿轮安排在高速级,这样锥齿轮尺寸小,易于制造。

4. 传动比的分配

将传动系统的总传动比合理地分配至各级传动装置,对传动级数、结构布局和轮廓尺寸有着重要的影响。传动比分配通常需考虑以下几点:

(1) 每一级传动比应在各类传动机构的合理范围内选取,常用机械传动的传动比范围参考表 15.1;

(2) 有利于减小传动系统的外形尺寸和重量。例如齿轮传动,当传动比大于 8～10 时,应采用两级齿轮传动;当传动比大于 30 时,则采用两级以上的齿轮传动。图 15.3(a)、(b)分别是传动比为 8 时采用单级和两级齿轮传动的减速器,可以看到方案 b 高度方向尺寸更小;

(3) 对于多级减速传动,按照减速比"前小后大"的原则分配传动比(即 $i_1 < i_2 < i_3$,i_1、

i_2、i_3 分别表示由高速级到低速级的传动比),可使中间轴有较高的转速和较小的转矩,有利于减轻减速器的重量,例如在带传动-齿轮传动系统中,高速级的带传动的传动比小于低速级的齿轮传动的传动比;而按照减速比"前大后小"的原则分配传动比,则有利于各大齿轮的尺寸相近,浸油润滑的效果好,在多级闭式齿轮传动中,一般采用"前大后小"的原则分配传动比,如图 15.4 所示。

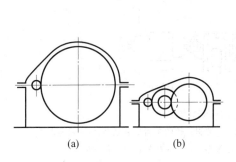

图 15.3　齿轮减速器

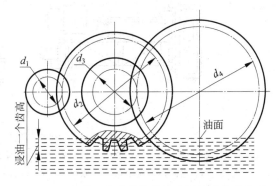

图 15.4　有利于大齿轮润滑的多级闭式齿轮传动

以上几点仅是分配传动比的基本原则,而且这些原则往往不会同时满足,着眼点不同,分配方案也会不同。因此具体设计时,应根据传动系统的不同要求进行具体分析,并尽可能作多方案比较,以获得较为合理的分配方案。

15.2.5　机械传动系统方案设计实例

例 15.1　桥式起重机提升系统传动型式及总体布置方案的选择

桥式起重机的提升系统如图 15.5 所示,它包括原动机、执行机构——卷绕装置(含卷筒)和取物装置(含吊钩)、传动系统——减速装置、制动装置、限位器、联轴器等,具有一定程度的整机性质。

在设计其传动系统时,选择不同的传动型式就会有不同的总体布置方案。

(1) 电动机与卷筒并列布置方案

这种传动型式是电动机通过一个标准的两级减速器带动卷筒转动,如图 15.6(a)所示。若起重量大(大于 80 t),为了实现低速起升且增大电动机与卷筒间的距离,可增加一对传动比为 3～5 的开式齿轮传动,按照传动链的布置顺序,开式齿轮传动布置在低速级,如图 15.6(b)所示;若为了补偿安装和制动等原因引起的误差,可在电动机与减速器之间采用较长的浮动轴联接,如图 15.6(a),(b)所示;如无法设置浮动轴,可在电动机与减速器之间采用双齿形联轴节或弹性柱销联轴节联接,以补偿安装误差,如图 15.6(c)所示。这种类型的布置方案性能好,机构布置匀称,适宜选择标准件,安装维修方便。

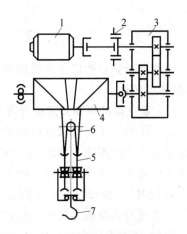

图 15.5　桥式起重机提升系统

1—电动机;2—制动器;3—减速器;
4—卷筒;5—滑轮;6—钢绳;7—吊钩

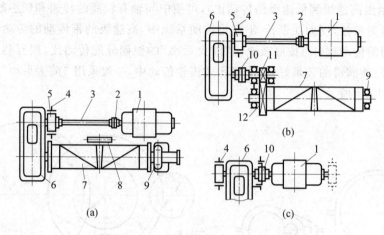

图 15.6　电动机与卷筒并列布置方案

1—电动机；2—单齿形联轴节；3—浮动轴；4—制动器；5—带制动轮的单齿形联轴节；6—减速器；

7—卷筒；8—定滑轮；9—轴承座；10—双齿形联轴节；11—小齿轮；12—大齿轮

（2）电动机与卷筒同轴布置方案

该方案是将减速装置置于卷筒内，以实现电动机与卷筒同轴布置，如图 15.7 所示，为获得较大传动比且减小装置体积，其减速装置通常采用周转轮系。图 15.7(a)所示为采用 2K-H 型行星传动，它适用于短期工作场合；图 15.7(b)所示为采用 3K 型行星传动，它适用于大、中吨位的起重和短期工作场合；有时也采用渐开线少齿差或一齿差摆线针轮等 K-H-V 型行星传动。

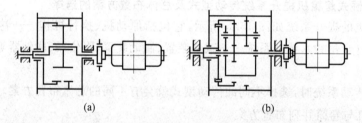

图 15.7　电动机与卷筒同轴布置方案

这种类型布置的优点是结构紧凑，传动比大，体积小，重量轻。但制造困难，维修不够方便，效率也较低。

（3）双电动机驱动多速提升方案

这种传动型式是由双电机驱动-混合轮系，如图 15.8 所示。电动机 A 通过一个两级齿轮减速器带动内齿轮 1 转动，电动机 B 直接带动中心轮 2 转动，运动由系杆 H 输出后，再经一级齿轮减速带动卷筒转动。由于两个电机可有不同的运行状态，即 A 动 B 停、A 停 B 动、A 和 B 同时同向转动、A 和 B 同时反向转动，故可使卷筒获得 4 种不同的转速。

上述提升系统的几种传动型式及其布置方案各具特点，设计时可根据实际情况加以选用。例如，铸造车间中起吊砂箱用的提升系统，要求合箱时下降速度要尽可能小以便准确对位；热处理车间中起吊工件进行淬火用的提升系统，要求工件能快速进入油池。在这些场合，升、降速度差别大，速度挡要求多，此时可选用第三类方案。若设计中作业场地小是主要

矛盾,例如火电厂安装蒸汽包的提升系统,可选用第二类方案。若无场地或速度调节要求,
加工制造精度要求也不高,为安装使用方便,可选择第一类方案。

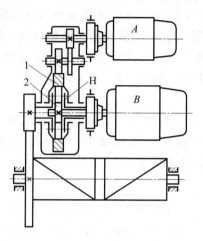

图 15.8　双电动机驱动多速提升方案

15.3　原动机的选择

原动机是利用能源产生原动力的机械,它是机器所需动力的来源。在设计机械系统时,
选择何种原动机,在很大程度上决定着机械系统的方案、结构和性能特点。因此,合理选择
原动机的类型是机械系统方案设计中的一个重要问题。

15.3.1　原动机的类型和特点

原动机的种类很多,按照所使用的能源形式可分为两类:一次原动机和二次原动机。
一次原动机使用自然能源,直接将自然界能源转变为机械能,如内燃机、风力机、水轮机等;
二次原动机将电能、介质动力、压力能转变为机械能,如电动机、液压机(液压马达、液压缸)、
气动机(气动马达、气动气缸)。

原动机已经标准化、系列化,除特殊工况要求对原动机进行重新设计外,大多数的设计
问题,是根据机械系统的功能和动力要求来选择标准的原动机类型和型号。

1. 内燃机

内燃机是将燃料与空气混合后通过高压燃烧室燃烧爆发产生动力的机器。内燃机具有
体积小、质量小、便于移动、热效率高、起动性能好的特点。缺点是由于使用石油燃料,排出
的废气中含有害气体的成分较高。内燃机广泛用在野外作业的设备和移动的交通工具上,
如割草机、汽车、船舶、农业机械等。

2. 电动机

电动机尤其是交流异步电动机,其结构简单,价格低廉,动力源方便,在机械中应用广泛,
资料显示原动机中电动机的比例高达 90%。因此本章将在后面详细介绍电动机的选择。

3. 液压马达、液压缸

液压马达、液压缸是将液压能转换为机械能的装置,前者输出旋转运动,后者输出直线移动。

　　液压马达的特点是结构简单、工艺性好、调速方便、抗过载能力强；缺点是效率较低、起动扭矩较小，介质有污染，对密封要求高，维修成本高，需要与之配套的液压系统。按照马达的转速，液压马达可分为转速高于 500 r/min 的高速液压马达和转速低于 500 r/min 低速液压马达。高速液压马达适用于转矩小、转速高和频繁换向的场合，例如起扬机、建筑机械等；低速液压马达由于其低速、大扭矩的输出特性与矿山、工程机械的负载特点和使用要求相一致，因此在这些场合得到了普遍的应用。液压马达的主要性能参数和机械特性，详见液压传动的相关资料。

　　液压缸在压力液体的作用下，输出为长度一定的直线行程。如果系统要求机构的输入为直线运动，选择这类原动机可以简化机械结构。液压缸常用于农业和建筑机械，如推土机、挖掘机等。缺点是成本高、效率低。

4. 气动马达

　　气动马达是将压缩空气能量转换为旋转机械能的装置，具有结构简单、成本低、转速高、输出功率小，介质没有污染的特点，并且调速简单、过载时能自动停转、环境适应性好、寿命长，缺点是输出功率小、耗气量大、效率低、工作平稳性差、噪声大，容易产生振动。气动马达广泛应用于矿山机械、易燃易爆液体及气动工具等场合。

　　常用原动机的类型和特点见表 15.3。

表 15.3　常用原动机的类型和特点

原动机	功率范围		特　点
内燃机	柴油机	3.5～38000 kW	功率高，扭矩大，结构简单，噪声大
	汽油机	0.6～260 kW	结构简单、体积小、重量轻，振动及噪声小
电动机	直流电机	0.3～5500 kW	启动和调速性能好，调速范围广、平滑，过载能力较强，但结构复杂，制造成本高，不易于维修
	交流异步电机	0.3～5000 kW	结构简单，成本低，过载能力强，功率的覆盖范围很大；操作简单；但不易于调速
	交流同步电机	200～10000 kW	转速恒为常数，与负载的大小无关
	步进电机	转速范围 300～600 r/min	开环控制电机的角度和速度，控制精度高；输出力矩随转速的升高而下降；不具有过载能力
	伺服电机	转速范围 2000～3000 r/min	反馈控制可实现恒力矩输出，输出转矩大，过载能力强；运行精确；输出转速高；价格较步进电机高
液压马达(缸)			液压马达体积小、重量轻、结构简单、耐冲击和惯性小；调速灵活，输出扭矩大；抗过载能力强，容易实现正反转。但效率较低、启动扭矩较小，介质有污染，对密封要求高，需要与之配套的液压系统
气动马达(缸)			结构简单，成本低；转速高，输出功率小，介质没有污染；但效率低，工作平稳性差，噪声大，容易产生振动

15.3.2 原动机的机械特性和工作机的负载特性

1. 原动机的机械特性

原动机的机械特性用输出转矩 T(或功率 P)与转速的关系曲线表示。根据负载变化时转速变化的不同,机械特性分为硬特性和软特性,如图 15.9 所示。机械硬特性是指负载变化时原动机输出转速的变化不大,运行特性好;机械软特性是负载增加时原动机转速下降较快,速度稳定性差,但启动转矩大,启动特性好。各种原动机的机械特性如表 15.4 所示。

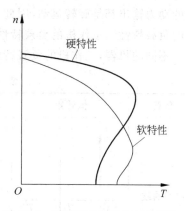

图 15.9　机械硬特性和机械软特性

表 15.4　原动机的机械特性

原动机	内燃机		交流电动机	
	汽油机	柴油机	同步	异步
固有机械特性	（图）	（图）	（图）	（图）
特点	转速高	工作可靠,寿命长	恒转速	成本低
原动机	直流电动机		伺服电机	
	他励	串励	直流伺服电机	交流伺服电机
固有机械特性	（图）	（图）	（图）	（图）
特点	负载 T 变化时,转速 n 变化小,具有机械硬特性	负载 T 变化时,转速 n 变化大,具有机械软特性	通过调节电压 U 容易实现调速,使用寿命短,维护成本高,操作麻烦	功率范围大,适应于高速大力矩场合,维护方便,控制系统复杂,价格高

2. 工作机的负载特性

工作机的负载是机械工作时受到的外力。载荷的表示形式有力、力矩、功率等,由于一般的动力输出都是旋转运动,因此,常用工作机的转矩 T 与转速 n 之间的关系来表示工作机的负载特性。工作机的负载特性是原动机选择的重要依据。

不同的机器,工作机的负载特性不同,表 15.5 给出了常见工作机的负载特性。

表 15.5　常见工作机的负载特性

负载	恒转矩	转矩是转速的函数	恒功率	恒转速
n-T 曲线	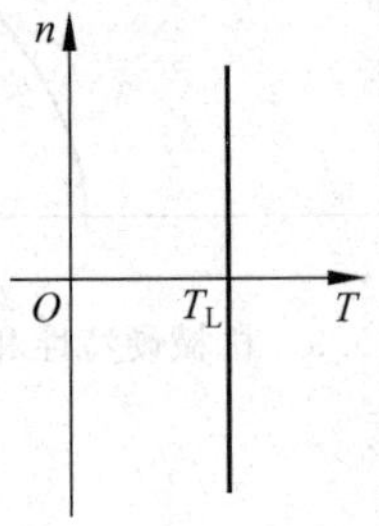	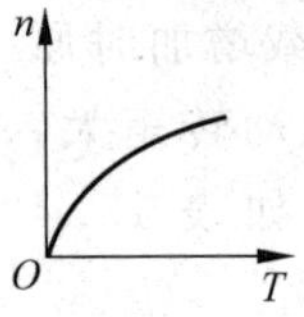	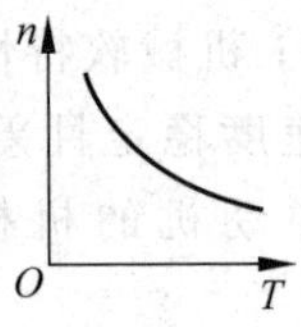	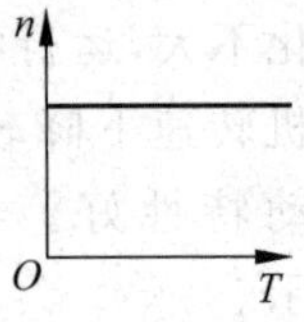
负载特点	转矩 T 为常数,工作机消耗的能量与转速 n 成正比	T 随 n 的变化而变化,图示为二次方函数	功率为常数,T 增大时 n 减小或 T 减小时 n 增大	载荷变化时,转速 n 不变
典型的工作机	传送带、起重机、提升装置、卷扬机等	离心风机、水泵、螺旋桨等(依靠转速改变风量、水量)	机床的切削加工,造纸、纺织机械中的卷取机构(牵引力恒定)	电厂发电机

15.3.3　原动机类型的选择

原动机的选择包括原动机类型的选择、工作制度的选择、原动机性能参数的选择(功率、转速)。原动机类型的选择原则如下:

(1) 满足工作环境对原动机的要求,如能源供应、降低噪声和环境保护等要求。对野外和移动的场合,选择一次原动机;环境要求噪声低时优选电动机。

(2) 原动机的机械特性应该与工作机的负载特性(包括功率、转矩、转速)相匹配,以保证机械系统稳定的运行状态。特别是工作机的启动负载,当启动负载大时,应选择启动扭矩大的原动机。

(3) 原动机应满足工作机的启动、制动、过载能力和发热的要求。液压马达和气动马达适合频繁启动和换向的场合;载荷变动大,容易过载的场合,优选气动马达,避免过载时造成机械设备的损坏。

(4) 在满足工作机要求的前提下,原动机应具有较高的性能价格比,运行可靠,经济性指标(购置费用、运行费用和维修费用)合理。

需要指出的是,电动机有较高的驱动效率,其类型和型号繁多,能满足不同类型工作机的要求,而且还具有良好的调速、启动和反向功能,因此可作为首选类型。

15.3.4　电动机的选择

电动机结构简单,价格低廉,动力源方便,具有较高的驱动效率和运动精度,型号和种类多,工作时对环境无污染,因此在机械中得到广泛应用。选择电动机时工作环境必须具备相应的电源。电动机已经标准化,选择时主要是确定电动机的类型和规格。

1. 电动机的类型和特点

按照控制的不同,电动机可分为驱动电动机和控制电动机。驱动电机包括交流电动机和直流电动机;控制电动机包括步进电机、伺服电机等。

(1) 交流驱动电动机　交流电动机结构简单,制造、使用和维护方便,成本低,效率高,可靠性好,容易做成高转速、高电压、大电流、大容量的电机,是应用最普遍,最便宜的电动机。同步电动机严格在同步转速下运转,异步电动机转速有少许的滑差。同步电动机的几档速度分别是 3000 r/min、1500 r/min 、1000 r/min 、750 r/min 、500 r/min。交流电动机的极对数越多,同步转速越低,体积越大,造价越高。交流电动机的缺点是功率因数低,启动和调速性能差。

(2) 直流驱动电动机　相对交流电机,直流电机结构复杂,成本高,不易维修;但调速性能好。可以在重载条件下,实现均匀、平滑的无级调速,而且调速范围较宽。因此,凡是在重负载下启动或要求均匀调节转速的机械,例如大型可逆轧钢机、卷扬机、电力机车、电车等,都用直流驱动电动机。

(3) 步进电机　采用开环的控制系统,转角与控制脉冲数成正比,有定位转矩(自锁力),可以在任意位置启动停止。步进电机的尺寸和转矩比交流和直流电动机小,一般用在精度要求不高的中小功率场合,如办公机械等。步进电机的缺点是要求有特殊的控制器,价格稍高;存在低频共振,输出力矩随转速升高而下降,且在较高转速时会急剧下降,所以其最高工作转速一般在 300～600 r/min。

(4) 伺服电机　一种快速响应、闭环控制的电动机,具有对速度或加速度以及载荷作用位置的程序控制功能。伺服电动机转速高,带载能力强,可靠性好,具有较强的过载能力,加速性能较步进电机好。交流伺服电机为恒力矩输出,即在其额定转速以内,都能输出额定转矩,在额定转速以上为恒功率输出。和直流、交流电动机相比,功率和转矩较小,成本高,控制系统设计复杂。广泛应用在机器人、医疗设备及办公机械等场合。

(5) 齿轮减速电动机　当执行机构要求定转速的输出,而该转速又与交流电机的几档转速不同时,可以采用在电动机输出轴上连接齿轮减速箱的齿轮减速电动机,这样可以省去自己选择和设计减速箱,简化设计和结构。齿轮减速电动机有不同的功率和转速,可以直接购买。

2. 电动机的选择步骤

1) 确定工作机的负载特性

工作机的负载特性由工作负载和非工作负载组成。工作负载可根据机械的功能,由执行系统的运动和受力求得;非工作负载是指机械系统因摩擦、润滑等引起的额外消耗。

2) 确定工作机的工作制度

工作机的工作制度是指工作负载随执行系统的工艺要求而变化的规律,包括长期工作制、短期工作制和断续工作制三大类,有恒载、断续运行、长期和短期运行等形式,由此来选择相应工作制度的原动机。不同工作制度对电动机使用过程的发热程度有不同的影响,因而影响电动机的实际承载能力。

3) 选择电动机的类型

(1) 考虑工作机的机械特性　若要求工作机载荷平稳,一般可选用鼠笼型异步电动机;若机械需要在重载下启动,可以选用高启动转矩的鼠笼型异步电动机或绕线型异步电动机。对启动转矩大,机械特性软的生产机械,如电车、电气机车、重型起重机等,可选用串励或复励直流电动机。

(2) 考虑工作机的速度要求　若工作机不要求调节速度,应首先考虑选用交流电动机;若工作机要求少数几级调速(如机床等),可选用多速交流异步电动机;若工作机要求转速恒定,可选用同步电动机;若工作机要求调速范围大、调速平滑且位置控制准确(比如高精度数控机床、龙门刨床、可逆轧钢机、造纸机、矿井卷扬机等),可选用他励直流电动机。

(3) 考虑经济性要求　在满足工作要求的前提下,应优先选用结构简单、价格便宜、运行可靠、维护方便的电动机。交流电动机优于直流电动机,鼠笼式优于绕线式。

4) 选择电动机的型式

(1) 选择电动机安装型式时应优先选用卧式电机。立式电机价格高,只有当执行机构垂直转动且为了简化传动装置时才采用。

(2) 根据使用环境要求,确定电动机的防护方式。电动机的防护方式有开启式、防护式、封闭式和防暴式。

5) 选择电动机的额定电压、额定转速

(1) 额定电压根据环境能提供的电源确定。

(2) 相同额定功率的电动机,额定转速越高,体积越小,造价越低,转动惯量小,启制动时间短。但工作机的转速一定时,电机转速越高,则传动系统的传动比增大,传动系统尺寸增大,传动损耗增加。因此选择电动机转速时应综合考虑电动机和传动系统的尺寸、经济性等因素。

6) 确定电动机的额定功率

在选择了电动机的类型和转速后,即可根据工作机的负载功率(或转矩)和工作制来计算电动机的额定功率,确定电动机的型号,并进行电动机发热、过载能力、启动能力的校核。机械系统所需电动机的功率 P_d 可表示为

$$P_d = k\left(\sum \frac{P_g}{\eta_i} + \sum \frac{P_f}{\eta_j} \right)$$

式中,P_g 为工作机所需功率;P_f 为各辅助系统所需的功率;η_i 为从工作机经传动系统到原动机的效率;η_j 为从各辅助装置经传动系统到原动机的效率;k 为考虑过载或功耗波动的安全系数,一般取 $1.1\sim1.3$。

需要指出的是,上述所确定的功率 P_d 是在工作机的工作制度与原动机工作制度相同的前提下所需的原动机额定功率。

例 15.2　某颗粒状自动包装机,其热封机构的工作原理俯视图如图 15.10 所示。立轴 A 转动,带动固结在该轴上的热封凸轮 1-1′旋转;通过滚子 2、3 分别带动支承杆 4 和 5 绕 D 轴往复摆动,实现开、合运动;杆 4、5 的末端固定有热封器,当杆 4、5 末端闭合时实现压合、

加热等功能,杆 4、5 末端打开时热封器和包装材料分离,如此循环往复,实现自动热封功能。已知原动机采用电动机,功率为 370 W,包装速度要求每分钟 20～40 次,试选择电动机的转速和类型,设计该传动系统,并画出其原理方案示意图。

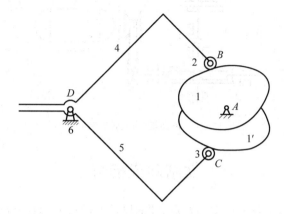

图 15.10　热封机构原理方案示意图

解　1. 电动机的选择

根据包装机的使用要求,希望其执行机构的速度可调,若采用直流电机,虽可方便对其速度的调节,但直流电机的成本高。考虑到该执行机构的调速范围不大,为降低成本可以采用交流电机,通过机械无级变速实现速度的调节。由于对运转速度没有精确的要求,所以决定采用交流异步电动机,因生产企业一般采用 380 V 电源,所以选择三相交流异步电动机。

三相交流异步电动机的速度分 4 档(同步转速分别为 750 r/min、1000 r/min、1500 r/min、3000 r/min),工作机的包装速度是 20～40 次/分,则对应电动机的四档转速,总传动比分别为:37.5～18.75、50～25、75～37.5、150～65。电机的转速越高,则重量越轻、尺寸越小,成本越低,但相应的减速系统尺寸会增大。从四档传动比看,总的传动比都比较大,可以考虑采用多级齿轮传动或蜗杆传动实现减速。执行系统的动力需要传递到立轴 A 上,如果采用立式电机,虽然具有不需要转换运动轴线方向的优点,但成本比卧式电机高。综合考虑系统有需要转换运动轴线方向和大传动比的要求,可以采用卧式电机和蜗杆传动的方案。由表 15.2 可知蜗杆减速器的传动比范围在 8～80,当传动比较大时具有结构紧凑的优点,因此采用同步转速为 1500 r/min 档的异步电机。

包装机在工作过程中,执行机构的动作是断续周期性的,因此负载周期性变化,选择三相交流异步电机中 YZ 系列电机,查电机手册,功率为 370 W 的 YZ 系列电机的额定转速为 1400 r/min。

2. 传动系统的设计

由于工作要求包装机能够实现 20～40 次/分包装速度,因此传动系统需要实现无级调速。调速的传动比变化量为 2～1,可以采用普通 V 带无级变速器。查产品目录,选用许用变速范围 1～2,输入功率为 0.37～0.57 kW 的带式无级变速器。当无级变速带传动的传动比为 1 时,包装速度为每分钟 40 次,则蜗杆传动的传动比为 $i = \dfrac{1400}{40} = 35$。查减速器产品目录中蜗杆传动的产品,选用传动比为 35、功率为 370 W 的蜗杆减速器。

根据传动链布置的原则,无级变速带传动布置在高速级,蜗杆传动布置在低速级。传动方案示意图如图 15.11 所示。

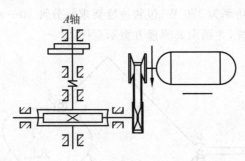

图 15.11   传动系统原理方案示意图

文献阅读指南

(1) 本章简要介绍了各类传动的特点、性能以及原动机的选择方法,有关这方面更详细的内容,可参阅秦大同、谢里阳主编的《现代机械设计手册》(北京:化学工业出版社,2011)。该书第 3 卷第 13~15 篇、第 4 卷第 19~21 篇、第 5 卷第 25 篇分别对机械传动、液压传动、气压传动、液力传动、电动机等做了详细介绍。此外,闻邦椿主编的《机械设计手册》(北京:机械工业出版社,2010)第 2 卷、第 4 卷、第 5 卷也有详细论述;秦大同、谢里阳主编的《现代机械设计手册》单行本《机械传动设计》、《液力传动设计》、《气压传动与控制设计》、《机电系统设计》(北京:化学工业出版社,2013)各分册也有详细论述。

(2) 机械传动系统设计中应优先选用已经标准化、系列化的产品,这样可以大大简化设计,降低产品成本,并提高其质量。这些已经标准化的减速器和变速器的选择可以参阅国家机械工业局编写的《中国机电产品目录》第 14 册(北京:机械工业出版社,2000)、机械工业部编写的《机械产品目录》第 9 册(北京:机械工业出版社,1996)、机械设计手册编委会编写的《机械设计手册》第 18 篇减速器和变速器(北京:机械工业出版社,2007)等。也可以通过电子商务平台直接搜索设计需要的机械传动的关键字和参数,找到对应的产品和厂家。

(3) 电动机的标准、特点和选择还可参阅《机械设计实用手册》第三版(北京:机械工业出版社,2010)第 10 篇常用电动机;另外成大光主编的《机械设计手册》第五版单行本中《减(变)速器•电机与电器》(北京:机械工业出版社,2010)也有相关内容的介绍。

(4) 现代机械产品的设计都是基于机电一体化的设计,其中的控制系统是产品的重要组成部分,由于篇幅的关系,本章未对机电一体化设计做介绍。有关这方面的内容,读者可参阅秦大同、谢里阳主编的《现代机械设计手册》(北京:化学工业出版社,2011)第 5 卷,该书详细介绍了光机电一体化系统设计,传感器,控制元器件和控制单元等。

习   题

15.1   选择一个你熟悉的机械系统,说明其传动的作用。

15.2   图 15.12(a)所示为热处理装料机,图(b),(c)为其传动系统简图的正视和俯视图。装料机在室内使用,环境最高温度 50℃,三班制间歇工作、单向负载、载荷平稳。曲柄所在的大齿轮传递的功率 $P = 8$ kW,角速度 $\omega = 6.0$ rad/s。

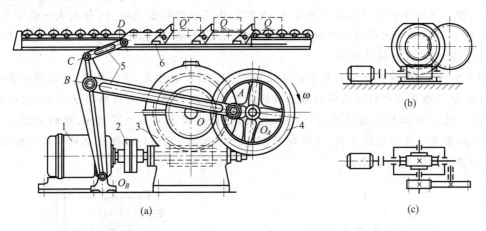

(a)
(b)
(c)

图 15.12　热处理装料机
1—电动机；2—联轴器；3—蜗杆减速器；4—齿轮传动；5—连杆机构；6—装料机推杆

（1）试绘制机构运动简图；

（2）选择合适的原动机；

（3）分配传动系统中蜗杆蜗轮及圆柱齿轮两级传动的传动比。

　15.3　今需设计一台如图 15.13(a)所示的带式运输机的传动装置。运输机的工作状况为两班制,连续单向运转；运输带的工作速度为 $v = 1.1$ m/s(允许误差为 $\pm 5\%$)；拉力为 $F = 7$ kN,载荷平稳。工作环境为室内,灰尘较大,最高温度35℃。滚筒直径 $D = 400$ mm。

　试对图 15.13(b)~(g)所示的参考传动方案,分别就其传动类型及特点进行分析和比较,并对传动链中机构的安排顺序进行评价。最后选择一个较佳的方案,或自行设计一个改进后的方案。

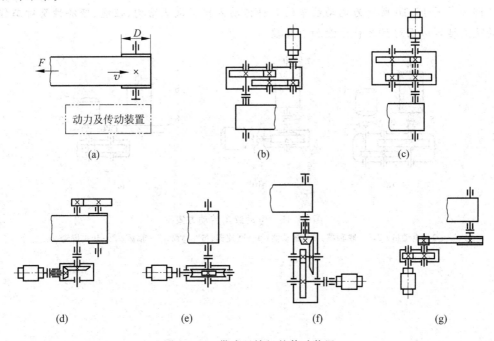

(a)　　　　　　　　(b)　　　　　　　　(c)

(d)　　　　　　(e)　　　　　　(f)　　　　　　(g)

图 15.13　带式运输机的传动装置

15.4 为保持书芯不变形并便于翻阅,硬皮精装书需在前后封皮与书脊连接部位压出一道沟槽。压槽工艺过程包括9道工序,全部在压槽机的转盘上进行,每完成一道工序,转盘旋转40°。驱动转盘的传动系统如图15.14所示。若电动机转速为750 r/min,生产率为45 本/min,试确定各级传动比。

15.5 已知某绕线机的执行系统采用图15.15所示的方案,凸轮转动,带动摆杆实现匀速摆动,位于摆杆端部的拨叉带动线沿着线轴方向匀速移动,同时线轴匀速转动,完成绕线的功能。已知电动机的转速为 $n=960$ r/min,线轴有效长为 $L=75$ mm,线的直径为 $d=0.6$ mm,要求每分钟绕线4层,均匀分布,要求机构紧凑,试设计该绕线机的传动系统方案,并绘制其原理方案示意图。

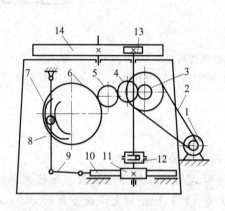
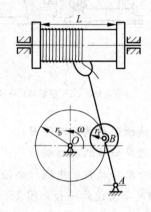

图 15.14　题 15.4 图

图 15.15　绕线机执行系统方案简图

1—电动机;2—带传动;3,4,5,6—齿轮;7—槽凸轮;
8—摆杆;9—连杆;10—齿条;11,13—齿轮;
12—超越离合器;14—齿轮转盘

15.6 图15.16所示为电动绞车的3种传动方案。试从结构、性能、经济性及对工作条件的适应性等方面对该3种方案加以比较。

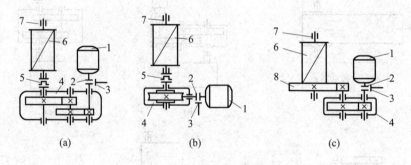

(a)　　　　　(b)　　　　　(c)

图 15.16　电动绞车传动方案

1—电动机;2,5—联轴器;3—制动器;4—减速器;6—卷筒;7—轴承;8—开式齿轮

机械原理重要名词术语中英文对照表

A

阿基米德蜗杆	Archimedes worm

B

八次多项式运动规律	eighth-power polynomial motion
摆动从动件	oscillating follower
摆动从动件凸轮机构	cam with oscillating follower
摆动导杆机构	crank shaper mechanism
摆动力	shaking force
摆动力矩	shaking moment
摆线齿轮	cycloidal gear
摆线运动规律	cycloidal motion
摆线针轮	cycloidal-pin wheel
包角	angle of contact
背锥	back cone
背锥角	back angle
背锥距	back cone distance
比例尺	scale
闭式链	closed kinematic chain
闭式链机构	closed chain mechanism
臂部	arm
变位齿轮	modified gear
变位系数	modification coefficient
标准直齿轮	standard spur gear
并联式组合	combine in parallel
并行工程	concurrent engineering
部分平衡	partial balancing
不平衡相位	phase angle of unbalance
不平衡量	amount of unbalance

不完全齿轮机构	intermittent gearing
波发生器	wave generator
波数	number of waves

C

槽轮	Geneva wheel
槽轮机构	Geneva drive, Maltese cross
槽凸轮	groove cam
侧隙	backlash
差动轮系	differential gear train
差动螺旋	differential screw
差速器	differentials
齿槽	space
齿槽宽	space width
齿顶高	addendum
齿顶圆	addendum circle
齿根高	dedendum
齿根圆	dedendum circle
齿厚	thickness
齿距	circular pitch
齿宽	facewidth
齿廓	tooth profile
齿廓曲线	tooth curve
齿轮	gear
齿轮齿条机构	pinion and rack
齿轮插刀	pinion cutter
齿轮滚刀	hob, hobbing cutter
齿轮机构	gears
齿轮轮坯	blank
齿数	teeth number
齿数比	gear ratio

齿条	rack	动态特性	dynamic characteristics
齿条插刀	rack cutter	动压力	dynamic reaction
重合点	coincident points	动载荷	dynamic load
重合度	contact ratio	端面	transverse plane
传动比	transmission ratio, speed ratio	端面参数	transverse parameters
		端面齿距	transverse circular pitch
传动角	transmission angle	端面重合度	transverse contact ratio
串联式组合	combine in series	端面模数	transverse module
从动带轮	driven pulley	端面压力角	transverse pressure angle
从动件	driven link,follower	对心滚子从动件	radial roller follower
从动件平底宽度	width of flat-face	对心平底从动件	radial flat-faced follower
从动件停歇	follower dwell	对心曲柄滑块机构	general slider-crank mechanism
从动件运动规律	follower motion		
从动轮	driven gear	对心移动从动件	radial reciprocating follower

D

		多项式运动规律	polynomial motion
带传动	belt drives	多质量转子	rotor with several masses
带轮	belt pulley	惰轮	idler gear
单面平衡	single-plane balance		
单万向联轴节	universal joint		

F

单位矢量	unit vector		
当量齿轮	equivalent spur gear	发生线	generating line
当量齿数	equivalent teeth number	发生面	generating plane
当量摩擦系数	equivalent coefficient of friction	法面	normal plane
		法面参数	normal parameters
刀具	cutter	法面齿距	normal circular pitch
导程	lead	法面模数	normal module
导程角	lead angle	法面压力角	normal pressure angle
等加等减速运动规律	parabolic motion	法向齿距	normal base pitch
等径凸轮	conjugate yoke radial cam	反馈式组合	feedback combining
等宽凸轮	constant-breadth cam	反凸轮机构	inverse cam mechanism
等速运动规律	uniform motion	反向运动学	inverse (backward) kinematics
等效构件	equivalent link		
等效力	equivalent force	反转法	kinematic inversion
等效力矩	equivalent moment	范成法	generating
等效质量	equivalent mass	仿形法	form cutting
等效转动惯量	equivalent moment of inertia	飞轮	flywheel
		飞轮矩	moment of flywheel
低副	lower pair	非标准齿轮	nonstandard gear
顶隙	clearance	非周期性速度波动	aperiodic speed fluctuation
定轴轮系	ordinary gear train	非圆齿轮	non circular gear
动力分析	dynamic analysis	分度线	standard pitch line
动力设计	dynamic design	分度圆	standard (cutting) pitch circle
动平衡	dynamic balance		
动平衡机	dynamic balancing machine	分度圆锥	standard pitch cone
		封闭差动轮系	planetary differential

附加机构	additional mechanism	滑块	slider
复合铰链	compound hinges	回程	return
复合式组合	compound combining	混合轮系	compound gear train
复式螺旋机构	compound screw mechanism		
复杂机构	complex mechanism		

G

J

干涉	interference	机构	mechanism
刚轮	rigid circular spline	机构分析	analysis of mechanism
刚体导引机构	body guidance mechanism	机构平衡	balance of mechanism
刚性冲击	rigid impulse (shock)	机构学	mechanism
刚性转子	rigid rotor	机构运动设计	kinematic design of mechanism
高副	higher pair	机构运动简图	kinematic sketch
格拉晓夫定理	Grashoff's law	机构综合	synthesis of mechanism
根切	undercutting	机构组成	constitution of mechanism
工作空间	working space	机架	frame, fixed link
工作阻力	effective resistance	机架变换	kinematic inversion
工作阻力矩	effective resistance moment	机器	machine
公法线	common normal line	机器人	robot
公共约束	general constraint	机器人操作器	manipulator
公制齿轮	metric gears	机器人学	robotics
功率	power	机械	machinery
共轭齿廓	conjugate profiles	机械动力分析	dynamic analysis of machinery
共轭凸轮	conjugate cam	机械动力设计	dynamic design of machinery
构件	link		
固定构件	fixed link, frame	机械动力学	dynamics of machinery
固定自动化	fixed automation	机械利益	mechanical advantage
关节型操作器	jointed manipulator	机械平衡	balance of machinery
惯性力	inertia force	机械手	manipulator
惯性力部分平衡	partial balance of shaking force	机械特性	mechanical behavior
惯性力矩	moment of inertia, shaking moment	机械效率	mechanical efficiency
		机械原理	theory of machines and mechanisms
惯性力平衡	balance of shaking force	机械运转不均匀系数	coefficient of speed fluctuation
惯性力完全平衡	full balance of shaking force		
轨迹发生器	path generator	基础机构	fundamental mechanism
滚刀	hob, hobbing cutter	基圆	base circle
滚子	roller	基圆半径	radius of base circle
滚子半径	radius of roller	基圆齿距	base pitch
滚子从动件	roller follower	基圆压力角	pressure angle of base circle
过度切割	undercutting		
		基圆柱	base cylinder

H

		基圆锥	base cone
函数发生器	function generator	急回机构	quick-return mechanism
互换性齿轮	interchangeable gears	急回特性	quick-return characteristics

螺距	thread pitch
螺母	screw nut
螺纹	thread（of a screw）
螺旋副	helical pair
螺旋机构	screw mechanism
螺旋角	helix angle
螺旋线	helix，helical line

M

模数	module
摩擦	friction
摩擦角	friction angle
摩擦力	friction force
摩擦力矩	friction moment
摩擦系数	coefficient of friction
摩擦圆	friction circle
末端执行器	end-effector
目标函数	objective function

N

挠性机构	mechanism with flexible elements
挠性转子	flexible rotor
内齿轮	internal gear
内齿圈	ring gear
啮出	engaging-out
啮合	engagement，mesh，gearing
啮合点	contact points
啮合角	working pressure angle
啮合线	line of action
啮合线长度	length of action
啮入	engaging-in

P

盘形凸轮	disk cam
抛物线运动	parabolic motion
皮带轮	belt pulley
偏距	offset distance
偏距圆	offset circle
偏心盘	eccentric
偏置滚子从动件	offset roller follower
偏置尖端从动件	offset knife-edge follower
偏置平底从动件	offset flat-face follower
偏置曲柄滑块机构	offset slider-crank mechanism
频率	frequency
平带传动	flat belt drive
平底从动件	flat-face follower
平底宽度	face width
平衡	balance
平衡机	balancing machine
平衡品质	balancing quality
平衡平面	correcting plane
平衡质量	balancing mass
平衡重	counterweight
平衡转速	balancing speed
平面副	planar pair，flat pair
平面机构	planar mechanism
平面运动副	planar kinematic pair
平面连杆机构	planar linkage
平面凸轮	planar cam
平行轴斜齿轮	parallel helical gears

Q

其他常用机构	other mechanism most in use
起（启）动阶段	starting period
气动机构	pneumatic mechanism
奇异位置	singular position
起始啮合点	initial contact，beginning of contact
强迫振动	forced vibration
切齿深度	depth of cut
曲柄	crank
曲柄存在条件	Grashoff's law
曲柄导杆机构	crank shaper mechanism
曲柄滑块机构	slider-crank mechanism
曲柄摇杆机构	crank-rocker mechanism
曲率	curvature
曲率半径	radius of curvature
曲面从动件	curved-shoe follower，mushroom follower
曲线拼接	curve matching
驱动力	driving force
驱动力矩	driving moment（torque）
全齿高	whole depth

蜗杆头数	number of threads	圆带传动	round belt drive
蜗杆直径系数	diametral quotient	圆形齿轮	circular gear
蜗杆蜗轮机构	worm and worm gear	圆柱副	cylindric pair
蜗轮	worm gear	圆柱凸轮	cylindrical cam
		圆柱蜗杆	cylindrical worm
		圆柱坐标操作器	cylindrical coordinate manipulator

X

系杆	crank arm, planet carrier	圆锥齿轮机构	bevel gears
现场平衡	field balancing	圆锥角	cone angle
向心力	centrifugal force	原动件	driving link
相对速度	relative velocity	约束	constraint
相对运动	relative motion	约束条件	constraint condition
小齿轮	pinion	跃度	jerk
谐波传动	harmonic drive	跃度曲线	jerk diagram
斜齿圆柱齿轮	helical gear	运动倒置	kinematic inversion
行程速比系数	advance-to return-time ratio	运动分析	kinematic analysis
行星轮	planet gear	运动副	kinematic pair
行星轮系	planetary gear train	运动副反力	bearing reaction force
形封闭凸轮机构	form-closed cam mechanism	运动构件	moving link
虚拟现实	virtual reality	运动简图	kinematic sketch
虚约束	redundant (or passive) constraint	运动链	kinematic chain
		运动失真	undercutting
许用不平衡量	allowable amount of unbalance	运动设计	kinematic design
		运动周期	cycle of motion
许用压力角	allowable pressure angle	运动综合	kinematic synthesis
循环功率流	circulating power load	运转不均匀系数	coefficient of velocity fluctuation

Y

压力角	pressure angle		
雅可比矩阵	Jacobi matrix		

Z

摇杆	rocker	载荷	load
液力传动	hydrodynamic drive	展成法	generating
液压机构	hydraulic mechanism	张紧轮	tension pulley
移动从动件	reciprocating (translating) follower	振动	vibration
		震动力	shaking force
移动副	prismatic pair, sliding pair	震动力矩	shaking moment
		振动频率	frequency of vibration
移动关节	prismatic joint	振幅	amplitude of vibration
移动凸轮	wedge cam	正切机构	tangent mechanism
盈亏功	increment or decrement work	正向运动学	direct (forward) kinematics
优化设计	optimal design	正弦机构	sine generator, scotch yoke
有害阻力	detrimental resistance	直齿圆柱齿轮	spur gear
余弦加速度运动	simple harmonic motion	直角坐标操作器	cartesian coordinate manipulator

参 考 文 献

[1] 申永胜. 机械原理教程[M]. 2版. 北京:清华大学出版社,2005.

[2] 申永胜. 机械原理辅导与习题[M]. 2版. 北京:清华大学出版社,2006.

[3] 张策. 机械原理与机械设计[M]. 2版. 北京:机械工业出版社,2011.

[4] 黄茂林,秦伟. 机械原理[M]. 2版. 北京:机械工业出版社,2010.

[5] 黄锡恺,郑文纬. 机械原理[M]. 6版. 北京:高等教育出版社,1989.

[6] 孙桓,陈作模. 机械原理[M]. 6版. 北京:高等教育出版社,2001.

[7] 张世民. 机械原理[M]. 北京:中央广播电视大学出版社,1993.

[8] 梁崇高,阮平生. 连杆机构的计算机辅助设计[M]. 北京:机械工业出版社,1986.

[9] 石永刚,徐振华. 凸轮机构设计[M]. 上海:上海科学技术出版社,1995.

[10] 孟宪源. 现代机构手册[M]. 北京:机械工业出版社,1994.

[11] 曹惟庆,徐曾荫. 机构设计[M]. 北京:机械工业出版社,1993.

[12] 程崇恭,杜锡珩,黄志辉. 机械运动简图设计[M]. 北京:机械工业出版社,1994.

[13] 李宗良,林永立. 现代机械百科(上、下)[M]. 北京:全华科技图书有限公司,1990.

[14] 张策. 机械动力学[M]. 2版. 北京:高等教育出版社,2008.

[15] 唐锡宽,金德闻. 机械动力学[M]. 北京:高等教育出版社,1984.

[16] 徐业宜. 机械系统动力学[M]. 北京:机械工业出版社,1991.

[17] 张策. 机械动力学史[M]. 北京:高等教育出版社,2009.

[18] 杨家军. 机械原理[M]. 武汉:华中科技大学出版社,2009.

[19] 刘正士. 机械动力学基础[M]. 北京:高等教育出版社,2011.

[20] 张春林,余跃庆. 机械原理教学参考书(下)[M]. 北京:高等教育出版社,2009.

[21] 彭国勋,肖正扬. 自动机械的凸轮机构设计[M]. 北京:机械工业出版社,1990.

[22] 杨汝清. 现代机械设计——系统与结构[M]. 上海:上海科学技术文献出版社,2000.

[23] 王成焘. 现代机械设计——思想与方法[M]. 上海:上海科学技术文献出版社,1999.

[24] 谢里阳. 现代机械设计方法[M]. 2版. 北京:机械工业出版社,2010.

[25] 吴宗泽,高志. 机械设计[M]. 2版. 北京:高等教育出版社,2009.

[26] 邹慧君. 机械系统概念设计[M]. 北京:机械工业出版社,2002.

[27] 王明强. 现代机械设计理论与应用[M]. 北京:国防工业出版社,2011.

[28] 周希章,周全. 常用电动机的选择和应用[M]. 北京:机械工业出版社,2007.

[29] 闻邦椿. 机械设计手册[M]. 5版. 北京:机械工业出版社,2010.

[30] 秦大同,谢里阳. 现代机械设计手册[M]. 第3,4,5,6卷. 北京:化学工业出版社,2011.

[31] 于惠力,冯新敏. 现代机械零部件设计手册[M]. 北京:机械工业出版社,2012.

[32] 成大先. 机械设计手册 单行本[M]. 5版. 北京:化学工业出版社,2010.

[33] 机械设计手册编委会. 机械设计手册[M]. 第18篇 减速器和变速器. 北京:机械工业出版社,2007.

[34] 机械工业部. 机械产品目录[M]. 第9册. 北京:机械工业出版社,1996.

[35] 国家机械工业局. 中国机电产品目录[M]. 第14册. 北京:机械工业出版社,2000.

[36] 黄真. 并联机器人机构学理论及控制[M]. 北京:机械工业出版社,1997.

[37] [美]Ullman. D G. 机械设计过程[M]. 黄靖远,等,译. 北京:机械工业出版社,2006.

[38] [美]Norton. R L. 机械设计——机器和机构综合与分析[M]. 陈立周,等,译. 北京:机械工业出版社,2002.

[39] [美]Mott. R L. Machine Elements in Mechanical Design[M]. 北京:机械工业出版社,2002.

[40] Norton R L. Design of Machinery—An Introduction to the synthesis and Analysis of Mechanisms and Machines[M]. Third Edition. New York:McGraw-Hill Companies,Inc. ,2004.

[41] Shigley J E,Uicker J J. Theory of Machines and Mechanisms[M]. New York：McGraw-Hill Book Company,1980.

[42] Mabie H H,Reinholtz C F. Mechanisms and Dynamics of Machinery[M]. Fourth Edition. New York：John Wiley & Sons,1987.

[43] Craig J J. Introduction to Robotics—Mechanics & Control [M]. Addison-Wesley Publishing Company,1986.

[44] 吴德隆,王毅,文荣. 空间站大型伸展机构动力学研究中的若干问题[J]. 中国空间科学技术,1996 (06)：29-38.

[45] 郭希娟,朱思俊,黄真,孔令富. 平面 3RRR 并联机构的运动性能分析[J]. 机器人技术与应用,2002 (04)：41-45.

[46] 田忠静,吴文福. 压电振动送料装置的研究现状及其应用[J]. 机械设计与制造,2011(11).

[47] 吴鹰飞,周兆英. 柔性铰链的应用[J]. 中国机械工程,2002(18).

[48] Kohl M,Krevet B,Just E. SMA microgripper system[J]. Sensors and Actuators A：Physical, 2002.

[49] Yan Shaoze,Liu Xiajie,Xu Feng,et al. A gripper actuated by a pair of differential SMA springs[J]. Journal of Intelligent Material Systems and Structures,2007,18(5)：459-466.